U0238711

国家科学技术学术著作出版基金资助出版

人类脐血：基础与临床

沈柏均　李　栋　主编

山东大学出版社

《人类脐血：基础与临床》编写人员

主　　编　沈柏均　李　栋

副 主 编　张乐玲　王红美　栾　佐　隋星卫　赵　勇

编者名单　（以姓氏笔划为序）

马秀峰	山东大学齐鲁医院	主管护师
王芝辉	山东省脐血库	博士，技术总监
刘小盾	山东省脐血库	硕士，副主任
刘星霞	中国医学科学院基础所	博士，副教授
孙念政	山东大学齐鲁医院	博士，硕士生导师，主任
庄肃静	山东省脐血库	硕士，生物工程师
许瑞英	山东大学齐鲁医院	博士，主任
何守森	山东省妇幼保健院	博士，主任医师
李保伟	山东省脐血库	博士
李　府	山东大学齐鲁儿童医院	博士，硕士生导师，主任
李学荣	青岛大学附属医院	副主任医师
李洪娟	山东省千佛山医院	博士，主治医师
李　哲	山东大学第二医院	硕士
张洪泉	Beaumont Hospital,Wayne, USA	博士，副主任
侯怀水	山东大学齐鲁医院	副主任技师，技术总监
赵　平	山东省立医院	博士，副主任医师
徐峰波	山东省脐血库	硕士，技术总监
魏　伟	山东大学第二医院	博士，主任
戴云鹏	山东省立医院	博士，硕士生导师，主任

沈柏均　男,生于1936年9月,浙江绍兴人,山东大学齐鲁医院教授、主任医师、博士生导师。曾任中华医学会全国儿科学会委员、中国抗癌协会委员、中华医学会山东省儿科学会副主任委员、中国制冷学会山东省低温医学会主任委员、中国免疫学会山东省分会副理事长等职。1961年毕业于山东医学院医疗系,留校在山东医学院附属医院工作。1976~1978年参加坦桑尼亚医疗队,1978年获外经部援外先进工作者称号;1981~1986年在澳大利亚墨尔本皇家儿童医院任访问学者,并任墨尔本市留学生联合会主席;1986年回国在山东医科大学附属医院开

展造血干细胞基础研究与临床工作;1992年享受国务院特殊津贴;1996年被评为山东省科技拔尖人才、博士生导师、山东省优秀教师。1998年创建山东省脐带血造血干细胞库并任主任及首席专家至今。

沈教授主攻小儿血液-肿瘤学,1970年在省内首先开展换血术。20世纪70年代末,率先开展胎儿骨髓象研究(中华血液学杂志,1981,2:102)。在澳大利亚学习期间主修造血干细胞移植治疗白血病的实验室和临床研究,提出DMSO诱导HL60细胞分化的可逆性和急淋白血病患儿血象左移的意义(*Blood*,1984,63:216),受到RCH嘉奖。1986年负责筹建山东医科大学附属医院低温医学研究室,配合临床进行造血细胞移植术、心脏瓣膜置换术等。1987年在省内首先开展自体骨髓移植术。1991年国内首先报告输血相关性GVHD(中国输血杂志,1991,4:172)及世界首例混合脐血移植术(中华器官移植杂志,1991,12:138),这一成果被评为1993年国内医药科技十大新闻之一,并应邀赴美国、加拿大及日本学术交流。1995年编撰出版世界首部有关脐血的专著《人类脐血:基础·临床》(天津科技出版社),被评为天津北方图书展一等奖。另编著《最新儿科手册》《脑内移植》《小儿血液病基础与临床》《儿科治疗学》《小儿红细胞疾病》《小儿白细胞疾病》《小儿出血性疾病》等专著8部。曾承担国家自然科学基金项目3项,省部级项目4项,获省部级奖5项。发明"针灸取穴尺",获国家专利。指导硕士研究生22名,博士研究生及博士后12名,发表医学论文百余篇,SCI 7篇。

李栋　男,1973年生,山东大学齐鲁医院副教授,硕士生导师,中国医药生物技术协会再生医学专业委员会委员,山东省医学会再生医学委员会委员。1995年山东大学生物化学专业获学士学位,2004年6月山东大学发育免疫学专业获博士学位,主要研究方向是造血微环境的发育与成熟;2004－2007年至齐鲁医院临床医学博士后流动站,师从沈柏均教授,作为学术骨干参与卫生部重点课题《HLA定向脐血移植术》研究,利用植入前胚胎单细胞PCR技术检测HLA分型,并应用于脐血移植术中;同时利用磁定向技术,采用骨髓间充质干细胞定向治疗肝硬化,出站报告《干细胞定向治疗的研究》。

目前的主要研究领域包括:①干细胞的三维程控扩增,就间充质干细胞与造血干细胞在三维灌流培养条件下,乏氧条件和温敏材料对干细胞扩增和收获的影响条件展开研究;②干细胞治疗肝硬化及其分子调控机制,主要兴趣点在于热休克蛋白家族与乙酰基转移酶家族在干细胞治疗肝硬化/肝衰竭过程中的调控机制;③免疫细胞与干细胞联合治疗卵巢早衰,对免疫性卵巢早衰、药物性卵巢早衰的建模过程,外泌体及小分子非编码RNA在干细胞治疗调控机制进行深入研究;④组织细胞深低温冻存技术,主要利用干细胞及其分泌因子对组织细胞冻存过程中的细胞膜损伤进行预防性灌注和事后修复展开研究。

近十年来,作为项目负责人承担国家自然科学基金、省科技攻关课题与中华医学会课题多项。以第一作者或通讯作者发表相关论文二十余篇,获山东省自然科学二等奖一次,三等奖一次;同时承担山东大学生命科学学院的《干细胞生物学》研究生教学任务。熟悉干细胞治疗和免疫细胞治疗的技术方案流程,具备丰富的细胞和组织器官深低温保存经验,对生物组织细胞的3D打印也有较深入的研究。

张乐玲 女,1961 年生人,山东烟台人。现任山东大学齐鲁儿童医院主任医师,首席专家,山东省医师协会小儿血液肿瘤分会副主任委员,山东省微量元素科学研究会理事及儿童健康专业委员会副主任委员,山东省医学伦理学会第三届理事,山东省免疫学会血液免疫分会委员,济南市医学会微生物与免疫专业委员会委员,济南市儿科委员会第七届委员,《中华现代儿科学杂志》常务编委。"济南生命小战士会"创始人。

1983 年毕业于山东医学院医疗系,在山东大学齐鲁儿童医院从事儿内科临床与科研工作 30 余年。2000 年在山东大学齐鲁医院进修学习儿科血液学,随后多年来主要从事血液及干细胞科研及临床工作。较早地开展了白血病的 MICM 及 MRD 检测。2007 年任儿研所主任负责创建济南市儿科医学研究所并通过济南市重点实验室认证。2009 年任血液科主任,创建了独立规范的血液肿瘤专业病房及专业门诊,并在香港中文大学威尔斯亲王医院儿童癌症中心进修学习儿童血液肿瘤疾病的诊治及干细胞移植技术,与香港生命小战士会联合,建立了"济南生命小战士会",为血液病患儿及家长搭建起交流的平台,救助白血病及肿瘤患儿,济南生命小战士会被红十字会授予"济南市公益之星"称号。

主研及参与国家及省市科研 10 项,近年来主要研究课题有《再生障碍性贫血患者骨髓间充质干细胞的免疫调节特性和支持造血的研究》《脐血干细胞移植治疗新生儿脑损伤性疾病的研究》《大剂量 MSCs 联合大剂量脐(胎)血混合移植治疗再生障碍性贫血的研究》《间充质干细胞在再生障碍性贫血患儿发病及干细胞移植中的作用》《多基因修饰 MSC 治疗新生儿缺氧缺血性脑损伤的实验研究》《姜黄素联合 Ang1 修饰的人脐带间充质干细胞修复急性肺损伤的机制研究》。曾获省市科技奖 4 项;发表专业论文二十余篇;主编《小儿红细胞疾病》及副主编《婴儿早期教育与智能培养》《小儿呼吸系统疾病诊疗手册》《小儿白细胞疾病》《小儿出血性疾病》等医学专著 5 部。

曾获济南市卫生局先进个人、济南市卫生系统"两好一满意"先进个人奖,2010 年荣获济南市卫生局"医界女杰——百佳女医生"称号,多次获医院优秀科主任及先进个人奖、科技创新奖及伯乐奖等。2011 年获得医院"十佳医师"称号。

王红美　1971年生,山东淄博人,现任山东省千佛山医院儿科主任兼小儿血液内分泌科主任,主任医师,山东省医师协会小儿血液肿瘤医师分会主任委员,山东省医师协会青春期医学专业委员会副主任委员,山东省微量元素科学研究会儿童健康专业委员会常务委员,山东省医学会儿科学分会血液专业委员会委员,山东省营养协会妇幼营养专业委员会委员。

1996年毕业于山东医科大学,2001年获医学博士学位,后在山东省立医院从事儿科血液肿瘤疾病诊疗13年,并先后到第一军医大学附属珠江医院儿科、香港中文大学附属威尔斯亲王医院儿童癌症中心、上海儿童医学中心血液肿瘤科、中国医学科学院血液病研究所儿童诊疗中心等进修学习儿童癌症的诊治及儿童造血干细胞移植。2014年作为高级人才引入山东省千佛山医院工作。

2001年博士毕业后,主要从事小儿血液肿瘤疾病的诊断和治疗,特别是造血干细胞移植术治疗骨髓衰竭性疾病和恶性肿瘤以及生物技术,如DC/CIK、NK、CAR-T等治疗小儿难治性血液病。主编《小儿出血性疾病》《小儿红细胞疾病》《小儿白细胞疾病》《小儿常见病诊疗方法图解》4部专著,参编《儿科治疗学》《儿科学学习指南》《儿科学复习多选题》等著作。

隋星卫　1963年10月生,山东寿光人。1984年毕业于青岛医学院,同年考取山东医科大学傅曾矩、沈柏均教授研究生,1987年毕业留校。1990～1991年留学日本,研究造血干细胞保存。1991年回国,参与沈柏均团队的脐血基础和临床研究,1993年晋升副教授。1994年享受笹川奖学金再度赴日留学,发现gp130在人类造血中的作用,1995年获东京大学血液研究奖和医学博士学位。1996年赴美在Vanderbilt大学做博士后,1997年获美国医师协会、临床研究协会及医学研究联盟成就奖。1998年考取美国临床医生资格。2000～2003年美国田纳西大学内科住院医生,2003～2005年美国西雅图华盛顿大学及Fred Hutchinson癌症研究所高级临床研究员,从事肿瘤、造血干细胞移植及CAR-T细胞疗法的临床及实验室研究。2005年至今,美国奥林匹亚市Providence肿瘤中心的资深肿瘤专家、合伙人及临床研究部主任。主要从事肿瘤临床治疗及Ⅱ/Ⅲ期临床试验。

栾佐　1958 年生，北京市人，现任中国人民解放军海军总医院儿科主任医师、博士生导师，专长为小儿造血干细胞移植，研究方向为儿科再生医学。主持国家科技部、国家自然及军队科研项目多项，发表论文百余篇，获得军队科学技术进步成果奖多项。

1999 年主攻脐血移植研究，主持开展各种类型造血干细胞移植治疗小儿血液、肿瘤、免疫缺陷、自身免疫病、遗传代谢病等儿童难治性疾病，其中不乏国内首例。国内率先开展 UCBT 治疗小儿难治性 SLE 基础与临床系列研究，率先开展 HSCT 后序贯 NK 细胞输注防治白血病复发的临床研究；国际上率先采用脐血非血小板颗粒促进 UCBT 后血小板植入速率，率先提出和实践 UCBT 等造血干细胞移植加多胚层来源干细胞序贯治疗遗传代谢病等难治性疾病。参与国家卫生部脐血移植三类技术准入标准制定，2009 年主持编写《脐血移植治疗儿童白血病推荐移植方案—2009 版》，开启和主持全国儿科造血干细胞移植多中心登记及总结工作，并在循证医学基础上，2016 年主持编写《脐血移植治疗儿童恶性血液病中国儿科专家共识》，以推动我国儿科 UCBT/HSCT 的发展。

创办中国红十字会蓝飘带基金，救助贫困儿童，2011 年荣获中华少儿慈善基金会全国"仁者医生"称号。

赵勇　1968 年出生，山东齐河人。2000 年获得上海第二军医大学免疫学博士学位后，到美国芝加哥大学从事博士后研究。2004～2008 年，在美国伊利诺伊州大学芝加哥分校（University of Illinois at Chicago）医学系内分泌科任助理教授；现在美国纽约地区 Hackensack University Medical Center 任副教授，从事脐血多能干细胞的临床应用和分子免疫识别机制研究。

2003 年，发现人的外周血单个核细胞可去分化变为多潜能干细胞。2005 年，发现脐血多能干细胞 CB-SC，利用其免疫调节作用，创建自体血免疫细胞教育治疗技术（Stem Cell Educator Therapy），并已成功地将该技术转化到临床应用。通过国际多中心 200 余例临床研究，证明该法在控制自身免疫和纠正免疫紊乱方面有显著疗效，为治疗糖尿病和其他免疫性疾病开辟了崭新的途径。2012 年美国糖尿病学会（ADA）年会上称该法是一项具有领先和开创性的医疗技术，被 ADA 评为 2012 年八项科技突破之一。2013 和 2014 年，美国青少年糖尿病治愈联盟（JDCA）也确认 Stem Cell Educator 是最有希望治愈 1 型糖尿病的技术之一（排行第 3 位）。发表相关论文 40 余篇，拥有美国、中国、加拿大、澳大利亚、欧盟等国家地区的发明专利 8 项。专利产品 Stem Cell Educator 已获得美国食品药品管理局（FDA）注册及Ⅰ/Ⅱ期临床应用许可。

脐血——生命的不竭源泉

（Human Cord Blood—The Source of Human Life）

脐血（Cord Blood）这个为胎儿提供一切物质需求、浇灌生命之花的特殊存在，以往随着新生儿的呱呱坠地而被弃为"废物"。如今，在诸多智慧的医学家的辛勤耕耘下，变废为宝，使脐血重新焕发出生命的活力，成为现代医学的一个新存在，成为延续生命的新源泉。抚今追昔，我们从不同的侧面看脐血，包括从天道易理、家国法理、人性伦理、思辨哲理，尤其从传统文化的角度来看脐带血和脐血库，透过传统医学的辩证到现代医学的飞跃，从胎盘崇拜、脐血认识、脐血库理念到脐血干细胞临床应用，则另有一番天地。

一、从远古走来——胎盘崇拜

在人类历史进化的长河中，人的自然崇拜是普遍的文化现象，自然崇拜的内容，随着时代的发展而变迁。远古时期人们感到最神秘也最容易形成的崇拜应该是生殖崇拜。从母系社会开始，我们的远祖就一直在探寻自己的来源，终于他们发现了胚胎，观察到小小的胚胎在脱离母体以后就是一个活生生的人。发现了人的生命起源，自然形成一种对人类胚胎的崇拜（这可从古代良渚文化，二里头文化的胚胎符号得到印证）。人类对胚胎的崇拜自然扩展到对胚胎孕育的关键结构——胎盘的崇拜。古代的中国，从道家到医家都盛行胎盘崇拜的文化。最早有史料记载使用紫河车（即胎盘）之名的是东晋著名道教人物葛洪，他曾用《紫河车歌》讲述男女双修阴丹秘诀。在唐朝因道教的盛极而使紫河车名声鹊起，唐吏陈藏器编的《本草拾遗》中最早出现了以紫河车入药的记载。至明末清初，李中梓著的医学名著《医宗必读》对紫河车的"形神俱妙"进行了另一种注解："未有男女，先立胚胎……九九数足，儿则载而乘之，故名河车又曰紫者，以红黑色相杂也。"由此可见，胎盘崇拜渗透着道家生殖图腾的宗教思想，也传承了中国传统的那种珍惜生命、企求延年益寿的朴素伦理思想。

"紫河车"承载着厚重的道教文化，也融合了医学家重视人的价值、维护人的生命、实现人的发展的生命哲学理念。中医学称紫河车是补精、养血、益气之良药，遂有口服脐带血催奶下乳的民间说法和做法，又有用脐带焙干研末饮服治疗疟疾的偏方；《本草纲目》则有用脐带血点眼治疗"痘风赤眼"、蒸食胎盘能够促进产妇下乳的记载。但由于认识的局限，古代医学家却没有能够进一步认识到胎盘中残留血液及与之相连的脐带血的价值，往往在分娩时胎盘随胎儿娩出后，便被当作医疗垃圾丢弃。直到 20 世纪中叶，随着现代医学的发展，从脐血中分离干细胞获得成功，脐血的重大医学价值才得以真正发现，从而使脐血和胎盘变废为宝，成为延续和修补生命的不竭源泉。

二、世界医学科学的足迹——脐血价值的回归与发扬

自古以来，科学技术以一种不可逆转、不可抗拒的力量推动着人类社会向前发展。人类创造的一切物质或精神成果都属于文化，人类自己对生命孕育、延续过程的认识也创造、形成了一系列物质成果和知识体系——从远古的胎盘崇拜，到中医的胎盘入药治病，到脐带血的现代研究、干细胞移植、脐血库建立及脐血干细胞在再生医学中的应用，均是人类对自身认识的重大进步，是人类文化成果的重要积累，均闪耀着人类智慧的光辉，是十分宝贵的脐血文化的达成。随着现代医学的飞速发展，短短百余年间，西方医学技术的迅速传播为人体生殖过程和生老病死的深入研究提供了新的方法。特别是干细胞研究的突破，使胎盘、脐带及脐血的价值得到了回归和发扬。

从1972年Nakahata发现脐血中存在造血干细胞以来，有关脐血的研究不断深入，人们发现脐血犹如一个生物之宝，富含多种对人体有益的细胞及成分，脐带血不仅含有丰富的造血干细胞，还含有很多非造血干细胞，如间充质干细胞、上皮干细胞、各种功能干细胞和胚胎样干细胞等等。医学家们发现脐带血造血干细胞可代替骨髓进行造血干细胞移植治疗白血病及恶性肿瘤、再生障碍性贫血及遗传代谢性等疾病。脐带血作为造血干细胞的三大来源之一，与骨髓干细胞和外周血干细胞相比，除了来源丰富、采集方便、对被采集者不会造成伤害外，还具有免疫原性低、排斥反应小、再生能力强等好处，且临床应用及时、易配型，移植后移植物抗宿主病发生率低且程度较轻等优势。而脐带间充质干细胞，似可治疗更多种疾病，除可以修复损伤或病变的组织器官之外，还可以参与免疫调节治疗相关疾病。而胚胎样干细胞则可能培育转化成几乎所有的组织器官。

干细胞及其在再生医学中的研究和应用，是对传统医学治疗方法和医疗理念的一场重大革命，1999年干细胞研究两度被《科学》杂志推举为21世纪十大科技排名第一研究领域。在该领域，各国科学家在60年间三次获得诺贝尔生理学或医学奖，实现了干细胞从基础到应用的一个又一个里程碑式的突破。但是有关胚胎干细胞的研究因为牵涉到对胚胎的损害和伦理问题而受到限制，而脐血干细胞的研究不存在这一障碍。2014年全球首个脐带血产品Hemacord获得美国盖伦奖（Prix Galien Award）的最佳生物技术产品奖。Hemacord含有人体脐带血造血祖细胞（HPCs），适用于某些造血系统疾病患者的造血干细胞移植。而盖伦奖被公认为制药和生物医疗行业的最高荣誉，被誉为"医药界的诺贝尔奖"。故此次获奖，推动了脐带血干细胞更加深入广泛的研究和应用。

三、我们一路前行——山东脐血库为生命储存健康和保障

20世纪以来生命科学大发展，干细胞研究促进了再生医学的发展。脐带血干细胞已不仅仅应用于造血干细胞的移植，其在再生医学中的基础研究和临床应用突飞猛进，特别在神经、内分泌及免疫系统方面，如脑瘫、中风、自闭症、缺氧缺血性脑病、侧索硬化症、糖尿病、风湿免疫疾病等，呈现出超越脐血移植术治疗恶性肿瘤的势头，可能开辟又一片脐血-脐带干细胞治疗的新天地，有望产生一种全新的治疗技术。这种再造或修补细胞、

组织和器官的新医疗技术,给人类健康带来了新希望,可望使任何人能用上自己或他人的干细胞及其衍生的新组织器官,来替代病变或衰老的细胞组织器官。这具有极大的应用前景和产业化前景,数百家以干细胞研究应用为主体的生物公司已在国内外上市或成立。利用干细胞治疗疾病的细胞组织工程,已经成为直接面向难治性疾病的最活跃领域,成为高新生物技术产业竞争的焦点。干细胞工程成了医家和投资家的"希望工程",也成了储存者和准储存者的"希望工程"。脐带血干细胞潜存价值日益增大,甚至有人把脐带血干细胞视作"生命的种子",脐带血库被称为"生命银行",储存脐带血被当作"生命的备份"。至今,全世界已有 52 个国家 158 家脐血库,储存公用脐血 70 余万份,家庭库 300 余万份,进行脐血移植 3 万余例。但由于目前脐血干细胞主要应用于脐血造血干细胞移植治疗恶性肿瘤和骨髓衰竭症,所存脐血利用率很低(小于 10%),家庭自存库尤低,于是,脐血自存的必要性受到业内外人们的质疑。近 10 余年来,脐血干细胞在再生医学中的成功应用以及对人类保健、延年益寿的潜力,正成为脐血应该保存的有力新证据。鉴于脐血的上述潜在应用价值,在某些发达国家已经以法律的形式规定:分娩后人类合格脐血应该常规保存。

1986 年,沈柏均教授从澳大利亚留学回国后受命筹建山东医科大学附属医院"低温医学实验室",开展冷冻医学研究。1991 年,沈柏均团队完成了世界首例混合脐血移植治疗 1 例卵巢脂肪肉瘤患儿,成为当年国内十大科技新闻之一,并于 1993 年承接国家卫生部的课题"脐血库的筹建和临床应用"。由此,山东医科大学便着手进行脐带血采集、分离、冻存及脐血细胞功能鉴定的研究,逐步形成了脐血"快采、慢摇、速递、冷冻、专存、规范"等一系列成熟的操作规程和实用的脐血细胞分离冻存技术与管理理念。众所周知,脐血库承载了诸多的功能和希望,其运作和管理工作十分重要。立足现在,把握未来,机会总是给有准备的人,所以储存脐带血就是居安思危、救济危病的生存保障。这种保障是对痛苦的慰藉、对健康的扶助、对病患的拯救、对生命的挽留。动员脐血捐献则强调对医疗资源的贡献,强调拯救他人的神圣、播撒大爱的高尚,强调爱心奉献。因此,这是一份利己、利人、利社会的高尚事业,必须具有激情、奉献、大爱、真诚、热心、关爱长远的精神,因为这是一个朝阳的事业!

任何事物的发展从来不是一帆风顺的,山东脐血库率先诞生于齐鲁大地,在不断的争议声中坚定前行。在多年的实践中,山东脐血库在严格管理、质量控制、产品研发、临床应用及宣传理念上形成了一整套知识文化体系。历经 20 多年的风风雨雨,到目前,山东省脐血库与北京市脐血库、广东省脐血库、上海市脐血库、四川省脐血库、天津市脐血库和浙江省脐血库成为我国仅有的七家获得卫生部脐带血造血干细胞库执业许可证的正规脐血库。我国台湾省脐血库及香港脐血库的建设也进展良好。山东省脐血库从刚开始诞生之地——山东大学齐鲁医院科研楼到南外环电校鲁能楼、再到现在济南市高新技术开发区占地 40 亩的山东省脐带血新库,已储存脐血 20 余万份,为临床移植查询6000 余次,提供临床移植用脐血 1000 余份,挽救了众多患者的生命及他们的家庭。

20 多年弹指一挥间,虽库址三迁,但当年脐带血造血干细胞项目组科研人员的事业之心矢志不渝、初心未迁。俱往矣,山东省脐血库已经扬帆远航,正承载着人类健康的希望,奋发向前。沿着 21 世纪的生物革命之路不断前进,未来之路充满光明,当年变废为宝造福人类的初心必将得以实现。

20年前，我们在举办4期"脐血临床应用学习班"讲义的基础上，曾编写出版了首部有关人类脐血的专著《人类脐血：基础·临床》，并获得"北方10省市优秀科技图书"一等奖。20余年来，脐血基础研究和临床应用突飞猛进，有关脐血的资料浩如繁星。为方便同行阅读参考，我们觅取国内外有关的部分资料，结合我们20余年来的一些研究心得，重新编写、出版此书。由于我们水平和能力所限，错误或不当之处恳请专家和同道们不吝赐教，多加指正。

2016年9月15日
于山东大学齐鲁医院、山东省脐血库

目　录

第二篇　人类脐血库
Human Cord Blood Bank

第三篇　脐血应用研究
Clinical Application of Human Cord Blood

第一篇　脐血的基础研究

Basic Research of Human Cord Blood

第一章 胚胎造血的发生和变迁
Genesis and Development of Fetal Blood

    造血系统是哺乳动物胚胎发生过程中最早发育的复杂组织系统之一。胚胎发育期间,造血发生表现为多时间点的连续过程。人类胚胎最初的造血细胞起源于卵黄囊的血岛(bllood island)和主动脉-性腺-中肾(aorta-gonad-mesonephros,AGM)区,以后迁移到胎肝、胸腺、脾脏和骨髓。新的观点认为,胚胎头侧也有造血活性的存在,也能长期、高效、多系重建致死剂量照射小鼠的造血系统。二次移植的结果表明上述造血细胞均具有自我更新能力。小鼠胚胎的造血过程与人类相似,因此研究多是通过小鼠进行的。

第一节 胚胎血循环的建立
Fetal Blood Circulation

    在人类的胚胎发育过程中,血液的发生和血管的形成是紧密联系在一起的;造血干细胞的播散种植以及与之相伴的造血场所的扩建和迁移也是通过胎血循环途径实现的。所以,讨论胎血的发生和发展,必然涉及胚胎血液循环系统的建立。所以本章首先简要介绍胚胎循环系统的形成过程。

一、胚胎血液循环

(一)胚胎早期血循环的建立

    人类胚胎发育到第2周末时,卵黄囊壁上的胚外中胚层局部聚集成团,形成血岛。血岛是原始血管和造血干细胞发生的始基,血岛周边的细胞分化为扁平的内皮细胞,血岛中央部分的细胞变为圆形,逐渐形成游离状态的造血干细胞(见图1-1-1,文后彩图)。

    血岛相邻的内皮细胞互相连接,形成原始的毛细血管。随后,在体蒂、绒毛膜等处的胚外中胚层也以同样的方式形成原始毛细血管。毛细血管以出芽方式分支延长并互相连通,构成胚体内的毛细血管网。至第3周时,胚体内外的毛细血管网彼此连接,此时卵黄囊血岛内的造血干细胞迁徙进入胚体内,建立了胚胎的早期血循环(见图1-1-2,文后彩图)。

（二）心脏的发生和血管的形成

人胚发育到第 3 周，在体节尚未出现以前，口咽膜头端两侧的中胚层出现一群细胞，称之为生心索(cardiogenic cord)；生心索的背侧出现了一个腔，称围心腔(pericardial coelom)。以后，随胚体头尾两端向腹侧弯曲，生心索由口咽膜的头侧转移到咽的腹侧。与此同时，生心索的细胞形成左右两条并列的纵管，称为原始心管(primitive heart tube)。不久，左右两条心管纵向融合为一条心管，心管的头尾两端分别与动脉和静脉相连，心管的管壁亦逐渐增厚分为两层，内层分化为心内膜，外层分化为心外膜和肌层。由于围心腔的不断扩大并向心管背侧扩展，致使心管与前肠之间的间充质由宽变窄，结果形成背侧心系膜，围心腔发育为心包腔，心管借心系膜悬于心包腔的背侧壁上。随后，系膜的中央部分退化消失，形成心包腔的横窦，心管随之游离于心包腔内。随妊娠进展，原始心管发生一系列外形的演变，心腔内部出现分隔，逐步形成最初的心脏。

胚体内最早出现的血管除一对心管外，还有一对连接于心管头端的腹主动脉，和一对原始消化管背侧的背主动脉和连接同侧背主动脉与腹主动脉的第一对弓动脉。当胚胎进一步发育，两条原始心管合并为一条心管，两条腹主动脉也融合成一个主动脉囊(aortic sac)。以后，左右背主动脉在咽的尾侧合并成一条，沿途发出若干分支将血液运到胚体各部。此时，在胚体前部发生了一对前主静脉，在胚体后部发生了一对后主静脉。两侧的前、后主静脉分别汇合成左、右总主静脉注入心脏，分别将胚体前部和后部的血液运回心脏。这样，就建立了胚体内的血液循环通路。此外，背主动脉发出若干对卵黄动脉，分布于卵黄囊；还发出一对尿囊动脉，以后发育为脐静脉(umbilical vein)，分别将卵黄囊及绒毛膜的血液运回心脏，这样，就建立了卵黄囊循环和脐循环。至胚胎第 4 周时，在胚体内外形成了三个循环通路，即胚体循环、卵黄囊循环和尿囊循环（以后发育为脐循环）。构成胚胎早期胚体内的背主动脉演变成降主动脉，降主动脉沿途分支营养胚体各部，由动脉囊发出的第 2～6 对弓动脉，经过一系列演变后，至第 7 周时，已失去它们原来成对的形式，形成类似生后的血管系统（见图 1-1-3，文后彩图）。

二、胎儿血循环

胚体内的血循环系统不断演化，并适应胎儿营养交换的特点，发育成许多独特的解剖学结构：由于胎儿的肺处于不张状态，不能进行气体交换，胎体内的血液是经脐动脉到达胎盘绒毛膜的毛细血管内，与绒毛膜间隙中的母血进行气体和物质交换。交换后，含氧量高、营养丰富的血液经脐静脉进入胎体内，至肝脏下缘分成两支：一支由肝门入肝，行经肝时发出分支营养肝脏，然后经肝静脉流入下腔静脉；另一支经静脉导管入下腔静脉。由消化管、躯干和下肢来的含氧低的血液汇入下腔静脉，与由脐静脉来的含氧高的血液混合后，注入右心房，这部分血液的大部经卵圆孔进入左心房、左心室，再由左心室入主动脉。经主动脉的三个分支，血液大部分流入头、颈和上肢。从头、颈和上肢回流的血液，经上腔静脉汇入右心房后，进入右心室，再入肺动脉。由于肺处于不张状态，因此，大部分血液经动脉导管注入降主动脉，只有少部分血液入肺。降主动脉的血液除少量供应躯干、腹部、盆腔器官和下肢外，大部分从髂内动脉分支，经腹下动脉进入脐动脉流入胎盘，与母体血液进行气体和物质交换（见图 1-1-4A，文后彩图）。

总之,胎儿期血液循环有自己的特点,胎儿有通向胎盘的两条脐动脉和一条脐静脉,肝内有条静脉导管连接脐静脉和下腔静脉;腹壁有两条腹下动脉连接脐动脉和髂内动脉;房间隔上有一卵圆孔,血液可由右心房直接流入左心房;在肺动脉和主动脉间有一条动脉导管;这些通道在胎儿出生后逐渐闭锁(见图 1-1-4B,文后彩图)。

三、胎盘血循环

妊娠足月时,胎盘是一个圆形或椭圆形的盘状器官,重 500～600g,直径 18～20cm,厚约 2.5cm,中间厚,边缘薄。胎盘分为子面和母面,子面被羊膜覆盖呈灰白色,脐带附着于中央。脐动脉、脐静脉从脐带附着点分支向四周呈放射状分布,直达胎盘边缘,有分支穿过绒毛膜板进入绒毛干及其分支;母面呈暗红色、粗糙,由蜕膜分隔成 18～20 个胎盘小叶。

胎盘的构成包括羊膜、叶状绒毛膜和蜕膜三部分。羊膜附着于绒毛膜板表面,为光滑、无血管、神经或淋巴管之双层透明膜。叶状绒毛膜是构成胎盘的主要部分,也是胎盘的子面部分,当胚泡植入子宫内膜时,滋养层细胞迅速分裂、增殖,形成过渡形细胞,以后这种细胞互相融合失去细胞膜,形成合体细胞,合体细胞侵蚀母体的毛细血管及小静脉,母血外溢形成绒毛间隙的前身。受精后约 12 天,滋养层表面形成绒毛结构,绒毛进一步发育分支,约在受精后第 3 周时,胚胎体蒂中胚胎的血管与绒毛中的血管相连,建立起胎儿胎盘循环,绒毛的末端悬浮于充满母血的绒毛间隙中,通过绒毛最表面的合体细胞与母体进行物质交换。底蜕膜是构成胎盘的母体部分,在受精第 3 周,子宫内螺旋小动脉被合体细胞侵蚀,血液由动脉口间歇性喷入绒毛周围与胚囊植入蜕膜时微血管壁破裂后形成的小腔隙相通而形成胎盘的绒毛间隙。到足月时,子宫动脉血以 8.0～9.3kPa 的压力喷入绒毛间隙,喷入后的血液向胎盘小叶间隙各部扩散,最后由底蜕膜上开口的静脉回流至母体,这样,完成子宫胎盘体系中母体的血循环(见图 1-1-5,文后彩图)。由此可见,胎儿循环与母体血循环不直接相通,而是通过悬浮于底蜕膜绒毛间隙血池中的绒毛,进行气体和各种物质的交换。

第二节　胚胎造血的分期
Staging of Fetal Hematopoiesis

哺乳动物造血发生部位随着胚胎发育而逐步改变,大致依次经历卵黄囊/主动脉—性腺—中肾区(AGM)/胚肝/骨髓四个阶段。此外,在 AGM 到胚肝的过程中,胎盘中也有大量的造血干细胞参与了造血过程。随着造血过程发生部位的改变,造血干细胞的微环境(niche)也随之改变。在不同的微环境中,具有造血能力干细胞的造血产物类型会有所不同。例如,卵黄囊区的血液血管母细胞(hemangioblast)直接分化发育出大量的红细胞,以支持胚胎发育过程的氧气运输,很少分化出其他类型的血液细胞;AGM 区的造血干细胞则可以在"自我更新"的同时分化出少量的前体细胞;在胚肝中,造血干细胞分化出更多的各种类型的前体细胞;最终在骨髓中,造血干细胞稳定地分化为各个谱系成熟的具有功能的细胞。此外,在胚肝中造血干细胞大部分处于分裂周期中,而骨髓中的造血干细胞大部分则处于静止状态。这些变化反映了造血干细胞逐步成熟的过程以及在不同微环境中干细胞的发育状态。然而,这四个阶段并非截然分开,而是部分重叠在一起的连续过程(见图 1-1-6,文后彩图)。

一、卵黄囊造血期

卵黄囊造血属于胚外组织造血,它发生于卵黄囊、绒毛膜以及胚胎体蒂部。妊娠第 1 周后,受精卵经多次分裂成卵裂球,继而发育成桑葚胚、胚胞。胚胞外侧的细胞称为细胞滋养层,后来发育成胎盘的主要部分;另一端为一群大而不规则的内细胞群称为成胚细胞区,覆盖在内细胞群上的滋养层,称极端滋养层;自妊娠第 2 周始,滋养层细胞开始形成胚外间充质,其中部分间充质细胞与滋养层细胞联合形成绒毛膜,其他间充质细胞则与卵黄囊连接,绒毛膜是连接胚外组织和胎体的桥梁,并形成以后的体蒂部。卵黄囊的外壁由柱状细胞构成,内壁为源于胚外中胚层的扁平细胞,两层之间为间充质细胞。妊娠第 2~3周的间充质中出现血岛,血岛的外侧细胞形成内皮细胞,发育成以后的血管,内侧细胞游离成为造血干细胞。血岛间形成血管网称绒毛-羊膜血管,随后与胚胎循环连接。与此同时,体蒂及绒毛壁的间充质也形成血岛,分化成为造血干细胞。卵黄囊周围的血管网互相融合,成为卵黄血管,尔后与胎儿血管连接,于是胚外组织就形成两个独立的血管网与胎儿血管网相连。卵黄囊的血液通过卵黄囊静脉引入胎儿肝脏,绒毛及体蒂内的血液由脐带血管引入胎盘。胚外血管中原始的造血干细胞主要分化为幼红细胞,其形态酷似巨幼红细胞,所含血红蛋白为 Portland,Gower Ⅰ 和 Gower Ⅱ。

人卵黄囊造血自妊娠第 3 周持续至第 9 周,是哺乳动物个体发育的第一个造血中心,同时还是第一个血管发育的位点。在胚胎发育的过程中,卵黄囊造血主要表现为红系造血。小鼠妊娠第 7 天的卵黄囊中出现小簇细胞,这些细胞中包含有血岛形成细胞,24~48小时后卵黄囊中的成血管细胞向造血细胞和内皮细胞分化,形成原红细胞和血管,第 9.5天的卵黄囊中出现原红细胞。卵黄囊造血干细胞(yolk sac hematopoietic stem cells,YS-HSC)在发育过程中表现出异质性。YS-HSC 可分为 Ⅰ、Ⅱ 和Ⅲ期,分别为妊娠第 7~8天、9~10 天和 11~12 天的 YS-HSC。Ⅰ期 YS-HSC 的 MHC 相关抗原、CD34 和 AA4.1抗原均为阴性;Ⅱ期 YS-HSC 的 MHC 相关抗原、干细胞抗原(stem cell antigen,SCA)和热稳定抗原(heat stable antigen,HSA)为阴性,已表达 CD34 和 AA4.1 抗原;Ⅲ期 YS-HSC 的 MHC 相关抗原和 HSA 由阴性变为低水平表达,CD34 和 AA4.1 抗原阳性,对转化生长因子-β(transforming growth factor-β,TGF-β)有抵抗力。Ⅲ期 YS-HSC 均表达血小板生成素(thrombopoietin,TPO)受体 c-kit,表现为干细胞因子(stem cell factor,SCF)依赖性生长。已有研究表明,YS-HSC 可以向淋系、髓系和红系分化,目前一致认为,其分化方向主要取决于环境因素。

早期研究发现,8 天的鼠卵黄囊中已经含有前体 T 细胞,若将 YS-HSC 移植进入干细胞排空的胸腺残基,其能够分化产生 CD4$^+$CD8$^+$Thy1$^+$ 的淋巴细胞,随后产生 TCRγ/δ、TCRα/β 以及 CD4$^+$CD8$^-$、CD4$^-$CD8$^+$ T 细胞。当以 S17 骨髓基质细胞作滋养层时,YS-HSC 在体外能分化成 B 细胞,将 YS-HSC 植入去除干细胞的小鼠体内后,能检测到

其可以分化为成熟的 B 细胞。

有人研究了斑马鱼胚胎造血,认为发生于卵黄囊中的胚胎原始造血,包含有限的髓系造血功能。秘祖霞等体外培养 YS-HSC,能够定向诱导分化为粒-单核造血祖细胞集落,进一步说明 YS-HSC 可以分化为多种髓系细胞。在 E7.5～10.5 的鼠卵黄囊中,Tober 等应用免疫组化结合祖细胞分析的方法检测到最早的巨核前体细胞和成熟巨核细胞;另外,在人的卵黄囊中可直接检测到巨大的、低颗粒化的血小板存在,因此推测最早的胚胎血小板来源于卵黄囊。

据研究,卵黄囊也是巨噬细胞的起源地,在各种脊椎动物模型均有报道。Bertrand 等发现卵黄囊中存在巨噬细胞前体细胞,其发育方式与成体巨噬细胞一致。对各期胚胎组织巨噬细胞的检测发现,巨噬细胞首先出现于卵黄囊中,随后出现在胎肝和血流中,提示巨噬细胞很可能在卵黄囊中产生,随后迁移到胚胎本体,维持胚胎的正常发育。

内皮细胞对卵黄囊造血的作用:早期研究发现,卵黄囊的内、中胚层来源的经 SV40 转化的内皮细胞,能够支持骨髓来源的造血干细胞的增殖和分化。将 10 天鼠胚胎 YS-HSC 及卵黄囊来源的内皮细胞共培养 8 天,造血干细胞可扩增 100 倍以上,而且在无生长因子的情况下,初级和次级培养仍可形成混合集落,并且这种能力在体外至少能保持 3 代,而经过传代的细胞在合适的条件下能向多个谱系分化。上述研究证明,卵黄囊来源的内皮细胞能够在无生长因子的情况下,支持多潜能造血干细胞的稳定增殖,直接参与卵黄囊干细胞的增殖和分化。

造血微环境中细胞因子通过与 YS-HSC 上表达的相应受体结合而发挥作用。体外模拟造血发育的研究表明:胚胎造血细胞早期表达多种造血生长因子的受体,如 IL-3、IL-5 和 GM-CSF 受体;可诱导表达的基因有 c-fms、G-CSF 受体和 CD34 基因;IL-7 受体基因较晚表达。有研究显示,TPO 能协同其他细胞因子增强骨髓 CD34$^+$ 造血细胞体外红系集落的形成,TPO 在 EPO 存在时能显著增强卵黄囊红系祖细胞的增殖和分化,这种促红系生长的作用甚至表现出促红细胞生成素非依赖性的特点,这说明 YS-HSC 表达 TPO 受体的 c-mpl。受体酪氨酸激酶家族是一类造血生长因子受体,其受体的胞浆部位含有酪氨酸激酶结构域。据相关实验推测:YS-HSC 表达 c-kit、flk-1、flt-4、c-fms、FGF 受体及 tek 等受体酪氨酸激酶家族成员,胎肝激酶 flk-1 的配基 FL 是一种造血调节因子,正常的 YS-HSC 表达 flk-1,flk-1 基因剔除的小鼠胚胎,可导致因内皮细胞和造血细胞的成熟缺陷而死亡。

二、肝(脾)造血期

(一)肝脏造血

妊娠第 5 周时,卵黄囊的造血干细胞随胎血循环种植到肝脏,在肝细胞间的多能性间叶细胞中增殖分化,产生成人型幼红细胞。随妊娠进展,肝脏的造血逐渐增强,至 16～20 周达到高峰。此期的幼红细胞仅能合成胎儿型血红蛋白(HbF)。肝脏除有旺盛的红系造血功能外,也能生成少量的粒细胞、巨核细胞和淋巴细胞,但它们所占比例很少,而且功能不成熟。一般认为,肝脏造血自妊娠第 5 周持续到 7 个月左右。红系、粒系和淋巴样细胞变化如图 1-1-7 所示。

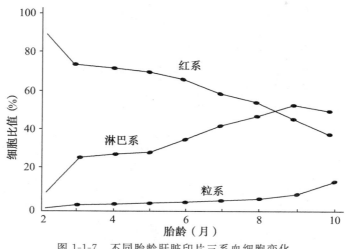

图 1-1-7　不同胎龄肝脏印片三系血细胞变化

（刘乃施,等.中华血液学杂志,1989,10:526.）

胎肝造血以红系占绝对优势,人胎肝于胎龄 5～6 周已建立红系造血,9～12 周时十分活跃。其中幼稚阶段细胞占多数,第 9 周时原始红细胞占红系细胞的 93.4%。13～16 周时红系造血达高峰,妊娠第 5 月以后逐渐减弱,幼稚型细胞逐渐减少。红系造血主要在肝实质内,有核红细胞与肝细胞的关系十分密切,这可能与物质转运有关。胎肝有产生粒系、巨噬系细胞的巨大潜力,但粒系造血远不如成年骨髓活跃。人胎肝首先出现的分化血细胞是巨噬细胞,在胎龄 4～5 周时即可见到。粒系在 6 周左右出现,比红系、巨核系稍迟,以后始终与红系造血同时存在,在妊娠第 7 月时达高峰,以后逐渐减弱。粒系中主要是中性粒细胞,也有少量嗜酸性粒细胞形成。胎肝内粒系主要存在于肝门区及肝间质内。胎肝内亦有生成巨核细胞-血小板的活性,人胎肝于第 6 周便可见到巨核细胞,以后有所增加,但所占比例一直较低,其消长过程与红系类似。胎肝是一个非淋巴造血器官,淋巴造血不活跃。人胎肝在妊娠第 5 月前,T 淋巴细胞一直处于 1%～2% 的低水平。因为胎肝含淋巴细胞较少,同时又存在丰富的造血干细胞,所以胎肝移植可重建造血,而移植物抗宿主反应(GVHD)又轻。

人胚胎 12～17 周,每份胎肝含(3.0～34.6)×10^6 个 CD34$^+$ 细胞。16～24 周胎肝内造血前体数量已基本稳定,每份胎肝平均含 1.3×10^8 个 CD34$^+$/CD34^{++} 细胞,各种集落形成细胞(CFC)总数为 4.1×10^6～2.5×10^7 个。根据此结果,16 周以后的单份胎肝才能提供足够移植的前体细胞数。但胎肝前体细胞上的 HLA-A、B、C 和 DR 相关抗原表达随胎龄的增加而加强,13 周后胎肝开始出现 TCRαβ$^+$ CD8$^+$ T 细胞,此 T 细胞能与同种异体 HLA 类分子强烈反应。骨髓的长期培养起始细胞(LTC-IC)主要集中于 CD34^{++} CD38$^-$ HLA-DR$^-$ 细胞,而胎肝的 LTC-IC 主要集中于 CD34^{++} CD38$^-$ HLA-DR$^+$ 细胞。另一项研究表明,脐血的 LTC-IC 平均分布在 HLA-DR$^-$ 和 HLA-DR$^+$ 群体中,提示 CD34$^+$ CD38$^-$ HLA-DR$^+$ 表达随发育而下调。

（二）脾脏造血

脾脏造血开始较晚,在肝脏造血开始 1 个月后,主要产生淋巴细胞、红细胞和粒细胞。至胎儿 5 个月时,脾脏造血活动减少,并逐渐消失,但其淋巴系造血功能逐渐增强而且维持终生(见图 1-1-8)。

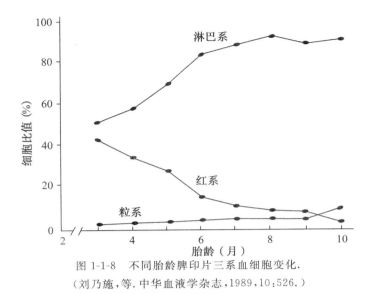

图 1-1-8　不同胎龄脾印片三系血细胞变化.

（刘乃施,等.中华血液学杂志,1989,10:526.）

（三）胸腺造血

　　胸腺也被认为是胚胎造血组织的一种,主要产生 T 淋巴细胞,胸腺印片中各月龄平均占有核细胞的 97%。胸腺的淋巴祖细胞由卵黄囊血岛等处的造血干细胞分化、迁徙而来,在胸腺微环境(网状内皮系统、胸腺激素)的诱导下,发育成 T 淋巴细胞系统。

三、骨髓造血期

　　一般认为骨髓造血始于胚胎第 5 个月,有人认为锁骨为最早的骨髓造血处。根据我们的观察(沈柏均,等.中华血液学杂志,1981,2:102),胚胎 3 个月初时,骨髓涂片就可查见淋巴样-网状细胞和混杂于成骨细胞之间的有核红细胞,并发现这种骨髓象首先出现在肱骨和股骨部位。随着胎儿的发育,骨髓造血范围迅速扩大,增生度增加,细胞成分比例逐渐改变,延续至出生,成为出生后造血的唯一场所。

　　（一）骨髓的形成

　　骨髓源于间充质的内胚层组织。内胚层细胞首先分化形成软骨,软骨破坏后形成骨组织。骨的成熟过程实际上是成骨细胞与破骨细胞消长和钙盐沉积的过程,最先形成的骨的部分称为初级骨化中心。骨外膜的血管连同间充质结缔组织细胞、成骨及破骨细胞进入初级骨化中心,溶解钙化的软骨,形成不规则的腔隙,称为初级骨髓腔,同时形成细胞基质,它是造血干细胞发育所必需的机械支架。初级骨髓腔外围的成骨细胞经钙化后成为原始骨小梁。随后,小梁被破骨细胞溶解消化,于是,初级骨髓腔融合成一个大的次级骨髓腔,并随骨的生长逐渐扩大。骨髓腔初具规模后约 2 周,造血干细胞由肝脏经胎血循环转入骨髓中的基质细胞,骨髓造血开始。

　　（二）骨髓造血

　　由于各种骨形成的时间不一,各骨髓腔发育的时间也不一样,因此,各种骨髓参与造血的时间也不一样(见表 1-1-1)。

表 1-1-1 　　　　　　　　　　　　各种骨髓参与造血的时间

造血开始的时间	（周）
锁骨	9～10
桡骨	9～10
股骨	9～10
胫骨	11～12
肋骨	11～12
椎骨	11～12
胸骨	21～22

（Trubowitz S, et al. *Human Bone Marrow*, P25. ）

大多数骨的骨髓自妊娠 8～12 周开始造血，至 7 个月时，红髓充满髓腔，骨髓成为主要的造血器官，出生后所有的骨髓均为造血活跃的红骨髓。

胎儿骨髓造血的进度，一般均有一个造血前期，该期建立了基质细胞并形成血管，为接纳造血干细胞着床准备条件。当造血干细胞迁入落户后，未分化造血细胞形成造血中心，在骨髓造血微环境的诱导下，向各系列血细胞发育。随着胎龄的增长与胎儿的发育，骨髓造血范围迅速扩大，细胞增生程度增加，细胞成分比例也不断变化（见表 1-1-2）。

表 1-1-2 　　　　　　　　　胚胎发育过程中骨髓各种血细胞的构成

细胞种类	胎龄（周）						成人
	11～12	13～14	15～16	17～18	19～20	21～22	
早幼红细胞	1.7±1.1	3.2±1.2	2.4±0.6	3.3±2.0	2.1±0.4	2.0±0.9	6.2±2.1
晚幼红细胞	11.8±7.1	14.7±3.9	12.7±3.0	16.2±1.4	18.9±7.6	16.0±3.3	23.9±5.3
早中幼粒细胞	8.8±5.0	14.1±2.2	15.3±2.5	17.9±1.6	13.1±4.2	13.0±2.5	16.3±2.2
晚幼粒细胞	3.7±1.4	5.8±1.6	7.1±0.8	6.9±1.1	7.7±3.7	7.2±4.9	6.9±1.9
分叶形粒细胞	9.0±2.3	9.8±1.6	13.5±5.6	9.6±3.8	14.8±4.9	14.9±8.5	17.0±2.4
嗜酸性粒细胞	1.4±0.4	2.7±1.2	3.9±0.8	5.0±0.7	3.9±0.2	6.3±1.6	4.2±1.0
嗜碱性粒细胞	0.2±0.2	0.2±0.1	0.2±0.1	0.1±0.1	0.0	0.2±0.2	0.3±0.1
单核细胞	0.6±0.2	0.7±0.4	1.1±0.2	0.7±0.2	0.7±0.3	0.9±0.3	1.1±0.4
巨核细胞	0.5±0.2	0.7±0.6	1.0±0.5	1.4±0.9	0.7±0.3	1.2±0.4	0.6±0.2
淋巴细胞	3.60.5	11.0±3.6	17.5±4.0	18.7±2.3	14.3±7.5	19.5±6.2	8.0±2.0
浆细胞	0.0	0.0	0.0	0.0	0.0	0.0	1.3±0.8
网状细胞	15.7±4.4	8.5±2.8	6.9±2.4	4.5±0.7	3.4±1.0	4.1±1.6	3.9±1.0
内皮细胞	14.5±4.0	8.7±2.0	6.0±2.2	5.2±0.8	2.6±1.4	3.7±0.9	3.0±0.7
骨内膜细胞	5.0±1.2	2.5±1.8	2.4±0.8	1.7±1.0	2.5±1.0	2.9±1.4	1.0±0.5
成骨细胞	18.8±4.2	9.8±4.9	4.8±2.5	2.0±1.4	1.7±1.9	1.3±0.7	0.5±0.4
破骨细胞	1.5±0.4	0.6±0.2	0.3±0.4	0.2±0.3	0.0	0.0	0.0
巨噬细胞	0.4±0.2	0.6±.6	0.3±0.2	0.5±0.3	0.4±0.2	0.6±0.4	0.5±0.2
原始细胞	1.2±0.4	2.6±1.1	2.5±0.5	2.0±0.6	1.5±0.2	1.5±0.5	1.2±0.2
分类不明细胞	1.3±0.3	3.4±1.4	2.1±1.2	2.8±1.4	2.4±0.2	3.3±0.7	2.6±0.5
丝分裂期细胞	0.4±.2	0.7±0.4	0.8±0.2	0.9±0.2	0.6±0.4	1.4±0.3	1.1±0.4
粒/红比	1.9±0.5	1.9±0.8	2.7±0.6	2.0±0.3	2.1±1.2	2.5±1.0	1.5±0.4

（Carbonell F, et al, Acta Anat, 1982, 113：371. ）

20世纪70年代末,沈柏均等曾首次对不同孕期人类胎儿骨髓造血状态进行形态学研究,发现有以下特点:

1.最初骨髓象 7～8周的胎儿软骨仅可查见少许成骨细胞。8～9周时,股骨、胫骨长5～7mm,质脆、透明,肉眼无红髓可见。印片可见网状细胞、纤维细胞、少许成骨细胞,还可见个别体积较大的暗红色成熟红细胞和大小不等的有核红细胞(见图1-1-9)。

2.第3个月 此时肉眼观察长骨的硬软骨界限比较清楚,股、胫、腓骨两端可见淡红色红髓,其细胞成分主要是成骨细胞(见图1-1-10)。胎龄越小,成骨细胞所占比例越大,平均55%,胞体21～25μm,大小比较一致,有1～3个明显核仁,胞浆丰富,呈浅蓝色或紫蓝色。粒系少见,占3.8%,各期均可见,以晚幼粒为主,其核常分叶。淋巴细胞少见,约占10%,各期均可见,以小淋巴细胞为主。偶见各期单核细胞。网状细胞多见,多为单核样网状细胞。巨核细胞偶见,体积较小,核常分叶(见图1-1-11),可见幼稚型和颗粒型,血小板罕见。

3.第4个月 增生活跃,粒红比为0.13:1,粒系较少见,但各期均见,形态无特殊。红系增生活跃,各期均见,以中、晚幼红细胞为主,分别占23.3%和27.8%(见图1-1-12)。淋巴细胞占17.3%,网状细胞多见,以单核型和粒细胞型为主,成骨细胞明显减小。巨核细胞每片2～66个,以颗粒型为主,可见散在血小板。

4.第5～6个月 骨髓增生活跃,粒:红＝0.2～0.3:1,粒系较多见,红系相对减少,淋巴系明显增加,占40%以上,形态与出生后无明显差别,可见成熟型巨核细胞和成堆血小板。

5.第7～9个月 胎儿在6个月之后,骨髓细胞成分在年龄组间无明显差异。因胎儿期周围淋巴器官发育未臻完善,骨髓已参与制造淋巴细胞,所以此期骨髓象以淋巴细胞为主要成分(一部分骨髓象中以中、晚幼红细胞为主),红系次之,粒系占第3位。由此可见,胎儿整个造血期间,均与生后骨髓象不同,粒红之比始终倒置,其原因可能是:①胎儿在无氧环境中,红系相对增生活跃;②胎儿在无菌环境中粒系增生相对减少。出生后上述环境急剧改变,粒红之比生后第一天即达1.85:1。巨核细胞数量增加,体积逐渐增大,成熟型增多,易见成堆血小板。

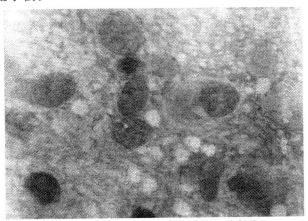

图1-1-9 第8～9周胎儿胫骨骨髓印片

(×1200,以网状细胞和成骨细胞为主,偶见巨核红细胞和晚幼红细胞)

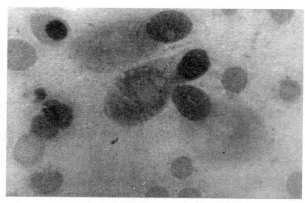

图 1-1-10　3 月胎龄儿胫骨骨髓印片
（×1200，成骨细胞为主，可见散在有核红细胞）

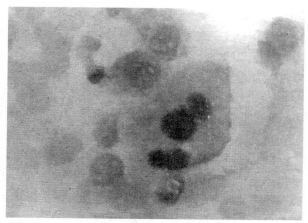

图 1-1-11　3 月胎龄儿胫骨骨髓印片
（×1200 可见巨核细胞，胞体较小，核呈分叶状，周围为多个成骨细胞）

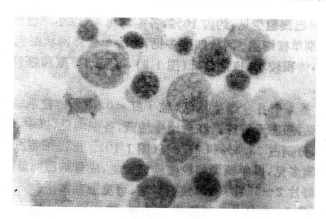

图 1-1-12　4 月胎龄儿胫骨骨髓印片
（×1200，增生明显活跃，以中晚幼红细胞为主）

综上所述,胎儿期骨髓象有以下五个特点:①造血红髓发育迅速,早期即可见各系各期血细胞,第 6 个月之后,骨髓细胞成分和比例较稳定;②3 个月的胎儿骨髓成分以成骨细胞为主,以后随着造血细胞的增多,成骨细胞急剧减少;③粒系成分随着胎儿发育,数量逐渐增加,但数量始终未达到生后水平;④红系和淋巴系增生迅速增长,第 7 个月后二者略有下降;⑤在整个胎儿期,骨髓粒红之比始终倒置(见图 1-1-13)。

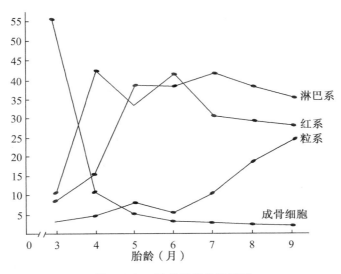

图 1-1-13　胎儿骨髓象发展图

(沈柏均,等.中华血液学杂志 1981,2:102.)

第三节　胚胎造血的各系发育特点
Development of Fetal Blood Cells

一、红细胞系

卵黄囊血岛、胚胎间充质、淋巴样组织以及胎儿骨髓中的原始造血细胞在特定造血微环境中以有丝分裂的形式分化成各种类型的红细胞。第一代红细胞首先在卵黄囊的血岛中形成,它们具有自我增殖能力,被称作原始成红细胞(primitive erythroblasts)。原始成红细胞进一步分化成熟,胞浆中富集原始血红蛋白,变成原始红细胞。至胚胎第 6 周时,卵黄囊胎肝、脾和骨髓等处的原始成红细胞依次分化形成一系列体积较小的红细胞,称正成红细胞(definitive erythroblasts)。在这个阶段,原始成红细胞和原始红细胞的产生停止,胎血循环中的红细胞以正成红细胞为主,正成红细胞富集血红蛋白,体积变小,形态变圆,发育成正红细胞。

在整个胚胎发育过程中,红系的造血一直处于活跃状态,尤其是在肝脏造血期,红系造血占绝大多数。随着胎龄的增加,胎血中的红细胞计数、血红蛋白含量和红细胞压积均逐渐升高。据估计,自妊娠 12 周至 25 周,胎血红细胞的总容量至少增加 30 倍以上;胎血红细胞的平均体积(MCV)、平均血红蛋白含量(MCH)和平均血红蛋白浓度(MCHC)均大于成人红细胞,随胎龄增大,MCV、MCH 和 MCHC 三项指标均减小。胎血红系构成的另一个特点:有核红细胞比例高,妊娠早期,有核红细胞可达红细胞总数的 99%。12 周时,胎血有核红细胞计数高达 $50 \times 10^9/L$,妊娠中期降至 $10 \times 10^9/L$,维持此水平直至出生。

胚胎期红系造血的另一特点是,红细胞所含血红蛋白经历了从胚胎型血红蛋白向胎儿型血红蛋白,最后向成人型血红蛋白的转换。人类的血红蛋白由两种珠蛋白链构成,在胚胎发育过程中,两组不同的等位基因编码这两种珠蛋白链,胚胎早期合成的珠蛋白链有 ζ、ε、α 和 γ 四种,它们分别组成胚胎型血红蛋白 Gower I($\zeta2\varepsilon2$),Gower II($\alpha2\varepsilon2$)Portland($\varepsilon2\gamma2$)和胎儿型血红蛋白 HbF($\alpha2\gamma2$)。妊娠 12 周时,胚胎型血红蛋白约占总血红蛋白量的 75%,在其后的胎儿发育过程中,HbF 成为主要的血红蛋白。至 30～32 周时,HbF 开始向成人型血红蛋白(HbA)转换,此时,HbF 的含量降至 50%～75%,直至出生,胎儿型血红蛋白仍占主要成分(见图 1-1-14,文后彩图)。胚胎型血红蛋白和胎儿型血红蛋白对氧的亲和力高,这是由于它们与成人型血红蛋白的结构差异造成的。在胚胎发育过程中,血红蛋白的转换是受编码基因控制的,在一定程度上也受胚胎发育内环境的影响。

二、粒细胞系

在妊娠第 2 个月胎肝的间充质中,原始造血细胞首先分化成前髓细胞(promyelo-cytes),后者进一步分化成中性粒细胞、嗜酸性粒细胞和嗜碱性粒细胞。随胚胎发育,粒细胞的产生场所逐步迁移到胎肝和骨髓。它们产生粒细胞后释放入外周血,在整个的胚胎发育过程中,胎血中粒细胞的含量一直维持在较低水平,而且,粒细胞中多形核所占比例很小,这可能是由于胎儿在母体子宫这一特定的无菌环境中生长发育,很少接触病原性微生物的缘故。据 Playfair 的研究,最早的髓样细胞可见于身长 1.9cm 的胚胎中,身长 4.2cm 的胚胎外周血中即可见到成熟的多形核细胞;嗜酸性粒细胞最早可见于身长 6.4cm 的胚胎外周血中。胎血中粒细胞的含量随胎龄增长而逐渐增加,妊娠 26 周时,粒细胞计数接近成人的一半,此后呈持续升高趋势直至出生。

三、单核-巨噬细胞

单核-巨噬细胞系统是一组形态和功能不均一的细胞群,它不仅包括外周血单核细胞,还包括组织巨噬细胞、淋巴组织中的树状突细胞、上皮组织朗格汉斯细胞以及肝脏中的库普弗细胞。妊娠 4～6 周的胚胎卵黄囊和间充质中,可培养出单核-巨噬系祖细胞(CFU-GM)。CFU-GM 进一步分化为功能不同的亚群,在这个阶段,CFU-GM 的子代细胞可依据 HLA-DR 抗原和溶酶体活性的不同,以及组织分布的差异等,区分为单核-巨噬细胞和树突状细胞两群。妊娠 15～16 周后,单核-巨噬细胞的主要产生场所迁移到骨髓,妊娠 23 周的胎儿外周血中可检到较高水平的 CFU-GM,但胎血中单核细胞的含量直至出生前一直维持在较低的水平。

四、淋巴细胞

淋巴细胞是介导免疫应答的主要细胞,它在功能上又分为 T 淋巴细胞、B 淋巴细胞和自然杀伤细胞(NK)等,几种淋巴细胞的发育过程有较大差异,分述如下。

(一)T 淋巴细胞

最早的 T 淋巴系祖细胞可见于 6～7 周胚胎的卵黄囊、肝脏和咽部,也是在这个阶段,胸腺的上皮组织从胚胎的第 3、4 鳃囊分化形成。早期的 T 淋巴系前体细胞表达 CD7 抗原(SCD7),但 CD3、CD4 和 CD8 呈阴性,故称作三阴性 T 细胞(triple-negative T cell)或第一阶段前 T 细胞。该期的细胞并非全部定向分化为 T 淋巴细胞,体外造血细胞培养技术表明,第一阶段前 T 细胞尚可分化为髓系血细胞。第一阶段前 T 细胞进一步发育成第二阶段前 T 细胞,后者的胞浆内已可检到 CD3 抗原(CCD3)。这些细胞迁移到胸腺皮质部成为早期胸腺细胞,在胸腺激素等胸腺内微环境的诱导下,早期胸腺细胞发育成第三阶段前 T 细胞,并向胸腺髓质部迁移,获得 CD2 和 CD45 抗原,变为成熟胸腺细胞。成熟胸腺细胞的 1% 左右释放入胎血循环和淋巴循环,一部分细胞定位在循环池,另一部分细胞进入脾和淋巴结的胸腺依赖区,表达 CD2、CD3、CD4 抗原和 T 细胞受体(TCR)。这些细胞在接受抗原刺激后即可变成效应细胞,参与免疫应答。T 淋巴细胞的发育过程如图 1-1-15(见文后彩图)所示。

胚胎期 T 淋巴细胞与成人 T 淋巴细胞相比有许多不同点,如胎儿骨髓中末端脱氧核糖核酸转移酶(TdT)阳性细胞的比率(19%)显著高于成人;胎儿 T 淋巴细胞表面标志的分布异于成人,胎血淋巴细胞[3]H-TdR 的自发性掺入率高于成人;且随胎龄增加呈下降趋势,新生儿脐血的 T 淋巴细胞在功能上表现为某种程度的不成熟性等等。

(二)B 淋巴细胞

B 淋巴细胞的发育可分为两个阶段:非抗原依赖阶段,发生于胚胎卵黄囊间充质、胎盘、胎儿肝、脾中;抗原依赖性阶段在胎儿外周血和外周淋巴组织中。在单核巨噬细胞和 T 淋巴细胞分泌的白介素-1、白介素-2、白介素-3、白介素-4、白介素-6 和白介素-7 等的作用下,多能干细胞首先分化成定向淋巴系祖细胞,后者进一步分化为前 B 细胞。前 B 细胞表达 MHC-Ⅱ类抗原、CD19、CD20、CD21、CD10 以及 EB 病毒受体,TdT 呈强阳性,但尚不具备免疫球蛋白的合成能力。11～16 周的胎脾中可检到前 B 细胞,这个阶段的前 B 细胞体积较小,具有一定的免疫球蛋白合成能力,胞膜上有膜性免疫球蛋白受体,对抗原刺激有一定程度的反应能力。至 30 周时,B 淋巴细胞的产生场所主要迁移到骨髓,生成的 B 淋巴细胞进入外周血和周围淋巴组织,变成成熟 B 淋巴细胞,受抗原激活后,部分成为浆细胞,分泌抗体,部分变成记忆性细胞。B 淋巴细胞的发育过程如图 1-1-16(见文后彩图)所示。

(三)NK 细胞

妊娠 9 周的胚胎肝脏中可检测到具有 NK 活性的淋巴细胞,但 NK 细胞产生的主要场所是骨髓。28 周时,NK 细胞才出现在胎血中,而且,直至胎儿出生前,NK 细胞的活性一直维持在较低水平。NK 细胞本身并非均一体,它可表达 T 细胞相关抗原,如 CD2、CD3、CD6、CD7 和 CD25,部分 NK 细胞表达 B 淋巴细胞和单核-巨噬细胞相关标志,如 CD11、OKM1 和 MAC-I 等。

五、巨核细胞和血小板

在胚胎发育过程中,巨核细胞较早出现,妊娠 1.5 个月胎肝血管周围可检测到巨核细胞。至 4 个月时,巨核细胞的主要产生场所迁移至骨髓,发育成熟的巨核细胞分裂成血小板释放入外周血,胎血中血小板计数随妊娠进展而逐渐增加。整个胚胎发育过程中,各造血器官生成的各系血细胞不断释放入外周血,依胎龄的不同,胎血中各系血细胞的构成表现出较大的差异,究其原因可归纳为以下几点:①胚胎发育过程中造血场所不断的迁移更叠;②不同的造血阶段,各系血细胞生成的比例不同;③胎儿血容量的迅速扩大;④胎儿宫内发育特殊环境的影响。

第四节　胚胎造血发育过程中的基因调控

Gene Regulation in Embryonic Hematopoietic Development

目前已经发现,许多基因参与胚胎时期的造血调控,但其具体调控方式和机制尚未完全明确。

一、造血转录因子在胚胎造血发育中的作用

转录因子蛋白通常由三个结构域组成,分别负责 DNA 结合、转录活化和结合其他调控蛋白的调节性结构域。在胚胎造血调控过程中,各系造血干/祖细胞的发育和分化成熟需要不同类别的转录因子以不同的时间和空间依次参与,并且涉及转录因子的磷酸化/糖基化修饰、激活和失活过程、以及转录翻译表达水平的上调和下调,以及多种转录因子之间的相互配合,同时其他的调节因子也可以通过复杂的胞内调控网络,实现对转录因子的直接或间接调控,从而调节造血。

目前研究已经证实,有多种多类的转录因子参与胚胎卵黄囊造血,对造血各个环节的调控发挥重要作用。例如转录因子 Runx1,就在胚胎时期的原初造血阶段和后期的定向造血阶段中均发挥关键作用。最初认为 Runx1 是阶段专一性的转录因子,即只在定向血细胞生成阶段中发挥作用,但研究者随后观察到 Runx1$^{-/-}$ 鼠的原始红细胞不但表现出形态学的异常,而且另外几个重要的发育相关基因 Ter119、EKLF 和 GATA-1 均表现出表达降低,这说明 Runx1 在胚胎时期的原初造血阶段和后期的定向造血阶段中均发挥重要作用。

另一个转录因子 ZBP-89 也被认为在胚胎时期的造血发育过程中发挥了重要作用,敲除转录因子 ZBP-89 的斑马鱼,可在胚胎时期即表现出严重贫血。随后科学家将 ZBP-89 的 mRNA 通过显微注射的方法注射入此贫血且缺乏血管发生的胚胎,就可以观察到胚胎正常造血的迅速恢复,这充分证明了 ZBP-89 转录因子在胚胎造血过程中发挥了关键调控作用。

在胚胎的髓系细胞发育过程中,转录因子 C/EBPa 负责结合并激活单核细胞集落刺激因子(M-CSF)受体和粒细胞集落刺激因子(G-CSF)受体前面的启动子,从而在髓系造

血分化发育中发挥积极的调控作用。转录因子 C/EBPa 属于 C/EBP 家族,此家族 C 端的 35 个氨基酸残基能够形成经典的 α 螺旋,由于该螺旋中每隔 6 个氨基酸出现一个亮氨酸,并且是在螺旋的同侧出现,从而构成了二聚体的基础。在调节胚胎髓系造血发育的过程中,C/EBPa 通过调控造血相关细胞因子及其受体、其他造血相关转录因子的转录和表达,从而在胚胎造血中发挥作用。

另外一个关键的转录因子是 PU.1,PU.1 蛋白可以在卵黄囊、胎肝造血、胎盘造血和成体骨髓等各个造血阶段或组织中发挥重要作用。PU.1 属于 Ets 转录因子家族的成员,结合核心序列 GGAA 组件,C 端有 DNA 结合结构域,含 85 个氨基酸。PU.1 蛋白的调控作用贯穿血干细胞、淋巴祖细胞和髓系祖细胞发育的各个过程,尤其是在淋巴细胞方向和髓系细胞方向的分化成熟过程中发挥关键作用,例如调控 M-CSF 受体、G-CSF 受体、GM-CSF 受体 a 以及 IL-7 受体 a 等基因的转录表达。PU.1$^{-/-}$ 的基因敲除小鼠可出现明显的 T 淋巴细胞、B 淋巴细胞和粒/单核细胞的发育异常。

其他参与胚胎时期造血调控的转录因子还包括 AML1、scl/tal-1、rbtn2、GATA-1 和 GATA-2 等,都对胚胎造血发育过程有调控作用。例如剔除转录因子 scl/tal-1、rbtn2、GATA-1 或 GATA-2 中的任何一个,均可以导致卵黄囊红系造血减弱或消失。转录因子 GATA-1 属于锌指结构家族成员,GATA-1 的 DNA 结合域里有两个高度保守的锌指蛋白结构,其中处于 C 端的一个锌指结构对于与 DNA 的特异性结合是必要的,而 N 端的锌指结构对与 DNA 的结合关系起到稳定作用。转录因子 FOG-1 辅助 GATA-1 发挥作用,共同在红系、肥大细胞系、嗜酸性粒细胞系和巨核细胞系的分化、发育和增殖中发挥作用。GATA-1 的功能缺失会引起红细胞的分化异常,GATA-1 功能丧失后使红细胞分化障碍不能达到成熟,另一方面,如果过度表达 GATA-1 时也会造成红细胞发育障碍,并伴随凋亡增加的现象。另外还发现,GATA-1 在红细胞生成早期阶段的表达可促进红细胞的增殖,在红细胞生成晚期阶段的表达可诱导红细胞的最终分化。通过基因敲除实验证实,GATA-2 是早期多潜能造血细胞扩增存活和肥大细胞形成的必需因子,只有很少的 GA-TA-2$^{-/-}$ 多潜能造血细胞能够存活,而且只能形成小型集落,表现出低下的增殖能力和持续的细胞死亡。

转录因子 SCL 是 bHLH 家族成员之一,SCL 控制着造血干细胞的分化和各系的成熟过程,参与造血干细胞向髓系祖细胞分化的调控,如果人为干扰降低 SCL 的表达,会引起髓系和红系祖细胞的发育障碍并影响向下分化。SCL 在胚胎红细胞和巨核细胞的成熟中具有重要作用。转录因子 SCL 的 DNA 结合域如果结构异常,也会直接影响红细胞和巨核细胞的成熟。转录因子 SCL 如果直接与 DNA 结合,可以发挥转录调控作用,调控造血细胞的最终成熟;如果不与 DNA 直接结合,也可以与其他调节蛋白协同作用,可以调控造血干/祖细胞的分化过程。另外 SCL 在转录调控中既可以发挥正调控的作用,有时候也发挥负调控的作用。

另一个重要转录因子 Fli-1 则是在维持红细胞存活和抑制红细胞分化时发挥重要的作用。在 EPO 存在的条件下,Fli-1 在原始红细胞中的强制表达可抑制红细胞对 EPO 的反应从而抑制红细胞的分化,在 EPO 不存在的条件下,Fli-1 的转录激活作用可以增强细胞的存活能力。转录因子 EKLF 既可以促进红细胞生成,同时也可以作为抑制因子,抑制巨核细胞的产生,从而决定巨核/红系定向祖细胞的分化方向。

在淋巴系细胞的分化中,转录因子 E2A 和 Ikaros 成员均发挥重要作用。E2A 调控胚胎发育中 pro-B 细胞、pre-B 细胞和未成熟 B 细胞的分化,在 E2A 缺陷小鼠中,B 细胞生成停滞在 pro-B 细胞或 pre-B 细胞阶段。PAX5 对于造血干细胞分化为 B 细胞也是必需的。Ikaros 家族系列的转录因子在胚胎造血期间的造血干/祖细胞、淋巴系先祖细胞中高表达,但在髓系前体细胞和红系前体细胞中水平很低。而且 Ikaros 异构体表现出不同的表达模式,Ik-1/2 在淋巴细胞发育中表达水平最高,3、5、6 只有较低水平,Ik-4 只在 T系祖细胞中表达。Ikaros 敲除小鼠缺少 B 细胞群,表现出 T 细胞发育障碍。有趣的是,只表达 Ikaros C 端相互作用结构域的突变小鼠表现出更严重的表型,完全缺少 T、B 细胞,出生后数周即死亡。

在调控造血过程中,多种转录因子往往相互作用共同调控造血细胞的增殖和分化。例如,转录因子 AML1 与 PML1 可以相互结合,形成调控复合体,进而强化 AML1 的转录活化作用,促进髓系细胞的分化。GATA 因子在造血过程中影响造血干细胞的分化方向,部分机制也是通过对 PU.1 基因转录的分级抑制。GATA-1 与 PU.1 相互作用并相互抑制,PU.1 的过度表达可阻止 GATA-1 与 DNA 的结合从而抑制 GATA-1 的作用,影响红细胞的分化成熟。在红系祖细胞中转录因子 GATA-1 和 Smad5 可以相互作用,从而诱导转录因子 EKLF 的表达。图 1-1-17 所示为转录因子系列调控网络在造血调控中的作用位置。

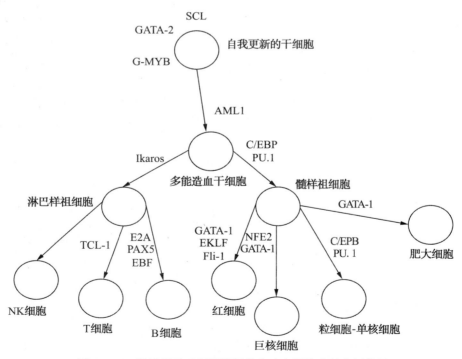

图 1-1-17　转录因子系列调控网络在造血调控中的作用位置

[朱守伟,丁凯阳.生命科学,2010,22(9):851.]

二、基因调控在胚胎造血中的决定性作用

有研究者通过大规模基因芯片杂交的方式发现,91 个基因在胚胎造血的原始红系前体细胞中显著高表达,这些原始红系富集的基因组成了高效的生物信息网,其中由 EK-LF/KLF1、SCL/TAL1 和 RBTN2/LMO2 等基因组成的调控网络是红系造血所必需的。另外,Reelin、血小板因子Ⅳ、血小板反应素-1 和 muscle blind-like1 等相关基因也在红系前体细胞中高表达,在原始红系造血调控方面也发挥一定的作用。Scl/tal-1 基因在造血发育过程中也有重要作用,敲除 scl/tal-1 基因的内皮细胞和造血细胞中 flk1、GATA-2、CD34 和 c-kit 的表达水平未改变,但一些造血转录因子 GATA-I、PU.1 及球蛋白基因等表达下调,这提示在胚胎时期造血发育过程中 scl/tal-1 基因发挥重要作用。另外敲除 c-myb 基因对小鼠 E7-9 的 YS 原始红细胞前体细胞和巨核细胞前体细胞无影响,但 c-myb 基因对于小鼠 E8.5 以后的卵黄囊中的红细胞生成是必需的。

有研究指出,一种染色体重组酶 BRG1 在胚胎原始红系造血发生中发挥了关键作用。敲除 BRG1 基因的小鼠会因为贫血死于妊娠中期,原因是突变体 YS 中原始红细胞不能产生胚胎性 α 和 β 珠蛋白,随之发生凋亡,这证明 BRG1 在胚胎时期的红细胞发生中发挥关键作用。CREB 结合蛋白(CBP)也在胚胎时期的造血系统发育和血管系统发生中发挥重要作用,它可以激活一些转录因子(如 CREB,c-fos,c-jun,c-myb)和一些核受体的转录和表达。

螺旋-环-螺旋(bHLH)转录因子 SCL/Tal-1 能够和含有 LMO2 的 Lim-蛋白配体相结合,二者都是原始和永久造血系统发育所必需的。Notch1 是主动脉造血干/祖细胞生成所必需的,其对 AGM 区造血进程很重要,而与卵黄囊无关。可以观察到 Notch1、Notch4 及它们的配体 Delta 在背主动脉的内皮细胞上表达,缺乏 Notch1 的小鼠孕体在胚胎期第 10 天死亡,解剖发现在 AGM 区域缺乏造血干/祖细胞生成,但在卵黄囊区域的原始红系细胞和红-髓谱系祖细胞发育正常。在 Notch 信号发生突变的斑马鱼中,AGM 区没有 Runx1 的表达,也没有造血细胞簇形成,但 Runx1 的过表达可以恢复突变体的 AGM 区造血,这表明 Runx1 位于 Notch 信号的下游区或与之平行。此外,Ets-家族转录因子 PU.1 是永久造血必需的,并且是 Runx1 下游区的关键靶点。Nottingham 等研究发现,Tal1 和 Runx1HSC 特异增强子可以分别结合含有 GATA、Ets 因子和 GATA、Ets 及SCL 因子的多蛋白复合体。

Wnt 和 Notch 信号通路的相关基因在小鼠 E10.5 胚胎的 AGM 区域高表达,其中分节极性基因产物 Hedgehog 与 Notch 配体协同表达并形成干细胞发育必需的微环境,调节造血祖细胞的循环。Hedgehog 也是斑马鱼 AGM 区造血所必需的。Durand 等在体外对 AGM 区进行培养,发现骨形态发生蛋白 4 促进 HSC 的生成。骨形态发生蛋白 4$^{-/-}$胚胎通常在原肠胚阶段死亡,即使幸存下来,其卵黄囊中胚层和红细胞的生成也明显少于正常胚胎。

三、对胚胎造血发挥重要作用的信号通路

胞外调节信号到达细胞膜后,通过受体、胞内一系列蛋白因子与核内基因表达调控衔

接，这条网状通路即细胞信号转导通路(cell signaling transduction pathway)，调控着细胞的发育、分化、生长、增殖和凋亡等生理变化。可以认为，信号转导通路是众多外部信号在细胞内的汇聚与整合。细胞信号转导通路是一连串瀑布式的网状级联反应体系，前一个信号分子被修饰或作用激活，转而影响下游信号分子的生物学活性，如此连续作用最终引起基因的表达改变。影响胚胎造血调控主要的信号转导通路很多，它们相互交织，构成复杂的调节网络。PI3K 信号通路、Wnt、Notch 信号通路、JAK-STAT 通路和 MAPK 通路是与胚胎造血调控关系密切的几条信号通路。

PI3K 信号通路在 HSC 的维持和谱系分化中都发挥关键作用，PI3K 的活化可以被 PTEN 抑制，这是一个广泛表达的肿瘤抑制因子，可以将 PIP3 去磷酸化，导致形成 PI(4, 5)P2。而 SHIP1 也可以水解 PIP3 产生 PI(3,4)P2。敲除 PTEN 或 SHIP1 的基因缺陷小鼠表现出持续的 PI3K 活化，导致缺乏具有长期重建能力的 HSC，而且髓系发育紊乱导致发生白血病；但如果敲除 PI3K 中重要的通路蛋白也会导致 B 淋巴细胞的发育障碍，但对 T 淋巴细胞发育影响不大，证明 PI3K 活性对 B 系发育更重要一些。如果使用抑制剂抑制脐血 CD34[+] 细胞中的 PI3K 活性，这些 HSC 就不能再增殖，也不能够分化为嗜酸性粒细胞和嗜中性粒细胞，而是很快死亡。而敲除 InsP3KB 的小鼠则导致成熟 CD4[+] 和 CD8[+] T 淋巴细胞的减少，这些证据证明 PI3K 通路活性的精确调控对于 HSC 的维持和分化都是必需的，其中 FoxO 转录因子 GSK-3 和 mTOR 在其中起了重要的中介作用。

Rho 家族 GTPases 是重要的造血调控相关信号通路蛋白分子，负责调节细胞内肌动蛋白的组织、细胞黏附和细胞增殖过程，在调控 HSC 与微环境造血龛的结合中发挥重要作用，也参与红细胞和 T/B 淋巴细胞发育。如果下调 Rho GTPase 家族成员的表达，也会导致中性粒细胞失能、白血病和贫血等症状。HSC 的自我更新受其家族成员 Rho、Cdc42 和 Rac1 的调控，Rac1 还调控 HSC 的增殖，而 Rac2 则控制 HSC 的生存。Cdc42 对于维持 HSC 的 G0 期和调控 HSC 的衰老至关重要。Rac1 和 Cdc42 调控 HSC 的归巢和锚定，Rac1 和 Rac2 整合来自 β1-整合素和 c-kit 的信号，调控 HPC 的迁徙。

肿瘤抑制基因 p53 信号通路被证明与胚胎造血密切相关，p53 的丢失损害 HSC 功能，基因敲除 p53 的小鼠 HSC 池扩大 2~3 倍，这是因为 HSC 增殖的增加，但这些 HSC 缺乏重建造血的能力，使这些老鼠易发肿瘤而且寿命短。正常情况下，p53 可以作为抗氧化物质发挥作用，保护 HSC 不受 DNA 损伤和突变的损害。

调控 HSC 自我更新的信号通路有两条最为经典，分别是 Wnt 和 Notch 信号通路。大多数造血干细胞中 Notch 和 Wnt 信号都是活化的。例如用 Wnt3A 刺激 HSC 后，可上调 HSC 中 Notch 信号通路中下游基因如 Hes1 和 Dtx1 分子的表达。Notch 通路在维持造血干细胞未分化状态中起着关键作用。另一个染色质组织特殊富含 AT 序列结合蛋白 1(SATB1)可作为 LT-HSCs 的调节因子。SATB1 能形成笼状结构，通过控制表观遗传和转录途径调控，从而调节 LT-HSC 分裂、自我更新和淋巴方向分化潜能。

MAPK 是丝氨酸/苏氨酸激酶家族，在细胞表面受体到转录程序的变化中发挥重要作用。MAPKs 信号通路的主要组分分子包括 ERK、JNK、和 p38MAPKs 等，这条信号通路涉及细胞发育、生长、凋亡、黏附、分化和生存各个方面的调控。现已证明，ERK、JNK 和 p38MAPK 可以对多种造血细胞因子和生长因子响应，从而在造血调控中发挥着重要的作用。此外 mTOR 信号通路对胚胎时期造血干细胞的调控作用也得到了广泛证明。

四、对胚胎造血发挥重要作用的微小 RNA

微小 RNA（microRNA，miR）是一种序列上高度保守的小分子非编码 RNA，一般长度为 20～25bp，广泛存在于低等生物到哺乳动物体内。microRNA 在转录后水平发挥基因调控作用，是多细胞生物基因表达的重要调控方式之一。胚胎造血系统的发育受到多个基因有序开启（或上调）和关闭（或下调）的调控，近年来发现诸多 microRNA 在胚胎造血发育中表达，对胚胎造血发挥重要调控作用，其调控作用与胚胎造血相关转录因子调控有关。成熟后的 microRNA 可以与 RNA 诱导沉默复合物（RNA induced silencing complex，RISC）结合形成 miRISC 复合物，进而与靶基因 mRNA 的 3′端非翻译区（3′-UTR）的靶位点特异性结合，导致靶基因 mRNA 降解，如果成熟 microRNA 与靶 mRNA 的 3′ UTR 的靶位点属于不完全互补，则该 microRNA 抑制靶基因 mRNA 的翻译进程。

使用脐带血来源的 HSC 进行 miRNA 的表达相关性分析，结果显示 miR-15b、miR-16、miR-22 和 miR-185 在红系祖细胞中高表达，而下调 HSC 中 miR-221 和 miR-222 的表达，可促进 HSC 向红系分化。生物信息学分析表明，miR-221 和 miR-222 可能是通过调控 KIT 基因（编码一种细胞表面受体酪氨酸激酶）的表达进而调控红系方向的分化。

另外，microRNA 的基因表达也受到其他造血相关基因的调控，例如在小鼠 miR-144/451 基因上游就发现了 GATA-1 和 FOG-1 的结合位点，并进一步证实 GATA-1 可激活 RNA 聚合酶Ⅱ，协同转录小鼠 miR-144/451 基因，从而促进红系前体细胞向红系分化。2011 年，在人 miR-144/451 基因簇上游也证明存在 GATA-1 和 EKLF 的结合位点，可协同激活 miR-144/451 基因的转录。这一系列结果表明，不但 microRNA 可以作用于下游靶基因调控其翻译过程，另外一些调控基因也对 microRNA 基因发挥转录调控作用。

在粒系发生中还可见 miR-223 发挥关键作用，而 miR-181 在 B 系和 T 系细胞分化、miR-150 在 B 系和巨核系分化、miR-221 在红系分化中都已经被证明发挥了重要作用，在 HSC 中富集的 miRNA 还包括 miR-99b、miR-125a、let-7e、miR-130a、miR-10a、miR-10b、miR-125b、miR-31、miR-99a、miR-100、miR-146b、miR-425、miR-422b、miR-18a、miR-15b（小鼠）和 miR-125b、miR-125a、miR-155、miR-99a、miR-126、miR-196b、miR-130a、miR-542-5p、miR-181c、miR-193b、let-7e、miR-196a、miR-148b、miR-351 和 let-7d（人）等，这些微小 RNA 被证实在 HSC 或 HPC 的自我更新或向下分化中发挥重要作用。

（李栋，沈柏均，张洪泉）

主要参考文献

1. 秘祖霞，谢祁阳. 卵黄囊干细胞向粒-单系造血祖细胞的定向诱导分化. 中南大学学报（医学版），2004，29（4）：393-396.

2. 沈柏均，傅曾矩，王正起，等. 人类胎儿骨髓象的观察. 中华血液学杂志，1981，2（2）：102-104

3. 刘乃施，张普文. 人胎儿骨髓象和血象的研究. 中华血液学杂志，1989，10：

529-531.

4. Auerbach R，Huang H，Lu LS. Hematopoietic stem cells in the mouse embryonic yolk sac. *Stem Cells*，1996，14(3):269-280.

5. Bertrand JY，Jalil A，Klaine M，et al. Three pathways to mature macrophages in the early mouse yolk sac. *Blood*，2005，106(9):3004-3011.

6. Campagnoli C，Fisk N，Overton T，et al . Circulating hematopoietic progenitor cells in first trimester fetal blood. *Blood*，2000,95(6):1967-1972.

7. Chung SS，Hu W，Park CY. The role of microRNAs in hematopoietic stem cell and leukemic stem cell function. *Ther Adv Hematol*，2011,2(5):317-334.

8. Geest CR，Coffer PJ. MAPK signaling pathways in the regulation of hematopoiesis. *J Leukoc Biol*，2009,86(2):237-250.

9. Griffin CT，Brennan J，Magnuson T. The chromatin-remodeling enzyme BRG1 plays an essential role in primitive erythropoiesis and vascular development. *Development*，2008，135(3):493-500.

10. James C. Jose A. Theodosia A，et al. Rho GTPases in hematopoiesis and hemopathies. *Blood*,2010,115:936-947.

11. Landry JR，Kinston S，Knezevic K，et al. Runx genes are direct targets of Scl / Tal1 in the yolk sac and fetal liver. *Blood*，2008，111(6):3005-3014.

12. Li X，Xiong JW，Shelley CS，et al. The transcription factor ZBP-89 controls generation of the hematopoietic lineage in zebrafish and mouse embryonic stem cells. *Development*，2006，133(18):3641-3650.

13. Lichanska AM，Browne CM，Henkel GM，et al. Diferentiation of the mononuclear phagocyte system during mouse embryogenesis： the role of transcription factor PU. 1. *Blood*，1999，94(1):127-138.

14. Matsuoka S，Tsuji K，Hisakawa H，et al. Generation of definitive hematopoietic stem cells from murine early yolk sac and paraaortic splanchnopleures by aorta-gonad-mesonephros region-derived stromal cells. *Blood*,2001，98(1):6-12.

15. Morouri E，Mastrangelo T，Razzini R，et al. Regulation of mouse p45 NF-E2 transcription by an erythroid-specific GATA-dependent intronic alternative promoter. *J Biol Chem*，2000，275(14):10567-10576.

16. Palacios R，Imhof BA. At day 8-8. 5 of mouse development the yolk sac，not the embryo proper，has lymphoid precursor potential in vivo and in vitro. *Proc Natl Acad Sci USA*，1993，90:6581-6585.

17. Pant V，Quintás-Cardama A，Lozano G. The p53 pathway in hematopoiesis： lessons from mouse models，implications for humans. *Blood*,2012,120:5118-5127.

18. Polak R，Buitenhuis M. The PI3K/PKB signaling module as key regulator of hematopoiesis：implications for therapeutic strategies in leukemia. *Blood*,2012,119(5):911-923.

19. Redmond LC，Dumur CI，Archer KJ，et al. Identification of erythroid-enriched gene expression in the mouse embryonic yolk sac using micro dissected cells. *Dev Dyn*，2008，237(2):436-446.

20. Tober J，McGrath KE，Palis J. Primitive erythropoiesis and megakaryopoiesis in the yolk sac are independent of c-myb. *Blood*，2008，111(5):2636-2639.

21. Yokomizo T，Hasegawa K，Ishitobi H，et al. Runx1 is involved in primitive erythropoiesis in the mouse. *Blood*，2008，111(8):4075-4080.

第二章 脐血的功能与特点

Function and Characteristics of Umbilical Cord Blood

新生儿脐血中的细胞组分和血浆组分均有其不同于成人外周血之处,符合妊娠前后胎儿-新生儿的循环、代谢和运输特点。本章从脐血的物理特征、造血干细胞、其他细胞特征和血浆内容物等几个方面进行阐述。

第一节 脐血的物理学特征

Physical Aspects of Cord Blood

新生儿脐血的细胞成分和血浆成分均不同于成人外周血,这些差异也导致了脐血的某些物理学性质与成人血不同。本节从脐带/胎盘血的血容量,脐血的比重、渗透压以及血液流变学三个方面讨论脐血的物理学特性。

一、脐带/胎盘血容量

脐血采集量的多少在很大程度上取决于脐带/胎盘血容总量。在妊娠发展过程中,胎盘与胎儿的血容量二者间呈反向发展的趋势。妊娠早期,胎盘相对较大,其血容量超过胎儿,随着胎儿的迅速发育,胎儿血容量逐渐超过胎盘。一般说来,足月妊娠时,胎儿-胎盘的总血容量约为 500mL,其中胎儿血容量 370mL 左右,胎盘部分血容量约 125mL。但新生儿娩出后,脐带结扎时间的早晚可明显影响婴儿-胎盘血容量的分配比例(见表 1-2-1)。这里存在一个胎盘输血的概念,即新生儿娩出后,胎盘由于位置(重力)关系和宫缩压力的影响,通过脐血管向胎儿输血,胎盘血量因此而减少。这是分娩过程中母-婴正常生理机制的组成部分。但在一般情况下,医师故意挤压脐血管向新生儿方向增加血液其实并无必要,有时可能还有害。

表 1-2-1　　　　　　　　脐带结扎时间对胎儿、胎盘血容量的影响

脐带结扎时间	胎儿血容量（%）	胎盘血容量（%）
5 秒	67	33
15 秒	73	27
60 秒	87	13

胎盘血容量的多少不仅受脐带结扎时间的影响，还受胎儿的大小与宫内缺氧状况以及娩出途径等因素的影响。比如，剖宫产儿胎盘的血容量一般高于经阴道产儿。这可能与剖宫产时，新生儿置于子宫之上，造成新生儿向胎盘输血所致。

胎盘的血容量受诸多因素的影响，所以，经脐静脉回收的脐带/胎盘血量就有较大的变动范围，法国的 Gluckman 等收集 143 份脐血，平均血量 110mL，范围 30～200mL。美国的 Broxmeyer 报道的采血范围与此相近，为 50～200mL。我们自 1990 年开始收集脐血，3 年内共采集 1000 余份，均数在 100mL 左右，最高者可达 250mL。脐带血的采集量还与采血者的技术和耐心程度有关。

二、脐血的比重和渗透压

脐血的比重和渗透压都是反映血中溶质含量的指标，前者受溶质微粒大小和性质的影响，而后者只与溶质微粒的数量有关。了解脐血的比重和渗透压对指导新生儿合理地补充液体和无机盐成分有一定的意义。新生儿脐血和成人外周血的比重和渗透压如表 1-2-2 所示。

表 1-2-2　　　　　　　　脐血、儿童、成人血比重和渗透压的比较

项目	脐血	儿童血	成人血
比重	1.060～1.080	1.055～1.065	1.050～1.060
渗透压（mmol/L）	282.40±5.92	280.3±8.5	275±7.5
渗差（mmol/L）	19.31±8.23	10.5	14

三、脐血的血液流变学

血液流变学是一门研究血液流动和变形规律的新的医学学科，目前，对心脑血管疾病、内分泌系统疾病等的血液流变学研究较多，新生儿脐血的血液流变学尚未见报道。我们测定了足月新生儿脐血的各项血液流变指标，结果表明，脐血全血黏度、血小板黏附率、血细胞体积均高于成人；而血浆黏度、红细胞沉降率则低于成人，纤维蛋白原含量二者未见差异（见表 1-2-3）。

表 1-2-3 　　　　　　　　　脐血和成人血液流变学指标的比较($\overline{X} \pm S$)

血流变指标	脐血	成人血	P 值
全血黏度	4.71±0.41(50)	3.65±0.32(100)	<0.01
血浆黏度	1.47±0.2(50)	1.67±0.16(100)	<0.05
血小板黏附率(%)	37.84±8.62(50)	30±10(100)	<0.01
血球压积(%)	55.8±5.0(50)	37.4±3.0(100)	<0.01
红细胞沉降率(mm/h)	1.38±0.02(50)	18±7(100)	<0.01
纤维蛋白原含量(mg/dL)	218±20(50)	240±10(100)	>0.05

　　由于脐血中红细胞含量远高于成人血,故脐血血细胞压积较高,血液流动性差,导致红细胞沉降率低。另外,本章第一节提到,脐血红细胞负电荷多也是其沉降率低的另一个原因。脐血中血脂、免疫球蛋白含量低于成人。

第二节　脐血血细胞

Cord Blood Cells

　　脐血的血细胞包括红细胞、白细胞和血小板三部分。在整个胚胎发育过程中,这些血细胞成分处于一个动态变化的过程中,不仅妊娠早期胎血的血细胞计数和构成与妊娠中晚期显著不同,早产和足月新生儿脐血中的血细胞成分也呈现不同的特征,故本节将从胎儿发展的动态角度讨论胎血中各种血细胞的构成。

一、红细胞

　　由于胎儿宫内发育处在一个相对缺氧的环境,所以在整个妊娠过程中,胎儿红细胞的发育和生成一直处于活跃状态,妊娠的不同阶段,胎血红细胞的各项参数也不尽相同。

（一）血红蛋白

　　妊娠早期和中期,胎血血红蛋白浓度呈逐渐升高趋势,10 周时,平均血红蛋白浓度为90g/L,20～24 周达 140～150 g/L,妊娠晚期,血红蛋白浓度达足月儿水平,为 150～170 g/L。但孕母患糖尿病、有吸烟史等可导致新生儿脐血血红蛋白浓度有不同程度的升高。

　　胎血血红蛋白的类型也不同于成人。胚胎型血红蛋白,即 Gower Ⅰ、Gower Ⅱ、Portland 最早出现在第 5 周的胎儿血中,至第 12 周仍可检出,它们由胚外造血器官中的原始成红细胞合成。肝脏造血期,合成的血红蛋白主要为胎儿型（HbF）。成人型血红蛋白（HbA）虽然在第 8～10 周的胎血中即可检出,但妊娠 32 周前 HbA 的含量一般不超过血红蛋白总量的 20%,胎儿足月时,HbA 含量略上升,可达 30%～40%。胎儿型血红蛋白和成人型血红蛋白结构的不同也决定了它们理化性质的差异,HbF 对 2,3-DPG 亲合力高,故与氧亲合力强,适应从母血中摄取氧气。HbF 在强磷酸盐缓冲液中易溶解,易氧化成为高铁血红蛋白,且对碱的稳定性高。正是基于 HbF 的这种抗碱特性,可以把含 HbF 的红细胞与 HbA 红细胞加以区别。

(二)红细胞的物理特性

1.红细胞计数　胎儿红细胞计数也随妊娠的发展而升高,16～19 周胎儿外周血 RBC 计数为 $2.5×10^{12}/L$ 左右,20～27 周时达 $2.9×10^{12}/L$,足月新生儿脐血 RBC 达 $4.6×10^{12}/L$ 或更高,但国内与国外作者对胎血红细胞计数及其他参数的报道有差异(见表 1-2-4,表 1-2-5)。

表 1-2-4　　　　　　　　国内 87 例胎儿外周血红细胞参数(均数)

	8～12 周	13～24 周	25～38 周	40 周
血红蛋白(g/L)(氧化法)	78.90	120	155.6	193.5
红细胞压积(%)(毛细管法)	30.17	39.16	57.555	62.0
红细胞计数($×10^{12}/L$)	1.21	2.23	3.41	5.89
MCV(fL)	301.00	192.48	179.4	105.0
MCH(pg)	766.65	62.20	48.28	32.89
MCHC	0.29	0.35	0.28	0.32
红细胞直径(μm)	13.40	12.2	11.4	10.4
网织红细胞	0.08	0.08	0.07	0.03

[秦振庭等.围产期新生儿医学.p446]

表 1-2-5　　　　　　　　国外胎儿外周血红细胞各项参数

成分	胎　龄					成人外周血
	8～20 周	21～22 周	23～25 周	26～30 周	37～42 周	
红细胞	2.66±0.29	2.96±0.26	3.06±0.26	3.52±0.32	4.60±0.40	4.70±0.50
血红蛋白	14.7±7.8	122.8±8.9	124±7.7	133.5±11.7	163.0±17	154.7±18
红细胞压积	35.9±3.3	38.2±3.2	38.6±2.4	41.5±3.3	49.0±5.0	3.0±0.50
MCV(fL)	133.9±8.8	130.0±6.2	126.2±6.2	118.2±5.8	105.0±3.0	92.0±2.0
MCH(pg)	43.1±2.7	41.4±3.3	40.5±2.9	37.9±3.7	35.0±2.0	31.0±1.0
MCHC(g/L)	320.0±23.8	317.3±27.8	321.4±32.0	321.5±35.5	330.0±10.0	330.0±10.0

(Forestietr F, et al. *Pediatric Res*, 1986, 20: 342 & Waele MD, et al. *A. J. C. P*, 1988, 89: 742.)

2.红细胞形态　胎儿红细胞大小不均一,形态也各式各样,早产儿和足月儿脐血中的红细胞可呈盘状、碗状、棘突状、泪滴状、镰刀状等,他们占脐血红细胞的比例有较大的差异。胎血以大红细胞为特征,随胎龄增加,红细胞体积减小,如妊娠早期胎血红细胞的平均体积(MCV)超过 180fL,至妊娠晚期减小至 105～115fL。Brown 等报道的足月儿脐血红细胞的 MCV、MCH 和 MCHC 分别为 114fL、36.6pg 和 330.0g/L。

3.红细胞膜特性　胎儿红细胞膜负电荷大,膜流动性强,这可能与其唾液酸含量高以及膜蛋白暴露较多的负性基团有关。胎血红细胞膜较大的负电荷也是其细胞沉降率较小的一个原因。此外,电镜下观察,胎血红细胞膜表面有较多的"坑"状凹陷,这种细胞的产率在早产儿脐血高达 47%,足月儿脐血为 24%,而相应的成人外周血不足 2.6%。胎血红细胞的凹陷部位可能是细胞内空泡的形成位点。另外,胎血红细胞表面的胰岛素和地戈辛受体数目均高于成人。

4.红细胞的寿命　胎血红细胞的寿命相对较短,足月儿脐血红细胞寿命为 90 天左右,胎龄愈小,红细胞寿命愈短。

胎血红细胞的各项参数可因种族、地域以及检测手段等的不同而出现差异。

（三）红细胞血型

胎儿红细胞的血型系统发育较早,第 5～7 周的胎儿,ABO、MN、Rh、Kell、Duffy、Vel 等血型已发育完善;Lutheran 和 Xa 出现相对较晚,但到胎儿足月时,这两种血型系统均可检出。足月新生儿 ABO 血型的分布情况随地区而不同,山东济南地区如表 1-2-6 所示。

表 1-2-6　　　　　　　　　1013 例新生儿脐血 ABO 血型频数分布（济南地区）

	A 型	B 型	O 型	AB 型	共计
例数	284	343	283	103	1013
百分比(%)	28.04	33.86	27.94	10.16	100

二、白细胞

白细胞是胎血有核细胞的一部分,它占有核细胞的比例随胎龄增长而增加。妊娠第 10 周的胚胎已建立起胎血循环,但这个阶段胎血的有核细胞几乎全部是有核红细胞。12 周时,不成熟的髓系细胞才出现在胎儿外周血中,直到 20 周以前,有核红细胞仍占有核细胞的一半左右,且淋巴细胞构成白细胞的主要部分,粒细胞和单核细胞所占比例较小。20～27 周,淋巴细胞计数继续升高,粒细胞和单核细胞所占比例仍保持较低水平,原始红细胞消失。胎儿足月时,白细胞成为胎血有核细胞的主要部分,粒细胞和淋巴细胞的绝对数均升高,二者比例相当。以下分别介绍粒细胞和淋巴细胞的变化特征。

（一）粒细胞

在整个妊娠过程中,胎血白细胞中性粒细胞的比例一直维持在较低水平（见表 1-2-7）。随妊娠进展,中性粒细胞的计数和比例均呈缓慢升高趋势,自 10～14 周到 18～24 周,中性粒细胞计数增加近一倍,再到 24～32 周,又增加了近一倍,胎儿出生时,中性粒细胞计数迅速升高,达 $(1.8～6.0)\times10^9/L$。一般认为,这种中性粒细胞激增的现象是由于胎儿出生时骨髓中髓系造血迅速增加引起的,这也是胎儿自无菌的宫内环境进入体外自然状态的一种适应性现象。胎血中的嗜酸性粒细胞和嗜碱性粒细胞也是随胎龄增长而增加的。

表 1-2-7　　　　　　　　　　　　　胎血白细胞和中性粒细胞计数

胎龄(周)	WBC($\times 10^9$/L)	中性粒细胞(%)
18～20	4.2	5±2
21～22	4.19	5.5±3.5
23～25	3.95	7.5±4.5
26～30	4.44	8.5±7.5

(二)淋巴细胞

胎血中淋巴细胞计数和比例一直维持在较高水平,而且,胎血淋巴细胞的各种亚群也有自己的独特性。身长 1.9cm 的胎儿外周血中即可见到淋巴细胞,约占此期有核细胞总数的 5.7%,12 周时达 1×10^9/L,中期妊娠可高达 10×10^9/L,此后,维持升高趋势至胎儿出生。

胎血淋巴细胞的另一特点是,各亚群的比例不同于成人,20 周胎龄的胎儿外周血淋巴细胞绝对数已与成人相当,但 CD3、CD8 阳性细胞的比例低于成人,而 CD4 高于成人,故胎血的 CD4/CD8 比值高于成人。这个比例随胎龄增长而下降,主要是由于 CD8 阳性细胞比例升高所致,但新生儿脐血 CD4/CD8 与成人血相比仍有显著性差异。此外,20～27 周胎血的 Leu12 和 OKIa 阳性细胞远高于成人。胎血中的淋巴细胞多呈 CD10 阳性,而 CD6 和 Leu7 阳性细胞比例很低(表 1-2-8)。

表 1-2-8　　　　　　　　　　　　　胎血淋巴细胞构成特点

成分	胎儿外周血 (18～19 周)	胎儿外周血 (20～27 周)	新生儿脐带血 (37～42 周)	成人外周血
淋巴细胞计数				
($\times 10^9$/L)	1.9±0.7	2.6±0.7	5.8±1.0	2.1±0.7
CD6	3.9±4.3	0.2±0.3	1.2±1.3	0.8±1.3
CD3	68.2±10.3	71.1±8.7	73.2±6.4	76.9±5.6
CD4	47.7±6.0	50.2±7.2	51.3±4.8	46.1±4.2
CD8	18.2±6.9	23.1±7.6	24.3±4.5	27.8±4.8
Leu12	15.6±8.7	22.0±8.1	16.3±7.9	9.4±5.5
CD10	83.9±8.5	87.2±9.4	85.3±8.1	23.2±6.5
OKIa	24.1±11.1	26.3±9.6	22.5±9.0	16.2±5.6
Leu7	0.3±0.6	1.4±2.2	0.6±0.7	0.4±4.2
CD4/CD8	2.95±1.14	2.41±0.9	2.17±0.5	1.65±0.35

(Waele MD,et al. *A. J. C. P*,1988,89:742.)

采用单克隆抗体对胎血淋巴细胞分型的研究中还发现,一定比例的淋巴样细胞不能被成人血淋巴细胞单抗所识别,中期妊娠时,这些细胞所占比例可超过 20%,它们呈 Leu11,OKIa 阳性,与造血祖细胞具有相同的表面抗原,这部分细胞可能主要由造血细胞所构成。

胎儿外周血白细胞构成特点见表 1-2-9、表 1-2-10、表 1-2-11。

表 1-2-9　　　　　　　　　　　胎儿外周血白细胞分类(%)

胎龄 (周)	淋巴细胞 (%)	中性粒细胞 (%)	嗜酸性粒细胞 (%)	单核细胞 (%)	幼红细胞 (%)
18～20	80±9	5±2	1.5±2.5	1.5±2	12±8
21～22	81±7	5.5±3.5	1±1	1.5±1.5	11±7
23～25	82±6	7.5±4.5	2±2	1.5±1.5	7±4
26～30	84±6	8.5±2.5	2±1	1.5±1	4±3.5

(Forestier F. *Pediatirc Res*,1986,20:342.)

表 1-2-10　　　　　　　　足月新生儿脐血白细胞分类和计数

项目	例数	均数±标准差
WBC 计数($1×10^9$/L)	88	14.27±3.81
WBC 分类	—	—
中性粒细胞	30	0.57±0.083
嗜酸性粒细胞	30	0.025±0.014
嗜碱性粒细胞	28	0.035±0.04
淋巴细胞	30	0.31±0.092
单核细胞	27	0.03±0.017

表 1-2-11　　　　　胎儿、新生儿脐血及成人外周血 WBC 计数和分类

成分	胎血 (16～19 周)	胎血 (20～27 周)	新生儿脐血	成人外周血
有核细胞总数($×10^9$)	4.7±0.8	4.3±0.9	14.1±3.0	6.0±1.4
分类($×10^9$/L)				
中性粒细胞	0.2±0.1	0.2±0.1	6.5±1.7	3.2±0.8
嗜碱性粒细胞	0.01±0.02	0.02±0.02	0.1±0.1	0.03±0.03
嗜酸性粒细胞	0.02±0.02	0.08±0.01	0.4±0.3	0.09±0.06
淋巴细胞	1.9±0.7	2.6±0.7	5.6±1.0	2.1±0.7
单核细胞	0.1±0.1	0.2±0.1	0.9±0.4	0.5±0.2
有核红细胞	2.5±1.3	0.9±0.4	0.5±0.5	< 0.01

(Waele MD,et al. *A. J. C. P*,1988,89:742.)

三、血小板

胎血血小板的计数低于成人外周血,随妊娠进展,血小板的计数逐渐升高,至足月时达成人水平。最早期的血小板可见于第 10 周胎龄的胎血中,这些血小板体积较大,分散

状分布,着色较浅,含颗粒少。第 $12 \sim 15$ 周的血小板已呈簇状聚集,平均计数达 $116 \times 10^9/L$,27 周以上的胎儿外周血血小板计数接近足月儿。但足月新生儿脐血的血小板计数可有较大的差异,从 $100 \times 10^9/L$ 到 $400 \times 10^9/L$ 不等。而且,血小板形态不一致,直径小于 $2.5 \mu m$ 和大于 $4 \mu m$ 的血小板均较常见,但以形态小而圆者占优势,胎血血小板的变化情况如表 1-2-12 所示。

表 1-2-12 不同作者报道的胎血血小板计数$(\times 10^9/L)$

秦振庭		Forestier		Waele	
胎龄(周)	PLT 计数	胎龄(周)	PLT 计数	胎龄(周)	PLT 计数
$8 \sim 12$	136.3	$18 \sim 20$	242.1	$16 \sim 19$	185
$13 \sim 24$	205.8	$21 \sim 22$	258.2	$20 \sim 27$	218
$25 \sim 28$	107.6	$23 \sim 25$	259.4	新生儿	306
新生儿	192.0	$26 \sim 30$	253.5		
		新生儿	306.0		

第三节　脐血中的造血干/祖细胞的功能、特点

Function, Characteristics of Hematopoietic Stem/Progenitor Cells from Cord Blood

脐血作为造血干/祖细胞的来源,具有来源丰富,易于采集,配型要求低,移植后 GVHD 发生率低和病原污染率低等优点,在干细胞移植术中,被广泛应用于治疗恶性血液系统疾病如白血病、骨髓衰竭性疾病、先天性遗传疾病以及其他恶性肿瘤等,重建恶性血液病患者的造血和免疫系统,对临床具有重要意义。

但是,由于胎盘和脐带体积的限制,存在单份脐血体积少,所含细胞数量有限的难题。所以单份脐血往往不能满足体重较大儿童和成人移植的需要,从而限制脐血在临床上的广泛应用。在 20 世纪 90 年代,脐血移植 80% 以上是儿童患者。根据既往报道,单份脐血平均含有核细胞总数及 CD34$^+$ 细胞应该分别达到 1.2×10^9 和 3.1×10^6,而一般认为,脐血移植所需有核细胞总数及 CD34$^+$ 细胞理想值应分别达到 3.7×10^7 个/kg 和 3.0×10^5 个/kg。解决单份脐血细胞数量少的方法,除改进脐血采集技术和多份脐血混合移植外,造血干/祖细胞(HSC)体外扩增一直是人们探索的主要方向之一。临床要求 HSC 扩增的同时要保证其造血重建能力等不受影响,本节就脐血造血干细胞的功能特点介绍如下,关于扩增 HSC 的临床应用还可参考第三篇第三章第七节的内容。

一、脐血单个核细胞分离及造血干细胞的富集

脐血采集后,经 6% 羟乙基淀粉(hydroxyethyl starch,HES)沉淀法及密度梯度离心法(Histopaque-1077)分离脐血单个核细胞。在此基础上,造血干细胞的富集多基于对 CD34$^+$ 细胞或 CD133$^+$ 细胞的纯化。由于对分离速度、分离成本和细胞活性影响的考虑,

目前实验室多采用偶联抗体的免疫磁珠分离系统（magnetic activated cell sorting，MACS）阳性选择法，对细胞活性和纯度都可以得到满意的结果，一般情况下纯度可达 95% 以上。如果对 $CD34^+$ 或 $CD133^+$ 细胞纯度有更高的要求，可经过第二次 MACS 磁分选。纯化后的细胞经洗涤后可采用流式细胞仪测定 $CD34^+$ 细胞或 $CD133^+$ 细胞纯度，如果磁分选全过程都保持无菌操作，即可用于临床级别的干细胞体外扩增，商品化的产品多用 ClinMACS 系统纯化造血干细胞（见图 1-2-1）。

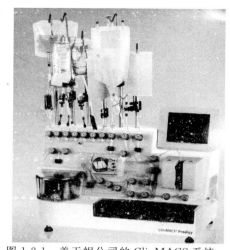

图 1-2-1　美天妮公司的 ClinMACS 系统
用于纯化造血干细胞

二、造血干细胞的生物学特性

在光镜、电镜下观察，可见脐血造血干细胞（UCB-HSC）的形态与小淋巴细胞类似，直径为 $5\sim8\mu m$，具有少量细胞质、游离核糖体和线粒体，无其他明显细胞器，过氧化物酶染色呈阴性。UCB-HSC 主要有以下 5 个特征：① UCB-HSC 的大小变化范围较小淋巴细胞大，细胞核基本为不规则圆形，凹陷浅于小淋巴细胞。②UCB-HSC 的核染色质细小，呈弥散状分布。③小淋巴细胞细胞质中可常见高尔基复合体、内质网和溶酶体，而 UCB-HSC 中少见。④UCB-HSC 细胞质中线粒体较小淋巴细胞多且小。⑤UCB-HSC 细胞质中游离核糖体较小淋巴细胞多，极少见多聚核糖体。

真正的 UCB-HSC 具有不同的发育阶段，且数量少、体积小、比重轻、形态相似、形态学特征无特异性，至今无法以形态来识别。因此，研究 UCB-HSC 须从组织中分离出来，常用的 UCB-HSC 分离方法是利用组织表面的标志物蛋白。在免疫缺陷小鼠造血干细胞移植模型中，$CD34^+CD38^+$ 细胞能引起迅速而短暂的造血重建，而 $CD34^+CD38^-$ 细胞则具有长期稳定和多系造血重建能力，说明原始的 UCB-HSC 存在于 $CD34^+CD38^-$ 细胞群中。

脐血作为造血干细胞移植来源的优点在于：①胎盘屏障保护，病毒感染少。②耐冷冻储存，可长期保存可随时取用。③来源丰富，采集方便，采集过程对母婴无危害，也无伦理问题。④脐血中 T 淋巴细胞数较少且较原始，GVHD 发生率低且程度轻，而移植物抗白血病（GVL）效应并不减弱，恶性血液病患者 UCBT 后的复发率较低。⑤脐血的免疫原性较弱，HLA-Ⅱ类抗原表达率低，几乎不产生抗体，能耐受 HLA（1～2）/6 个位点不合的移植。

三、脐血造血干/祖细胞的体外扩增

近几年来，针对脐血 HSC 的各类体外扩增技术进展迅速，各个实验室积极寻找最佳的扩增方法，以获得高质量及高产出。我们下面分为培养基、因子和小分子等多个方面逐一叙述。

（一）基础培养基

常用的 HSC 培养扩增体系都是液体培养,常规扩增 HSC 用的包括 RPMI1640 培养基、DMEM、alphaMEM 或 F12/MEM 等基础培养基,血清常使用胎牛血清或马血清,以往培养体系中也常加入小牛血清（BSA）、FCS 或 HSA 等,以上培养体系中血清组分中所含阻滞剂的浓度如 TGF-β 等随着血清的批号不同而变异很大,血清可能含有感染源以及动物血清蛋白具有免疫源性等,现主张使用白蛋白、转铁蛋白及胰岛素的无血清培养基。

其他商品化的 HSC 扩增用培养基包括 StemSpan™SFEM 无血清扩增培养基（Stem cell 公司）、StemSpan™H3000（无异种来源的培养基,仅含人源性或重组人蛋白,未加细胞因子,可以根据需要添加。）、StemSpan™ACF 无血清培养基。其中 StemSpan™SFEM造血干细胞基础培养基批间一致性好,可作为造血干细胞扩增的标准化培养基,具有优异的 HSC 扩增效果。另外该公司还有商品化的混合细胞因子组合（StemSpan™CC100、CC110 和 CC220）,比自己单独选择每个细胞因子并分别溶解更为方便。美国 Lonza 公司也产有 BioWhittaker® X-VIVO™、04-418QX-VIVO™系列化学成分确定的 HSC 专用无血清培养基。

有科研小组用无血清培养基（QBSF-60）加用干细胞因子（stem cell factor,SCF）＋Flt-3/Flk2 配体（Flt-3/Flk-2Ligand,FL）＋ 血小板生成素（thrombopoietin,TPO）培养脐血 CD34$^+$ 细胞,获得了大量的不同功能的干/祖细胞群,使用脐血 CD34$^+$ 细胞（1.72±1.13）×10^6 个,培养 10～14 天获得平均（103.32±71.37）×10^6 个 CD34$^+$ 细胞（范围 10.12×10^6～317.9×10^6）,能充分满足成人移植需要。

（二）细胞因子和化学小分子的组合应用

将脐血来源的 HSC 以一定的浓度混悬于含有多种细胞因子、化学添加物的液体培养体系中,是体外扩增 HSC 的主要方法。所使用的细胞因子通常都含有 SCF、IL-3、IL-6和 TPO、FL。其中 SCF 和 FL 主要作用于造血干/祖细胞,促进造血干/祖细胞的分裂和增殖,抑制凋亡;IL-3 主要刺激造血祖细胞的增殖和分化;细胞因子 TPO 在造血细胞发育的各个阶段都能发挥作用,主要调节巨核细胞系的分化。应用上述细胞因子组合扩增HSCs,虽然造血细胞的总数和造血祖细胞数量得到了显著的扩增,但原始 HSCs 在体外扩增过程中发生分化,扩增后的造血细胞降低了自我更新和重建造血的能力。因此,在扩增 HSCs 的同时,如何维持干细胞特性是 HSCs 体外扩增中亟待解决的问题。

1. 细胞因子　扩增 HSC 常用的细胞因子可以分为三类:①早期作用的细胞因子,即影响 G0 期原始造血细胞动力学的细胞因子,可启动细胞进入循环状态,如 IL-1、IL-6、IL-11、IL-12、G-CSF、FL 和 LIF 等。②中期作用的细胞因子,可诱导各系造血祖细胞的增殖,如 IL-3、IL-4 和 GM-CSF。③晚期作用的细胞因子,即谱系特异性细胞因子,支持谱系特异性造血细胞的发育成熟,如 G-CSF 和 M-CSF。因此,用于体外扩增的生长因子需要正确的组合:选择哪些细胞因子进行扩增及每种细胞因子的最佳使用剂量。

干细胞生长因子（SCF）由基质细胞产生,影响 HSCs 的迁移、增殖和分化,共有 273个氨基酸,与 GM-CSF、G-CSF、IL-1、IL-3、IL-6 和 IL-7 联合应用具有协同作用,刺激正常人粒系早期造血，与促红细胞生成素联合应用能促进体外红细胞的生长；与IL-3、IL-6或GM-CSF联合可提高脐血HSC数量。IL-3能促进几乎所有类型造血细胞的分化及发育，亦可促进基质细胞克隆形成。IL-12对静止的HSCs不起作用，但能协同其他造血生长因子促进HSCs的增殖。Flt-3配体（FL）能诱导造血干细胞由G0期进入增殖期，与其他造血细胞生长因子协同促进HSC的自我更新、增殖和分化。白血病抑制因子（leukemia inhibitory factor，LIF）可增强IL-3对巨核细胞前体的造血干细胞的致有丝分裂作用，提高体内巨核细胞和血小板的数量。

2.其他蛋白质　近年来，人们对造血微环境的调控作用有了更深入的了解，发现造血微环境中的某些蛋白质对维持HSCs的不分化和自我更新具有重要作用，因此尝试将这些蛋白质用于HSCs的体外扩增。原始HSCs表达Notch信号分子受体，活化Notch信号能抑制HSCs分化，促进HSCs增殖。将Delta-1的胞外结构域的编码序列与IgG1的Fc域的编码序列融合，纯化得到Delta-1ext-IgG；在体外扩增培养时先将Delta-1ext-IgG固定于培养器皿中，固定化的Delta-1ext-IgG能够激活HSCs的Notch信号通路；利用固定化的Delta-1ext-IgG辅以细胞因子SCF、FL、IL-6、IL-3和TPO扩增HSCs，培养17～21天，CD34$^+$细胞扩增达222倍，同时造血重建能力增强16倍。Wnt蛋白也参与HSCs的自我更新和分化的调节。此外，地诺前列酮也可通过上调β连锁蛋白的表达作用于Wnt信号通路，参与HSCs增殖和分化的调节。

多效蛋白（pleiotrophin，PTN）对HSCs的维持至关重要，同时还能促进人脐血HSCs的体外扩增。Himburg等运用PTN联合细胞因子SCF、FL和TPO扩增人脐血CD34$^+$CD38$^-$细胞，HSCs可扩增近40倍；将扩增后的细胞移植到NOD/SCID小鼠体内，4周后检测到小鼠外周血中人源的细胞数是对照组的3倍，8周后增加至7倍。

3.化学小分子　小分子化合物在HSC的体外扩增中显示了其独特的优势。已明确扩增效果的有嘌呤衍生物StemRegenin（SR1）、糖原合成酶激酶-3β（GSK3β）抑制剂CHIR99021、mTOR信号通路抑制剂雷帕霉素（Rapamycin）、GSK-3β抑制剂小分子3.6-bromoindirubin 3′-oxime（BIO）等，它们的具体机制有待进一步研究，推测可能与这些小分子调节了Wnt/β-catenin信号通路及PI3K/AKT/mTOR信号通路活性，进而对于维持HSC自我更新能力具有非常关键的作用。但我们对其潜在的不良反应尚无清楚的认识，因而还需要大量的实验来验证其安全性及有效性。

（三）基质细胞的应用

基质细胞通过多种机制影响造血过程：①直接的细胞-细胞接触。②分泌蛋白质形成细胞外基质。③产生多种细胞因子。基质和造血细胞之间有两种形式的细胞因子进行交流：细胞因子介导的细胞间的直接接触发挥作用以及两种细胞产生的可溶性细胞因子介导（旁分泌）。

HSC的自我维持、自我更新和多向分化的过程均依赖于造血微环境。微环境包括其中的基质细胞、基质细胞分泌的细胞因子、胞外基质及造血细胞本身，共同参与了造血稳态的调控。基质细胞又是一个杂合群，以骨髓造血微环境为例，其中的基质细胞种类包括成纤维细胞、巨噬细胞、内皮细胞、网状细胞、脂肪细胞和间充质细胞等,这些基质细胞在体外对 HSCs 均有不同程度的调控作用。

除了 MSCs,其他包括 HS-5、内皮细胞,OP9 和 AFT024 细胞系都可被用作饲养层细胞扩增造血干细胞。Kawano 等将转移酶催化亚基因转染入人骨髓基质细胞建立基质细胞系,支持脐血 CD34$^+$ 细胞体外增殖。骨髓间充质干细胞也具有扩增 HSC/HPC 的作用,脐血单个核细胞与间充质干细胞共培养 14 天,CD133$^+$ 细胞和 CD34$^+$ 细胞可分别扩增 30 倍和 8 倍,集落形成单位扩增约 200 倍。小鼠骨髓基质细胞来源的 OP9 细胞系转染 Delta-1 基因后,在扩增造血 HSCs 的同时,能有效地促进 CD34$^+$CD38$^-$Lin$^-$ 细胞的自我更新。在共培养体系中,ECs 表达的 Notch 配体,能激活 HSCs 的 Notch 信号,抑制 HSCs 的分化,促进 HSCs 增殖的同时能保持 HSCs 的自我更新潜能。

基质细胞共培养较单纯用细胞因子的培养体系,扩增 HSCs 的效率更高,但接触培养中的基质细胞渗入 HSCs 是一个难题,而且一部分培养的 HSCs 迁移入滋养层,要将培养的 HSCs 完全收获也非常困难。因此逐渐出现了基质未接触培养方法,如应用聚乙烯-对苯二酸盐薄膜插入培养方法,首先在膜的反面培养骨髓 HESS-5 基质细胞系,获得融合滋养层后在膜的正面种植 CD34$^+$ 细胞。HESS-5 细胞绒毛可以通过膜上 $0.45\mu m$ 的孔直接黏附造血细胞,但扩增的 HSCs 却没有 HESS-5 的污染。联合 TPO(50ng/mL) + FL(50ng/mL) + IL-3(20ng/mL) + SCF(50ng/mL) + GM-CSF(10ng/mL) + EPO(3U/mL)培养 14 天后,CD34$^+$CD38$^-$ 细胞扩增了 150 倍,较无基质培养组明显增高。也有科学家通过 Transwell 进行未接触基质细胞的 HSCs 培养,发现无基质条件下细胞数量进行性下降,2 周后所有细胞均为单核细胞;未接触培养后 1 周细胞数量下降,之后细胞数量稳定增加;第 1 周时 55% 细胞为混合有前髓细胞的原始细胞,第 4 周原始细胞比率下降,前髓细胞保持不变,成熟髓系逐渐增加;未接触培养中 CFU-GM 数量较接触培养明显增多,提示 transwell 培养系统中不释放或不存在原始 HSCs 的阴性调节剂;而直接接触可能传递抑制分化信号。虽然体外扩增中使用异基因基质细胞系等作为滋养层确实有许多优点,如基质细胞易于维护;可以重复获得持续的支持造血效果;可以避免基质分泌的多种细胞因子促分化作用。但目前培养持续时间不明确,并具有争议;不同基质细胞之间变化较大;非自体基质细胞不适于临床;而且异种基质细胞培养系统有传播动物传染病的潜在危险,且共培养体系成分复杂,影响因素较多,不便于大规模的扩增培养和标准化,不适合临床上的应用,所以近年来对培养器皿表面的修饰更为人们所接受。

（四）其他培养条件

1. 三维培养　HSCs 依赖于体内微环境,包括基质细胞、细胞因子和造血生长因子等构成的三维空间构型等,也包括了氧分压和剪切力等因素。骨髓微环境的生理解剖学分布在维持 HSCs 活性和多潜能方面也具有重要作用,因此研究人员逐渐开始应用合成高分子三维培养系统进行 HSCs 体外扩增,发现三维条件能更有效地体外扩增 HSC,能够减少造血生长因子的用量,降低成本,具有极大的应用价值。

2. 基因修饰　转录因子 SALL4 含锌指结构的,对造血干细胞多能性的维持至关重要。SALL4 在人白血病细胞系和早期急性髓性白血病细胞中表达，可能与正常 HSCs 的自我更新有关。SALL4 基因过表达的 CD34$^+$ 细胞在体外扩增培养 2 个月后，HSC 扩增可达 10000～15000 倍，并且植入能力和长期重建造血能力均得到显著增强。除了提高 HSCs 体外扩增效率的基因外，HSCs 的植入率也是影响 HSCs 移植成功与否的关键。在 CD34$^+$ 细胞中过表达 CXCR4 基因，能够增强基质细胞衍生因子 1（SDF-1）介导的趋化作用，增加 HSCs 移植后的植入率，提高 HSCs 移植的成功率。

3. 低氧培养　骨髓中的氧分压较其他组织低，细胞周期缓慢的 HSCs 趋向于定植在远离血管的低氧区，细胞周期活跃的 HSCs 位于血管附近的区域。低氧条件培养的 HSC 能够提高其植入后造血重建能力，并且能够表达更高水平的 Notch-1、端粒酶和细胞周期抑制因子 p21。

4. 生物反应器　近年来用旋转的生物反应器来扩增培养 HSC，充分利用生物反应器所附带的多种 pH 值、温度、溶氧量和葡萄糖探测器，并使用稳定灌流等方法使氧气浓度、葡萄糖和 pH 值等参数保持持续稳定，细胞数可扩增 435 倍，CD34$^+$ 细胞扩增 30 余倍。生物反应器的有效利用可减少人工成本，避免异体基质细胞使用，降低了成本，具有广阔的临床应用范围。

5. 纳米材料　纳米纤维是一种能渗透的纤维，具有可控制的拓扑特性，这种结构能够显著提高表面积与体积比。以纳米纤维作为支架材料，模拟体内造血微环境结构扩增 HSCs，能明显提高 HSCs 的扩增效率。将网状的纳米纤维材料黏附于 24 孔培养板底部，将脐血来源的 CD133$^+$ 细胞加入到纳米材料制成的支架上进行扩增培养，扩增培养 10 天后细胞总数增加了 225 倍，并且仍高表达 CD133（24%）和 CD34（93%）。

（五）扩增后脐血造血干细胞的评估

扩增后的干细胞是否能保留持久造血的潜能，其临床前评估手段主要有通过流式细胞术和单克隆抗体免疫荧光法检测扩增后细胞表型、体外集落培养、动物模型等（见表 1-2-13）。Non-SC1D repopulating cells 分析是目前扩增 HSC 评估的最有效工具。Piacibello 等用 CD34$^+$ UCB 体外培养至 10 周，Robmanith 等将 CD34$^+$ UCB 体外短期细胞培养 7 天，扩增后的细胞在移植实验动物体内均获得植入并维持了造血能力。Kobari 等在无基质无血清的高浓度细胞因子（SCF＋MGDF＋FL＋G-CSF）存在下扩增 CD34$^+$ UCB 14 天，并成功地植入到亚致死量照射的 NOD-SCID 鼠内，维持了长期造血的能力。

表 1-2-13　　　　　　　　　　　　常用的扩增用细胞因子及扩增倍数

Input cell population	Culture conditions	CD34$^+$	CFCs	LTC-LCs/SRCs
CD34$^+$ Rh$^-$	SCF,E	ND	94	ND
CD34$^+$ Rh$^+$	SCF,E	ND	2.5	ND
CD34$^+$ CD45RA$^-$ CD71$^-$ CD90$^-$	SCF,IL6,PX,G,M,E	900	241	ND
CD34$^+$ CD45RA$^-$ CD71$^-$ CD90$^-$	SCF,IL6,PX,G,M,E	32,000	4,719	ND
CD34$^+$	FL,TPO	146,000	2,000,000	ND

续表

Input cell population	Culture conditions	CD34$^+$	CFCs	LTC-LCs/SRCs
MNC	SCF,FL,TPO,FGF,MSCs	<1	1.7	ND
CD34$^+$	SCF,FL,TPO,FGF,MSCs	31	20	ND
MNCs	SCF,TPO,G,MSCs	37	18	2
CD34$^+$ CD38$^-$ Lin$^-$	MSCs	1	3	<1LTC-ICs
CD34$^+$ CD38$^-$ Lin$^-$	SCF,FL,TPO,IL6	4	20	<1LTC-IC
CD34$^+$ CD38$^-$ Lin$^-$	SCF,FL,TPO,IL6,MSCs	35	90	4LTC-IC
MNC	SCF,FL,TPO,IL6,IL3,GM,G	<1	4	<1LTC-IC
CD34$^+$ CD38$^+$ Lin$^-$	SCF,FL,TPO,IL6,IL3,GM,G	780	220	9LTC-ICs
CD34$^+$ CD38$^+$ Lin$^-$	SCF,FL,TPO,IL6,IL3,GM,G	1,280	612	12LTC-ICs
CD133$^+$	SCF,FL,TPO,IL6,TEPA	89	172	SCID engraftment[3]
CD34$^+$	SCF,FL,TPO,IL3,IL6,Delta1	222	ND	16 SRCs
Lin$^-$	SCF,FL,TPO,Bioprocess system	80	64	29LTC-ICs/11 SRCs

第四节　脐血中巨核细胞和血小板的功能与特点

The Function and Characteristics of Megakaryocytes and Platelets in Cord Blood

脐血血小板浓度常用于监测新生儿窒息、造血异常如 ITP 合并妊娠等,血小板减少症(Thrombocytopenia)是新生儿常见的造血异常,血小板平均计数是 234.0×10^9/L,脐血的平均网织血小板比率(IPF)值是 5.19%,而在健康成年人中,IPF 是 3.4%(1.1%~6.1%)。血小板微粒(platelet derived microparticles,PMPs)是从活化血小板浆膜上脱落的微小颗粒状物质(见图 1-2-2A,文后彩图),新鲜采集的脐血中测得其浓度为(0.629±0.175)×10^9/L,冷冻复苏后的脐血中血小板微粒(PMPs)含量大于新鲜脐血,为(20.678±2.189)×10^9/L,可见冷冻复苏过程会诱导血小板产生大量 PMPs,但这些冷冻复苏产生的 PMPs 与 CD34$^+$ 细胞结合能力弱,而且冷冻复苏也会对血小板造成损伤,低温冻存后脐血中的血小板明显减少。血小板微粒可以增加干细胞表面黏附分子的表达,血小板微粒与 CD34$^+$ 细胞结合,可以将血小板特异性抗原(CD41,CD61,CD62P,CX-CR4,PAR-1 等)传递到这些细胞表面,促进造血干细胞归巢,提高造血重建速度。脐带血来源的富血小板血浆(PRPP),(见图 1-2-2B,文后彩图)对于干细胞的培养、伤口促进愈合和美容等也有重要意义。和成人血小板一样,脐血血小板含有丰富的生长因子,对于救治眼睛损伤、外伤、骨折都具有很好的疗效。

脐带血(CB)是进行干细胞移植的重要造血干细胞来源,临床使用频率逐步增加。但是 CB 移植的一个主要缺点就是血小板恢复的时间延迟。为了能获得大量的脐血来源的血小板，Matsunaga 使用三阶段扩增法，首先利用端粒酶催化亚基基因转染的基质细胞层（hTERT stroma）扩增 CBSC 并辅以 stem cell factor（SCF）、Flt-3/Flk-2 ligand（FL）和 thrombopoietin（TPO），第一阶段扩增 14 天，然后更换为巨核细胞分化培养基培养 14 天，培养基中在原有基础上再添加白介素-11（interleukin-11，IL-11）；随后第三阶段转为液态培养，用含有 SCF、FL、TPO 和 IL-11 的培养基，再培养 5 天以获得血小板。结果从 5×10^6 个 CD34$^+$ 细胞中获得了 10.5 units（2×10^{11} PLTs）的血小板，这些血小板特征与从外周血来源的相同，无论是电镜分析形态、聚集实验和 FACS 分析 P-选择素和纤维蛋白原/ADP 活化的糖蛋白 II b-III a 抗原表达都一致。

但评价巨核细胞的成熟，除了早期获得谱系特异性标记（例如 CD41），后期阶段主要就是获得多倍体（DNA 含量大于 4N）的巨核细胞。使用 C57BL/6 小鼠加致死照射，回输成年鼠骨髓（BM）细胞或新生鼠血（NB）细胞移植，我们已知 BM 的 Lin-Sca-1 ＋c-Kit 的干细胞浓度比在 NB 中高 3 倍，为了校正这种干细胞浓度差异，移植数量为 0.5×10^6 的 BM 细胞或 2×10^6 NB 细胞。在移植后 2 和 4 周在 NB 移植组血小板计数低于 BM 细胞移植鼠。但在移植后 8 周，NB 和 BM 移植组的血小板计数相同，体外实验也表明 NB 干细胞生成 CD41$^+$ 细胞和多倍体巨核细胞的能力弱于 BM（见图 1-2-3）。

倍数性是理解巨核细胞（megakaryocyte，MK）及血小板生产的关键，Mattia 利用含 TPO 的无血清培养系统分别研究了人脐血和外周血来源的 CD34$^+$ 细胞生成 MKs 和血小板的能力，CB-MKs 生成多倍体 MKs 和血小板的能力弱于 PB-MKs，但 CB-MKs 和 PB-MKs 的细胞膜表型是一样的。大部分 CB-MKs 表现为 2N 含量的 DNA（80%），只有 2.6% 具有 8N DNA 表型，而 40% 的 PB 细胞具有 8N 或更多。在 PB 培养中从第 12 天起就开始释放血小板，而 CB 衍生的 MKs 到第 14 天才能释放，而且水平只有 35%。另外，在 PB 中 Cyclin D3 蛋白表达高于 CB-MKs。Cyclin B1 在 CB 整个培养阶段都在核中表达，而 PB 则在第 9 天开始随着核型的成熟而降低，这些都证明脐血 HSC 生成成熟 MK 和血小板的能力都弱于骨髓和成人外周血 HSC（见图 1-2-4，文后彩图）。但是在临床需求的推动下，还是有人优化了脐血干细胞诱导分化为巨核细胞的因子组合，证明 FL、IL-6、IL-9、TPO 和 SCF 是最好的扩增诱导脐血干细胞为 MK 先祖细胞和血小板的组合。其他促进脐血移植中血小板恢复速度的方法包括：在利用狗做造血移植模型中，在脐血移植时从 −3 天到 ＋6 天口服使用磷酸西格列汀（Sitagliptin）抑制 CD26/dipeptidyl-peptidase-IV（DPP4）活性，显著增加了供者嵌合体和血小板恢复率，可显著增加脐血植入率和相关存活率。另外，如果在脐血植入前，调整细胞密度为 1×10^6 个/mL，再加入重组人岩藻糖转移酶 VI（ASC-101）及其底物 GDP-fucose，使用岩藻糖基化处理 30 分钟，临床实践证明可以显著缩短中性粒细胞和血小板恢复时间。

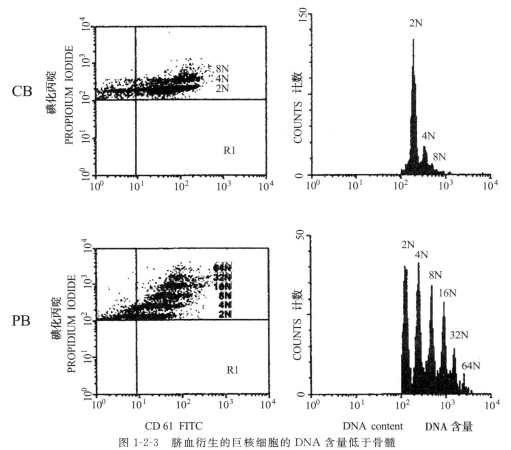

图 1-2-3　脐血衍生的巨核细胞的 DNA 含量低于骨髓

［CD34$^+$细胞在无血清培养基＋TPO(100ng/mL)中培养 12 天,检测 MK 多倍性］

第五节　脐血血浆成分

Plasma Components of Cord Blood

　　新生儿脐血除有形的细胞成分外,还包括非细胞结构的血小板和微囊状外泌体,第三部分即为液态的血浆成分,它包括蛋白质、核酸、糖、脂类、无机盐、某些代谢性中间产物和终产物、血清酶、激素、维生素以及凝血因子等等。这些成分在脐血中的含量既不同于健康成人外周血,也不同于孕产妇血。所以,建立脐血各种血浆成分的正常范围非常必要,它将有助于了解胎儿宫内生长发育和营养状况,对某些先天性或代谢性疾病进行筛选,以指导围产新生儿疾病的预防和早期诊断治疗。本节将分别叙述脐血的各种血浆成分,并予以分类,同时与成人外周血或孕产妇血进行比较。此外,由于新生儿脐血中的某些成分受种族、地理特征、检测手段等因素的影响,所列数值可供参考比较。

一、血清蛋白和免疫球蛋白

（一）血清蛋白

胎儿可自行制造白蛋白、α和β球蛋白，并产生少量γ球蛋白；但直至胎儿足月时，其外周血的总蛋白（TP）和白蛋白（ALB）水平均低于成人外周血（见表1-2-14）。

表 1-2-14　　　　　　　　　　新生儿脐血的蛋白含量（$X\pm S$）

蛋白	脐血		成人血		P 值
	例数	含量（g/L）	例数	含量（g/L）	
总蛋白（TP）	47	60.03 ± 4.83	179	76.6 ± 3.03	<0.01
白蛋白（ALB）	47	43.61 ± 2.79	186	48.7 ± 2.18	<0.01
白蛋白/球蛋白（A/G）	47	2.696 ± 0.341	579	1.70 ± 0.167	<0.01

（二）免疫球蛋白

脐血免疫球蛋白含量与成人外周血有较大的差异，我们的测定结果如表1-2-15所示。其中，IgG 的水平与成人相当，而 IgA 和 IgM 的含量均远低于成人。研究表明，胎龄 10～12 周的胎儿已具备 IgG 合成的能力，但 17 周前，IgG 的浓度维持在 10 g/L 左右，以后 IgG 的浓度随胎龄增长而增加，40 周的脐血中 IgG 的浓度超过母体 IgG 浓度的 5%～10%。由于 IgG 是一种可以通过胎盘的免疫球蛋白，因此，新生儿脐血中的 IgG 实际上由来自母体和自身合成的 IgG 两部分构成。IgA 和 IgM 两种免疫球蛋白在胎儿期合成量很少，而且，由于它们分子量较大，无法通过胎盘屏障，故不能由母体获得。新生儿脐血中各种免疫球蛋白的水平是受胎儿宫内发育的特定环境制约的，而且，它与围产期新生儿致病微生物感染的类型密切相关。

表 1-2-15　　　　　　　脐血与成人外周血免疫球蛋白含量（$X\pm S$）

免疫球蛋白	脐血		成人外周血		P 值
	例数	含量（g/L）	例数	含量（g/L）	
IgG	70	12.6 ± 3.5	50	13.0 ± 1.0	>0.05
IgA	70	0.62 ± 0.32	50	24.0 ± 0.9	<0.01
IgM	70	0.15 ± 0.04	50	1.52 ± 0.09	<0.01

二、血糖、血脂和其他代谢性指标

新生儿脐血血糖、血脂及某些代谢性指标水平的高低，可以反映胎儿宫内营养状况，并间接地反映相应孕母的情况。可依此作为对某些遗传性或家族性疾病进行筛选诊断的指标。因此，了解新生儿脐血中这些成分的正常范围非常必要，我们测定的结果如表1-2-16 所示，从表中可以看出，除血糖外脐血与成人外周血的其他各项指标均有显著性差异。

表 1-2-16　　　　　脐血血糖、血脂及某些代谢性指标水平($X\pm S$)

成分	新生儿脐血	成人外周血	P 值
血糖(mmol/L)	4.56±0.53(75)	4.65±0.62(100)	>0.05
三酰甘油(mmol/L)	0.53±0.14(80)	1.0±0.41(80)	<0.01
胆固醇(mmol/L)	3.08±0.82(80)	4.8±1.2(80)	<0.01
高密度脂蛋白(mmol/L)	1.74±1.03(80)	1.30±0.2(80)	<0.01
总胆红素(mmol/L)	31.29±7.49(76)	15.05±4.02(80)	<0.01
间接胆红素(mmol/L)	13.20±4.09(74)	4.06±1.02(80)	<0.01
尿素氮(mmol/L)	3.42±0.5(75)	5.61±0.76(80)	<0.01

　　脐血血脂含量低于成人血,而且,不同性别新生儿血脂水平有一定差异。女婴脐血胆固醇高于男婴(见表 1-2-17),而三酰甘油和 β-脂蛋白水平未见性别差异,脐血血脂水平的测定对于发现家族性高脂血症有一定的意义。

表 1-2-17　　　　　不同性别新生儿脐血血脂含量(mg/dL)

血脂	男			女			P 值
	例数	均数	标准差	例数	均数	标准差	
胆固醇	378	71.4	21.6	373	79.3	24.0	>0.01
三酰甘油	375	37.6	22.5	367	38.8	25.8	>0.05
β-脂蛋白	121	95.5	38.6	173	94.7	37.6	>0.05

(许雪峨,等.中华妇科杂志,1983,21:90)

　　新生儿脐血胆红素水平较高,这与红细胞半衰期短、破坏多以及肝脏代谢功能不完善有关。脐血中较高的胆红素含量是新生儿生理性黄疸的直接原因。

三、无机盐与微量元素

　　(一)无机盐

　　随胎龄不同,脐血中的无机盐成分有一定差异。一般说来,胎血血钾偏高,足月新生儿脐血血钾值可高达 5.6~12mmol/L;血钠在胎儿发育的不同阶段,其值也不同,但差异不大;与成人血相比,脐血血钙偏低而血磷较高(见表 1-2-18)。

表 1-2-18　　　　新生儿脐血与成人外周血各种无机盐成分水平($X\pm S$)

无机盐	新生儿脐血		成人外周血		P 值
	例数	含量	例数	含量	
钾	75	5.1±0.58	100	4.4±0.8	<0.01
钠	77	142±6.0	100	140±12	>0.05
氯	77	102±3.8	100	101±4.1	>0.05
钙	78	2.32±0.24	100	2.50±0.30	>0.05
磷	78	1.91±0.30	100	1.30±0.30	<0.01

（二）微量元素

微量元素与胎儿的生长发育密切相关，近年来，随着各种先进检测手段的问世，对孕母和胎血中微量元素的研究逐渐增多。1993 年，我们利用等离子体原子发射光谱技术测定了孕母外周血和新生儿脐血血清中 13 种微量元素水平，结果如表 1-2-19 所示。脐血锌、铁、钙的含量高于母血，且母血与脐血血清中三种元素的水平呈显著正相关，表明胎盘对这三种元素有主动转运作用。脐血铜的含量显著低于母血（铜/锌＝0.3），因为孕产期母血铜以铜蓝蛋白形式存在，铜蓝蛋白作为一种大分子物质，不易通过胎盘屏障。锰、镍、钴、铬也是人体生长所必需的微量元素，它们构成体内某些重要酶的成分，或者参与糖、核酸等的代谢，因其在脐血中含量甚微，目前这方面的报道较少。铝、铅、铬是三种对人体有害的微量元素，它们在母血和脐血中的含量很接近，表明胎盘屏障不能有效地阻止这些有害元素进入胎体，故须对孕产期妇女进行该方面的保护。安笑兰等测定了母血和脐血中七种微量元素的含量，得出的结论与此相似（见表 1-2-20）。

表 1-2-19 产妇和脐血血清中 13 种微量元素含量（$X \pm S, n = 55$）

微量元素	母血清（PPM）	脐血清（PPM）	P 值
Zn	0.7049 ± 0.1050	1.021 ± 0.1911	<0.01
Mn	0.02813 ± 0.003212	0.03077 ± 0.002337	>0.05
Al	0.05314 ± 0.02909	0.07812 ± 0.03386	>0.05
Cd	0.01437 ± 0.003137	0.01450 ± 0.004113	>0.05
Fe	1.055 ± 0.4755	2.218 ± 0.6960	<0.01
Mg	19.52 ± 3.977	19.92 ± 3.935	>0.05
Ca	96.75 ± 13.77	107.6 ± 17.76	<0.01
Pb	0.04315 ± 0.007679	0.04543 ± 0.008960	>0.05
Cu	2.203 ± 0.4303	0.3699 ± 0.0865	<0.01
Ni	0.03025 ± 0.009429	0.02459 ± 0.007608	>0.05
Ti	0.01440 ± 0.003520	0.01469 ± 0.005540	>0.05
Co	0.01703 ± 0.003122	0.01465 ± 0.003066	<0.01
Cr	0.01289 ± 0.06420	0.01481 ± 0.01223	>0.05

表 1-2-20 母血和脐血中 7 种元素含量的比较

元素	血清元素中位数 mmol/L		P 值	相关系数	P 值
	母血	脐血			
Zn	11.48	16.83	<0.01	0.446871	<0.01
Cu	35.50	5.89	<0.01	0.156493	<0.01
Fe	13.43	26.89	<0.01	0.279740	<0.01
Ca	2.42	2.51	<0.01	0.388209	<0.01
Mg	0.95	0.92	<0.05	0.201378	<0.05
Pb	0.09	0.13	<0.01	0.655025	<0.01
Cd	0.02	0.04	<0.01	0.478978	<0.01

（安笑兰，等.北京医科大学学报,1989,21:322.）

四、血清酶

胎血血清酶的类型和含量可作为衡量胎儿成熟度,尤其是心、肝、肾、脑等重要脏器发育情况的指标。

（一）乳酸脱氢酶（LDH）及其同工酶

脐血血清中LDH的个体差异较大,吴德伟等测定了52例足月新生儿脐血的LDH,其95%的正常值范围为38～990IU/L,高于相应成人对照组。脐血中LDH的同工酶以LDH$_1$、LDH$_2$、LDH$_3$占优势,LDH$_4$和LDH$_5$含量很低,其电泳谱形式为LDH$_1$＞LDH$_2$＞LDH$_3$＞LDH$_4$＞LDH$_5$,含量情况如表1-2-21所示。

表1-2-21　　　　　　　新生儿脐血血清LDH同工酶含量（$X \pm S\%$）

LDH 同工酶	含量（%）
LDH$_1$	36.7±6.8
LDH$_2$	28.4±2.0
LDH$_3$	21.2±4.9
LDH$_4$	8.1±5
LDH$_5$	5.0±3.5

（石玉玲,等.临床检验,1989,7:100.）

乳酸脱氢酶是葡萄糖代谢过程中的一个重要酶,其同工酶谱的改变与胎儿宫内缺氧状态和程度有密切关系。在缺氧状态下,糖酵解增强,促使大量乳酸积聚,乳酸抑制了LDH$_1$活性或合成LDH$_1$的H基因的表达;同时,低氧状态导致M基因大量合成LDH$_4$、LDH$_5$,故LDH同工酶谱的改变是胎儿宫内缺氧的一项敏感指标。

（二）其他血清酶

脐血中与心、肝、肾、脑等重要脏器功能相关的其他血清酶的含量列于表1-2-22。脐血中与心肌有关的血清酶指标如LDH、GOT、CPK均远高于成人,有人推测这与新生儿娩出过程中受到挤压,包括心脏受挤压以及血氧分压下降,心脏一过性缺氧有关。

表1-2-22　　　　　　　　　新生儿脐血血酶含量（$X \pm S$）

血清酶	脐血		成人外周血		P 值
	例数	含量（IU/L）	例数	含量（IU/L）	
GPT	46	11.714±1.017	489	15.38±3.989	＜0.01
GOT	47	50.745±19.260	532	22.94±3.751	＜0.01
CPK	46	388.413±111.848	543	88.46±24.013	＜0.01
ALP	46	54.565±35.334	567	167.17±34.554	＜0.05
γ-GTP	44	952.909±307.52	515	8.62±3.401	＜0.01
β-HBDH	28	566.250±181.303			

（吴德悌,等.北京医科大学学报,1989,21:324.）

五、血气分析

同时作脐动、静脉血的血气分析对了解胎儿宫内缺氧状况、酸碱平衡紊乱有重要意义，较之于产科常用的 Apgar 评分，脐血血气分析客观性强，灵敏度高，准确性好，可以更精确地反映胎儿宫内窘迫和酸碱失衡情况，指导围产期胎儿和新生儿的正确处理。为此，建立新生儿脐血血气分析正常值，制定酸碱平衡指标非常必要。下表是正常足月新生儿脐血动、静脉血气分析值（见表 1-2-23）。

表 1-2-23　　　　　　　　　正常阴道分娩足月新生儿血气分析（$X \pm S$）

	例数	pH 值	CO_2 分压（kPa）	血氧分压（kPa）	实际碳酸氢盐（mmol/L）	标准碳酸氢盐（mmol/L）	碱剩余（mmol/L）	血氧饱和度（%）
脐动脉血	48	7.259±0.050	6.823±1.400	3.471±1.011	21.406±5.033	18.173±3.274	−6.1132±4.666	37.876±13.544
脐静脉血	50	7.321±0.050	5.520±1.011	4.349±0.789	20.901±3.710	19.641±2.666	−4.811±3.888	56.604±11.620

（沈浣，等. 中华妇产科杂志，1991，26：43.）

六、激素

（一）甲状腺相关激素

新生儿脐血 T_3、T_4、TSH 值反映出生时垂体-甲状腺轴的功能。一般认为，母血中的 T_3、T_4、TSH 不能通过胎盘进入胎儿体内，胎儿新陈代谢和生长发育靠自身垂体、甲状腺合成适量的 TSH、T_3、T_4 来维持，故测定分析新生儿脐血中 TSH、T_3、T_4 的含量对于甲状腺功能异常的筛选，以达到对先天性甲状腺功能减低患儿早期发现、及时治疗，从而预防克汀病的发生具有重要意义。

自 20 世纪 70 年代初开始，欧美等西方国家已利用放射免疫技术测定脐血 TSH、T_3、T_4 作为甲状腺功能低下的常规筛选指标。国内自 20 世纪 80 年代始也相继在这方面作了较多的工作，下表是新生儿脐血、婴幼儿外周血以及成人血 TSH、T_3、T_4 的含量（见表 1-2-24）。

表 1-2-24　　　　　　　　　不同人群血清 TSH、T3、T4 的含量（$X \pm S$）

	早产儿	足月儿	婴幼儿	成人
T_3(ng/mL)	0.66±0.30	0.61±0.24	1.57±0.38	1.85±0.37
T_4(ng/mL)	85.4±26.7	99.2±30.5	131.0±38.0	91.7±26.2
TSH(μU/mL)	19.5±8.7	17.5±7.5	6.9±1.4	<10

与足月儿相比，早产儿脐血 T_4 值偏低，脐血 T_3、T_4 低于正常婴幼儿，TSH 值高于婴幼儿。所以，筛选先天性甲状腺功能减低时，应注意不能用儿童的正常值来判断脐血值的正常与否。另外，有的研究表明，抗甲状腺球蛋白（TG_{ab}）和（或）抗甲状腺微粒抗体

（TM$_{ab}$）阳性的脐血血清中 T$_4$ 值偏低，而这两种抗体在脐血中的阳性率达（3.74±1.06）％。所以，以 T$_4$ 值作为筛选新生儿甲状腺功能低下的指标时，需要与 TM$_{ab}$ 或 TG$_{ab}$ 阳性所伴随的 T$_4$ 低值相鉴别。

（二）前列腺素

前列腺素（PG）广泛存在于各种组织中，但正常人外周血中含量甚微，只有在某些特殊情况下方可检出。PG 对生殖、心血管、呼吸及消化系统具有广泛的生理作用，并可促进甲状腺和肾上腺皮质激素的分泌及糖原合成。正常新生儿脐血中可检出 PG，而且脐动、静脉血 PG 的含量不同。据 Bibby 的检测，脐静脉血前列腺素 E（PGE）浓度为（242±25）ng/mL，前列腺素 F（PGF）为（88±11）ng/mL；脐动脉血 PGE 和 PGF 的浓度分别为（109±27）ng/mL 和（80±10）ng/mL。

七、维生素

（一）叶酸

叶酸是 DNA 合成的重要原料，在红细胞的分裂增殖过程中起重要作用，叶酸缺乏，可引起大细胞性贫血，是小儿营养性贫血的重要原因之一。了解脐血叶酸水平，有助于婴幼儿营养性贫血的预防。秦锐等检测了正常未孕妇女、孕产妇和新生儿脐血血清叶酸的含量，结果如表 1-2-25 所示。由表可知，孕产妇血清叶酸水平显著高于脐血，这表明叶酸在母婴间的传输是依母血叶酸浓度而定的，故孕期妇女应注意叶酸的补充。

表 1-2-25　　　　　　　正常未孕妇女、孕产妇及新生儿脐血叶酸含量（μg/L）

	例数	均数	范围
正常未孕妇女	50	8.13	5.7～18.2
孕中期妇女	256	5.48	0.6～32
临产时	59	4.61	0.8～32
新生儿脐血	59	1.84	0.6～13

（秦锐，等.南京医学院学报，1990，10：185.）

（二）维生素 E

新生儿特别是早产儿易发生维生素 E（Vit E）缺乏，并引起一系列临床症状，如组织水肿，溶血性贫血等。正常新生儿脐血及母血 Vit E 水平如表 1-2-26 所示。

表 1-2-26　　　　　　　新生儿脐血和母血 Vit E 浓度（μmol/L）

	例数	中位数±标准差	范围	CV（％）
脐血	59	5.53±1.56	2.27-10.02	28.11
母血	59	49.14±11.37	24.86-78.33	23.17

（范志强，等.营养学报，1990，12：405.）

新生儿脐血 Vit E 浓度显著低于母血，这可能与胎盘转运功能限制和新生儿血液 Vit E 运载能力低下有关。另外，因 VitE 在血液中主要与低密度脂蛋白（LDL）结合在一起，脐血的 LDL 不足可能是另一重要原因。

八、凝血因子

（一）凝血因子

与成人血相比，新生儿脐血中各种凝血因子的含量均相对较低，尤其是 Ⅱ、Ⅶ、Ⅸ、Ⅹ 等维生素 K 依赖性因子及 Ⅺ、Ⅻ、ⅩⅢ 因子都较低，在胎儿宫内发育过程中，纤维蛋白原和 Ⅷ 因子一般不易通过胎盘，因此，新生儿期的止血机制不健全。下表是新生儿脐血和成人外周血凝血因子水平的比较（见表 1-2-27）。由表可见，不仅脐血中各种凝血因子低于成人血。而且，早产儿脐血中多种凝血因子的含量低于足月儿脐血。新生儿脐血凝血因子较低的原因，与胎儿肝脏功能未完全发育以及胎盘通透性有关。

表 1-2-27　　　　　　　　　新生儿脐血和成人血中各种凝血因子含量

凝血因子	早产儿脐血	足月儿脐血	成人血
纤维蛋白原(mg/dL)	200～250	200～250	200～400
Ⅱ(%)	25	40	50～150
Ⅴ(%)	60～75	90	75～125
Ⅶ(%)	35	50	75～125
Ⅷ(%)	80～100	100	50～150
Ⅸ(%)	25～40	25～40	50～150
Ⅹ(%)	25～40	30～40	50～150
Ⅺ(%)	—	30～40	75～125
Ⅻ(%)	50～100	50～100	75～125
ⅩⅢ(比度)	1∶8	1∶8	1∶16

（秦振庭，等.围产期新生儿医学,1989,P452.）

（二）抗血友病因子

1. 因子Ⅷ凝血活性　　胎儿期Ⅷ:C水平较低，而新生儿脐血中Ⅷ:C处于一个高峰水平与成人Ⅷ:C含量无显著性差异。因子Ⅷ相关抗原（Ⅷ R:Ag）的变化规律与Ⅷ:C相似，胎儿期较低，新生儿脐血Ⅷ R:Ag处于一个高峰水平，但比成人Ⅷ R:Ag水平低，且差异有显著性。

2. 因子Ⅸ凝血活性　　新生儿脐血Ⅸ:C活性相当低，明显低于正常成人标准血浆（$P < 0.01$）。

3. 新生儿期Ⅷ:C　　Ⅷ R:Ag 和Ⅸ:C 比胎儿期高，这说明了抗血友病因子的合成和分泌在整个孕期中是不断发育成熟的。足月新生儿Ⅷ:C 和Ⅷ R:Ag 都处于一个相当高的水平，甚至比成人Ⅷ R:C、Ⅷ R:Ag 高，这可能是对分娩的应激反应，也可能是由于母体血中能促进Ⅷ:C 和Ⅷ R:Ag 合成和分泌的小分子物质增多，而这些小分子物质通过胎盘进入了胎儿血循环，从而也促进了胎儿合成和分泌Ⅷ:C 及Ⅷ R:Ag。因此，可以认为，足月新生儿Ⅷ R:Ag 合成和分泌的机制已相当完善。据报道，新生儿维生素 K 依赖的凝血因子（因子Ⅱ、Ⅶ、Ⅸ、Ⅹ）都相当低，新生儿Ⅸ:C 只有正常成人血浆的 33.60%，这反映了胎儿宫内环境维生素 K 的缺乏状态。

九、造血因子

Malcolm 等建立了 G-CSF、GM-CSF 的生物学测定法，并证明脐血中 G-CSF 及 GM-CSF 之含量明显高于成人血。Laver 等测定的结果如表 1-2-28 所示。

表 1-2-28　　　　　　　　　新生儿脐血和成人血造血因子水平（$X \pm S$）

造血因子	脐血（U/mL）	成人外周血（U/mL）
G-CSF	4.08±2.8	2.5±1.5
G-CSF＋单抗	11.8±1.5	测不到
GM-CSF	19.9±5.2	测不到
GM-CSF＋单抗	2.1±0.2	测不到

(Laver JH, et al. *Cord Blood Stem Cells：Current Status and Future Prospects*, P29.)

脐血与成人外周血造血因子水平差异有统计学意义（$P < 0.05$），与其相应单克隆抗体孵育能明显地中和 G-CSF 及 GM-CSF 的活性（分别 $P < 0.05$ 和 $P < 0.01$）。

以上结果与人们的推测相符，新生儿外周血中 WBC 计数高于成人，可能是由于血中 CSF 水平高所致。现在还不清楚是由于生长因子的高水平而致血中祖细胞增多，还是新生儿的祖细胞需要更高水平的生长因子或其他原因。

十、肝脏相关因子其他成分

（一）甲胎球蛋白

甲胎球蛋白（AFP）在妊娠早期由卵黄囊产生，以后由胎儿肝脏产生，其电泳区带位于白蛋白和球蛋白之间，它在血中可与雌激素结合在一起。甲胎球蛋白在胎血中的浓度自妊娠早期开始即逐渐升高，胎龄 12～16 周达高峰，以后逐渐减少。足月儿脐血 AFP 的值为 15～60mg/mL，而成人血不足 25ng/mL。

Smith 等认为 AFP 是胚胎发育过程中维持妊娠所必需的蛋白，有保护胚胎不受母体排斥的作用，故脐血可用于部分自发性流产患者，尤其是习惯性流产患者的治疗。

（二）铁蛋白

血清铁蛋白的含量是衡量机体缺铁及铁负荷状态的一项敏感可靠的指标。测定新生儿脐血和孕产妇血清铁蛋白水平可以指导孕期合理的铁剂添加。余润泉等采用放免双抗测定法分析了 268 例孕产妇及其新生儿脐血铁蛋白的含量，结果表明，脐血血清铁蛋白的值为（131.67±79.33）ng/mL，近乎临产前孕妇血清铁蛋白的 12 倍。新生儿脐血铁蛋白的含量与新生儿性别、出身体重、胎次等因素无关。至于脐血铁蛋白浓度与孕妇血清铁蛋白浓度的关系，尚有不同观点。Rois 等认为，新生儿脐血铁蛋白浓度不受孕妇血清铁蛋白的影响；而 Fenton 等则认为，孕妇血清铁蛋白低者，新生儿脐血铁蛋白也低。由于中晚期妊娠时，孕妇血清处于低铁蛋白状态，而母体血清铁是胎儿需铁的唯一来源，因此，为保障胎儿的正常生长发育，妊娠期补充铁剂是十分必要的。

十一、其他成分

在医疗实践中，人们发现输注脐血全血或血浆不但可补充血液成分，还可明显改善食欲,振奋精神,促进疾病恢复和创口逾合,甚至延年益寿。此与脐血干细胞作用有关,另外还有其他有效成份的作用。于是,此类作用有效成分的探索已引起研究人员的广泛注意。2008年,张乐玲,李栋等曾用 ELISA 法检测脐血和成人血中与上皮细胞和(或)间质细胞功能相关的干细胞生长因子(HGF)、纤维连接素(Fn),发现其在脐血浆中含量比成人血大100倍以上。2011年,郑州大学基础医学院张丽、杜英等用蛋白芯片技术,对脐血浆中的507种细胞因子进行了检测,发现脐血浆94种蛋白含量显著高于成人静脉血浆,28种蛋白含量显著低于成人静脉血浆。其中有31种蛋白成分在脐血浆中的含量显著高于静脉血浆2倍以上(见图1-2-5)。显著增高的蛋白质主要涉及造血生长因子、神经营养因子、骨生长因子、创伤愈合相关因子、趋化因子受体等。现将含量高于2倍以上的细胞因子按其功能分成3类(见表1-2-29、表1-2-30、表1-2-31)。这一研究工作为进一步研发脐血的临床应用奠定了基础。

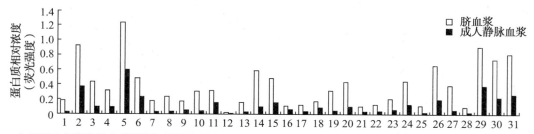

1:ALK-2;2:CRIM1;3:CRTH-2;4:TNFRSF6B;5:Dkk-5;6:PK1;7:FGF-4;8:Frizzled-3;9:CRAM-A/B;10:IGFBP-7;11:IGF-I;12:IL-3;13:IL-12p40;14:IL-13 R alpha 1;15:IL-17D;16:IL-20 R alpha;17:IL-26;18:LBP;19:TNFSF3;20:MMP-10;21:Neuritin;22:Neuropilin-2;23:Neurturin;24:CXCL4;25:PLUNG;26:Pref-1;27:RAGE;28:SCF;29:sFRP-3;30:TIMP-1;31:Tomoregulin-1

图 1-2-5　脐血浆与静脉血浆细胞因子表达的差异

[张 丽,李倩如. 中国组织工程研究与临床康复,2011,15(6):995-999.]

表 1-2-29　　脐血浆中含量高于静脉血浆2倍以上的神经营养因子及其功能

Name	脐血浆	静脉血浆	脐血浆/静脉血浆	功能
CRIM 1	0.92863	0.36515	2.54315	运动神经元生存与分化
FGF-4	0.17835	0.02695	6.61781	促细胞分裂、促血管形成、促神经元生长、促进损伤修复
Frizzled-3	0.23578	0.02578	9.14585	神经元生长、促进损伤修复与胚胎发育、组织细胞极性、神经突触形成、增殖调控等相关
IL-3	0.01868	0.00437	4.27470	促进多克隆造血祖细胞增殖,也表现出一定促神经生长活性
Neuritin	0.10680	0.03263	3.27306	促进神经突触生长,防止神经细胞凋亡,保护运动神经元

续表

Name	脐血浆	静脉血浆	脐血浆/静脉血浆	功能
Neuropilin-2	0.12963	0.03899	3.32470	与神经元发生、免疫、血管形成等相关
Neurturin	0.20579	0.05677	3.62498	促进神经系统生存
RAGE	0.38683	0.04958	7.80214	是多配体识别受体，与两性蛋白结合介导神经元轴突生长
sFRP-3	0.90642	0.37730	2.40239	调控中枢神经系统及肢体发育中的 Wnt 信号
Tomoregulin-1	0.80865	0.26045	3.10482	促进海马与中脑神经元存活

表 1-2-30　脐血浆中含量高于静脉血浆 2 倍以上细胞生长因子及其功能

Name	脐血浆	静脉血浆	脐血浆/静脉血浆	功能
ALK-2	0.18136	0.02399	7.56015	细胞分化和胚胎发育相关
TNFRSF6B	0.31590	0.09086	3.4768	抑制 FasL 介导的细胞凋亡
Dkk-5	1.23677	0.59239	2.08776	通过调节 Wnt 信号途径，调控细胞生长分化
PK1	0.48197	0.23034	2.09243	内分泌腺衍生的血管内皮生长因子（VEGF），与 VEGF 协同发挥作用
CRAM-A/B	0.17124	0.04968	3.44686	趋化因子诱饵受体，与细胞迁移有关
IGFBP-7	0.30535	0.03661	8.34062	与胰岛素样生长因子和胰岛素结合，调控细胞生长，裂解产物促进细胞黏附
IGF-1	0.31947	0.14982	2.13236	促进多种生长激素的分泌，与哺乳动物生长发育相关
MMP-10	0.43202	0.09960	4.33755	降解细胞外基质的基质蛋白，参与组织发育和维持
TIMP-1	0.74044	0.21888	3.38286	抑制 MMP 对基质蛋白的降解，还有促有丝分裂素作用促进细胞生长
Pref-1	0.65797	0.19003	3.46245	表达于胚胎和成体某些组织，与脂肪代谢有关
SCF	0.09598	0.00879	10.91923	干细胞生长因子，促进干细胞的增殖、分化

表 1-2-31　脐血浆中含量高于静脉血浆 2 倍以上与胚胎及免疫相关因子及其功能

Name	脐血浆	静脉血浆	脐血浆/静脉血浆	功能
CRTH-2	0.43536	0.08887	4.89884	Th2/Tc2 聚集于母胎界面，维持妊娠
IL-12 p40	0.15571	0.02603	5.98194	促进 T 细胞、NK 细胞增殖，调节免疫应答
IL-13 R alpha1	0.59160	0.09402	6.29228	参与 IL-13、IL-4 介导的细胞信号转导
IL-17D	0.48620	0.15152	3.20882	刺激造血祖细胞、淋巴细胞等增殖分化，参与免疫调节
IL-20 R alpha	0.11556	0.05754	2.00834	与 IL-20 结合，特异性地增加多潜能祖细胞的增殖
IL-26	0.12492	0.03103	4.02578	与 IL-20 有共同的受体参与刺激造血
LBP	0.17143	0.08532	2.00926	脂多糖结合蛋白，与机体免疫防御有关
TNFSF3	0.31641	0.04317	7.32940	免疫调节作用
CXCL4	0.4405	0.12787	3.48831	促进凝血，对中性粒细胞、成纤维细胞有强趋化活性，参与炎症和损伤修复
PLUNC	0.11132	0.01427	7.80098	结合细菌脂多糖，维持上呼吸道正常生理活动

（张丽，杜英，等.郑州大学硕士学位论文，2011.）

（沈柏均，张洪泉，何守森）

主要参考文献

1.陈纯，黄绍良，吴燕峰. 人脐血多种细胞因子的含量检测及植物血凝素和脂多糖的影响. 中国病理生理杂志，2002，18(4):348-351.

2.杜娟，佐藤昌司. 经腹抽取胎儿脐血检测血小板的临床应用. 中华妇产科杂志，1997，32(1):41-42.

3.张娟，刘峰，张薇，等. 人脐血间充质干细胞来源的外泌体：分离鉴定及生物学特性. 中国组织工程研究，2014，18(37):5955-5960.

4.张丽，杜英，李倩如.脐血浆活性成分分析及其对脐血 CD34$^+$ 细胞增殖的影响.郑州大学 2011 年硕士学位论文.

5.秦振庭. 围产新生儿医学. 北京：能源出版社，1989.

6.张乐玲，李栋，李府，等. 人脐血和胎盘中肝细胞生长因子和纤维连接蛋白的测定.现代妇产科进展，2008，17(3):175-177.

7. A Günlemez, M Oruç, HM Kir, et al. Determining the mean cord blood immature

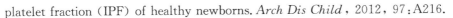

platelet fraction (IPF) of healthy newborns. *Arch Dis Child*, 2012, 97:A216.

8. Aguila JR, Liao W, Yang J, et al. SALL4 is a robust stimulator for the expansion of hematopoietic stem cells. *Blood*, 2011, 118(3):576-585.

9. Arslan F, Lai RC, Smeets MB, et al. Mesenchymal stem cell-derived exosomes increase ATP levels, decrease oxidative stress and activate PI3K/Akt pathway to enhance myocardial viability and prevent adverse remodeling after myocardial ischemia/reperfusion injury. *Stem cell research*, 2013, 10(3):301-312.

10. Avanzini MA, Bernardo ME, Cometa AM, et al. Generation of mesenchymal stromal cells in the presence of platelet lysate: a phenotypic and functional comparison of umbilical cord blood and bone marrow-derived progenitors. *Haematologica*, 2009, 94(12):1649-1660.

11. Bauer N, Wilsch-Br Uninger M, Karbanová J, et al. Haematopoietic stem cell differentiation promotes the release of prominin-1/CD133⁻ containing membrane vesicles-a role of the endocytic-exocytic pathway. *EMBO Mol Med*, 2011, 3(7):398-409.

12. Biancone L, Bruno S, Deregibus MC, et al. Therapeutic potential of mesenchymal stem cell-derived microvesicles. *Nephrol Dial Transplant*, 2012, 27(8):3037-3042.

13. Boitano AE, Wang J, Romeo R, et al. Aryl hydrocarbon receptor an-tagonists promote the expansion of human hematopoietic stem cells. *Science*, 2010, 329(5997):1345-1348.

14. Broxmeyer HE, Man-Ryul L, Hangoc G, et al. Hematopoietic stem/progenitor cells, generation of induced pluripotent stem cells, and isolation of endothelial progenitors from 21- to 23.5-year cryopreserved cord blood. *Blood*, 2011, 117(24):4773-4777.

15. Butler JM, Nolan DJ, Vertes EL, et al. Endothelial cells are essential for the self-renewal and repopulation of Notch-dependent hematopoietic stem cells. *Cell Stem Cell*, 2010, 6(3):251-264.

16. Camussi G, Deregibus MC, Cantaluppi V, et al. Role of stem-cell-derived microvesicles in the paracrine action of stem cells. *Biochem Soc Trans*, 2013, 41(1):283-287.

17. Cantaluppi V, Gatti S, Medica D, et al. Microvesicles derived from endothelial progenitor cells protect the kidney from ischemia-reperfusion injury by microRNA-dependent reprogramming of resident renal cells. *Kidney Int*, 2012, 82(4):412-427.

18. Chen J, Sanberg PR, Li Y, et al. Intravenous administration of human umbilical cord blood reduces behavioral deficits after stroke in rats. *Stroke*, 2001, 32(11):2682-2688.

19. Chivet M, Hemming F, Pernet-Gallay K, et al. Emerging role of neuronal exosomes in the central nervous system. *Front Physiol*, 2012, 3(12):145.

20. Delaney C, Heimfeld S, Brashem-Stein C, et al. Notch-mediated expansion of human cord blood progenitor cells capable of rapid myeloid reconstitution. *Nature Medicine*, 2010, 16(2):232-236.

21. Delaney C, Varnum-Finney B, Aoyama K, et al. Dose-dependent effects of the

Notch ligand Delta-1 on ex vivo differentiation and in vivo marrow repopulating ability of cord blood cells. *Blood*, 2005, 106(8):2693-2699.

22. Eliasson P, J nsson JI. The hematopoietic stem cell niche: low in oxygen but a nice place to be. *J Cell Physiol*, 2010, 222(1):17-22.

23. Fernández-Sánchez V, Pelayo R, Flores-Guzmán P, et al. In vitro effects of stromal cells expressing different levels of Jagged-1 and Delta-1 on the growth of primitive and intermediate CD34$^+$ cell subsets from human cord blood. *Blood Cells Mol Dis*, 2011, 47(4):205-213.

24. George E Georges, Vladimir Lesnikov, Robert Jordan, et al. Sitagliptin improves engraftment and platelet recovery after single unit, very low cell dose cord blood transplantation. *Blood*, 2011, 118(4):2963.

25. Gluckman E, Rocha V, Boyer-Chammard A, et al. Outcome of cord blood transplantation from related and unrelated donors . Eurocord Transplant Group and the European Blood Marrow Transplantation Group. *N Engl J Med*, 1997, 337(5):373-381.

26. Goessling W, North TE, Loewer S, et al. Genetic interaction of PGE2 and Wnt signaling regulates developmental specification of stem cells and regeneration. *Cell*, 2009, 136(6):1136-1147.

27. Gyorgy B, Szabo TG, Pasztoi M, et al. Membrane vesicles, current state-of-the-art: emerging role of extracellular vesicles. *Cell Mol Life Sci*, 2011, 68(16):2667-2688.

28. Himburg HA, Muramoto GG, Daher P, et al. Pleiotrophin regulates the expansion and regeneration of hematopoietic stem cells. *Nature Medicine*, 2010, 16(4): 475-482.

29. Lai RC, Chen TS, Lim SK. Mesenchymal stem cell exosome: a novel stem cell-based therapy for cardiovascular disease. *Regen Med*, 2011, 6(4):481-492.

30. Lekli I, Gurusamy N, Ray D, et al. Redox regulation of stem cell mobilization. *Can J Physiol Pharmacol*, 2009, 87(12):989-995.

31. Mathivanan S, Ji H, Simpson RJ. Exosomes: extracellular organelles important in intercellular communication. *J Proteomics*, 2010, 73(10):1907-1920.

32. Mohamed AA, Ibrahim AM, El-Masry MW, et al. Ex vivo expansion of stem cells: defining optimum conditions using various cytokines. *Lab Hematol*, 2006, 12(2):86-93.

33. Nagasawa T, Omatsu Y, Sugiyama T. Control of hematopoietic stem cells by the bone marrow stromal niche: the role of reticular cells . *Trends Immunol*, 2011, 32 (7):315-320.

34. Pablo A Ramirez, Claudio Brunstein, Brian Miller, et al. Delayed platelet recovery after allogeneic peripheral blood, marrow and umbilical cord stem cell transplantation: risk factors and clinical outcomes. *Blood*, 2009, 114(3):867.

35. Ratajczak J, Mierzejewska K, Borkowska S, et al. Novel evidence that human umbilical cord blood-purified CD133$^+$ cells secrete several soluble factors and microvesi-

cles/exosomes that mediate paracrine,pro-angiopoietic effects of these cells-implications for and important role of paracrine effects in stem cell therapies in regenerative medicine. *Blood*, 2013,122(14):1216.

36. Ratajczak J,Mierzejewska. K,Kucia M,et al. Paracrine pro-angio poietic effects of human umbilical cord blood-derived purified CD133$^+$ cells-implications for stem cell therapies in regenerative medicine. *Stem Cells Dev*, 2013, 22(3):422-430.

37. Regidor C, Posada M, Monteagudo D, et al. Umbilical cord blood banking for unrelated transplantation:evaluation of cell separation and storage methods. *Exp Hematol*, 1999, 27(3):380-385.

38. Salvucci O,Jiang K,Gasperini P,et al. MicroRNA126 contributes to granulocyte colony-stimulating factor-induced hematopoietic progenitor cell mobilization by reducing the expression of vascular cell adhesion molecule 1. *Haematologica*, 2012,97(6):818 -826.

39. Schneider A,Simons M. Exosomes:vesicular carriers for intercellular communication in neurodegenerative disorders. *Cell Tissue Res*, 2013, 352(1):33-57.

40. Sokolova V,Ludwig AK,Hornung S,et al. Characterisation of exosomes derived from human cells by anoparticle tracking analysis and scanning electron microscopy. *Colloids Surf B Biointerfaces*,2011, 87(1):146-150.

41. Staal FJ, Clevers HC. WNT signalling and haematopoiesis:a WNT-WNT situation. *Nat Rev Immunol*, 2005, 5(1):21-30.

42. Tetta C,Bruno S,Fonsato V,et al. The role of microvesicles in tissue repair. *Organogenesis*, 2011, 7(2):105-115.

43. Uday Popat, Betul Oran, Chitra M. et al. Ex vivo fucosylation lf cord blood accelerates neutrophil and platelet engraftment. *Blood*, 2013,122(7):691.

44. Uday Popat, Rohtesh S Mehta, et al. Enforced fucosylation of cord blood hematopoietic cells accelerates neutrophil and platelet engraftment after transplantation. *Blood*, 2015, 125(12):2885-2892.

45. Valérie Cortin, Lucie Boyer, Alain Garnier, et al. Optimization of a cytokine cocktail for the expansion of cord blood(CB) CD34$^+$ Cells into megakaryocytes(MK) progenitors towards the ex vivo production of platelets. *Blood*, 2006,108(5):1673.

46. Wang Y, Kellner J, Liu L, et al. Inhibition of p38 mitogen-activated protein kinase promotes ex vivo hematopoietic stem cell expansion . *Stem Cells Dev*, 2011, 20(7): 1143-1152.

47. Xin H,Li Y,Buller B,et al. Exosome-mediated transfer of miR-133b from multipotent mesenchymal stromal cells to neural cells contributes to neurite outgrowth. *Stem Cells*, 2012, 30(7):1556-1564.

48. Yang J, Gao C, Chai L, et al. A novel SALL4 /OCT4 transcriptional feedback network for pluripotency of embryonic stem cells. *PLo S One*, 2010, 5(5):e10766.

第三章　脐血中的免疫细胞
Immune Cells in Umbilical Cord Blood

脐血可用于造血干细胞移植已经被多项研究证实,它的主要免疫学特性是对抗原错配的耐受,这一特性使其在降低 GVHD(graft versus host disease)发生率的同时,保持抗肿瘤效果。近年来脐血移植的临床效果不断提高,但是造血重建延迟,以及较高的移植相关死亡率依然制约着脐血的广泛应用。尽管脐血主要被用于恶性血液病的治疗,近年来发现脐血也可用于其他疾病,比如用于再生障碍性贫血或再生医学疾病的治疗。

第一节　脐血细胞的免疫学特性
Immunological Characteristics of Umbilical Cord Blood Cells

相较于外周血和骨髓,脐血中的 T 细胞、NK 细胞和 B 细胞含量更高,rδT 细胞和 NKT 细胞含量较少。脐血中大部分 T 细胞是幼稚型的,幼稚型 CD45RA$^+$ 淋巴细胞含量高,记忆型 CD45RO 淋巴细胞含量低(见表 1-3-1)。而且,脐血单个核细胞所产生的细胞因子的量也少于外周血单个核细胞。本章节主要介绍脐血和成人外周血中各细胞类型的表型和功能特性。

表 1-3-1　　　　　　　　　　脐血免疫细胞特征

细胞名称	细胞特征	与成人同类细胞比较
	幼稚/记忆细胞	主要是幼稚细胞
	分裂素致细胞因子产生	降低
T 细胞	激活强度	需更强刺激
	细胞毒效应功能	降低
	增殖能力	类似

续表

细胞名称	细胞特征	与成人同类细胞比较
T 细胞	凋亡敏感性	更易凋亡
	CD40L 表达	降低
	穿孔素表达	降低
	端粒酶表达	增加
	IL-15 对存活的影响	增加
CD4$^+$ T 细胞	Th2 分化倾向	增加
	激活后 IL-17 表达	降低
CD8$^+$ T 细胞	IFN-γ 产生	降低
	激活后终端分化	升高
Treg 细胞	CD25 表达	升高
	FoxP$_3$ 表达	升高
	增殖潜力	升高
	抑制活性	相似或升高
	CTLA-4 表达	升高
	TGF-β 产生	升高
NK 细胞	CD56$^+$ 细胞比例	降低
	穿孔素/颗粒酶的表达	相似或升高
	IFN-γ 产生	降低
	细胞毒性	降低
	黏附分子表达	降低
	形成免疫性突触能力	降低
B 细胞	CD5$^+$ B1 细胞比例	升高
	CD23$^-$ 幼稚 B 细胞比例	升高
	IgH 重组	降低
	凋亡倾向	升高
树突状细胞	对 LPS、CpG 反应	降低
	HLA-DR/共刺激分子	降低
	IL-12 产生	降低
	Th1 相关基因表达	降低
	Toll 样受体-4 表达	降低
	黏附分子	降低
	浆细胞样 DC 与髓细胞样 DC 率	升高
	刺激幼 T 细胞能力	降低
	Th2 启动性	升高
	诱导 Treg 能力	升高

一、单核细胞和树突状细胞

单核细胞(monocytes)是天然免疫细胞的一种，主要起抗原递呈作用，在特殊的免疫反应时产生炎性细胞因子。脐血和外周血中单核细胞的含量和亚群类似，都高表达CD14，作为抗原递呈细胞的功能表型的 CD11c、CD80、CD86、CD163 和 HLA-DR 表达量也类似。当受到肽聚糖刺激时，脐血单核细胞分泌的 IL-12 和 TNF 较外周血单核细胞多，但是用其他刺激物刺激时，脐血单核细胞分泌细胞因子量较外周血单核细胞低的报道也有，尤其是 TNF-α 较低。脐血单核细胞和外周血单核细胞中 Toll 样受体(toll-like receptors，TLR)的表达量相似，但是在 TLR 配体刺激时，脐血单核细胞产生的 TNF-α 较少。

树突状细胞(dendritic cells，DC)是一种抗原递呈细胞(antigen presenting cell，APC)，在脐血移植后激活 T 淋巴细胞反应，引起 GVHD。DC 细胞的两个亚群，髓系 DC 和淋巴系 DC，其含量顺序为骨髓＞脐血＞外周血。脐血中的 DC 主要是淋巴系的，其含量远高于外周血。脐血 DC 的抗原摄取能力和抗原递呈能力较外周血 DC 弱。

脐血单核细胞来源的 DC 与外周血单核细胞来源的 DC 具有相似的表达，只是脐血单核细胞来源的 DC 中 HLA-DR、CD40 和 CD80 的表达量要低一些。而且在受到 IFN-γ 的刺激时，脐血 DC 产生的 IL-12 也较低。研究证明脐血 DC 是不成熟的，生产 IFN 和 TNF-α 的能力较低。另外，脐血 DC 低表达 CD1a 和 MHC-Ⅱ，在混合淋巴细胞反应中表现为较低的内吞能力和激活 T 细胞的能力。

二、NK 细胞

NK 细胞(natural killer cell，NK)是天然免疫细胞的一种，不需要抗原激活就可以清除肿瘤细胞和病毒感染细胞，是脐血移植后产生移植物抗白血病反应(graft versus Leukemia，GVL)的主要效应细胞。脐血中的 NK 细胞含量较外周血高，占脐血淋巴细胞的33%，主要有两个亚群，CD56^{dim} 和 CD56^{bright}，含量分布与外周血类似。脐血 NK 和外周血 NK 在表型和功能上的异同已有报道，有的研究组发现脐血 NK 是成熟的，而另外一些研究组认为脐血 NK 相较于外周血 NK，无论在表型还是功能上都是不成熟的。

脐血 NK 对 K562 的杀伤能力较外周血 NK 弱，主要因为脐血 NK 低表达黏附分子，高表达抑制受体。然而，脐血 NK 的杀伤能力可以在 IL-2、IL-12 或 IL-15 刺激后得到提高。脐血 NK 和外周血 NK 分泌 IFN-γ 的水平没有差别。相较于外周血 NK，脐血 NK 更倾向于迁移到骨髓，而不是淋巴结，因为它表达更多的迁移受体(trafficking receptors)。

三、非传统 T 淋巴细胞

所谓的非传统 T 淋巴细胞包括 NKT 细胞、γδT 细胞和黏膜相关恒定 T 细胞(mucosal associated invariant T cell，MAIT)，它们在天然免疫和过继性免疫中起到了越来越重要的作用。

NKT 细胞是 T 细胞亚群中占比较少的类群,表现为免疫调节功能。人类的恒定 NKT 亚群(invariant NKT,iNKT)表达 Vα24-Vβ11 TCR 表型。脐血中发现有较低数量的 NKT 细胞和 γδT 细胞,但是在体外可以有效地扩增这两种细胞。而且脐血 NKT 细胞表现了与外周血 NKT 细胞一样的成熟表型,表明 NKT 细胞在出生前就已经得到刺激并激活了,这与脐血中其他类型的细胞亚群不同。脐血和外周血中记忆性 NKT 细胞的比例一致,在刺激物刺激时都产生较少的细胞因子。脐血 NKT 显示 Th2 型反应,这是由它的表型和所产生的细胞因子类型来确定的。

MAIT 细胞表达半固定 TCR 表型 Vα7.2,与 MHC-1b 分子 MR1 相匹配。与传统的 T 细胞一样,iNKT 和 MAIT 细胞在胸腺中以 MHC 依赖的形式分别受 CD1d 和 MR1 分子的选择。在外周组织中 MAIT 细胞在受到抗原刺激,尤其是细菌来源的抗原刺激时,会大量扩增,而且大都具有记忆性表型。

四、T 细胞

脐血和外周血中的 CD3[+] T 淋巴细胞比例一致,CD4/CD8 比例也相似,脐血中的 T 细胞比较幼稚,大部分表达 CD45RA[+] CD62L[+],低表达 CD45RO[+] 的记忆性或成熟 T 淋巴细胞。脐血中的 T 细胞在外界刺激时更易分化,尽管它们依然保持 CD45RA[+] 的不成熟表型。CD4[+] CD25[+] Treg 细胞在脐血中的比例较外周血高,但大部分是幼稚状态,在用细胞因子和抗 CD3 单抗、抗 CD28 单抗刺激后,具有与外周血 Treg 一样的抑制同种异体效应细胞的功能。

脐血 T 细胞的细胞毒性较外周血 T 细胞低,因为它分泌的穿孔素少,细胞因子分泌的也少,低表达 Th1/Th2 细胞因子,低表达 NF-κB、STAT4 和 NKFATc2 等在细胞因子表达中起重要作用的转录因子。

五、B 细胞

脐血 B 细胞发育不成熟,其中的 CD5[+] B 细胞和 B1 细胞含量较高,CD20[+] CD27[+] CD43[+] B1 细胞在脐血中也被发现,它与成人外周血中 B 细胞功能相似。CD34[+] Pax-5[+] B 祖细胞也存在于脐血中,但是它与骨髓中的 B 祖细胞表型不同。脐血 B 细胞表达不同的膜免疫球蛋白,分泌低水平的 IgG 和 IgA。脐血 B 细胞在经过 T 细胞上清培养后具有成熟的功能,但是 CD40 信号不足。

第二节 脐血移植后的免疫重建

Immune Reconstitution After Cord Blood Transplantation

脐血移植后的主要风险是长时间的免疫缺陷,因为脐血中的造血干细胞数量比骨髓或外周血源少1～2个数量级。有效的免疫重建可以降低感染和复发的风险。不同的移植物含有不同数量和质量的干细胞和免疫细胞,脐血移植以后最先恢复的是嗜中性细胞,但是仍然比成人干细胞移植晚至少1周以上。不同淋巴细胞亚群(B、T、NK、NKT)和髓系APC(单核细胞、巨噬细胞、DC)的重建也非常重要,以形成足量的功能细胞。成人和儿童的免疫重建相关参数已有大量的研究数据(见图1-3-1,文后彩图),在这里,我们主要关注以下几个方面:T细胞多样性、T细胞再生、双份脐血移植的免疫问题和杀伤细胞免疫球蛋白样受体(killer cell immunoglobulin like receptor,KIR)与配体相容性的影响。

一、脐血移植后的 T 细胞免疫重建

脐血中T细胞的不成熟可以降低GVHD的风险,但也提高了对脐血移植后免疫重建质量的担忧。T细胞多样性分析法(免疫扫描谱型分析技术、高精度TCR测序)、体外胸腺功能分析技术(TCR重排剪切循环)和病毒特异性免疫反应(HLA-Ⅰ四聚体)分析方法的进步提升了对造血干细胞移植后免疫重建的评估能力。T细胞的再生主要通过以下两种途径。

1.不依赖胸腺的途径 包括供者成熟T细胞受抗原刺激后的扩增,主要针对CMV和EBV病毒。这是移植后的第一波T细胞重建,有助于控制移植后的早期病毒感染。但是这波重建在脐血移植时可能会比较有限,因为脐血中的记忆性T细胞含量较少。然而脐血中幼稚T细胞的稳定扩增是可能的,通过比较脐血移植与去T细胞无关性外周血干细胞移植或HLA半相合的外周血干细胞移植可以得到此结论。脐血移植后,输注即复宁(thymoglobulin,兔抗胸腺细胞球蛋白)可导致体内T细胞缺失,明显不利于免疫重建。

2.依赖胸腺的途径 此途径涉及供者来源的前体细胞的选择,以产生更加持久的T细胞群体重建。T细胞缺乏一般在造血干细胞移植后6～12个月达到高峰,这受到ATG处理方案的严重影响。移植后第一年,胸腺幼稚型$CD31^+CD45RA^+CD4^+$T细胞的含量,脐血移植低于骨髓移植。移植后第二年或更久,脐血移植后的T细胞重建就与完全相合的兄弟姐妹骨髓移植一样,甚至更好。双份脐血移植后$CD4^+$和$CD8^+$T细胞获得了充分的重建,这可以通过高通量测序获得证实。移植后6个月,$CD4^+$T细胞是T细胞缺失受者的28倍。充分的胸腺功能对儿童脐血移植后产生持久的抗白血病免疫反应至关重要。脐血中淋巴祖细胞的特性可能有助于产生强大的胸腺免疫细胞指数式增长,产生持久的TCR多样性重建。脐血中的$CD34^+Lin^-CD10^+CD24^-$淋巴祖细胞含量是健康成

人外周血中的 5 倍。

相对于骨髓移植来说,脐血移植后的前 3 个月,针对 EBV 和 CMV 的特异性免疫反应可能不够充分。双份脐血移植后的 CMV 清除主要依靠胸腺免疫功能的重建和 CMV 特异性 $CD4^+$ 和 $CD8^+$ 幼稚 T 细胞的扩增。EBV 重新激活的风险增高,这些患者需要密切关注其 EBV 激活和 EBV 特异性免疫反应,以期及时给予对症治疗,比如利妥昔单抗(抗 CD20 单抗)或病毒特异性过继性免疫细胞输注都对控制 EBV 复发有好处。

二、双份脐血移植

双份脐血移植会提高植入率,加速中性粒细胞恢复,使得脐血移植可用于成人。双份脐血移植后各种白细胞亚群的植入动力学是多样的。单供体的优势主要依赖于 $CD3^+$、$CD4^+$ 和初始 $CD3^+CD8^+$ T 细胞的剂量。关于供体之间以及供体与受体之间 HLA 的选择,应该是供体与受体间 HLA-A、HLA-B、HLA-DRB1 等位基因水平上的相合,而不是供者之间相合。当然,跟其他造血干细胞移植一样,最好的选择还是两份脐血与受体三者的 HLA-A、HLA-B、HLA-C 和 HLA-DRB1 等位基因水平完全相合。脐血淋巴细胞的不成熟,以及双份脐血移植时,提高基于 KIR 错配原理的移植物抗肿瘤效果,这与去 T 细胞造血干细胞移植,尤其是单倍体全相合造血干细胞移植的结论是一致的。当然,脐血移植时 KIR 与配体的不相合有利于降低复发率,提高总体生存率的数据还存在争议。

第三节 脐血中免疫细胞的体外扩增
Ex vivo Expansion of Immune Cells in Cord Blood

一、体外扩增初始 T 细胞

脐血 T 细胞在体外可以用不同的方法进行扩增。Robinson 等人报道称无论是新鲜还是冻融脐血单个核细胞中,使用 IL-2、IL-12、抗 CD3 抗体和 IL-7 的组合可以使脐血 T 细胞的扩增倍数、活性、成熟度和毒性得到大幅提升。依此方法,一些学者提出,用小份脐血进行体外操作,包括将 TCR 受体通过病毒转导入 T 细胞,扩增的 T 细胞作为脐血移植后的供者淋巴细胞输注。众所周知,外周血分离的初始 T 细胞在体内的寿命和功能均十分优越。而脐血中富含初始 T 细胞,用作病毒转染或将肿瘤特异性的 TCR 转染到这些初始 T 细胞上就变得非常有价值。越来越多的证据表明,成人和脐血中淋巴细胞上的 TCR 表达量相当,但是脐血主要表达一些早期分化指标。进一步的抗原刺激会使成人淋巴细胞朝着免疫衰竭的方向发展。相比之下,抗原刺激后脐血 T 细胞却依然保留了低分化表型,CD57 表达阴性,然而却保留了抗原特异性的多功能细胞因子表达和细胞毒性。脐血 T 细胞还保留了较长端粒和较高的端粒酶活性,预示着较高的扩增潜力。因此,脐血淋巴细胞具有更长的寿命和更强的免疫治疗功能,尤其是在供者的淋巴细胞不可获得的情况下，比如在实体器官移植和脐血移植时。

二、体外扩增 Treg 细胞

与成人的外周血相比，脐血是更好的初始 Treg 细胞的来源。脐血中含有 CD4$^+$CD25^{high} 表型的 Treg 细胞，这类细胞需要抗原刺激才能扩增，并转变为有抑制功能的 Treg 细胞。早先的研究显示，脐血来源的 Treg 细胞可以通过抗 CD3 和抗 CD28 抗体和 IL-2 在体外进行有效扩增。在一个 GVHD 的动物模型中，体外扩增的脐血 Treg 细胞通过调节细胞因子的分泌和将 Treg/Th17 平衡向 Treg 偏移等方式，可显著抑制免疫反应。这提示了扩增后的脐血 Treg 细胞可作为治疗 GVHD 的一种潜在途径。Yang 等研究发现，脐血 Treg 细胞治疗的小鼠血清中 TGF-β 表达持续升高，相反，IL-17 的表达量迅速下降。与此相对应的是，小鼠血液中 CD4$^+$FoxP3$^+$ Treg 细胞的含量增加，而 Th17 细胞含量降低。

在人源化同种异体反应小鼠模型中也有同样的发现。作者将不同供者来源的未经扩增的 Treg 细胞混合后输注，以期能够抑制多种抗原，提高输注细胞的效应。在体外，混合的新鲜分离的脐血 Treg 细胞与成人外周血一样都具有抑制功能。在人类皮肤异体排斥的小鼠模型中，混合的脐血 Treg 细胞在抑制异源化反应和维持皮肤细胞生存时间上要优于外周血来源的 Treg 细胞。脐血 Treg 细胞具有更高的存活力，更低的 HLA-A/B/C 的表达量，表明脐血 Treg 细胞具有较低的免疫原性，这可能是脐血 Treg 体内效果更佳的原因。

三、体外扩增 NK 细胞

最近的临床研究显示，供者 NK 细胞的输注可以通过直接的抗肿瘤效果和降低 GVHD 作用，改善血液肿瘤和部分实体瘤的临床疗效。在血液肿瘤的异基因造血干细胞移植中，NK 细胞还可以增强植入物的存活。基于以上研究结果，许多研究小组在追寻功能性 NK 细胞在体内增殖的可能性，并尝试提供一种方便的治疗产品来支持脐血移植或作为肿瘤治疗的辅助产品。一些已公布的研究成果显示脐血可用于在体外培养产生功能 NK 细胞。体外培养的脐血源的免疫活性 NK 细胞主要有以下两种来源。

（一）来源于脐血淋巴系祖细胞的 NK 细胞

分选的 CD34$^+$ 细胞在体外可向 NK 细胞系分化以用于免疫治疗。基质（stroma）和细胞因子支持 NK 细胞的分化，产生一种 CD56^{bright} 表型的 NK 细胞。对于临床级生产，可以用肝素（heparin）替代基质。体外分化系统忠实地再现了 NK 细胞从它们的祖细胞逐渐分化为 NK 细胞的主要步骤，构成一种完备的模型来研究 NK 细胞分化，有益于 NK 细胞免疫治疗的大规模生产。有证据表明这些细胞在体内模型中是可发挥其功能的。一些作者已经证明，这些细胞在输注后可以活跃地迁移至骨髓、脾脏和肝脏。同样，这些细胞表达 CXCR3 和 CCR6，可通过 CXCR3/CXCL10-11 和 CCR6/CCL20 信号通路迁移到炎症组织。低剂量的 IL-15 能够有效提高脐血 NK 细胞在体内的存活、扩增和成熟，AML

小鼠模型的研究结果表明,脐血 NK 细胞联合 IL-15 输注能够有效地抑制植入小鼠股骨的人白血病细胞的增长,进而显著延长小鼠存活时间。

（二）来源于成熟的脐血 NK 细胞

从脐血中分离出 CD3⁻CD56⁺ NK 细胞后,有多种方法可以使这些成熟 NK 细胞继续扩增。据 Kang 等报道,体外扩增的脐血 NK 细胞表现出明显的抗肿瘤活性,并能够明显增加 NKG2D、NKp46 和 NKp44 活化受体的表达,在体外对多种肿瘤细胞系具有杀伤活性。与最近临床试验中使用的外周血源 NK 细胞相比,这些脐血来源的 NK 细胞在体外显示出独特的 microRNA 表达谱和免疫表型,以及更强大的抗肿瘤能力。

（三）滋养细胞激活的脐血 NK 细胞培养方法

NK 细胞的识别和杀伤受抑制信号和激活信号的调控,当 NK 细胞表面的 KIR 受体(the kill-immunoglobulin like receptor)与靶细胞表面的 HLA-Ⅰ类蛋白(HLA-A,HLA-B,HLA-C)相合时,靶细胞被识别为"自我",NK 细胞不被激活,而当两者不相合,或靶细胞表面的 HLA-I 缺失时,NK 细胞被激活,从而启动杀伤,清除靶细胞。

由于 NK 细胞具有较强的杀瘤能力,已经成为过继性免疫细胞治疗肿瘤的重要效应细胞之一。AML 患者经半相合造血干细胞移植后输注半相合 NK 细胞可有效控制复发,而且化疗后输注半相合 NK 细胞也在成人和儿童肿瘤的治疗中取得了令人鼓舞的结果。目前大部分临床试验都采用异体 NK 细胞,因为异体 NK 细胞与受者 HLA-Ⅰ错配的概率更大,从而才能提供更好的杀瘤效果。然而,NK 细胞临床应用的最大难点是如何获得足够数量的 NK 细胞。在以外周血为细胞来源的扩增方法中,传统的方法是用单采机采集大量单个核细胞,经磁性分选后,用 CD3 抗体和 IL-2 扩增纯化 NK 细胞。此方法成本非常高,扩增倍数小,且大量的淋巴细胞采集对患者免疫功能有损伤。目前较为先进的 NK 细胞扩增方法是利用人工抗原递呈细胞(artificial antigen presenting cell, aAPC)来刺激 NK 扩增,不同的刺激信号会产生不同的扩增效果,K562-mIL15-4-1BBL aAPC 可以刺激 NK 细胞获得 1000 多倍的扩增,具有非常高的杀瘤能力,但是扩增后的 NK 细胞普遍存在端粒酶缩短,细胞衰老现象。K562-mIL21-4-1BBL aAPC 扩增的 NK 细胞可达50000 倍的扩增,IL-21 的加入也解决了扩增后 NK 细胞的衰老问题,是目前最高效的NK 细胞扩增技术。此技术也被用于从脐带血中扩增 NK,取得了不错的效果。

1. 脐血 NK 细胞培养方法 利用 Ficoll 密度梯度离心的方法从新鲜或冻存的脐血中分离单个核细胞,一般可分离到 2×10^8 MNC,将其重悬于 400mL 完全培养基(45% RP-MI-1640,45% Click media,10% AB 血清),置于透气的生物反应器 GP500 中,加入 100 Gy 照射过的 aAPC 滋养细胞(滋养细胞:MNC=2:1),置于 37℃ 细胞培养箱,每 2～3 天加一次 IL-2(100 IU/mL),第 7 天用 CD3 抗性磁珠去除 CD3 阳性细胞,重复用 aAPC 刺激一次,继续培养到第 14 天(见图 1-3-2)。

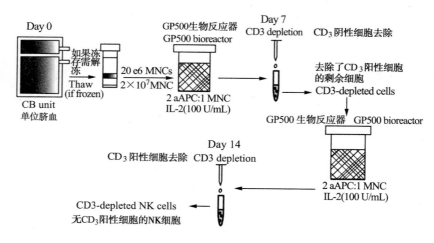

图 1-3-2　脐血 NK 细胞培养示意图

(Shah，et al. *PLoS ONE*，2013.)

相对于只用 IL-2 刺激的 NK 细胞，利用 aAPC 扩增的 NK 细胞具有明显的扩增优势，而且冻存脐血 MNC 具有更高的扩增倍数，分别是新鲜脐血 MNC 扩增 1848 倍，冻存脐血 MNC 扩增 2389 倍，而只用 IL-2 的培养体系只扩增了 20 倍。细胞总数由 2×10^8 扩增到 1.4×10^{10}，完全满足临床应用的需要（见图 1-3-3）。

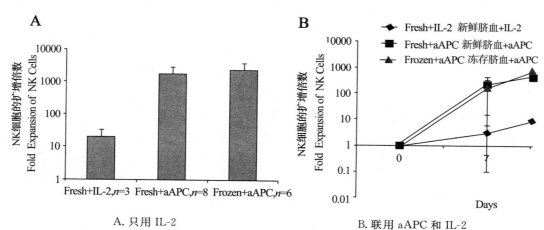

A. 只用 IL-2　　　　　　　　　B. 联用 aAPC 和 IL-2

图 1-3-3　新鲜和冻存脐血 MNC 的不同扩增方法

(Shah，et al. *PLoS ONE*，2013.)

2. CB-NK 细胞的杀瘤能力　　通过对不同多发性骨髓瘤细胞系的体外杀伤试验，证实 aAPC 刺激的 CB-NK 细胞具有剂量依赖的杀瘤能力（见图 1-3-4A），且比仅用 IL-2 刺激的 CB-NK 的杀瘤能力要强（见图 1-3-4B）。GFP 转导的 ARP-1 细胞制备的荷瘤小鼠体内杀瘤试验也证实了 aAPC 扩增的 CB-NK 细胞可以降低体内肿瘤的生长速率（见图 1-3-5，文后彩图）。

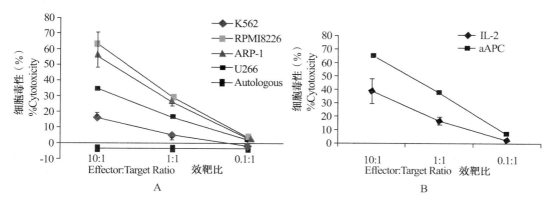

图 1-3-4　CB-NK 的体外杀瘤试验（Shah，et al. *PLoS ONE*，2013.）

四、体外扩增脐血源抗原特异性 T 细胞

在造血干细胞移植、实体器官移植或在癌症和自身免疫疾病的强化免疫抑制治疗后，细胞免疫功能受损。因而条件致病菌会失去控制，并爆发严重感染。有缺陷的细胞免疫功能可以在内源性免疫重建后修复，或者如果延迟，可以从合适的供者分选或扩增病原体特异性的 T 细胞输注，用于外源性的免疫重建。抗原的鉴定、特异性 T 细胞的分选和扩增，以及安全的细胞产品体外操作，这些方法已有长足的进步。对于脐血来说，面临的挑战是，大多数 T 淋巴细胞没有接触病原体，因此不可能从记忆性 T 细胞中选择特异性的细胞进行扩增，以产生用于治疗的细胞产品。这就意味着在使用脐血进行扩增之前，必须经过提前的抗原激活步骤。现将体外生成靶向病原体和白血病的特异性 T 淋巴细胞的方法介绍如下。

从脐血单个核细胞到病源特异性 T 细胞的体外生成：这一重要发现来自于休斯敦的 Bollard 课题组。为了更好模拟体内初始 T 细胞的激活条件，他们将包含免疫显性的 CMV 抗原 pp65 的腺病毒载体（Ad5f35pp65）导入脐血来源的 DC 细胞，因此形成了对 CMV 和腺病毒特异性的 T 淋巴细胞。第一步，将成熟的 DC 细胞和脐血来源的 T 淋巴细胞混合，加入细胞因子 IL-7、IL-12、IL-15；第二步，加入转染 EBV 的 B 细胞或转染 EBV 的淋巴瘤细胞系，它们表达潜伏的或裂解的 EBV 抗原。Ad5f35pp65 转导的 EBV-LCL 用于激活 T 淋巴细胞，同时加入 IL-15。之后用 Ad5f35pp65 转导的 EBV-LCL 和 IL-2 进行刺激。这样从 50×10^6 脐血单个核细胞能够产生至少 150×10^6 病毒特异性的 T 淋巴细胞，这些 T 细胞能够靶向裂解携带抗原的靶细胞，并在接触抗原时释放细胞因子进行应激反应。这些细胞均在 GMP 条件下生产并且仅需使用少量的脐血，已应用于临床。

细胞毒性 T 淋巴细胞。下面我们介绍两种白血病抗原特异性的 CTL 制备方法，特别是针对 WT1 和 ALL 细胞。WT1-CTL 是用全长 WT1 衍生出的肽段刺激正常供者和脐血中的 T 细胞，然后用 CD137 抗体选择抗原特异性细胞。用抗 CD3 单抗和 IL-2 能够将其快速扩展到 100 或 200 倍。这些 CTL 以 HLA 限制性的方式靶向裂解表达 WT1 的细胞，包括白血病细胞。另一课题组也证实脐血 T 淋巴细胞能够特异性识别 ALL 异基

因原始细胞，能够生成抗白血病的 CTL，这种 CTL 能够靶向杀伤 ALL 移植物，却不杀伤自体的脐血单个核细胞。CD4$^+$T 细胞是 CTL 细胞中 CD3$^+$T 细胞的主要组成部分，虽然 CD8$^+$T 细胞的平均含量为 30%，NK 细胞占最终产生的抗肿瘤细胞的 13%。阻断实验证实，多克隆 CTL 细胞池中，CD8$^+$T 细胞起到主要的抗白血病活性，这表明 CD8$^+$ 细胞在脐血移植物的免疫应答中起重要作用。

这些可喜的成果都表明，可以生成特异性 CTL 用于杀伤病原体和肿瘤，同时，也提示可以用脐血开发高效的临床级的免疫细胞治疗产品的。这将充分利用全世界不断增长的脐血库中的脐血资源，选择 HLA 特异性的脐血，而不必以成人作为细胞的来源。

五、体外扩增脐血 CIK 细胞

自体或异体来源的免疫细胞经体外激活并扩增后回输体内杀伤肿瘤的治疗模式称为过继性免疫细胞治疗（adaptive immunotherapy，AIT），AIT 已成为继手术、放化疗之后，治疗肿瘤的一种新的治疗手段。目前，已开展了多种类型的免疫细胞的临床试验，包括自然杀伤细胞（natural killer cell，NK），肿瘤浸润的淋巴细胞（tumor-infiltrating lymphocyte，TIL）和细胞因子诱导的杀伤细胞（cytokine induced killer cell，CIK）等。NK 细胞是淋巴细胞的一个亚群，属于天然免疫的一种效应细胞，通过直接杀伤或细胞因子来杀伤病毒和肿瘤，但是肿瘤细胞具有逃脱自身 NK 细胞监控的能力。TIL 细胞经体外扩增到一定数量后回输体内可以清除体内肿瘤，但是足够的肿瘤组织的获取限制了该方法的临床应用。CIK 细胞是一群异质性细胞群，包含 CD3$^+$CD56$^+$、CD3$^+$CD56$^-$ 和 CD3$^-$CD56$^+$ 等细胞类型。这些细胞可以从骨髓、外周血和脐带血中扩增得到，主要的刺激因子和抗体有抗 CD3 单抗、IFN-γ、IL-2 等，CD3$^+$CD56$^+$ 细胞是 CIK 细胞中杀伤能力最强的细胞类型，它由 CD3$^+$CD56$^-$ 细胞分化而来。外周血来源的 CIK 细胞（PB-CIK）的杀瘤能力已经通过动物模型得到证实，且多项临床试验也证实了 PB-CIK 的安全性、可行性和有效性。动物实验证实，CIK 不但可以抑制肿瘤的生长，而且可以提高免疫功能。CIK 细胞针对进展期肿瘤的临床试验也初步证实了其有效性和安全性，如其在肝癌、肺癌、黑色素瘤和肾癌等的应用。然而，自体 CIK 具有一定的局限性，比如较短的体内存活时间，较低的抗肿瘤活性，而且多数肿瘤患者的血液状态限制了CIK 细胞的有效扩增。健康成人外周血获得的 CIK 细胞具有更强的抗肿瘤能力，但是具有较高的急性 GVHD 风险。脐血 CIK 细胞（CB-CIK）由于其较低的免疫原性和较高的扩增能力及杀瘤能力，成为了一种好的 CIK 来源。

1. CB-CIK 的扩增培养　脐带血经 Ficoll 分离获得单个核细胞，将单个核细胞重悬于含 10% FBS 的 RPMI 1640 培养基中，浓度 2×10^6/mL，加入 1000 U/mL 的 IFN-γ，24 小时后加入 25 ng/mL 的抗 CD3 单抗和 1000 U/mL 的 IL-2，之后不断添加抗 CD3 单抗和 IL-2，维持细胞浓度在 $1 \sim 2 \times 10^6$/mL，培养 14 天左右。

2. CB-CIK 与 PB-CIK 的比较　CB-CIK 的免疫原性明显低于 PB-CIK，其 HLA-Ⅰ 和 HLA-Ⅱ 的表达明显低于 PB-CIK（见图 1-3-6）。CB-CIK 的扩增能力、主要效应细胞CD3$^+$CD56$^+$ 的含量也明显高于 PB-CIK（见图 1-3-7、图 1-3-8）。荷瘤小鼠体内杀瘤实验也证明 CB-CIK 可有效抑制肿瘤的生长（见图 1-3-9）。

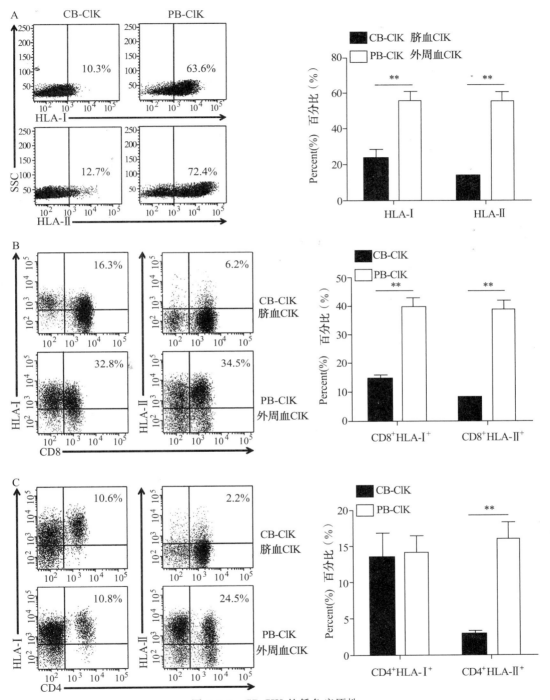

图 1-3-6　CB-CIK 的低免疫原性

(Zhang，et al. *Cytotherapy*，2015.)

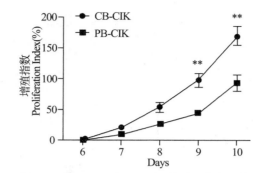

图 1-3-7 CB-CIK 与 PB-CIK 的增殖能力比较
（Zhang，et al.*Cytotherapy*，2015.）

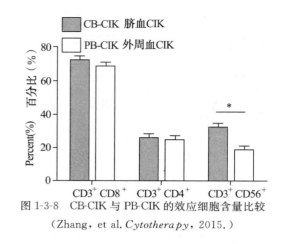

图 1-3-8 CB-CIK 与 PB-CIK 的效应细胞含量比较
（Zhang，et al.*Cytotherapy*，2015.）

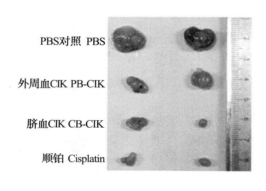

A

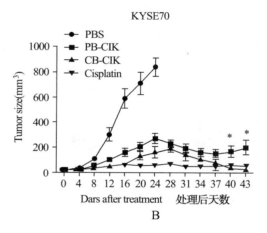

B

图 1-3-9 CB-CIK、PB-CIK 与 cisplatin 对荷瘤小鼠体内肿瘤的抑制能力比较
（Zhang，et al.*Cytotherapy*，2015.）

3.CB-CIK 的临床应用　Niu 等收集了 40 例恶性实体瘤患者，将其分为 2 组，CB-CIK 细胞联合化疗药物组及化疗药物组，CB-CIK 细胞联合化疗药物组化疗后 1 周输注 CB-CIK 细胞，12 天内共输注 6 次。随访结果发现，用 CB-CIK 细胞组的有效率和控制率分别是 30%、80%，复发及平均存活时间是 3.45 个月、11.17 个月；而对照组相应的数值分别是 15%、70% 及 2.03 个月、7.52 个月，且用 CB-CIK 细胞组无进展生存期及总生存数高于化疗组。Introna 等用 CB-CIK 细胞治疗 5 例脐血移植后复发的白血病患者，这些细胞由脐血移植后脐血袋内残留的细胞扩增获得，治疗后未发现急性或慢性不良反应，仅 1 例出现了Ⅲ级 GVHD，这充分显示了 CB-CIK 的有效性和安全性。

六、总结

在过去的几年内随着脐血免疫知识的不断增加，脐血被认为是诱导免疫耐受和抗肿

瘤活性的造血干细胞的主要来源。然而,增强免疫功能恢复,特别是针对病原体特异性免疫,仍然是一个挑战。脐血免疫细胞和脐血移植免疫恢复的特性将随着"组学"(-omics)技术的发展获得进一步的了解。脐血免疫细胞和脐血淋巴祖细胞呈现出其固有的灵活性和可塑性。刚出生时,婴儿处在整体的免疫抑制环境中,突然接触外界的大量抗原,脐带血细胞能够防止异常的免疫激活。根据对脐带血细胞的可塑性和表观遗传学的了解,有助于在脐学移植、自体免疫和衰老研究中有目的地设计细胞治疗产品。

(王芝辉,李学荣)

主要参考文献

1. Ballen KK, Gluckman E, Broxmeyer HE. Umbilical cord blood transplantation: the first 25 years and beyond. *Blood*, 2013, 122(4):491-498.

2. Borràs FE, Matthews NC, Lowdell MW, et al. Identification of both myeloid CD11c$^+$ and lymphoid CD11c$^-$ dendritic cell subsets in cord blood. *Br J Haematol*, 2001, 113(4):925-931.

3. Brichard B, Varis I, Latinne D, et al. Intracellular cytokine profile of cord and adult blood monocytes. *Bone Marrow Transpl*, 2001, 27(10):1081-1086.

4. Chalmers IM, Janossy G, Contreras M, et al. Intracellular cytokine profile of cord and adult blood lymphocytes. *Blood*, 1998, 92(1):11-18.

5. Dalle JH, Menezes J, Wagner E, et al. Characterization of cord blood natural killer cells:implications for transplantation and neonatal infections. *Pediatr Res*, 2005, 57(5):649-655.

6. Denman CJ, Senyukov VV, Somanchi SS, et al. Membrane-bound IL-21 promotes sustained ex vivo proliferation of human natural killer cells. *PLoS One*, 2012, 7:e30264.

7. Drohan L, Harding JJ, Holm B, et al. Selective developmental defects of cord blood antigen presenting cell subsets. *Hum Immunol*, 2004, 65(11):1356-1369.

8. D'A rena G, Musto P, Cascavilla N, et al. Flow cytometric characterization of human umbilical cord blood lymphocytes:immunophenotypic features. *Haematologica*, 1998, 83(3):197-203.

9. Encabo A, Solves P, Carbonell-Uberos F, et al. The functional immaturity of dendritic cells can be relevant to increased tolerance associated with cord blood transplantation. *Transfusion*, 2007, 47(2):272-279.

10. Goriely S, Vincart B, Stordeur P, et al. Deficient IL-12(p35) gene expression by dendritic cells derived from neonatal monocytes. *J Immunol*, 2001, 166(3):2141-2146.

11. Han P, Hodge G, Story C, Xu X. Phenotypic analysis of functional T-lymphocyte subtypes and natural killer cells in human cord blood:relevance to umbilical cord blood transplantation. *Br J Haematol*, 1995, 89(4):733-740.

12. Hunt DW, Huppertz HI, Jiang HJ, et al. Studies of human cord blood dendritic cells:evidence for functional immaturity. *Blood*, 1994, 84(12):4333-4343.

13. Iafolla MA, Tay J, Allan DS. Transplantation of umbilical cord blood-derived cells for novel indications in regenerative therapy or immune modulation:a scoping review of clinical studies. *Biol Blood Marrow Transpl*, 2013, 20(1):20-25.

14. Kotylo PK, Baenzinger JC, Yoder MC, et al. Rapid analysis of lymphocyte subsets in cord blood. *Am J Clin pathology*, 1990, 93(2):263-266.

15. Krampera M, Tavecchia L, Benedetti F, Nadali G, Pizzolo G. Intracellular cytokine profile of cord blood T- and NK-cells and monocytes. *Haematologica*, 2000, 85(7):675-679.

16. Langrish CL, BuddLe JC, Thrasher AJ, et al. Neonatal dendritic cells are intrinsically biased against Th-1 immune responses. *Clin Exp Immunol*, 2002, 128(1):118-123.

17. Levy O. Innate immunity of the human newborn: distinct cytokine responses to LPS and other Toll-like receptor agonists. *J Endotoxin Res*, 2005, 11(2):113-116.

18. Liu E, Tu W, Law HK, et al. Decreased yield, phenotypic expression and function of immature monocyte-derived dendritic cells in cord blood. *Br J Haematol*, 2001, 113(1): 240-246.

19. Luevano M, Daryouzeh M, Alnabhan R, et al. The unique profile of cord blood natural killer cells balances incomplete maturation and effective killing function upon activation. *Hum Immunol*, 2012,73(3): 248-257.

20. Metheny L, Caimi P, De Lima M. Cord blood transplantation:can we make it better? *Front Oncol*, 2013, 3:238.

21. Nikiforow S,Sitz J. *Quantitative and qualitative immune reconstitution following umbilical cord blood transplantation.* Humana Press, 2014,133-152.

22. Shah N, Martin-Antonio B, Yang H, et al. Antigen presenting cell-mediated expansion of human umbilical cord blood yields log-scale expansion of natural killer Cells with anti-myeloma activity. *PLoS ONE*, 2013, 8(10):e76781.

23. Sohlberg E, Sagha an-Hedengren S, Bremme K, et al. Cord blood monocyte subsets are similar to adult and show potent peptidogly can stimulated cytokine responses. *Immunology*, 2011, 133(1):41-50.

24. Sorg RV, Kögler G, Wernet P. Identication of cord blood dendritic cells as an immature CD11c⁻ population. *Blood* 1999, 93(7):2302-2307.

25. Spanholtz J, Preijers F, Tordoir M, et al. Clinical-grade generation of active NK cells from cord blood hematopoietic progenitor cells for immunotherapy using a closed-system culture process. *PLoS One*, 2011, 6:e20740.

26. Szabolcs P, Park KD, Reese M, et al. Absolute values of dendritic cell subsets in bone marrow, cord blood, and peripheral blood enumerated by a novel method. *Stem*

Cells，2003，21(3):296-303.

27. Szabolcs P，Park KD，Reese M，et al. Coexistent naive phenotype and higher cycling rate of cord blood T cells as compared to adult peripheral blood. *Exp Hematol*，2003，31(8):708-714.

28. Tanaka H，Kai S，Yamaguchi M，et al. Analysis of natural killer(NK) cell activity and adhesion molecules on NK cells from umbilical cord blood. *Eur J Haematol*，2003，71(1):29-38.

29. Verneris MR，Miller JS. The phenotypic and functional characteristics of umbilical cord blood and peripheral blood natural killer cells. *Br J Haematol*，2009，147 (2):185-191.

30. Zhang Z，Zhao X，et al. Phenotypic characterization and anti-tumor effects of cytokine-induced killer cells derived from cord blood. *Cytotherapy*，2015，17:86-97.

第四章　脐带血非造血干细胞
Cord Blood Non-Hematopoietic Stem Cells

脐带血移植(umbilical cord blood transplantation,UCBT)已广泛用于治疗各种恶性或非恶性疾病。近年来的研究表明,UCB 不仅包含造血干细胞,还含有多种非造血作用的干细胞,包括具有高度增殖活性和多向分化潜能、高度不成熟的胚胎样细胞,因此,UCB 在多种组织修复和再生障碍相关疾病方面的应用已受到业内的青睐。目前已知的UCB 非造血干细胞(cord blood non-hematopoietic stem cells,nHSC)有内皮祖细胞(EPC)、非限制性体干细胞(USSC)、极小胚胎样干细胞(VSEL)、多向分化潜能祖细胞(MLPC)和神经祖细胞等(详见表 1-4-1),UCB 非造血功能方面的应用价值已使 nHSC 成为近来研究和应用的热点之一。

表 1-4-1　　　　　　　　　脐带血中非造血干细胞成分及其特点

细胞类型	细胞形态	培养方法	表面抗原标志	分化潜能
内皮细胞集落形成单位(CFU-ECs)	可形成以中间圆形黏附细胞为中心,梭形牙状在四周排列的细胞集落	将脐带 MNC 在包被有内皮细胞生长培养基的平皿上培养 5 天可见集落,其中不贴壁细胞每 48 小时通过换液去除	内皮细胞标记阳性($CD31^+$,$CD105^+$,$CD144^+$,$CD146^+$,vWF^+,KDR^+,$UEA\text{-}I^+$),髓系细胞标记阳性($CD14^+$,$CD45^+$,$CD115^+$)	血管内皮细胞,单核细胞巨噬细胞
内皮集落形成细胞(ECFCs)	黏附性、梭形细胞	脐带血 MNC 在包被有胶原酶 I 的内皮细胞生长培养基平皿中培养 5~10 天(不黏附细胞每天换液去除)	内皮细胞标记阳性($CD31^+$,$CD105^+$,$CD144^+$,$CD146^+$,vWF^+,KDR^+,$UEA\text{-}I^+$),髓系细胞标记阴性($CD14^-$,$CD45^-$,$CD115^-$)	血管内皮细胞

续表

细胞类型	细胞形态	培养方法	表面抗原标志	分化潜能
非限制性体干细胞（USSC）	黏附性、梭形细胞（20～25μm）	脐带血 MNC 在塑料平皿上的培养基中培养 6～25 天	MSC 标记物阳性（CD13$^+$，CD29$^+$，CD44$^+$，CD90$^+$，CD105$^+$），造血细胞标记阴性（CD14$^-$，CD34$^-$，CD45$^-$），CK8$^+$，CK18$^+$，KDR$^+$，CD50$^-$，CD62L$^-$，CD106$^-$，HASI$^-$，HLA-DR$^-$，SSEA-3$^-$，SSEA-4$^-$	骨细胞、成软骨细胞、脂肪细胞、造血细胞、神经胶质细胞、肝细胞、心肌细胞
间充质干细胞（MSC）	黏附性、梭形细胞	脐带血 MNC 在含有 bFGF 生长因子的 IMDM、20％ FBS 的培养基的平皿中培养，培养中去除不贴壁细胞	MSC 标记阳性（CD13$^+$，CD29$^+$，CD44$^+$，CD49e$^+$，CD90$^+$，CD105$^+$，SH2$^+$，SH3$^+$，SH4$^+$），造血细胞标记阴性（CD14$^-$，CD34$^-$，CD45$^-$，AC133$^-$，CD117$^-$）	骨细胞、成软骨细胞、脂肪细胞、神经胶质细胞、肝细胞样细胞
极小胚样干细胞（VSELs）	含有相对较大核的小圆细胞（3～5 μm）	红细胞裂解后的脐带血通过标记 lin$^-$，CD45$^-$，CXCR4$^+$，CD34$^+$，AC133$^+$ 等多参数，进行流式细胞分选	CD31$^-$，vWF$^-$，CXCR4$^+$，AC133$^+$，CD34$^+$，lin$^-$，CD45$^-$，Oct-4$^+$，Nanog$^+$，SSEA-4$^+$ S	神经胶质细胞、心肌细胞、胰细胞、造血细胞（来源于鼠骨髓 VSELs 的细胞球）
多系分化祖细胞（MLPC）	在贴壁培养中有起始的白细胞样形状后变成纤维样形态细胞	通过非颗粒阴性细胞筛选法（nonparticle based negative cell selection）从脐带血中分离，再用塑料皿黏附培养	在分离时表达但培养中丢失的标记分子有：CD45$^+$，CD34$^+$，AC133$^+$，SSEA-3$^+$，SSEA-4$^+$；MSC 标记阳性的分子；（CD13$^+$，CD29$^+$，CD44$^+$，CD73$^+$，CD90$^+$，CD106$^+$，CD9$^+$，Nestin$^+$）	造血前体细胞、成熟肝细胞、Ⅱ型肺泡细胞、脂肪细胞、成软骨细胞、骨细胞、肌细胞、血管内皮细胞、神经胶质细胞
神经干细胞（NSC）	中等大小的圆形细胞，可形成非黏附的神经球样的混合物	通过免疫磁珠分选从脐带血 MNC 中去除 CD34$^+$ CD45$^+$ 细胞，并进行贴壁培养，再接种于含 EGF 的培养基中培养	Neatin$^+$，AC133$^+$，Oct3/4$^+$，NF200$^-$，GFAP$^+$，CD34$^-$	神经胶质细胞

因脐带血来源的间充质干细胞已在其他章节中介绍,本章重点介绍 UCB 来源的 EPCs、VSELs 和几种脐带血非造血功能祖细胞的研究和应用情况。

第一节　脐带血内皮祖细胞

Endothelial Progenitor Cells in Cord Blood

一、概述

1963 年,Stump 等尝试了循环内皮细胞用于猪的主动脉移植。1997 年,Asahara 等人从外周血 CD34$^+$ 的单个核细胞中最早分离得到了"内皮祖细胞",并提出了内皮祖细胞可以通过血液循环到达损伤组织参与血管修复的假说,从此揭开了内皮祖细胞研究的序幕。现有的研究显示,内皮祖细胞(endothelial progenitor cells,EPCs)的来源有脐带血、外周血、骨髓以及胎盘等。EPCs 是血管内皮细胞的前体细胞,又称为血管内皮干细胞,属于成体干细胞的一种。它可以分化为血管内皮细胞,具有修复血管损伤,延缓动脉粥样硬化发展,促进缺血组织微血管形成的作用。

EPC 体外培养时具有典型的集落形态,体外检测内皮细胞克隆形成单位(endothelial cell colony-forming units,CFU-ECs)是 EPCs 鉴定的经典方法。Asahara 的研究团队发现,将来自人外周血的 CD34$^+$ 细胞接种在纤维蛋白包被的、含有内皮生长因子的培养基中,培养 5 天可以形成中间为圆形细胞、周边为呈牙状排列的梭形细胞样的细胞簇或集落。这些集落随后以密集的圆形细胞为中心呈放射状生长,以后中间圆形细胞逐渐脱落,牙状细胞呈梭形且生长变慢并排列成网状,细胞长度继续变短排列趋于规则。EPCs 表达 CD133,CD34 和血管内皮生长因子受体-2 (vascular endothelial growth factor receptor 2,VEGFR-2)。但随着 EPCs 的分化,EPCs 逐渐不再表达 CD133,而开始表达 CD31、血管内皮细胞钙黏蛋白和血管假性血友病因子。另有研究认为,EPCs 属于 CD34$^+$ 细胞中不表达单核-巨噬细胞抗原标志 CD14/CD45/CD115 等的细胞亚群。

EPCs 的研究使人们对血管的发生有了新的认识。血管生成有三种方式,即血管发生(vasculogenesis)、血管新生(angiogenesis)和动脉生成(arteriogenesis)。传统观点认为,血管发生仅存在于胚胎早期,是 EPCs 从中胚层分化为成熟的血管内皮细胞的过程;血管新生是在已存在的血管中生成新的血管内皮细胞的方式,此过程通常以出芽的方式形成新的血管;动脉生成通常是缺血组织周围的微小血管在缺血组织分泌的多种细胞因子的刺激下,小血管发生重塑而形成足够管腔直径的动脉血管的过程。EPCs 具有干细胞的趋化归巢能力,可以向缺血部位迁移,在多种细胞因子的作用下增殖分化形成血管内皮细胞。基于这一原理,EPCs 移植可用于治疗血管损伤性疾病,并已取得较好的临床结果。

胎儿出生后,EPCs 主要定居于骨髓,在病理或外源刺激下,可释放进入外周血循环。

正常生理状态条件下 EPCs 在外周血循环中含量极少,分离难度较大。而从骨髓中提取 EPCs 对供者身体状况要求较高,抽取骨髓量较大而且采集时供者比较痛苦,所以从脐带血中分离 EPCs 相对骨髓具有明显优势。Murohara 认为脐带血是 EPCs 的重要来源,脐带血来源的 EPCs(endothelial progenitor cells in umbilical cord blood,UCB-EPCs)体外培养后,移植给实验小鼠,能够促进小鼠缺血后肢的新血管形成和血流量增加。研究表明,UCB-EPCs 比其他来源的 EPCs 具有更大的增殖活性,同时,UCB-EPCs 比外周血、骨髓来源的 EPCs 更新速度更快,分化能力更强。再加上脐带血来源丰富、采集方便以及供者无任何痛苦,UCB-EPCs 的临床应用前景十分广阔。

二、分离方法研究

UCB-EPCs 在脐带血中的含量较外周血多,但从临床应用角度其量仍显不足,为能满足应用需要,需在体外扩增。根据 EPCs 的物理学、细胞生物学特性,研究者们建立了 EPCs 的多种分离和扩展方法,如密度梯度离心-吸附培养法、免疫磁珠分选法、流式分选法等。下面就常用的密度梯度离心-吸附培养法和免疫磁珠分选法作重点介绍。

（一）密度梯度离心-吸附培养法

该方法是通过密度梯度离心分层,获得脐带血单个核细胞,再将这些单个核细胞在特定环境下通过包被物吸附培养,最后分离得到 EPCs。

脐带血单个核细胞梯度密度分离的原理在于,细胞分离液通常采用密度为 1.077g/mL 的 Ficoll-Paque,它比单个核细胞密度大,比红细胞密度小,因此适当离心后可形成不同密度细胞的梯度分层:在室温条件下进行 740g/30 分钟离心,单个核细胞及血小板位于分离液上方,红细胞及粒细胞沉于分离液的底部;而血小板密度最小,可在低速离心的条件下与单个核细胞分离,得到纯化的脐带血单个核细胞。实际应用中,可先用 6% 羟乙基淀粉(HES)或 0.5% 的甲基纤维素溶液沉降红细胞,再用密度梯度离心,可以获得更好的单个核细胞分离效果。

单个核细胞经过包被了纤维连接蛋白(Fibronectin,FN)的培养板吸附和培养后可获得 EPCs,具体的方法如下:将 FN 用 PBS 溶解稀释为 $1ng/\mu L$,按 $45g/cm^2$ 包被 6 孔板,置于 37℃,5% CO_2 培养箱中孵育 2 小时,再用移液管吸弃未贴壁的 FN 和培养液。与此同时将脐带血单个核细胞用含自体血清的 M199 培养基重悬,以 $(1～2)×10^5$ 个细胞/cm^2 的密度接种于包被了 FN 的 6 孔板中。饱和湿度条件下,置于 37℃,5% CO_2 的培养箱中培养 3～4 周,每 3～4 天进行完全培养液更换,黏附于 FN 的细胞去除,剩余则为富集的 EPCs。该方法操作简单,可获得较多数量的 EPCs,但是产物纯度较低,常含有部分血小板和单核细胞。该方法获得的 EPCs,经过经典的 CFU-ECs 培养可获得中间为圆形细胞、周边呈牙状排列的梭形细胞的细胞集落。目前市场上已有对应的分离 EPCs 试剂盒,如 EndoCult 培养基试剂盒(Stemcell 公司)。

Ingram DA 等研究了其他的吸附分离方法。他们将分离的脐带血单个核细胞用含 10% FBS、2% 青链霉素和 $0.25\mu g/mL$ 的两性霉素 B 的内皮细胞生长培养基(endothelial growth media 2，EGM-2））重悬，并接种于 6 孔板中，6 孔板事先采用小鼠 I 型胶原蛋白包被，在 37℃，5％ CO_2 的培养箱中培养 24 小时后，将黏附细胞去除后加入 EGM-2 继续培养 5～10 天，可形成不同类型的细胞集落，他们称之为内皮克隆形成细胞（endothelial colony forming cells，ECFCs）。用此方法培养成人外周血和人脐带血单个核细胞，发现脐带血中 ECFCs 含量较成人外周血高，每毫升血分别为 2～5 个和 0.05～0.2 个。

　　Yoder MC 等将上述 FN 和胶原蛋白（collagen，CN）两种不同方法包被的培养板，用于培养脐带血单个核细胞，通过检测细胞功能发现：脐带血单个核细胞中未被培养板吸附的细胞是造血祖细胞，它虽然可以形成典型的 CFU-ECs 集落，但移植裸鼠后不能形成嵌合的血管，而采用 CN 包被培养板分离获得细胞培养后可见 ECFCs，其移植给小鼠后可观察到嵌合血管形成。研究者认为，采用 CN 包被贴壁法能更高效地获得具有修复血管功能的 EPCs，是较优的 EPCs 分离方法。图 1-4-1 是 Yoder MC 等从 29 份外周血和 10 份脐带血单个核细胞，采用两种不同的方法分离 EPCs 的图示和观察到的细胞集落。

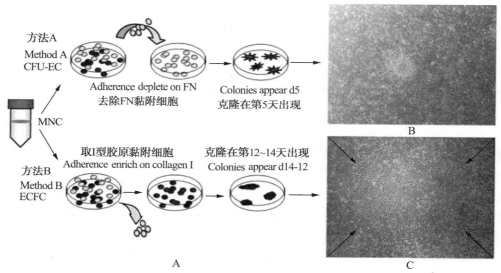

图 1-4-1　EPCs 去除吸附细胞后的两种培养方法和体外形成的集落形态

黄色为悬浮 cell　红色为黏附 cell

A 法：MNC 经 FN 黏附，悬浮细胞培养 5 天获 CFU-EC

B 法：MNC 经 CN 黏附富集，细胞培养 2 周获 ECFC

　　Ingram DA 等比较了采用 CN 包被培养板贴壁法获得脐带血和外周血来源的 EPCs 的效率。他们的实验结果显示，相对于从成人外周血，采用 CN 包被法从脐带血中制备 EPCs 的效率较高（见图 1-4-2）。每 20mL 血液，脐带血获得 EPCs 的平均数量是成人外周血的 8 倍，1mL 人脐带血采用该方法可以获得 2～5 个 ECFCs，而成人外周血来源的 EPCs 培养可见到集落的平均时间是脐带血来源 EPCs 的 8 倍。此外，他们还证实脐带血来源的 EPCs 形成二级集落的能力更强。吴鸿涛等人的研究也证实了脐带血来源的 EPCs 较外周血来源的具有较好的增殖活性（见图 1-4-3）。

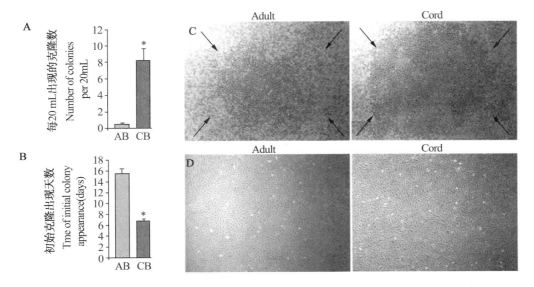

图 1-4-2 脐带血(CB)来源的 EPCs 数量和活性显著高于成人外周血(AB)来源的 EPCs(镜下标尺 $100\mu m$)

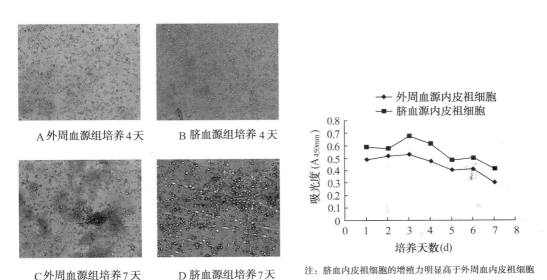

图 1-4-3 脐带血较成人外周血来源的 EPCs 体外培养具有更好的增殖活性

  总之,采用 CN 包被贴壁法可从人脐带血较高效地分离 ECFCs,而且相对外周血来源的 ECFCs,脐带血来源的 ECFCs 表现出更强健的增殖潜能和形成灌注血管的能力。脐带血中 ECFCs 的含量比成人外周血更丰富,前者的含量至少是后者的 10 倍,而且获得的 ECFCs 对于促进血管再生更有效。

(二)免疫磁珠分选法

  磁性活化细胞分选(magnetic activated cell sorting,MACS)技术是利用某种表面分子抗体作为分选条件,磁性抗体标记的细胞在适当的磁场作用下被分离出来。一般认为

EPCs 有三个经典标志分子，分别是 CD133，CD34 和 VEGFR-2，在其分化过程中，EPCs 逐渐不表达 CD133，而开始表达 CD31、血管内皮细胞钙黏蛋白和血管假性血友病因子。这是采用免疫磁珠法分离 EPCs 的分子基础。

由于 EPCs 缺乏特异的细胞标志，通常先选用密度梯度离心法分离样本中的单个核细胞，然后再用免疫磁珠法分选出 CD34$^+$CD133$^+$细胞，之后于含有 VEGF，IGF-1，bFGF 的培养液中培养，最后得到可贴壁生长的 EPCs。研究还发现 ECFCs 可以作为 CD34$^+$/CD45$^-$ 或者 CD31$^+$/CD45$^-$ 细胞通过免疫磁珠法得到分离，并经过流式分析鉴定免疫表型为：CD31$^+$CD34^{bright}CD45$^-$CD133$^-$CD14$^-$CD41a$^-$CD235a-。

吴鸿涛等采用免疫磁珠分选法分离出 CD133$^+$细胞，并将 CD133$^+$细胞接种于 CN 包被的细胞培养板中，加入 VEGF，hEGF，hEGF-B 和 IGF-1 后，培养 3 天，用 PBS 冲洗掉非贴壁细胞，最后收集贴壁细胞即为 EPCs。

免疫磁珠分选法获得的 EPCs 纯度高，操作简单，可重复性好，但是费用较昂贵，而且这样获得的 CD34$^+$ 或 CD133$^+$ 细胞单独培养时不易增殖，仅在和 CD34$^-$ 或成熟内皮细胞共同培养时才可增殖，在一定程度上制约了其临床应用。此外，免疫磁珠法分选 EPCs 时，磁珠结合于细胞表面，待 EPCs 移植于体内时，磁珠可能会成为抗原，磁珠对于 EPCs 的功能是否会产生影响，还有待进一步研究。

三、UCB-EPCs 培养和增殖分化

EPCs 在适当条件下可增殖并分化为血管内皮细胞，它不仅参与人胚胎血管生成，同时也参与出生后血管新生和内皮损伤后的修复过程。动物实验以及临床研究证实，新生血管中约 25％的内皮细胞是由 EPCs 分化而来，还有大量研究证实，内皮祖细胞在缺血、组织损伤等刺激和细胞因子的诱导下，通过招募、归巢作用到达内皮损伤部位，对受损内皮进行修复。

Ingram DA 等人的研究证实，脐血来源的 EPCs 根据表面标志的差异可分为高潜能的内皮祖细胞（HPP-EPC）和循环成血管细胞（CAC）两种，基于集落的形成能力和增殖能力可分为高增殖潜能内皮克隆形成细胞（high proliferative potential-endothelial colony-forming cells，HPP-ECFC），具有高增殖能力和端粒酶活性，培养可形成扩增 100 倍的克隆，并可形成二级及三级克隆；低增殖潜能内皮克隆形成细胞（low proliferative potential-endothelial colony-forming cells，LPP-ECFC），可形成含有 50 个以上细胞的克隆，但再接种不产生二级克隆。此外，循环系统的成血管细胞则是比较成熟的内皮祖细胞。

EPCs 具有干细胞的自我增殖能力，相比内皮细胞，其体外扩增能力是后者的 50 倍，并具有更强的端粒酶活性，能抑制自身的凋亡。此外，EPCs 还表现出与干细胞类似的趋化和归巢能力。脐血来源的 EPCs 收获时的活率和增殖能力均高于外周血，并保持了与外周血来源的 EPCs 基本相同的细胞生物学特征。

另外，EPCs 的体外增殖活性还与所采用的分离方法有关。Yoder MC 等认为，采用 CN 包被贴壁培养法获得的 ECFCs，其内皮细胞相关的各项鉴定指标均明显好于采用 FN 包被获得的 CFU-ECs（见表 1-4-2）。其中，其 ECFCs 没有造血相关抗原表达，具有强健的体外增殖分化活性和体内血管形成能力。体外二级克隆分化培养显示，CN 包被法分

离的 ECFCs 可形成内皮细胞集落,而 CFU-ECs 则只能形成少量 CFU-GM 集落。

表 1-4-2　　　　　　　两种分离方法获得 EPCs 鉴定指标及功能特点的比较

细胞鉴定项目	EPCs 集落形成单位(CFU-ECs)	内皮克隆形成细胞(ECFCs)
内皮细胞抗原	表达	表达
造血细胞抗原	表达	无表达
巨噬细胞抗原和吞噬功能	表达	无表达
增殖潜能	部分可增殖	爆式增殖
二级集落形成能力	部分可见 CFU-GM	内皮细胞克隆
体内形成血管情况	未见	可见
造血干细胞相关的克隆性	有	无

目前 EPCs 体外扩增培养采用的内皮细胞培养基(如 EGM-2),通常含有动物蛋白成分或需要添加牛血清,增加了临床应用的风险,为了克服此问题,Moon SH 等人进行了无动物源成分 EPCs 扩增培养的研究,他们用脐带组织提取物(UCE)和脐带组织胶原蛋白(UC-collagen)作为培养液添加物,实现了 UCB-EPCs 体外扩增,而且 EPCs 可保持原有细胞表型和功能。

四、UCB-EPCs 临床应用

一般认为,EPCs 参与内皮细胞更新和新生血管生成可能有以下机制。①整合机制(incorporation):将特殊标记的 EPCs 移植到缺血或者血管内膜损伤的动物模型后,可在缺血组织新生血管内皮或原血管损伤处检测到标记的 EPC。因此推测,归巢于缺血部位的 EPCs,在局部微环境和细胞因子的刺激下,能整合至新生的血管内壁,进而分化为血管内皮细胞,参与新生血管的形成,恢复缺血部位的血液供应。②融合机制(fusion):有研究者认为,在缺血组织新生血管内壁发现的参与血管修复的细胞也有可能是 EPCs 与周边血管内皮细胞融合的产物。③旁分泌机制(paracrine):在缺血组织中实际发生 EPCs 整合率或融合率都很低,而这与 EPCs 移植能显著促进损伤血管内皮再生矛盾,由此推断,EPCs 还应以旁分泌形式,分泌 VEGF、HGF、IGF-1 等细胞因子,参与新生血管生成和内皮细胞更新。

EPCs 将成为治疗缺血性疾病的新选择。利用药物或生长因子刺激 EPCs 从骨髓向外周血动员,或进行 EPCs 移植,可提高循环血管中 EPCs 数量,促进新生血管的形成。外周血来源的 EPCs 移植可促进小鼠缺血后肢的功能修复,移植的 EPCs 可以进入损伤的血管,促进骨骼肌中毛细血管的生成。Finney MR 等人对脐带血和骨髓来源的 EPCs 进行比较研究,发现脐带血来源的 EPCs 表达 CXCR4 显著高于骨髓,相对对照组,两种来源的 EPCs 移植股动脉结扎的非肥胖型糖尿病合并免疫缺陷小鼠 7~14 天后,经激光多普勒成像检测,缺血后肢的血供得到了显著的改善。Moon SH 等用他们自己发明的无动物源成分培养体系扩增的 hUCB-EPCs 进行了后肢缺血的小鼠实验,结果显示扩增的

EPCs 可以有效延缓肌肉蛋白变性和纤维化。易成刚等进行了 UCB-EPCs 用于裸鼠皮瓣修复实验，研究将人脐带血来源的 EPCs 培养 7 天，再移植 5×10^5 EPCs 于待修复皮瓣的基底部，28 天后实验结果显示，注射 EPCs 组皮瓣存活率明显高于对照组，而且实验组存活的皮瓣较对照组的颜色、弹性及质地与周围正常皮肤组织相似，存活质量较高。

UCB-EPCs 移植亦有报道用于心脏病和动脉损伤的修复。Hu CH 等人建立了左前降支动脉结扎的急性心肌梗死大鼠模型，并进行 UCB-EPCs 移植实验，研究通过检测增殖细胞核抗原(proliferating cell nuclear antigen,PCNA)和 CD31 证实，移植体外扩增的 UCB-EPCs 能进入梗死心肌部位，促进新生毛细血管的形成，较对照组能显著改善大鼠的左心室收缩压等心脏功能。近年来 Hu CH 等人还进行了 UCB-EPCs 移植修复动脉损伤的研究，荧光标记的 EPCs 移植到颈动脉损伤的新西兰白鼠的损伤部位后，新生血管内膜可见标记的 EPCs，而且移植组与对照组相比，颈动脉横剖面中新生内膜层面积和新生内膜与普通内膜的面积比(neointimal/medial area ratio)都有显著减少($P<0.05$)。免疫组化检测显示，移植组中血管假性血友病因子(vWF)阳性的细胞数量显著增多[(8.75±2.92) vs (4.50±1.77)，$P<0.05$]，PCNA mRNA 水平偏低(0.67±0.11 vs. 1.25±0.40，$P<0.01$)，而 TGF-β1 mRNA 水平偏高[(1.10±0.21) vs (0.82±0.07)，$P<0.05$]。可见，移植的 UCB-EPCs 能够进入到损伤的动脉血管中，参与动脉血管内皮修复。Yin Y 等人经尾静脉向颈动脉损伤的免疫缺陷大鼠注射 1×10^6 的荧光标记的 EPCs，两周后示踪检测，在损伤部位发现了标记的 EPCs，而且冻存过的脐带血来源和健康人外周血来源的 EPCs(HPB-EPCs)向损伤区归巢的细胞数量比心血管病患者外周血来源的 EPCs(PPB-EPCs)多，移植的三种 EPCs 都能抑制血管内膜增生并促进再生组织内皮化，而且前两种 EPCs 对损伤部位的血管内壁改善较大。研究认为，移植脐带血和健康人外周血来源的 EPCs 对细胞因子分泌和血管损伤的反应性好于心血管病患者外周血来源的 EPCs，移植自体保存的脐带血 EPCs 有望成为心血管病高危人群保护血管的新方法。

Au P 等人进行了人脐带血来源和外周血来源的 EPCs 重建血管稳定性的比较研究。他们将两种来源的绿色荧光蛋白标记的 EPCs(见图 1-4-4A 和 B 中的绿色，文后彩图)，单独或者与鼠胚胎纤维细胞 10T1/2 混合注射于免疫缺陷小鼠的颅窗软膜表面，采用多光子激光扫描显微镜观察发现，移植两种来源 EPCs 7 天后，都可以看到标记的 EPCs 形成的血管样结构；而移植外周血来源 EPCs 的小鼠在 21 天时，不论独立移植组与混合移植组的血管样结构都消失了(见图 1-4-4A 中绿色，文后彩图)；UCB-EPCs 两种方式移植小鼠后形成血管的稳定性不同，独立移植的小鼠移植后荧光标记的 EPCs 很快消失，而与 10T1/2 混合移植的小鼠能形成血流正常并对大分子具有选择通透性的血管(见图 1-4-4B 中红色，文后彩图)，并能稳定供血 4 个月以上。该研究再次证实，UCB-EPCs 在新形成血管稳定方面明显优于外周血来源的 EPCs。

基因转染或药物动员 EPCs 可促进萎缩组织新生血管修复。动物实验已证实，肌细胞内转染基质细胞衍生因子-1(stromal cell derived factor 1,SDF-1)可动员 EPCs。所以，肌细胞或心肌细胞内 VEGF 基因转染可用于肢体萎缩和不宜手术的冠状血管疾病治疗时动员 EPCs。应用 HMG-CoA 还原酶抑制剂是动员 EPCs 的另一种途径，这类药物可使外周 EPCs 数目增加，或通过调节 EPCs 表面黏附分子以促进 EPC 归巢。当然 EPCs

动员剂应用治疗时还应该注意由此引起的不良反应,如可能会造成动员的 EPCs 促进肿瘤血管的生长等,萎缩和损伤部位局部应用 EPCs 移植可能可以克服这些问题。其他治疗性应用 EPCs 的方向还包括组织工程中血管移植物构建等。

现有研究表明 UCB-EPCs 还可用于眼角膜功能修复。角膜内皮功能障碍包括进行性角膜水肿和视力丧失,这种情况下需要进行角膜移植重建,但由于配型相合的异体角膜十分紧缺,因此,角膜移植只好寄托于人工角膜。然而,人工角膜所用支架的生物相容性和降解性却受到巨大限制。Shao C 等人使 UBC-EPCs 标记了靶向 CD34 的磁性纳米颗粒,将此标记的 $100\mu L$ EPCs 约 4×10^5 细胞注射到角膜内膜缺陷的荷兰大白兔前房后,再用磁铁将 UCB-EPCs 吸引到前房基质中。实验显示标记细胞的纳米粒子并不影响 UCB-EPCs 的增殖,而且磁铁吸引 12 小时后使水肿的角膜变得相对透明,该项研究为角膜内皮功能障碍性疾病提供了新的治疗途径。

五、EPCs 相关问题及展望

现有 EPCs 的研究对 EPCs 的分离、体外扩增、相关生物学特性以及体内试验做了相对较充分的工作,但也从中看到了一些问题。现有 UCB-EPCs 的体外分离的效率和纯度还有待提高,未形成满足临床需要的标准化制备程序;虽然现有方法已鉴定和发现了一群具有高扩增活性的 EPCs,但有研究发现,进行临床应用规模的体外扩增 UCB-EPCs 时,约有 71% 的细胞核型改变,这提示我们不合理的细胞扩增可能会带来临床应用的风险。另外,EPCs 用于缺血性疾病治疗相关的损伤部位的迁移和归巢的信号分子作用机制、EPCs 的应用剂量和方案以及 EPCs 修复相关作用机制等还有待于进一步的研究。

目前未分选的骨髓 MNC 和自体外周血来源的 EPCs 临床试验已在开展,但试验未取得较理想的结果,主要问题在于对 EPCs 的生物学特征及其在疾病修复中具体作用机制仍不清楚,如何能够提高到达病灶部位 EPCs 细胞数量并保持较长时间的组织修复活性尚有待于进一步研究。近来,UCB-EPCs 临床前期动物实验已取得了较好的结果,为我们带来了新的希望,但 UCB-EPCs 人体临床试验研究尚未见报道,临床试验方案还需做进一步的探索。

UCB-EPCs 对缺血疾病的修复作用已得到业内的肯定,但仅仅靠新鲜 UCB 分离 EPCs 可能已不能满足未来临床对 EPCs 的巨大需求,鉴于从冻存后 UCB 中分离制备得到 EPCs 的效率和冻存 UCB 来源的 ECFCs 的数量远不如新鲜 UCB 来源的报道,如何优化现有脐带血保存方案,建立 UCB-EPCs 库为患者提供即时可用的 EPCs,可能是 UCB-EPCs 未来临床应用的亟待努力的方向。此外,未来还应就 EPCs 在其他疾病(如肿瘤、糖尿病等)中的应用以及 EPCs 作为细胞重编程工具方面开展相关研究。

(徐峰波,刘倩,沈柏均)

主要参考文献

1. 吴鸿涛,马艳,毕晓娟,等. 人外周血与脐血内皮祖细胞生物学特性的比较. 中国组织工程研究,2013,17(45):7911-7917.

2. Asahara T, Murohara T, Sullivan A, et al. Isolation of putative progenitor en-

dothelial cells for angiogenesis. *Science*,1997,275(5302):964-967.

3. Au P, Daheron LM, Duda DG, et al. Differential in vivo potential of endothelial progenitor cells from human umbilical cord blood and adult peripheral blood to form functional long-lasting vessels. *Blood*,2008,111:1302-1305.

4. Chong MS, Ng WK, Chan JK. Concise review:endothelial progenitor cells in regenerative medicine:applications and challenges. *Stem Cells Transl Med*. 2016,5(4):530-538.

5. Corselli M, Parodi A, Mogni M, et al. Clinical scale ex vivo expansion of cord blood-derived outgrowth endothelial progenitor cells is associated with high incidence of karyotype aberrations. *Exp Hematol*,2008,36(3):340-349.

6. Finney MR, Greco NJ, Haynesworth SE, et al. Direct comparison of umbilical cord blood versus bone marrow-derived endothelial precursor cells in mediating neovascularization in response to vascular ischemia. *Biol Blood Marrow Transplant*, 2006,12(5):585-593.

7. Hristov M, Erl W, Weber PC. Endothelial progenitor cells:mobilization, differentiation, and homing. *Arterioscler Thromb Vasc Biol*, 2003,23(7):1185-1189.

8. Hu CH, Ke X, Chen K, et al. Transplantation of human umbilical cord-derived endothelial progenitor cells promotes re-endothelialization of the injured carotid artery after balloon injury in New Zealand white rabbits. *Chin Med J (Engl)*, 2013,126(8):1480-1485.

9. Hu CH, Li ZM, Du ZM, et al. Expanded human cord blood-derived endothelial progenitor cells salvage infarcted myocardium in rats with acute myocardial infarction. *Clin Exp Pharmacol Physiol*, 2010,37(5-6):551-556.

10. Hu CH, Li ZM, DU ZM, et al. Human umbilical cord-derived endothelial progenitor cells promote growth cytokines-mediated neorevascularization in rat myocardial infarction. *Chin Med J (Engl)*, 2009,122(5):548-555.

11. Ingram DA, Mead LE, Tanaka H, et al. Identification of a novel hierarchy of endothelial progenitor cells using human peripheral and umbilical cord blood. *Blood*. 2004,104(9):2752-2760.

12. Lavergne M, Vanneaux V, Delmau C, et al. Cord blood-circulating endothelial progenitors for treatment of vascular diseases. *Cell Prolif*,2011,44 Suppl 1:44-47.

13. Matsumoto T, Mugishima H. Non-hematopoietic stem cells in umbilical cord blood. *Int J Stem Cells*, 2009,2(2):83-89.

14. Moon SH, Kim SM, Park SJ, et al. Development of a xeno-free autologous culture system for endothelial progenitor cells derived from human umbilical cord blood. *PLoS One*, 2013,8(9):e75224

15. Murohara T. Therapeutic vasculogenesis using human cord blood-derived endothelial progenitors. *Trends Cardiovasc Med*, 2001,11(8):303-307.

16. Naruse K，Hamada Y，Nakashima E，et al. Therapeutic neovascularization using cord blood-derived endothelial progenitor cells for diabetic neuropathy. *Diabetes*，2005，54：1823-1828.

17. Pearson JD. Endothelial progenitor cells - hype or hope? *J Thromb Haemost*. 2009，7(2)：255-262.

18. Prasain N，Meador JL，Yoder MC. Phenotypic and functional characterization of endothelial colony forming cells derived from human umbilical cord blood. *J Vis Exp*. 2012，(62). pii：3872.

19. Shao C，Chen J，Chen P，et al. Targeted transplantation of human umbilical cord blood endothelial progenitor cells with immunomagnetic nanoparticles to repair corneal endothelium defect. *Stem Cells Dev*，2015，24(6)：756-767.

20. Vanneaux V1，El-Ayoubi F，Delmau C，et al. In vitro and in vivo analysis of endothelial progenitor cells from cryopreserved umbilical cord blood：are we ready for clinical application? *Cell Transplant*，2010，19(9)：1143-1155.

21. Yin Y，Liu H，Wang F，et al. Transplantation of cryopreserved human umbilical cord blood-derived endothelial progenitor cells induces recovery of carotid artery injury in nude rats. *Stem Cell Res Ther*，2015，6：37.

22. Yoder MC，Mead LE，Prater D，et al. Redefining endothelial progenitor cells via clonal analysis and hematopoietic stem/progenitor cell principals. *Blood*，2007，109：1801-1809.

23. Ingram DA，Mead LE，Tanaka H，et al. Identification of novel hierarchy of endothelial progenitol cells using human peripheral and umbilical cord blood. *Blood*. 2004，104(9)：2752-2760.

第二节　脐血极小胚胎(样)干细胞

Very Small Embryonic-like Stem Cells in Cord Blood

一、研究概况

近年来成体干细胞研究进展迅速,具有多项分化潜能的胚胎样干细胞在成体组织中被相继发现和报道。2006 年 3 月,美国路易斯维尔大学 Kucia 研究团队从成年的小鼠骨髓 Sca-1$^+$ Lin$^-$ CD45$^-$ 细胞中分离 CXCR4$^+$ 细胞时,发现了一种同时表达胚胎干细胞、外胚层干细胞和原始生殖细胞标志分子(SSEA-1,Oct-4,Nanog 和 Rex-1)的特殊干细胞,该细胞数量很少,只占骨髓单个核细胞(MNC)的 0.02％,而细胞体积极小,只有 2～4μm,因此命名为极小胚胎样干细胞(very small embryonic-like stem cells,VSELs)。并发现 VSELs 在体外可诱导分化成三个胚层的细胞,这类干细胞最早在较年轻的小鼠骨髓中发现,而且随着鼠龄的增长,可分离的 VSELs 细胞数量逐渐减少。然而,波兰雅盖隆大学和美国斯坦福大学医学院的研究团队先后提出异议，他们从成年小鼠骨髓分离到的 Sca-1$^+$ Lin$^-$ CD45$^-$ 不表达多能干细胞标志 Oct-4 或体外培养无克隆球形成，而且不具有造血潜能。之所以有如此截然不同的研究结果，Ratajczak MZ 等认为，可能是因为他们采用的 VSELs 分离方法不当或只分离到了 VSELs 的部分细胞亚群。随后耶鲁大学的 Kassmer 等对 2013 年以前的报道作了深入综述，肯定了路易斯维尔大学有关 VSELs 的研究成果。

在成年小鼠骨髓中发现 VSELs 的同时，人们也从新鲜人脐带血中分离到了胚胎样多能干细胞。2006 年 4 月，伊利诺伊大学的 Zhao 等报道了在脐带血中发现了一种命名为脐带血干细胞（cord blood-stem cells，CB-SC）的多分化潜能的异质细胞，CB-SC 同时具有胚胎干细胞和造血干细胞相关分子标志的特征，体外诱导可分化为内皮和神经细胞，体内可分化为分泌胰岛素的细胞，这是首次从脐带血中发现胚胎样、可跨胚层分化的多能干细胞的报道。2007 年，Kucia 等采用两步分离法从脐带血得到了表型为 CXCR4$^+$ CD133$^+$ CD34$^+$ Lin$^-$ CD45$^-$ 的 VSELs，但与 Zhao 等报道的 CB-SC 有所区别，CB-SC 不表达造血干细胞标志 CD34。Kucia 等认为，这种多能干细胞可能是在原肠胚形成和器官发生时保存下来的，在器官组织发育过程中作为多能干细胞（pluripotent stem cells，PSCs）储存起来，并在机体成长中为所有组织器官提供各种定向成体干细胞，他们可能对生物机体的成年器官保持年轻和损伤器官的修复有着极其重要的作用。Halasa 等采用两步分离法在波兰也获得了人脐带血 VSELs，并再次证实脐带血 VSELs 的多能干细胞特征；该团队还通过对新生儿 VSELs 的研究，提出脐带血中 VSELs 与胎儿的发育密切相关。

由此，全球很多机构加入到了该领域的研究，从人脐带血中分离得到了 CD133$^+$ Lin$^-$ CD45$^-$ 的异质的 VSELs，但研究者们就脐带血来源的 VSELs 是否向三个胚层分化产生了分歧。德国莱比锡大学 Danova-Alt 等的研究认为人脐带血分离出的 VSELs 缺少多能干细胞特征，而英国的 Anthony Nolan 研究中心的研究显示，脐带血 VSELs 在现有的干细胞培养液条件下无法进行体外自我扩增。然而，随着中国台湾食品工业发展研究所和印度孟买的生殖健康研究所先后在 2014 年和 2015 年报道了从脐带血中分离得到具有多能干细胞特性的 VSELs，脐带血 VSELs 作为多能干细胞在再生医学中的重要应用价值再次受到关注。

截至目前，已有多个研究机构从小鼠骨髓、胸腺、脾脏以及胰腺等 11 种器官，大鼠骨髓以及人的脐带血、外周血、卵巢和睾丸等多种成体组织中分离得到了 VSELs，这些发现进一步佐证了 VSELs 作为多能干细胞为机体保持年轻和器官损伤修复提供干细胞来源的假说。

二、VSELs 的一般特征

CXCR4$^+$ Sca-1$^+$ Lin$^-$ CD45$^-$ 是 VSELs 首次报道时的表型特征。Kucia M 等人的研究认为，小鼠骨髓来源的 VSELs 流式筛选的表型为 FSC(low) SSC(low) CD45$^-$ Lin$^-$ Sca-1$^+$，经 RT-PCR(Real-Time-PCR)分析鉴定，它还表达 SSEA-1，Oct-4，Nanog 和 Rex-1 等胚胎干细胞标志。Labedz-Maslowska A 等从新西兰大鼠骨髓中分离的 VSELs 表达非造血抗原 CD106（即 VCAM-Ⅰ）。而 Sovalat H 等人从人外周血分离得到的 3 个 VSELs 亚群，分别表达 CD133$^+$ Lin$^-$ CD45$^-$、CD34$^+$ Lin$^-$ CD45$^-$ 和 CXCR4$^+$ Lin$^-$

CD45$^-$;研究通过青年、中年和老年三个年龄段的健康志愿者的 VSELs 数量的纵向分析,认为 CD133$^+$ 或 CD34$^+$ 或 CXCR4$^+$ 会随着年龄的增长而消失。Shaikh 等从人脐带血分离得到的 VSELs 表达 Lin$^-$ CD45$^-$ CD34$^+$ CD133$^+$,并表达多能干细胞标志 Oct4A,Oct4,SSEA4,SOX2,Nanog 和 Rex-1 以及原始生殖细胞标志 STELLA,FRAGILIS。

VSELs 在成体的组织中含量少且体积很小。VSELs 只占相应 MNC 数量的 0.01%～0.02%,约每 10^5 MNC 细胞中含 1 个 VSELs。Kucia 等观察到 VSELs 在透射电镜下,小鼠骨髓 VSELs 细胞直径 2～4μm(见图 1-4-5)。

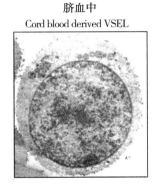

骨髓中 Bone marrow derived VSEL　　脐血中 Cord blood derived VSEL

图 1-4-5　电镜观察到的鼠 BM 和人 CB VSELs 细胞

Sovalat 等的研究结果显示,成年人外周血 VSELs 细胞体积为 3～6μm,而且表型为 CXCR4$^+$ Lin$^-$ CD45$^-$ 的 VSELs 细胞计数显示,每毫升外周血可分离 VSELs(300±260)个,虽然老年志愿者组外周血的 VSELs 细胞数较少,但不同年龄段志愿者的外周血 VSELs 数量上无显著差异(见图 1-4-6)。

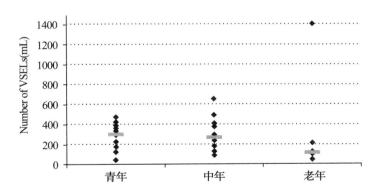

图 1-4-6　每毫升外周血分离得到 CXCR4$^+$ Lin$^-$ CD45$^-$ 的平均 VSELs 细胞数

Kucia 的研究团队从人脐带血分离得到的 VSELs 细胞体积比小鼠骨髓来源的稍大,直径 3～5μm;Shaikh A 则认为人脐带血 VSELs 细胞直径 4～6μm。人 VSELs 体积比红细胞小,但胞内内容物密度大,梯度密度离心分离时与红细胞一起被分离,而并非与白细胞一起。Bhartiya 等认为脐带血或骨髓 VSELs 可能会随着去除红细胞而丢失,将去除了 MNC 的残留下来的红细胞部分收集,方可获得大部分的 VSELs。Virant-Klun 等从卵巢癌患者癌组织边缘也分离得到了类似 VSELs 的细胞，直径为 $2\sim 4\mu m$。

进行细胞分选时选用的表型标志或细胞大小不当，会导致分离不到人脐带血 VSELs。Alvarez-Gonzalez 等从人脐带血中分离 VSELs 时，因选择了直径在 $3\sim 10\mu m$ 的细胞，结果他们分离的细胞体外培养不能扩增。而 Szade K 等人的研究则采用了非 VSELs 表型特征的标志 c-Kit，导致他们得到的细胞无向造血细胞分化的能力。

三、人脐带血 VSELs

（一）人脐带血 VSELs 一般特征

VSEL 呈圆球形，具有显著的细胞核，细胞核占据大部的细胞空间，具有很高的核质比，细胞核有核膜和核孔，核内松散地填充着常染色质；全基因组核型测定显示人脐带血 VSELs 为二倍体型细胞，且无染色体畸变，无染色体缺失异常；细胞核外只有较少的细胞质，其中含较少分散的线粒体、游离核糖体以及极少可见轮廓内质网和细胞内小泡。Shaikh 等研究人脐带血 VSELs 时发现，其端粒酶活性（telomerase activity）是人胚胎来源的成纤维细胞（human fetal fibroblasts，HFF）活性的 2.5 倍，但显著低于胚胎干细胞（见图 1-4-7）。正常人脐带血 VSELs 不凋亡，处于 G0/G1 静息期。用药物 5-Fluorouracil（5-FU）处理人脐带血后发现，处理前后脐带血 VSELs 的细胞数量未变化，VSELs 可耐受化疗药物而存活下来，且细胞进入 S 期。

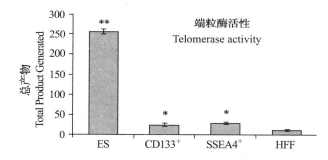

图 1-4-7　脐带血来源的 VSELs 端粒酶活性与 HFF、ES 端粒酶活性比较

Ratajczak 等的研究总结了脐带血来源的 VSELs 的基本特征。VSELs 数量很少且体积比红细胞小，此外还具有：①可在分娩过程中被动员进入新生儿外周血中；②在 $CD133^+Lin^-CD45^-$ 细胞碎片中含量丰富；③细胞可表达多能干细胞的标记物，如 Oct-4，Nanog 和 SSEA-4，有明显的体积小而核大的细胞特征，有很高的核质比和稳定的常染色质。按照多能干细胞的鉴定标准，除了上述 VSELs 的特征外，脐带血来源的 VSELs 尚未有体外可跨胚层分化能力、体内可形成囊胚和裸鼠内形成畸胎瘤的研究报道，因此，这些方面也将作为脐带血 VSELs 今后研究的重点。

（二）UCB-VSELs 分离纯化

采用 Ficoll 密度梯度法从骨髓和脐带血分离制备 VSELs，常常会因未考虑 VSELs 体积小、密度大而被作为红细胞或细胞碎片丢弃，其实 VSELs 应该从红细胞或细胞碎片中富集得到。目前脐血库的脐血制备标准操作流程（COBLT SOP）中一般不再采用密度梯度离心法制备脐带血,而是通过羟基淀粉(HES)沉降去除红细胞,该方法可以很好地保留大部分的 VSELs。Chang 等的研究表明,从冻存复苏的脐带血可以制备得到 VSELs,这说明 VSELs 在脐带血制备中留存了下来,而且经历－196℃的低温仍完好无损,人类脐带血库将成为 VSELs 的重要来源。

已有报道的分离 VSELs 的传统方法是两步分离法。Halasa 等首次建立了人脐带血 VSELs 两步分离法(见图 1-4-8,文后彩图)。该方法首先用 NH₄Cl 裂解红细胞,在保留全部有核细胞的基础上,采用 Lin、CSCR4、CD45、CD34 等多参数流式分选,最后分选出了 3 类 VSELs 亚型细胞,即 CXCR4⁺Lin⁻CD45⁻、CD34⁺Lin⁻CD45⁻ 和 CD133⁺Lin⁻CD45⁻。该方法操作相对简单,可以使 VSELs 的损失尽可能少,但是耗时较长,一般一份 50～100mL 的脐带血需要耗时 3～4 天,可以从(1～3)×10⁸ 的 UCB-MNC 中制备得到几万到几十万的 VSELs。

Ratajczak 等就鼠骨髓 VSELs 的流式细胞术(fluorescence-activated cell sorting,FACS)分选作了详细介绍。首先,他们将无颗粒的小体积(2～10μm)的流式计数磁珠作为圈定 FSC/SSC 散点图中淋巴细胞门的范围(即 R1 门,见图 1-4-9a,文后彩图)。R1 选定的细胞经再次圈门 R2 进一步纯化细胞(见图 1-4-9b,文后彩图)。来自 R2 门的细胞通过 Lin/Sca-1 标记作进一步分析并圈定 Lin⁻Sca-1⁺ 细胞门 R3(见图 1-4-9c,文后彩图),以避开红细胞污染;来自 R3 的细胞在 CD45/SSC 散点图中(见图 1-4-9d,文后彩图)选出 CD45⁻/⁺ 的细胞门 R4 和 R5,并且它们在 FSC/SSC 散点图中的位置如文后彩图 1-4-9e 所示。Zuba-Surma 等在上述分选基础上进一步优化了脐带血 VSELs 分离,建立了高效分离脐带血 VSELs 的三步分离法。他们首先在脐带血全血中加入 NH₄Cl 裂解红细胞,再用 CD133 标记的免疫磁珠富集包含 CD133⁺ 的细胞,最后通过流式细胞术分选获得 Lin⁻CD45⁻CD133⁺ 细胞。该优化的脐带血 VSELs 分选方案处理 100mL 脐带血只需要 2～4 小时,相对之前需要 3～4 天的时间,有显著的提高。此外,Ratajczak 等还通过加入乙醛脱氢酶(ALDH)作为基质,可大幅度提高 VSELs 的获得率,每 100mL 脐带血可以获得大约 1×10³ 的 CD133⁺CD45⁻GlyA⁻ALDH^low 和 4×10³CD 的 133⁺CD45⁻GlyA⁻ALDH^high 的 VSELs。

(三)UCB-VSELs 体外扩增与分化培养

骨髓来源的 VSELs 的多向分化潜能已得到实验证实,在体外 VSELs 可分化成来自三胚层的细胞。Kucia 等将小鼠骨髓来源的 VSELs,进行心肌、神经、胰腺定向诱导分化培养,他们的检测结果表明,VSELs 能够体外被诱导分化成心肌细胞(中胚层),神经元、星形胶质细胞、少突胶质细胞(外胚层)及胰岛细胞(内胚层)。随后耶鲁大学的 Kassmer 等人的研究证实了小鼠来源的 VSELs 体内可分化成肺上皮细胞(内胚层),进一步证实了 Oct-4 阳性的 VSELs 具有跨胚层分化潜能。

研究表明,在早期造血激动因子和生长因子刺激条件下,鼠骨髓来源的 VSELs 可在小鼠骨髓基质细胞 OP9 基质细胞上形成如鹅卵石排列的造血祖干细胞原始群落。Ratajczak 等将鼠骨髓来源的 VSELs 在 OP9 基质细胞上共培养后可形成造血细胞系克隆,将 VSELs 移植给接收致死计量照射的小鼠模型,可使小鼠辐射损伤快速修复。Ratajczak 等之后还从脐带血分离出两类 VSELs,他们发现,VSELs 与 OP9 共培养获得的造血细胞,可以使致死剂量照射的非肥胖型糖尿病免疫缺陷小鼠重建造血功能，并且移植这些造血细胞后小鼠的造血功能可持续 4～6 周，因此研究者推测，VSELs 可能是脐带血中最原始的造血干细胞。Ratajczak 等根据研究推测，脐带血 VSELs 可能是为新生儿提供用于修复分娩中损伤组织的干细胞，他们认为，VSELs 具有可长期再植造血干细胞(long-term repopulating hematopoietic stem cells，LT-HSCs)特性，可作为再生医学中多能干细胞的重要来源。

Bhartiya 等提出 VSELs 可通过不对称分裂进行自我更新，同时可产生子代定向祖细胞，VSELs 可能是成人机体内自我更新能力最强的多能干细胞。他们通过定量 PCR 测定(quantitative polymerase chain reaction，Q-PCR)的结果，说明了人脐带血 VSELs 具有成人机体内最强的多能干细胞再生潜能。结果显示，UCB-VSELs 表达细胞核 Oct-4、细胞表面蛋白 SSEA-4 以及其他多能干细胞标志，有趣的是，从脐带血的白细胞中分离的 HSC，可检测到细胞质 Oct-4。以此推测，VSELs 分化为定向干细胞 HSC 时，Oct-4 的表达从细胞核转移至细胞质，分化潜能降低。Bhartiya 等认为，这些 VSELs 可能在人的一生中持续存在，通过非对称细胞分裂进行自我更新，同时产生大量定向祖细胞，包括依赖体细胞微环境 HSCs 和 MSCs，以维护机体组织的更新平衡。该项研究的结论认为，成人的机体组织中真正起作用的干细胞其实是 VSELs，而 HSC 和 MSC 实际上是 VSELs 不对称分裂产生的子代定向祖细胞。

Kucia 等的研究认为，VSELs 是在原肠胚和器官形成时保留于器官或组织中的 PSCs，正常情况下存在于所有的器官组织中，经过后天修饰的 Igf2-H19 等印染基因(Imprinted genes)可以使 VSELs 保持静息状态。然而，在特定条件下 VSELs 则可消除这些基因而激活，为特定组织提供定向分化的干细胞，因此，VSELs 对成体组织保持年轻和器官损伤修复起着重要作用。Suszynska 等根据已有报道提出的观点，列举了骨髓、脐带血、外周血以及其他成体器官来源的 VSELs 与其他多能干细胞的三种可能关系。图 1-4-10A(见文后彩图)表示 VSELs 和其他造血组织中分离的多能干细胞是独立的干细胞群，图 1-4-10B 表示(见文后彩图)VSELs 是最原始的静息的体积极小的干细胞，并能被激活扩增成为其他体积稍大的多能干细胞。图 1-4-10C 表示(见文后彩图)，VSELs 作为最原始的体型小的静息的干细胞，其活化可以生产形体较大的，兼有多向重叠分化潜能的干细胞，很可能是真正发挥器官修复作用的生命机制。

Shin 等通过 VSELs 小鼠体内分化潜能实验发现，VSELs 可分化成 LT-HSCs、间充质干细胞(MSCs)、肺泡上皮细胞、心肌细胞和生殖细胞。他们提出，机体长期处于在胰岛素/胰岛素样生长因子信号(insulin/insulin-like growth factor signaling，IIS)刺激下，可能会加速成体组织中 VSEL 的过早耗尽，图 1-4-11(见文后彩图)是信号通路机制图示。

综上所述，鼠骨髓、脐带血以及外周血来源的 VSELs 有关的，体外诱导培养和造血细胞等跨胚层的分化已有报道，而且初步建立了小鼠骨髓来源的 VSELs 的体外扩增培养的方法，但人脐带血来源的 VSELs 在该培养体系下无法形成扩增的细胞球，VSELs 体外增殖和分化的机制尚不明确。

（四）VSELs 应用研究

UCB-VSELs 可能是目前发现的，存在于胎儿外周血中最原始的一类干细胞。研究者们认为 UCB-VSELs 将最终作为再生医学中一类重要的多能干细胞，在组织医学工程

修复治疗中应用 UCB-VSELs 之前,尚有一系列问题需要进一步的研究解决。Shin 等的团队用从人脐带血和鼠骨髓分选的 VSELs 进行小鼠体内试验研究,他们在多个器官组织中发现了 VSELs 细胞,这为 VSELs 用于造血干细胞(HSCs)、间充质干细胞(MSCs)、肺表皮细胞、心肌细胞和配子细胞等相关功能障碍性疾病的治疗提供了理论依据。此外,McGukin 等报道,将脐带血来源的 VSELs 在他们优化的培养体系中培养可获得神经祖(样)细胞,VSELs 的这种体外培养方法,为神经系统药物研究和相关疾病治疗提供了新途径。Dawn 等将 VSEL 用于小鼠造血重建移植,可以帮助接收致死剂量照射的小鼠重建造血系统,促进急性心肌梗死小鼠模型的心功能改善等等。

(五)VSEL 研究展望

随着干细胞对推动再生医学发展认识的加深,成体干细胞将有望改变目前退行性疾病治疗面临的困境。多能干细胞包括胚胎干细胞(ESCs)和诱导性多能干细胞(iPSCs),可为再生医学提供各种独特类型细胞,但考虑到肿瘤发生的隐患、免疫排斥的难题、细胞重编程的缺陷和医学伦理学等因素,ESCs 和 iPSCs 细胞的临床应用困难重重,而 VSELs 的研究成果为这一困境指明了方向,因为 VSELs 有望取代 ESCs 和 iPSCs 成为干细胞临床应用的新秀。

基于 VESLs 多能性和原始性的特征,一般认同 VESL 起源于外胚层的说法,但对脐带血来源 VSEL 也具有与骨髓来源的 VSEL 类似的多能性,研究者认为现有的研究成果仍然无法给出明确的解释,VSELs 的真正生物学起源还需进行进一步的讨论和研究。按照 Kucia M 等的研究结果,VSELs 应该是一种长期处于静息状态的干细胞,然而这种静息在应激环境下(如化疗药 5-FU),会重新进入自我复制状态而存活下来。Kassmer 等认为,打破这种静息状态的活化微环境和激活机制尚有待于作进一步的研究。

为了实现 VSELs 更加安全有效的临床应用,未来还应对不同来源的 VSELs 的细胞生物学细微差异作深入的研究。其次,任何细胞在临床应用前,还应解决相应细胞的体外扩增制备和质量控制,只有在此基础上才可进行临床应用研究或临床试验。Heider 等的研究结果显示,人类的 VSELs 是一群不活跃的异质细胞,它们不能在现有胚胎或成体干细胞的培养液中扩增培养,这为临床大规模使用带来障碍,但相信随着 VSELs 培养技术研发的深入,会实现 VSELs 体外扩增技术的突破。

总之,目前关于 VSELs 的研究仍处于初级阶段,已报道 UCB-VSELs 有许多多能干细胞的优质特征,这让关注再生医学发展的人们如获珍宝,然而应该看到,有关 VSELs 分化潜能、诱导机制以及扩增培养方案等诸多问题,还需更多的实验研究去解决。

(徐峰波,沈柏均)

主要参考文献

1. Alvarez-Gonzalez C,Duggleby R,Vagaska B,et al. Cord blood Lin⁻CD45⁻ embryonic-like stem cells are a heterogeneous population that lack self-renewal capacity. *PLoS One*,2013,8(6):e67968.

2. Bhartiya D,Kasiviswananthan S,Shaikh A. Cellular origin of testis-derived pluripotent stem cells:a case for very small embryonic-like stem cells. *Stem Cells Dev*,

2012,21(5):670-674.

3. Bhartiya D，Shaikh A，Nagvenkar P，et al. Very small embryonic-like stem cells with maximum regenerative potential get discarded during cord blood banking and bone marrow processing for autologous stem cell therapy. *Stem Cells Dev*,2012,21(1):1-6.

4. Chang YJ，Tien KE，Wen CH，et al. Recovery of CD45$^-$/Lin$^-$/SSEA-4$^+$ very small embryonic-like stem cells by Cord Blood bank standard operating procedures. *Cytotherapy*,2014,16(4):560-565.

5. Danova-Alt R，Heider A，Egger D，et al. Very small embryonic-like stem cells purified from umbilical Cord Blood lack stem cell characteristics. *PLoS One*,2012,7(4),e34899.

6. Dawn B，Tiwari S，Kucia MJ，et al. Transplantation of bone marrow-derived very small embryonic-like stem cells attenuates left ventricular dysfunction and remodeling after myocardial intection. *Stem Cells*,2008,26:1646-1655.

7. Halasa M，Baskiewicz-Masiuk M，Dabkowska E，et al. An efficient two-step method to purify very small embryonic-like（VSEL）stem cells from umbilical cord blood（UCB）. *Folia Histochem Cytobiol*,2008,46:239-243.

8. Heider A，Danova-Alt R，Egger D，et al. Murine and human very small embryonic-like cells：a perspective. *Cytometry A*,2013,83(1):72-75.

9. Kassmer SH，Jin H，Zhang PX，et al. Very small embryonic-like stem cells from the murine bone marrow differentiate into epithelial cells of the lung. *Stem Cells*,2013,31(12):2759-2766.

10. Kassmer SH，Krause DS. Very small embryonic-like cells：biology and function of these potential endogenous pluripotent stem cells in adult tissues. *Mol Reprod Dev*,2013,80(8):677-690.

11. Kucia M，Halasa M，Wysoczynski M，et al. Morphological and molecular characterization of novel population of CXCR4$^+$ SSEA-4$^+$ Oct-4$^+$ very small embryonic-like cells purified from human cord blood：preliminary report. *Leukemia*，2007，21（2）：297-303.

12. Kucia M，Reca R，Campbell FR et al. A population of very small embryonic-like（VSEL）CXCR4$^+$ SSEA-1$^+$ Oct-4$^+$ stem cells identified in adult bone marrow. *Leukemia*，2006,20(5):857-869.

13. Kucia M，Wu W，Ratajczak MZ. Bone marrow-derived very small embryonic-like stem cells：their developmental origin and biological significance. *Dev Dyn*，2007，236(12):3309-3320.

14. Labedz-Maslowska A，Kamycka E，Bobis-Wozowicz S，et al. Identification of new rat bone marrow-derived population of very small stem cell with Oct-4A and Nanog expression by flow cytometric platforms. *Stem Cells Int*,2016,2016:5069857.

15. McGuckin C，Jurga M，Ali H，et al. Culture of embryonic-like stem cells from

human umbilical cord blood and onward differentiation to neural cells in vitro. *Nat Protoc*,2008,3(6),1046-1055.

16. Miyanishi M，Mori Y，Seita J，et al. Do pluripotent stem cells exist in adult mice as very small embryonic stem cells? *Stem Cell Reports*,2013,1(2):198-208.

17. Ratajczak J，Wysoczynski M，Zuba-Surma E，et al. Adult murine bone marrow-derived very small embryonic-like stem cells differentiate into the hematopoietic lineage after coculture over OP9 stromal cells. *Exp Hematol*,2011,39(2):225-237.

18. Ratajczak J，Zuba-Surma E，Klich I，et al. Hematopoietic differentiation of umbilical cord blood-derived very small embryonic/epiblast-like stem cells. *Leukemia*,2011,25(8):1278-1285.

19. Ratajczak MZ，Suszynska M，Pedziwiatr D，et al. Umbilical cord blood-derived very small embryonic like stem cells (VSELs) as a source of pluripotent stem cells for regenerative medicine. *Pediatr Endocrinol Rev*,2012,9(3):639-643.

20. Ratajczak MZ，Zuba-Surma E，Wojakowski W，et al. Very small embryonic-like stem cells (VSELs) represent a real challenge in stem cell biology:recent pros and cons in the midst of a lively. *Leukemia*,2014,28(3):473-484.

21. Shaikh A，Nagvenkar P，Pethe P，et al. Molecular and phenotypic characterization of CD133 and SSEA4 enriched very small embryonic-like stem cells in human cord blood. *leukenia*,2015,29(9):1909-1917.

22. Shin DM，Suszynska M，Mierzejewska K，et al. Very small embryonic-like stem-cell optimization of isolation protocols:an update of molecular signatures and a review of current in vivo applications. *Exp Mol Med*,2013,45:e56.

23. Sovalat H，Scrofani M，Eidenschenk A，et al. Human very small embryonic-like stem cells are present in normal peripheral blood of young，middle-aged，and aged subjects. *Stem Cells Int*,2016,2016:7651645.

24. Suszynska M，Zuba-Surma EK，Maj M，et al. The proper criteria for identification and sorting of very small embryonic-like stem cells，and some nomenclature issues. *Stem Cells Dev*,2014,23(7):702-713.

25. Szade K，Bukowska-Strakova K，Nowak WN，et al. marrow Lin$^-$ Sca$^-$ 1$^+$ CD45$^-$ very small embryonic-like (VSEL) cells are heterogeneous population lacking Oct-4A expression. *PLoS One*, 2013,8(5):e63329.

26. Virant-Klun I，Kenda-Suster N，Smrkolj S. Small putative NANOG，SOX2，and SSEA-4-positive stem cells resembling very small embryonic-like stem cellsin sections of ovarian tissue in patients with ovarian cancer. *J Ovarian Res*,2016,9:12.

27. Vojnits K，Yang L，Zhan M，et al. Very small embryonic-like cells in the mirror of regenerative medicine. *J Stem Cells*,2014,9(1):1-16.

28. Zhao Y，Wang H，Mazzone T. Identification of stem cells from human umbilical cord blood with embryonic and hematopoietic characteristics. *Exp Cell Res*,2006,

312(13):2454-2464.

29. Zuba-Surma EK，Klich I，Greco N，et al. Optimization of isolation and further characterization of umbilical-cord-blood-derived very small embryonic/ epiblast-like stem cells (VSELs). *Eur J Haematol*，2010,84(1):34-46.

30. Zuba-Surma EK，Kucia M，Wu W，et al. Very small embryonic-like stem cells are present in adult murine organs：Image Stream-based morphological analysis and distribution studies. *Gytometry A*，2008,73A(12),1116-1127.

第三节　脐血非造血性功能定向祖/干细胞

Functional Committed Non-Hematopoietic Progenitor/Stem Cells in Cord Blood

一、非限制性体干细胞

2004 年，Kögler 报道了一种从脐带血中发现的多能干细胞，称之为非限制性体干细胞(unrestricted somatic stem cells，USSCs)。USSCs 从脐带血单个核细胞(MNC)中分离得到，但在脐带血中含量极低。该细胞类似间充质干细胞(mesenchymal stem cell，MSC)可黏附生长，细胞形态呈梭形，具有高增殖活性。USSCs 表面抗原表达情况与 MSCs 类似，阳性标志分子有：CD13/CD29/CD44/CD90/CD105，但不表达 CD14/CD34/CD45。两者的不同在于，USSC 不表达 CD50/CD62L/CD106 和 HAS1，而 MSC 呈阳性表达。USSCs 在体内外都可以分化成三个不同胚层的细胞，包括成骨细胞、成软骨细胞、脂肪细胞、造血细胞和神经胶质细胞。研究发现，将 USSC 移植到无创羊胚胎，可得到 USSC 来源的造血细胞、心肌细胞以及可产生白蛋白的肝细胞。此外，脐带血 USSCs 可以在支持 MSCs 生长的培养基中扩增，同时具备造血支持基质的活性和体内增强脐带血 CD34$^+$ 细胞归巢的能力，而且 USSCs 的这种造血支持活性和相关细胞因子表达水平明显高于骨髓 MSCs。以此推断 USSCs 是比 MSCs 更原始的干细胞，是促进脐带血造血和加快血象恢复的重要因素。

近来的研究发现，β-磷酸三钙-藻酸盐-明胶(BTAG)3D 支架可促进人脐带血来源的 USSCs 向软骨细胞分化。研究中实验组的 USSCs 被包裹在 BTAG 的支架中诱导培养，对照组在无支架的诱导培养体系中。免疫组化检测表明，含支架组在培养 21 天后细胞外基质中强烈表达 USSCs 来源的 II 型胶原蛋白，可观察到未完全分化的细胞(见图 1-4-12A，文后彩图)，但在无支架培养体系未检测到黏多糖的表达(见图 1-4-12B，文后彩图)。PCR 检测表明，实验组中软骨特异性标记物、蛋白聚糖聚合物、I 型和 II 型胶原蛋白以及骨形成蛋白(BMP-6)的 mRNA 表达水平显著高于对照组。可见，BTAG 可以为 USSCs 向软骨分化提供合适的生长环境，这为 USSCs 的临床应用提供了研究方向。

Kogler 等的研究认为，USSCs 是脐带血中具有基质细胞特性的一类干细胞，它和脐带血多能基质细胞(cord blood multipotent stromal cells,CB-mSCs)的成脂分化能力不同,前者不响应成脂诱导,不表达脂肪前体细胞标志δ样1型同源物(delta like 1 homologue,DLK-1)和同源框(homeobox,HOX)基因,而CB-mSCs与骨髓来源的MSCs类似,可形成脂质空泡并表达人HOX基因。目前已有多个研究团队分别从脐带血中制备得到了USSCs和CB-MSCs细胞系,但对于两种细胞是原本并行存在于脐带血,还是它们在细胞培养过程中可从其他细胞转化,尚有待于进一步研究。比如,Karagianni推测,脐带血来源的所有基质细胞原本只是USSC而非MSC样细胞,并且它们可能是在外因如地塞米松的刺激下获得了成脂的能力,然而该假设机制尚需进一步的实验证实。Kluth等研究发现,相比于CB-mSC,USSC可增加造血细胞扩增,促进胰岛素样生长因子结合蛋白1(insulin-like growth factor binding protein 1,IGFBP1)的表达,但胰岛素生长因子2(insulin-like growth factor,IGF)的表达水平则较低,后者对成脂分化具有与胰岛素一样重要的调节作用,该实验结果提示我们,DLK-1可能不是抑制USSC成脂分化的唯一因素。

脐带血USSCs增殖分化作用的机制研究较少,一般认为脐带血USSC自我更新和分化与转录因子Nanog和Rex-1密切相关。Langroudi等通过siRNA干扰实验证实了Nanog和Rex-1在USSCs诱导分化中的作用。研究显示,Nanog敲除可以促进成骨标志物、骨钙素和骨桥蛋白的表达,并可得到茜素红染色阳性的骨细胞,这说明USSCs已向骨细胞分化。USSCs敲除基因后经油红染色呈阳性,这意味着USSCs已向成脂分化。而USSCs敲除REX-1可增加神经细胞分化的标志MAPⅡ及Nestin表达。出人意料的是,用上述两种siRNA共同干扰,却没有引起任何被评估指标的变化。因此,可见Nanog基因控制着USSCs向骨和脂肪的分化,REX-1基因被抑制将导致USSCs向神经细胞分化。Langroudi等认为,这两种转录因子是USSCs自我更新的核心活化剂,同时也受到其他因素影响,该结果意味着在USSCs自我更新的调控网络中存在一个正向反馈机制。

二、多向分化祖细胞

多向分化祖细胞(Multilineage Progenitor Cells,MLPCs)是一种已确定存在于脐带血中数量很少的多能干细胞,可以通过抗体亲和分离培养基分离得到。新分离的MLPC呈白细胞样形态,表达CD45、CD34、CD133、CD9、Nestin、SSEA-3、SSEA-4和几种MSC的标志,如CD13、CD29、CD44、CD73、CD90和CD105。培养扩增后细胞形态变为纤维细胞样,而且丢失了造血干细胞标志CD34、CD133和胚胎干细胞标志SSEA-3、SSEA-4,但仍然表达MSC的标志。有趣的是,MLPCs也可以从脐带血MSCs中通过单细胞克隆获得。MLPC因扩增细胞类型范围更广、可塑性更高而区分于MSCs。与脐血和骨髓MSCs相比,脐带血MLPC显著的表型特征是高表达CD9。微量测定分析显示,MLPCs是一类相对静止的原始细胞,相对于骨髓MSC,它具有更宽的可塑性,也不能简单地归入哪一类胚层细胞。据报道,MLPCs可以分化成三个胚层中任意种类的细胞,例如内胚层的肝胰前体细胞、成熟干细胞和Ⅱ型肺泡细胞;中胚层的脂肪细胞、成软骨细胞、成骨细胞、心肌细胞和内皮细胞以及外胚层的神经元细胞、星形胶质细胞和少突胶质细胞。尽管MLPC具有广泛的扩增能力和高的可塑性,但他不具备胚胎干细胞样的自发分化和畸胎瘤形成的能力,这也预示着该细胞将成为再生医学关注的重要干细胞来源。

三、神经祖细胞

2002 年，Bunska 等从脐带血中分离得到了神经祖细胞，它具有形成神经细胞球和神经分化的潜能。他们通过 CD34 免疫磁珠负筛选，去除表达 CD34 和 CD45 的细胞，再经细胞表面分子特异吸附法富集得到了神经前体细胞。这些多向分化祖细胞（MLPC）在表皮生长因子（EGF）存在条件下，低细胞密度培养可以得到球状神经元。Bunska 的研究团队还建立了非永久基因克隆型的脐带血神经干细胞系（UCB-NSCs），该细胞系可以通过培养维持其神经祖细胞发生发展的不同阶段。从 UCB-NSCs 来源的神经细胞球可以表达神经干/祖细胞标志 Nestin 和胶质纤维酸性蛋白（GFAP），并能分化成神经纤维、星形胶质细胞和少突胶质细胞。McGuckin 等从不表达造血细胞标志（CD45，CD33，CD7 和血型糖蛋白-A glycophorin-A）的脐带血 MNC，也诱导获得了这种类似的神经干细胞的细胞球，他们采用的诱导培养体系包含胸腺蛋白、flt-3 配体和 c-kit 配体（TPOFLK）。

研究者通过实验还发现，脐带血 MNC 中存在神经细胞分化潜能的细胞，体外可形成神经细胞球并能分化成神经细胞、星形胶质细胞和少突胶质细胞（见图 1-4-13，文后彩图）。新分离的 p75NTR$^+$ 细胞可以表达各种神经脊细胞特异的标志，如 Slug、Snail、Twist、Wnt-1 和 Sox9，借此推断这部分细胞起源于神经脊干细胞。

脐带血来源的具有神经分化潜能的脐带血非造血干细胞，具有多向分化潜能和长期培养可塑性。对于脐带血非造血干细胞的应用前景，Domanska-Janik 等认为，我们仍缺少相关的理论知识，目前急需的不是开展相关的临床应用实验研究，而应该根据现有基础进行动物实验研究以更加充分的证据，发掘成体干细胞的生物学特征，这对充分发挥人体干细胞的潜力十分重要。另外，神经干/祖细胞移植物的免疫原性尚未充分研究。总体而言，只有在解决了神经干细胞移植治疗达到何种疗效程度、发挥作用的机制是什么等问题之后，我们才可以决定是否可移植 UCB 来源的神经干/祖细胞来治疗人类脑病。

事实上，已经证实人脐带血移植可以促进中风、肌肉萎缩性脊髓侧索硬化症、外伤性脑损伤以及脊髓损伤小鼠的功能恢复，但目前并不清楚是哪些细胞在改善功能中起作用。因为移植的细胞，甚至包括脑内输注细胞，是很难在脑部找到的，业内更倾向于认同这些细胞通过分泌的营养因子来增强脑部修复的内源性机制。

Sun 等的研究表明脐带血非造血干细胞有望用于神经元和神经胶质细胞损伤的修复或定向诱导分化后作为遗传性神经系统疾病中替代异常细胞。干细胞治疗首先需要体外制备大量干细胞，并建立可直接有效分化成特定的神经元和胶质细胞的细胞培养条件。UCB 作为这种神经修复的干细胞来源容易获得，不会产生像人胚胎细胞 ESCs 带来的伦理问题，因此，UCB 是一种神经修复干细胞的重要来源。

四、展望

多能干细胞具有较高的自我更新和组织再生潜能，是将来再生医学发展的核心要素之一。成体干细胞有较广泛的组织来源，并且可以避开医学伦理问题，必将受到临床应用

的广泛欢迎。

　　近年来的研究发现,脐带血不仅含有丰富造血祖/干细胞,还包含多种其他类型的干细胞。非造血类干细胞包括多种种类,从极原始的胚胎样干细胞到相对成熟的神经干细胞和内皮祖细胞。其中有些干细胞种类定义的范围可能存在相互重叠的情况,这些干细胞一般根据细胞的发现者以及他们采取的分离和扩增的方法来命名。UCB-nHSC 的研究重点关注干细胞的起源、分化潜能和致瘤性,目前它们的实用性还有待进一步的研究。另外,扩增或诱导分化为临床移植所需数量的特定干细胞的方法尚未完全建立。需要指出的是,脐带血中的 VSELs 并未发现致瘤性,虽然这些细胞的有效分离和扩增的方法尚未形成固定体系,但已经受到未来临床应用研究的重视。最近的研究表明,体细胞可以被重编程强制表达四种转录因子,包括 Oct4,Sox2,c-Myc 和 klf-4,而使细胞返祖到一种多能状态,称为诱导多能干细胞(iPSCs)。iPSCs 具有多向分化能力,且可以来自自体的体细胞,不会引起免疫排斥作用,又避开了医学伦理问题,因此有望成为再生医学期待的重要细胞来源。尽管如此,目前 iPSCs 重编程的效率极低以及致瘤性倾向的问题阻碍了 iPSCs 的临床应用。正因如此,相对于 iPSCs 未来应用存在的问题,胎盘/脐带血中存在的低抗原性、无致瘤性、易制备、不使用病毒载体和基因转导的脐血多能干细胞,将会在再生医学中显现重要价值。

(徐峰波,沈柏均)

主要参考文献

1. Berger MJ，Adams SD，Tigges BM，et al. Differentiation of umbilical cord blood-derived multilineage progenitor cells into respiratory epithelial cells. *Cytotherapy*,2006,8:480-487.

2. Bliss T，Guzman R，Daadi M,et al. Cell transplantation therapy for stroke. *Stroke*. 2007,38:817-826.

3. Buchheiser A，Liedtke S，Looijenga LH，et al. Cord blood for tissue regeneration. *J Cell Biochem*,2009,108(4):762-768.

4. Buzańska L，Jurga M，Domańska-Janik K. Neuronal differentiation of human umbilical cord blood neural stem-like cell line. *Neurodegener* Dis,2006,3:19-26.

5. Buzańska L，Machaj EK，Zablocka B,etal. Human cord blood-derived cells attain neuronal and glial features in vitro. *J Cell Sci*,2002,115:2131-2138.

6. Chan SL，Choi M，Wnendt S，et al. Enhanced in vivo homing of uncultured and selectively amplified cord blood CD34[+] cells by cotransplantation with cord blood-derived unrestricted somatic stem cells. *Stem Cells*,2007,25(2):529-536.

7. Chen R，Ende N. The potential for the use of mononuclear cells from human umbilical cord blood in the treatment of amyotrophic lateral sclerosis in SOD1 mice. *J Med*,2000,31:21-30.

8. Domanska-janik K,Buzanska L,Lukomska B. A novel, neural potential of non-hematopoietic human umbilical cord blood stem cells. *Int J Dev Biol*,2008,52(2-3):237-248.

9. Garbuzova-Davis S, Willing AE, Zigova T, et al. Intravenous administration of human umbilical cord blood cells in a mouse model of amyotrophic lateral sclerosis:distribution, migration, and differentiation. *J Hematother Stem Cell Res*, 2003,12:255-270.

10. Karagianni M, Brinkmann I, Kinzebach S, et al. A comparative analysis of the adipogenic potential in human mesenchymal stromal cells from cord blood and other sources. *Cytotherapy*, 2013,15(1):76-88.

11. Kluth SM, Radke TF, Kögler G. Increased haematopoietic supportive function of USSC from umbilical cord blood compared to CB-MSC and possible role of DLK-1. *Stem Cells Int*,2013,2013:985285.

12. Kögler G, Radke TF, Lefort A, et al. Cytokine production and hematopoiesis supporting activity of cord blood-derived unrestricted somatic stem cells. *Exp Hematol*, 2005,33(5):573-583.

13. Kögler G, Senesken S, Airey JA, et al. A new human somatic stem cell from placental cord blood with intrinsic pluripotent differentiation potential. *J Exp Med*, 2004,200:123-135.

14. Langroudi L, Forouzandeh M, Soleimani M, et al. Induction of differentiation by down-regulation of Nanog and Rex-1 in cord blood derived unrestricted somatic stem cells. *Mol Biol Rep*,2013,40(7):4429-4437.

15. Lu D, Sanberg PR, Mahmood A, et al. Intravenous administration of human umbilical cord blood reduces neurological deficit in the rat after traumatic brain injury. *Cell Transplant*,2002,11:275-281.

16. Matsumoto T, Mugishima H. Non-hematopoietic stem cells in umbilical cord blood. *Int J Stem Cells*,2009,2(2):83-89.

17. Saporta S, Kim JJ, Willing AE, et al. Human umbilical cord blood stem cells infusion in spinal cord injury:engraftment and beneficial influence on behavior. *J Hematother Stem Cell Res*,2003,12:271-278.

18. Soleimani M,Khorsandi L,Atashi A, et al. Chondrogenic differentiation of human umbilical cord blood-derived unrestricted somatic stem cells on a 3D beta-tricalcium phosphate-alginate-gelatin scaffold. *Cell J*,2014,16(1):43-52.

19. Sun T, Ma QH. Repairing neural injuries using human umbilical cord blood. *Mol Neurobiol*,2013,47(3):938-945.

20. Takahashi K, Tanabe K, Ohnuki M, et al. Induction of pluripotent stem cells from adult human fibroblasts by defined factors. *Cell*,2007,131:861-872.

21. Van De Ven C，Collins D，BradLey MB，et al. The potential of umbilical cord blood multipotent stem cells for nonhematopoietic tissue and cell regeneration. *Exp Hematol*,2007,35:1753-1765.

22. Zhao ZM，Li HJ，Liu HY，et al. Intraspinal transplantation of CD34[+] human umbilical cord blood cells after spinal cord hemisection injury improves functional recovery in adult rats. *Cell Transplant*，2004,13:113-122.

第五章　胎盘和脐带中的功能组分

Functional Components in Placenta and Umbilical Cord

第一节　胎盘造血干细胞

Placental Hematopoietic Stem Cell

胚胎发育过程中伴随着胎盘的发生,胚泡植入子宫后数小时,滋养细胞分化,外层融合形成合体滋养细胞,内层为细胞滋养细胞。在以后的 5 周内,胎盘胎儿循环逐渐建立,绒毛形成,绒毛可分为游离绒毛、锚状固定于母体蜕膜的固定绒毛及绒毛外的细胞滋养细胞。妊娠 10 周左右,由合体细胞滋养细胞、细胞滋养细胞、结缔组织及胎儿毛细血管内皮组成的胎盘屏障形成。妊娠 16～20 周,绒毛外的细胞滋养细胞完成对子宫螺旋小动脉的侵蚀,并部分代替内皮细胞。妊娠中期,细胞滋养细胞逐渐消失,合体细胞滋养细胞层变薄,使胎盘两侧母儿物质交换更加便利。

最近的研究显示,在怀孕期间胎盘除了支持作用,还具有造血活性。为了探讨这一问题,早在 2000 年,我们巧妙地设想,将脐动脉脐静脉分别插管取血,检测造血干/祖细胞。结果发现脐静脉中 CD34$^+$ 及 CD34$^+$/CD38$^-$ 细胞含量较脐动脉中的含量显著增高,说明脐血经过胎盘微循环后,有相当数量的造血干/祖细胞流入脐静脉(见附录),证实胎盘存在造血功能。近来研究发现,Notch、Wnt、SALL4 和 BMI-1 等造血相关基因和转录因子在胎盘中高表达。现有更多实验研究证明胎盘可能是一个造血器官,富含多向分化潜能的造血干/祖细胞。

一、胎盘造血干细胞的来源

目前尚不能确定胎盘中的造血干细胞的来源,究竟是胎盘原位产生的,还是由主动脉、性腺和中肾区(AGM)、卵黄囊或是其他造血位点产生迁入的。鉴于胎儿的血液循环是由背部动脉通过胎盘到达胎肝,因此大部分主动脉性腺中肾区产生的造血干细胞是通过胎盘到达肝脏,可能会在胎盘暂时停留并扩增。胎盘造血干细胞主要受两方面因素调

节,细胞自主基因表达的内在调节及干细胞周围环境对其的外部调节。近年研究表明,胎盘内皮细胞可通过 SCF/Kit 信号通路调节其中的 HSC 增殖和分化。

二、胎盘造血干细胞的分离培养及鉴定

来自于健康母体的胎盘需要进行相关检测以排除 HIV、弓形虫、巨细胞病毒和风疹病毒感染。而为了不影响细胞生存能力,所有组织均应在胎盘自母体离开后 3～4 个小时内进行处理。胎盘首先应在冲洗之后建立一个灌注循环,经磷酸盐缓冲液灌注以移除剩余的脐血。而胎盘造血干细胞的分离目前主要有酶消化和 AMD3100 灌注两种方式。酶消化法主要应用中性蛋白酶、胰蛋白酶及胶原酶进行组织消化,而灌注法就是利用 CX-CR-4 受体阻滞剂 AMD3100 加入灌注液灌注 6 小时。经过消化或者灌注得到的细胞经过离心,此时的细胞活力可通过锥虫蓝染色来评估。

分离出的细胞在 37℃ 含体积分数为 $5\%CO_2$ 的环境中培养,第一代细胞出现的时间为 3～6 周不等,具体时间与个体差异有关。第一代细胞之后,细胞增殖速率逐渐增加,细胞形态学逐渐保持一致。胎盘灌注液可以培养出粒系及红系集落。

在发现胎盘中的造血干细胞之后,为了更深入了解其生物学特性,研究者们进行了许多实验,验证这些细胞功能和表型上是否与其他位点的造血干细胞类似。胎盘干细胞表达许多与胎肝和骨髓来源造血干细胞相同的标记,包括 CD34 和 c-kit。而且,鼠胎盘造血干细胞表达的 Sca-1 也在成体骨髓造血干细胞中表达。

造血干细胞真正的表面标记至今仍没有完全确定,而在人类,大量相关研究均显示 CD34 阳性细胞具有长期重建造血能力。虽然 CD34 抗原并不是在所有造血干细胞表面表达,但在试验及临床应用中,人们常常把 CD34 抗原作为重要标志来鉴定和分离人造血干/祖细胞。目前,公认的人造血干细胞的表面标记有 CD34[+]、CD38[−] Lin[−]、CD45RA[−]、c-kit[+]、CD71[−] 以及近年来新发现的 CD43。也有人提出胎盘 AC133[−] 细胞具有分化为 CFU-GM、CFU-Mix、CFU-E 的能力,AC133 是较 CD34 更为原始的造血干/祖细胞表面标志,其膜抗原可作为胎盘造血干/祖细胞的分选标志。造血干细胞的检测可以通过流式细胞术、脾克隆形成法以及体外克隆形成法来完成。

三、胎盘造血干细胞的优势及临床应用潜力

目前,造血干细胞移植是临床治疗恶性血液学疾病及部分恶性肿瘤必不可少的手段,但是许多患者不能够及时找到配型成功的供者,因此需要找到另外的造血干细胞来源。脐血作为 HSC 来源的重要问题就在于单份脐血所含的造血干细胞数量对于体重较大的成人患者不够,而且植入时间较长常导致高感染和死亡。由于胎盘含有大量的 HSC,可改善及弥补脐血 HSC 数量不足这一缺点。研究结果表明:胎盘组织所含 CD34[+] 细胞比率为 $(2.74\pm0.61)\%$、CD34[+]/CD38[−] 细胞比率为 $(2.46\pm0.42)\%$、每万个细胞中造血干/祖细胞集落 CFU-GM 数量 186.90 ± 24.52 和 BFU-E 数量 101.40 ± 13.35 水平,都比脐血中 CD34[+] 细胞比率 $(1.73\pm0.32)\%$、CD34[+]/CD38[−] 细胞阳性比率 $(0.80\pm0.25)\%$、CFU-GM 数量 136.90 ± 25.15、BFU-E 数量 49.20 ± 8.13 为高;而且胎盘 HSC 在体外无细胞因子培养条件下能存活更长的时间,且细胞扩增总数增加约 2 倍。

除了 HSC 含量上的优势，人胎盘组织提取的单个核细胞还具有以下特点：①淋巴细胞亚群比例低；②抑制性 T 细胞比例高。一系列研究结果显示，胎盘组织提取的单个核细胞中 CD34$^+$ 造血干/祖细胞百分率是脐血的 8.8 倍；胎盘组织提取的单个核细胞中的淋巴细胞总数、T 细胞（CD3$^+$ CD2$^+$）、B 细胞（CD19$^+$）、Th（CD3$^+$ CD4$^+$）细胞及 Th/Ts 比值均明显低于脐血，而 CD8$^+$ CD28$^-$ T 抑制细胞则明显高于脐血；而且人胎盘组织富含 CD34$^+$ 造血干/祖细胞，其 CD34$^+$ CD38$^+$、CD34$^+$ CD38$^-$ 两个造血干/祖细胞亚群均具有增殖分化为粒细胞-单核细胞集落生成单位、红细胞爆裂型集落生成单位、混合集落生成单位的能力，使其有望成为造血干/祖细胞移植的新来源。

四、结语

胎盘的五大功能包括物质交换、胎血防御、造血功能、合成激素和免疫调节。在本节我们重点阐述了胎盘的造血功能，即其中造血干细胞的特点和优势。但根据我们实验室的经验，还需解决以下问题：胎盘灌流时的血栓堵管问题、胎盘采集和开放式结构带来的易污染问题，还有胎盘中掺杂的母亲源干细胞，都会在可能的移植应用中带来难题，目前还没有胎盘造血干细胞单独应用于临床移植的报道。

（李栋，沈柏均）

附录 脐动、静脉造血干细胞/祖细胞的比较①

曾凤华 沈柏均 王红美 侯怀水 张锑 时庆

【摘要】 目的 探讨胎盘绒毛膜在胎儿期造血中的作用，寻找造血干/祖细胞的新来源，供临床移植应用。

方法 分别测定并比较脐动、静脉血中 CD$_{34}^+$ 细胞含量及粒-单细胞集落形成单位（CFU-GM），混合集落形成单位（CFU-MIX）、高增殖潜能集落形成单位（HPP-CFU）集落的产率。

结果 脐静脉中 CD$_{34}^+$ 及 CD$_{34}^+$/CD$_{38}^-$ 细胞含量分别为（1.25±0.94）% 和（0.61±0.50）%，较脐动脉血中的含量（0.77±0.50）%、（0.33±0.27）% 显著增高（P 均<0.05）；脐动、静脉血单个核细胞（MNC）大多处于静止期（>95%），二者差异无显著性（P>0.05），但合成期细胞的比率在脐静脉血中为（2.2±1.8）%，明显高于脐动脉血的比率（0.9±1.0）%；脐静脉血中 CFU-GM，CFU-MIX 和 HPP-CFU 的产率分别为（49.7±28）/2×10^5 MNC、（8.7±4.6）/1×10^5 MNC 和（1.6±1.2）/1×10^5 MNC，明显高于脐动脉血的产率（18±9）/2×10^5 MNC、（5.2±2.7）/1×10^5 MNC 和（0.4±0.4）/1×10^5 MNC，差异有显著性（P 均<0.05）。

结论 脐静脉血中造血干/祖细胞的含量高于脐动脉，提示胎盘绒毛膜在胎儿期造血中具有一定的作用，并有可能成为造血干/祖细胞的又一来源。

【关键词】 动脉；脐静脉；造血干细胞；绒毛膜

The difference of hematopoietic stem/progenitor cells in cord artery and vein blood *ZENG Fenghua,*

① 基金项目：山东省科学技术委员会基金（1999BBJCJB5），作者单位：济南 250012，山东大学齐鲁医院儿科。
载《中华儿科杂志》2001 年 6 月第 39 卷第 6 期，335～338 页。

SHEN Baijun ,WANG Hongmei ,et al. Department of Pediatrics ,Affiliated Hospital of Shandong Medical University ,Jinan 250012 ,China

【Abstract】 **Objective** To study the role of chorionic villi of placenta on fetal hematopoiesis during embryo ontogeny , so as to find a possible new source of hematopoietic stem/progenitor cells（HSC/HPC）for clinical transplantation. **Methods** The umbilical cord blood was collected separately from the cord vein and the artery. The percentages of CD_{34}^+ cells and it's subtype were detected with fluorescence activated cell sorter（FACS）（$n=29$）, and the cell cycle distribution of MNC was also analyzed by FACS（$n=20$）. Granulocyte-monocyte colony forming unit（CFU-GM）（$n=11$）. mixed CFU（CFU-MIX）（$n=8$）and high proliferation potential CFU（HPP-CFU）（$n=8$）were respectively measured with semisolid agar culture and methylcellulose culture. **Results** The percentages of CD_{34}^+ and CD_{34}^+/CD_{38}^- cells in cord vein blood were（1.56 ± 1.91）% and（0.89 ± 1.55）% respectively , which were significantly elevated as compared with those in cord artery blood（1.01 ± 1.41）% and（0.60 ± 1.40）% , $P<0.05$. More than 95 percent of MNC in cord vein and artery blood was in stable stage.（2.15 ± 1.84）% of the cells was in synthesis stage in vein blood , which was higher than that in artery blood（0.9 ± 1）% , $P<0.05$. The number of CFU-GM, CFU-MIX and HPP-CFU were（50 ± 28）/2×10^5 MNC,（8.7 ± 4.6）/1×10^5 MNC and（1.6 ± 1.2）/1×10^5 MNC respectively , which were also higher in comparison with those in artery blood（18 ± 9）/2×10^5 MNC,（5.2 ± 2.7）/1×10^5 MNC and（0.4 ± 0.4）/1×10^5 MNC, $P<0.05$. **Conclusion** The number of HSN/HPC in cord vein was higher than that in artery. The results suggested that chorionic villi of placenta might play a role in fetal hematopoiesis , and it might be an alternative resource of HSC/HPC.

【Key words】 Umbilical arteries；Umbilical veins；Hematopoietic stem cells；Chorion

一般认为,在胚胎发育的中胚叶造血期,胎盘绒毛膜有造血现象,但其在个体造血发育中的地位不清。我们利用胎儿胎盘血循环的特点,即脐动脉血是由胎儿流到胎盘,而脐静脉血则是由胎盘流回胎儿,设计从脐动脉和脐静脉分别取血,测定两者造血干/祖细胞(HSC/HPC)的含量及其性能,探讨胎盘绒毛膜在人类胎儿晚期造血中的作用。

材料及方法

一、标本采集

选择 37～42 周分娩的健康产妇 30 名,胎儿娩出断脐后,立即从胎盘端脐动脉和脐静脉分别穿刺采血(5～10 mL,含肝素 5U/mL),经 Ficoll-Hypaque 分离成单个核细胞(mononuclear,MNC),计数。

二、方法

1. CD 34$^+$ 细胞的测定 采用 FACS 双荧光标记法,即按 1×10^6 MNC 加上 15μL CD34 单克隆抗体(简称单抗)(含 FTTC 荧光标记),4℃ 避光孵育 30 分钟,用含 1% 胎牛血清(FCS)的磷酸盐缓冲液(PBS,pH 7.2)洗涤 2 次;再加 15μL 的 CD38 单抗(含 PE 荧光标记)并孵育 30 分钟,洗涤 2 次,加入 0.5mL 的 PBS 将细胞悬浮,上机检测。阴性荧光对照选用同型 FTTC 标记的小鼠免疫球蛋白(FTTC-IgG)及 PE 标记的小鼠 IgG(PE-IgG)。所有单抗均为美国 Immunotech 产品。流式细胞仪为法国 Becton-Dickinson 公司生产。

2. 细胞周期的分析 将分离的脐血 MNC 用磷酸盐缓冲液(PBS,pH 7.2)洗涤 2 次,弃上清,将余下的约 0.5mL 细胞悬液边振荡边加入 70% 冰乙醇 2mL，混匀，置 4℃ 冰箱中至少固定 18 小时。检测前，将上述制备好的单细胞悬液 400g 离心 5 分钟，弃去固定剂，用 PBS 洗涤 2 次，取 $1 \times 10^6/mL$ 细胞加入碘化丙啶(Propidium lodide, PI, Sigma 公司生产)染色液(内含 PI $50\mu g/mL$，Rnase $50\mu g/mL$)1.0mL，37℃ 孵育 30 分钟，上机分析。

3. 粒-单细胞集落形成单位(CFU-GM)的测定　采用半固体琼脂培养法[1]，每培养体系中含 MNC $1 \times 10^5/mL$、20% FCS、15% 人 AB 型血清、20% 胎肌浸液、0.3% 溶沸琼脂，用 RPMI-1640(含青霉素 100IU/mL，链霉素 100mg/mL)加至终体积。每一体系接种 4 个平皿，37℃、5%CO_2 的全湿孵箱中培养。7 天后在倒置显微镜下计数集落数(>40 个细胞的细胞团称之为 1 个集落)，计数 4 个平皿取均数。

4. 混合集落(CFU-MIX)及高增殖潜能集落形成单位(HPP-CFU)的培养　用商品化的甲基纤维素完全培养基(StemCell Technologies Inc 产品，Vancorver，CANADA. 产品号：MethoCultTM GF+4435)。内含 1% 甲基纤维素(Methylcellulose in Iscove's MDM)、30% FBS、1% 小牛血清白蛋白(bovine serum albumine，BSA)、3U/mL rhEPO、10^{-4}mol/L 的 2-疏基乙醇(2-mercaptoethanol)、2mmol 的 L-谷氨酰胺(L-glutamine)、50ng/mL 的 rh Stem Cell Factor(SCF)、20ng/mL 的 rhGM-CSF、20ng/mL 的 rhIL-3、20ng/mL 的 rhIL-6、20ng/mL 的 rhG-CSF。接种细胞数：MNC $1 \times 10^5/mL$。配制体系加入 24 孔板(0.5mL/孔，设复孔)中，轻轻混匀，加盖后观察细胞分散情况。细胞应均匀分布，不应有聚集成团的现象。置 37℃、5%CO_2 的全湿孵箱中培养 28 天。在 10~14 天期间分别计数 CFU-GM、红系爆式集落形成单位(BFU-E)和 CFU-MIX，即粒、红、巨噬、巨核细胞集落形成单位(CFU-GEMM)的数量，部分集落用 $20\mu L$ 的微量加样器吸出涂片作瑞氏染色。在 28 天时计数 HPP-CFU，其标准为直径大于 0.5mm、细胞数大于 50000 的高密度粒-单细胞型集落。

三、统计学分析

采用配对 t 检验。

结果

一、CD34+ 细胞分析

脐动脉(A)、静脉血(V)CD34+ 细胞及其亚群含量见表 1。从表 1 可以看出，脐静脉血中 CD34+、CD34+/CD38- 和 CD34+/CD38+ 细胞含量均大于脐动脉，提示脐血中 CD34+ 细胞可能主要来自胎盘组织。

表 1　　　　脐动、静脉血 MNC 中的 CD_{34}/CD_{38} 细胞分析($x \pm s$，%)($n = 29$)

CD 细胞	动脉血	静脉血	P 值
CD_{34}^+	0.77±0.50	1.25±0.94	<0.01
CD_{38}^+	67.04±17.36	66.40±18.51	>0.05
CD_{34}^+/CD_{38}^-	0.33±0.27	0.61±0.50	<0.05
CD_{34}^+/CD_{38}^+	0.37±0.31	0.54±0.45	>0.05

二、细胞周期的分析

脐动脉、脐静脉血中均以 G_0/G_1 期细胞最多，G_0/G_1 期及 G_2/M 期细胞的比例在脐动脉、脐静脉血中无明显差别；但 S 期细胞的比例脐静脉血高于脐动脉血，二者差异有显著性（$P=0.018$）（见表2）。

表 2　　　　　　　　　脐动、静脉血 MNC 细胞周期结果（$x \pm s$，%）（$n=20$）

细胞周期	动脉血	静脉血	P 值
G_0 / G_1	94.0 ± 4.0	93.4 ± 1.9	0.595
G_2 / M	4.0 ± 2.4	4.2 ± 2.4	0.822
S	0.9 ± 1.0	2.2 ± 1.8	0.018

三、CFU-GM 的测定

11 对标本的静脉血中 CFU-GM 集落数[（50 ± 28）/2×10^5 MNC]明显高于脐动脉血[（18 ± 9）/2×10^5 MNC]，差异有显著性（$P < 0.01$）。

四、CFU-MIX 及 HPP-CFU 的培养

结果见表3。在培养的 4～5 天即可看到集落形成，10～14 天集落数量达高峰。静脉血中集落体积较动脉血中的大，子代细胞含量多。将单个集落吸出，用生理盐水冲洗后，作瑞氏染色，脐动、静脉血中 CFU-GM 集落均主要由单核细胞构成（占集落总数的 27%～76%）。在脐动、静脉血培养中，均可见到许多贴壁生长的星形树突状细胞以及含这些细胞的混合集落（集落周边有一些毛刺状的突起）。在培养 21 天以后，大多数细胞体变大并逐渐死亡，上述集落消失，而代之以少数细胞密集型的大集落。集落中的细胞大多为圆形，形态规则，大小较均一，这些集落在培养 28 天时体积最大，以后细胞逐渐死亡。

表 3　　　脐动、静脉血 CFU-MIX 及 HPP-CFU 集落产率（$x \pm s$，1×10^5 MNC）（$n=8$）

集落	动脉血	静脉血	P 值
CFU-GM	11.6 ± 2.7	28.4 ± 4.8	< 0.05
BFU-E	35.4 ± 6.9	42.7 ± 8.9	> 0.05
CFU-CEMM	5.2 ± 2.7	8.7 ± 4.6	< 0.05
HPP-CFU	0.4 ± 0.4	1.6 ± 1.2	< 0.05

讨论

早在 1974 年 Knudtzon[2]就发现人类脐血中含有大量 HSC/HPC，而且早期细胞的含量较骨髓中更高。1989 年，Gluckman 等[3]首先用脐血移植治疗 1 例 Fancoli's 贫血患者获得成功。以后，脐血作为 HSC/HPC 的又一来源广泛应用于临床治疗中。但由于单份脐血采集量有限，其中所含的 HSC/HPC 数量不足以满足成人干细胞移植的需要，从而使脐血移植的应用受到限制。如何增加脐血中 HSC/HPC 的含量已成为目前人们研究的热点之一。我们通过对脐血中 HSC/HPC 来源的研究探讨了胎盘绒毛膜在胎儿造血中的作用，以补充脐血中造血干细胞数量之不足。

在对脐血的研究中发现，出生前后骨髓的结构并没有发生太大改变，但与脐血相比，新生儿外周血中的 HSC/HPC 在出生后数天即骤然下降。由此我们推测，胎儿晚期脐血中大量的 HSC/HPC 可能来自胎儿胎盘。以前的研究表明，在胚胎发育的中胚叶造血期，即卵黄囊造血的同时，胎盘绒毛膜也有造

血现象，但国内外对该部位的造血功能均没有系统的研究。最近，Takahashi 等[4]对小鼠胎盘造血功能的研究表明，胎盘造血起始于第 10 天胚胎（E_{10}）的胎盘绒毛膜，E_{14} 天达高峰，E_{18} 消退。说明在小鼠胚胎的晚期（小鼠的孕期为 21 天），胎盘绒毛膜仍有造血功能。那么，人类胎盘绒毛膜在妊娠中、晚期是否也有造血功能呢？

我们对脐动、静脉血中造血干细胞的研究发现，无论是 $CD34^+$ 细胞还是更为原始的 $CD34^+/CD38^-$ 细胞的含量，均是脐静脉血高于脐动脉血。说明脐静脉血中至少有部分造血干细胞可能来自胎盘绒毛膜，即胎盘绒毛膜在妊娠晚期仍有造血功能，这与国内的研究结果相符[5]。他们应用单抗测定 6 个月以后的胎盘血、脐血和母血中的 $CD34^+$ 和 $CD38^+$ 细胞，发现其数量关系为胎盘血＞脐血＞母血，说明胎儿循环中大量的 HSC/HPC 主要来源于胎盘。但这些细胞是由胎盘绒毛膜原位产生，还是来自胎儿骨髓的更为原始的造血干细胞在胎盘绒毛膜这一微环境中转化为 $CD34^+$ 细胞，这一问题尚有待进一步探讨。

造血干细胞的培养结查显示，无论是 CFU-GM 还是较为原始的 CFU-MIX 及 HPP-CFU 的数量均是脐静脉血高于脐动脉血，这与 $CD34^+$ 细胞的测定结果相符。一般认为，HPP-CFU 中包含有较原始的造血干细胞。脐静脉血中 HPP-CFU 含量多于脐动脉血，说明部分 HSC/HPC 可能由胎盘绒毛膜原位产生。我们通过单抗免疫组化染色已证实胎盘绒毛膜上确有 $CD34^+$ 细胞的存在[6]。

此外，在脐血培养中，我们还观察到有大量树突状细胞（DC）及含这些细胞的混合集落，这说明 DC 也来自髓系祖细胞。有人认为 DC 的生成需要肿瘤坏死因子（TNF-α）的存在，而在我们的培养基中并没有加入这种细胞因子，由此我们推测脐血 MNC 可自发分泌 TNF-α。我们用逆转录聚合酶链反应（RT-PCR）测定了脐血 MNC 造血生长因子的表达，结果表明脐动、静脉血 MNC 均表达有高水平的 TNF-α、IL-1 和 IL-6，而对 SCF、IL-3 的表达量较低或没有表达。

对脐动、静脉血 MNC 细胞周期的测定发现，同骨髓或外周血造血干细胞的特征相似，脐血中造血干细胞也是大多处于静止期（G_0/G_1 期），约占 95%；合成期（S 期）细胞所占的比例很少。但与脐动脉血相比，脐静脉血中 S 期相比明显增多，说明脐动脉血中的 HSC/HPC 经胎盘血循环后，部分细胞由静止期进入增殖期。早在 1977 年，Burgess 等[7]就研制成胎盘培养液，证明胎盘可分泌丰富的造血生长因子（HGF）。最近，越来越多的研究证明，在胎盘绒毛膜有 HGF 如 G-CSF、CM-CSF 等的原位表达，如 1991 年 Kanzaki 等[8]采用原位杂交的方法，证明小鼠胎盘的合体滋养层细胞有 GM-CSFmRNA 的表达；Ishii 等[9]用免疫组化的方法，发现 G-CSF 主要在胎盘滋养层细胞和蜕膜基质细胞中表达；他们在培养的滋养层细胞中也发现有高水平的 G-CSF mRNA 的表达。我们的结果也间接验证了以上的发现。

总之，我们对脐动、静脉血造血干细胞的初步研究结果表明，胎盘绒毛膜不仅可产生丰富的造血生长因子，而且可能是胎儿期的一个造血器官或附属造血器官。

主要参考文献

［1］唐佩弦，杨天楹. 造血细胞培养计数. 西安：陕西科技出版社，1985：103.

［2］王如文主编. 现代儿科血液学临床应用指导. 乌鲁木齐：新疆科技卫生出版社，1996.4.

［3］Burgess AW，Wilson EMA，Metcalf D. Stimulation by human placental conditioned medium of hematopoietic colony formation by human marrow cells. *Blood*，1977，49：573-581.

［4］Gluckman E，Broxmeyer HE，Auerbach AD，et al. Hematopoietic reconstitution in a patient with Fanconi's anemia by means of umbilical blood from an HLA identical sibling. *N Engl J Med*，1989，321：1174-1178.

［5］Ishii E，Masuyama T，Yamaguchi H，et al. Production and expression of granulocyte—and macrophage-colocy-stimulating factors in newboms：their roles in leukocytosis at birth. *Acta Haematol*，1995，94：23-31.

[6]Kanzaki H，Crainie M，Lin H，et al. The in situ expression of granulocytes-macrophage colony-stimulating factor(CM-CSF) mRNA at the matemal-fetal interface. *Growth Factors*，1991,5:69-74.

[7]Knudtzon S. In vitro growth of granulocytic colonies from circulating cells in human cord blood. *Blood*,1974,43:357-361.

[8]Shen BJ，Zeng FH，Wang HM，et al. A study of placenta hematopoiesis. *Blood*，1998,92(1 Suppl):148.

[9]Takahashi K，Naito M，Katabuchi H，et al. Development，differentiation，and maturation，of macrophages in the chorionic villi of mouse placenta with special reference to the origin of Hofbauer oells. *J Leukcyte Biology*，1991,50:57-68.

第二节　胎盘/脐带间充质干细胞
Placental/Umbilical Cord Mesenchymal Stem Cells

间充质干细胞(mesenchymal stem cells，MSCs)来源于中胚层，广泛存在于全身结缔组织和器官间质中，其最早发现于骨髓组织中，从脐血中也可以经过培养分离得到MSCs，此外 MSCs 还存在于脐带、胎盘、羊水、肝脏、脂肪、滑膜、牙周质、胰腺、肌腱和经血等多种组织中。目前研究应用最为广泛的间充质干细胞为骨髓、脂肪、脐血和脐带来源的间充质干细胞。从脐带中分离的间充质干细胞最为纯净，生长迅速，在临床的应用也最广泛。脐带主要由羊膜、脐动脉和脐静脉以及两者之间的华通胶组成，最近的研究表明脐带血管周围的华通胶能培养出间充质干细胞，能分泌多种细胞因子，具有多向分化能力和免疫调控能力，而且无异体排斥反应。

一、脐带间充质干细胞的分离培养

取新鲜脐带，使用无菌 PBS 充分洗涤，切成 2～3cm 小段之后，剥去脐动脉和脐静脉，剥离外膜，只留血管周围的华通胶物质，用锋利的剪刀剪成小块后，使用透明质酸酶和胰蛋白酶依次消化，半贴壁法培养可获得成纤维状的间充质干细胞贴壁生长。也可以不用酶消化，直接组织块贴壁法培养，也可以获得间充质干细胞。所使用的基础培养基可以是 F12/MEM＝1：1 培养基，也可以使用 αMEM 培养基或低糖 DMEM，外加 10％胎牛血清。虽然市场上有 Lonza 和 Stem cell 等公司提供无血清培养基，但无血清培养基所获得的间充质干细胞的贴壁能力略逊于有血清方法获得的 MSCs。

二、脐带间充质干细胞的形态、表型及基因表达谱

脐带间充质干细胞呈梭形或多角形，生长至 80％～90％融合时细胞变得细长，成放射状或漩涡状生长。扫描电镜下观察呈长条状纤维样或多角形样，细胞膜表面较光滑，偶有小结节状，细胞无明显突起或绒毛，细胞间无网络状连接。透射电镜观察细胞核大而不规则，核仁明显，常染色质多，异染色质少，胞浆少，胞间偶尔可见桥粒连接和紧密间接。胞质内细胞器较少，以粗面内质网和线粒体为主，内有大量游离核糖体。

由于脐带间充质干细胞尚没有统一的标志物特征，因此其鉴定目前只能参考国际上统一制定的骨髓间充质干细胞和胎盘来源的间充质干细胞标准，即：能够贴壁于带正电荷的疏水性表面；细胞为典型的梭样成纤维细胞形态；高表达 CD29、CD44、CD90、CD105 和整合素受体（CD49b，CD49c，CD51），不表达造血系标志（CD34 和 CD45），也不表达协同刺激分子 CD80、CD86 和 CD40，不表达人白细胞抗原 HLA-DR、HLA-G、HLA-DP、HLA-DQ，不表达内皮标志 CD31 或 CD33、CD14、CD56 等。经流式细胞仪检测，其中 CD105、CD90、CD73 表达率大于 95%，CD45、CD34、CD14 或 HLA-DR 的表达率小于 2%；具有向一或多个胚层方向分化潜能，如向成骨细胞、成软骨细胞、脂肪细胞和内皮细胞分化的能力，并表达相应的特异性基因。

三、人脐带间充质干细胞的免疫原性

细胞移植治疗中一个重要的问题就是免疫排斥反应，前面的大部分研究表明，脐带间充质干细胞不表达 HLA-DR，表明 UC-MSCs 的免疫原性较弱。事实上脐带间充质干细胞本身具有免疫调节特性，在体外将 UC-MSCs 与异源性脐血共同培养，UC-MSCs 能够明显抑制丝裂原刺激引起的脐血 T 细胞增殖，且对不同亚型的 T 细胞均起作用，其早期激活标志 CD69 阳性率显著下降，进一步的研究表明 UC-MSCs 的数量越多，抑制效果越明显。另外，将 UC-MSCs 静脉输入小鼠移植物抗宿主病模型，并没有观察到其引起的排斥反应而导致的受体死亡，反而存活时间明显延长。正是因为 UC-MSCs 的免疫源性低，并且具有免疫抑制功能，因此，hUC-MSCs 的移植治疗有更加广泛的应用前景。

四、人脐带间充质干细胞的分化潜能

干细胞最重要的特性是它的多能性，即向多个方向成熟细胞定向分化的能力，其次是它的自我更新能力和等级性。目前，有较多的研究发现 UC-MSCs 能够分化成中胚层、外胚层及内胚层三个胚层的细胞，显示了其强大的分化潜能。

用维生素 C、地塞米松、β-磷酸甘油、1α，25-维生素 D_3 等可成功将 UC-MSCs 诱导分化成成骨细胞，21 天后碱性磷酸酶阳性，5 周后用冯·科萨染剂可以检测到骨钙化；而利用地塞米松、胰岛素和异丁基甲基黄嘌呤（IBMX）等物质能成功将 UC-MSCs 诱导分化成脂肪细胞，并能用油红 O 染色检测到细胞分泌脂滴；另外用脯氨酸、丙酮酸钠、转化生长因子-β3、维生素 C 能将 UC-MSCs 分化成成软骨细胞，阿新蓝染色可以看到硫酸氨基葡聚糖阳性，苦味酸-天狼猩红（picrosiriusred）染色则可以检测到胶原成分。在体外先后利用 5-氮杂胞苷和心肌细胞条件培养基可诱导 UC-MSCs 分化为心肌样细胞，表达心肌肌钙蛋白 I 和 N-钙黏蛋白。

UC-MSCs 除了能向中胚层的细胞方向分化外，还可以向外胚层的神经系细胞方向分化。有人用 FGF 因子、NGF 因子、视黄酸和 BHA 诱导 UC-MSCs 向神经细胞分化，结果显示诱导后的细胞呈现典型的带树突和轴突的双极或多极的细胞体，表达神经细胞特异性的 Nestin、NF200、NSE、MAP-2 和 Tuj1 等基因，扫描电镜示细胞胞体形成多样的神经样轴突，细胞之间形成网络样连接，透射电镜显示细胞可见大量排列的粗面内质网和广泛分布的游离核糖体与发达的线粒体。

用肝细胞生长因子、成纤维生长因子 4 和制瘤素 M 等细胞因子分阶段诱导 14～28天,可成功诱导 UC-MSCs 向肝细胞分化,结果显示分化后的细胞表达白蛋白、甲胎蛋白α、CK-18、CK-19 和酪氨酸氨基转移酶等肝细胞特异性基因,糖原染色呈现阳性。用含碱性成纤维细胞生长因子、烟酰胺的 DMEM 高糖培养基也可以诱导 UC-MSCs 为胰岛素分泌型细胞,二硫腙染色阳性,移植治疗大鼠糖尿病模型可明显降低其血糖并一直维持数周。

五、间充质干细胞的免疫调节作用

近年来,间充质干细胞正越来越受到人们的关注。这不单是因为其具有分化和转分化的潜能,更重要的是因为其抑制免疫细胞增殖和抗炎症的免疫调节作用。

(一)UC-MSC 与树突状细胞

树突状细胞(dendritic cell,DC)是机体功能最强的专职抗原递呈细胞。未成熟的树突状细胞必须经过促炎症因子或相关病原体分子诱导后才开始进入成熟过程,然后由外周组织迁移进入次级淋巴器官,将抗原递呈给初始型 T 细胞,触发免疫应答。在成熟过程中,树突状细胞会高表达共刺激分子,并上调 MHC I、MHC II 和其他表面分子(如CD11c 和 CD83)的表达水平。

诸多研究表明,UC-MSC 能够干预 DC 的分化、成熟和抗原递呈功能。在加入 UC-MSC 后,无论是单核细胞还是 CD34$^+$造血前体细胞向 CD1a$^+$-DC 的分化都受到抑制,而且产生的 DC 也不能正常应答成熟信号的刺激,无法表达 CD83 或者上调 HLA-DR 和共刺激分子。体内实验中,未成熟的 DC 与 UC-MSC 共培养后回输小鼠模型,发现 DC 表面受体 CCR7 的表达量以及向次级淋巴器官迁移的能力均受到明显抑制。而且,与 UC-MSC 共培养后,成熟 DC 表面的 MHC II、CD11c、CD83 和共刺激分子的表达量出现下降,白细胞介素(interleukin,IL)-12 的产量亦减少,这些变化将导致 DC 抗原递呈能力的削弱。另外,DC 的细胞因子表达模式也受到了影响。在 UC-MSC 与单核细胞共培养后,促炎症因子如肿瘤坏死因子(tumor necrosis factor,TNF)-α、干扰素(interferon,IFN)-γ和 IL-12 产量下降,而抗炎症因子 IL-10 的产量出现上升。

(二)UC-MSC 与 NK 细胞

自然杀伤细胞(natural killer,NK)是先天免疫系统中的效应细胞。因为具有细胞毒活性和促炎症分子分泌能力,它们常常在抗病毒、抗肿瘤免疫反应中发挥着重要作用。在体内,NK 细胞的免疫功能受到其细胞表面的激活性和抑制性受体的严格调控。因此 NK的靶细胞一般会表达激活性受体的配体,并低表达甚至不表达抑制性受体的配体如MHC I,从而能够通过受体-配体相互作用将静息态的 NK 细胞激活。

研究表明,UC-MSC 能够下调静息态 NK 的激活性受体 Nkp30 和 NKG2D 的表达,从而抑制其细胞毒活性。新鲜分离的静息态 NK 细胞在经 IL-2 或 IL-5 处理后能够快速增殖并激活细胞毒活性,但在 UC-MSC 存在的情况下,NK 细胞的增殖和 IFN-γ 的分泌几乎完全被抑制。与静息态 NK 相比,体外实验发现,激活态 NK 增殖率、IFN-γ 的分泌和细胞毒活性均只受到部分抑制。因此,对于 UC-MSC 介导的抑制效应,激活态的 NK比静息态的 NK 有更高的抗性。

有趣的是,体外实验表明,无论是同源还是异源的 UC-MSC 都可以被激活态的 NK 杀死,但不能被静息态的 NK 细胞杀死。这种差别可能是因为 UC-MSC 细胞表面抑制性配体 MHCⅠ和激活性配体的表达都较低有关。因此经 IFN-γ 处理的 UC-MSC,MHCⅠ表达上调,可以降低其对 NK 细胞毒活性的敏感度。

（三）UC-MSC 与中性粒细胞

中性粒细胞是先天免疫中另一类十分重要的细胞。抗击细菌感染的过程中,中性粒细胞首先会在趋化因子指引下迁移到炎症部位,然后其细胞毒活性被激活,并将病原体微生物裂解。在结合细菌产物后,中性粒细胞会经历一个称为呼吸爆发的过程(中性粒细胞耗氧量增加,释放大量活性氧自由基,以裂解吞噬的颗粒和细菌)。研究表明,UC-MSC 可以减弱中性粒细胞的呼吸爆发并通过分泌 IL-6 激活"信号传导及转录激活因子"家族的 STAT-3 转录因子,抑制静息态和激活态中性粒细胞的自然凋亡;而中性粒细胞的趋化性和吞噬作用则不受影响。这表明 UC-MSC 可能在骨髓、肺等部位中性粒细胞库的维持以及防止不适当或者过度的呼吸爆发方面起着重要作用。

（四）UC-MSC 与 T 细胞

T 细胞是机体细胞免疫体系中的重要一员。初始型 T 细胞与抗原递呈细胞接触后,在 T 细胞受体(T cell receptor,TCR)介导下,识别抗原并进入激活态,然后启动增殖,行使效应细胞的功能,如细胞因子的释放和 CD8$^+$T 细胞获得细胞毒活性。然而无论是由特定抗原还是异源细胞、有丝分裂素所引起的 T 细胞增殖都能够被 UC-MSC 所抑制。而且同源和异源 UC-MSC 对 T 细胞增殖的抑制都十分明显,这表明抑制作用与 UC-MSC 的 MHC 类型无关。需要指出的是,UC-MSC 对其增殖的抑制并不是通过促进 T 细胞凋亡完成的,相反,对于因 TCR 过度激活而进入细胞凋亡程序的 T 细胞,UC-MSC 还会促进其更好地存活。研究发现 UC-MSC 能够使 T 细胞维持停滞在细胞周期的 G0/G1 期的状态,正是这种停滞阻止了细胞的分裂增殖,但实验表明增殖抑制是可以通过 IL-2 的刺激而部分逆转的。另外值得一提的是,UC-MSC 还能够引起 T 细胞的 IFN-γ 和 TNF-α 分泌量降低,而 IL-4 分泌量增加。这说明 T 细胞在由促炎症(IFN-γ、TNF-α 分泌)状态向抗炎症(IL-4 分泌)状态进行转变。

效应 T 细胞的一个重要功能是由 CD8$^+$细胞毒性 T 细胞(cytotoxic T lymphocytes,CTL)对感染细胞和异源细胞的杀伤作用。研究表明,UC-MSC 能够削弱 CTL 的细胞毒性。经病毒肽段脉冲或肿瘤细胞 mRNA 转染的人 UC-MSC 在体外能够免受 CTL 的裂解。事先用 IFN-γ 处理 UC-MSC 使其 MHCⅠ类分子表达上调后,依然不会导致 CTL 介导的细胞裂解。这说明虽然 UC-MSC 能够抑制 CTL 的活性但它们却不是 CTL 的靶细胞。

调控性 T 细胞是 T 细胞中比较特殊的一个亚群,它们抑制免疫系统的激活,因此可以协助维持免疫细胞群体的稳态和对自身抗原的耐受。有研究报道,UC-MSC 可以诱导浆细胞样 DC 产生 IL-10,从而激发调控性 T 细胞的产生。另外,在与抗原特异性 T 细胞共培养后,UC-MSC 能够释放 HLA-G 的同源异构体 HLA-G5,直接诱导调控性 T 细胞的增殖。

这些发现表明 UC-MSC 通过抑制抗原特异性 T 细胞增殖、CTL 细胞毒性和促进调控性 T 细胞生成的方式调控细胞免疫反应的强度。理论上来讲,对 T 细胞的过度抑制会增加机体的感染风险。然而,机体也可能同时存在一种自动防止故障机制。UC-MSC 表达 Toll 蛋白样受体(如 TLR3、TLR4),在与病原体相关的配体结合后,会诱导 UC-MSC 的增殖、分化和迁移以及趋化因子和细胞因子的分泌。但有人发现 TLR3 和 TLR4 的激活又会导致 Notch 信号通路受损,从而使 UC-MSC 失去对 T 细胞的抑制作用。所以,病原体的相关分子可能会逆转 UC-MSC 对 T 细胞的抑制性作用,从而恢复 T 细胞对病原体的正常反应。另一个重要发现是,UC-MSC 在一定条件下也可能成为抗原递呈细胞。低浓度的 IFN-γ 上调 UC-MSC 表面 MHCⅡ 分子的表达,并可以将抗原递呈给 CD4$^+$ 或 CD8$^+$ T 细胞,激发相应的免疫应答。随着 IFN-γ 浓度的提高,MHC 的表达量以及相应的抗原递呈能力逐渐下降。这说明在一个较窄的浓度窗口 IFN-γ 能够使 UC-MSC 成为条件性抗原递呈细胞,该作用在体内特定微环境下可能对机体的免疫应答具有协同促进的作用。

(五)UC-MSC 与 B 细胞

B 细胞是细胞免疫体系中另一类非常重要的细胞,专职负责产生特异性抗体,以中和并清除入侵的病原体。UC-MSC 能够使 B 细胞停滞在细胞周期的 G0/G1 期,抑制因抗免疫球蛋白抗体、IL-2、IL-4 等不同刺激引起的 B 细胞增殖。但是 UC-MSC 并不会诱导 B 细胞凋亡,反而会更好地维持 B 细胞的存活。此外,UC-MSC 还会影响 B 细胞的分化,导致 IgM、IgG 和 IgA 分泌的明显抑制。成熟的 B 细胞会组成性表达趋化因子受体 CX-CR4、CXCR5 和 CCR7,在 B 细胞向脾脏等次级淋巴器官迁移的过程中发挥着重要作用。UC-MSC 能够下调 B 细胞表面 CXCR4、CXCR5 和 CCR7 的表达,进而抑制 B 细胞的趋化作用。B 细胞共刺激分子和细胞因子的表达模式则不受 UC-MSC 影响。所以,UC-MSC 不仅可以抑制成熟 B 细胞的趋化性迁移,还会抑制多种抗原刺激引起的 B 细胞增殖和 B 细胞分化。

(六)体内 UC-MSC 与免疫系统之间可能的相互作用

虽然上面提到的 UC-MSC 对各种免疫细胞的作用大多是源于体外实验的结果,但同样的作用亦非常可能存在于体内。由于机体内细胞种类繁多,其相互作用也更加错综复杂。

成熟的 DC 会刺激 NK 细胞的增殖、细胞毒活性和细胞因子的分泌,而未成熟的 DC 则会被 NK 细胞杀死。UC-MSC 对 DC 和静息态 NK 的抑制可能导致未成熟 DC 的积累和 NK 增殖、细胞毒性与细胞因子分泌的受抑,而 UC-MSC 对激活态 NK 仅有部分抑制作用且其本身也易被激活的 NK 杀死,因此也可能发生激活态 NK 将 UC-MSC 和未成熟 DC 杀死清除的情况。最终相互作用的结果将决定于三者所处的具体微环境。若微环境中富含 IFN-γ、UC-MSC 的 MHCⅠ 表达上调,对 NK 和 DC 细胞的抑制占据优势,将导致前者的发生;而当微环境中缺乏 IFN-γ 时,则会发生后者的情形。UC-MSC 对 DC 抗原递呈能力的抑制将间接抑制 T 细胞的激活和增殖,而且 UC-MSC 还直接抑制抗原特异性 T 细胞增殖、CTL 细胞毒性并促进调控性 T 细胞的产生;因为 B 细胞的激活大多是 T 细胞依赖性的,所以这种抑制作用又将间接抑制 B 细胞的激活和增殖,同样 UC-MSC 也对 B 细胞增殖和抗体分泌等具有直接抑制作用。因此,这样看来在体内 UC-MSC 对各种不同免疫细胞的抑制很可能是会累积放大的（见图 1-5-1，文后彩图）。

（七）可能的调节机制

尽管人们已经对 UC-MSC 的免疫调节作用进行了大量研究，我们现在对于其中具体机制的了解仍然十分有限。一般认为可溶性因子和细胞接触及对话共同介导了整个免疫调节的过程。

其中，UC-MSC 对 DC 细胞的抑制效应主要是通过可溶性因子完成。IL-6 和粒细胞-巨噬细胞集落刺激因子（granulocyte-macrophage colony stimulating factor，GM-CSF）可能参与 UC-MSC 对 DC 分化的抑制，但将两者阻遏后不能完全解除抑制效应。抑制前列腺素（prostaglandin，PG）E2 的合成能够使 DC 在 UC-MSC 存在的情况下恢复 TNF-α 和 IFN-γ 的分泌，表明 PGE2 参与 UC-MSC 对 DC 促炎症因子分泌的抑制。

跨膜实验表明 UC-MSC 可以通过可溶性因子抑制 IL-15 刺激的 NK 增殖和细胞因子分泌。而 UC-MSC 和 NK 的共培养会引起 NK 表面的激活性受体 NKp30、NKp44 和 NKG2D 表达下调，这表明细胞毒活性的抑制还需要细胞间的直接接触。吲哚胺-2,3-双加氧酶（indoleamine-2,3-dioxygenase，IDO）会使色氨酸转化为尿氨酸，导致细胞因色氨酸缺乏而增殖受抑。单独抑制 UC-MSC 产生的 IDO 会部分解除对 NK 的增殖抑制，而对 PGE2 和 TGF-β 的单独抑制则没有明显缓解效果，而只有在同时抑制 PGE2 与 IDO，才能完全恢复 NK 细胞的增殖能力。这表明 PGE2 与 IDO 均参与了 UC-MSC 对 NK 增殖的抑制过程，而且二者之间具有协同效应。

一些研究发现，促炎症因子 IFN-γ 与 TNF-α、IL-1α、IL-1β 三者中任意一个的共同存在都能诱导 UC-MSC 对 T 细胞的抑制作用。这些组合可以刺激 UC-MSC 高表达一些趋化因子、IDO 和诱导型一氧化氮合成酶（inducible nitric oxide Synthase，iNOS）。趋化因子募集 T 细胞迁移至 UC-MSC 附近，这时 NO 会通过抑制"信号传导及转录激活因子"家族的 STAT5 的磷酸化来抑制 T 细胞的增殖。UC-MSC 组成性表达 HLA-G5，而且在与激活的 T 细胞接触后产生的 IL-10 将显著刺激 HLA-G5 的表达上调；而 HLA-G5 可以抑制 T 细胞增殖及 T 细胞、NK 的细胞毒活性，促进调控性 T 细胞的产生。TGF-β、HGF 和 PGE2 对 T 细胞的抑制作用目前报道仍存在争议，仍需进一步确证。

跨膜实验表明，UC-MSC 分泌的可溶性分子能够抑制 B 细胞增殖；但 UC-MSC 单独培养时的上清液却不会产生抑制作用。这说明 UC-MSC 与 B 细胞之间的信息传递是必需的。Krampera 等人的研究发现 UC-MSC 只有在 IFN-γ 存在时才能抑制 B 细胞的增殖。因此抑制效应可能与 IFN-γ 诱导 IDO，NO 的产生有关。

然而，对免疫细胞的增殖抑制很可能是所有间质细胞的共有特性。软骨细胞以及滑膜关节、肺部和皮肤的成纤维细胞都表达 CD73、CD90、CD105，能够使激活的 T 细胞停滞在细胞周期的 G0/G1 期，抑制其增殖；保护 T 细胞免于凋亡和激活诱导的死亡；下调 IFN-γ 和 TNF-α 的分泌；而且抑制效应需要促炎症微环境，依赖细胞接触，最终都由可溶性因子介导。因此，有人认为 UC-MSC 是披着新鲜外衣的成纤维细胞，因为二者在表型上几乎难以区分，具有相似的分化潜能和免疫调节效应。

（八）MSCs 免疫调节作用的临床应用

许多研究发现 MSCs 在动物及人体中具有免疫调节作用。研究表明，狒狒骨髓源

MSCs 能够延长异基因皮肤移植存活。静脉注射单一剂量 MSCs 和目前临床上强免疫抑制剂作用相似。小鼠 MSCs 能够预防小鼠自身免疫性脑脊髓炎（EAE），在 EAE 疾病初期和高峰期输注 MSCs 治疗是有效的。

急性 GHVD 是异基因造血干细胞移植严重并发症。人 MSCs 抑制 CTLS 形成，改变细胞因子谱及 APCs 成熟。因此能够作为一种治疗 GVHD 的细胞治疗手段。MSCs 和造血细胞进行共移植，结果发现 GVHD 程度较轻和 INF-γ 血清水平下降。部分 II 期临床试验表明，MSCs 能够促进 HSCs 植入及降低 GVHD。2005 年 I 期临床试验报道，在 46 个恶性血液病患者中，培养扩增的 MSCs 和 HLA 相合 HSCs 进行共移植，在 MSC 输注 4 小时后进行 HSCs 移植，结果表明 MSC 输注无任何相关副作用、异位组织形成及无增加 GVHD 发生，表明 MSCs 输注是安全的。

个案报道了一个 20 岁女性急性白血病患者急性半相合造血干细胞移植，父源 HSCs 和 MSCs 进行共移植，随访 3 个月结果发现植入快，无急慢性 GVHD 发生。2006 年又报道了 8 位患有 III～IV 级急性 GVHD 和一位患有广泛的慢性 GVHD 患者，对甾体药物治疗无效，输注（0.7～9）×10^6 MSCs/kg（MSCs 来源于相合同胞兄弟、半相合及无关不相合供者），结果表明输注 MSCs 无急性毒性反应，6/8 患者急性 GVHD 对 MSC 反应敏感，临床症状完全消失。MSCs 源供者 DNA 在受者体内结肠和胃肠道的淋巴结中发现。结果证实输注 HLA 相合或不相合的 MSCs 都无副作用发生，无异位组织形成，能够显著性影响免疫调节和肠、肝组织修复。这表明 MSCs 能够治疗对甾体治疗无反应的 GVHD。

1. MSC 对急性 GVHD 的治疗作用　急性移植物抗宿主病（acute graft-versus-host-disease，aGVHD）是移植物中的免疫活性细胞识别宿主抗原而产生的免疫反应，这种反应能引起宿主皮肤、肝脏及胃肠道的病理变化产生一系列的临床症状。发病必须具备的三个条件：①移植物中含有活性免疫细胞；②受者必须表达供者所没有的组织抗原；③受者免疫系统不排斥移植物。目前的研究结果认为主要的发病机制是供者的 T 淋巴细胞被受者组织抗原激活，CD4+ T 细胞与主要相容性复合物（MHC）II 类抗原起反应，CD8+ 细胞与 MHC 的 I 类抗原反应。组织的损伤是由细胞毒性 T 淋巴细胞及自然杀伤细胞（NK）所引起。目前急性 GVHD 是造血干细胞移植最为严重的并发症，HLA 相合的造血干细胞移植中，2～4 度的 aGVHD 的发生率为 44%～64%，3～4 度的 aGVHD 的发生率为 12%～26%。单倍体相合的造血干细胞移植因为 HLA 不合，aGVHD 的发生率更高，可高达 50%～70%。由于 MSC 对 T 细胞增殖和活化的抑制作用，使 MSC 成为急性 GVHD 预防和治疗的一种选择。

MSC 对 GVHD 的治疗作用，首先在动物实验中得到证实，研究发现 IL-10 过表达的 MSC 对 GVHD 有更好的治疗效果。用 HLA 相合的骨髓（2.0×10^8～3.0×10^8/kg）或未分选的外周血干细胞（3.0×10^6～3.5×10^6 CD34+ 细胞/kg）和供者 MSCS（1×10^6～2.5×10^6/kg）共输入治疗高危的白血病患者，没有发现明显毒性反应，在可评价的 15 例患者中，2 例形成 MSCS 嵌合体，无 3～4 度 GVHD，3 例有 II 级、12 例有 1 度 GVHD，初步结果表明 MSC 输注对预防 GVHD 有效。

对去 T 细胞的异体造血干细胞移植后的患者，输注供者或受者源的 MSCs（1.18×10^4/kg），用 PCR 方法检测，有 7/41 例（17%）的患者有供者源的基质细胞，用 FISH 方法检测性别不同的染色体，发现混合嵌合水平为 38%～99%。Le Blanc 等率先报道了用第三者的骨髓来源的 MSC 治疗 4 度急性 GVHD 的个案，发现明显有效，然后在进一步的研究中，使用 BMSC 单次或者两次静脉注射 1×10^6/kg 治疗类固醇耐药的 GVHD，75% 患者 GVHD 消失，而且患者的生存率和没有用 BMSC 治疗的患者比较也有明显提高。此后 Fang 等报道了用脂肪来源的 MSC 治疗耐药的急性 GVHD 也有很好的疗效。

2. MSC 对自身免疫性疾病的治疗　自身免疫性疾病（auto-immune diseases，AID）是指机体免疫系统对自身抗原发生免疫应答，产生自身抗体和（或）自身致敏淋巴细胞，造成组织器官病理损伤和功能障碍的一组疾病。据统计，自身免疫病在人群中的患病率高达 5%～7%，而且还有逐年增加的趋势。AID 主要包括：系统性红斑狼疮（systemic lupus erythematosus，SLE），类风湿性关节炎（rheumatoid arthritis，RA），多发性硬化（multiple sclerosis，MS），幼年原发性关节炎（juvenile idiopathic arthritis，JIA），系统性硬化症（systemic sclerosis，SSc）等。目前临床上对自身免疫病的治疗，主要是采取非特异性抑制机体免疫功能的措施。免疫抑制剂的使用，虽然在一定程度上减轻 AID 的症状，但不能从根本上控制疾病的发展。

（1）MSC 治疗系统性红斑狼疮（systemic lupus erythematosus，SLE）：SLE 是一种多发于青年女性的自身免疫性累及多脏器的炎症性结缔组织病，临床表现多样，往往症状加重和缓解交替出现，有多种自身抗体，对多种免疫抑制剂有效，但很难根治。很多研究表明 SLE 可能存在干细胞的异常，SLE 患者骨髓来源的 MSC 虽然形态和表型和正常骨髓来源的 MSC 没有明显的区别，但是生长的速度较正常的 BM-MSC 慢，同时分泌的因子也存在异常，目前认为 MSC 异常在 SLE 的发病机制中可能起一定的作用。研究结果显示 SLE 患者的骨髓基质细胞存在缺陷，不能支持 HSC 长期培养，但是在干细胞移植后上述缺陷可以恢复。而目前 UC-MSC 移植治疗 SLE，给 SLE 患者带来了新的希望。

Deng 等的研究发现，在 BXSB 的 SLE 小鼠动物模型中，单纯采用 BM-MSC 移植，移植后 1～5 周内能够显著抑制 ANA 的水平。但是 ANA 水平在 16 周以后不再受到抑制，而 BMSC 对肾脏功能的改善则是非常显著和持久的，并且可以使 BXSB 小鼠的寿命明显延长。在体外实验中 BM-MSC 可以显著抑制 BXSB 来源的 B 细胞的增殖和早期活化，即 CD25 的表达，使 B 细胞分泌 IgG 水平明显下降。BXSB 来源的 T 细胞和 BM-MSC 共培养能够显著下调 IL-4 生成细胞比例，相应的 IFN-γ 生成细胞则上升。提示 MSC 可以调节异常的 Th0 分化平衡，一定程度上纠正 BXSB 的 Th0 分化平衡。上述体外实验可能部分解释了 BM-MSC 移植治疗 SLE 有效的机制。

（2）MSC 治疗类风湿性关节炎（rheumatoid arthritis，RA）：RA 是一种以关节滑膜炎为特征的慢性全身性自身免疫性疾病，发病率较高，在 1% 左右。临床特征为对称性、周围性多关节慢性炎性病变，受累关节疼痛、肿胀、功能下降，滑膜炎持久反复发作，导致关节内软骨和骨的破坏，关节功能障碍，终致残废。目前 RA 的治疗主要是糖皮质激素和细

胞毒药物,但是疗效并不好。研究结果显示,使用 MSC 移植治疗胶原诱导的关节炎(自体免疫性关节炎动物模型),MSC 移植可以避免严重的骨和软骨的破坏,MSC 还可以诱导 T 细胞无反应性,血清中的炎性因子,如 TNF-α 明显下降。

(3)MSC 治疗多发性硬化(multiple sclerosis,MS):MS 是一种青壮年起病的中枢神经系统炎性脱髓鞘病,因视神经、脊髓和脑内有散在多灶性的脱髓鞘硬化斑块而得名,病情有缓解和复发的倾向,临床表现为反复发作性或进行性的神经功能丧失。主要包括复发-缓解型(RR-MS)、继发进展型(SP-MS)和原发进展型(PP-MS)。对 RR-MS 型患者治疗主要包括免疫抑制剂、干扰素-β、醋酸格拉替雷 glatiramer acetate(Copaxone)等,但疗效甚微,而 PP-MS 型患者更无有效治疗。有人利用 EAE 模型评价了 MSC 的疗效,研究发现 MSC 移植在 EAE 炎症初期十分有效,神经系统的病理结果显示 MSC 移植后炎性渗出减少,神经脱髓鞘也减少,同时移植的 MSC 可以在受体小鼠的淋巴结发现,但是在炎症的稳定期 MSC 移植则没有疗效。

(4)MSC 治疗糖尿病:糖尿病的发病机制和自身免疫反应导致的胰腺 β 细胞减少有关,MSC 在糖尿病的治疗方面有广阔的应用前景。首先 MSC 能够分化为胰岛 β 细胞,其次 MSC 可以减轻自身免疫性的炎症,最后 MSC 可以诱导异体胰岛移植的免疫耐受。

已经有很多研究者发现 MSC 可以分化为胰岛素分泌细胞,并对血糖的升高有反应性。在使用条件培养基诱导后,BM-MSC 可以分化为分泌胰岛素的内分泌细胞。已经证实了脂肪来源的 MSC 也可以分化为分泌胰岛素的细胞,并表达特异的转录因子 Isl-1、Ipf-1 和 Ngn3。但是也有研究者认为 MSC 治疗糖尿病和分化为胰岛 β 细胞无关,MSC 所发挥的作用是减轻炎症,并促进小鼠本身的胰岛细胞增生。已经在 NOD/SCID 小鼠模型中证实 MSC 的治疗作用,MSC 可以促进胰岛细胞和肾小球上皮细胞的修复,使模型小鼠的血糖下降,但是在受体小鼠的胰腺中很少发现人源的细胞,也没有在小鼠体内检测到人源的胰岛素,小鼠自体的胰岛细胞分泌胰岛素的功能得到了改善,在肾小球中可以检测到人 MSC 的存在并且可以发现 MSC 移植后的小鼠基底膜厚度较少,巨噬细胞的浸润也减少,但是未发现 MSC 分化为肾小球上皮细胞。

除了减轻炎症反应外,MSC 还可以诱导免疫耐受,这一点在皮肤移植方面早就得到证实,Itakura 等的研究发现 MSC 可以诱导造血嵌合和胰岛移植的免疫耐受。

(5)MSC 与肿瘤:MSC 在体内也具有免疫下调作用给 MSC 的临床应用带来了新的问题,就是这种免疫下调作用是否会促进体内原有的肿瘤细胞增殖,或者在白血病进行造血干细胞移植的患者,MSC 和 HSC 共移植可以减少急性 GVHD 的同时,是否会增加白血病的复发率。有研究发现,MSC 移植可以促进异基因的黑色素肿瘤(B16 细胞系)在异基因的小鼠体内的生长,但在目前进行的 MSC 治疗 GVHD 的临床试验中,还没有发现 MSC 可以提高白血病的复发率,但仍需要进一步观察。

(刘小盾,刘兴霞,李栋)

第三节　羊膜及羊膜上皮干细胞的应用

Application of Amniotic Membrane and Amniotic Epithelial Stem Cell

一、羊膜的应用

羊膜(amniotic membrane，AM)从细胞滋养层衍化而来,具有来源广、价格低、组织相容性好和抗原性低等优点,分泌多种细胞生长因子,含有多种类型胶原、纤维桥接蛋白及多种糖蛋白。1910 年,羊膜作为手术替代材料进行皮肤移植并取得成功,后来人们用羊膜来治疗皮肤烧伤和皮肤溃疡。现在,羊膜被应用于各种手术,包括眼科、颅脑外科、腹腔外科和妇科等。

（一）羊膜的结构

羊膜位于胎儿绒毛膜的表面,从细胞滋养层衍生而来,是光滑、无神经、无血管、无淋巴的双层透明膜,厚 0.02～0.05mm,是人体最厚的基底膜。正常羊膜薄而透明,无血管及神经,厚度为 20～500μm。光镜下自外向内分 5 层：①上皮层,外胚层衍化而来,大部分为单层立方上皮,具有合成、分泌和重塑基底膜及细胞外基质的能力；②基底膜,占整个羊膜厚度的 1％～2％,约 0.11μm,此层厚薄不均,无细胞结构,由 Ⅳ 型胶原、层黏连蛋白和硫肝糖蛋白等构成；③致密层,无细胞,由致密的网状纤维组成,并且含有高浓度的硫酸乙酰肝素、纤维连接蛋白、层黏连蛋白等；④成纤维细胞层,由成纤维细胞和网状纤维组成；⑤海绵层,由疏松的网织纤维束组成,具有伸展性。在组织切片上将致密层、成纤维细胞层和海绵层统称为基质层。每层结构都有其独特的作用,并且含有多种生长因子,这些生长因子主要由羊膜上皮细胞分泌。主要包括生长因子、转化生长因子、肝细胞生长因子、角化细胞生长因子、碱性成纤维细胞生长因子、转移生长因子 1 和转移生长因子 2。

透射电镜下,羊膜上皮细胞内含有丰富的吞饮小泡,表面还有许多微绒毛。基底膜上有分化成熟的半桥粒,并有层上纤维穿过进入基质层。微绒毛和桥粒连接共同在羊膜上皮细胞间组成复杂的迷路,成为沟通羊膜腔和羊膜基质的通道。胚胎早期的羊膜具有和胎儿皮肤相似的组织结构,从而认为羊膜具有和皮肤相同的屏障和防御保护功能。运用于创面的修复能起到保护创面不受细菌等微生物侵入,减少感染的作用。一般情况下,防御素是细菌细胞壁中的肽聚糖或脂多糖对羊膜上皮形成刺激而产生的。防御素是一类内源性抗生素,它具有很广泛的抗微生物活性,对革兰阳性细菌、革兰阴性细菌、真菌及薄膜病毒的杀伤作用很强。所以认为羊膜具有天然免疫性。

（二）羊膜的制备

1.新鲜羊膜的制备　新鲜羊膜的制备有多种方法,在这里介绍一种常用方法。将羊膜取下,清洗,去血污,然后置入 0.5％胰酶中消化(一块羊膜约 300mL),37℃,0.5～1 小时,中间稍加搅拌,消化以羊膜的蜕膜层能脱落为准。消化后的羊膜直接放入 1mol/L 碳酸氢钠中浸泡(200mL),4℃,20 小时(时间过长会影响质量),此时的羊膜应该是洁白而且是半透明,双蒸水反复冲洗至 pH 达 7～8,置入无菌磷酸盐缓冲液(PBS)中,每天液体要更换一次,1 周左右就可用于下一步实验。

2.制备冻存羊膜 将制备好的羊膜放入 4℃的纯甘油中进行脱水处理,每隔 24 小时对甘油液体进行更换,液体的更换次数总共为 3 次。完成上述工序后,将其放入 4℃恒温冰箱中保存备用。将经过脱水处理的羊膜取出,放入到含有硫酸软骨素的 DMEM 液与纯甘油的混合液(其比例为 1∶1)中浸泡,−80℃超低温冰箱储存,6 个月备用。

(三)羊膜的临床应用

眼科主要将羊膜用于结膜疾病导致的结膜缺损、角膜疾病致角膜缺损等,具有较高的安全性,特别是对于结膜切除术后结膜缺损的患者疗效最为显著。其原理包括:①羊膜可以促进上皮细胞的眼表重建。作为遮盖物还可保护新生上皮组织免受刮擦,同时减少炎症细胞浸润;②羊膜可分泌 bFGF 等生长因子对角膜神经有营养作用;③羊膜可以调控角膜炎症反应,减少不良反应;④通过抑制 TGF-β1 的表达,羊膜可抑制成纤维细胞的活性,减少瘢痕形成改善预后;⑤羊膜中所含的抗新生血管化蛋白可抑制血管新生现象;⑥羊膜抗原性很低,同种异体移植反应很小。具体应用可细分为羊膜移植术(inlay/graft)、羊膜遮盖术(overlay/patch)和羊膜充填术(filling)3 种。

羊膜还广泛地运用于烧伤整形领域,用于覆盖与修复患者的皮肤缺损,可减轻疼痛,减少创面渗出,缩短创面愈合时间,也可用于周围神经缺损修复羊膜 ECM 中的胶原成分对神经轴突再生亦有明显的促进作用。羊膜作为生物敷料治疗口腔糜烂也具有很好疗效,具有促进口腔表层黏膜生长修复的作用,并有一定弹性和韧性,贴敷在溃烂创面,能够起到生物敷料屏障作用,使疼痛立即消失。此外,羊膜可用于口鼻瘘修补及腭部软组织缺损。

二、人羊膜上皮细胞的应用

人羊膜上皮细胞源于覆盖胎盘的羊膜组织,其表达干细胞标志分子及相关基因,但低表达端粒酶相关基因,同种异体移植后不发生免疫排斥反应,同时还可分泌免疫抑制因子防止移植后炎性反应的发生,因此可以看作具有免疫调节功能的免疫赦免细胞,而且具有非致瘤性。人羊膜上皮细胞还具有一定范围以内的可塑性/多向分化潜能:在不同的培养诱导条件下,可被诱导分化为肝样细胞、心肌细胞、神经元细胞、神经胶质细胞和胰岛素分泌细胞等,在细胞替代治疗及组织再生医学上有广阔的应用前景。

(一)组织学定位及形态学特征

羊膜上皮面高度褶皱,整张羊膜展开可达 2m² 左右,含有约 2 亿个细胞。人羊膜上皮细胞在妊娠前期是扁平的,而在后期大部分变为立方形,有营养物质转运功能。人羊膜上皮细胞表面生长许多微绒毛样结构,微绒毛和桥粒连接共同在羊膜上皮细胞间组成复杂的运输型管道系统,成为物质交换的结构基础。这些结构特点为其在医学领域的应用奠定了物质基础。

(二)人羊膜上皮细胞的特点

新鲜分离培养的人羊膜上皮细胞表达 SSEA-3、SSEA-4、TRA-1-60、TRA-1-81、SOX-2、FGF-4 和 Rex-1 等干细胞标志,此外还表达多潜能干细胞特有的转录因子 Oct-4 和 Nanog,但人羊膜上皮细胞低表达端粒酶相关基因,因此人羊膜上皮细胞不能无限增殖,无致瘤性，临床应用非常安全。也有文献报道人羊膜上皮细胞表达间充质干细胞标志如 CD44、CD73、CD90(Thy1)或 CD105，但不同实验室的培养方法可能存在差异。此外，人羊膜上皮细胞膜上不表达 HLA-A、HLA-B、HLA-C 和 DR 抗原，并且加入 γ-干扰素(100 U/mL)诱导培养 3 天也不增加这些 HLA 分子的表达。与此相反，人羊膜上皮细胞反而可分泌抗炎因子降低免疫排斥反应的发生。

由于人羊膜上皮细胞具干细胞的可塑性，在基础研究领域备受关注，但大部分研究成果还未应用到临床，但有望成为治疗某些疾病，如神经系统疾病、肝脏疾病等的候选细胞，用于细胞疗法或组织再生医学。

在诱导培养基中添加肝细胞生长因子、EGF 和制瘤素 M 等，证明人羊膜上皮细胞可分化为肝细胞样细胞，通过 RT-PCR 检测到了白蛋白、α1AT、CK18、GS、CPS-I、PEPCK、CYP2D6 和 CYP3A4 等肝细胞特异性的基因表达。此外，还发现肝细胞方向诱导后的人羊膜上皮细胞具有产生白蛋白和储存糖原的功能。这显示人羊膜上皮细胞有望成为肝细胞替代疗法中的新型的细胞来源，应用于肝脏疾病的治疗。

人羊膜上皮细胞本身就弱表达神经元、神经胶质和神经干/祖细胞的部分标志如 Nestin，在一定的神经诱导培养条件下可以分化为具有合成释放乙酰胆碱、儿茶酚胺、多巴胺及去甲肾上腺素等多种非神经源性神经递质功能的神经样细胞，且可合成分泌多种神经营养因子。在经过神经方向的诱导之后，羊膜上皮细胞仍然可以分泌免疫调节因子，仍然具有免疫抑制功能。这些特有的优势使其成为治疗神经系统退行性疾病的理想细胞。有人先后报道了移植人羊膜上皮细胞可以治疗神经损伤，如果将人羊膜上皮细胞移植入机械损伤的脊髓损伤大鼠局部后，可显著改善其后肢的运动功能；也可以改善恒河猴脊髓半切损伤猴的整体运动功能；对改善帕金森模型大鼠的行为有显著的疗效。但移植入体内的人羊膜上皮细胞能否完全代替受损的神经元细胞，与原有神经元建立功能联系，还有待进一步研究。

近年来，有学者报道从妊娠早期(7～14 周)和妊娠晚期(34～40 周)的人胎盘羊膜中获得的人羊膜上皮细胞具有成脂肪细胞、骨骼肌细胞、成骨及软骨细胞的特性。采用成骨细胞培养的试剂盒诱导培养出的人羊膜上皮细胞也表达成骨细胞特性。人羊膜上皮细胞在培养基中添加胰岛素，转化生长因子 β1 及抗坏血酸可诱导其向软骨细胞分化。因此人羊膜上皮细胞有望成为骨及软骨组织工程种子细胞的来源。也已经证实烟酰胺加速了人羊膜上皮细胞向胰岛素分泌细胞的分化，高表达胰岛素特有的转录因子 PDX-1。加入抗坏血酸培养 14 天后，也可以检测到心肌细胞相关基因的表达，如心肌特异基因房、室肌球蛋白轻链 2(atrial and ventricular myosin light chain 2，MLC-2A，MLC-2V)及转录因子 GATA-4 和 Nkx2.5，免疫组织化学染色检测到 α-肌球蛋白。

(三) 结论

从胎盘中获得的人羊膜上皮细胞表达干细胞几种标志物，且保持着它们所起源的外胚层的分化潜能。尽管人羊膜上皮细胞能分化成三个胚层来源的细胞，但还不能称为严格定义上的干细胞，因为它们不具有长期的自我更新和产生单个细胞克隆的能力，不过其多向分化能力、因子分泌能力和免疫调控能力，使其应用前景相当广阔。

(李栋，何守森)

第四节 脐血管的分离、冻存与应用

Separation,Cryopreservation and Application of Umbilical Blood Vessels

随着心血管疾病患病者的迅速增加,心外科临床急需大量血管替代物,合成人工血管已经用于临床,但小直径人工血管移植后容易发生内膜增生和血栓形成,天然血管仍然具有其独特的优势,其中脐血管顺应性大,不容易形成血栓,是临床移植应用的良好天然血管来源。

随着相关血管移植手术开展渐多、天然血管材料的短缺成为最大阻碍。脐带中有 2 条动脉和 1 条静脉,其中脐动脉直径约为脐静脉直径的 1/2。孕 21～40 周,脐带直径为 1.25～1.8cm,脐静脉直径为 0.54～0.79cm,脐动脉直径为 0.28～0.40cm,是理想的血管移植材料。脐血管管壁的胶原纤维、弹性纤维含量适中,既能承载一定的应力,又有较大的扩张能力,还富含平滑肌,具备收缩能力。因此能够适应移植后的力学环境,可提高移植后的远期通畅率。而且经深低温处理后其抗原性降低,于是脐动(静)脉的保存和应用逐渐在临床上得到了重视。

一、脐血管保存的方法

分离脐血管的步骤是:首先将一根细的消毒玻璃棒插入脐血管中,然后用手术器械小心将血管解剖下来,最后的常用的保存方法分为冷冻干燥法和深低温冻存法。

(一)冷冻干燥法

冷冻干燥是利用低温真空条件下水从固态直接升华到气态的原理,在抽真空后,将已冻结了的生物样本中的水分升华为气态抽走,其主要优点是:干燥后的样本保持原来的化学组成和物理性质,样品不变形,复水好,不存在氧化现象。冻干脐动脉的具体方法是将新鲜脐动脉套在口径相应的血管支架上,经－70℃低温速冻 12 小时,然后冻干处理。在样品真空度达到 0.13Pa 之后,取出已冻干的脐动脉,立即装入已消毒的玻璃管中,抽真空,封口备用。样本经过复水试验,发现其形态与新鲜血管类同,色乳白,柔软,弹性好,有韧性,含水率在 5％左右,这样的生物材料常温下能保存 1 年以上。经测量血管的弹性和顺应性计算出血管管径压强变化和血管耐压性能。可以看到新鲜脐动脉在冻干处理后其顺应性在较高压强下得到提高,且仍然保持良好的耐压能力,这种改善使人脐动脉在临床人体血压变化的范围内能够维持正常功能。冻干后的脐动脉能够常温保存,也能够满足移植血管的性能要求,是非常优秀的血管移植物备选。

(二)深低温冻存法

也有国内研究应用程控降温技术,冻存脐动脉。具体方法是以 0.8℃/min 速度降温至－80℃维持数月。使用前采用 37℃生理盐水复温,肝素 Hanks 液冲洗管腔,在手术显微镜下缝合管腔,修复血管缺损,证明可以保证血流畅通,恢复肢体功能。通过实验证明,异体血管的肌层和内皮细胞表面的抗原性经深低温冻存后可进一步降低。此种方法处理的脐动脉在临床中的应用经验有一定的实用价值。进一步研究有望在冠状动脉旁路移植中得到应用。

二、脐动脉消毒方法

脐动脉在临床应用之前，必须经过严格的消毒才能够使用，而且消毒技术不能够引起动脉的变形，必须尽可能保持脐动脉的弹性、抗压性和顺应性。常用的消毒方法有γ射线辐射法和氟银处理法。

将冷冻干燥的脐动脉在^{60}C$_0$辐射源上接受小剂量范围内的照射，可制成冻干辐照人脐动脉(lyophilizd-irradiated human umbilical artery，LIHUA)。^{60}C$_0$射源的辐照剂量可选择 25cGy，照射温度为 0～4℃。通过此方法可使辐照脐动脉能保持良好的血管物理性能和顺应性、低抗原性等特性，有望成为良好的桥血管材料。经研究发现胶原纤维是血管壁的重要组成部分，也是高压时血管壁的主要受力者，对维持血管壁的完整和功能有重要意义。通过实验表明，经辐照处理并没有损害血管胶原纤维。高能射线照射能改变生物材料的物理性能，其基本理论是高分子蛋白经辐照使分子间形成一定的交联密度，从而使其机械强度和弹性性能提高。交联的程度与辐照剂量成正比，与高能射线类型无关，与有机物的化学结构无绝对的依赖关系，此辐照剂量不会引起脐动脉物理性质的显著改变。

Ag$^+$是一种极强的无机金属离子杀菌剂，水中银离子浓度为 0.01g/L 时即有杀菌作用。Ag$^+$与铜、锌、氟等离子合用具有协同作用，杀菌作用强并可保持较长时间杀菌，无毒副反应。

三、人脐动脉去内皮细胞处理作为组织工程血管的支架的方法

(一)低温法去除脐动脉内皮细胞

将体外培养的正常组织细胞吸附可以被机体组织降解吸收的生物材料上，形成复合物。然后再将该细胞生物材料复合物植入人体组织、器官的病损部位，从而达到修复创伤和重建功能的目的。脐血管来源丰富、没有创伤。因此用人的脐动脉经脱细胞处理后作为血管支架，为组织工程化血管提供了一种良好的生物支架材料。低温方法处理脐动脉是将脐动脉置入冷存管加入培养液冷冻存放于液氮中。使用前取出并以 37℃水浴快速复温，无菌生理盐水灌冲血管腔数次，去除残留血管内皮细胞。经扫描电镜观察组织学表明：低温方法处理脐动脉内皮细胞已完全去除，经抗原检测此种方法处理过的脐动脉抗原明显减少。

(二)酶原法去除脐动脉内皮细胞

经过采用恒温酶消化法去除脐动脉内皮细胞，是先将肝素/生理盐水冲洗脐动脉腔后，加入 0.1％的Ⅰ型胶原酶和Ⅳ型胶原酶复合溶液，封闭两端后 37℃水浴消化 30 分钟。经扫描电镜观察组织学表明：酶原处理过的脐动脉内皮细胞已消失，露出纵行平滑肌细胞层表面。经抗原检测，此种方法处理过的脐动脉抗原也明显减少。酶原法脱脐血管内皮细胞使脐动脉保留了中膜，有利于内皮细胞种植，比低温冷冻法多保留了内皮下层，是否更有利于细胞种植，有待进一步研究。这也为减轻血管移植引起的排斥的研究提供参考。

（三）用十二烷基硫酸钠和核酸酶联合去除脐动脉内皮细胞

将脐动脉用十二烷基硫酸钠（SDS）、吐温 20、曲拉通 100 和核酸酶联合消化，可制备出良好的脱细胞血管支架。该方法是利用 SDS 等对构成细胞膜的脂类的溶解作用和核酸酶对释放出来的黏稠核酸物质的剪切作用，将脐血管壁上的细胞充分溶解。常用的脱细胞去垢剂还包括曲拉通 100。常用的酶包括胰蛋白酶、透明质酸酶、脱氧核糖核酸酶和核糖核酸酶等，但脱细胞时间不可过长，避免损伤血管基质。脐血管管壁薄而长，脱细胞难度较大，所以多在超声波及振荡环境下进行，并最好分成多段。

（李栋，何守森）

主要参考文献

1. 李向东，惠国祯，吴智远，等. 人羊膜上皮细胞移植治疗灵长类动物脊髓损伤的实验研究. 中华神经外科杂志，2007，23(2):149-152.

2. 谢慧方，刘天津，郭礼和. 人羊膜上皮细胞移植及基因治疗帕金森病大鼠. 细胞生物学杂志，2007，29(3):429-433.

3. 王晓谭，翁品光. 冻干辐照人脐动脉移植的实验研究. 心肺血管病杂志，2000，19(3):216-219.

4. 张子清，王春雷，杨延军，等. 冷冻保存脐血管移植修复尺、桡动脉缺损. 实用手外科杂志，2003，1(2):77-78.

5. 张道坤，曾元临. 辐照氟银脐动脉移植的实验研究. 实用临床医学，2006，7(8):21-23.

6. Baksh D，Yao R，Tuan RS. Comparision of proliferative and multilineage differentiation potential of human mesenchymal stem cells derived from umbilical cord and bone marrow. *Stem cells*，2007，25:1384-1392.

7. Buh imschi IA，Jab PM，Buhims CS，et al. The novel antimicrobial peptide beta3-defensin is produced by the amnion:a possible role of the fetal membranes in innate immunity of the amniotic cavity. *Am J Obstet Gynecol*，2004，191(5):1678-1687.

8. Chao KC，Chao KF，Fu YS，et al. Islet-like clusters derived from mesenchymal stem cells in Wharton's jelly of the human umbilical cord for transplantation to control type 1 diabetes. *PLoS One*，2008，3(1):e1451.

9. Chen S，Liu S，Xu L，et al. The characteristic expression pattern of BMI-1 and SALL4 genes in placenta tissue and cord blood. *Stem Cell Res Ther*，2013，4(2):49.

10. Cumano A，Godin I. Ontogeny of the hematopoietic system. *Annu Rev Immunol*，2007，25:745-785.

11. De Miguel MP，Fuentes-Julián S，Blázquez-Martínez A，et al. Immunosuppressive properties of mesenchymal stem cells:advances and applications. *Curr Mol Med*，2012，12(5):574-591.

12. Deng W，Han Q，Liao L，et al. Effects of allogeneic bone marrow-derived mesenchymal stem cells on T and B-lymphocytes from BXSB mice. *DNA Cell Biol*，2005，24(7):458-463.

13. Dzierzak E, Speck NA. Of lineage and legacy: the development of mammalian hematopoietic stem cells. *Nat Immunol*, 2008, 9(2):129-136.

14. Fang B, Song YP, Liao LM, et al. Treatment of severe therapy-reslstant acute graft-versus-host disease with human adipose tissue-derived mesenchymal stem cells. *Bone Marrow Tranplanlt*, 2006, 38(5):389-390.

15. Gilberta TW, Sellaroa TL, Badylaka SF, et al. Decellularization of tissues and organs. *Biomaterials*, 2006, 27(21):3675-3683.

16. Hasegawa M, Fuji H, Hayashi Y, et al. Autologous amnion graft for repair of myelomeningocele: technical note and clinical implication. *J Clin N eurosci*, 2004, 11(4):408-411.

17. Huber TL, Kouskoff V, Fehling HJ, et al. Haemangioblast commitment is initiated in the primitive streak of the mouse embryo. *Nature*. 2004, 432(7017):625-630.

18. Ilancheran S, Michalska A, Peh G, et al. Stem cells derived from human fetal membranes display multi-lineage differentiation potential. *Biol Reprod*, 2007, 77:577-588.

19. Itakura S, Asari S, Rawson J, et al. Mesenchymal stem cells facilitate the induction of mixed hematopoietic chimerism and islet allograft tolerance without GVHD in the rat. *Am J Transplant*, 2007, 7(2):336-346.

20. Karahuseyinoglu S, Cinar O, Kilic E, et al. Biology of stem cells in human umbilical cord stroma: in situ and in vitro surveys. *Stem Cells*, 2007, 25(2):319-331.

21. Kataoka K, Sato T, Yoshimi A, et al. Evi1 is essential for hematopoietic stem cell self-renewal, and its expression marks hematopoietic cells with long-term multilineage repopulating activity. *J Exp Med*, 2011, 208(12):2403-2416.

22. Kesting MR, Loeffelbein DJ, Classen M, et al. Repair of oronasal fistulas with human amniotic membrane in minipigs. *Br J Oral Maxillofac Surg*, 2010, 48(2):131-135.

23. Klimchenko O, Mori M, Distefano A, et al. A common bipotent progenitor generates the erythroid and megakaryocyte lineages in embryonic stem cell-derived primitive hematopoiesis. *Blood*, 2009, 114(8):1506-1517.

24. Lancrin C, Sroczynska P, Stephenson C, et al. The haemangioblast generates haematopoietic cells through a haemogenic endothelium stage. *Nature*, 2009, 457(7231):892-895.

25. Le Blanc K, Tammik L, Sundberg B, et al. Mesenchymal stem cells inhibit and stimulate mixed lymphocyte cultures and mitogenic responses independently of the major histocompatibility complex. *Scand J Immunol*, 2003, 57:11-20.

26. Lee LK, Ueno M, Van Handel B, et al. Placenta as a newly identified source of hematopoietic stem cells. *Curr Opin Hematol*, 2010, 17(4):313-318.

27. Liu T, Zhai H, Xu Y, et al. Amniotic membrane traps and induces apoptosis of

inflammatory cells in ocular surface chemical burn. *Mol Vis*, 2012, 18:2137-2146.

28. Markus H, Karla L, Volker R, et al. Properties of the human umbilical vein as a living scaffold for a tissue-engineered vessel graft. *Tissue engineering*, 2007, 13(3): 219-229.

29. Marshall CJ, Thrasher AJ. The embryonic origins of human haematopoiesis. *Br J Haematol*. 2001,112(4):838-850.

30. Min CK, Kim BG, Park G, et al. IL-10-transduced bone marrow mesenehymal stem cells can attenuate the severity of acute graft-versus-host disease after experimental allogeneic stem cell transplantation. *Bone Marrow Transplant*,2007,39(10):637-645.

31. Mohammadi AA, Johari HG, Eskandari S. Effect of amniotic membrane on graft take in extremity burns. *Burns*, 2013, 39:1137-1141.

32. Orkin SH, Zon LI. Hematopoiesis:an evolving paradigm for stem cell biology. *Cell*,2008,132(4):631-644.

33. Parolini O, Alviano F, Bagnara GP, et al. Concise review:isolation and characterization of cells from human term placenta:outcome of the first international workshop on placenta derived stem cells. *Stem Cells*,2008,26:300-311.

34. Peeters M, Ottersbach K, Bollerot K, et al. Ventral embryonic tissues and Hedgehog proteins induce early AGM hematopoietic stem cell development. *Development*,2009,136(15):2613-2621.

35. Portmann-Lanz CB, Schoeberlein A, Huber A, et al. Placental mesenchymal stem cells as potential autologous graft for pre- and perinatal neuroregeneration. *Am J Obstet Gynecol*,2006,194(3):664-673.

36. Singh R, Chacharkar MP. Dried gamma-irradiated amniotic membrane as dressing in burn wound care. *Tissue Viability*,2011,20:49-54.

37. Sotiropoulou PA, Perez SA, Gritzapis AD, et al. Interactions between human mesenchymal stem cells and natural killer cells. *Stem Cells*,2006,24:74-85.

38. Troyer DL, Weiss ML. Concise review: Wharton's jelly-derived cells are a primitive stromal cell population. *Stem cells*,2008,26:591-599.

39. Vilela-Goulart MG, Teixeira MT, Rangel DC, et al. Homogenous amniotic membrane as a biological dressing for oral mucositis in rats:histomorphometric analysis. *Arch Oral Biol*,2008, 53(12):1163-1171.

40. Wang Y, Nathanson L, McNiece IK. Differential hematopoietic supportive potential and gene expression of stroma cell lines from midgestation mouse placenta and adult bone marrow. *Cell Transplant*,2011,20(5):707-726.

41. Wu Y, Hui GZ, Lu Y, et al. Transplantation of human amniotic epithelial cells improves hindlimb function in rats with spinal cord injury. *Chin Med J*,2006,119(24): 2101-2107.

第二篇　人类脐血库

Human Cord Blood Bank

第一章　脐血的采集

Umbilical Cord Blood Collection

　　随着人们对脐带血的认识逐渐深入和应用范围的拓展,对脐血采集的数量和质量的要求不断提高。特别是 20 世纪 90 年代,脐血移植治疗多种疾病获得成功,脐带血已成为干细胞的重要来源之一,世界各国纷纷建立脐血库。在脐血采集方面,近半个世纪以来,经国内外医护人员的不懈努力和完善,采集技术已由开放式—半封闭式—封闭式—导管式,发展到如今的密闭式。其中脐血采集的每一种方法都记录着脐带血工作者付出的心血和汗水。以下将脐血采集的各种方法逐一介绍,为今后采集工作的进一步发展和研究提供参考。

第一节　产前脐血采集

Prenatal Cord Blood Collection

　　20 世纪 70 年代初,为了检测胎儿宫内情况和胎儿疾病的早期诊断,试行宫内胎盘血管穿刺法获取胎儿血。这种取血方法一般在妊娠 6 个月后进行,成功率为 60% 左右。此法对胎儿有一定危险,易致流产,且大多数胎血标本常被母血或羊水污染。1972 年,Valenti 应用小儿膀胱镜插入羊膜腔内取血获得成功,但操作后胎儿流产率高,早已废弃不用。1977 年 Hobbins,1978 年 Rodeck 先后用胎儿镜(fetoscope)在直接窥视下自脐静脉抽吸 1～2mL 胎血获得成功。但这种侵袭性操作手术有许多禁忌证,成功率仅 5%,只能在大医院产前诊断中心住院进行,且仅能用于孕中期,不能重复应用,又常出现母儿并发症。近年来在孕晚期取胎儿头皮血检测,因仅限于宫颈扩张后采血,采血量少,临床应用受限。1983 年,Daffos 在 B 超监测下经孕妇腹壁穿刺取胎血的新技术受到学者们的重视,该法可准确获取胎儿血,成功率高,常用于中晚期妊娠胎儿疾病的诊断与治疗,且可重复穿刺采血,监测胎儿在宫内状况。

一、经孕妇腹壁胎儿脐静脉穿刺取血术

在 B 超监测下采取胎儿脐带血原理较为简单，即用一高分辨力扇扫式或凸阵式扫描器定位脐带，然后在超声引导下，用一专用穿刺针进行穿刺。技术要点和步骤如下：

（一）脐带定位

精确地定位脐带十分重要，也较费时。孕妇取平卧位，先行常规 B 超检查，观察胎位及胎儿各部位的发育、胎盘位置、羊水深度及脐带分布情况，并初步确定脐带进针的部位。一般采用脐带胎盘附着端为穿刺点，因此处最易固定（见图 2-1-1）。有时附着端可被胎儿掩盖不易定位，可通过排空或充盈母亲膀胱或用手法改变胎儿位置的方法暴露脐带附着处。Daffos 报道成功的脐带血采集，98％在脐带附着处，其余 2％见于胎盘附着于子宫后壁，胎儿掩盖脐带或羊水过少等的晚期妊娠。这种情况可穿刺脐带的游离部。山东大学齐鲁医院妇产科多选用脐带游离部，该法优点是穿刺范围增大，母血不易混入，但穿刺难度较大，需有一定经验的医生操作。

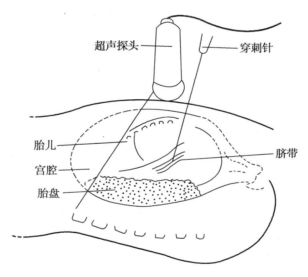

图 2-1-1　经腹穿刺点

（二）穿刺方法

术前应告知孕妇及其家属抽血的目的和全过程，以取得密切配合。手术前后不必用药，孕妇取侧卧位，腹部手术野消毒，铺无菌巾。穿刺前再次对脐带定位，在无菌操作下进行局麻，局部腹壁全层 2％普鲁卡因（或用 1％利多卡因）在穿刺部位注入腹壁直至子宫肌层。技术熟练者也可不用局麻，因为 90％病例穿刺时间短于 5 分钟。穿刺针可用适当长度的 9 号或 7 号针头，也可用 10cm 长的椎管穿刺针，使用前经肝素化处理。局部消毒后孕妇腹壁涂耦合剂，术者自己持消毒探测头，扫查宫腔内脐带，使脐带位于视野近中心部。由右手持针刺入皮肤、皮下、腹壁经宫壁直接进入羊膜腔，进针过程始终由荧光屏显示，离胎盘附着处 1cm 或 2cm 处行脐带穿刺（见图 2-1-1）。当穿刺针触及脐带，即可对准脐静脉以冲击动作进行穿刺，进入血管后，由助手抽回针芯，接上 10mL 空针抽血，达需要量后

随即拔针。Daffos 等对 562 例孕妇用此法采取 606 次胎血,588 次首次获纯胎血,18 例第二次抽血成功,15 例羊水稀释,无一例有母血污染。

（三）脐带血处理

所得脐带血应根据不同目的分别置入各个试管送检。可采用检测 RBC、HbF 的方法确认胎儿血。

（四）术后处理

术后 B 超观察胎儿心率,穿刺点是否出血,胎盘及宫壁是否有血肿。并测量孕妇宫高、腹围及血压。

二、产前胎儿肝内脐静脉采血法

Nicolini 等认为对羊水量少、母亲肥胖或胎盘后位脐带穿刺有困难者,可以考虑用胎儿肝内脐静脉采血。采血前 2 小时给孕妇口服氧羟去甲安定(Lorazepam)4mg。如需做胎儿输血者大多数病例于操作前 1 小时给孕妇肌注罂粟碱 20mg 和奋乃静 5mg,孕妇采取腰部垫高的楔形仰卧位,在超声引导下先选择腹壁进针部位,用 20 号腰穿针刺向胎儿前或侧腹壁,然后针与水平面呈 60°角刺向脐静脉的肝内部分,抽吸纯胎血 2～3mL。如仅为诊断,则可立即拔出穿刺针,如为治疗则可连接三通管装置,输入所需药物或血产品。

三、产前脐静脉取血术中可能遇到的问题及并发症

（一）问题

超声引导下行脐带血采集的主要困难在于超声图像的质量、设备欠佳、孕妇肥胖及羊水过少等情况。此外,胎儿的过度活动或于脐带的附着处不能移动也可造成穿刺困难。这些均可经耐心仔细的观察和操作而解决。在较早期妊娠时(停经 17～19 周),虽脐带血管较细,但此期由于脐带比妊娠晚期更易看清而不会导致穿刺困难。

（二）并发症

1.感染　感染的机会随反复穿刺的次数增加而增加,因此,应尽量争取一次穿刺成功。还应严格无菌操作。Daffos 在数百例采集脐带血中,只发生 1 例感染。山东大学齐鲁医院在 130 余例穿刺中无一例发生感染。

2.出血　拔出穿刺针后,声像可观察到脐带血管穿刺处可有出血现象,其特点如同串珠自血管内溢出,其速度由快变慢而后自行停止,持续时间多在 10～70 秒。即使胎儿患有出血性疾病,穿刺点凝血也较快,一般不会出现穿刺点出血不止的情况。这可能与子宫内凝血主要依赖母血和羊水中凝血酶原有关。

3.胎儿心动过缓　约有 7% 病例穿刺后可表现为暂时性胎儿心动过缓,似与穿刺点出血的程度无关,可能由于血管痉挛所致。Daffos 报道的病例中,有 5 例(0.25%)胎儿死于心动过缓,这些胎儿均在妊娠早期(停经 18～20 周)。病理解剖检查脐带既无血栓形成亦无血肿。有人报道穿刺取血过程中胎儿发生严重心动过缓时,让孕妇左侧卧位和吸氧,可使情况好转。若这些病例系妊娠末期,则需紧急行剖宫产。由于现在宫内胎儿穿刺取血技术适应证越来越广,常施于畸形或严重疾病患儿,因此,对于胎儿宫内死亡,应区分是由于穿刺的原因还是由于胎儿本身病理因素所致。

（三）产前脐静脉取血的安全性

实践证明,宫内胎儿穿刺取血术具有高度安全性,手术相关死亡率为 $0.1\%\sim0.5\%$。有学者报道诊断性脐带穿刺 1400 例,只有 2 例胎儿死亡与穿刺操作明显相关。许多学者认为,行脐带穿刺术的胎儿本身常患有严重疾病,具有较高的死亡率。因此,脐带穿刺术所致死亡应将这些因素考虑在内。Daffos 报导 606 例次穿刺中,死胎或流产的发生率为 1.6%,与穿刺相关的为 0.4%。国内尹镇伟、何超、付庆诏等人的资料均未见早产、流产及胎儿死亡的报道。所以,宫内脐静脉取血还是十分安全的。

（四）产前脐静脉取血的临床应用

1.一般注意事项

（1）胎血的纯度:脐带血质量是取得正确的检查结果的重要前提。因为在胎儿脐带血采集过程中,标本可被母体血污染或被羊水所稀释,从而导致错误的结果。如 0.1% 的母血污染就可使我们错误地得出胎血中存在 IgM 的结论,从而不正确地诊断先天性感染。羊水污染则可使我们得出贫血的结论或假性血小板减少或凝血因子无凝聚力。因此,有必要在采集脐带血时做有关试验,进行质量控制。如检测母血污染,可采用 RBC 及 WBC 分布曲线、抗-Ⅰ及抗-i 凝集、β-HCG 及 Kleihaner 试验等。如检测羊水稀释,可应用血比容测定、血涂片、凝血因子等检查。

（2）妊娠期生物学参数的变化:妊娠期多数胎儿生物学参数是随妊娠时间而发生变化的,解释结果必须将此考虑在内。如胎儿血 RBC 计数,最初胎儿 RBC 仅有 $0.37\times10^{12}/L$,其中 92% 为原始 RBC。胎儿 3 个月时约有 RBC $1.0\times10^{12}/L$,4 个月时可达 $3.0\times10^{12}/L$,至 6 个月时约为 $4.0\times10^{12}/L$,新生儿 RBC 则可达 $(5.7\sim6.4)\times10^{12}/L$,红细胞压积为 53%。正常妊娠 40 周时,胎儿血红蛋白为 $150g/L$,标准差为 $10g/L$。因此,抽取脐带血做检查时,必须考虑到脐带血各项检查不同胎龄的指标水平。

（3）胎盘的通透性:某些分子很容易通过胎盘并达到胎盘屏障两侧的平衡,如 IgG、肌苷、尿素氮;而另一些分子如胆红素、葡萄糖等则通过胎盘的速度很慢。还有一些分子如 γ-谷氨酰胺转移酶、乳酸脱氢酶等根本不能通过胎盘。因此,胎血中一旦存在这些分子则是自己产生的,从而成为研究胎儿状态的客观指标。

2.临床应用范围及评价

（1）产前疾病诊断:可用胎儿 RBC、血浆或淋巴细胞等对胎儿的多种疾病进行早期诊断,从而可以及时得到处理。

① 诊断血型不合溶血症:脐静脉穿刺取胎儿血可以直接测定胎儿血型、胆红素定量及直接抗人球蛋白试验。对疑有母子血型不合所致新生儿溶血疾病史的孕妇可明确诊断,并指导治疗。对 Rh 阴性者,应鉴定胎儿 Rh 因子,如为阳性,可评价发生溶血的程度,有效地判定宫内输血的适应证并进行宫内输血。

② 诊断血友病:通过测定脐带血的凝血因子Ⅷ、Ⅸ等,可预测血友病甲、乙高危儿。

③ 血红蛋白病:通过检查血红蛋白结构的组成,可早期诊断地中海贫血及镰形细胞贫血等。在血红蛋白病的高发地区用这种方法检查此类疾病十分必要,确诊后可终止妊娠,或行宫内基因治疗。

④ 胎儿血小板减少症:胎儿血小板减少症(fetal thrombocytopenia)的两个主要原因

是血小板系统的同族免疫和自体免疫,后者多于前者。宫内胎儿穿刺取血不仅能明确诊断,也能证明母体与胎儿的血小板数目有无相关性。同族免疫所致的血小板减少症可早至妊娠 20 周发生。这也可说明,10％颅内出血可发生于妊娠期。重复宫内穿刺脐带取血有助于我们研究母体治疗(如类固醇、大剂量 IgG)对胎儿血小板数的影响。对于胎儿同族免疫的血小板减少症,通过脐带穿刺的方法,在生前给胎儿输浓缩血小板,可使其安全地经阴道分娩。

⑤ 先天性遗传性代谢病:现在能进行产前诊断的先天性遗传性代谢病已经有 80 多种,确诊后可考虑终止妊娠或给予基因治疗,对优生优育有很大意义,如葡萄糖-6-磷酸脱氢酶缺乏症等。

⑥ 染色体病:通过宫内穿刺脐带取血做染色体培养,可明确胎儿染色体结构或数目的异常。胎儿血培养检测染色体较羊水培养法时间短,一般只需 48～72 小时,染色体显像清晰。现已知人类有 50％～60％的自然流产胎儿有染色体异常。

(2) 确定微生物感染的类型:对有习惯性流产、死胎、死产或先天性缺陷史者或本次妊娠为先天性畸形儿,为进一步寻找其原因,直接取胎儿血检查弓形体、巨细胞病毒、风疹病毒抗体,较检查母血有更大意义。因为此类疾病为母子间感染,检查脐带血中各该病的 IgM 抗体,有助于早期诊断。

① 风疹病毒感染:1941 年,Gregg 首次报道妊娠期风疹病毒(rubella virus,RV)感染与胎儿发育不良的关系。1964 年,美国风疹大流行导致 2 万例先天性畸形儿出生,3 万例死亡和自然流产。孕妇对风疹易感,风疹病毒可经呼吸道或泌尿生殖道进入胎盘引起胎儿宫内感染,导致胎儿发育异常,发生先天性风疹综合征。对孕妇的 RV 监测应在妊娠 20 周前进行。通过检查脐带血中 RV 的 IgM 抗体可确诊感染与否,如已有感染应终止妊娠。

② 巨细胞病毒(CMV)感染:CMV 感染是先天病毒感染的重要病原之一。CMV 感染后引起胎儿脑组织广泛损伤,是智力低下的最重要原因,在产前诊断中可取胎儿血作血清学检查,若脐带血中 CMV-IgM 为阳性,对诊断先天性感染有参考价值,也可采用基因诊断、DNA 杂交试验等。

③ 弓形体感染:母亲受弓形体(toxoplasma)感染后无论有无临床表现,弓形体原虫均可通过胎盘感染胎儿。中枢神经系统常是受损部位,孕期作产前诊断非常重要,取胎儿血作抗体测定可早期诊断和得到及时处理。

(3) 胎儿血甲胎球蛋白(AFP)测定:对某些先天性畸形,临床及 B 超不能确诊者,可通过采取胎儿血测定甲胎球蛋白帮助诊断。AFP 主要在胎儿肝脏及卵黄囊内合成。4 周时肝脏开始合成 AFP,10～20 周时达高峰,而卵黄囊内 AFP 的合成速度在妊娠 8.5 周后逐渐减慢,11.5 周时合成就很少。6.6 周时 AFP 开始在胎血中出现,10～23 周时达高峰,23 周后逐渐减低,32 周后迅速减低,至 40 周时达最低值。现已肯定测定羊水中 AFP 的数值能准确反映胎儿有无开放性神经管畸形。

(4) 胎血血气分析:直接取胎血做血气分析,可作为诊断胎儿宫内缺氧的确切依据。

(5) 胎血组织配型(HLA)检查:取脐带血作 HLA 检查,可明确胎儿的 HLA 表型,为提供脐带血造血干细胞移植做准备。山东大学齐鲁医院儿科与妇产科合作,为一患先天纯红再障的患儿做同胞脐带血造血干细胞移植。在患儿之母妊娠末期,应用超声引导下宫内脐带穿刺采集脐带血做血型及 HLA 分析,结果胎儿血型与患儿相同,HLA 配型为半相合。临产前,患儿在儿科病房接受预处理,做好接受脐带血造血干细胞移植的准备;产科医护人员做好收集脐带血准备。当患儿的同胞出生时顺利采得脐带血做脐带血移植,病情获得缓解。

(6)胎儿治疗与胎儿药代动力学研究:胎儿可通过母体行间接治疗或通过脐静脉途径进行直接治疗,但不论何种途径,脐带穿刺取血是不可缺少的。通过母体的治疗,脐带取血可用于检测药物在体内的作用及胎血中浓度,也可借助脐带穿刺向胎血循环中直接注射药物如抗菌素、地高辛等。最常见的经脐静脉治疗途径是给 Rh 同族免疫胎儿输浓集 RBC 及为免疫性血小板减少症患儿输注浓集血小板。脐带穿刺还可用于胎儿输血前后作红细胞压积等的检查,从而精确地确定输血的频率和量,以避免因胎儿严重贫血所致的不可逆性损伤。

第二节　产后脐血采集

Postnatal Cord Blood Collection

产后脐带血采集,是指新生儿娩出断脐后,将残留在脐带和胎盘绒毛血管内的血液收集起来,叫产后脐带血采集。远在 1914 年已有人采集、使用脐带血,但直到 1934 年 Malinovsky 及 Bruskin 等开始正式提出用脐带血输血,并发表了使用成功的报道。1938 年英国、加拿大、美国等地亦陆续采集、应用脐带血。我国在 1953 年已有"收集和使用胎盘血的经验"报道。至 20 世纪 90 年代应用脐带血代替骨髓进行造血细胞移植的成功,更加引起人们对脐带血临床应用的兴趣,从而脐带血采集工作愈来愈受到人们的重视。但脐带血采集不同于骨髓,不能预先确定采集的质和量,而受到母体、胎儿体重、胎盘大小、采集技术的影响很大。为了保证质量,有效地供给临床应用,采集人员一定要严格各项操作规程,以最大限度地采集脐带血。

一、采集的条件

(一)产妇方面

1.发育和营养正常,皮肤无黄疸,浅表淋巴结无明显肿大。

2.无急慢性传染病、各种肾炎、肾病综合征,无性病及麻风病。

3.无恶性肿瘤及各种遗传病。

4.无各种血液病,如贫血、白血病、出血性疾患。

5.无寄生虫病及各种地方病,如囊虫病、丝虫病、绦虫病、黑热病、血吸虫病、肺吸虫病、克山病、大骨节病等。

6.产妇化验 GPT 正常、HBsAg 阴性、HCV 阴性、梅毒试验阴性、HIV 阴性、血常规及尿常规正常。

(二)胎儿方面

1.体重在 2500 克以上,非早产儿。

2.非死胎或畸形儿。

3.无新生儿窒息、水肿、黄疸。

二、脐静脉的辨认

脐带的始基是胚胎发育中的体蒂,胚胎通过脐带浮于羊膜腔中。脐带的一端连于胎儿腹壁的脐轮,另一端附着于胎盘的胎儿面。足月胎儿的脐带长50～60cm,表面光滑,由羊膜遮盖,呈灰白色,横切面直径为1.5～2.0cm,脐动、静脉呈品字形排列,其中一条管腔较大者为脐静脉,两条管腔较小者为脐动脉(见图2-1-2)。脐静脉外观管壁较薄,浅显可见,管腔较大,常有静脉窦扩张处,无波动。脐动脉较细,呈螺丝状,有明显的波动。

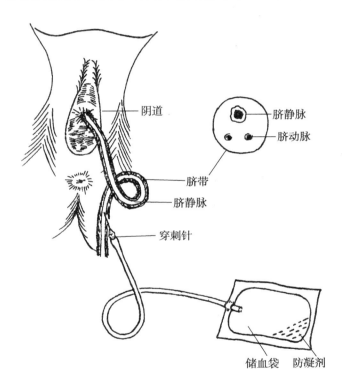

图2-1-2　产后脐血采集

三、脐带血的采集方法

随着脐血采集技术的发展,脐带血的采集方法有开放式、半闭合式、封闭式、导管法和密闭式。目前最常用的是密闭式,于下节专述。

（一）开放式采血法

该法系美国 Wagner,Broxmeyer 等所用之方法,可最大限度地采集脐带血,缺点是污染机会多,对无菌环境及设备要求高。

1.器械包内应备好下列物品　200mL 无菌的聚苯乙烯收集罐2个,含15mL ACD-A

防凝剂 30mL 的注射器 1 支,青霉素、链霉素各 1 支,10mL 无热源蒸馏水 2 管,10mL 和 1mL 空针各 4 个,20 号针头 10 个,25 号针头 4 个,酒精棉球 6 个,无菌纱布垫 4 个。

2.方法　包括以下 2 种:

(1)脐带血液收集:胎儿娩出后迅速在脐带上方 1～3cm 处结扎脐带,将新生儿移出手术野,并用无菌纱布彻底地清拭脐带表面。助手同时打开无菌采集罐,巡回护士用 20mL 注射器将 15mL ACD-A 注入其中。将收集罐备好后,产科医师无菌握住横断的脐带,在收集罐口上松开脐带,注意使其低于子宫水平,这样脐带内的血即可自动流出,也可将脐带轻轻摇动。经产道生产时,必须注意脐带的表面勿与无菌罐内壁相接触。剖宫产时,注意母血勿与脐带血接触。采血的同时,轻轻摇动容器,以使其与抗凝剂充分混合。当脐带血自然流出停止时,可将脐带在其游离端上 2cm 处剪断,将其中的脐带血捋出,有时此种捋出的血液可占脐带血标本的相当部分。

(2)胎盘血液收集:脐带内血液收集完后,立即再夹住脐带,将胎盘置入一无菌的不锈钢盒内。助手将脐带内残留的血捋回胎盘中,再由带 20 号针头的 30mL 注射器(含 3mL ACD-A)穿刺脐带基底部的胎盘静脉,将血抽出。当血液抽出时静脉会变瘪,随后静脉又重新充盈,再抽取,直至无血液充盈为止。收集完后,将针管内血液注入第二无菌罐内。取得脐带血后,可加入青霉素 G(100U/mL 血)和硫酸链霉素(0.1mg/mL 血),密封后备用。

Wangner 等人应用此法采集 38 份脐带血,采集量 42～240mL,中位数(103±49) mL;胎盘血 8～85mL,平均(31±16)mL。一般情况下,从脐带采血即可,若血量不足,可再从胎盘静脉取血。产后结扎脐带越快,收集时间越长,收集量也越多。每次收集到的有核细胞(NC)在 $4.7×10^8$～$4.6×10^9$,均数为 $1.4×10^9$±$0.96×10^9$。不同脐带血之间有核细胞浓度相差很大,低者只有 $3.1×10^6$/mL,多者可达 $24.3×10^6$/mL。应用重组人类 GM-CSF 及重组人造血干细胞因子(rh-SCF)做刺激因子,琼脂培养法,一个脐带血 CFU-GM 的克隆产率为 $5.4×10^5$～$50.0×10^5$,平均 $21.5×10^5$±$3.1×10^5$,应用 EPO、rh-IL-3、rh-SCF 等做刺激因子,甲基纤维素培养法 CFU-GEMM,集落产率为 $4.2×10^5$～44.2 $×10^5$。

(二)半闭合式采血法(玻璃瓶采血法)

用玻璃瓶采血需排除瓶内的空气,采血后瓶内尚有一定的空间,不但增加血液污染的可能性,且玻璃瓶的体积和重量大,保存血液的透明度欠佳,不利于血液保存,造成血液存储期较短,影响血液质量的观察。且玻璃容器易破碎,不便于运输;玻璃容器的清洗和装配手续繁琐,使用不便;与塑料袋比较,易发生输血反应。但由于玻璃瓶来源丰富,可以高压高热消毒,因此,玻璃瓶采血法仍在基层医院被较广泛采用。用前玻璃瓶一定要严格执行酸化、清洗及高压灭菌程序,玻璃瓶内加入 20mL ACD 保养液,然后用双层敷布包扎消毒。用玻璃瓶法采集脐带血步骤如下:

(1)婴儿娩出后,立即用两把止血钳在距脐轮 1～3cm 处夹住脐带,用无菌剪刀在钳间剪断脐带。

(2)用一块 45cm×45cm 的双层敷布(可同产包一起消毒)遮盖会阴等不洁处,以防污染,将脐带放于消毒巾上。

（3）助产士处置婴儿,将其移出手术野。护士打开采集瓶的包皮,产科医师无菌操作,取出采血瓶,将采血器一端的针及排气针插入瓶中。

（4）用一块无菌纱布由脐带断端向母体端轻轻拭去污物,然后将纱布置于阴道口处。

（5）用右手提起止血钳,左手取一块消毒纱布,叠于进针处的脐带下面,托住脐带,用2%碘酒和75%酒精依次消毒欲穿刺处。

（6）右手持针,将针头全部刺入静脉后,左手拇指将脐带下纱布的一部分折盖于针柄上,用止血钳夹持针柄处固定针头,以免滑脱。此时胎盘仍处于子宫内,借助母体子宫的阵缩有助于脐带血的流出。

（7）右手轻轻摇动血瓶,使保养液与血液充分混合,以免发生血凝块。

（8）血流停止后,用血管钳夹住采血针尾端的胶管,拔出两端针头,将采血器管内的余血放入小试管内,以备查血型和血清学实验用。瓶口再次消毒后,用无菌口胶帽密封胶塞,清拭血瓶,连同试管（标明姓名、时间）送登记处。

（9）填写与粘贴瓶签:①瓶签:血型、瓶号、住院号、病房、床号、采血量、产妇姓名、采血者、采血日期及时间,新生儿体重、性别等均应逐项填写清楚准确。②试管签:产妇姓名、住院号、新生儿性别等,填写后贴于试管上。

（10）将血瓶用无菌袋盛放,速送至实验室处理或4℃冰箱保存。

（11）凡经采脐带血者,均应在病历上注明,以备查访。

20 世纪 90 年代初,我们应用该法采集脐带血 800 份,无一发生细菌污染,平均采血量 96mL,其中 300 份经细胞分离后存于液氮中,400 份用于临床脐带血输注及移植,未发现输注脐带血所致的不良反应及输血相关性肝炎和移植物抗宿主病（GVHD）。因 ACD 防凝脐带血时,若放置时间超过 6～8 小时,则不易分离出单个核细胞（MNC）。因此,为获得更好地分离干细胞的效果,我们用肝素 20～50U/mL 防凝。

（三）密闭式采血法（一次性无菌塑料采血袋采血法）

目前国内已经生产一次性无菌采血袋。一般储血袋与采血器连接在一起,储血袋内含 ACD 保养液,无菌密封于塑料包装袋内。封闭式采血法是当前较先进的方法之一,符合质量控制的要求,且使用方便,污染机会少。具体采血方法将在本章第三节中详细介绍。

（四）导管采集法

Turner 等应用改良的方法收集脐带血,将导管分别插入脐动脉、静脉内,形成一个闭合系统,由脐静脉采集脐带血。脐静脉血自流停止后,由脐动脉经导管注入生理盐水,冲洗脐带血管及胎盘,所得脐血是经过盐水稀释的。血比容为 $10\%～25\%$,单个核细胞为 $1.17\times10^8～34.4\times10^8$,每份脐带血平均含有 CFU-GM 5.2×10^5（$9.96\times10^4～12.4\times10^6$）,BFU-E 8.82×10^5（$2.40\times10^4～1.61\times10^6$）,CFU-GEMML 5.37×10^5（$7.33\times10^3～3.18\times10^5$）。该方法可最大限度地收集造血细胞。Brandes 等应用带有三通活塞的导管采血,婴儿及胎盘娩出后,用两把血管钳将脐带上下夹住,向脐静脉插上一个导管,将三通活塞与此导管相接,三通活塞一方接上含有 CPD 液（citrate phosphate dextrose）的刻度注射器,另一方连接 250mL 血浆转移袋中。每收集 40mL 脐带血,6.3mL CPD 液即与其混合。此法的最大优点是可通过三通活塞,精确地控制加入 CPD 量,使血液与 CPD 防凝剂的比例更加合适。

四、关于母体 T 淋巴细胞污染问题

从理论上讲，脐带血可能含有母体血细胞，其中特别应引起注意的是 T 淋巴细胞。此细胞在免疫受抑制的移植患者中可引起严重的移植物抗宿主病（GVHD）。在文献中，重症联合免疫缺陷的患者由于母体淋巴细胞植入引起 GVHD 者屡有报道。但母体细胞污染的时间尚不清楚，可能在孕期，也可能在生产过程中。有人估计脐带血可能含有 $0.6\sim2.3\text{mL}$ 母血，由此，可大致推算出有多少个 T 细胞，这些细胞在正常情况下将会被宿主排斥，不会引起任何问题。但在免疫受抑制的患者则有发生 GVHD 的危险。Kurtzberg 等人对接受脐带血移植后的患者外周血及脐带血，采用包括 RFLP、HLA 及核型等技术，均未发现有来自母体的 T 细胞。这可能与测定技术的敏感性有关。Wangner 等认为，目前检测技术敏感性只能检测 $0.1\%\sim1.0\%$ 的母血污染，有可能脐带血中母血的污染水平小于 1.0% 甚或小于 0.1%。人们已应用脐带血移植治疗免疫缺陷患者，如果脐带血有母体细胞污染的话，可能会导致 GVHD。因此，脐带血中母体细胞的污染问题值得进一步重视和研究。

五、脐带血采集的特点

同采集骨髓的情况不同，每次采集的脐带血有核细胞、克隆产生细胞的数量随着实际采集到的血量而不同。另外，单位体积内有核细胞数及克隆产生细胞数也相差悬殊。因此，采集脐带血前无法确定采集量。在临床实践中，到目前为止，尚未发现脐带血有核细胞或克隆产生细胞数同造血细胞植入的确切相关性。也不清楚脐带血移植所需的最少有核细胞数或克隆产生细胞数。但原则上，预先应尽可能多地采集脐带血。研究结果显示，脐带血的造血祖细胞含量与质量不同于骨髓，骨髓移植所需有核细胞数为 $2\sim3\times10^{8}$ 细胞/kg，而此标准不一定适于脐带血移植。Broxmeyer 等人用脐带血有核细胞 3×10^{7}/kg 成功地实施了脐带血移植。因此，脐带血移植所需造血细胞数可能比骨髓移植要少。

脐带血采集和应用在以下几个方面优于骨髓：①收集脐带血对供者没有任何风险或不适，不需麻醉或输血。②脐带血淋巴细胞抗原性弱，引起 GVHD 可能性小，程度轻。③脐带血相对较纯净，接触病毒等病原微生物的机会少。④脐血来源丰富，属废物利用，变废为宝。

因此，对白血病、淋巴瘤、神经母细胞瘤、骨髓衰竭、免疫功能低下或先天性代谢异常的患儿，其母亲怀孕时，应考虑采集脐带血供移植或输注用。

第三节　产后密闭式脐血采集

Postnatal Closed Cord Blood Collection

进入 21 世纪以来，随着干细胞研究的逐渐深入，脐带血干细胞的应用已涉及临床各个系统，对脐带血采集有了更高的需求。2002 年，国家对脐带血采集有了相关规定。1999 年，卫生部关于《脐带血造血干细胞库管理办法》试行条例中第四章第二十三条规定："脐带血造血干细胞库采供脐血造血干细胞必须严格遵守各项技术操作规程和制度。

参与脐带血采集、处理和管理的人员应符合《脐带血造血干细胞库技术规范》中的要求。"
第二十五条："脐带血的采集需遵循自愿和知情同意的原则。除采供双方必须签署知情同
意书外,并应符合医学伦理的有关要求和条例。"此条例的出台,让脐带血采集更加规范。
现临床多应用密闭式采集法,易符合质量控制的要求,可达到规格化、标准化、统一化之目
的,且操作方便,不易污染。脐带血采集血袋除用于采集外,连同脐带血采集后前期的制
备处理也设计于一体,大大降低了脐带血的污染。密闭式的采集方法与前所述的方法和
要求有诸多不同之处,还必须要符合国家法律、法规和伦理原则。在此,就自然分娩和剖
宫产时脐带血密闭式采集作一介绍。

一、采集条件

(一)采集人员

采集人员包括有采集者和助手,每例采集均有 2 人参与。

1. 采集者资格　二级以上综合医院或妇产医院,具有医师、助产士和护士的执业上岗
证,并接受当地脐带血库采集技术培训,通过采集资格考试,取得脐带血采集资格证,方能
采集脐带血。采集者还需负责抽取母血、填写供者健康调查表。

2. 采集助手　医生、实习医生或护士协助采集。内容包括:物品递送、摇晃血袋等。有
条件的医院亦可使用智能采血仪(见图 2-1-3),采血仪只能替代采集助手摇晃血袋的工作。

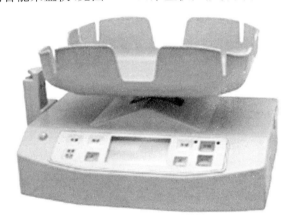

图 2-1-3　智能采血仪

(二)供者条件

无论为公共脐带血库捐献或自体保存的产妇和胎儿,必须符合本章第二节"产后脐带
血采集术"采集条件中产妇方面和胎儿方面的内容。此外,羊水重度污染、胎盘早剥、重度
子痫前期、前置胎盘、产后出血者不符合脐带血供者条件。另外,采集前需供者知情同意,
并签订采集、捐献和自体保存协议书。

二、采集用物

(一)采集血袋

为了脐带血采集和处理的简易、便捷,并减少处理时的污染,现在各个脐带血库都有

专门设计定做的采集血袋。虽然各血库定制的脐带血采集袋略有不同，但是，基本都是将脐带血的采集袋和脐带血制备前期处理的血袋设计在一起，统称脐带血采集袋。连接采集管的大袋供采集使用，含有 28mL 无色透明的抗凝液，供采集 200mL 脐带血（全血）；其他 2 个小袋与大袋不通，分别用于血细胞和血浆的提取，与采集无关。采血袋暂时存放的环境是 4～20℃的干燥处。

（二）母血试管

含有 0.5 mL 抗凝液的真空玻璃试管一个。

（三）供者健康调查表

其内容是为脐带血临床应用设计，是脐带血提供者唯一的书面资料，填写要保证内容的正确性和完整性。详细记录供者父亲、母亲有无遗传、造血或免疫系统疾病，有无急、慢性传染病（见图 2-1-4）。

（四）供者知情书

采集前需供者签订脐带血采集、捐献或保存知情同意书；自体保存者需签订自体脐带血干细胞保存协议书，并告知采集和保存不成功的各个因素。

（五）接收确认单

确认单包括：接收的血袋、母血试管、采集人姓名、日期、时间、地点，与采集有关的各种资料是否统一完整。确认无误后接收人签字。

（六）脐带血运送箱（亦是脐带血暂时存放箱）

箱内需配有温度计、隔离板（隔离血袋和资料），箱体须有醒目的脐带血标识；根据季节的不同，箱内还需备有调整保温物品，如夏季备有冰块、冬季备有保暖棉等，保证暂时存放和运送时间箱内的温度为 15～25℃。运送箱体需保持清洁，每次用后按医疗污染物清洗，箱子的内外分别用紫外线消毒 30 分钟后备用。应用带有自动恒温装置的脐带血专用运送箱更佳（见图 2-1-5）。

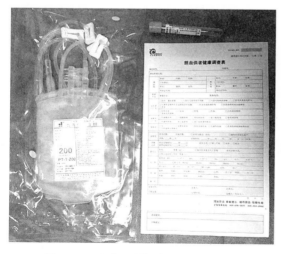

图 2-1-4　血袋、试管、供者健康调查表

图 2-1-5　脐带血存放运送箱

三、采集前准备

(一)填写调查表

采集者在第一产程前用签字笔或钢笔规范填写调查表,所填内容需询问供者本人,资料真实、完整、无漏项。如需涂改,需在涂改处签字。因母体的血液检测结果同胎儿的血液有直接或间接的关系,在今后脐带血应用时,母体检测项目是脐带血应用重要的参考依据。所以,健康调查表中母体检测项目填写非常重要。填写时可应用孕期档案中的检测结果。检测结果的时间应不超过 3 个月,如超过 3 个月需重新取血检测;对急症分娩不能出示检测结果的产妇,不得按产妇和家属的口诉结果填写,仍需重新取血检验。两种情况下,需在检测项目栏的左侧标注"结果在几日前补填",并通知血库有关人员知情。待检测结果报出后,第一时间通知补填。有关新生儿项目,在新生儿出生后完善。

(二)抽取母体外周血

在第二产程前抽取母体外周血 4mL。抽取前确认产妇在 48 小时内没有接受 2000mL 以上输血和胶体液的输注,检查试管有效期,是否完好无损,防凝液是否清澈透明;血液抽取注入试管时,针头需斜向试管内壁的上 1/4 处,并控制速度,防止溶血。注入完毕,在试管标签上标识产妇姓名、住院号、日期、采血时间和采血人。将试管垂直放入运送箱内固定好。如发现溶血,需立即重新抽取,保证与脐带血制备时间的同步。

(三)采集物品准备

1.采血袋　打开前检查血袋包装有无漏气,确认有效期,防凝液有无变色或混浊物,如有异常,更换合格采集袋。血袋在第二产程时按无菌操作方式打开,置于产台上的一角,暂时将针头帽拧断(针头不拔出,针头帽还需用于采集后回套)备好。

2.无菌方巾　60cm×60cm 一次性无菌防水巾一块(可借用产包内备用无菌巾)。

3.其他　消毒棉球 2 个、无菌纱布 1 块、止血钳 2 把、无菌手套 1 副。

四、采集操作流程

脐带血采集的全部流程需严格无菌操作,采集者在产妇进入分娩室后,核查产妇姓名、住院号、床号、保存单、协议书等,确认供者准确无误。产妇进入第二产程前,采集者按手术者条件洗手、穿手术衣、戴无菌手套。严格无菌操作。

(一)自然分娩时采集(在第三产程进行)

1.建立采集区　胎儿娩出,采集者立即将无菌防水巾铺于脐带下方,形成无菌操作台。

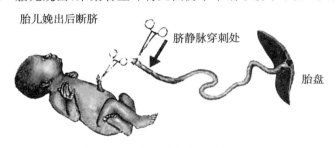

图 2-1-6　胎儿娩出断脐位置

2.操作步骤

（1）待助产士剪断脐带，采集者接过脐带，在脐带残端向上 2～3cm 处（见图 2-1-6），用消毒棉球自下而上迅速擦拭约 10cm，（必要时用生理盐水冲洗脐带上血液及其他异物）；

（2）取过无菌纱布和血袋，将血袋递给助手，无菌纱布垫于穿刺点的下方（防止滑脱）；

（3）右手持穿刺针，针头呈 10°～12°斜面向下（避免血流过急，针头贴住血管壁，障碍血液流速），快速刺入血管。

（4）并向前推进大于 1cm 后转动针头。

（5）在第一股血液进入血袋时，助手开始晃动血袋，保证血液迅速与防凝液混合；

（6）采集者见脐带血流速变慢时，一手固定好穿刺针头，另一手由胎盘端向下轻轻捋顺脐带，迫使血液快速流出。

（7）如脐带血管发育过度扭曲，穿刺针头进入血管内少于 1cm 时，采集者以固定针头为主，助手协助捋顺脐带。此操作不可过度牵拉和过度捋顺脐带。

（8）采集至脐血管塌陷、脐带发白、血液停止流出时，脐带血回收完毕，用止血钳夹住采血针头的上方，拔出针头，盖上针尖帽。

3.采集时间　有两个时段影响着脐带血的采集质量，一是从剪断脐带到脐静脉穿刺为穿刺阶段（简称 A）；二是从脐静脉穿刺到采集终了，是脐带血采集阶段（简称 B），两个时段统称为脐带血采集的时间。A 在 10 秒钟以内，B 在 3 分钟以内。两个时段开始的时间越早、越快，采集的量越大，质量越好。一般讲，两个时段在 5 分钟内结束为佳。

4.助手配合　助手需要与采集者协同动作，密切配合。在接过脐带血袋后，血袋放在低于产床的位置，或下蹲于产床旁，柔和而快速的摇晃血袋，保证血流入血袋即刻与抗凝液混合，防止发生凝集；如采用智能采血仪，需在第二产程前准备好，调试好各项功能，在第三产程前开机准备。

5.采集后处理

（1）穿刺针拔出和采血管小卡关闭时机：视采集时间而定，如在 5 分钟以内，先拔出针头，让采血管内的血液流入血袋，关闭采血管上的各个小卡；如超过 5 分钟（此时采血管内有可能出现血细胞的凝集，影响白细胞回收），需先关闭小卡再拔出穿刺针头，防止采血管内的血液流入血袋。关闭小卡位置为距离血袋约 10cm 处。

（2）采集针头的处理：原版采血袋针头用原针帽回套，新版血袋穿刺针头拉回到针头套内；亦可在采血管上打两个死结，剪掉针头（以免针头刺破血袋），但断端需用无菌纱布包扎，胶布固定（注：剪断的针头需同血袋放在一起，带回血库称重，以区分血袋和脐带血的数量）。

（3）血袋标识：采集者清洁并整理好采血管，手不离血袋即标识产妇姓名、住院号、新生儿性别、出生时间、采集人、医院、日期、时间。助手处理采集区内的所用物品。

6.完善调查表　将分娩情况、新生儿出生信息填写在相应位置，保证供者健康调查表完全无漏项。

7.核对资料　血袋、母血试管、各项资料、表格，确认填写一致无误；在运送箱内血袋和资料需隔离放置，保持各资料的清洁。

8.通知接收　第一时间通知运送人员和脐带血制备人员,详细告之该例脐带血采集和送达时间。

（二）剖宫产时的采集

剖宫产时的脐带血采集,按要求是在胎盘娩出后进行,但有的采集者根据多年的采集经验,认为剖宫产的采集量虽然不少于自然分娩采集量,但制备的 TNC 数量,要低于后者 1.3×10^8 以上,所以为了采取高质量的脐带血,在剖宫产时亦选择了在第三产程采集。但是需要注意的是:①此方法的利弊必须告知产妇和家属知情;②保证产妇和新生儿的安全;③手术条件的许可;④取得产科医生同意和配合;⑤仅限于剖宫产的顺产时。不管怎样,剖宫产时在第三产程采集和手术的时间冲突是不可避免的,不提倡在第三产程操作。

1.建立采集区　采集区可设在器械台的一角或另设无菌操作台。

2.采集者准备　备好脐带血采集袋、消毒棉球、无菌纱布、止血钳、手套等采集物品放置于操作台的一角。采集者按手术者准备,采集前洗手,穿戴手术衣、帽、口罩、手套。

3.操作流程　分两步叙述。

（1）胎盘娩出后采集:待胎盘娩出后,采集者迅速将胎盘平放于采集台上,一手持脐带断端,一手消毒,迅速脐静脉穿刺;待血流变慢时,一手固定针头,另一手轻轻按压胎盘和捋顺脐带(见图 2-1-7),助手有效配合,其他操作同自然分娩时的采集流程。

（2）第三产程采集:取出新生儿后,在手术者处理其他事项时,采集者迅速接过脐带,快速脐静脉穿刺采集,操作流程同自然分娩,采集完毕,用止血钳夹住采集针头上方,拔出针头,递还给手术者。其他操作同第三产程。

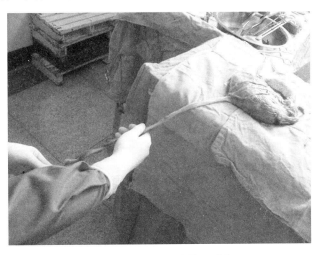

图 2-1-7　剖宫产脐带血采集

五、多胞胎脐带血的采集

多胞胎脐带血的采集也按以上方法,需注意的是:按新生儿人数安排采集人和助手,根据胎盘数量,各个新生儿的脐带需要有明显标识,在新生儿娩出后,每个新生儿的脐带分别装一个采集袋，严禁混淆；采集后第一时间在采血袋上明显标识，如长子、次子、长女、次女，以此类推，清晰标识新生儿性别、出生时间和采集时间；健康调查表，每个新生儿一份，不可合写在一起。

六、采集质量控制

脐带血的采集时间，只有短短5分钟，但体现着对生命的态度，每个人只有一次采集脐血的机会，采集者需要具备高度的责任心、娴熟的技术操作、严格的无菌观念和操作规程，最大限度地保证每例脐带血采集成功。

采集质量控制需注意以下几点：

（一）采集数量

脐带血采集的数量直接关系到临床应用的范围和效果，每例采集量应该是多少呢？在很大程度上，取决于脐带、胎盘血容总量。在妊娠发展过程中，胎盘与胎儿的血容量两者为反向发展的趋势，在妊娠早期，胎盘相对较大，其血容量超过胎儿血容量，随胎儿的迅速发育，胎盘和胎儿血容量交叉，随后胎儿血容量逐渐超过胎盘。一般说来，足月妊娠时，胎儿及胎盘的总血容量约为500mL，其中胎儿血容量约为370mL，胎盘部分血容量约125mL。但在新生儿娩出后，脐带结扎时间的早晚可明显影响新生儿-胎盘血容量的比例（见表2-1-1）。这里存在一个胎盘输血的概念，即新生儿娩出后，胎盘由于位置（重力）受宫缩压力的影响，通过脐血管向新生儿输血，胎盘血量因此而减少。这是分娩过程中母-婴正常生理机制的组成部分，在一般情况下，医师故意挤压血管向新生儿方向增加血液并无必要，有时可能有害。

表 2-1-1　　　　　　　　脐带结扎时间对胎儿、胎盘血容量的影响

脐带结扎时间 （秒）	胎儿血容量 （%）	胎盘血容量 （%）
5	67	33
15	73	27
60	87	13

胎盘血容量的多少，不仅受脐带结扎时间的影响，还受胎儿体重的大小、宫内缺氧状况以及娩出途径等因素的影响。比如，剖宫产儿胎盘的血容量一般高于经阴道自然分娩的产儿，这可能与剖宫产时，新生儿置于子宫之上，造成新生儿向胎盘输血所致。所以，经脐静脉回收的脐带血量就有较大的变动范围。20世纪90年代，法国的Gluckman等收集了143份脐血，平均血量110mL（30mL～200mL）；美国的Broxmeyer报道采集范围与此相近，为50～200mL。我们收集的1000余份脐带血，采集量均数在100mL左右，最高可达250mL。建立脐带血血库后，对采集量曾做过统计分析，如表2-1-2所示。

表 2-1-2　　　　　　　　　　　10317 例脐带血采集量统计分析

分娩方式	采集（份）	血量（mL）		制备 TNC×10⁸	
		采集量	平均值	制备	平均值
自然产	5880	40～198.8	79.96±24.82	3.35～50.65	12.43±5.78
剖宫产	4437	45～275.0	88.05±26.19	3.05～36.30	11.12±5.07

　　直线相关分析：血量与 TNC 数均呈正相关，即同一个体血量越多 TNC 含量越高。

　　经多年采集经验总结，影响脐带血量的因素有客观和主观两方面：①客观因素：如胎盘大小、脐带长短、脐带血管发育、产程长短、凝血因子释放时间等；②主观因素：包括采集人对待脐带血采集的态度、技术操作熟练的程度、临床变化灵活应急处理的能力等，直接和间接地影响着采集的数量和质量。

　　从表 2-1-2 可以看出单份脐带血采集量的个体间差异，单份采集量越多，有核细胞回收越多。为保证每例脐带血都能最大限度地采集，除上述因素外，还需注意以下问题：

　　1. 断脐位置　距新生儿脐部 1～3cm 处断脐，胎盘端脐带越长，采血量越多，因此采集者需在第二产程时提示产科大夫或助产士注意。

　　2. 穿刺时间　如前所述，脐血采集的 AB 两个时间段，是脐带血采集的黄金时间段，时间越短采集量越多：据山东省脐带血库十余年的采集经验得出，AB 时间分别在 10 秒和 3 分钟以内，每例平均采量（100±20）mL；在 20 秒和 5 分钟内，每例平均采量（80±20）mL；在 90 秒和 8 分钟以内，每例平均采量（60±20）mL；如时间再长，每例只能采集到 30～40mL 或更少。所以 AB 两个时间，对采集数量有着重要的意义，采集者需争取和把握好这两个时间段。

　　3. 一次穿刺成功　采集前做好一切准备，选好穿刺点，保证一次穿刺成功。如多次穿刺将影响采集数量。

　　（二）采集质量

　　山东省脐带血造血干细胞库对 75 所参与采集的医院，进行采集质量对比（见表 2-1-3），表中可以看出各医院采集质量的差距。针对这些差距，我们到各所医院进行调查，发现采集质量好的医院，对脐带血采集的态度、重视程度明显高于其他医院，与医院的医疗条件高低无关。所以，要获得高质量的脐带血，除客观条件外，采集者必须对每例脐带血的采集具有积极和高度负责任的态度，方能做到最大限度和高质量的采集。

表 2-1-3　　　　　　　　　　75 所医院的脐带血质量对比表

医院（所）	采量/例（mL）	TNC（×10⁸）	CD34⁺（×10⁶）	污染率（%）
13	76.7	7.4	1.3	4.1
52	90.3	8.9	1.6	3.2
10	106.1	10.5	2.2	2.2

（三）防止凝集

1.脐带血采集中，采集者和助手2人需默契配合，边采边摇，保证脐带血流入血袋即刻与防凝液混合。

2.使用智能采血仪者需助手密切观察摇晃情况。

3.采集结束后，助手还需将脐带血袋来回颠倒15次左右，使脐带血与抗凝液充分混合，防止细小凝块。

4.值得注意的是，有的采集者经过长时间和多次采集取得熟练操作后，会采取一人操作的方式，一人采集的脐带血有可能保证到数量，但不能保证质量，所以，采集工作仍需坚持2人参与的原则。

（四）控制污染

1.严格检查采集物品有效期　采集袋出厂后，有效期2年；采集前一定认真检查出厂时间；血袋内防凝液无变质、变色，有无混浊物，发现问题更换血袋。

2.严格无菌操作　注意以下几点：①采集前需建立无菌区域，包括穿刺点的区域；②脐带消毒液保证有效使用；③少于Ⅱ度羊水污染者，需用生理盐水冲洗脐带，再进行消毒后采集；④Ⅲ度羊水污染和破损的脐带禁止采集；⑤穿刺点消毒时自下而上，消毒棉球不可重复擦拭；⑥采集完毕，严格检查，确认采血管小卡、断端和针头末端100％关闭和处理好。

3.穿刺针头处理　针头帽在脐静脉穿刺前5分钟拧断，穿刺时再拔出针头帽；如在采血管上打小结作为采集断端和处理，必须确认系牢。

（五）资料完整

健康调查表、供者知情同意书、采集确认单，是保存脐带血的唯一资料，均要保存20年以上，所以，必须字迹清楚，无漏项，并确认各种表格和脐带血的标识一致。

七、采集注意事项

1.签约协议时，采集者必须清晰告知产妇和家属，脐带血采集不成功的各个因素，充分沟通到位，以免发生因采集不合格和不适合保存条件而发生的纠纷。

2.采集过程必须保证在产妇和新生儿安全下进行。

3.多胎的脐带血采集，各新生儿的脐带血标识无误，避免多胎时错记或漏记。

4.严格采集流程，不得因增加脐带血采集量，改变分娩方式。

八、采集后检查与交接

1.血袋和标识　确认血袋清洁，各小卡100％关闭，采集针头完全封闭；血袋标识产妇姓名、住院号、年龄、新生儿性别、分娩时间、采集医院、采集人、采集日期，清晰完全。

2.母血试管　有无溶血（发现溶血，可重新抽取）。试管标识产妇姓名、住院号、采血人姓名和采血时间，标记清晰并同采血袋一致。

3.健康调查表　各项内容填写完全，无漏项。采集医院全名、填表人姓名（见图2-1-8）。

图 2-1-8　检视三者各信息一致

4.运送箱　临时放置的区域需避免阳光直射,远离 X 线。保证箱内温度在送到脐血库前保持在 4～25℃。运送箱在运送途中经过机场、车站检查口,需避免 X 线检查(防止射线损伤细胞)。

5.托运处理　如脐带血需要托运时,采集者或托运人员需认真填写好托运单,特别是航空运送,要详细填写安检申报清单、入库交接单;托运人姓名、发血人姓名、手机号;收件人姓名、手机号、托运人的身份证号码等。

6. 及时送达　在脐带血采集后 24 小时内,送达脐带血干细胞库。

7. 脐带血交接　与接收人员交接清晰:①脐血袋;②母血试管;③供者健康调查表;④如自体保存脐带血者,还需有自体保存协议书,各个资料和标识一致且齐全;⑤运送箱内的保温措施,确保在 4～25℃。

(马秀峰,沈柏均,侯怀水)

主要参考文献

1.董彦亮,等.经腹脐带血管穿刺术及其临床应用.国外医学·遗传学分册,1990,13:242.

2.山东医科大学附属医院编.B 超监测下采取胎儿血及其临床应用(讲义).济南,1991.

3.孙云婵,余泽瑗.子宫内生长迟缓的胎儿血样本检测.国外医学·儿科学分册,1992,1:31-34.

4.马秀峰,杨敏,马秀明.脐血采集中的伦理法律问题及护理对策.中华护理杂志,2004,3:76-77.

5.Ballen KK,Barker JN,Stewart SK,et al. Collection and preservation of cord blood for personal use. *Biol Blood Marrow Transpl*, 2008, 3(14):356-363.

6. Broxmeyer HE, Douglas, GW, Hangoc G, et al. Human umbilical cord blood as a potential source of transplantable hematopoietic stem/progenitor cells. *Proc Natl Acad Sci USA*, 1989, 86(10):3828-3832.

7. Daffos F. Fetal Blood sampling. *Ann Rev Med*, 1989, 40:319-329.

8. Forestier F, Cox WL, Daffos F, et al. The assessment of fetal blood samples. *Am J Obstet Gynecol*, 1988, 158(5):1184-1188.

9. *Net cord-FACT international standards for cord blood collection, banking and release for administration accreditation manual*. 5th ed. 2013.

10. Pereira-Cunha FG, Duarte AS, Costa FF, et al. Viability of umbilical cord blood mononuclear cell subsets until 96 hours after collection. *Transfusion*, 2013, 53(9): 2034-2042.

11. Pereira-Cunha FG, Duarte AS, Reis-Alves SC, et al. Umbilical cord blood CD34[+] stem cells and other mononuclear cell subtypes processed up to 96 h from collection and stored at room temperature maintain a satisfactory functionality for cell therapy. *Vox Sang*, 2015, 108(1):72-81.

12. Rubinstein P. Cord blood banking for clinical transplantation. *Bone Marrow Transplant*, 2009, 44(10):635-642.

13. Seeds JW, Bowes WA Jr. Ultrasound-guided fetal intravascular transfusion in severe rhesus immunization. *Am J Obset Gynecol*, 1986, 154(5):1105-1107.

14. Weiner CP. Cordocentesis for diagnostic indications: two year's experience. *Obstet Gyncol*, 1987, 70(4):664-668.

第二章　脐血的处理

Processing of Cord Blood

第一节　脐血细胞分离

Seperation of Cord Blood Cells

脐血采集后运送到脐血库,即开始脐血的处理工作。首先是脐血的制备,经过多年的摸索与优化,目前脐血干细胞制备技术已经规范与稳定。制备方法的主要区别在人工分离干细胞或使用全自动分离系统分离干细胞。下面我们将按照脐血从采集机构运输至脐血库后的流程及制备冻存各个环节进行叙述。

一、脐血到库后的接收

脐血的接收应制订接收标准流程,标准包括从采集至到库的时间、运输的温度、脐血的体积(重量)、脐血的状态(渗漏、凝块、溶血等)、随附的资料(供者知情同意书、供者健康调查表、脐血库与供者的协议书、运输记录)等。不符合接收标准的脐血应拒收,拒收的脐血可按照知情同意书中与供者的约定及国家关于废血处理的规定,用于科研或直接销毁。

对于脐血的接收环节,山东省脐血库设立了专门的接收室,主要负责脐血及母血样本的接收、检查、称重、标识、消毒、数据传递等系列工作。

二、脐血制备

脐血中含有大量的干细胞,包括造血干细胞、间充质干细胞、神经干细胞、内皮干细胞等,研究者们对脐血中干/祖细胞的分离方法进行了长期的探索和改良。

(一)早期脐血分离方法

1.两步离心法分离单个核细胞(mononuclear cells,MNC)

(1)肝素或 ACD-A 防凝脐血(塑料袋装或瓶装),4～10℃ 低温离心机离心,

2000r/min×20 分钟。

（2）应用血浆排出管（塑料袋装）或刻度吸管（瓶装），缓缓地除去血浆，吸取白膜层（Buffy coat）置试管内。剩余红细胞可做临床输注或冷冻保存。应用三联袋操作更为简单，离心后打开主袋和一个附袋的连接管，将血浆排到另一个附袋中，这样细胞液是处于密闭系统中流动，污染机会少。

（3）将富含有核细胞的白膜层用生理盐水稀释 1～2 倍，制成细胞悬液，然后在 25～50mL 的塑料或玻璃试管内，加入淋巴细胞分离液，其上徐徐加入细胞悬液，使细胞分离液与细胞悬液界面清晰，两者体积比为 2：3。置于低温离心机离心 3000r/min×25 分钟。若细胞悬液量多，可用 COBE2991 细胞分离机，3000r/min×25 分钟。也可用 Percoll 分离，离心后中间混浊层即为 MNC 层。

（4）收集单个核细胞（MNC）层，应用含 10%ACD 的生理盐水或 RPMI 1640 液洗涤 2～3 遍。

（5）将 MNC 稀释于 RPMI 1640 液中，调整细胞浓度做临床输注、冷冻保存或各项检查。该方法为骨髓及脐带血分离的常用方法，被大多数实验室采用。若脐血标本量少时，可直接将全血经生理盐水稀释，悬于淋巴细胞分离液上进行离心，直接吸取 MNC。

Broxmeyer 等人的研究证实，采用氯化铵溶解红细胞，重力沉淀红细胞或离心等方法可使造血祖细胞丢失 50%～90%。Flakenburg 等应用红细胞溶解法可使有核细胞及造血祖细胞（HPC）丢失 35%。应用 Ficoll 分离，有核细胞的回收率约为 22%，造血祖细胞回收率约为 55%。应用红细胞溶解法或重力沉淀法除掉红细胞在脐血及骨髓所得的结果相似，均可使有核细胞及 HPC 丢失 30%左右。若用 Ficoll 分离，脐血 HPC 回收率则略低于骨髓，CFU-GEMM 回收率在脐血只有 50%，而在骨髓则达 80%。应用 Percoll 分离液，在 1000g 离心 20 分钟分离脐血，HPC 的总回收率在脐血与骨髓之间无区别，脐血 BFU-E 回收率为 70%，但 CFU-GM 及 CFU-GEMM 回收率可高达 90%～95%。因此，脐血细胞分离是可行的，且不导致大量的 HPC 丢失。

2. 羟乙基淀粉（HES）沉淀红细胞法分离有核细胞

（1）在超净工作台上，将脐血与 6%HES 混匀于瓶内。

（2）在瓶 1 中插入一无菌排气针头和采血器，用血管钳将采血器夹住。

（3）将脐血瓶倒置于瓶架上，在超净工作台的洁净环境中静置 40～60 分钟，HES 便可使红细胞沉淀于瓶底。

（4）通过采血器，将沉于瓶下部的红细胞放入另一无菌瓶 2 中。

（5）在瓶 2 中加生理盐水至原标本量，使红细胞充分悬浮，再加入 HES。

（6）重复瓶 1 操作，静置 30～40 分钟，再将沉淀红细胞放入无菌瓶 3 中。

（7）瓶 1、2 即为去除红细胞富含有核细胞的悬液。离心 2000r/min×15 分钟，洗涤一次，弃去上清，加入适量细胞培养液或 PBS，重新配成有核细胞悬液。

（8）将有核细胞液悬浮于 Ficoll 或 Percoll 液面上，离心后吸取 MNC，洗涤后做冷冻保存。

　　山东大学齐鲁医院低温医学研究室应用该法分离脐血,有核细胞回收率为 92.4%(89.70%～97.12%),MNC 回收率为 78.86%(71.50%～82.80%),台盼蓝拒染率为98.24%。

　　3.脐血中造血祖细胞的分离　造血系统中存在干细胞,这些干细胞经过复杂的演变逐渐分化成各系的终末细胞,如红细胞、白细胞、血小板等。在这一过程中,造血干细胞表达一些原始抗原,如现在了解比较清楚的 CD34、CD7 和 CD10 等。应用这些表面抗原及其相关抗体,可对脐血造血祖细胞按下列步骤分离。

　　(1)应用淋巴细胞分离液(LSM),用密度梯度离心法分离脐血单个核细胞(MNC)。

　　(2)应用各细胞系特异的抗体及免疫磁珠法去掉各系表达成熟抗原的细胞,即红系、髓系、B 细胞及 T 细胞。此为第一次净化。

　　(3)应用结合藻红蛋白(phycoerythrin)的 CD7 单抗及与 ECD 结合的 CD8 单抗,经过流式细胞仪(FACS),将细胞分为 CD7$^+$ 及 CD7$^-$ 细胞。在分类过程中去掉 CD8$^+$ 细胞而收集 CD7$^+$ 细胞。因此经过 FACS 后,我们得到 CD7$^+$ 和 CD7$^-$ 两个细胞群。

　　实验结果显示,脐血每份标本 60mL 左右,经过 Ficoll 离心后能收集 229×10^6 细胞;经过免疫磁珠法吸附(depletion)后能回收初始细胞数的 15%;经过 FACS 分类(sorting)获得 CD7$^+$ 细胞群和 CD7$^-$ 细胞群,为初始细胞量的 0.1%～0.5%。形态学上 CD7$^+$ 细胞类似未分化的淋巴细胞或树突状细胞。这与在骨髓或胸腺中所见一样。CD7$^-$ 细胞也类似原始细胞,但较 CD7$^+$ 细胞大、浆多。细胞培养证明浓集的 CD7$^+$ 部分主要含有 T 细胞克隆形成单位;CD7$^-$ 部分含有所有的髓系前体细胞和部分 T 细胞前体细胞。经过以上分离纯化后的脐血造血细胞,在体外种植 10^5 细胞可产生 5000CFU-GM 克隆,这相当于相同数量骨髓有核细胞所产生克隆的 10～20 倍。CD7$^+$ 细胞因系 T 前体细胞,对白细胞介素-Ⅱ敏感。CD7$^-$ 细胞则对多种造血因子起反应,尤其对干细胞因子或 GM-CSF＋IL-3 具有最高的增殖效应。

　　此外,有作者应用 CD34、CD33 单抗及 FACS 将 CD34$^+$ 及 CD33$^-$ 细胞分离。细胞培养证明该细胞液的 BFU-E、CFU-GM 及 CFU-GEMM 的克隆种植率(plating efficiency)分别为 6%、30%、7%。当培养基中加入 IL-1 及 IL-6 时,CFU-GEMM 的克隆数增倍。应用上述方法将脐血祖细胞分离,对研究脐血造血细胞特性及脐血移植均具有重要意义。

　　(二)脐血库分离干细胞方法

　　1.主要方法　为节省冷冻保护剂使用量及储存空间,脐血库一般采取缩减体积的方法储存脐血干细胞。自脐血库建立以来报道了多种缩减体积处理脐血的方法,最初报道的方法即是使用基于上述第二种方法的 HES 沉降手工分离方法,这些方法均以去除血浆和红细胞为基础。

　　国外脐血库保存的脐血干细胞大多用减少红细胞(RRC)或去除血浆(PD)两种方法保存冻存的脐血。减少红细胞的方法为加入羟乙基淀粉或白蛋白后离心,分离出 21mL包含大部分白细胞的脐血,添加 4mL 含 50%二甲基亚砜(DMSO)的冷冻保护剂,然后将终体积为 25mL 的细胞悬液进行冷冻;而去除血浆的方法是去除血浆,保存所有的细胞并将细胞冷冻至终末浓度 10% DMSO 中。去除血浆的脐血制备费用低但是保存费用高且复苏时操作较麻烦。但是,经过适当的复苏和洗涤后,去除血浆的脐血和减少红细胞的脐血含有同样或更多的 TNC、$CD34^+$ 细胞和 CFU-C。

2007 年,美国 Stemcyte 的 Chow R 等报道了用去除血浆而不是减少红细胞制备脐血的方法。经该方法制备的脐血,有核细胞的损失可减少至低于 0.1%,能够明显提高细胞数产品的比例(TNC$\geq$$200\times10^7$)。研究者对 118 例去除血浆的脐血临床应用进行了回顾性分析,输入 TNC 平均值和中位数分别为 7.6×10^7/kg 和 5.6×10^7/kg,大部分为儿童患者。脐血移植后 ANC 升至 500 和血小板 20K 的植入时间为 22 天、50 天,植入率分别为 90%±3%、77%±5%;Ⅲ~Ⅳ级 aGVHD 和 cGVHD 分别为 13%±4% 和 17%±6%;恶性肿瘤复发率为 25%±6%,100 天移植相关死亡率为 16%±3%。随访 557 天(中位数),1 年总存活率和无复发存活率分别为 65%±5% 和 51%±6%。以上结果说明去除血浆法制备的脐血是安全有效的,制备过程中不去除或减少红细胞能够提高细胞回收率,从而提高库存脐血中 TNC 的含量。2011 年,该作者用 10 例相同脐血分成两组平行制备,结果发现,去除血浆方法对比减少红细胞方法的比率分别为:TNC 124%,$CD34^+$ 细胞 121%,CFU-GM 225%,CFU-GEMM 201%,总 CFU-C 186%,VSEL 187%。对比 10912 例去除血浆的脐血和 38819 例减少红细胞的脐血,TNC$\geq$$150\times10^7$ 的脐血前者比后者高 2 倍。

2014 年,美国的 Young 等对两种方法制备脐血的临床使用效果进行了对比分析,发现 TNC、$CD34^+$ 和 CFU-C 计数高会带来更快的粒细胞植入和血小板恢复。从临床结果看,与减少红细胞的脐血相比,去除血浆的脐血植入率更高、死亡率更低、无病生存率更高。特别值得一提的是,许多研究表明去除血浆的脐血对治疗地中海贫血更有效,2 年存活率达 88%,无病存活率为 74%,7 岁以下儿童治愈率 100%;而少红细胞的脐血治疗儿童地中海贫血总生存率只有 61%,无病存活率 23%。这些结果表明去除血浆的脐血不仅比减少红细胞的脐血含有更多的 TNC、$CD34^+$ 细胞和 CFU-C,且有更高的植入率,在治疗某些疾病(如 β-地中海贫血)时更有效。

我国脐血库一般采用 HES 沉降法,离心去除大部分血浆和红细胞,以缩减体积,浓缩有核细胞。此种方法的大致流程为:加入促沉降剂(如羟乙基淀粉 HES)促进红细胞沉降—离心—利用分浆夹提取有核细胞—将有核细胞转移至冷冻储存袋—加入冷冻保护剂—程控降温—液氮储存。

2. 山东省脐血库改良的有核细胞分离法　目前国内脐血库大多采用纽约血液中心的板式挤压分浆制备法,即脐血(密封于血袋中)离心分层后,经分浆夹两板挤压使红细胞(red blood cell,RBC)层上升并推动白细胞层、血浆层上升到袋口处,并在袋口处用手指刮动白细胞层,经连接导管流入到转移袋中。

上述方法的不足在于:板式分浆夹挤压推动各细胞层时易破坏分层界面,降低有核细胞回收率;操作复杂且受主观因素影响大,不利于工作效率提高。为此,山东省脐血库自主设计了卡式分浆夹(授权专利号:CN200920290638.8,见图 2-2-1,文后彩图),并从 2010

年6月起在制备工艺中开始应用。该分浆夹较老式夹的主要区别是:挤压血袋的活动板被改装成矩形金属框,分浆时在分层界面上或下1cm处直接用金属框横杆将血袋卡住并一分为二,使各层成分分开并转移到不同袋中,经3次离心富集有核细胞,血浆和RBC得到分离,脐血体积缩减,最后转入冻存袋完成制备。应用卡式分浆夹进行脐血有核细胞富集的具体步骤如下:

(1)第1次离心后将脐血袋在接近分层界面靠RBC层1cm处用卡式分浆夹金属框的横杆卡分,折下上端血袋,将血浆和少量RBC经中间导管引流到转移袋中,关闭中间连接导管,各自混匀后再次离心分层。

(2)第2次离心后将RBC袋用分浆夹在分层界面靠RBC层1cm处卡分,分离操作与第1次离心后相同。

(3)第3次离心后将转移袋用分浆夹在分层界面靠血浆层1cm处卡分,折下上端血袋将血浆经中间导管导入到RBC袋中,此时转移袋中即为浓缩的有核细胞。

我们分析了2009年4月至2012年4月山东省脐血库脐血制备数据,比较了制备工艺中引入卡式分浆夹前后制备效率及制备质量参数变化。结果显示:自采用卡式分浆夹后脐血制备效率显著提高,单份制备耗时缩短了4/5($P<0.05$)。采用卡式分浆夹对制备工艺稳定性无明显影响,但脐血制备质量日益改善,其中每份脐血平均冻存体积下降、单个核细胞回收率提高($P<0.05$),在应用前分别为(37.54±6.41)mL、77.75%±11.05%,应用后分别为(33.43±6.80)mL、83.00%±7.53%。随着新方法应用熟练度的提高,红细胞去除率由2009年的57.84%±9.89%提高到2012年的60.81%±19.06%($P<0.05$),而有核细胞总数和回收率无显著变化($P>0.05$)。卡式分浆技术的应用促进了脐血制备效率和制备质量的提高,此法已推广到其他脐血库应用。

(三)全自动脐血处理平台分离脐血干细胞

脐血制备过程是富集有核细胞、缩减脐血冻存体积的过程,为保证储存脐血的高质量,制备过程必须保证高细胞回收率、细胞活性、红细胞去除率以及合适的终体积,制备的工艺方法成为影响这些指标的重要因素。人工分离脐血干细胞方法受人为因素影响大,为此,各国研究开发了全自动脐血处理系统,整个脐血分离过程在系统中统一完成,其以更好的标准化作业、更强的重现性和更少受操作人员影响的特性逐步受到各脐血库的青睐,成为脐血处理方法的新趋势。

全自动脐血处理平台产品目前主要有两种:Sepax (Biosafe S. A. Eysins/Nyon, Switzerland) 和 AutoXpress Platform (AXP,Thermogenesis Corp.,Rancho Cordova, California,United States of America)。全自动处理系统一般都包括一套转移脐血的分离袋和一套在离心过程中自动将不同细胞成分分离的装置。

1.Sepax系统　Sepax是第一个全自动干细胞处理系统,目前已在全世界50多个国家的实验室和医院安装使用700多台(见图2-2-2)。2012年,Sepax S-100血细胞分离机及其附件获我国国家食品药品监管局(SFDA)批准[国食药监械(进)字2012第3453682号、国食药监械(进)字2014第3401296号]。

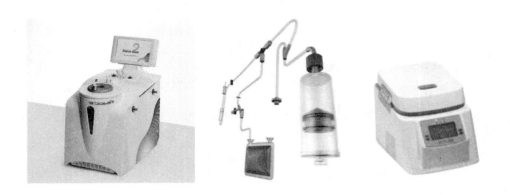

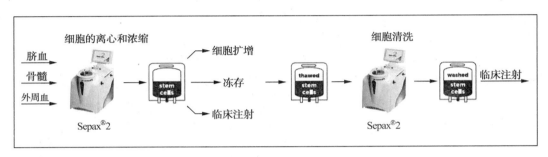

图 2-2-2　Sepax 系统及其干细胞储存方案

2. AXP 系统　AXP 骨髓处理系统于 2008 年获得美国 FDA 批准上市（见图 2-2-3）[510（k）号码：k081345]，AXP 脐血处理袋于 2013 年获得我国 SFDA 批准[国食药监械（进）字 2013 第 3661836 号]。

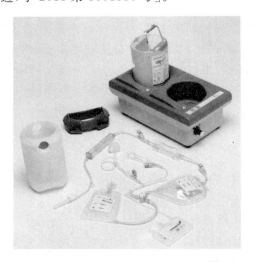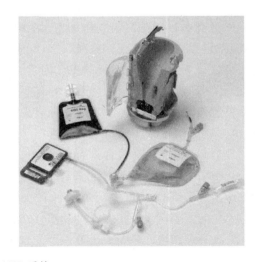

图 2-2-3　AXP 系统

西班牙瓦伦西亚脐血库同时使用了上述两种脐血处理系统,对 1000 例使用 AXP 系统和 670 例使用 Sepax 系统处理的脐血数据进行分析对比。结果显示:经 AXP 处理脐血的有核细胞回收率为 $76.76\% \pm 7.51\%$,红细胞去除率为 $88.28\% \pm 5.62\%$;经 Sepax 处理的分别为 $78.81\% \pm 7.25\%$ 和 $88.32\% \pm 7.94\%$;CD34$^+$ 细胞回收率两者相近。MNC 回收率 Sepax 系统显著高于 AXP 系统。

(四)其他制备方法

上述的脐血干细胞分离方法基本是运用离心的方式进行,近年也有学者开始研究用其他方法进行脐血干细胞的分离。如日本的 N. Sato 等使用一种无纺布过滤装置(Cell Effic CB),利用 HES 或生理盐水流动的重力原理达到分离脐血干细胞的目的。用该方法分离到的干细胞,其红细胞去除率高,MNC 回收率、细胞活率、流式检测和集落培养检测等,与 Sepax 分离的细胞无显著性差异,为脐血库脐血干细胞的制备提供了一种新的方法。

第二节 脐血细胞质量控制
Quality Control of Cord Blood Cells

一、检测样本与检测项目

制备冻存过程需对脐血及其母亲的血液进行留样和相关检测,保证脐血干细胞产品的安全性和高质量。国内外技术规范与标准均对此做了相应规定,在此将各标准及检测项目要求列表如表 2-2-1 所示。

脐血干细胞要求保留与脐血袋连接在一起的样本段,以备移植前用以代表袋内脐血进行 HLA 分型确认、细胞活性和潜能检测。然而由于难于获取大量冻存的脐血,对样本段与脐血袋内各指标的对比情况却知之甚少。韩国 Lee HR 等在 2014 年使用了 245 例细胞数量足够移植但安全性检测结果不合格的脐血,在脐血复苏后进行了袋内和样本段内 TNC、CD34$^+$ 细胞、CFU、细胞活性和细胞凋亡的检测。对比分析表明,袋内 TNC 明显偏高,样本段内 CD34$^+$ 细胞和 CFU-GM 明显偏高,且凋亡 TNC 比例偏高,但袋内和样本段内 CD34$^+$ 凋亡比例无差别。相关性分析表明,袋内 TNC、CD34$^+$ 细胞和 CFU-GM 数量与样本段内数据具有高度相关性,说明样本段的脐血检测参数基本可代表其时袋内脐血的质量。

二、脐血质控项目检测及评估

(一)有核细胞计数与细胞活性检测

有核细胞计数可采用细胞计数板显微镜下人工观察计数,也可采用全自动细胞计数仪。山东省脐血库采用全自动血细胞分析仪,对脐血进行制备前后的有核细胞计数及细胞分类,满足质控相关要求。

对于脐血 TNC 的入库标准，国际标准及我国技术规范中均未作出统一规定，根据储存高质量异体脐血的原则，有些库推荐的入库标准为 10×10^8，美国纽约血液中心 NCBP 目前的入库标准为 11×10^8；但美国 FDA 批准的 5 个脐血干细胞产品中均为至少含有 5.0×10^8 个 TNC。临床使用量一般为 $(1 \sim 3) \times 10^7/kg$，纽约血液中心推荐 TNC 至少 $2 \times 10^7/kg$，如 HEMOCORD 等在细胞冷冻状态下的推荐量为 $2.5 \times 10^7/kg$。有人把脐血 TNC 剂量大于 $10 \times 10^7/kg$ 视为大剂量疗法，认为可加快植入，提高疗效。但目前没有确切证据证明此剂量移植效果会更好，我国各脐血库入库标准也尚未统一。

表 2-2-1　　　　　　　　　　　　　各标准留样及检测项目要求

	我国技术规范要求	AABB 要求	FACT 要求
脐血样本留取	①非肝素化血浆样本（至少 2 瓶，每瓶 2mL，应保存在 −18℃ 以下）；②细胞的冷冻保存能够长期保持其活性（至少 2 瓶，每瓶 $1 \times 10^6 \sim 2 \times 10^6$ 单个核细胞）；③能制备至少 $50\mu g$ DNA 的原料，可以是提纯的 DNA、冷冻细胞材料或印迹	未细化要求	①至少 3.6mL 分成至少 2 管的非肝素化血浆或血清样本，保存于 −70℃ 以下；②至少 $200\mu L$ 与冻存袋连接在一起的热合为至少 2 段的代表冻存袋内脐血的样本，1 段用于 HLA 确认分型，1 段用于活性和（或）功能分析；③另外的至少含有 2×10^6 个有核细胞的分成至少 2 管或连续两段的样本，用作活性或功能分析的样本需保存在 −150℃ 以下，与脐血以同样方式冷冻和保存，其他用途的保存在 −70℃ 以下；④用于制备至少 $50\mu g$ 基因组 DNA 的材料；⑤至少应有一份脐血保留样本无限期保存
脐带血供者的母亲血液样本留取	①来自产妇的非肝素化血清或血浆样品（至少 2 瓶，每瓶 2mL，应保存在 −18℃ 以下）。②制备来自产妇的不少于 50g DNA 的原料，可以是冷冻细胞材料或印迹	未细化要求。采集时间要求为：采集当天或其前后七天；血液稀释的应重采或在移植前采样检测或能计算说明稀释不影响检测结果，否则作为不合格处理	母血样本于脐血采集当天或前后 7 天采集 ①至少 3.6mL 分成至少 2 管的非肝素化血清或血浆样本，保存于 −70℃ 以下；②用于制备至少 $50\mu g$ 基因组 DNA 的材料
供者筛选	①基本体检和健康史、家族史等；②HIV-1/2 抗体、HBsAg、HCV 抗体、CMV-IgM 抗体、梅毒的血清学检测以及国家有关规定要求在采集时应检测的其他项目	①基本体检和健康史；②传染病检测结果、免疫史/疫苗接种史、脓毒症；接触 HIV、HBV、HCV、HTLV、梅毒螺旋体、WNV、牛痘（天花）、CJD（克雅氏病）、人类 TSEs、疟疾（生活或旅行在疟疾流行区）、南美锥虫病；③实验室检测：HIV-1/2、HBV、HCV、梅毒螺旋体、HTLV-Ⅰ/Ⅱ（富含有核活细胞的产品）、CMV（富含有核活细胞的产品）	传染病检测：HIV-1/2、Hepatitis B、Hepatitis C、HTLV-Ⅰ/Ⅱ（高风险人群检测，非每例检测）、Syphilis、Chagas、West Nile Virus、CMV、其他 如果法律允许，母血乙肝核心抗体阳性、DNA 检测 HBV 阴性，乙肝表面抗原阴性或无反应性的可以保存，发放时向医院说明；用非梅毒螺旋体特异性检测的，用梅毒螺旋体特异性检测后阴性的可以保存，发放时向医院说明

续表

	我国技术规范要求	AABB 要求	FACT 要求
脐血检测	TNC、CD34$^+$/CFU-C、制备后脐带血标本细菌及真菌微生物培养检测、ABO 血型和 Rh 血型、异体脐血 HLA 分型、异体脐血供者有血红蛋白病家族史或属血红蛋白病高发的种族人群进行血红蛋白电泳检验、移植前脐血进行传染病检测（HIV-1/2 抗体、HBsAg、HCV 抗体、梅毒血清学）	ABO/Rh 血型检测（冻存 7 天内报道结果）；异体脐血 HLA 分型检测（至少用 DNA 技术检测 HLA-A、HLA-B 和 HLA-DRB1）；制备后添加冷冻保护剂前检测 TNC、细胞活性、CD34、有核红细胞计数或校正后的 TNC；发放前进行克隆形成试验或类似的功能检测；冷冻保护剂单独培养的，做制备后添加冷冻保护剂前的微生物检测（需氧菌、厌氧菌和真菌），否则做冷冻保护剂添加后的微生物检测；发放前做自体和异体脐血的 HLA 确认检测（样本来自于脐血产品一体的样本）以及异体脐血的血红蛋白检测（样本来自脐血产品或脐血供者）	①制备前：脐血分类计数（中性粒、淋巴、单核和血小板计数）；②制备后冻存前：TNC、有核红细胞计数、活性检测、CD34$^+$ 活细胞计数、微生物培养（需氧菌、厌氧菌和真菌）；③冻存前任何时间：ABO/Rh 血型检测；④入检索数据库前任何时间：异体 HLA 低分检测（HLA-A，B，C，DRB1）；传染病检测（HIV-1/2，Hepatitis B、Hepatitis C、HTLV-Ⅰ/Ⅱ、Syphilis、Chagas、West Nile Virus、CMV、其他）；⑤冻存后发放前：HLA 分型结果确认（与自体、异体脐血一体的样本段，可使用发放前的高分结果）；⑥发放前任何时间：自体异体脐血 HLA 高分辨检测（A，B，C，DRB1）、CFU 或其他功能检测（若制备后未做该检测，则发放前必须做）、血红蛋白病检测

AABB：美国血库协会 FACT：细胞治疗认证基金会

细胞活性的定义有多种，基本是通过对关键的细胞生理指标进行标记来进行检测，如细胞代谢的活性（酯酶的功能，MTT 法）。凋亡标记物（Annexin V）、细胞氧化还原电位、膜电位、增殖率（DNA 含量）、线粒体功能和膜的完整性等。其中基于细胞膜的完整性，应用相关染料排斥的检测方法是应用最广泛的方法，如台盼蓝染色法。对于脐血细胞活性，各库并未做标准要求，国外脐血库一般会在干细胞产品中标注有效细胞数量，国内一般会将细胞活性作为入库和出库的一项质量标准。由于脐血采集运输的规范操作，目前入库的活性标准一般定为 90%。

冻存脐血细胞融化后的活性决定了产品质量，随冻存和融化后时间和温度而变化。脐血库的细胞活性检测目前通常采用台盼蓝拒染法。但是该法的总活性检测可能不能反映白细胞亚类的活性、CD34$^+$ 活性或造血干/祖细胞功能。2010 年，Solomon 等对比了台盼蓝（TB）染色法、吖啶橙/碘化丙啶（AO/PI）染色法和流式细胞仪（7-AAD）法检测的总白细胞、粒细胞、单核细胞、淋巴细胞和 CD34$^+$ 细胞活性，以及冷冻前不同时间和温度下（4℃、24℃和 37℃）有核细胞总数、CD34$^+$ 细胞数和 CFC 回收率。结果显示，采集后 72小时（4℃）和 48 小时（24℃），TB、AO/PI 和 Tot-AAD 活性一致；但由于活粒细胞的损失，CD34$^+$ 活性前者明显高于后者。然而在生理温度（37℃）下，TB、AO/PI、和总白细胞-AAD 活性的下降明显低于活 CD34$^+$ 和 CFC 的损失率。在所有时间和温度下，CFC 和CD34$^+$ 呈现很好的相关性。所以脐血细胞组分在体外表现出对时间和温度依赖的不同的敏感性，用 TB、AO/PI 或 7-AAD（Tot-AAD）检测的总活性明显比 CD34$^+$ 活性和 CFC

回收率偏低（4～24℃）或偏高（24～37℃）。该结果表明了 TB、AO/PI 和 Tot-AAD 方法检测总活性的限制性，提倡 CD34$^+$ 细胞活性的常规检测，强调运输过程温度控制的重要性，对于在脐血采集和制备过程中建立细胞活性检测"cut-off"值有重要意义。

（二）流式细胞仪检测造血干细胞数量

造血干细胞的功能可采用流式细胞仪检测细胞表面标记物、体外集落形成试验等方法测定。流式细胞仪检测的指标主要有 CD34 和乙醛脱氢酶等。

1. CD34$^+$ 细胞检测　按照标准要求，脐血库需对制备后添加冷冻保护剂之前的脐血进行 CD34$^+$ 检测，美国 FDA 批准的 5 个脐血干细胞产品中均要求其 CD34$^+$ 活细胞不少于 1.25×10^6。

2003 年，许遵鹏等采用流式细胞仪分析冻存前后脐血 CD34$^+$ 细胞百分率、CD45$^+$ 细胞和 CD34$^+$ 细胞的荧光强度变化及死细胞群的分布情况。结果：冻存后 CD34$^+$ 细胞占 CD45$^+$ 细胞的百分率 0.84%±0.39% 明显高于冷冻前（0.51%±0.24%）（$P<0.01$）。冻存前后 CD34$^+$ 细胞绝对数无明显变化[$(9.37\pm6.07)\times10^6/L$ 和 $(9.25\pm6.13)\times10^6/L$]（$P>0.05$），冻存前后 CD34$^+$ 细胞百分率呈正直线相关（$r=0.564,P<0.01$）。冻存后 CD45$^+$ 细胞荧光强度减弱（$P<0.01$），CD34$^+$ 细胞荧光强度无明显变化（$P>0.05$）；中性粒细胞比例下降，淋巴细胞和单核细胞比例增高。死细胞组分中以中性粒细胞为主，占 81.52%；活细胞组分中以淋巴样细胞为主，占 59.44%。结论：冻存后 CD34$^+$ 细胞占 CD45$^+$ 细胞的百分率增高，但低温冻存对 CD34$^+$ 细胞绝对数量影响不大。死细胞主要为较成熟的粒细胞，冻存后 CD34$^+$ 细胞的分析需排除死细胞的干扰。

2. 乙醛脱氢酶强阳性（ALDH bright）细胞检测　ALDH(br) 细胞也被认为是活的造血干细胞功能标记物。2007 年，美国 Gentry 等证明从新采集脐血中分离出的具有 ALDH 高活性的细胞群是富含造血祖细胞的细胞，ALDH 弱阳性（dim）的细胞主要是短期的祖细胞，而在异体移植模式中启动长期培养或建立长期移植物的祖细胞都是 ALDH 强阳性细胞。研究者将冷冻脐血经过复苏、洗涤、免疫磁珠去除表达 A 型糖蛋白和 CD14 的细胞后，流式细胞仪检测 ALDH，分类产生 ALDH(br) 和 ALDH(dim) 族群。用流式细胞仪检测 ALDH(br) 和 ALDH(dim) 族群中表面 Ag 的表达、细胞活性以及 CFU-C 和 CFU-Mk 集落形成细胞。结果从复苏后脐血中分离的 ALDH(br) 细胞群富含 CD34$^+$ 和 CD133$^+$ 细胞；ALDH(br) 细胞群与 ALDH(dim) 细胞群比较，前者的 CFC-H 是后者的 1116 倍，CFC-GEMM 是其 10 倍，CFC-Mk 是其 2015 倍。所有形成大的 Mk 集落的祖细胞均来自 ALDH(br) 细胞群。所以从复苏后脐血中得到的 ALDH(br) 细胞群具有造血祖细胞活性，在临床造血干细胞移植中，对于促进红细胞、粒细胞和巨核细胞的重建具有重要有意义。

2014 年，Lee HR 等在脐血复苏后的质量评估中对 ALDH(br) 细胞进行了分析：对 245 例脐血检测了 TNC、CD34$^+$ 细胞、ALDH(br) 细胞、CD34$^+$ALDH(br) 细胞（CD34$^+$ 细胞中的 ADLH 强阳性细胞）、ALDH(br) CD34$^+$ 细胞（ALDH 强阳性细胞中的 CD34$^+$ 细胞）、CFU-GM 和 CFU-GEMM 等。并对冻存前后 TNC 和 CD34$^+$ 细胞、复苏后 CD34$^+$ALDH(br) 细胞、ALDH(br) 细胞和 ALDH(br) CD34$^+$ 细胞以及 CFU-GEMMS 和 CFU-GM 进行了简单的线性回归分析，以确定各参数之间的关系。结果显示：CFU-GM 数量

与复苏前后 CD34$^+$ 细胞数量显著相关($r=0.418$ 和 $r=0.359$),与 CD34$^+$ ALDH(br)细胞数量,ALDH(br)细胞以及 ALDH(br) CD34$^+$ 细胞显著相关($r=0.426,r=0.455,r=0.469$)。CFU-GEMM 数量与复苏前后 TNC 和 CD34$^+$ 细胞数量显著相关(TNCs,$r=0.251$ 和 $r=0.250$;CD34$^+$ 细胞,$r=0.391$ 和 $r=0.347$),与 CD34$^+$ ALDH(br)细胞,ALDH(br)细胞以及 ALDH(br) CD34$^+$ 细胞数量显著相关($r=0.297,r=0.297,r=0.252$)。鉴于 ALDH 活性和 CFU-GM 数量间的高度相关性,他们认为脐血复苏后进行质量评估时,检测 ALDH 是适宜的。

（三）脐血造血功能检测

脐血干细胞造血潜能是影响临床应用效果的重要因素,其检测可用集落形成试验(CFU-C)、体外 T 细胞活化、体外 NOD/SCID 小鼠植入检测等方法确定。对于将用于临床的脐血干细胞造血潜能的确认,一般选用体外集落形成试验,可检测 CFU-GEMM、CFU-GM 等。检测的方法一般采用半固体培养基体外培养法,培养 7～14 天后用倒置显微镜进行观察计数。该方法受操作人员操作技术、判断标准等影响较大,所以有人已研发出能够统一标准计数的仪器,如 STEMCELL 公司的 Stemvision,HemoGenix 公司的 HALO SPC-QC 等。

（四）微生物检测

脐血干细胞的储存需要检测需氧菌、厌氧菌和真菌。目前较常用的方法为将脐血样本接种至相应培养基,并在特定温度下进行培养,根据培养过程中的 pH 值等指标的变化引起相应指示剂的变化,达到检测的目的。但该过程需要时间较长,一般为 5～7 天。在造血干细胞移植中,受者在免疫重建过程中很容易受到细菌或真菌感染,侵袭性真菌感染和分枝杆菌感染是移植的危险并发症,有很高的发病率和死亡率,故早期诊断对治疗非常重要。我们对此进行了常见细菌检测方法的改进,利用基于 PCR(聚合酶链式反应)的分子生物学方法进行早期诊断,检测时间已缩短至 3 天,有效指导了临床应用。

对于脐血微生物污染的常见菌种类型以及长期深低温冻存后微生物的变化情况,文献报道很少。2012 年,山东大学齐鲁儿童医院儿科医学研究所张乐玲与山东省脐血库的王新党等对此进行了研究。他们在 2000～2007 年脐血干细胞采分常规工作中,留取有核细胞分离后血浆-红细胞悬液 10mL,分别注入需氧和厌氧细菌培养瓶,用 BacT/ALERT 3D-480 全自动血液培养系统培养 7 天,细菌培养阳性者作废弃处理。同时选取细菌阳性的新鲜脐血 87 份进一步培养 24 小时,获得纯培养后,将革兰阳(阴)性菌鉴定卡放入全自动微生物分析系统,分别进行需氧菌与厌氧菌鉴定。另外,为观察深低温冻存对细菌的影响,取出冻存 6～7 年的细菌阳性脐血 96 份,37℃速融后,取有核细胞浓缩物 10mL,用上述方法做二次细菌培养检测。结果显示:2000～2007 年采集脐血 19062 份,细菌培养阳性 336 份,细菌污染率为 1.8%;作细菌鉴定 87 份,发现兼性生长 58 份(67%),专性需氧生长 38 份(43.7%),专性厌氧生长 17 份(19.5%);革兰阴性菌占 68%,革兰阳性菌占 32%。细菌种类:大肠埃希菌最常见,占 25.3%;其次为中间链球菌,占 14.9%;紫色色杆菌占 9.2%。96 份细菌检测阳性并移至液氮保存 6～7 年的脐血标本中,经复检仍有 83 份(86%)保持细菌活性(见表 2-2-2)。所以,污染菌在液氮冻存 6～7 年后 86% 细菌仍存活,故在产房采集脐血时应加强无菌措施,在临床使用冻存干细胞时应加强细菌复检。

表 2-2-2 脐血常见污染细菌鉴定结果（$n=87$）

兼性生长	份数	专性需氧生长	份数	专性厌氧生长	份数
大肠埃希菌	12	荧光假单胞菌	5	大肠埃希菌	10
中间链球菌	9	紫色色杆菌	5	中间链球菌	4
丛毛单胞菌	7	粪产碱杆菌	4	星座链球菌	1
松鼠葡萄球菌	3	气单胞菌	3	无乳链球菌	1
牛链球菌	3	屎肠球菌	3	吉氏拟杆菌	1
紫色色杆菌	3	弗氏柠檬酸杆菌	3		
鲁氏不动杆菌	3	浅金黄单胞菌	2		
浅金黄单胞菌	3	鲁氏不动杆菌	2		
屎肠球菌	3	施氏假单胞菌	2		
肺炎克雷伯菌	2	松鼠葡萄球菌	2		
产气肠杆菌	2	少动鞘氨醇单胞菌	2		
阴沟肠杆菌	1	阴沟肠杆菌	2		
粪肠球菌	1	蜡样芽孢杆菌	1		
门多萨假单胞菌	1	支气管炎伯德特菌	1		
其他细菌	4	粪肠球菌	1		
真菌	1				

［张乐玲,王新党,等.国际儿科学杂志,2012,39(2):212-214.］

2013 年,浙江血液中心 Zhu 等用 BacT/ALERT 3D 微生物培养系统常规检测了 7032 例脐血,其中 139 例(1.98%)检测阳性,在 139 例中有 84 例(60.4%)仅厌氧菌阳性,以乳杆菌为主。对 62 例废弃的脐血进行了复苏后再检测,其中 48 例微生物阳性的脐血中有 10 例复苏后培养阴性,14 例阴性的脐血中有 1 例复苏后培养短双歧杆菌阳性。该研究数据表明,脐血微生物污染的主要微生物为人体肠道和阴道菌群,接种量增大和厌氧菌培养可以显著提高脐血微生物污染检出率,而且在使用微生物检测为阴性的脐血终产品时,仍存在输血过程中感染细菌的风险。

2014 年,澳大利亚悉尼脐血库 Clark 等使用梅里埃 BacT/ALERT 培养系统对因微生物污染而废弃的 134 例脐血进行了复苏和微生物再次检测,同时对 61 例新鲜脐血按照试验设计,加入特定微生物并在冻存前和复苏后同时进行微生物检测。结果显示:复苏后在保存的污染脐血中有 63% 检测阳性,在新鲜加标的脐血中有 85% 检测阳性;复苏后加标脐血微生物检测的阳性率用成人瓶的(80%)高于儿童瓶(61%);20% 的加标微生物,特别是枯草芽孢杆菌、大肠杆菌、生孢梭菌和痤疮丙酸杆菌,在冻存前未检测到,但在复苏后检测阳性。此研究说明,冷冻前分离到的脐血样本中的大部分微生物能够在冷冻、储存和复苏过程中存活;而且,冻存前检测阴性的脐血也可能含有微生物而在复苏后检测阳性。

（五）HLA 分型检测

在脐血移植中，供受者 HLA 相合程度和冷冻前有核细胞(TNC)含量对植入率、移植物抗宿主病(GVHD)及生存率可产生重要影响。因此,脐血干细胞的 HLA 分型是脐血进入检索库供医生选择及移植前确认该份脐血的重要指标。某脐血库所保存脐血的数量和质量(HLA 型别的多样性)与其提供临床应用的能力直接相关。因此,脐血库一般会考虑人口种族的多态性而建立和采集脐血。但对于临床应用脐血的选择标准,国内外均无定论。美国 FDA 批准的 5 个脐血产品中要求 HLA-A、HLA-B、HLA-DRB1 至少达到 4/6 位点相合。我国各移植医院一般也按此标准选择脐血。

2004 年,山东省脐血库阎文瑛等应用 PCR SSP 方法对山东地区 3438 例无血缘关系的汉族健康新生儿脐血进行了 HLA-DRB1 低分辨等位基因的分布调查。结果显示:在山东汉族人群中前 5 位高频率等位基因依次为 DRB1 15(0.1817)，07(0.1369)，09(0.1221)，04(0.1084)和 12(0.1038),低频率的等位基因是 DRB1 03(0.0003),10(0.0151),16(0.0262)和 01(0.0322)。2006 年,山东省脐血库戴云鹏、沈柏均等应用 PCR-SSO 方法对山东地区 5844 例无血缘关系的汉族健康新生儿脐带血进行了 HLA-A、HLA-B 等位基因的分布调查,结果在山东汉族人群 HLA-A 等位基因中,共检出 20 种等位基因,其中频率较高的等位基因依次为 A02(0.3041)，A11(0.1443)，A24(0.1434)，A30(0.0975)和 A33(0.0859);频率较低的等位基因是 A34(0.000599),A25(0.000513),A66(0.000513),A74(0.000428)和 A36(0.0000856)。在 HLA-B 等位基因中,共检出 46 种等位基因,其中频率较高的等位基因依次为 B13(0.1348),B51(0.07128),B62(0.0712),B61(0.0676)、B60(0.0642);频率较低的等位基因 B77(0.0000856),B76(0.000171),B47(0.000257),B42(0.000342)和 B72(0.000428)。

2003 年,山东省脐血库潘杰等统计了自 2001 年 3 月至 2002 年底的来自 92 家医院的 818 名患者的 HLA 数据,查询结果考虑到有核细胞数(TNC)、HLA 相合程度等因素向查询医院提供结果。计算结果表明 A2、A24、A11、B13、B51、B46、B60、DR15、DR9、DR12 是患者 HLA 最常见的,这与山东脐血库中供者的 HLA 分布相仿。在 818 例查询中,有 85 名查询到 6 个位点全部相合的供者,比例超过 10%,4 个位点以上的超过 99%。截至 2015 年 12 月底,在山东省脐血库查询脐血干细胞的共有 5065 例,6 个位点相合占 10.92%,5 个位点以上相合的占 67.50%,4 个位点以上相合的占 98.04%,绝大多数患者可在库内找到适合临床使用的脐血。2014 年,浙江脐血库的 Wang 等分析,在该库 682 例查询申请中,有 12.9%、40.0% 和 42.7% 的患者能够找到 HLA-A、HLA-B 和 HLA-DRB1 的 6/6、5/6、4/6 位点相合的脐血。在向 24 位患者提供的 30 例脐血中,除去 3 位早期死亡患者,其余的 21 位患者中有 14 位植入成功(66.7%),与山东库统计结果相仿。

2014 年,美国的 Gragert L 等利用 NMDP 的骨髓供者和登记的脐血 HLA 数据建立了以人口为基础的遗传模型来预测美国 21 个种族和民族找到适宜供者(成人供者或脐血)的概率。该模型将 HLA 配型程度、成人供者可能性(如捐献可能性)和脐血细胞数量纳入考虑因素。结果表明大部分患者都能找到适宜的成人供者(HLA 相合或最低限度不相合),但是许多患者不能找到 HLA-A、HLA-B、HLA-C 和 HLA-DRB1 高分相合的最优成人供者。各种族和民族间找到最优供者的概率不相同，欧洲裔白种人概率最高，为75%；南部或中部美裔黑种人概率最低，为16%；其他族群的概率处于中间水平。少数患者会找到 HLA-A、HLA-B 和 HLA-DRB1 相配的最佳脐血。但是，年龄小于20岁的大部分患者和80%以上年龄超过20岁的患者均可以找到 HLA 一个或两个位点不相配的脐血。所以，大部分患者可以找到造血干细胞移植的供者。

为优化 HLA 配型选择方法，提高脐血干细胞的利用率，许多学者对利用 HLA 配型结果筛选脐血干细胞进行了有益的尝试。

目前，在临床应用脐血干细胞检索时一般用 HLA 低分辨结果进行查询，用高分辨配型结果选择脐血研究较少。2014年，Dahi PB 等分析了100例 HLA-A、HLA-B、HLA-DRB1 位点4～6/6相合的移植用双份脐血及其备用脐血（共377份脐血）的供受者 HLA 高分辨配型情况。细胞数中位数为 2.9×10^7/（kg·单位），在高分辨配型下，这些脐血的供受者配型中位数分别为5/8（2～8/8）和6/10（2～9/10）。在用高分辨配型和细胞数量要求为 2.0×10^7/（kg·单位）的模型中，有33%在最低程度影响细胞数量的情况下，仅有8.3%改变了最初选择的脐血。总之，虽然用 HLA 高分辨配型选择脐血会增加供体和受体间的不匹配，但在大量患者中用此法选择脐血，可提高脐血的质量，改善疗效。

而对于在配型过程中加入母亲 HLA 分型结果的考虑，形成非遗传性母亲抗原（NI-MA）虚拟相合，从而提高配型概率的方法更为以后的脐血干细胞选择方法提供了一种新思路。NIMA 是由多态性基因在母体表达但不在婴儿表达的蛋白。在人类正常孕育过程中，存在一个双向调节机制，即母体免疫系统耐受由胎儿表达的遗传性父亲抗原（IPA），而胎儿免疫系统发育过程中也耐受 NIMA。该双向调节机制的形成与由蜕膜-滋养层细胞允许的双向交流细胞引起的微嵌合相关。移植和妊娠生理领域的大量知识表明，微嵌合体和 NIMA 暴露在 NIMA 特异性异体反应调控发育中起作用，调控包括 TGFβ（转化生长因子 β）、IL-10 和 IL-35，产生外周血 T 调节淋巴细胞。这种 NIMA 特异性异体耐受的诱导称为"NIMA 效应"。许多研究结果显示存在与 NIMA 效应相关的"分离耐受"（split tolerance）现象，即能够诱导 NIMA 特异性间接耐受途径而对直接途径无影响。

只有1个 HLA 抗原不相合的脐血（与 NIMA 脐血等同）移植被认为是6/6虚拟 NIMA 相合表型，并与6/6遗传性 HLA 相合脐血有相似的预后效果。这种虚拟 HLA 表型相合脐血可通过用 NIMA 替换1个或多个遗传性等位基因而获得。Van der Zanden 等从已知 NIMA 的6827份国家脐血库的脐血档案中对2020名荷兰患者表型进行了遗传性和虚拟 HLA 表型匹配，11%的患者找到了遗传性6/6相合脐血。若计算虚拟表型，则有遗传性表型19倍多的不同表型，为另外的20%患者提供了6/6虚拟相合，而另外的17%可以找到4/6 HLA 相合和1个 NIMA 相合（4/6+1NIMA 或5/6虚拟相合）。所以，供者母亲 HLA 表型的检测与发布可以向患者提供大量6/6和5/6虚拟相合的脐血提高植入率，且对于脐血库是经济有效的。

三、检测项目质量控制措施

对检测项目的质量控制措施可采取室内质控、室间质评、实验室间比对、能力验证、人员比对、仪器比对、方法比对、留样再检测等方法。

室内质控方法需按照各项目标准操作规程（国家标准方法、行业标准操作规程等）及仪器试剂等要求的方法进行；室间质评可参加国家或省临床检验中心组织的全国性室间质评计划，我国未开展相应项目室间质评的，可采用组织室间比对、参加国际室间质评或仪器试剂厂商组织的室间质评或能力验证活动。

第三节　脐血细胞的低温保存
Cryopreservation of Cord Blood Cells

一、生物低温保存的现状

在低温医学范围内，生物低温保存目的有两个方面：一是防止腐化（细菌作用）和变质（结构破坏），尽可能保持细胞、组织、器官结构的完整性和本来状态，便于形态学观察，主要用于诊断学和科学研究；二是保持标本的生物活性，供临床输注、移植或其他应用。

生物体及其组织细胞的生命力依赖于环境的温度而变化，在体内环境恒定的条件下，细胞的生理生化功能是正常的，而离体细胞很快丧失生命力，冷冻则可加速细胞死亡。但如果离体细胞加入适量冷冻保护剂，并以适宜的速度冷冻和解冻，在液氮（−196℃）等深低温中储存，细胞酶的代谢受到抑制，几乎完全停滞，在复温后细胞恢复代谢能力，继续其生化进程，则可在人为状态下长期保存其生命力。随着生物学和移植医学研究的发展，在细胞、组织和器官的保存方面取得了令人瞩目的进展。在这些领域中，许多成果已经得到普遍的应用，牛羊等牲畜的精子和受精卵低温保存的成功，在改良家畜品种等方面取得了明显的经济效益；在医学方面，通过冷冻保护剂的添加和控制降温及升温速率，血液有形成分（红细胞、淋巴细胞、血小板等）、造血细胞（骨髓、胚胎肝、外周血、脐带血）、精子卵子等单细胞悬液的长期保存已经成功。

但该技术用于多数组织和所有器官保存时，即使用多种冷冻保护剂，在充分平衡的条件下，由于组织器官的大小、形状、细胞密度、细胞类型的不同，也极少成功。因此，组织和器官的长期保存要比单个细胞悬液困难得多。目前，科学家们正在研究胰腺、心脏、肾脏、肝脏等器官的深低温保存，在美俄等科技先进国家，对整个人脑和人体进行深低温保存和复苏的尝试，已冻存人体300余例。我国山东大学齐鲁医院和济南银丰生物集团低温医学中心也在国内率先从事这方面的研究工作。

二、冷冻损伤的机制及防止方法

在冷冻过程中，暴露于低温环境可引起细胞损伤甚至死亡。冷冻损伤可以单独或同时发生在以下一个或几个环节：①冷冻保护剂的细胞毒性损伤；②在冻融的过程中冷冻保护剂的渗透性损伤；③细胞内冰晶形成的机械损伤；④解冻过程中细胞内再结晶的机械损伤。

（一）冷冻损伤的机制

组织细胞在低温下的损伤机制尚不十分明了，可能与以下几种因素有关。

1.冰晶体的机械作用　在冻融过程中冰晶对细胞的损伤起重要作用,尤其在细胞冷冻通过冰点时(freezing point,FP),由于"再结晶"(recrystalization)现象,可形成较大的冰晶而损伤细胞。

2.渗透压溶解学说与盐致变性　细胞溶液冷冻时,水结冰可引起渗透压升高,而导致细胞内外渗透压不平衡,水外渗引起细胞皱缩。高浓度的电解质作用于细胞膜,而引起蛋白质的变性和脂类的丢失,从而改变细胞膜对阳离子的通透性。

3.冷冻生物应力作用　细胞在脱水和浓缩过程中蛋白质结构变化,各蛋白组分异常靠近,形成二硫化物键。这种键使蛋白质在重新水化时不能恢复天然结构,而导致蛋白质的聚集,从而形成不可逆性损伤。

程序化冷冻中主要通过细胞外溶液固相液相迅速转换减少这种损伤,玻璃化则是用高浓度的冷冻保护剂阻止冰晶形成来使细胞免受损伤。

（二）冷冻损伤防止方法及原理

对于像脐血造血细胞这样的单细胞悬液保存,目前主要通过添加冷冻保护剂和采用适当的冷冻速度和复温方法来防止细胞的冷冻损伤。

1.低温保护剂　主要包括以下 2 种。

(1)渗透性保护剂:以目前常用的甘油和二甲基亚砜为代表,可以穿过细胞膜渗透到细胞内产生一定的摩尔浓度,降低细胞内外未结冰溶液中电解质的浓度,从而保护细胞免受高浓度电解质的损伤,同时,细胞内水分不会过分外渗,避免了细胞过分脱水皱缩。

甘油进入细胞内所需平衡时间长,复温后移出细胞慢,是红细胞的有效保护剂。DMSO 是保存造血细胞最常用的冷冻保护剂。二者单用其保护效果优于其他保护剂。不足的是药物本身对造血细胞毒性较大,4℃时 5 分钟可使 CFU-GM 回收率下降约20％。因此,用它做冷冻保护剂时,应尽量缩短 DMSO 在常温下与细胞的接触时间。

渗透性保护剂主要利用其降低冰点及延缓冷冻过程使细胞有充足时间适应降温变化,以减少低温下的损伤。同时还能够提高细胞内离子浓度,从而减少细胞内冰晶形成对细胞的损伤作用。DMSO 是目前最常用的冷冻保护剂,其穿透细胞膜的速度比甘油快,因此,冷冻保护效果好。DMSO 的最终浓度以 10％～15％为宜,有人认为 10％为标准浓度。目前各脐血库使用的浓度一般为 10％。加入 DMSO 时速度要缓慢,应在 0～4℃环境中进行混匀,然后开始降温冻存。DMSO 有一定毒性,动物实验中大剂量注射可引起动物死亡。小鼠一次性静脉注射 DMSO 原液,LD_{50} 为 (3.944 ± 0.87) g/kg。动物中毒表现为呼吸急促、抽搐等。给药量越大,上述症状越重,动物死亡也越快,一般在给药后 5～20 分钟死亡。细胞培养技术证明,10％ DMSO 对小鼠骨髓 CFU-GM 有明显的抑制作用。因此,用细胞培养技术测定解冻后造血细胞活力时,应洗掉 DMSO。药理实验研究证明,DMSO 是低毒的,且作用时间短暂。移植实验表明,给小鼠和狗输注含 10％浓度DMSO 的冻存骨髓,患者输注含 5％～10％DMSO 的自体冻存骨髓,除呼出气体带有异味外,并未见其他不良反应。此外,DMSO 除其冷冻保护作用外,也是一种辐射防护剂,体外培养时有诱导白血病细胞成熟、分化的作用。这可能对移植前预处理所致的放射损伤修复有益。

综合文献及我们的经验,应用 DMSO 时应注意以下几点:①DMSO 的终末浓度以

10％为宜；②加入 DMSO 后应尽快冷冻保存，以减少 DMSO 对细胞的毒性；③由于温度对 DMSO 的毒性作用有明显影响，因此，在冷冻前和解冻后对细胞悬液的处理均应在 4℃中进行；④在低温保存液中细胞的密度不宜过高或过低，一般为 $1\sim5\times10^7/mL$；⑤严格控制冷冻和解冻速度；⑥避免长时间多次离心；⑦测定经低温保存后的 CFU-GM 时，应在低温条件下用缓慢稀释法除去 DMSO。

根据上述的研究结果，我们山东脐血库选用的冷冻保护剂主要为 10％ DMSO，临床上 DMSO 的最大耐受剂量尚未确定。

（2）非渗透性保护剂：主要包括一些大分子物质，如羟乙基淀粉（HES），聚乙烯吡咯酮（PVP）等，这些物质不易进入细胞内，但能在细胞表面形成黏性透明壳，能使细胞脱水，从而减少冷冻过程中细胞内冰晶形成，对细胞膜具有保护作用。由于这类物质无抗原性，不影响细胞活性，在临床应用时不良反应少，而且可用于沉淀红细胞。HES 可吸收一部分水分，在低温下保持不冰冻状态，这一现象与其保护特性有关。增加浓度可提高冷冻保护效果，但浓度过大可使细胞脱水、皱缩而造成损伤。复温时 HES 还可阻止 DMSO 所致的细胞肿胀。

2.冷冻速度　生物冷冻保存技术包括一定的冷冻速度、保存温度及复温速度等，以最大限度地保存细胞的活性。不同种属乃至同一种属不同类型的细胞所需冷冻速度不同，也与加入冷冻保护剂的种类与浓度有关。如血小板保存若用有核细胞的保存方法，则生存率很低。血细胞及哺乳动物细胞的冷冻保存条件，一般在 $-65℃\sim-80℃$ 或 $-196℃$ 保存，冷冻速度 $1\sim30℃/min$，复温速度 $50\sim300℃/min$。一般来讲，不同的细胞各有其最佳降温速率。

根据冷冻速率不同，干细胞冻存常用方法包括慢冻法和快冻法（玻璃化）两种。

（1）慢冻法：慢冻法是一种较经典的冷冻方法。在慢冻法中，远离标本的保护液内的水分通过缓慢有序结晶，逐步将细胞内水分吸出，并使标本周围处于极高渗透压状态而避免冰晶形成。慢冻法主要操作步骤：①收集细胞；②添加冷冻液；③在一定的冷却速率下（从 $-1℃/min$ 至 $-10℃/min$），细胞悬液逐步形成固体；④细胞长期低温储存（通常在液氮中）；⑤快速解冻，细胞悬液 $37\sim40℃$ 水浴中速融；⑥通过离心去除冷冻剂；⑦在合适的条件下接种培养细胞。慢冻法对多种成体细胞、造血细胞、人间充质干细胞甚至小鼠胚胎干细胞都是有效的，但因其低复苏率和高分化率而不适用于人多能干细胞的冷冻。

程控降温仪就是为控制降温速率而设计的。目前市售的程控降温仪种类很多，分手动和数字式，以数字式为主，它可以在 $0.5\sim40℃/min$ 速度范围内随意控制降温速度，可一次冷冻 $1\sim50mL$ 或更多标本。该仪器有控制部、冷冻部、冷冻过程记录部及液氮供给部等组成。用前根据细胞种类设置不同制冷程序。在运行过程中，控制部接受由冷冻室及标本两个温度感受器来的温度信号，通过控制电磁阀的开关控制流入冷冻室的液氮量而改变制冷速率，流入室内的液氮由高速旋转的风扇而气化均匀。

细胞溶液冷冻过程中，样本由液相变为固相，即相变时，将释放出一定的热能，从而使温度上升。由于再结晶现象温度上升使冰晶增大而损伤细胞。因此，在水冰转化（共存）的"平台"期，是极易损伤细胞的范围。而应用程序控制的降温仪，通过设置适当的降温程序，在超冷（supercolling）开始后持续大量地供给液氮，可使"平台"期极大地缩短甚或消失,可有效地清除相变热,从而减轻对细胞的损伤作用。

(2)快冻法(玻璃化):玻璃化最早用于冻存牛卵、牛胚,后又用于人多能干细胞。玻璃化冷冻是将克隆块依次放入两种浓度逐渐升高的冷冻液中,细胞在两种冷冻液中的停留连续且短暂(37℃或者室温分别停留 60 秒和 26 秒)。冷冻液的基本成分是二甲基亚砜和乙二醇,蔗糖浓度随培养基不同而变化。玻璃化冷冻中,通过高张力的玻璃化液和较快的降温速率使溶液中的水不能形成晶体,而形成玻璃体。玻璃体的形成需要足够快的降温速率。在解冻的过程中为避免冰晶再形成,升温速率也要尽可能快。

一般地说,无论是快速冷冻还是慢速冷冻,解冻都应该是快速通过相变温区,以防再度形成冰晶,对细胞产生损伤。

在玻璃化冷冻法中,降温速率非常快,细胞内外呈玻璃化凝固,无冰晶形成或形成很小的冰晶,对细胞膜和细胞器不致造成损伤,细胞也不会在高浓度的溶质中长时间暴露而受损。在慢冻法中,如果降温速率较快,细胞完全脱水前胞内形成冰晶,冰晶破坏细胞器和细胞膜从而引起细胞死亡。如果降温速率缓慢,细胞内的水因渗透作用完全脱出而皱缩,也会造成细胞死亡。当降温速率介于既能避免胞内冰晶形成,同时又可以防止细胞严重脱水时才能避免细胞受损伤,称该降温速率为复苏范围或复苏窗。多数真核生物在不使用冷冻保护剂时,不存在或者很难观察到其复苏窗。冷冻保护剂避免细胞内冰晶形成的作用很小,更多是防止或者减少慢冻过程中的脱水和皱缩。因此,不论是否使用冷冻保护剂,严格控制降温速率都是减少慢冻法中细胞冷冻损伤的关键。使用程序降温仪能实现控制降温速率,技术上更可靠并可重复。

三、脐血的保存

(一)4℃保存

1.全血保存　该法主要用于保存红细胞。同成人血保存相似,脐血与保养液按 4∶1 比例混合,储存于 4℃冰箱,一般在 1~2 周内供临床输注。对于未成熟儿可在生产时采集自己的脐血分管保存,每管 10mL。必要时供自体输血用。

Brandes 等人观察了脐血 4℃保存的结果,每 40mL 脐血加入 CPD 保养液 6.3mL,4℃保存 8 天,红细胞 ATP 只有轻度下降。与 ATP 相反,2~3 DPG 在保存的第 4~5 天,降至初始值的 50%,且此后继续下降,氧化血红蛋白离解曲线 P_{50} 值降至(24.4±2.40)torr。在保存过程中,细胞外钠-钾交换,导致细胞内钾离子浓度增高,但谷胱甘肽无变化,4℃保存 8 天,溶血率小于 1%。细菌和真菌检查培养均无生长。这些结果提示人脐带血可以安全地采集和 4℃保存。

国内报道 4℃保存 3 周红细胞形态未发生异常改变,无细菌生长,血浆与血细胞界限清晰,血浆透明呈淡黄色,无气泡及特殊气味产生。开始溶血时间为(29.8±13.9)天。最早发生溶血为 12 天,最晚发生溶血为 80 天。可用肉眼初步观察 4℃保存情况,方法如下:

(1)肉眼检查应在光线充分的条件下进行。

(2)脐血在正常情况下,血浆呈黄色、金黄色或淡黄色,半透明,随保存时间延长,血浆层由半透明逐渐转变到透明。

（3）在冰箱保存一周后，血细胞层的表面处可见有细薄均匀的灰白色沉淀物或云絮状物，这些灰白色沉淀物形状随着放入冰箱的位置、冰箱振动以及采血时混合情况而不同。

（4）正常血细胞层呈现暗红色，无血凝块。

（5）脐血 4℃ 保存有以下情况者不宜应用：①血浆层表面持续出现气泡；②血浆层表面有逐渐增多的带状物，或有粗大颗粒者；③血浆层有进行性变色及混浊度增加者；④血浆与血细胞界线不清者；⑤开启血瓶有气体逸出或有异味者；⑥血细胞层颜色呈高锰酸钾颜色者。

2. 脐血 MNC 保存　将 MNC $4×10^6～6×10^6$/mL 置于含 20%FCS、肝素 20U/mL 的 RPMI 1640 液中，在 4℃ 保存 24 小时后，细胞活力变化不明显，72 小时后，台盼蓝拒染率降至 90% 左右，但 CFU-GM 回收率不足 50%，5 天后降至 10% 以下，超过 7 天即无 CFU-GM 生长，但台盼蓝拒染率仍可大于 60%。

（二）深低温保存

1. 全血保存　Broxmeyer 等人发现脐血若经除掉红细胞及密度梯度离心等处理，造血细胞将会部分丢失。因此，他们主张对脐血不做任何处理，直接深低温冷冻保存。方法如下：

（1）将脐血均分 3～5 等份，无菌移入冷冻塑料袋中，冷却至 4℃。

（2）将含 20%（V/V）DMSO 的 RPMI 1640 或 TC199 溶液，预冷至 4℃。

（3）将含 20%DMSO 冷冻保护液和脐血等量缓慢地混合，使 DMSO 最终浓度为 10%。每袋内两项混合后的容量为 80～100mL。

（4）应用液氮程控冷冻机，以 1～5℃/min 的速度降至 -80℃，平衡 12 分钟后，迅速移入 -80℃ 冻箱或 -196℃ 液氮中。

（5）临用前融化过程应在患者床边进行，于 37℃ 水浴中快速融化，直接输给患者，融化后的脐血不必做任何处理。

Broxmeyer 等用该法保存脐血 1～6 月，有核细胞回收率为 80%～100%。用甲基纤维素法，测定第 14 天 CFU-GM、BFU-E 及 CFU-GEMM 的回收率分别是 100%、40%～60%、75%～100%。提示该法可保存相当数量的造血细胞，较细胞分离后保存为优。

由于在上述冷冻过程中，红细胞将大部被破坏，给患者输入的保存脐血中将有多量溶解的红细胞。Broxmeyer 等报道，应用该法保存的脐血的患者皆出现血红蛋白尿，持续 2～3 天。但由于注意给患者充足的液体及小苏打（水化、碱化），无一患者因此发生问题。

2. 脐血单个核细胞（MNC）深低温保存

（1）程控冷冻法：具体冷冻方法和使用前的融化方法介绍如下：①液体配制：细胞洗涤液及冷冻保护液可按表 2-2-3 方法配制。配制完毕后，应分别取上液做细菌培养，阴性方可使用。AB 血浆应经 56℃ 30 分钟灭活，离心 2500r/min×20 分钟备用。使用时，先加入 DMSO 并冷却至 4℃，然后再加血浆，否则易引起沉淀物。②细胞悬液制备：经分离得 MNC 层，此层富含造血干/祖细胞、淋巴细胞、单核细胞。经洗涤液换洗 2～3 遍后，调整细胞浓度至 $2×10^7～5×10^7$/mL。③冷冻保存步骤：a.向细胞悬液中缓慢加入等量在冰块中预冷的冷冻保护液，再移入冷冻袋内，尽量排出袋内的空气，热合机密封。取少量（约 2mL）加入一小冷冻管内，同时做冷冻保存，备融化时做 CFU-C、台盼蓝拒染率和细菌培养等。b.冷冻塑料袋用两张薄锡片平衡夹住,放入程控冷冻机内,按以下速度降温:以－1℃/min降至－14℃,再以－3℃/min降至－80～－100℃;也可以－1℃/min降至－30℃,再以－3～－5℃/min降至－80℃,随后迅速移入液氮中保存。④融化方法:使用前从液氮中取出,在37～42℃水浴速融(约1～1.5分钟),移入50mL离心管,加入DNase-I 10μg/mL以防细胞团形成,离心,用洗涤液洗两遍,除掉DMSO后,即可临床输注应用。同时用所附小试管内的细胞悬液做台盼蓝拒染率和CFU-C检查,以测定细胞存活率和造血细胞回收率。

表 2-2-3 冷冻保护液配制

成分	细胞洗涤液	冷冻保护液
RPMI 1640	284mL	11.2mL
AB血浆	15mL(5%)	4.0mL(20%)
DMSO	—	4.0mL(20%)
肝素	1.2mL(4U/mL)	0.8mL(40U/mL)
总量	300.2mL	20.0mL

(2)－80℃保存法:由于上述方法需程序控温冷冻机,该设备较昂贵、费时、费液氮。尤其是在多个脐血不同时间冷冻时,每次标本量少,样本数多,若采用程控冷冻机则方法较繁琐。因此,人们探索不用程控冷冻而直接放入－80℃的方法。Stiff等人(1987年)应用羟乙基淀粉和DMSO联合做冷冻保护剂,直接放入－80℃的方法保存骨髓做自体骨髓移植,取得良好效果。之后该方法得到推广。我们应用类似方法保存胎肝及脐血造血细胞也取得较好效果:①冷冻保护液:用VeenD液将分子量为20万的羟乙基淀粉(HES)粉末溶解成24%溶液,并以120℃×15分钟消毒。应用99%DMSO,25%人血白蛋白及IMDM培养液,使HES、DMSO、白蛋白浓度分别为12%、10%、8%HES/DMSO液。②取得MNC后,洗涤2～3次,应用IMDM或RPMI 1640液,将细胞调整成$2×10^7～10×10^7$/mL细胞浓度。将等量预冷的冷冻保护液缓慢与细胞悬液混合,加入冷冻袋内直接放入－80℃冰箱保存。

(3)简易二步法:我们应用6%HES沉淀脐血红细胞以取得有核细胞(NC),再以Ficoll-Hypaque分离MNC。用RPMI 1640液洗涤2次,制成$1×10^7～2×10^7$/mL细胞悬液。在冰水浴中,向含细胞悬液的冷冻管内缓慢加入等量含20%DMSO及20%AB血清的冷冻保护液,使细胞终浓度为$1×10^7～5×10^7$/mL,DMSO终末浓度为10%,AB血清10%。冷冻管依次置4℃ 30分钟,－80℃冰箱隔夜,次日投入液氮中保存。使用时,由液氮中取出立即放入42℃水浴中快速融化,用RPMI 1640液倍数递增法稀释5～10倍,供临床应用或实验研究。

我们用该法保存脐血MNC,在液氮中保存1～9个月,复温后台盼蓝拒染率75%,MNC回收率大于80%,CFU-GM回收率为50%左右。该法由于采用二步梯度降温法,只需4℃、－80℃及液氮即可,不需程控降温机,较适于我国基层单位应用。

3.脐血红细胞的保存方法 1949年,英国的Smith女士首先发现甘油对红细胞的保护作用,1957年,Mollison等用解冻红细胞输血首先获得成功。自20世纪50年代以来,已经筛选 30 余种红细胞冷冻保护剂,但到目前为止,实验室研究较多及临床应用较广泛的,仍以甘油保护剂为主,而 HES 等正在探索中。根据甘油的浓度和保存温度,将红细胞的保存分为高浓度甘油慢冻法和低浓度甘油速冻法两种。这两种方法简介如表 2-2-4 和表 2-2-5 所示。

我们和日本的 Sumida 曾对低浓度甘油快速冷冻法及高浓度甘油慢速冷冻法所保存 10～20 年的成人红细胞活性进行了研究。结果显示低温长期保存红细胞的回收率与保存时间呈负相关关系。速冻法与慢冻法的相关方程式分别是:$Y = -0.56X + 95.54$;$Y = 1.08X + 87.11$[其中 Y 为回收率,X 为保存时间(年)]。速冻法红细胞回收率明显高于慢冻法;慢冻法红细胞盐水渗透曲线左移,脆性减低,红细胞内 ATP 和 2,3-DPG 在含磷的化合物中相对浓度降低,无机磷升高,pH 值降低。电子绕射共振(ESR)显示细胞流动性 (fludity)与新鲜红细胞相似,表明低浓度甘油速冻法可更好地保存细胞完整性及膜脆性。应用以上方法保存 18 年之久的红细胞给晚期癌症贫血患者输注,患者贫血症状改善,红细胞数及血红蛋白浓度均有不同程度升高,证明保存 18 年甚至更久的红细胞,临床应用是安全有效的,对脐血红细胞低温保存的研究尚未见报道。我们应用上述保存成人血红细胞的方法保存脐血红细胞,近期保存效果与成人血红细胞相似,长期低温保存的效果则需进一步研究。由于新生儿脐带血红细胞具有许多特点,脐血红细胞的保存对临床输血学可能具有重要意义。

表 2-2-4 　　　　　　　　　　　　　　高浓度甘油慢冻法

报道者	Huggins 法	Meryman 法	Sumida 法
低温保护液	甘油 79% 葡萄糖 8% 果糖 1% EDTA-Na$_2$ 0.3%	甘油 57% 乳酸钠 3.0% 氯化钾 3.0% Na$_2$HPO$_4$ 0.2%	甘油 60% 乳酸钠 1.8% 氯化钙 0.02% Na$_2$HPO$_4$ 0.2%
甘油化	保护液与浓缩红细胞等量在 10～15 分钟内缓慢加入,电磁振动 30 秒,充分甘油化		
保存温度	$-85\,^{\circ}\!\text{C}$	$-85\,^{\circ}\!\text{C}$	$-85\,^{\circ}\!\text{C}$
解冻温度	$+40\,^{\circ}\!\text{C}$	$+40\,^{\circ}\!\text{C}$	$+40\,^{\circ}\!\text{C}$
去甘油化洗涤法	第一次:50%葡萄糖(保存血等量)+5%果糖 100mL 第二次:5%果糖 500mL 第三次:5%果糖 500mL 第四次:生理盐水 500mL	12%NaCl 150mL 1.6%NaCl 2000mL 0.9%NaCl 1000mL 0.2%葡萄糖 1000mL	8%NaCl 100mL +0.9%NaCl 300mL 0.9%NaCl 500mL 0.9%NaCl 500mL 0.9%NaCl 500mL
红细胞悬液	生理盐水	生理盐水	生理盐水
回收率(%)	75～80	85	85～90

(柏乃庆.血液保存.上海科技出版社,1981.)

表 2-2-5   低浓度甘油速冻法

报道者	Rowe 法	Sumida 法	Vinograd-Findel 法	Krignen 法
低温保护液	甘油 28% 甘露醇 3% NaCl 0.65%	甘油 30% 甘露醇 2.0% 山梨醇 2.0% NaCl 0.64%	甘油 36% 甘露醇 4% EDTA-Na$_2$ 0.3%	甘油 35% 山梨醇 2.95% 氯化钠 0.63%
保护液添加方法(甘油化)	保护液与浓缩红细胞等量混合,缓慢加入,大约需要 15 分钟			
保存温度	−196℃	−196℃	−196℃	−196℃
解冻温度	+40℃	+40℃	+40℃	+40℃
洗涤去甘油化	第一次:离心排出上清 第二次:15%甘露醇+0.45% NaCl 300~500mL 第三次:0.9% NaCl 500mL 第四次:0.9% NaCl 500mL	第一次:离心排出上清 第二次:3.5% NaCl 500mL 第三次:0.9% NaCl 500mL 第四次:0.9% NaCl 500mL	第一次:离心排出上清 第二次:16%甘露醇-生理盐水 第三次:5%甘露醇-生理盐水 第四次:2.5%甘露醇-生理盐水	第一次:离心排出上清 第二次:16%山梨醇+0.8%盐水 第三次:生理盐水 500mL 第四次:生理盐水 500mL
红细胞悬浮液	生理盐水	生理盐水	生理盐水	生理盐水
回收率(%)	90	90~95	90	90

（三）脐血库现用脐血有核细胞(TNC)冻存方法

1.常用程控降温冷冻系统　目前脐血库主要使用程控降温仪对脐血干细胞进行程控降温,所用程控降温仪及降温程序不尽相同。经研究此法降温可以长期保存甚至长达数十年（见图 2-2-4）。

图 2-2-4　程控降温仪和山东省脐血库

2.Bioarchive 血液干细胞冷冻系统(见图 2-2-5) 传统的程控降温完成后,一般需将脐血干细胞产品放至储存架并转移至液氮中长期保存,在转移的过程中涉及温度的瞬间变化,为减少温度变化对细胞的损伤,研究者们研制了程控降温和长期储存于一体的仪器。例如 Bioarchive 血液冷冻系统(Thermogenesis Corp., Rancho Cordova, California, United States of America),该系统 2012 年获得我国 SFDA 批准[国食药监械(进)字 2012 第 2581636 号]。复苏后活性可达 94%,CD34$^+$ 活细胞大于 97%,每罐容量大于 3600 份。该系统包括带有架子的液氮杜瓦瓶,液氮控制系统控速冷冻模块,样品检索盒,带有扫码器和潜望镜的机械臂,控制自动功能、维持样本冷冻曲线和系统库存的微处理器控制系统,样本控制软件,磁性检索装置等。程控降温至 -50℃后自动转移至储存区。

冯明亮等分析了 85 份 Bioarchive 自动液氮储存系统中保存半年复苏后脐血的各项指标:每份脐血有核细胞产率(TNC)(8.97±4.12)×10^8,CD34$^+$ 细胞数量达到(7.28±3.57)×10^6,造血祖细胞集落形成单位(CFU-GM)计数达(90.58±84.50)/2×10^5。比较脐带血有核细胞冻存前后各组数据经统计学分析差异无显著性。证明 Bioarchive 自动液氮储存系统储存脐血造血干细胞的效果较为理想,适合于各种脐血库和细胞库的应用。

与传统的冷冻设备相比,Bioarchive 自动液氮储存系统的特点有:①将程序降温仪、隔离罐和储存罐三个组成部分合为一体,自动存取样本,避免样本存取时的温度变化;②自动确认的条形码识别系统,保证每份标本被存取时的特异性;③自动显示记录每份样本的温度变化曲线,达到动态监控的目的;④冻存袋被密封在另一个保护袋中,可防止在液氮罐内冻存时病原体的交叉感染;⑤ 该系统可储存 3000 多份样本,储存量大,存取方法简便且大大减少储存空间,节约液氮的用量。

3.冻存新方法研究 2014 年,法国的 Chevaleyre 等构思了一种冻存方法,该方法基于以下两个原则:①为脐血中的干祖细胞提供更好的营养和生化环境;②防止这些细胞在从低氧环境(脐血中氧气浓度 1.1%~4%)到高氧浓度(空气中氧气浓度 20%~21%)过程中的过度氧合。作者将脐血存储于含培养基(HP02)的非透气性袋子中,经一段时间后,对干细胞功能(SCID 小鼠再植细胞和 CFU-C)进行评估以确认这一假设。发现应用这个程序保存 3 天的脐血,保持了与新鲜脐血相同的全部功能,而且,在 4℃保存 3 天的移植物比常规保存(在无培养基的透气袋中 4℃保存 1 天)具有更好的功能。作者据此制定了临床使用的套件,并对包括脐血制备所有步骤(减容、冷冻和复苏)的保存方案进行了可行性和效率的临床前试验。

4.程控降温过程中断对脐血干细胞的影响以及应对措施 适宜的降温速率对脐血干细胞的冻存至关重要,所以一般使用程控降温仪进行冷冻。降温过程中的降温速率受许多因素影响,在实际工作中偶遇电力中断或机器故障会影响降温效果。所以建立冷冻过程被中断时的适宜应对措施,对防止细胞的损失是至关重要的。作者用程控降温仪对 6 例含有 10%DMSO 的脐血进行了冷冻,从 4℃降至 -80℃。在冷冻过程的不同温度将细胞直接转移至液氮气相中或者先转移至 -80℃的冰箱中放置(18.1±0.6)小时,然后再转至液氮气相中。在气相中放置(127±48.1)小时后,复苏细胞,进行活性、有核细胞总数/CD45$^+$ 细胞、CD34$^+$ 细胞和 CFU-GM 检测。结果显示:对于先转移至 -80℃冰箱后转移至液氮气相的细胞,无论从哪个温度中断,所有指标均无显著差异;而对于直接转移至液氮气相的细胞,不同温度中断的样本,各指标有显著差异,但检测和计算的方法是差异的决定因素。所以脐血样本可以在程控降温的任何时间转移至-80℃冰箱,但只能在降至-40℃或更低时直接转移至液氮气相中。对程控降温过程被中断的脐血应常规检测复苏后 CFU-GM 的存活和回收率。

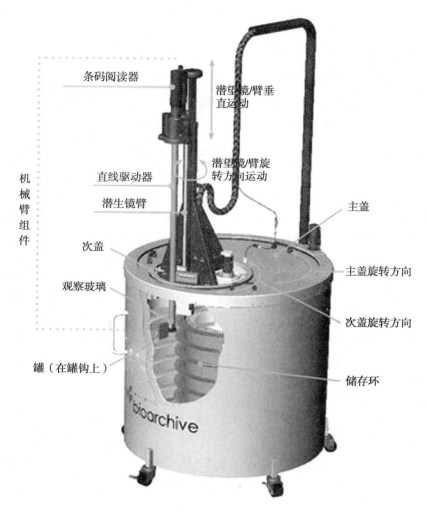

带有保存盒和盒套的可检索保存系统

装有样品的密封袋放入冷冻盒内

将冷冻盒放到程控降温仪内

样品存入冷冻架中

样品达到-50℃将自动移出程控降温仪转入插槽中

图 2-2-5　Bioarchive 冻存系统及冻存步骤

四、冻存后造血细胞的测定方法

对细胞、组织活力的测定方法很多,用于冻存后造血细胞活力的测定方法主要有以下几种:

(一)染色排斥试验

此为检查细胞悬液中活细胞比率常用的方法。将细胞与某种染料(例如台盼蓝、伊红)按一定比例(1∶4)混合,普通光镜下观察,着色的为损伤细胞,未着色的为活细胞。该法技术简单速度快,但它不能精确地反映出造血细胞的存活情况和功能状态。

(二)冻存后造血干细胞活力测定的经典方法

主要通过观察冻存后造血细胞对照射受体的再生能力来测定。给致死剂量照射动物移植冻存的造血细胞,观察动物的存活情况,间接地反映造血细胞活力。该法同时受具有造血刺激能力的其他因素的影响,且仅限于自身或同系动物,亦不能辨认造血干细胞的增殖分化情况。但作为体内试验获得移植成功的可靠证据,至今仍被采用。

(三)造血干细胞测定技术

造血干细胞测定技术是目前最广泛应用的直接测定低温保存造血干细胞活力的方法。小鼠 CFU-S 测定技术,是冻存后有活力的造血干细胞最灵敏的定量评价指标。对大动物及人用体内扩散盒琼脂培养技术测试 CFU-GM,其结果可不受 CSF 的影响。但体外琼脂培养法比较复杂,目前,常用 CFU-GM、BFU-E、CFU-GEMM 半固体培养技术测定冻存后造血细胞活力。在造血细胞低温保存若干年后,上述测定结果会受再次制备的 CSF 和血清刺激活力不同的影响。因此,冻存后造血细胞培养时,所用 CSF 和血清应严格进行活力测定,方可确保测定结果的准确性和可比性。另外,对冻存后造血细胞进行活力测定时,还应注意细胞悬液中冷冻保护剂对造血细胞产率的影响。由于造血细胞形态不能辨认,因此,目前尚难找到一种快速、简便而又能准确地判定保存后造血细胞活力的方法。

Broxmeyer 等应用甲醇技术深低温保存脐血 MNC,在保存 1～10 个月后融化,洗涤 2 次后计数活细胞并做祖细胞培养,有核细胞回收率为(35.0±1.5)％,甲基纤维素法第 14 天 CFU-GM 的回收率为(45.8±9.6)％,BFU-E 为(44.9±4.9)％,CFU-GEMM 为(30.4±2.6)％。在每份标本中加入 DNase 40～100U/2mL,可减轻细胞聚集成团块,增加回收率 10％～20％。保存时间长短对回收率无影响。如果全脐血标本保存不经洗涤,直接计数及细胞培养,则有核细胞回收率为 80％～100％,CFU-GM、BFU-E、CFU-GEMM 的回收率分别是 100％、40％～60％、75％～100％。尽管 CFU-GM 不是干细胞,而是粒单系祖细胞,但接受骨髓移植动物的存活率及骨髓恢复速度与移植的 CFU-GM 数量直接相关,CFU-GM 的数量也与自体骨髓移植后造血的重建速率有关。因此,在目前情况下,冻存前后测定 CFU-GM 等含量,可较好地反映造血细胞的保存情况。

五、冻存多年后干细胞情况

韩国 Eom、Vox 检测了冷冻保存 2 年(Ⅰ组)、4 年(Ⅱ组)和 6 年(Ⅲ组)脐血的 TNC、细胞活性、CFU-GM、T细胞体外活化和干细胞在NOD/SCID鼠中的植入情况。结果，三组的TNC回收率分别为(106.2±6.17)%、(96.69±6.39)%和(100.38±5.27)%，复苏后细胞活性平均值为86.88%、86.38%和87.43%。接种TNC为$5×10^3$时，CFU-GM分别为13.6、13.8、14.2，新鲜脐血为14.7。研究者确认了冻存脐血的$huCD4^+$和$huCD8^+$T细胞通过活化的$huCD25^+$细胞在功能上应答。在注入分离的$huCD34^+$细胞的NOD/SCID小鼠骨髓中$huCD45^+$细胞比例三组分别为(4.32±1.29)%、(4.48±1.11)%、(4.40±1.12)%，新鲜脐血为(4.50%±0.66%)，这些结果表明冻存的脐血适于移植。

黄璐等复苏了20份经－196℃液氮低温保存1～10年的脐血干细胞标本，比较冻存前（脐血库提供资料）和复苏后的细胞活率、总有核细胞数(TNC)、$CD34^+$细胞和粒-巨噬细胞集落形成单位(CFU-GM)的数量，并分析复苏后的细胞回收对移植受者植入速度的影响。结果表明，不同冻存时间对复苏后干细胞的回收率没有影响。经冻存复苏后，细胞存活率为(92.75±2.55)%，TNC、$CD34^+$细胞数和CFU-GM的回收率分别为89.9%、84.8%和84.3%，与冻存前相比明显减少，但细胞数量的下降对移植患者中性粒细胞和血小板的植入时间均无影响。冻存后TNC和$CD34^+$细胞数量与冻存前数量有很大的相关性($r=0.954$；$r=0.931$，$P=0.000$)，而CFU-GM的相关性弱($r=0.285$，$P=0.223$)。所以，冻存和复温过程会在一定程度上损伤脐血干细胞，导致细胞丢失，但不会影响移植的效果。

英国的Martha等也通过实验证明，冷冻的脐血造血干细胞在体外比动员的外周血干细胞和新鲜的脐血造血干细胞分化出更多数量的功能性自然杀伤细胞(NK细胞)。

2007年，山东大学齐鲁医院时庆等对液氮深低温冻存16年后的脐血进行了造血干细胞活性检测，通过比较冻存前后数据，MNC回收率达到79%，活细胞率82%，$CD34^+$细胞占1.3%，14天后可形成大量CFU-GM、BFU-E和CFU-GEMM集落，冻存16年后的脐带血造血细胞具有很强的生物学活性，可用于临床移植。

2011年，Broxmeyer等对保存21～23.5年的脐血进行了复苏后有核细胞、CFU-GM、CFU-GEMM及增殖能力等项目的检测，通过比较冻存前后数据，用10%DMSO和10%自体血浆作为冷冻保护剂保存在冷冻储存袋中的脐血，其CFU-GM和CFU-GEMM回收率达到80%以上，HPC的增殖能力与新鲜脐血差别不大。

第四节 脐血细胞的运输

Transportation of Cord Blood Cells

运输过程也是确保脐血干细胞活性的重要过程，运输容器、运输温度、运输时间等是该过程监控的主要因素。脐血的运输过程包括脐血由采集医疗机构至脐血库的运输、脐血库内转移运输及由脐血库至移植医院的整个运输过程。

一、由采集医疗机构至脐血库的运输

脐血采集完成后，由采集人员将其放至专用脐血运输箱，随箱应附上供者母血样本、采集储存协议书、知情同意书及采集相关记录。为充分保证运输过程的安全性,山东省脐血库制定并严格执行脐血运输相关操作规程,并按照要求保持相关运输记录。

(一)运输容器

按照卫生部技术规范要求:脐带血从采集医疗机构到脐带血库的运输必须保护脐带血的完整性以及工作人员的健康和安全。脐带血采集袋必须放在另一个容器或袋子中,以防采集袋的任何渗漏。运输容器在设计上必须能够减少运输过程中温度的变化;外包装必须采用耐渗漏、振动和压力变化的材料制成;必须有"移植用脐带血"和"勿接触放射物质"的字样标签;运输容器必须标注脐带血库名称和地址以及负责运输人员的姓名。

山东省脐血库采用符合技术规范要求的专用脐血运输箱,运输箱内分层分区设计,在不同区域放置脐血/母血样本、生物冰袋及随箱附带的资料。分层分区设计从空间上保障了三者之间的隔离,有效保障了运输过程中脐血的安全性,并从防止职业暴露的角度减少了样本对随附资料的潜在污染。运输箱单次使用后即进行清洁消毒,防止运输过程对环境及人员造成的污染。

(二)运输温度

对于临床输注用血液在全国采供血机构之间、采供血机构与采供血场所以及医疗机构之间的运输要求,我国 2012 年制定了《血液运输要求》(WS/T 400-2012);但对于脐血运输的温度,国内外标准(技术规范及 AABB 标准等)未做规定,各脐血库通用的运输温度为 4～25℃。

(三)运输时间

1.我国技术规范要求"脐带血必须在采集后 24 小时内进行制备和冷冻"。

2.FACT 标准规定的由采集至冻存的时间异体为 48 小时,自体为 72 小时;通过 FACT 认证的纽约血液中心脐血库(NCBP)规定,脐血需在采集后 24 小时内运输至脐血库,36 小时内完成制备冻存。

3.更长时间的研究　对脐血由采集到冻存的更长时间的研究目前有不同的见解。

(1)2013 年,巴西的 Pereira-Cunha 等将 36 例脐血(分为两组:经过制备缩减体积和未经制备的原始脐血)放置于室温下,每天进行取样检测,结果发现 CD34$^+$ 细胞和成熟 T 淋巴细胞增长(活性 99%,可能原因为其他组分的损失),成熟 B 淋巴细胞和 MSC 降低(维持活性),粒细胞降低(失去活性),单核细胞和未成熟的 B 淋巴细胞保持稳定。克隆形成率显示保存 96 小时后的脐血 CFU 数量减少,但仍保持脐血功能性,缩减体积的制备过程对细胞活性没有影响。2014 年,该研究者又将 20 例脐血在采集后 24 小时和 96 小时制备,冻存 6 个月后复苏,检测结果显示经过 96 小时后,MNC 未出现大幅下降,CD34$^+$ 细胞比率和活性、B 细胞前体细胞和 MSC 未受影响。但是,成熟 B 细胞、T 淋巴细胞和粒细胞出现大幅下降;采集后 96 小时进行冻存与集落形成的相对下降有关系(中位数 12%),复苏后集落损失达到 49%(24 小时样本)至 56%(96 小时样本)。通过上述研究,作者认为采集后 96 小时冻存对造血干细胞(CD34$^+$ 细胞)数量及功能未造成显著损害,脐血可以在采集96小时后进行处理。

（2）2014年，Dulugiac等对可能影响细胞活性的外源因素（从采集到制备的过程）和内源因素（TNC、CD34$^+$细胞数量）进行了研究分析。共分析了3000例采用CPD-A抗凝、48小时内HES沉降的脐血，TNC、CD34$^+$细胞数量及总细胞活性均在制备后检测。结果采集体积为(80.23±28.52)mL，细胞活性为(94.37±4.67)％，TNC为73.17×10^7±36.73×10^7，CD34$^+$细胞2.61×10^6±2.29×10^6。细胞活性和采集至制备时间之间呈显著负相关，细胞活性下降率48小时为20.54％，12小时为15.18％。TNC或CD34$^+$细胞数量不同而采集体积大体相同的脐血间细胞活性无差异。结论：采集至制备的时间延长会降低细胞活性，从而降低脐血质量。

（四）运输记录

运输记录表需详细记录脐血供者标识（姓名、标识码等）、脐血的接收医院、交付者、接收者等。

（五）运输过程监控

运输过程需有温度持续监控装置，保证对全过程的存温监测。

二、脐血库内转移运输

在同一脐带血库内新鲜脐血转运或使用冻存的脐带血时，必须有安全转运规程以保证脐带血的完整性和运送人的安全。

三、由脐血库至移植医院的运输

在处理临床应用的脐血时，需由脐血库专人将脐血运输至移植医院。山东省脐血库建立了移植用脐血发放与运输操作规程。规定选择最佳方式，尽量缩短脐血运输时间，并设有备用运输计划，防止意外情况的发生；运输时使用小容量液氮罐，保证在超过预定到达时间48小时内，容器内温度仍保持在−135℃以下。

专人运送脐带血至移植医院的方式能够有效保证脐血的安全，但较耗费人力，且普通的液氮罐由于液氮的挥发，保持低温的时间较短。为此，也有脐血库设计使用了将液氮密封于特制罐内，通过快递的方式运输至医院的专用运输罐。例如，美国查特公司生产的MVE CryoShipper样本运输液氮罐。该罐利用一种毛细材料吸收剂，先在2小时内吸收液氮至饱和，可以提供与液氮挥发相同天数的使用期。该罐可以保证干燥的、无溢出的样品转移的需要，使无害的样品实现全球转运，降低了运输成本，保证了样品的安全性。美国纽约血液中心使用的即是此种运输罐（见图2-2-6），能够保证罐内温度在−150℃以下维持7天，容器设有温度监控器持续监测和记录运输罐内的温度。移植医院使用完脐血后再将运输罐寄回脐血库。

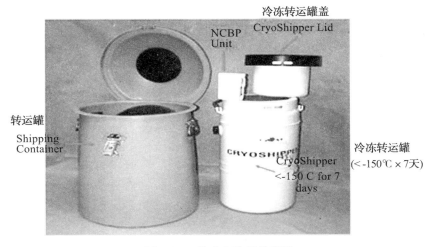

图 2-2-6 脐血细胞运输容器

（沈柏均，庄肃静，侯怀水，张乐玲）

主要参考文献

1.戴云鹏，阎文英，沈柏均，等.山东地区汉族脐血供者 HLA-Ⅰ等位基因多态性研究.中国小儿血液与肿瘤杂志，2006，05：244-251.

2.冯明亮，陈亮，陆琼，等.BioArchive 自动液氮储存系统保存脐带血造血干细胞的效果评价.临床输血与检验，2005，7(2)：101-102.

3.黄璐，宋瑰琦，吴云，等.深低温冻存不同时间对脐血细胞质量的影响.中国实验血液学杂志，2013，01：177-180.

4.潘杰，姜夕峰，管冰，等.山东脐血库查询患者 HLA 分布和查询结果.第九届全国实验血液学会议，2003 年 11 月.

5.时庆，侯怀水，李栋，等.深低温冻存十六年后脐血造血干细胞活性的检测.中华血液学杂志，2008，29(8)：555-556.

6.徐峰波，侯怀水，孙新伟，等.卡式分浆新技术在脐血制备中的应用.中国输血杂志，2013，26(11)：1116-1118.

7.阎文瑛，旭日，谢松梅等.3438 例山东汉族脐血供者 HLA-DRB1 等位基因频率的分布特点.中国实验血液学杂志，2004，03：287-290.

8.张乐玲，等.脐血采分和长期冻存后细菌培养的研究.国际儿科学杂志，2012，39(2)：212-214.

9.Bracamonte-Baran W，Burlingham W.Non-inherited maternal antigens，pregnancy，and allotolerance.*Biomed J*，2014，38(1)：39-51.

10.Broxmeyer Hal E，Lee MR，Hangoc G，et al.Hematopoietic stem/progenitor cells，generation of induced pluripotent stem cells，and isolation of endothelial progenitors from 21 to 23.5year cryopreserved cord blood.*Blood*，2011，117(18)：4773-4777.

11. Broxmeyer HE，Douglas GW，Hangoc G，et al． Human umbilical cord blood as a potential source Of transplantable hematopoietic stem/progenitor cells. *Proc Natl Acad Sci USA*,1989,86(10):3828-3832.

12. Chevaleyre J，Rodriguez L，Duchez P，et al． A novel procedure to improve functional preservation of hematopoietic stem and progenitor cells in cord blood stored at +4℃ before cryopreservation. *Stem Cells Dev*,2014,23(15):1820-1830.

13. Chow R，Lin A，Tonai R，et al． Cell recovery comparison between plasma depletion/reduction and red cell reduction-processing of umbilical cord blood. *Cytotherapy*,2011,13(9):1105-1119.

14. Chow R，Nademanee A，Rosenthal J，et al． Analysis of hematopoietic cell transplants using plasma-depleted cord blood products that are not red blood cell reduced. *Biol Blood Marrow Transplant*,2007,13(11):1346-1357.

15. Clark P，Trickett A ，Saffo S，et al． Effects of cryopreservation on microbial-contaminated cord blood. *Transfusion*,2014,54(3):532-540.

16. Dahi PB，Ponce DM，Devlin S，et al． Donor-recipient allele-level HLA matching of unrelated cord blood units reveals high degrees of mismatch and alters graft selection. *Bone Marrow Transplant*,2014,49(9):1184-1186.

17. Eom JE，Kim DS，Lee MW，et al. Quality of functional haematopoietic stem/progenitor cells from cryopreserved human umbilical cord blood. *Vox Sang*,2014,107(2):181-187.

18. Gentry T，Deibert E，Foster SJ，et al. Isolation of early hematopoietic cells, including megakaryocyte progenitors，in the ALDH-bright cell population of cryopreserved，banked UC blood. *Cytotherapy*,2007,9(6):569-576.

19. Gragert L，Eapen M，Williams E，et al． HLA match likelihoods for hematopoietic stem-cell grafts in the U. S. registry. *N Engl J Med*,2014,371(4):339-348.

20. Karlsson JO，Toner M. Long-term storage of tissues by cryopreservation:critical issues. *Biomaterials*,1996,17(3):243-256.

21. Karlsson JO. Cryopreservation:freezing and vitrification. *Science*，2002，296(5568):655-656.

22. Lee HR，Shin S，Yoon JH，et al． Aldehyde dehydrogenase-bright cells correlated with the colony-forming unit-granulocyte-macrophage assay of thawed cord blood units. *Transfusion*2014,54(7):1871-1875.

23. Luevano M ，Domogala A，Blundell M，et al. Frozen cord blood hematopoietic stem cells differentiate into higher humbers of functional natural killer cells in vitro than mobilized hematopoietic stem cells or freshly isolated cord blood hematopoietic stem cells. *PLOS ONE*,2014,9(1):e87086.

24. NetCord-FACT International Standards for Cord Blood Collection，Banking and Release for Administration. *Accreditation Manual*. the 5th edition,2013.

25. Van der Zanden HG，Van Rood JJ，Oudshoorn M，et al. Noninherited maternal antigens identify acceptable HLA mismatches：benefit to patients and cost-effectiveness for cord blood banks. *Biol Blood Marrow Transplant*，2014，20(11)：1791-1795.

26. Wagner JE，Broxmeyer HE，Cooper S. Umbilical cord and placental blood hematopoietic stem cells：collection，cryopreservation and storage. *J Hematotherapy*，1992，1 (2)：167-173.

27. Wang F，He J，Chen S，et al. HLA-A、HLA-B、HLA-DRB1 allele and haplotype frequencies in 6384 umbilical cord blood units and transplantation matching and engraftment statistics in the Zhejiang Cord Blood Bank of China. *International Journal of Immunogenetics*，2014，41(1)，13-19.

28. Yang H，Pidgorna A，Loutfy，MR，et al. Effects of interruptions of controlled-rate freezing on the viability of umbilical cord blood stem cells. *Transfusion*，2014，55 (1)：70-78.

29. Young W，et al. Plasma-depleted versus red cell-reduced umbilical cord blood. *Cell Transplant*，2014，23(4-5)：407-415.

30. Yurdakul P，Colakoglu S. Molecular methods for detection of invasive fungal infections and mycobacteria and their clinical significance in hematopoietic stem cell transplantation. *Methods Mol Biol*，2014，1109：239-270.

31. Zhu L、Lv H，Wang Y，et al. Microbial screening of unrelated cord blood units in a Chinese cord blood bank. *Transfus Med*，2013，23(6)：438-441.

第三章　脐血库的现状
Current Status of Cord Blood Bank

第一节　脐血库的发展和管理
Development and Management of Cord Blood Bank

一、脐血库发展历程

从广义讲,在 20 世纪 30 年代,随着脐血临床应用的倡导,脐血库就已应运而生。因其与一般血库无本质区别,筹建较易,且每份脐血量少,必须库存累积方能满足临床输注需要,所以在提出脐血输用的最初几年(1934~1940 年),俄、英、美等国就已建成了初期的脐血库。

20 世纪 70 年代初,发现脐血中含有大量的造血干/祖细胞;1988 年,Gluckman 等在世界首次为 1 例 Fanconi 贫血患儿实施了来源于其胞妹的脐血移植并获成功,使得脐血成为造血干细胞的一大重要来源。世界各地也兴起了对脐血及其临床应用的研究热潮。1991 年,山东大学沈柏均团队成功完成了世界首例混合脐带血移植术,并经卫生部批准着手试建山东省脐带血造血干细胞库。美国纽约血液中心(NYBC)于 1992 年 9 月创建了世界第一个真正意义上的脐血库(Cord Blood Bank),脐血库的建设开始在全世界快速发展。截至 2015 年,全世界约有公共库 100 多个,储存脐血 60 万份以及自体库 130 多个,储存脐血逾数百万份。

随着脐血库的快速发展,能够加强各国脐血库间交流的国际性脐血库平台开始建立。1994 年,法国的 Gluckman 将欧洲各地脐血库联合起来成立了 EUROCORD,旨在利用这个组织进行各国脐血库交流、脐血检索及相互提供。1997 年,International NetCORD Organization(NETCORD)成立,旨在通过国际标准和认证提高脐血产品质量、平衡全球脐血供需、通过提高实验室能力和临床研究以及提供专业公共的教育来鼓励和促进脐血移植。现将脐血的国际登记组织或网络总结于表 2-3-1 中。2005 年,美国签署"2005 年干细胞治疗和研究法案",在法律层面支持脐血库的储存。这些交流平台及法案的建立有效地促进了脐血库的规范发展,其发布的脐血库管理标准(如 NetCord-FACT 标准)及提供的脐血库认证活动,对脐血库的标准化及提高脐血的质量与安全起到了重要的作用。

1999 年,我国卫生部发布《脐带血造血干细胞库管理办法(试行)》,对我国脐血库的设置审批、执业许可、采供管理等方面进行了规范管理。世界各国开始对脐血库的规范化建设及管理运行进行探索与改进。至 2014 年,我国共有 7 家脐血库获得卫生计生委的执业验收,分别为:北京市脐带血造血干细胞库、天津市脐带血造血干细胞库、山东省脐带血造血干细胞库、上海市脐带血造血干细胞库、广东省脐带血造血干细胞库、浙江省脐带血造血干细胞库、四川省脐带血造血干细胞库。我国脐血库的规范化建设也在探索中不断发展。

表 2-3-1　　　　　　　　　　　　　脐血国际登记组织或网络

序号	机构名称及网址	简介
1	Bone Marrow Donor World-wide (https://www.bmdw.org) 世界骨髓供者网	1988 年成立于荷兰莱顿,至 2014 年 10 月 10 日,该组织共有来自 53 个国家的 74 个干细胞登记机构以及来自 32 个国家的 48 个脐血库,数据库中登记的供者为 24724917(包括 24107920 名供者和 616997 份脐血)
2	Center for International Blood and Marrow Transplant Research (http://www.cibmtr.org) 国际血液和骨髓移植研究中心	包括国家骨髓供者计划(NBMD)、自体血液和骨髓移植登记处和先前的国际骨髓登记处。收集全世界异体血液和骨髓移植患者以及北美和南美自体血液和骨髓移植数据
3	NetCord Foundation (http://www.netcord.org)	1997 年成立,至 2014 年 10 月有会员 21 个(包括纽约血液中心脐血库)、准会员 4 个、临时会员 11 个、企业会员 3 个(包括热电),登记库存量超过 211000 单位,约占全球公共库脐血供应量的 51%,在成人和儿童患者中已移植使用 10434 单位;1999 年与 FACT(细胞治疗认证基金会)合作,于 2000 年共同发布第一版 NetCord-FACT"脐血采集、制备、检测、储存、选择和发放国际标准",2001 年起进行脐血库的认证检查工作
4	EUROCORD (http://www.eurocord.org)	1996 年由欧洲血液和骨髓移植组织成立的非营利性机构,旨在提高造血干细胞移植领域机构的研究、培训、信息交流、标准化、质量控制和认证

二、脐血库的类型

脐血储存的初衷是为异体提供输注或移植使用的脐血。但随着脐血研究发展及脐血储存服务的推广,为预防婴儿自身或家庭成员以后患病,而在出生时采集储存脐血作为保障措施的自体脐血保存也在许多国家盛行。按照脐血库存储脐血应用对象的不同,脐血库主要分为公共库和家庭（自体）库两种，其他形式的脐血库也少量存在。

（一）脐血公共库

储存的脐血用于异体移植使用。全世界第一个公共库（NCBP）于 1992 年在美国的纽约血液中心成立。至 2010 年 4 月，NCBP 保存了 50000 多例脐血，移植超 3500 例，成为世界上最大的公益性公共脐血库。目前 NCBP 每年采集 7000 多例新鲜脐血，并计划突破 10000 例。公共库入库标准严格，约有 90% 采集的脐血不能达到保存和临床应用标准。山东省脐血库自 1993 年获卫生部资助试建、1998 年正式筹建以来（至 2015 年），公共库共采集异体脐血 30000 余份，正式保存 16000 余份，保存率约为 53%，目前已向临床提供移植用脐血 1000 多份。

公共库的运营成本较高，为此许多学者进行了研究。这些计算中运用了不同的设置和参数（如库存量、脐血库数量、存储的时间、移植率等），考虑了在不同方面的花费（如劳动力成本、试剂和检测、耗材、折旧及其维修、实验室检查、间接费用）。

脐血中干细胞的临床应用价值及保存意义现在已得到广泛认可，但公共库运营成本的高昂也成为公共库发展的一大阻碍，尤其是财政拨款不足或经济欠发达国家和地区。在美国，公共脐血库的资助是通过政府拨款、私人捐款以及临床应用收费相结合的方式。目前美国的资助制度是在 2005 年的干细胞治疗与研究法案（于 2010 年更新）基础上建立的。2005 年，美国国会批准 7900 万美元用于"15 万份可供移植用优质脐血的收集和维护"项目。在瑞士，血液干细胞基金会实施了一项计划，将脐血的库存从 1000 单位扩增至 4000 单位，费用由基金会承担（每年 50 万到 90 万瑞士法郎）。

（二）自体或家庭脐血库

1.储存费用　孩子（在父母的监护下）拥有自体保存的脐血的所有权，不提供给公众，但可以给家庭成员使用，所以大部分自体库其实是自体/家庭库。在国外，自体库接收私人脐血时收费为 1500～2000 美元，每年的保存费为 90～200 美元。我国脐血库收脐血处理费每份 6000～8000 元，每年的保存费为 500～600 元，保存 20 年收费 2 万元左右。

2.临床应用　单从干细胞移植的角度来评估，自体脐血的利用率不高，至 2010 年报道的移植案例仅有 100 多例。2001 年，Kline 估算的应用率为 1∶20000 到 1∶200000 之间；2005 年 Pasquini 等估算的一生中需要脐血移植的应用率为 1∶400。这些估算之间的差异依赖于所用的标准（年龄范围、疾病类型、移植类型），其范围从 1∶10000 到 1∶250000。意大利一家机构的研究指出，在自体库中保存脐血的孩子需要造血干细胞移植的概率为 1∶75000 至 1∶100000，也即 0.0013% 到 0.0010% 之间。但是，近年来，随着脐血干细胞在再生医学中的成功应用，例如自体脐血输注治疗低体重儿、新生儿肺炎，特别是新生儿缺氧缺血性脑病、脑瘫、肌肉萎缩等退行性或损伤性疾病等，自体库已显示出巨大的应用潜力，使用率预期会大大提高。

（三）定向脐血库

脐血定向保存对于某些拥有已被证明可用脐血造血干细胞治疗的家庭具有重要意义，尽管在欧美国家对此有伦理之争，认为后生者不应先天承担拯救家庭成员的义务。但这种保存常受到医护工作者的赞赏和推荐，尤其对于一个孩子已患有可用异体脐血治疗的疾病时，常建议其母亲再次怀孕，用其同胞脐血治疗疾病。实际上，每个健康新生儿都是公共库潜在的捐献者,但是家庭导向的脐血库是一种通过更为集中的方式确定更少候选者的方法。

（四）"一血两存"脐血库

这种类型的脐血库将一份脐血分成两份,一部分存入公共库,一部分存入自体库,此种类型的脐血库数量较少,面临的挑战是公共库与自体应用的结合。例如 Richard Branson 建立的 Virgin Health Bank,他们将血样的 20％做自体保存,以备以后再生医学的治疗所用,剩余的 80％献给社会,存入公共库。美国 StemCyte(永生脐带血库,台湾地区有分库)就提供家庭库和公共库脐血保存服务。还有一种模式是将捐献脐血的所有权在特定的能够保障其孩子使用的时间内归父母所有,超出时间后即归入公共库。

我国脐血库绝大部分为自筹资金。由于公共库运作的高额费用及脐血的低使用率,从 21 世纪初开始,各库均以"以自养公"模式运行,即既保存公共脐血又接受自体脐血储存。这样一来,可用自体库盈利的费用来支持公共库的运作,此已成为我国脐血库目前的主要模式。

三、各国民众对脐带血储存的认识与选择

1.法国 由于公共库与自体/家庭库的共同存在,各国民众对保存脐血与选择脐血库也存在不同的看法,对其态度的调查结果成为各国脐血库发展和脐血捐献招募的重要信息来源。2011 年,法国的 Katz 等向法国、德国、意大利、西班牙和英国六个妇产医院的 1620 名孕妇发放了匿名调查问卷。问卷中包括了 29 个多选题,题目制订的基础包括了社会人口因素、了解和获得脐血保存信息的途径、脐血库选择倾向和为科研捐献脐血。79％的孕妇对脐血库认识很少,58％的孕妇听说过脐血质量的益处,其中的 21％从助产士和产科医生处获得信息;89％的受访者会选择储存脐血,其中 76％会选择向公共库捐献,以使需要脐血移植的患者受益;12％选择混合库;12％选择个人库;92％在其孩子的脐血不符合移植标准时将脐血捐献给科研用。对脐血库的选择与家庭收入无关。怀孕期间产科医师对孕妇的宣传起到了关键作用,有效提高了产妇对脐血储存的意识。

2.意大利 2013 年,Sergio 等在意大利东北部进行了关于脐血自存或捐献的社会和伦理调查。根据意大利法律,东北部可以向授权的公共机构捐献和保存脐血干细胞,但是当地居民和外来移民(非欧洲)的孕妇对脐血的态度和了解并不相同。本研究中测定了孕妇选择公共库和自体库的数量及选择的主要原因。在意大利东北部的里雅斯特妇女儿童健康研究所的 3450 名孕妇中,772 名孕妇同意脐血采集及相关的实验室检验。在这 772 名中,有 221 名(28.6％)来自欧洲以外的移民家庭。在 772 名孕妇中,648 名(84.0％)存入了免费的公共库,124 名(16.0％)存入了收费的个人库。在该医院进行了梅毒检测的 3450 名孕妇中,66.0％的人进行的主要检测项目是梅毒螺旋体血凝试验(TPHA)和性病研究实验室测试(VDRL),因为采集公共脐血的许多妇产科医生应用意大利 1988 年法律法规,而个人库虽要求进行梅毒检测,但检测方法由实验室人员确定。我们发现化学发光方法(97.0％)比 TPHA(83.0％)和非梅毒螺旋体快速血浆反应素 VDRL 检测(75.0％)更精确($P<0.05$,χ^2 检验)。个人库未进行人类 T 淋巴细胞病毒检测,这是专门为该病流行地区人群而设立的检测。结论:在意大利东北部,目前的法规禁止建立收费的个人存

储库,脐血的冷冻保存及未来的自体或家庭成员使用,只能通过发送至国外个人库的方法进行,需另付费 300 欧元。这些规定说明了意大利立法试图增加匿名捐献的存储于不收费的公共库中的异体脐血,这些脐血可供任何需要治疗的患者使用。在公共库中,许多检验师继续使用意大利旧有的法律进行梅毒检测,而且有核红细胞会影响脐血有核细胞的计数。我们的研究表明,在欧盟并没有形成对供者管理的共识性政策。只有当公共库和个人库合作时,家庭储存的脐血才能发挥其潜在的作用。

3. 德国　2014 年,Louiza 等调查了德国市民对脐血储存的了解。德国的脐血供应不能满足移植的需求,所以设计此调查研究德国人对脐带血的看法,从中发现人们缺乏捐献脐血动力的原因,帮助招募者更好地进行后面的招募工作。随机选取 1019 名德国市民,发放匿名调查问卷,结果用卡方检验和斯皮尔曼相关系数分析。结果显示:48%的市民知道脐带血,对怎样保存或捐献有足够的了解,媒体(35%)和医生(25%)是信息获取的主要途径;85%的受调查者认为国家提供的信息不充分或根本没有;95%希望获得关于脐血移植和保存/捐献的更多信息;60%有孩子并支持脐血移植的人已经保存/捐献了脐带血;84%的人以后愿意储存/捐献脐血,其中 57%愿意储存于个人库。总结上述结果,德国市民从国家以及卫生和社会部发布的广告中获得脐血信息,所以为提高脐血捐献,所有医院和公共脐血库之间的合作是一种较好的方式。

4. 澳大利亚　2014 年,Jordens 等在澳大利亚新南威尔士州的 14 个公共和私人妇产医院,对参加产前班和就诊检查的 1873 名怀孕至少 24 周的孕妇进行了调查。70.7%的受访者知道脐血保存,主要的信息来源是医院的传单、印刷材料、产前班、电视、收音机以及朋友和亲戚的介绍。其对脐血储存的知识比较零散,且高估了孩子使用脐血的可能性。决定不储存脐血的妇女更年轻、受教育程度低或来自少数民族或农村。提供给脐血储存的基本信息后,表明已决定捐献或储存脐血的受访者比例从 30.0%提高到67.7%。所以,对父母宣传脐血储存的基本信息可以影响其对脐血储存的决定,提供的信息应准确,避免引起误解的信息,且应有针对性地选择宣传对象。

5. 中国山东　山东省脐血库对已储存脐血的储户进行了脐血了解情况的回访,分析其中 4269 名储户信息,结果表明约 73%的储户是通过分娩医院了解脐血保存相关知识,其他途径主要包括报纸、网络、电视等媒体、宣传材料、孕妇课堂以及朋友介绍等。

四、脐血库最佳库容量

2009 年,英国的 Sergio 等研究发现,库容量为 1 或 2 份/1000 人能够达到很好的 5/6 HLA 相合。作者估算出库容量达 5 万份且每份脐血至少含 12.5×10^8 有核细胞时,则可以产生 59%~83%的概率为体重大于 50kg 的患者找到 5/6 HLA 相合的脐血至少 1 份(中位数为 9 份)。作者总结指出,5 万份为英国的最佳库容量,更大的量只会轻微提高找到适合脐血的机会。5 万至 10 万份的库容量对于有更多人口的欧洲国家来说是最适合的。

2002 年,山东省脐血库对保存的 4000 人份脐血的部分结果进行了统计分析,每份脐血的平均有核细胞数超过 1.2×10^9,每份脐血 CD34$^+$ 细胞总量平均为 3.9×10^6,有 768 人份脐血有核细胞数超过 1.5×10^9,一般可满足体重 40kg 以上的患者使用。对基因频率的分析表明,常见基因与中国其他地区的统计结果相近,有 80% 的患者可以在山东脐血库找到 5 个位点相合的脐血。

五、脐血库管理标准与认证

在脐血库不断发展的过程中,各国管理机构及脐血库联合机构对脐血库的管理方法与质量管理标准进行了不断的探索,形成了一系列针对脐血库或细胞治疗产品的政策、法规、标准等。主管部门及脐血库联合机构根据设立的标准对脐血库进行的执业许可或认证活动有效推动了脐血库规范化、标准化的发展。

(一)我国脐血库管理标准

自 1999 年开始,我国陆续发布了对脐血库的多项规范性管理文件(见表 2-3-2),这些是对脐血库进行规范化管理、保证脐血干细胞质量的主要标准和依据。同时,各脐血库在建立和完善质量管理体系的过程中,不断引入了 ISO 9001 质量管理体系标准、ISO 15189 医学实验室质量和能力的专用要求标准等,是对脐血库质量管理工作的有效探索与改进。

表 2-3-2　　　　　　　　　　　　　　　　脐血库相关法律法规

序号	名称	发布时间	发布文号	主要内容
1	脐带血造血干细胞库管理办法(试行)	1999.05.26	卫科教发〔1999〕第 247 号	脐血库管理总则、设置审批、执业许可、脐带血造血干细胞采供管理、监督管理,罚则
2	脐带血造血干细胞库设置管理规范(试行)	2001.01.09	卫医发〔2001〕10 号	脐血库机构设置、人员要求、建筑和设施、必备仪器设备、管理制度
3	脐带血造血干细胞库技术规范(试行)	2002.08.29	卫办医发〔2002〕80 号	脐血库的质量控制(规章制度和操作规程、制度和规程的执行、质量控制、安全、材料试剂和设备、记录、脐带血的标记);脐带血的供者和采集(脐带血供者评估、供者筛选、采集医疗机构要求、采集规程、采集记录、脐带血的识别、运输);脐带血制备(一般要求、制备记录及检查、样本、冷冻过程、冷冻保存条件、检测指标、废弃处置);脐带血的选择、发放和运输(一般要求、脐带血的选择、发放、运输、运输记录、临床随访资料)
4	血站管理办法	2005.11.17	中华人民共和国卫生部令第 44 号	第三章 特殊血站管理
5	采供血机构设置规划指导原则	2005.12.16	卫医发〔2005〕500 号	特殊血站设置原则
6	脐带血造血干细胞治疗技术管理规范(试行)	2009.11.13	卫办医政发〔2009〕189 号	医疗机构基本要求、人员要求、技术管理基本要求、其他管理要求

（二）国际脐血库管理标准

对于脐血库的管理，各个国家均有其相应政策与措施，但国际化脐血库联合平台推出的标准已成为越来越多脐血库参照的标准。目前，参照最多的脐血库标准主要有 2 个：① NetCord 和 FACT 发布的"脐血采集、库存和发放应用国际标准"（International Standards for Cord Blood Collection，Banking，and Release for Administration）；②美国血库协会（AABB）发布的"细胞治疗产品标准"（Standards for Cellular Therapy Product Services）。

1. NetCord-FACT 标准　为提高和统一库存脐血的质量，1999 年 NetCord 与细胞治疗认证基金会（FACT）合作，于 2000 年共同发布第 1 版"NetCord-FACT 脐血采集、制备、检测、储存、选择和发放国际标准"（NetCord-FACT International Standards for Cord Blood Collection，Processing，Testing，Banking，Selection and Release.）。为跟上高质量储存脐血的最新发展与需求，标准每三年更新一次。2001 年开始开展脐血库检查工作。目前的标准适用于造血祖细胞（HPC）和其他从骨髓、外周血和脐带血中获得的有核细胞，包括经过最低程度或更大程度加工制备的细胞，该标准已得到细胞移植计划的普遍认可，也是 FACT 认证的基石。

《细胞治疗产品采集、制备和发放国际标准》：适用于采集、制备或发放造血源细胞的方案，包括为这些服务提供支持的机构。这些要求涉及从骨髓或外周血分离的细胞的采集和制备。也适用于脐血制备和临床应用机构。

《脐血采集、储存和临床发放国际标准》：适用于进行脐血供者管理、采集、制备、检测、冷冻、储存、检索、选择、预订、发放和应用的脐血库。目前有效版本为第 6 版。

2. AABB 细胞治疗产品标准　AABB 创立于 1947 年，是由从事输血及细胞治疗行业人士和机构组成的非营利国际认证组织。该协会制定的 AABB 认证标准，以提升血液及细胞制品质量和临床医疗规范为主要内容，以推动输血医学及细胞治疗发展为目标，是涵盖采集、处理、储存及发放的全方位高标准认证。

AABB 的认证范围包含血库、血液中心、细胞治疗机构、脐血库、亲子鉴定实验室、免疫血液学实验室、分子检测实验室等。AABB 认证标准参照了相关科学理论、美国法规、欧盟医药制造管理规则及美国食品药品管理局（FDA）标准，按照 GMP 质量管理控制原则慎重实行，已成为输血及细胞治疗行业公认的最严格且最具权威及公信力的国际专业资格认证，不仅是 FDA 认可的认证标准，也是许多国家卫生当局的参考规范。1957 年，发布第 1 版"血站与输血服务标准"；1991 年，第 14 版时引入造血祖细胞和骨髓的相关标准；1996 年，第 1 版造血祖细胞标准发布；2001 年，第 1 版脐带血服务标准发布；2004 年，造血祖细胞标准和脐血标准合并成第 1 版"细胞治疗产品服务标准"，每两年更新一次；现行有效版本为第 7 版"Standards for Cellular Therapy Product Services"。

（三）脐血库执业许可与认证

1. 我国脐血库的执业许可　按照表 2-3-2 的标准、规范的要求，我国对脐血库的设置、管理、质量控制及技术要求作出了规定，明确了脐血库的设置、审批由国务院卫生行政部门负责。只有通过了主管部门验收，获得"血站执业许可证"的脐血库才能进行脐血的采集、制备、检测、冻存与发放等。目前我国共有 7 家脐血库获得执业许可。

为更加规范脐血库的质量管理,我国的脐血库也逐步采纳国际质量管理体系的标准,积极进行了探索,如 ISO 9001、ISO 15189 标准等,其所对应的质量管理体系认证和国家认可委进行的医学实验室认证活动,是除国家统一管控外的一项推动脐血库质量管理发展的有益补充方式。山东省脐血库在建库之始即引进我国血液中心资深专家进行质量管理体系的建立与实施,严控质量。2008 年,山东省脐血库通过卫生部验收;2010 年通过 ISO 9001:2008 质量管理体系认证。

2.美国脐血库的 FDA 注册 美国对于脐血库的管理部门为 FDA,对于公共库脐血,FDA 要求其达到《食品、药品和化妆品法案》中"药品"的要求和《公共卫生服务法》第 351 部分"生物制品"的要求,并在使用前得到"生物制品许可申请(BLA)"或"临床研究申请(IND)",但在 FDA 注册的机构并不代表其得到了 FDA 的批准。而对于自体或供家庭成员使用的家庭库,FDA 主要控制传染性疾病的传播,其脐血在使用前不需要得到 FDA 的批准。

对于脐血库产品——脐带血造血祖细胞,FDA 根据其标准从 2011 年起开始审批。截至 2014 年 9 月,获得 FDA 批准的脐血干细胞产品共有 6 项,如表 2-3-3 所示。

表 2-3-3　　　　　　　　　　　美国 FDA 批准的脐血干细胞产品

产品名称	批准时间	生产单位	剂型	编号
HEMACORD	2011.10	New York Blood Center, Inc	静脉注射用混悬液	BL 125397/0
HPC CORDBLOOD	2012.5.24	Clinimmune Labs, University of Colorado Cord Blood Bank	静脉注射用混悬液	BL 125391/0
DUCORD	2012.10.4	Duke University School of Medicine	静脉注射用混悬液	BL 125407/0
HPC CORDBLOOD(HEMACORD 改良)	2013.4.3	New York Blood Center, Inc	静脉注射用混悬液	BL125397/9
ALLOCORD	2013.5.30	SSM Cardinal Glennon Children's Medical Center	静脉注射用混悬液	BL 125413/0
HPC, Cord Blood	2013.6.13	LifeSouth Community Blood Centers, Inc.	静脉注射用混悬液	BL 125432/0

3.国际脐血库的细胞治疗产品认证 AABB 和 Net-Cord-FACT 分别根据其标准提供了认证服务。

(1)AABB 认证:目前,世界干细胞库共有四百多家,通过 AABB 认证的以美国、加拿大、欧洲、日本等国家以及中国台湾和中国香港等地区为主。至 2016 年 8 月,通过 AABB 认证的脐血库共有 82 家,中国有 12 家,其中,台湾地区 5 家,香港 3 家,内地 4 家。

(2)通过 FACT 标准认证的脐血库共有 52 家,其中中国 2 家:StemCyte 台湾脐血库(StemCyte Taiwan Cord Blood Bank)和香港红十字会周红英脐血库(Health Banks Cord Blood Center, Health Banks Biotech Co. Ltd.)。

第二节　脐血的相关伦理

Ethics on Human Cord Blood

建立脐带血库、设置脐带血库以及脐带血临床运用等许多环节上，都涉及医学伦理问题。2003 年以来，我们在《中国医学伦理学》等核心期刊上，以多篇文章分别论述了关于脐带血库设置、脐带血采集、临床应用和脐带血自存等四个方面伦理问题，阐述了涉及脐带血的医学研究、临床治疗、行政管理、商业运作等社会活动中，各种行为好坏宜否的伦理原则问题的见解。在《人类脐血：基础·临床》20 年后再版之际，将前述内容整理入册，既阐明了 20 多年来参与山东省脐带血造血干细胞库建设过程中，我们团队在伦理方面的部分意见，也见证了涉及脐带血伦理问题认识上的演变和转化，显示出脐血事业不同时期变化而演进的认识轨迹。

一、脐带血库的设置伦理问题

随着干细胞基础及临床研究的深入发展，自 2000 年起连续两年，"干细胞"研究被美国《科学》杂志评为十大成就之首。据报道，干细胞技术所蕴藏的潜在商机，将使它的全球利润每年高达 8000 亿美元。干细胞概念有别于基因概念，并成为独立概念，国内外强势资本纷纷介入脐带血库设置，已有数十家干细胞公司成立或上市。在此运营中应注意防范以下问题。

（一）防失控

资本的逐利性决定了一些人会铤而走险。因而，在脐带血产业的运营管理过程中要严防政府缺位、市场越位及资本逐利造成的风险，防止失控。

（二）防腐败

腐败已成国际通病，法国密特朗政府曾因输血污染受到强烈谴责；德国卫生部长舍斐尔因疯牛病而引咎辞职；日本血液制品传染艾滋病的"药祸"事件牵连了厚生省和日本最大的血液制品公司的先后五任官员。要特别注意防止卫生行政官员及企业管理人员因谋求私利而影响政策倾斜以至造成根本性的冲击。

（三）防风险

借助脐带血干细胞的基因研究，不仅涉及已经引起争论的伦理问题，为充分发掘利用脐带血资源，实现为人类健康服务的目的，就需要资金。需要资金就要合理利用资本。如何既利用了资本，又不受资本冲击，就要选择一个适当的方式。这个方式应以医疗机构为经营者，资本为资助分利者；以医为主、资本为助；可以分利，不能分权。应采用事业法人的形式，从而避免资本控制，以及资本逐利风险对卫生保健事业造成的冲击。

二、采集纠纷相关的伦理问题

（一）脐带血采集存在的伦理问题

采集脐带血可在脐带血常规检测中，特别是基因水平上的检测，获得很多关于胎儿和胎儿家族遗传基因的信息。这些信息在新技术下,对新生儿的健康成长和对某些疾病的预防以及家族中对某些疾病的治疗及与新生儿将来有关的社会各方,都是非常有价值的资讯。获悉这些资讯的对象不同,可能给当事人带来的后果也不同。提供给医家,可能得到及时的治疗;暴露给敌手,可能受到致命的伤害。因此就产生了对脐带血资讯的利用和保护问题,法律保护的就是脐带血资讯所包含的隐私权。脐带血资讯隐私权保护问题涉及社会、伦理、心理、医疗、保险、就业等很多方面。对脐带血资讯涉及者来说,同样是保守秘密而内容却大不相同。在人们法律意识明显提高的现在,已不仅是传统医德的伦理问题,而是明确承诺并采取切实措施保守当事人的基因信息不被泄露,尊重并保护当事人的隐私权。由于科技发展使脐带血成为有价物,变成社会争抢之物。1997 年,美国成立了脐带血库伦理学问题工作组。生命科学应坚持有利、不伤害、知情同意和公正的生命伦理四原则。

(二)脐带血采集伦理四原则

脐带血采集是基于脐带血造血干细胞移植和干细胞的进一步研究开发而开展的医疗和科研活动,并且脐带血造血干细胞的诱导、分化和扩增,以及基因修饰等科学研究已经进入生命科学的前沿领域。因此,脐带血采集既要坚持传统医德的伦理,又要体现生命科学生命伦理的原则。具体表现为对产妇及家属有利、无害、尊重和公正的原则,分述如下:

1.有利原则　　有利原则是指采集脐带血对产妇有利的原则。脐带血采集是善举,对人有利、对世有利,就是对己有利。采集脐带血为新生儿自己留存、有备无患是"有利";采集脐带血为社会捐献是善行,也是"有利"。坚持有利原则是对新生儿和产妇特定权利的尊重和保护。

2.无害原则　　是指采集脐带血对产妇无害的原则。借助脐带血干细胞的基因研究,不仅涉及已经引起争论的伦理问题,甚至可能出现意想不到的情况。美国圣·路易斯脐带血库的医学博士 Donna Wall 指出:"采集脐带血对母亲、新生儿或对移植受者都可以有副反应,要严肃对待这些问题"。坚持无害原则,就是对产妇和新生儿所有的权利都保护、不得有害。如美国圣·路易斯脐带血库为了"能采更多的脐带血""建议在第三产程进行采集",但明确提出"为了保护新生儿和母亲,不能为了增加脐带血量而尝试改变产科医师的操作"。因为涉及新生儿和产妇的生命健康安全,采集脐带血必须以保障新生儿和产妇生命健康安全为前提,严格按规程操作。虽然采集脐带血是在断脐后进行,对新生儿和产妇的安全影响不大,但仍然必须强调新生儿和产妇健康安全的首要性。

3.尊重原则　　采集脐带血应尊重产妇或家属,尊重他们的权利,特别是尊重他们的知情权和选择权。由其自主决定,选择是捐还是留,自主决定签字与否。坚持尊重原则就是对知情同意权、选择权、隐私权的尊重和保护。采集脐带血不管是捐献还是自体保存,都应尊重产妇的知情权。医者有义务把诊断和治疗的种种可供选择办法的利弊,包括不利的后果告诉给患者。产妇或家属有了解采集脐带血相关情况的权利,包括为什么采集脐带血,怎样采集,采集对分娩、对孩子、对产妇身体有没有影响等。在采集脐带血时,产妇或家属对采集脐带血中面临的各种可能的机会有自主决定的选择权。

4.公正原则　　指采集脐带血时,应使产妇和新生儿得到公正对待的原则。无论是捐献还是自我保存,无论签字与否,尊重自愿;不捐不留的不歧视、不刁难;要求自留保存的,价格要公道,协议要公正。坚持公正原则就是对新生儿、产妇及家属的各项权利的尊重和保护,同时使他人的权利也受到尊重和保护。

三、临床应用的伦理问题

脐带血应用伦理问题,与脐带血应用相伴始终。既有从无到有,宽严相济的脐带血应用管理中的伦理问题,也有特别情况下的脐带血应用风险选择的伦理问题。脐带血应用中的伦理问题,伴随着脐带血应用的变化而发生、发展:脐带血不在临床应用,就没有应用伦理问题;脐带血在临床应用发生,脐带血应用伦理问题就发生。脐带血在临床应用发展,脐带血应用伦理就发展。

(一)从无到有的伦理问题

脐带血应用伦理问题是从无到有的过程。首先,脐带血利用与脐带血主体有无利害关系,因时空不同而变化,从而使伦理问题从无到有。在传统习惯上把胎盘当废物,在医院里生产的胎盘就归医院处理,没有伦理问题。欧洲至今认为脐带血可以在未经许可的情况下使用。在探索废物利用价值而采集脐带血时,胎盘既脱离了主体,也完全脱离了母体。脐带血的利用对主体人无利害关系,因此这时也不存在伦理问题。而当为了获得脐带血在第三产程采集脐带血时,涉及了主体,就有了伦理问题。在美国还有脐带血归属权问题,随之就发生了一系列伦理问题。国内虽然没有明确的法律规定,但却认可主体有知情同意权,因此也就出现了伦理问题。其次,脐带血主体与采集主体之间,因意识变化,而发生的利害关系变化,从而发生的伦理问题从无到有。现在采集脐带血时,脐带血主体的法律意识、权利意识、维权意识比以前大大提高。同时现代医学的发展对采集主体的职业要求也在变化,以前根据《希波克拉底誓词》不要把患者的情况告诉患者,而现在强调尊重患者的知情同意权。这就是因主体的意识变化而发生的、伦理问题从无到有的变化过程。

(二)宽严相济的伦理问题

对脐带血库既严格限制,又放宽一线;宽严相济的依据就是对脐带血应用实际的伦理考量。我国规定,脐带血库设置必须经国务院卫生行政部门批准,对脐带血库进行严格的监督管理。美国法律明确将血液排除在严格责任法的产品之外。因为血站不以营利为目的,其过失只承担过失责任,不承担严格产品责任。希腊法律规定中心血站的"设立,必须以总理、财政部长和卫生福利社会安全部部长的提议为前提,且要符合以上各部的司法权限,并与《国家卫生体制法》内容相一致,最后以总统令的形式批准颁布后才能进行",政府专管同时严禁私采私营。巴西法律规定"禁止私人团体征集献血者和采集血液,禁止私人团体建立和经营新血库",这是严的一面。另一方面,脐带血库是事业法人,经主管行政机关特许批准成立,无须工商登记。事业法人适用行政法规而不适用《公司法》。吸收投资共建的事业法人,其共建关系可适用《合同法》,组织形式可参照《公司法》,事业法人性质不变。脐带血库运行独立核算,核定价格收费,在行政授权的范围内经营,又很宽松,这是宽的一面。

(三)公私兼顾的伦理问题

医疗行为是双刃剑,可以治病救人,也可能加病害人。脐带血应用更应尊重个人的选择权,这才符合医学伦理的自主原则。对要求自存脐带血的,应当尊重;对要求捐献脐带血的,也应当尊重。现在我国没有正式批准的纯自体库,但已有的公共库都在开展自体脐带血保存业务。原因在于政府无资金支持、社会无有力捐助，主要靠自存业务维持运转。

四、脐带血自存的伦理问题

随着脐血代替骨髓进行造血干细胞移植手术的成功，脐带血即变废为宝，脐带血库也应运而生。随着脐带血干细胞的临床价值发展，脐带血自体保存的需求也就产生了自体脐带血库和脐带血自存。脐带血自存的出现，也引起了脐带血自存的伦理问题。

（一）自体脐血治疗的价值

保存自体脐带血，有无治疗自身先天性疾病的价值，目前学术界存在争论。对某些遗传性疾病，如β-地中海贫血、先天性再生障碍性贫血、婴儿白血病等造血干细胞相关疾病患者，没有价值。但对另外一些非遗传性疾病，如恶性肿瘤、获得性白血病、某些自体免疫性疾病，就可用自体脐带血移植治疗，且早已有成功的报道。20 世纪 90 年代，巴西女孩为救助其患白血病的哥哥，出生时将脐带血深低温冻存。后因其兄病情缓解未用，而她自己却患了神经母细胞瘤，诊断时已属晚期。用卡铂、环磷酰胺化疗后缓解，随后采用自体脐带血移植术，治愈出院，随访一年余，正常生活。2001 年，Steven 等报道一例 20 月龄男孩，肝衰竭，用父亲肝脏移植后好转。数月后又发生重型再生障碍性贫血，用自体脐带血移植治愈。当今，再生医学蓬勃发展，自体脐带血干细胞的临床价值无可估量，自体脐带血保存业务前景光明。

（二）自体脐血保存的价值

基于需要进行脐带血移植的概率较低，有的脐血库本身就把脐血保存商业性宣传为"生命保险"，大众也怀疑脐血自体保存的必要性，即使是部分业内（非血液学）人士也持否定态度。从某种意义上脐血保存确有保险的意义，投保只是为了预防万一。投保并不希望投保的风险事故果真发生，存血也不希望孩子将来真的长病。何况，自体脐带血保存的意义，除用于重症自救之外，近年来细胞治疗、基因工程（基因修饰、疾病预测）中的应用前景十分广阔。

（三）自体脐血库的设置

国外争议有二：①自体脐带血库设立减少了公共脐带血库的脐血供源。②本可以解救他人于危难之中的脐带血，据为己有，岂不太自私？甚至不道德。而在国内，因为人口众多，则不存在自存影响公共库的资源问题。以山东为例，每年所生新生儿逾百万，目前，山东脐血库每年新存脐血仅 2 万余例，公共库每年需要补充的只需千份。所以，自体脐带血库的设立并不会妨碍公共脐带血库的发展。

（四）脐血自存的伦理思考

目前，国内脐带血库多为企业投资，以公共库为主，兼营自体脐带血保存业务，是以存养研为取利目的。因此，应参照民营教育允许获得合理利润。

自存脐带血是孩子将来医病的新的希望；是小康之家为孩子成长设置的生存保障；冻存脐带血就是为了预防万一而投注的保险。投保并不希望投保的风险事故果真发生，存血也不希望孩子将来真的长病，投保是为了万一发生危险而能获得救济的补偿。这种保障是对痛苦的慰籍，对健康的扶助，对病患的拯救，对生命的挽留，是不幸而真的罹患恶病时，仍能转危为安的一线希望。

在国内脐带血应用管理制度设计的伦理考量上，还存在一些问题。应在理想与现实、公平与效益、合理与可行之间，寻求一个公私兼顾的平衡点，实现一个符合伦理要求的真正和谐的发展。

脐带血自存，应当依据尊重主体的伦理原则，在现实中寻求平衡。脐带血库应遵守以存养研、集私济公、公私兼顾的公平原则。保障脐带血自体保存业务的开展，规范地开展自体脐带血保存。

脐血保存变废为宝，利己利人，为别人或自身患病时的治疗带来新的希望。

（庄肃静，沈柏均，马秀峰）

主要参考文献

1. 李焱，廖灿，汤雪薇，等. 脐血库 HLA 匹配机率分析. 中国实验血液学杂志，2003，04：424-428.

2. 马秀峰，马秀明，杨治国，等. 脐带血采集纠纷预防. 实用护理杂志，2005，3(3)：131-132.

3. 马秀峰，马秀明，杨治国，等. 脐带血自存伦理. 实用护理杂志，2007，3(3)：70-71.

4. 马秀峰，杨敏，马秀明. 脐血采集中的伦理法律问题及护理对策. 中华护理杂志 2004，3：76-77.

5. 马秀峰，杨敏，杨治国，等. 脐带血与法及伦理. 中国医学伦理学杂志，2003，2：13-14.

6. 潘杰，周胜利，沈柏均，等. 山东脐血库保存 4000 人份脐血资料的统计分析. 中国实验血液学杂志，2002，03：257-260.

7. 许智宏. 生命科学引发的伦理争论：焦点问题及其主要观点. 香山科学会议第 180 次学术讨论会资料汇编，2002.

8. 许遵鹏，廖灿，陈劲松，等. 流式细胞术分析冻存前后脐血 $CD34^+$ 细胞的分布. 临床血液学杂志，2003，16(6).257-259.

9. Ballen K. *Umbilical Cord Blood Banking and Transplantation*. Humana Press，2014.

10. Ballen KK，Barker JN，Stewart SK，et al. Collection and preservation of cord blood for personal use. *Biol Blood Marrow Transpl*，2008，14(3)：356-363.

11. Butler MG，Menitove JE. Umbilical cord blood banking：an update. *J Assist Reprod Genet*，2011，28(8)：669-676.

12. Gluckman E，Ruggeri A，Rocha V，et al. Family-directed umbilical cord blood banking. *Haematologyca*，2011，96(11)：1701-1707.

13. http：//www. fda. gov/biologicsbloodvaccines/resourcesforyou/consumers/ucm236044. htm Cord Blood Banking—information for consumers. 2012. 7. 23.

14. http：//www. nationalcordbloodprogram. org/work/process_test_storage. htmL. 2014. 12. 11

15. Jordens CF，Kerridge IH，Stewart CL，et al. Knowledge，beliefs，and decisions

of pregnant australian women concerning donation and storage of umbilical cord blood:a population-based survey. *Birth*,2014,41(4):360-366.

16. Katz G，Mills A ，Garcia J，et al. Banking cord blood stem cells:attitude and knowledge of pregnant women in five European countries. *Transfusion*,2011,51(3): 578-586.

17. Lee HR，Shin S ，Yoon J H，et al. Attached segment has higher CD34[+] cells and CFU-GM than the main bag after thawing. *Cell Transplant*,2014,24(2):305-310.

18. Louiza Z，Karagiorgou. Knowledge about umbilical cord blood banking among Greek citizens. *Blood Transfus*,2014,Suppl 1:s353-360.

19. Navarrete C. Cord blood banking: operational and regulatory aspects. *Cord Blood Stem Cells Medicine*, 2005, 197-210.

20. Papassavas A，Chatzistamatiou TK，Michalopoulos E，et al. Quality management systems including accreditation standards. *Cord Blood Stem Cells Medicine*. 2005,229-248.

21. Parco S，Vascotto F ，Visconti P. Public banking of umbilical cord blood or storage in a private bank: testing social and ethical policy in northeastern Italy. *Journal of Blood Medicine* 2013,4:23-29.

22. Petrini C. Umbilical cord blood banking:from personal donation to international public registries to global bioeconomy. *J Blood Med*,2014,5:87-97.

23. Querol S，Mufti GJ ，Marsh SG，et al. Cord blood stem cells for hematopoietic stem cell transplantation in the UK: how big should the bank be? *Haematologica*,2009, 94(4):536-541.

24. Rebulla P，Lecchi L. Towards responsible cord blood banking models. *Cell Profile*,2011,44(Suppl 1):30-34.

25. Sato N，Fricke C，McGuckin C，et al. Cord blood processing by a novel filtration system. *Cell Prolif* 2015,48(6):671-681.

26. Solomon M，Wofford J，Johnson C，et al. Factors influencing cord blood viability assessment before cryopreservation. *Transfusion*,2010,50(4):820-830.

27. Solves P，Planelles D ，Mirabet V，et al. Qualitative and quantitative cell recovery in umbilical cord blood processed by two automated devices in routine cord blood banking:a comparative study. *Blood Transfus*,2013,11(3):405-411.

28. *Standards for Cellular Therapy Product Services*. AABB，6th edition. 2014.

第三篇 脐血应用研究

Clinical Application of Human Cord Blood

第一章　脐血输注术
Cord Blood Transfusion

第一节　脐血临床应用发展史
The History of Cord Blood Applications

　　历来,伴随着生命的降临而流淌的脐血,犹如妇女的月经,是那样的平常,属女性的必然经历,而又那么的神秘,决不可在光天化日之下展示。于是,尽管它本是纯净之物,在完成传递新生命呱呱落地的使命之后,千百年来一直被视作"废物"处置。如今,当人们寻觅脐血应用的历史踪迹时,发现远在16世纪,我国《本草纲目》中就有用人胞、初生脐带血作药的记载,用来治疗"血气羸瘦,妇人劳损,面黯皮黑,腹内诸病渐瘦者""治男女一切虚损劳疾,癫痫失态恍惚,安心养血,益气补精";脐带烧末饮服可"止疟疾、解胎毒、缚脐疮";初生小儿脐带血,乘热点眼,治疗"痘风赤眼"等等。这或许是临床最早使用脐血的先例。回眸西方医学史,直到20世纪初,才有脐血应用的记载。那时,随着ABO血型的发现(Landsteiner,1900),输血安全性增加,输血术得以蓬勃开展,血源不足的问题渐趋突出。特别是20世纪30年代,第二次世界大战前夕,经济萧条,战事频繁,供血尤感匮乏。这时意大利和俄国的学者们提出了脐血代替成人供血的创见,立即得到了其他许多国家医生们的赞同,1935年以后,一度在世界各地对脐血作了较广泛的研究和应用。但由于单份脐血量少,采集易污染,保存易溶血,输注后红细胞寿命短等缺点,再加上20世纪50年代义务献血在世界各地,特别是欧美发达国家的提倡和发展,血液短缺得到了缓和,脐血输注始终未能在世界范围内形成气候。

　　20世纪60年代,随着造血干/祖细胞培养技术(CFU-C)的建立,骨髓和各种类型血液造血成分的研究迅速发展。1974年,Knudtzon首先发现人类脐血中粒-单系祖细胞集落形成单位(CFU-GM)产率远较成人外周血高。接着,许多学者证明脐血造血细胞之质量和数量可与骨髓媲美。在这些实验研究的基础上,20世纪80年代末,我们提出了用脐血代替骨髓作造血干细胞移植的设想,并立题进行了临床研究。同时期,美国学者 Broxmeyer 等也进行着类似的研究工作,终于在 1989 年 Gluckman 等进行了世界上首例脐血移植术。她们用 HLA 相合同胞的脐血,治愈了一例 5 岁范可尼贫血(Fanconi anemia)患儿。继于 1991 年,我们用无血缘关系混合脐血移植成功地治疗了一例 4 岁晚期卵巢脂肪肉瘤患儿,使其得到完全缓解。此事被评为当时国内十大科技新闻之一。自此之后,脐血的临床应用走出仅限于输注的低谷,一跃成为造血干细胞移植的新秀,在世界范围内形成了一个重新研究脐血和探索其临床应用的新高潮。到 1993 年底,短短三年中已有 15 个国家开展了脐血代替骨髓进行造血细胞移植的工作,治疗患者 40 余例,病种包括先天性和后天性再生障碍性贫血,急、慢性白血病,恶性实体瘤,Wiskott-Aldrich 综合征,Hunter 综合征,β-地中海贫血等;发表有关脐血研究的论文远远超过以往 60 年的总数,达百余篇;第一本全面论述脐血的专著《人类脐血:基础·临床》(沈柏均等),亦于 1995 年在我国问世。进入 21 世纪后,脐血临床应用迅猛发展,脐血移植已达 5 万余例,脐血在再生医学中的应用更展示出广阔的前景。此时此际,追忆那些脐血临床应用的早期工作,虽略显粗糙,但意义极为深远。表 3-1-1 所示为人类脐血临床应用早期发展史。

表 3-1-1 人类脐血临床应用早期发展史

时间(年)	作者	大事记	文献
1590	李时珍	脐血点眼治赤眼	《本草纲目(四)》人民卫生出版社,1981.P2966
1933	Novikova,等	拟定脐血应用技术规则	*Sovet Khir*,1936,11:794
1936	Novikova,等	建立脐血应用 条例	*Sovet Khir*,1936,11:794
1936	Bruskin,等	外科手术中用脐血输注	*Sovet Vrach Zhur*,1936,20:1546
1936	Stavskaya	产科患者用脐血输注	Novy Khir arkhiv,1936,37:72
1938	Goodall,等	详介脐血采集和保存方法	*Surg Gynec & Obstet*,1938,66:176
1938	Grodberg,等	内科领域脐血输注	*N Engl J Med*,1938,219:471
1938	Barton,Heyl 等	建成脐血库	*JAMA*, 1939, 113(16): 1475. *Am J Obstet&Gynec*,1940,39:679
1951	卡布林,等	产科学教科书中介绍脐血采集和应用	苏联产科学,1951,MOCKBA
1953	郭平,等	国内产科患者应用脐血	中华妇产科杂志,1954,2:111
1972	NakahataT,et al	发现人类脐血中含 CFU-c	*J Clin Invest*,1972,70:1324

续表

时间(年)	作者	大事记	文献
1974	Knudtzon S	发现人类脐血中含大量造血细胞	*Blood*,1974,43:357
1989	Gluckman E,et al	HLA 相合脐血移植成功（Fanconi 贫血）	*N Engl J Med*,1989,321:1174
1991	沈柏均,等	脐血混合移植成功(脂肪肉瘤)	中华器官移植杂志,1991,3:138
1991	Broxmeyer HE,等	脐血造血细胞讨论会	USA 1991
1992	Wagner JE,et al	脐血移植治疗慢粒白血病	*Blood*,1992,79:1874
1992	Vilmer E,等	HLA 不合脐血移植治疗急粒白血病	*Transplantation*,1992,53:1155
1992	Broxmeyer HE,et al	脐血造血干细胞讨论会	*J Hematol*,1993,2(2):195
1993	Issaragrisil S	脐血移植治疗 β-地中海贫血(1993,USA)	*Blood Cells*,1994,20(2-3)
1993	Broxmeyer HE,等	国际脐血生物和免疫学及脐血移植会议(1993,USA)	*Blood Cells*,1994,20(2-3)
1995	沈柏均,等	第一本脐血专著《人类脐血:基础·临床》出版	天津科技出版社,1995

第二节　脐血输注的治疗作用

Therapeutic Action of Cord Blood Transfusion

　　脐血的成分和功能基本上与成人血一样,而又有许多不同,所以它既具有一般输血的补充治疗作用,而一般成人血中不具备的各类干/祖细胞和细胞/化学因子,则又起到特殊的调节和支持作用。自 20 世纪 30 年代开始脐血输注以来,因其具有诸多优点:①来源丰富、价格便宜;②采集方便,无食物及毒素污染;③血细胞抗原性弱;④红细胞和血小板含量高;⑤输血反应少等,而备受许多医生和患者的欢迎。但因其有血量少和采集过程中易污染细菌等缺点,临床应用仍有限。特别是 20 世纪 50 年代后提倡无偿献血,60 年代后提倡成分输血,我国颁布输血法中也无脐血输注内容,脐血输注实际上已很少应用。但是,近 20 余年来,由于改进采集技术,污染大大减少,采血量明显增加,再加上脐血具有血源丰富(废物利用),各类干细胞和造血刺激因子含量丰富,输血反应少等优点,脐血输注重新引起人们的重视。特别在某些特殊疾病中,如未成熟儿、疟疾、再生医学等,能发挥常规输血起不到的作用。早期的脐血输注虽不规范,但作为一本有关脐血的专著,我们认为应记录脐血临床应用发展的某些历史轨迹，所以，有些内容如脐血输注在妇产科外科的应用等等，我们仍然收录其中，以供参考。

现在，随着输血法的规范，临床输血用脐血已很少，目前临床输血严格按输血法进行。但随着脐血各种有效成分及因子的深入研究，其治疗作用进一步得到扩展和证实，故随着医学的发展，相信其疗效将会逐渐被重视。临床常见的治疗作用简介如下。

一、补充血容量，纠正贫血

各种类型的贫血均可输注脐血红细胞或全血来治疗，小儿每次 5～10mL/kg。因所含血红蛋白量较高，纠正贫血效果显著，但因脐血红细胞绝大部分为胎儿型血红蛋白（HbF），在儿童或成人体内寿命较短。故多用于新生儿贫血、难治性贫血等疾病。

如前文所述，合理和充分收集脐血，每个胎盘采血可达 200～300mL，接近成人一次供血量，相当于新生儿的一个血容量和婴儿的 1/3～1/2 个血容量。但实际采集时受胎盘大小、胎盘常态、采集时间、采集技巧等因素的影响，平均只能采集 85～90mL，多于200mL者只占 0.4％（公共库）和 0.24％（家庭库）（据山东脐血库资料）。所以，实际上用脐血来扩容，只是在新生儿疾病时偶尔采用。

婴儿严重脱水、失血性休克、中毒性休克、大面积烧伤等需要扩容时，脐血是一个很好的备选血源。

二、替代及补充作用

这是输血术特别是成分输血术的最主要作用，无论是有形成分（红细胞、白细胞、血小板）缺少，或无形成分（如血浆蛋白质和凝血因子）不足，均可使用脐血全血或提取其成分输注，补充患者机体的需要，使用最为广泛。但因单份脐血量少，白细胞和血小板提取较困难，目前多为全血或红细胞输注，且仅在儿科运用，特别是早产儿的自体脐血输注，疗效肯定且无不良反应。

三、刺激作用及支持治疗

对营养不良、久病体弱、肺部啰音迁延不消或创面经久不愈的患者，脐血可作为支持疗法手段之一。这类患者或轻或重伴有贫血、体格虚弱、食欲减退。在 20 世纪50～60 年代，我们曾用脐血输注处理这些病症，发现可明显提振精神、改善贫血、增进食欲、促进肺部啰音消失，加速创面愈合。考虑其与脐血的刺激作用、支持治疗及免疫调节有关。

（一）特异性刺激作用

脐血中所含血细胞生成素，如红细胞生成素（EPO），粒系集落刺激因子（CFU-G）等，含量较成人血高数倍，输注后可刺激造血，可用来治疗各种贫血和颗粒细胞减少症。

（二）非特异性刺激作用

临床实践中发现，脐血输注后，一般都可见到精神好转，食欲增进，活力增加，非血液性病灶消散加速，如溃疡愈合、肺部啰音消失等。这是脐血非特异性刺激作用所致。据文献记载，有时少量脐血（10～20mL）口服或肌内注射亦可发生此类作用。

四、免疫调节作用

脐血中具有免疫功能的细胞,如颗粒细胞、淋巴细胞、红细胞和免疫物质如抗体、补体、淋巴因子等,可增强机体免疫力。另外,输注脐血所引起的对机体的滋补作用和刺激作用,都可能与免疫增强有关。另外,因脐血中 Treg 含量较高,脐血输注治疗自体免疫性疾病,如 1 型糖尿病、孤独症等已有成功的案例。最近,Xing 等人研究提示小鼠和人的数据表明,CD8$^+$ NKG2D$^+$ 效应 T 细胞在自身免疫引起的斑秃(alopecia areata,AA)发病过程中发挥了关键作用,而脐血多能干细胞能显著抑制 CD8$^+$ NKG2D$^+$ T 细胞的增殖和上调细胞共抑制分子的表达,所以有治疗斑秃成功的案例。

五、用于白细胞减少症

脐血中白细胞含量较成人血高 1 倍,以粒系为主,且含有较多粒系和粒-巨噬系集落刺激因子。输注后,不但能补充白细胞数量,而且还能刺激骨髓生成颗粒细胞。常用于治疗白血病和癌症患者化疗或放疗后的粒细胞减少症。然而近 30 年来,因集落刺激因子(G-CSF/GM-CSF)的广泛应用和良好疗效,粒细胞输注已极少应用。

六、有输血反应患者的输血治疗

慢性贫血患者经多次反复输血后,可产生同族免疫抗体,再次输血时,常常出现输血反应。此时,若输注脐血,因脐血的免疫原性较弱,则可避免或减轻这类反应。

七、细胞修复作用

因脐血中富含多种类型的干/祖细胞和细胞因子,脐血输注治疗某些损伤性或退行性变疾病有细胞修复的作用,同时其具有的细胞因子也可改善受损细胞的恢复。如新生儿缺氧缺血性脑病、脑瘫、脑外伤、卒中后遗症、帕金森氏病、孤独症等已取得进展(具体内容将在本篇第三章再生医学中详述)。

第三节 脐血临床输注技术

Therapeutic Procedures of Cord Blood

脐血成分类似于成人血液,虽然其红细胞表面免疫原性弱,血浆中凝集素含量较低,但在临床应用中,应该严格遵循输血法规则和程序,以免发生输血反应,危害患者。

一、血型鉴定

出生时,脐血中红细胞绝大部分血型抗原已经形成,但抗原性较弱,而此时脐血血清中尚无血型同种抗体存在,只能靠细胞试验来确定血型。检测时应先选取高凝集价的标准血清(抗 A>1：128;抗 B>1：64)和高亲和力血清(抗 A 凝集时间<30 秒;抗 B<45 秒)。鉴定方法如下:

（一）试管法

1.每份脐血取小试管一支，贴好标签，加等渗盐水 1mL，加脐血 2～3 滴，立即混匀，配成 2%～5% RBC 悬液。

2.取小试管 3 支，分别标上 A、B、O 标签，分别加入相应 A、B、O 标准血清 2 滴。

3.在上述含标准血清三管中，各加入被测脐血悬液 1 滴混匀。

4.放入离心机内，用 1000～3000r/min 离心 1 分钟（或放在室温半小时），观察结果。血型判断标准如表 3-1-2 所示。

表 3-1-2　　　　　　　　　　　　　　血型结果判定

A 型（抗 B）血清 +RBC	B 型（抗 A）血清 +RBC	O 型（抗 A、抗 B）血清+RBC	脐血血型
－	－	－	O
＋	－	＋	B
－	＋	＋	A
＋	＋	＋	AB

（二）玻片法

1.准备 RBC 悬液同试管法。

2.取三凹玻片一块（亦可有普通玻片用蜡笔划格代替），标明标本号及 A、B、O 标记。

3.按标记滴入 A、B、O 标准血清各 2 滴。

4.各格加入被测 RBC 悬液 1 滴，来回旋转玻片使 RBC 与血清充分混匀。

5.置室温半小时，用肉眼和显微镜仔细观察结果。

6.结果判定同试管法。

至今已测得红细胞膜抗原有：A1、A2、B、H、Rh、M、N、Ss、P1、K、Fy、JK、Do、Co、Se、Vel、Ge、En、Bg、HLA 等等。但就临床输血实际需要而言，一般情况下，只测定 ABO 血型即可，欧美国家因 Rh 阴性率较高，Rh 血型测定也列为输血前检查血型的常规。确定血型后，可立即与受血者血清配血，供临床输注。也可将脐血 4℃保存，1 个月内应用。凡遇到下列情况之一时，则不得发出应用：①血浆层表面继续出现气泡；②血浆层表面有逐渐增多云状物或粗大颗粒；血浆进行性变色及浊度增加；④血浆血细胞层界线不清（瓶振荡除外）；⑤血袋（瓶）有气体逸出或臭味；⑥RBC 层呈高锰酸钾颜色者。

二、交叉配血试验

如上所述，脐血血清中一般不存在血型抗体，所以次要交叉配血（minor crossmatch）或称次侧配血并无必要。从表 3-1-3 可以看出，即使异型血清，凝集反应率也很低，何况输入体内后立即被稀释，一般不会引发溶血反应。

脐血 RBC 的血型抗原性也很弱，其 ABO 等凝集原不及成人 RBC 的 20%，故有人提出输脐血不必做交叉配血。Broxmeyer 等输注不同血型脐血作为造血干细胞移植时，输注后虽发生溶血现象，出现血红蛋白尿，但均为自限性，2～3 天后消失。即使如此，为患者的安全考虑,为更有效地发挥输血作用,我们仍要强调:同型输血,输前作主侧配血。常用盐水配血法如下:①取患者静脉血 2～3mL,分离血清,并配置 5％RBC 悬液。②取小试管一支,行直接配血试验,即试管内加患者血清 2 滴,再加脐血 RBC 悬液 1 滴混匀。

表 3-1-3　　　　　　　　　　　胎盘血血清与成人 RBC 的交配反应

	成人红细胞					
	A 型		B 型		AB 型	
胎盘血清	—	+	—	+	—	+
O	25	12	28	8	18	18
A	28	0	24	5	26	3
B	30	5	35	0	30	5
共计	83	17	87	13	74	26

〔杨学慧.中华妇产科杂志,1956,4(2):113.〕

三、输注途径

(一)静脉途径

静脉途径最为常用,尤其适于为补充血容量或提高血红蛋白目的,脐血用量较大时。可选用肘前静脉、踝前静脉、手背静脉、头皮静脉等。

(二)骨髓途径

因肥胖或严重脱水,浅表静脉无法找到以及再生障碍性贫血等疾病,需"按摩"骨髓时,可选用骨髓途径输液和输血。

(三)导管介入途径

在再生医学中,因为静脉输注脐血干细胞会经过肝脏和肺循环的过滤作用,而使干细胞到达受损的组织或器官数量明显减少。所以,为了提高疗效,可以选用导管介入疗法,直接将脐血干细胞输入到靶器官。如心脏的冠状动脉介入术,颈动脉介入术,以及胰腺介入,肝脏介入等等,可取得更好的疗效,但操作技术要求较高。

(四)皮下和肌内途径

这两种途径常用来作为刺激疗法,改善一般情况,增进食欲,加速病灶消散,总量一般不超过 20 mL,分两侧臀部注射,现已少用。近来有人提取脐血中的单个核细胞(MNC)以 MNC 5×10^6/mL浓度,多点注射下肢血管的周围,促进血管再生,改善循环,治疗慢性溃疡及糖尿病足等取得明显疗效。

(五)椎管内注射

提取脐血单个核细胞,每次 $1 \times 10^7 \sim 1 \times 10^8$/2～5 mL IT 缓注,治疗中枢神经系统疾病,如脑瘫、脑卒中后遗症等,可提高疗效。

(六)直肠灌注

因口服新鲜脐血常令患者恶心,此时可清洁灌肠后,将脐血滴入肠道,能起到与口服同样的治疗作用。

（七）局部点滴

新鲜脐血滴入眼内或创面，可辅助消除炎症，加速创面愈合。

四、输注剂量

随疾病而异：①作为强身疗法，每次一个脐血（50～200mL），现已少用；②用来纠正贫血提高血红蛋白时，则成人需 400～800mL，小儿按每 5mL /kg，可提高血红蛋白 10g/L 计算，一次总量不超过 20mL/kg；尽可能按照成分输血提取红细胞进行输注效果更好。提高血容量抢救休克，小儿按 20mL/kg 计算。

五、输注方法

为减少输血反应，患儿在输注前静脉注射地塞米松 0.3～0.5mg/kg，脐血通过常规输血滤器静脉滴入（量少或为提高血容量或升压目的，可静脉推注）。

（一）单份脐血全血输注

多用于儿科患者，若为年长儿或成人需输血量大时，可用多个同型脐血，先后连续滴注，两袋脐血间可用适量生理盐水冲洗输血管道。

（二）混合脐血全血输注

对成年患者，单份脐血量太少，可将同血型的多份脐血，于输注前在血库无菌环境中，合成一袋（瓶），主侧配血后进行输注。

（三）稀释脐血输注

徐佩华（1984）介绍用低分子"706"代血浆与脐血等量混合，在各种手术中输注应用，取得良好效果，无输血反应，无渗血现象，患者伤口愈合正常。

六、注意事项

1.脐血内红细胞多，黏稠度大，特别是成人需血量大，或低血容量患者需快速输注时，应选择较粗周围静脉和较粗针头，不宜用头皮针输血。

2.注意纠正酸中毒。由于脐血收集量受许多因素影响，50～200mL 不一，而 ACD 保存液多按 30mL 分装（瓶或袋），多数脐血内 ACD 含量偏多而呈酸性。另一方面随着储存期延长，无氧酵解不断进行，乳酸累积，pH 值逐渐下降。有人测定脐血保存 23 天时 pH 值为 6.2～6.5。若大量快速输注此酸性血液，可能引起医源性酸中毒。为了预防发生酸中毒，应适当补充碱性液（每 100mL 脐血加注 5％小苏打 2mL）。另外，碳酸氢钠还可使氧的离解曲线右移，促进血红蛋白释放氧的能力，改善组织缺氧状态。

3.ACD 保存液中枸橼酸可与钙、镁离子结合，使血浆内钙、镁浓度下降而发生低钙、低镁血症。对年幼儿或一次大量快速输注时尤易发生。若有此可能，应在输脐血后补充钙剂（按每 100mL 脐血输注 10％葡萄糖酸钙 1mL 计算），但不可将葡萄糖酸钙与枸橼酸脐血同时输注，以免发生枸橼酸钙沉淀和凝血。

4.脐血全血 4℃保存较成人血易发生溶血，此时仍可输注，但应严密观察，若出现不良反应，立即终止输注。输注冻存脐血后可发生一过性血红蛋白尿，鼓励多饮水，轻者不需特殊处理。

第四节 脐血输注术的临床应用
Clinical Application of Cord Blood Transfusion

脐血临床输注首先由妇产科医师在妇婴医院或产科中应用。这是因为当年产科医师常常是"产妇出血无救,脐血白白流失"的目击者,触景生情,自然会想到"何不用脐血来拯救产妇?"特别是紧急情况下,一时找不到供血,合血过程又颇费时间。而脐血则常常是就地取材,只需血型相合(不必合血)即可输注,可用于出血不止的产妇急救之用。若时间允许或已建立脐血血库者,则可将数个血型相同的脐血在实验室混合后,给同血型患者输注。据文献介绍,此法曾在 20 世纪 30～50 年代在临床各科应用,现已很少用。回顾历史,简介如下。

一、脐血输注在产科的应用

(一)出血性产科疾病

产科常见出血因素,如前置胎盘、子宫无力伴出血、产后失血、流产失血、宫外孕出血、子宫疾病或内分泌紊乱引起产科出血、子宫切除术、子宫破裂等。因产妇出血,输血量一般较大,用同型或 O 型混合血,每次 5～10mL/kg,最多达数千毫升,可反复输注,急救疗效至少与成人供血相当。据郭平报道输同等量(300mL)脐血 24 小时后,患者红细胞和血红蛋白增加较输入成人血明显。

(二)非出血性产科疾病

非出血性产科疾病,如妊娠贫血、宫颈癌、产妇钩虫病、产褥败血症、妊娠高血压、盆腔炎症及手术前后身体虚弱或患消耗性疾病等,有应用脐血输注治疗取得疗效的报道。(杨学慧,1956)

(三)脐血输注治疗产后缺乳

我国民间有流行口服脐血催乳的习俗,据此,山东沂南县计划生育服务站李秀英医师等人自 1987 年以来用脐血血清给缺乳产妇注射,取得了很好的效果,有效率达 97%。机制尚不十分清楚,考虑可能与脐血中的细胞因子的刺激有关,以后她们证明脐血中泌乳素(prolactin,PRL)含量比产妇血清高两倍多,分别为(3120±520)ng/L、(1365±341)ng/L,考虑作用机制与此有关。她们采用的方法如下:

1.脐血清制备 选择健康产妇,在胎儿娩出后留取脐血 5～20mL,离心取上清液,滤菌器过滤,用 5mL 无菌注射安瓿分装,封口 0℃以下储存备用。

2.适应证 凡正常或异常分娩后 4 天以上,无泌乳征象(无奶胀及初乳等)的产妇,或产后 10 天奶量很少而无产科并发症及急性病产妇。

3.用法 脐血清 5mL,肌内注射,每日 1～2 次。

4.疗效 用此法治疗 120 例,总有效率达 97.5%,一般在产后 20 天内疗效较好,注射 1～3 次即可奏效,疗效与胎次、自体或异体血清无关。乳腺发育不良、乳腺疾病或全身性疾病引起的缺乳,疗效较差。

二、脐血输注在儿科的应用

20世纪60年代以后，随着广泛提倡义务献血和成分输血，脐血输注已很少应用，现主要应用于以下几种情况。

（一）新生儿医学

在新生儿、早产儿及低出生体重儿中，可用于纠正贫血、补充血容量、刺激造血及支持治疗等。如上所说，一份脐血平均含量只有90mL，不能满足成人及年长儿需要。但对新生儿而言已足够。特别是未成熟儿，输血用量少，概率高。出生体重小于1000的极低体重儿（very low body weight，VEBW），生后1月内几乎100%需要输血，体重1000～1500克的未成熟儿20%～60%需要输血。其他新生儿输血概率也较高，如围生期出血、遗传性血液病、溶血、外科手术等。在新生儿期输血时，对于血源的选择应特别慎重，有人担忧输注异体血液（成人血或脐血）会引起细菌病毒污染、GVHD及同族免疫反应，特别是后者将影响一生。所以，在不得已的情况下输注异体成人血外，提倡输注自体脐血（胎盘血）。1977年，Brandes等报道1例贫血的单卵双胞胎，分次输注自体脐血，贫血迅速获得纠正。1979年，Paxson用类似方法治疗25例休克早产儿，存活率达86%（输库存成人供血者成活率为50%）。作者认为自体脐血现场即可取得，无需查血型和交叉配血，一般用肝素防凝（2.5U/mL），每管20mL，酌情分次输注，一周内用完。此法具有纯净、无病原体、血液成分和物理性质与患儿完全相同等优点。（杨学慧，1956）

一般需要在产前评估高危产妇及高危儿，尽早做好脐血采集的准备工作。常用输注方法如下：

1.脐血采集和保存　分娩后在第三产程无菌操作，用20mL的空针，肝素防凝，脐静脉穿刺取血，每管15～20mL（每个胎盘可以抽取3～5管），抽取后用无菌塑料包裹，4℃冰箱保存备用，保存时间最长不超过28天。

2.剂量和用法　根据病情需要，每次（15±5）mL/kg，低体重儿第一个月常需输注3～5次。低血压（休克）新生儿需要量可达25mL/kg。需手术患儿则可根据情况决定需要量。此类患者除自体脐血外，90%以上需外加异体红细胞输注，一般通过静脉途径输注。

3.疗效评价　未成熟儿一般胎盘较小，采集的脐血常因量少、凝块、溶血或细菌污染等因素不易成功。此时可用异体脐血输注。输注后可改善生活力，加速体重增加，改善病情和免疫指标。特别是未成熟儿因缺乏骨髓储存池（marrow reserves），常伴有粒细胞或血小板减少症，脐血输注能起到成人血液起不到的作用，除纠正贫血和出血外，还可参与骨髓重建。若与Epo合用，纠正贫血疗效更好，但可增加注射部位的感染、储铁减少、体重增加减少（Ballin等，1995）。

（二）同族免疫反应性患儿的输血治疗

众所周知，红细胞表面有30种以上的血型抗原系统，在临床实践中，一般只作ABO和Rh血型交叉，其他血型因免疫原性很弱，不易引起输血反应。但若反复多次输血（刺激机体），患者体内所产生的对异体抗原的抗体量可增加到临床反应的程度。在这种情况下，即使输注ABO-Rh血型相同的血液，也可引起输血反应，且输血次数越多越严重，常造成患儿输血恐惧和输血困难。此时，有许多患者可采用同型脐血输注，因其所有血细胞抗原性较成人血弱,输血反应少而轻。

（三）小儿糖尿病

在西方国家小儿糖尿病发病率常高达两位数,亚洲较低,我国随地区差异较大,多数地区发病率为 1‰～5‰。小儿多为 1 型糖尿病（type 1 diabetes,T1D）,即各种因素对胰岛素、胰岛抗原、胰岛细胞抗原等产生相应的自体抗体,破坏胰岛细胞,胰岛素产量减少,影响糖代谢而产生一系列症状。100 余年来主要依靠胰岛素替代治疗,免疫抑制治疗效果有限。2003 年,Hasek 等人发现输注造血干细胞可以阻止鼠的 T1D 病理过程。Ende（2004）用人类脐血细胞治疗 T1D 鼠有效。2007 年,Haller 等首先用自体脐血输注治疗小儿 T1D,患者多为 1～5 岁的儿童,输注后观察 1～2 年,C 肽峰值和胰岛素用量下降,但自体抗体滴度、Treg 数、CD4/8 比例、T-Cell 表型无变化。其疗效仍未超越胰岛素替代治疗,只能用于与 T1D 本身由多种因素引起的多细胞免疫混乱有关及涉及 T-Cell、B-Cell、Treg、DC、NK、NKT 等的患儿。若治疗针对某一环节则难以奏效。因此 21 世纪初,赵勇等提出脐血干细胞免疫教育疗法,并已通过 Ⅰ～Ⅱ 期临床试验,详见第三篇第五章。

三、脐血输注在内、外科的应用

1936 年,Bruskin 等首先在动物（狗）实验中证明同血型数份脐血可以混合输注,同年他们成功而又安全地应用于临床,从而为脐血在内、外科成人中的应用打开了大门。1939 年,Barton 等观察到脐血混合输注后,红细胞和血红蛋白的增加量比实际输入量所能达到的水平要高,他们同意 Stavskaya（1936）的观点:脐血输注后,除了替代补充作用外,还有刺激造血的功能。因此,脐血输注颇受内外科医生们的欢迎,至今有报道用于内科疾病的有各种类型贫血、血小板减少、营养不良、败血症、休克、溃疡性结肠炎、溃疡病、肺结核、结核性脑膜炎及癫痫等。用于外科疾病的有溃疡穿孔引起腹膜炎、出血（平滑肌肉瘤、胃癌、胰腺癌、膀胱癌、膀胱破裂）及术后治疗,如化脓性颌下腺炎、结肠癌、前列腺手术后创口不愈及褥疮等,促进愈合。

鉴于脐血 RBC 和血红蛋白含量比成人血高 0.5～1 倍,血细胞压积达 60%（成人血为 42%）,更适于在血液稀释疗法中应用,1984 年徐佩华报道,以等量低分子“706”代血浆与脐血均匀混合在 214 例手术患者中应用,其中男 129 例,女 85 例,年龄最小 4 个月,最大 73 岁,共输注稀释脐血总量 85152mL,平均每例输注 397.9mL（范围 105～1420mL）。手术种类随机选择。全部用稀释脐血 134 例,与库存血并用 80 例,术中术后无输血反应,手术野无渗血现象,手术后创口愈合良好。

四、脐血输注在再生医学中的应用

由于脐血中各类干/祖细胞和细胞/化学因子输入病体后,可以修复受损细胞或组织,因此近年来脐血输注在再生医学中的研究和应用受到人们极大的关注。特别是治疗新生儿缺氧缺血性脑病、脑卒中、帕金森病、糖尿病足、脑瘫以及神经退行性疾病方面已取得很大的进展。其中广为人知的是 2013 年 Jensen 等的个案报道:他们用自体脐血输注成功治疗了一名 2 岁半男孩,该患儿经历脓毒血症心脏骤停后,引起广泛缺氧缺血性脑损伤,呈植物人状态。抢救 9 周后经静脉途径输注冻存的自体脐血 91.7mL（含 5.75×10^8

MNC），同时进行康复治疗。2个月后强直性痉挛好转，运动功能改善。随访中，视力逐渐恢复，能坐，能对人微笑，说简单的会话；40个月时，能自己吃饭，会爬、扶着行走。揭示出脐血输注在再生医学中的有效治疗前景。另外，脐血干细胞治疗呼吸系统、心血管系统、泌尿系统及肌肉骨骼系统疾病在体内外实验中也取得了很大的进展，有的已开始在进行Ⅰ～Ⅱ期临床试验（详见第三篇第四章）

第五节　脐血输血副反应
Side Effects of Cord Blood Transfusion

从一开始应用脐血输注，人们就注意到脐血纯净，无外界抗原接触，尚未受任何食物影响等优点。即使从理论上讲，婴儿有胎内感染的可能，但因脐血质量控制要求母婴均应是健康者，所以这种危险性也减少到最低限度。又因为脐血的免疫原性较弱，发生免疫反应较低。半个多世纪来的临床实践也证明脐血输注安全可靠，其他输血反应也较成人血少得多。据文献报道脐血输注反应为 $0.2\%\sim0.5\%$，而一般成人供血则为 $2\%\sim10\%$。

一、发冷发热反应

此反应在脐血输血反应中相对比较常见，可在输血过程中或输血后出现，全身发冷伴有寒战、面色苍白，随之体温升高，多在数小时内退热，可能与热原或白细胞破坏产物有关。反应严重时应中止输血，轻者可用镇静和退热药物对症治疗。但应严密观察，反应严重时应立即停止输血，给予相应的治疗。

二、溶血反应

溶血反应多为血型不合输注所引起，马祥吉报道1例因误将A型脐血输给B型患者引起溶血，Gluckman报道用HLA相合，ABO不合脐血全血作造血干细胞移植术，所有患者均发生溶血和血红蛋白尿。这类反应多发生于缺乏IgA的患者，由于脐血中IgA含量极微，一般方法不易测出，所以脐血所致过敏反应很少发生。这类反应的特征为仅输入少量脐血后，即发生咳嗽、呼吸窘迫、恶心、呕吐、腹泻、腹部绞痛，甚至休克、神志不清，常不伴有发热反应。处理：立即停止输血；皮下注射1∶1000肾上腺素0.3～0.5mL；给予糖皮质激素；静脉补液，治疗低血压等。

三、荨麻疹

发生率较输注成人血少50％以上，真正病因不清，可能与脐血内有变应性物质有关。表现为局部红斑、荨麻疹、发痒，四肢多见，严重者可遍及全身。处理：输注前注射抗组织胺药可预防，轻症患者注射此药可减轻反应，不必中断输血，严重者应暂停输血。输注洗涤脐血RBC可避免荨麻疹反应，但一般无此必要。

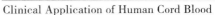

四、枸橼酸中毒

大量输注混合脐血时,同时输入枸橼酸钠,可能引起枸橼酸中毒,表现为血浆游离钙下降、肌震颤、心电图显示 S-T 段延长,T 波低平、心排出量下降、甚至室颤。所幸枸橼酸钠静脉注射中毒量为 15g(成人),按此计算输血量要达到一次输注 5000mL 以上,才达到中毒剂量,故一般情况输血量小,且缓慢输入,枸橼酸已在肝内代谢,极少发生中毒现象。

五、循环超负荷

婴儿、重度贫血或心功能不全患者,输注脐血过量或过速,可致循环超负荷。表现为精神不安、干咳胸闷、紫绀、呼吸困难、收缩期血压升高、甚至肺水肿及死亡。处理:停止输注,氧气吸入,患者取端坐位,给予强心剂和利尿剂,必要时放血治疗。

六、输血性感染性疾病

多由于无菌操作不严所引起,常见为葡萄球菌、类白喉杆菌等。输血开始后 1 小时左右出现发热、寒战,甚至休克。与成人输血不同,由于病毒、细菌一般通过胎盘率极低,所以输注脐血后肝炎及其他 CMV、EB 病毒等感染尚未见报道。

(张乐玲,沈柏均)

主要参考文献

1. 沈柏均,等.脐带血造血干细胞移植一例报道.中华器官移植杂志,1991,17:138.

2. 郭平,等.收集胎盘血液作为输血用的经验介绍.中华妇产科杂志,1954,2:111.

3. 杨学慧.介绍大连铁路医院的胎盘血库.中华妇产科杂志,1956,4:113.

4. 杨珂,等.收集和使用胎盘血的经验报道.中华妇产科杂志,1956,4:103.

5. Balin A,Arbel E,Kenet G,etal. Autologous umbilical Cord bleed transfusiou. *Arch Dis in childhood*,1995,73:F181-183.

6. Barton FE, et a1. The use of placental blood for transfusion. *JAMA*,1939,113:1475.

7. Bowen JR,Patterson JA,Roberts CL,et al. Red cell and platelet transfusion in neonates:a populationibased study. *Arch Dis Child Fetal Neonatal*,2015,doi10:1136.

8. Bruskin YM,et a1. Use of umbilical-placental blood of massive transfusion in surgery. *JAMA*,1936,10:2098.

9. Gluckman E, et a1. Hematopoietic reconstitution in a patient with Fanconi's anemia by means of umbilical cord blood from an HLA-identical sibling. *N Engl J Med*,1989,321:1174.

10. Goodall JR,et al. An inexhaustible source of blood for transfusion and its preservation. *Surg Gynecol & Obstet*,1938,66:176.

11. Grodberg BC,et al. A study of seyenty-five transfusions with placental Blood. *N Engl J Med*,1938,219:471.

12. Halbrecht J, et al. Transfusion with plancental blood. *Lancet*, 1939, 3: 202.

13. Herl WM, et al, Experiences with a placental blood bank. *Am J Obstet & Gynecol*, 1940, 39: 676.

14. Howkins J, et al. Placental blood for transfusion. *Lancet*, 1939, 3: 1332.

15. Kfludtzon S. In vitro growth of granulocyte colonies from circulating cells in cord blood. *Blood*, 1974, 43: 357.

16. Page Apm, et al. The use of placental blood for transfusion. *Lancet*. 1939, Jan: 200.

17. Paxson CL. Collection and use of autologous fetal blood. *Am J Obstet & Gyneco*l, 1979, 134: 708.

18. Stavskaya E. Transfusion of placental and retroplacental blood. *JAMA*, 1937, 4: 1226

19. Xing L, Dai Z, Jabbari A, et al. Alopecia areata is driven by cytotoxic T lymphocytes and is reversed by JAK inhibition. *Nat Med*, 2014, 20: 1043-1049.

第二章　脐血移植术：总论

Cord Blood Transplantation：General Introduction

第一节　概述

Introduction of Cord Blood Transplantation

一、脐血移植发展史

脐带血是胎儿娩出后残留在脐带和胎盘中的血液。1972 年 Nakahata 等发现脐血中存在造血干细胞。1974 年 Knudtzon 等发现脐血中富含造血干/祖细胞，其数量和质量可与骨髓媲美。随后医学界围绕脐带血开展了一系列的研究。1988 年 Gluckman 等在法国巴黎圣路易医院对 1 例 5 岁 Fanconi 贫血患儿进行人类白细胞抗原（human leukocyte antigen，HLA）相合的同胞脐血移植（cord blood transplantation，CBT）获得成功，由此拉开了 CBT 临床应用的序幕。1991 年，山东大学齐鲁医院沈柏均教授等首次用混合脐血移植治疗一例 4 岁晚期脂肪肉瘤的患者取得成功。之后，各国纷纷筹建脐血库，加强了脐血造血干细胞的基础和临床研究工作。

早期的 CBT 主要应用于儿童血液系统疾病及代谢性疾病的治疗，此后随着预处理方案的改进，移植后并发症处理技术的提高，以及对干细胞归巢的机制、移植后免疫重建、脐血干细胞扩增等基础研究的不断深入和探究，脐血已经被越来越广泛地应用于儿童及成人的恶性和非恶性血液病的治疗。最新数据显示，截至 2015 年，全世界范围内脐带血移植的治疗案例已经累计达到 50000 例以上。近几年，美国、日本脐带血每年移植量均超过 1000 例（见图 3-2-1、图 3-2-2）。美国脐带血应用超过 6000 例，并以每年 1200 例的速度增长。日本脐带血移植数量已超过 10000 例，全国 50% 以上的造血干细胞移植为脐带血移植，脐带血移植的数量几乎等同于骨髓移植的数量，其中成人脐带血移植的成功率高于无血缘骨髓移植。根据全国正规合法的七家脐血库发布的数据统计，我国脐带血临床移植数量在 3000 例左右。从应用数据来看，每年的临床应用保持明显上升趋势。

尽管近年来国内脐血库发展迅速,我国脐血移植数量及水平都有了显著提高,但与美国、日本等发达国家相比仍有较大的差距。2010 年 7 月,中华医学会血液学分会专门成立了中国脐血移植协作组,并多次召开脐血移植高峰论坛,通过学术交流研讨进一步拓展脐血移植的应用范围;开展专家会诊,为特殊患者提供更为科学有效的治疗方案,提高脐血移植后患者的成活率;同时也促进了中国公共脐血库的标准化和质量控制体系的建立。

自 20 世纪 90 年代全球第一家脐血库(纽约脐血库)成立以来,世界范围内已建立脐血库近 300 家,脐带血储存量已经达到 372 万份,其中家庭库存量为 307 万份,公共库 65 万份。在美国,33 个家庭库保存了 115 万份脐带血,30 个公共库脐带血储存量为 21 万。在我国,1993 年在山东大学齐鲁医院试建脐血公共库(卫生部 0873304),2001 年天津试建家庭脐血库。至今,家庭库脐带血储存量约为 57 万份,公共库脐带血捐献量有 7.5 万份。

截至目前,脐带血已成功应用于血液系统、免疫系统、消化系统、神经系统、再生医学等多个领域,取得了可喜的成就。

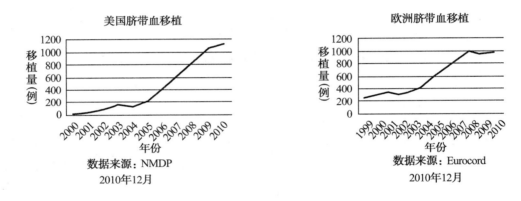

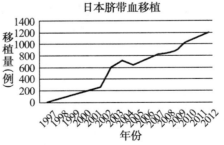

图 3-2-1　美国、欧洲和日本脐带血每年移植量变化趋势

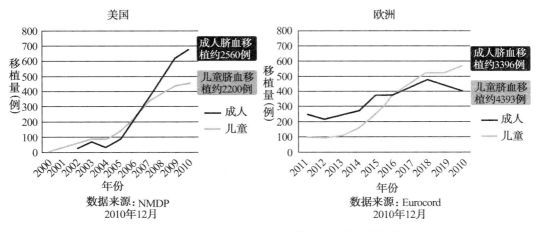

图 3-2-2　欧美儿童和成人脐带血移植量变化趋势

二、脐血移植的特点

近年来的基础研究和临床研究表明,相对于外周血和骨髓来源的造血干细胞移植,脐血移植具有以下特点:

1. 脐血造血干/祖细胞含量可与骨髓媲美　脐带血中含有丰富的造血多能干细胞和祖细胞,其粒-巨噬系集落形成单位(CFU-GM)、红系爆式集落形成单位(BFU-E)、混合系集落形成单位(CFU-Mix)产率近似或高于骨髓,数量可供 40kg 以下儿童应用;若进一步增加采集量,改善处理方法,其造血细胞的数量可大大增加,可满足成人的脐带血造血干细胞移植。

2. 脐血造血干/祖细胞更原始　与骨髓和外周血相比,脐血中含有较多更原始、能重建长期造血的干/祖细胞。脐血中 $CD34^+$ 细胞的比例与成人骨髓相近,高于外周血,且其早期造血前体细胞 $CD34^+CD38^-$ 和 $CD34^+Thy^-1+lin^-$ 亚群比例高于骨髓及外周血,这类细胞具有更强的增殖与分化能力。脐血干/祖细胞的体外集落形成能力、刺激后进入细胞周期的速度以及自泌生长因子的能力均强于骨髓及外周血干/祖细胞,并且低表达甚或不表达细胞凋亡配基 CD95/Fas,因此,移植后会有更长的寿命;此外,脐血比成人骨髓中造血干细胞多 4kb 额外的端粒重复序列,即提供了 20～40 次额外的细胞倍增潜能。

3. 脐血淋巴细胞特性使移植物抗宿主病(graft-versus-host disease,GVHD)少而轻,而移植物抗白血病(graft-versus-leukemia,GVL)效应并不减弱。脐血中淋巴细胞占20%～30%,与外周血相比,脐血中含有数量更高的 T 细胞、B 细胞、NK 细胞和调节性T 细胞(Treg 细胞),输注后的免疫反应一直引起人们的关注。研究证明脐血淋巴细胞与成人血淋巴细胞不同,主要表现为不成熟,产生细胞因子少。GVHD 的核心是细胞因子风暴。细胞因子风暴的强度与持续性与宿主和供体细胞产生细胞因子的能力,以及细胞因子刺激下供体细胞分裂及增殖能力有关。脐血产生细胞因子的细胞数量,T 细胞、巨噬细胞、NK 细胞产生细胞因子能力等诸多方面均低于成人血细胞。同时,由于脐血细胞表面细胞因子受体表达水平低,对细胞因子的反应能力也明显低于成人血细胞。再者,由于脐血中淋巴细胞尚未致敏，脐血不能产生有效的异抗原特异性的细胞毒 T 细胞，以及新鲜脐血 NK 细胞活性下降等，这些可能是决定 UCBT 中 GVHD 较弱的主要因素。因 CD95 表达弱，不易发生凋亡，NK 细胞功能低，但多数可在体内诱导产生杀伤活性，能被外源细胞因子较快诱导并显示与成人外周血类似的抗瘤溶解活性，从而使脐血保留了产生正常 GVL 效应的潜能。因此脐血移植具有 GVHD 少而轻，且可保持 GVL 的优越性。恶性血液病患者 UCBT 后的复发率较低。

4.脐血来源丰富、采集方便、随时取用　采集过程对母婴均无危害，不存在应用胚胎干细胞相关的伦理问题。脐血造血干细胞能耐受冷冻储存而长期保存，可随时取用。全世界的脐血库已冷存 60 余万份可用于移植的公共脐血。在我国，北京、天津、山东、上海、浙江、广州、四川等地的脐血库已经构建了一个覆盖全国范围的脐血资源网，使得脐血资源查询方便，一般仅需 10～14 天即可获得用于移植的脐血，较非血缘外周血或骨髓造血干细胞移植供者的整个查询和采集过程提前数月。且脐血库为实物冻存的干细胞库，脐血可随时取用，避免了骨髓和外周血造血干细胞捐献者在采集捐献过程中终止捐献的风险等诸多不确定因素。

5.HLA 配型要求低　脐血免疫源性低，GVHD 发生概率及严重程度降低，与其他来源供者相比，发生 GVHD 较易控制。因此，UCBT 不苛求 HLA 全相合，HLA 4/6 及其以上位点相合即可进行。搜寻 1 万份标本脐血 HLA 4/6 以上相合概率可达 90% 以上。与此相反，非血缘骨髓移植、外周血移植，要求 HLA 全相合，初选 900 万份的合适供者的概率是 50%～80%，最终仅有 30% 可实际移植。因此，脐血是不可多得的无关供者造血干细胞来源，尤其适于儿童。

6.脐血病原体污染的概率很低　由于胎盘屏障的保护作用，肝炎病毒、巨细胞病毒和 EB 病毒等不易从母体通过胎盘污染脐血。

7.临床研究方面　2007 年，Eapen 等对 503 名急性白血病儿童（<16 岁）无关脐血移植（UD-UCBT）结果与 282 名无关全相合骨髓移植（UD-BMT）结果进行比较。其中 35 例全相合脐血，201 例 1 个位点不合脐血和 282 例 2 个位点不合脐血，在此基础上又将细胞数以 3×10^7/kg 为界分为高、低细胞数两组。结果：①与 UD-BMT 相比，HLA 全相合与 1 个位点不合高细胞数 UD-UCBT 移植相关死亡率相似（$P=0.1332$）。②UD-UCBT 和全相合 UD-BMT 相比，原发病复发率相似，而且 2 个位点不合 UD-UCBT 复发率低于全相合 UD-BMT（$P=0.0045$）。作者进一步比较了 2 个位点不相合 UD-UCBT 和全相合 UD-BMT 在 6 个月时和 12 个月的复发率，结果 UD-UCBT 仍然低于 UD-BMT（RR=0.50，$P=0.0045$；RR=0.41，$P=0.0001$）。③HLA 相合 UD-BMT、UD-UCBT，HLA 1 个位点不合的低细胞数 UD-UCBT、1 个位点不合的高细胞数的 UD-UCBT 和 2 个位点不合的 UCBT 的 5 年无病生存率（EFS）分别是 38%、60%、36%、45% 和 33%。因此，与全相合 UD-BMT 相比，1 个或 2 个位点不合的 UD-UCBT 5 年 EFS 与 8/8 相合的 BMT 相似，全相合 UCBT 的 EFS 高于全相合 UD-BMT。由此可见脐血抗白血病作用好，UCBT 治疗白血病的复发率、无病生存率与长期生存率与骨髓移植（BMT）/外周血干细胞移植（PBSCT）相当，甚至可能更好，临床应用有广阔的前景。

三、脐血移植的分类

(一)按血缘关系分类

此分类法是目前主要的分类方法。

1. 相关供者(related donor)脐血移植 指受者与供者为同一人(自体 UCBT)或两者之间存在血缘关系,如指同胞兄弟姐妹间或亲子间脐血移植。

2. 无关供者(unrelated donor)脐血移植 指受者与供者之间无血缘关系,即 HLA 表型相同或大部分相同的随意人群中寻得的供者,任一患者在随意人群中的 HLA 相合率约为数万分之一。近十年来随着脐血造血干细胞库的建成,这类移植日益增多。

(二)按基因分类

1. 同基因 HSCT(syngeneic HSCT,Syn-HSCT) 供、受者组织相容性抗原(HLA)基本相同,见于同卵双胎孪生子之间的移植。这种移植是治疗重症再生障碍性贫血的最理想方法,但同基因供者的机会极少,且不适合用于遗传性疾病的治疗。

2. 异基因 HSCT(allogeneic HSCT,Allo-HSCT) 其供者为非同卵孪生的其他人,供、受者虽然 HLA 基因不完全相同,但要求主要组织相容性抗原一致。这种移植适用于治疗各种类型的白血病和造血系统恶性疾病、重症遗传性免疫缺陷病以及各种原因引起的骨髓功能衰竭,如再生障碍性贫血等,是目前应用最广泛、疗效最好的造血干细胞移植技术。通常按供者来源不同又分为同胞兄妹供者和无血缘关系供者的 Allo-HSCT。

3. 自体 HSCT(autologous HSCT,Auto-HSCT) 出生时留取自身脐带血并深低温保存。待病情需要时,经预处理后回输给患者,以此重建造血功能。这种移植可用于继发性骨髓造血功能衰竭、难治性实体瘤等,目前国内已有多例成功报道。

(三)按 HLA 配合分类

1. HLA 相合(HLA-matched)移植 指 HLA-A、B、DR 等六个主要位点全相合的移植。

2. HLA 不合(HLA-mismatched)移植 指供受体间 HLA 配型,常用六个位点中 1 个以上不合的移植。据现有经验骨髓移植和外周血干细胞移植可允许 1～2 个位点不合,脐血移植可允许 1～3 个位点不合,胚胎造血干细胞移植可能允许更多位点不合进行移植。

(四)按体外细胞处理分类

1. 去 T 细胞移植术 脐血采集后,用单克隆抗体等方法,将 T 淋巴细胞除去,可减少移植物抗宿主病发生和严重程度,但同时可降低移植物抗白血病(肿瘤)效应。

2. 活化造血干细胞移植术 将供者单个核细胞在体外加白介素(IL)-2 或 CD3 单抗将其活化,再作移植,可增强杀瘤活性,减少白血病复发。

3. 转基因造血干细胞移植术 在体外将目的基因导入造血干细胞,再进行移植,可治疗某些遗传性疾病,或增强杀瘤能力。

4. 扩增造血干细胞移植术 采集较少量造血干细胞,在体外加入造血生长因子,使其扩增后进行移植。

(五)按脐血份数和成分分类

单份脐血移植术和混合脐血移植术,如双份脐血移植术、多份脐血移植术、脐血-HLA 半合供者 MNC 移植术,脐血＋MSC 移植术等。

第二节　脐血移植的适应证

Indication of Cord Blood Transplantation

人类造血干细胞移植术已历时近半个世纪,基本方法已较为成熟,对白血病、恶性肿瘤、免疫缺陷病、遗传性疾病的疗效十分令人满意,且在不断地扩大适应证,如自体免疫性疾病等,治疗病种已近百种。欧洲骨髓移植协作组(EBMT)最早于1996年制订了异基因和自体造血干细胞移植治疗血液病、实体瘤和免疫性疾病的适应证,以后于1998年、2002年、2006年和2009年多次修订。现将最新EBMT造血干细胞移植适应证列于表3-2-1、表3-2-2。为了规范我国allo-HSCT适应证和移植时机,为患者推荐合适的预处理方案和供者,中华医学会血液学分会干细胞应用学组于2014年在参考NCCN指南、EBMT指南的基础上,制订了体现中国特色的专家共识:中国异基因造血干细胞移植治疗血液系统疾病专家共识——适应证、预处理方案及供者选择(2014年版),其allo-HSCT的适应证和移植时机见表3-2-3。

脐血造血干细胞移植的适应证一般参考以上国际和国内适应证。据目前,脐血移植能治疗的疾病已经达到80余种,包括:①对放/化疗敏感的恶性肿瘤,如白血病、神经母细胞瘤等;②需要造血重建的非恶性血液系统疾病,如范可尼贫血、再生障碍性贫血、地中海贫血等;③需要免疫重建的难治性疾病,如原发性免疫缺陷病等。随着双份脐血及脐血扩增等研究的开展,目前CBT也用于成人恶性血液病及非恶性疾病(包括一些自身免疫性疾病)的治疗。http://cordbloodbank.corduse.com上列出的CBT的适应证见表3-2-4。

CBT的禁忌证与其他HSCT类似:具有严重精神病,严重的心、肝、肺、肾疾病,有不能控制的严重感染或合并有其他致命危险的疾病。受者年龄仅是一个相对禁忌证。

表 3-2-1　　　　　　　　成人造血干细胞移植适应证(EBMT-2009)

疾病	疾病状态	血缘供者	无血缘供者		自体供者
			HLA 相合	HLA 不合	
白血病					
AML	CR1（低危[a]）	CO/Ⅱ	D/Ⅱ	GNR/Ⅱ	CO/Ⅰ
	CR1（中危[a]）	S/Ⅱ	CO/Ⅱ	D/Ⅱ	S/Ⅰ
	CR1（高危[a]）	S/Ⅱ	S/Ⅱ	CO/Ⅱ	CO/Ⅰ
	CR2	S/Ⅱ	S/Ⅱ	CO/Ⅱ	CO/Ⅱ
	CR3（早期复发）	S/Ⅲ	CO/Ⅲ	D/Ⅲ	GNR/Ⅲ

续表

疾病	疾病状态	血缘供者	无血缘供者		自体供者
	M3（分子学不缓解）	S/Ⅱ	CO/Ⅱ	GNR/Ⅲ	GNR/Ⅲ
	M3 分子学 CR2	S/Ⅱ	CO/Ⅱ	GNR/Ⅲ	S/Ⅱ
	复发或难治性	CO/Ⅱ	D/Ⅱ	D/Ⅱ	GNR
ALL	CR1（标危/中危ª）	D/Ⅱ	GNR/Ⅱ	GNR/Ⅲ	D/Ⅲ
	CR1（高危ª）	S/Ⅱ	S/Ⅱ	CO/Ⅱ	D/Ⅱ
	CR2,早期复发	S/Ⅱ	S/Ⅱ	CO/Ⅱ	GNR/Ⅱ
	复发或难治性	CO/Ⅱ	D/Ⅱ	D/Ⅱ	GNR/Ⅲ
CML	第一个慢性期（CP），imatinib 治疗无效	S/Ⅱ	S/Ⅱ	CO/Ⅱ	D/Ⅱ
	加速期 or＞first CP	S/Ⅱ	S/Ⅱ	CO/Ⅱ	D/Ⅲ
	急变期	CO/Ⅱ	CO/Ⅱ	CO/Ⅱ	GNR/Ⅲ
骨髓纤维化	原发或继发性伴中～高 Lille 积分	S/Ⅱ	S/Ⅱ	D/Ⅲ	GNR/Ⅲ
骨髓增生异常综合征	RA，RAEB	S/Ⅱ	S/Ⅱ	CO/Ⅱ	GNR/Ⅲ
	RAEBt，sAML in CR1 or CR2	S/Ⅱ	S/Ⅱ	CO/Ⅱ	CO/Ⅱ
	更晚期	S/Ⅱ	CO/Ⅱ	D/Ⅲ	GNR/Ⅲ
CLL	高危患者	S/Ⅱ	S/Ⅱ	D/Ⅲ	CO/Ⅱ

淋巴瘤

疾病	疾病状态	血缘供者	无血缘供者		自体供者
弥散性大 B 细胞淋巴瘤	CR1（诊断时国际预后指数为中/高危）	GNR/Ⅲ	GNR/Ⅲ	GNR/Ⅲ	CO/Ⅰ
	化疗敏感性复发；≥CR2	CO/Ⅱ	CO/Ⅱ	GNR/Ⅲ	S/Ⅰ
	难治性	D/Ⅱ	D/Ⅱ	GNR/Ⅲ	GNR/Ⅱ
Mantle 细胞淋巴瘤	CR1	CO/Ⅱ	D/Ⅲ	GNR/Ⅲ	S/Ⅱ
	化疗敏感性复发；≥CR2	CO/Ⅱ	D/Ⅱ	GNR/Ⅲ	S/Ⅱ
	难治性	D/Ⅱ	D/Ⅱ	GNR/Ⅲ	GNR/Ⅱ

续表

疾病	疾病状态	血缘供者	无血缘供者		自体供者
淋巴母细胞性淋巴瘤和 Burkitt's 淋巴瘤	CR1	CO/Ⅱ	CO/Ⅱ	GNR/Ⅲ	CO/Ⅱ
	化疗敏感性复发;≥CR2	CO/Ⅱ	CO/Ⅱ	GNR/Ⅲ	CO/Ⅱ
	难治性	D/Ⅲ	D/Ⅲ	GNR/Ⅲ	GNR/Ⅱ
滤泡性 B 细胞性 NHL	CR1 诊断时国际预后指数为中/高危)	GNR/Ⅲ	GNR/Ⅲ	GNR/Ⅲ	CO/Ⅰ
	化疗敏感性复发;≥CR2	CO/Ⅱ	CO/Ⅱ	D/Ⅲ	S/Ⅰ
	难治性	CO/Ⅱ	CO/Ⅱ	D/Ⅱ	GNR/Ⅱ
T-细胞性 NHL	CR1	CO/Ⅱ	D/Ⅱ	GNR/Ⅲ	CO/Ⅱ
	化疗敏感性复发;≥CR2	CO/Ⅱ	CO/Ⅱ	GNR/Ⅲ	D/Ⅱ
	难治性	D/Ⅱ	D/Ⅱ	GNR/Ⅲ	GNR/Ⅱ
Hodgkin's 淋巴瘤	CR1	GNR/Ⅲ	GNR/Ⅲ	GNR/Ⅲ	GNR/Ⅰ
	化疗敏感性复发;≥CR2	CO/Ⅱ	CO/Ⅱ	CO/Ⅱ	S/Ⅰ
	难治性	D/Ⅱ	D/Ⅱ	GNR/Ⅱ	CO/Ⅱ
淋巴细胞优势性结节性 HL	CR1 化疗敏感性复发;≥CR2	GNR/Ⅲ GNR/Ⅲ	GNR/Ⅲ GNR/Ⅲ	GNR/Ⅲ GNR/Ⅲ	GNR/Ⅲ CO/Ⅲ
	难治性	GNR/Ⅲ	GNR/Ⅲ	GNR/Ⅲ	CO/Ⅲ
其他疾病					
骨髓瘤		CO/Ⅰ	CO/Ⅱ	GNR/Ⅲ	S/Ⅰ
淀粉样变性		CO/Ⅱ	CO/Ⅱ	GNR/Ⅲ	CO/Ⅱ
严重型再障贫血	新诊断	S/Ⅱ	CO/Ⅱ	GNR/Ⅲ	GNR/Ⅲ
	复发性/难治性	S/Ⅱ	S/Ⅱ	CO/Ⅱ	GNR/Ⅲ

续表

疾病	疾病状态	血缘供者		无血缘供者	自体供者
PNH		S/Ⅱ	CO/Ⅱ	CO/Ⅱ	GNR/Ⅲ
乳腺癌	高危组辅助治疗	GNR/Ⅲ	GNR/Ⅲ	GNR/Ⅲ	CO/Ⅰ
乳腺癌	转移,治疗有反应	D/Ⅱ	D/Ⅱ	GNR/Ⅲ	D/CO/Ⅱ
生殖细胞肿瘤	化疗敏感性复发	GNR/Ⅲ	GNR/Ⅲ	GNR/Ⅲ	CO/Ⅱ
精原细胞肿瘤	难治性三线治疗	GNR/Ⅲ	GNR/Ⅲ	GNR/Ⅲ	S/Ⅰ
卵巢癌	CR/PR	GNR/Ⅲ	GNR/Ⅲ	GNR/Ⅲ	D/Ⅰ
卵巢癌	铂类敏感,复发	D/Ⅲ	GNR/Ⅲ	GNR/Ⅲ	GNR/Ⅲ
成神经管细胞瘤	手术后	GNR/Ⅲ	GNR/Ⅲ	GNR/Ⅲ	D/CO
小细胞肺癌	局限性	GNR/Ⅲ	GNR/Ⅲ	GNR/Ⅲ	D/Ⅰ
肾细胞癌	有转移,抗细胞因子	CO/Ⅱ	CO/Ⅱ	GNR/Ⅲ	GNR/Ⅲ
软组织细胞肉瘤	转移,治疗有反应	D/Ⅲ	GNR/Ⅲ	GNR/Ⅲ	D/Ⅱ
免疫性细胞减少症		CO/Ⅱ	D/Ⅲ	D/Ⅲ	CO/Ⅱ
系统性硬化症		D/Ⅲ	GNR/Ⅲ	GNR/Ⅲ	CO/Ⅱ
类风湿性关节炎		GNR/Ⅲ	GNR/Ⅲ	GNR/Ⅲ	CO/Ⅱ
多发性硬化		D/Ⅲ	GNR/Ⅲ	GNR/Ⅲ	CO/Ⅱ
SLE		D/Ⅲ	GNR/Ⅲ	GNR/Ⅲ	CO/Ⅱ
Crohn's 病		GNR/Ⅲ	GNR/Ⅲ	GNR/Ⅲ	CO/Ⅱ
CIDP		GNR/Ⅲ	GNR/Ⅲ	GNR/Ⅲ	D/Ⅲ

缩写:CIDP=慢性炎性脱髓鞘性神经根神经病;CO=临床选择;CR1,2,3=第一次、第二次、第三次完全缓解;D=发展中,需进一步试验;GNR=一般不推荐;IPI=国际预后指数;mm=不匹配;MRD=微小残留病;PNH=阵发性睡眠性血红蛋白尿症;RA=难治性贫血;RAEB=难治性贫血伴原始细胞增多;S=标准治疗;sAML=继发性 AML;SLE=系统性红斑狼疮。

[Ljungman P, et al. *BMT*,2010,45(2):219-234.]

表 3-2-2 　　　　　　　　　　　儿童造血干细胞移植适应证（EBMT-2009）

疾病	疾病状态	血缘供者	无关供者		自体供者
			HLA 相合	HLA 不合	
恶性血液病					
AML	CR1（低危）	GNR/Ⅱ	GNR/Ⅱ	GNR/Ⅲ	GNR/Ⅱ
	CR1（高危）	S/Ⅱ	CO/Ⅱ	GNR/Ⅲ	S/Ⅱ
	CR1（高高危）	S/Ⅱ	S/Ⅱ	CO/Ⅱ	CO/Ⅲ
	CR2	S/Ⅱ	S/Ⅱ	S/Ⅱ	S/Ⅱ
	＞CR2	CO/Ⅱ	D/Ⅱ	D/Ⅱ	GNR/Ⅱ
ALL	CR1（低危）	GNR/Ⅱ	GNR/Ⅱ	GNR/Ⅲ	GNR/Ⅱ
	CR1（高危）	S/Ⅱ	S/Ⅱ	CO/Ⅱ	GNR/Ⅱ
	CR2	S/Ⅱ	S/Ⅱ	CO/Ⅱ	CO/Ⅱ
	＞CR2	S/Ⅱ	S/Ⅱ	CO/Ⅱ	CO/Ⅱ
CML	慢性期	S/Ⅱ	S/Ⅱ	D/Ⅱ	GNR/Ⅲ
	加速期	S/Ⅱ	S/Ⅱ	D/Ⅱ	GNR/Ⅲ
NHL	CR1（低危）	GNR/Ⅱ	GNR/Ⅱ	GNR/Ⅱ	GNR/Ⅱ
	CR2（高危）	CO/Ⅱ	CO/Ⅱ	GNR/Ⅱ	CO/Ⅱ
	CR2	S/Ⅱ	S/Ⅱ	CO/Ⅱ	CO/Ⅱ
Hodgkin's 病	CR1	GNR/Ⅱ	GNR/Ⅱ	GNR/Ⅱ	GNR/Ⅱ
	第一次复发，CR2	CO/Ⅱ	D/Ⅲ	GNR/Ⅲ	S/Ⅱ
MDS		S/Ⅱ	S/Ⅱ	D/Ⅲ	GNR/Ⅲ
非恶性疾病和实体瘤					
原发性免疫缺陷病		S/Ⅱ	S/Ⅱ	S/Ⅱ	NA
地中海贫血	S/Ⅱ	CO/Ⅱ	GNR/Ⅲ	NA	
镰状细胞病（高危）		S/Ⅱ	CO/Ⅲ	GNR/Ⅲ	NA
再障贫血		S/Ⅱ	S/Ⅱ	CO/Ⅱ	NA
范可尼贫血		S/Ⅱ	S/Ⅱ	CO/Ⅱ	NA
先天性纯红再障贫血		S/Ⅱ	CO/Ⅱ	GNR/Ⅲ	NA

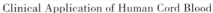
续表

疾病	疾病状态	血缘供者	无关供者		自体供者
CGD		S/Ⅱ	S/Ⅱ	CO/Ⅲ	NA
Kostman's 病		S/Ⅱ	S/Ⅱ	GNR/Ⅲ	NA
MPS-1H Hurler		S/Ⅱ	S/Ⅱ	CO/Ⅱ	NA
MPS-1H Hurler Scheie（重型）		GNR/Ⅲ	GNR/Ⅲ	GNR/Ⅲ	NA
MPS-Ⅵ Maro- teaux- Lamy		CO/Ⅱ	CO/Ⅱ	CO/Ⅱ	NA
骨硬化病		S/Ⅱ	S/Ⅱ	S/Ⅱ	NA
其他累积性疾病		GNR/Ⅲ	GNR/Ⅲ	GNR/Ⅲ	NA
自体免疫性疾病		GNR/Ⅱ	GNR/Ⅱ	GNR/Ⅱ	CO/Ⅱ
生殖细胞肿瘤		GNR/Ⅱ	GNR/Ⅱ	GNR/Ⅱ	CO/Ⅱ
Ewing's 肉瘤（高危 or＞CR1）		D/Ⅱ	GNR/Ⅲ	GNR/Ⅲ	S/Ⅱ
软组织肉瘤（高危 or＞CR1）		D/Ⅱ	D/Ⅱ	GNR/Ⅲ	CO/Ⅱ
神经母细胞瘤（高危）		CO/Ⅱ	GNR/Ⅲ	GNR/Ⅲ	S/Ⅱ
神经母细胞瘤（＞CR1）		CO/Ⅱ D/Ⅲ	D/Ⅲ	S/Ⅱ	
Wilms 瘤（＞CR1）		GNR/Ⅲ	GNR/Ⅲ	GNR/Ⅲ	CO/Ⅱ
骨原性肉瘤		GNR/Ⅲ	GNR/Ⅲ	GNR/Ⅲ	D/Ⅱ
脑瘤		GNR/Ⅲ	GNR/Ⅲ	GNR/Ⅲ	CO/Ⅱ

缩写:CO＝临床选择,可评估风险后执行;CR1,2,3＝第一次、第二次、第三次完全缓解;D＝发展中,需进一步的试验;GNR＝一般不推荐;mm＝不匹配;NA＝不适用;S＝标准治疗。本分类不包括有同基因供者的患者。

[Ljungman P, et al. *BMT*,2010,45(2):219-234.]

当具有某些特征的患者采用非移植疗法预期效果很差,或者已有资料显示该组患者接受移植的疗效优于非移植时,这类患者具有 HSCT 的指征。具体如表 3-2-3 所示。

表 3-2-3   **异基因 HSCT 的适应证和移植时机（国内共识-2014）**

疾病		移植时机
恶性血液病	1. AML	（1）急性早幼粒细胞白血病（APL）：APL 患者一般不需要 allo-HSCT，只在下列情况下有移植指征： 1）APL 初始诱导失败 2）首次复发的 APL 患者，包括分子生物学复发（巩固治疗结束后 PML/RARa 连续两次阳性按复发处理）、细胞遗传学复发或血液学复发，经再诱导治疗后无论是否达到第 2 次血液学完全缓解，只要 PML/RARa 仍阳性，具有 allo-HSCT 指征 （2）AML（非 APL）： 1）年龄＜60 岁： ①在 CR1 具有 allo-HSCT 指征： Ⅰ.按照 WHO 分层标准处于预后良好组的患者，一般无须在 CR1 期进行 allo-HSCT，可根据强化治疗后微小残病（MRD）的变化决定是否移植，如 2 个疗程巩固强化后 AML/ETO 下降不足 3 log 或在强化治疗后由阴性转为阳性 Ⅱ.按照 WHO 分层标准处于预后中危组 Ⅲ.按照 WHO 分层标准处于预后高危组 Ⅳ.经过 2 个以上疗程达到 CR1 Ⅴ.由骨髓增生异常综合征（MDS）转化的 AML 或治疗相关的 AML ②≥CR2 期具有 allo-HSCT 指征：首次血液学复发的 AML 患者，经诱导治疗或挽救性治疗达到 CR2 后，争取尽早进行 allo-HSCT；≥CR3 期的任何类型 AML 患者具有移植指征 ③未获得 CR 的 AML：难治及复发性各种类型 AML，如果不能获得 CR，可以进行挽救性 allo-HSCT，均建议在有经验的单位尝试 2）年龄＞60 岁：如果患者疾病符合上述条件，身体状况也符合 allo-HSCT 的条件，建议在有经验的单位进行 allo-HSCT 治疗
	2. ALL	（1）年龄＞14 岁： 1）在 CR1 期具有 allo-HSCT 指征：原则上推荐 14～60 岁所有 ALL 患者在 CR1 期进行 allo-HSCT，尤其诱导缓解后 8 周 MRD 未转阴或具有预后不良临床特征的患者应尽早移植。对于部分青少年患者如果采用了儿童化疗方案，移植指征参考儿童部分。＞60 岁患者，身体状况符合 allo-HSCT 者，可以在有经验的单位尝试在 CR1 期移植治疗 2）≥CR2 患者均具有 allo-HSCT 指征 3）挽救性移植：难治、复发后不能缓解患者，可尝试性进行 allo-HSCT （2）年龄≤14 岁： 1）CR1 期患者的移植：推荐用于以下高危患者： ①33 天未达到血液学 CR ②达到 CR 但 12 周时微小残留病（MRD）仍≥10^{-3} ③伴有 MLL 基因重排阳性，年龄＜6 个月或起病时 WBC＞300 ×10^9/L ④伴有 Ph 染色体阳性的患者，尤其对泼尼松早期反应不好或 MRD 未达到 4 周和 12 周均为阴性标准 2）≥CR2 期患者的移植：很早期复发及早期复发 ALL 患者（附件 1），建议在 CR2 期进行 HSCT；所有 CR3 以上患者均具有移植指征 3）挽救性移植：对于难治、复发未缓解患者，可在有经验的单位尝试性进行 allo-HSCT

续表

疾病		移植时机
	3. CML	(1)新诊断的儿童和青年 CML 患者,具有配型相合的同胞供者时;如果有配型较好的其他供体,在家长完全知情和理解移植利弊的情况下,也可以进行移植 (2)慢性期患者如果 Sokal 评分高危而 EBMT 风险积分≤2,且有 HLA 相合供者,可选择移植为一线治疗 (3)对于伊马替尼治疗失败的慢性期患者,可根据患者的年龄和意愿考虑移植 (4)在伊马替尼治疗中或任何时候出现 BCR-ABL 基因 T315I 突变的患者,首选 allo-HSCT (5)对第二代酪氨酸激酶抑制剂(TKI)治疗反应欠佳、失败或不耐受的所有患者,可进行 allo-HSCT (6)加速期或急变期患者建议进行 allo-HSCT,移植前首选 TKI 治疗
	4. MDS	包括 MDS 及 MDS/骨髓增殖性肿瘤(MPN)[慢性幼年型粒-单核细胞白血病(CMML)、不典型 CML、幼年型粒-单核细胞白血病(JMML)、MDS/MPN 未分类] (1)IPSS 评分中危 II 及高危患者应尽早接受移植治疗 (2)IPSS 低危或中危 I 伴有严重中性粒细胞或血小板减少或输血依赖的患者 (3)儿童 JMML 患者
	5. 骨髓纤维化(MF)	中危 II 和高危原发或继发性 MF 患者 IPSS 或动态 IPSS(DIPSS)评分见附件 2
	6. 多发性骨髓瘤(MM)	allo-HSCT 适用于具有根治愿望的年轻患者,尤其具有高危遗传学核型的患者,如 t(4;14);t(14;16);17p-,或初次自体造血干细胞移植(auto-HSCT)后疾病进展需要挽救性治疗的患者
	7. 霍奇金淋巴瘤(HL)	难治或 auto-HSCT 后复发患者
	8. 非霍奇金淋巴瘤(NHL)	(1)慢性淋巴细胞白血病/小淋巴细胞淋巴瘤(CLL/SLL):年轻患者在下列情况下具有 auto-HSCT 指征: 1)嘌呤类似物无效或获得疗效后 12 个月之内复发 2)嘌呤类似物为基础的联合方案或 auto-HSCT 后获得疗效,但 24 个月内复发 3)具有高危细胞核型或分子学特征,在获得疗效或复发时 4)发生 Richter 转化 (2)其他:滤泡淋巴瘤、弥漫大 B 细胞淋巴瘤(DLBCL)、套细胞淋巴瘤、淋巴母细胞淋巴瘤和 Burkitt 淋巴瘤、外周 T 细胞淋巴瘤、NK/T 细胞淋巴瘤,在复发、难治或≥CR2 患者具有 allo-HSCT 指征 成年套细胞淋巴瘤、淋巴母细胞淋巴瘤、外周 T 细胞淋巴瘤、NK/T 细胞淋巴瘤患者,当配型相合的供者存在时,CR1 期患者也可以考虑 allo-HSCT
非恶性血液病	1. 再生障碍性贫血(AA)	(1)新诊断的重型再生障碍性贫血(SAA):患者年龄<50 岁(包括儿童患者),病情为 SAA 或极重型 SAA(vSAA),具有 HLA 相合的同胞供者;儿童 SAA 和 vSAA 患者,非血缘供者≥9/10 相合,HSCT 也可以作为一线选择;有经验的移植心可以在患者及家属充分知情条件下尝试其他替代供者的移植 (2)复发、难治 SAA: ①经免疫抑制治疗(1ST)失败或复发,<50 岁的 SAA 或 vSAA,有非血缘供者、单倍体相合供者具有移植指征,在有经验的单位,也可以尝试脐血移植 ②经 1ST 治疗失败或复发,年龄 50～60 岁,体能评分≤2,病情为 SAA 或 vSAA,有同胞相合供者或非血缘供者也可进行移植 (3)输血依赖的非 SAA 患者,移植时机和适应证同 SAA

续表

疾病	移植时机
2.阵发性睡眠性血红蛋白尿症(PNH)	SAA/PNH 移植参考 SAA
3.地中海贫血	HSCT 适用于依赖输血的重型地中海贫血，如重型地中海贫血、重型血红蛋白 E 复合地中海贫血、重型血红蛋白 H 病等。一般建议尽量在患儿(2～6 岁)疾病进展到三级(附件 3)前接受 HSCT。
4.范可尼贫血	在输血不多且并未转变为 MDS 或白血病时。
5.其他	如重症联合免疫缺陷综合征(SCID)等先天性缺陷、黏多糖累积症等先天遗传代谢病等。

表 3-2-4　　　　　　　　　脐带血移植可治疗的疾病

血液恶性肿瘤	急性淋巴细胞白血病	青少年慢性粒细胞白血病
	急性粒细胞白血病	青少年髓系单核细胞白血病
	混合性白血病	淋巴瘤
	Burkitt 淋巴瘤	套细胞淋巴瘤
	慢性淋巴细胞白血病	多发性骨髓瘤
	慢性粒细胞白血病	非霍奇金淋巴瘤
	霍奇金病	急性未分化型白血病
骨髓异常	先天性粒细胞缺乏症	骨髓纤维化
	先天性血小板减少症	骨硬化病
	Diamond-Blackfan 贫血	网状组织增生不良症
	先天性角化不良	重型再生障碍性贫血
	范可尼贫血	铁粒幼红细胞性贫血
	柯士文症候群	Shwachman-Diamond 综合征
	骨髓发育不良	
免疫缺陷疾病	严重自体免疫性疾病	重型联合免疫缺陷
	普通变异型免疫缺陷病	Wiskott-Aldrich 综合征
	DiGeorge 综合征	X 连锁高 IgM 血症
	Griscelli 综合征	X 连锁多内分泌腺病肠病伴免疫
	Nezelof 综合征	失调综合征
	Omenn 综合征	X-连锁淋巴组织增生性疾病
中性粒细胞疾病	Chediak-Higashi 综合征	白细胞黏附障碍
	慢性肉芽肿	
组织细胞疾病	家族性噬血细胞性淋巴组织细胞增生症	朗格汉斯细胞组织细胞增多症
	恶性组织细胞增生症	
红细胞疾病	阵发性睡眠性血红蛋白尿	地中海贫血
	镰状细胞型贫血	

续表

血小板疾病	血小板无力症	特发性血小板减少性紫癜
其他恶性肿瘤	乳腺癌	
骨髓移植失败补救	骨肉瘤	神经母细胞瘤
代谢性疾病	天冬氨酰葡萄糖胺尿症	戈谢病
	肾上腺脑白质营养不良	Hurlers 综合征
	α-甘露糖苷储积症	黏多糖病
	先天性红细胞生成性卟啉症	包涵体细胞病
	岩藻糖苷储积症	Krabbe 病
	神经节苷脂储积病	Neiman-Pick 病
	小儿蜡样脂褐质沉积症	Sandhoff 病
	Lesch-Nyhan 综合征	Sanfilippo 病
	异染性脑白质营养不良	涎酸储积症
	Maroteaus-Lamy 综合征	家族黑蒙性白痴
	Morquio 综合征	Wolman 病
	Hurler-Scheie 综合征	

(http://cordbloodbank.corduse.com)

附件

附件 1:儿童 ALL 复发按时间分类标准	儿童急性淋巴细胞白血病复发: 很早期复发指复发发生在诊断 18 个月内 早期复发指复发在诊断 18 个月以上,但停一线治疗 6 个月内 晚期复发指复发发生在一线治疗停药 6 个月及以上
附件 2:原发或继发骨髓纤维化的 DIPSS 分级	IPSS:年龄>65 岁;症状;HGB<100g/L;WBC>25×10^9/L;外周血原始细胞>1% 低危:没有上述危险因素 中危—Ⅰ:有上述一个危险因素;中危—Ⅱ:有上述 2~3 个危险因素 高危:危险因素≥4 个 在病程的不同时间应用 IPSS 为动态 IPSS(DIPSS)
附件 3:根据除铁情况的地中海贫血危险度分级	规则去铁定义为首次输血后 18 个月内开始去铁治疗,用去铁胺每周至少用 5 天,每次至少皮下注射 8~12 小时 三个预后不良因素为肝大肋缘下 2cm、肝纤维化和不规则去铁,据此将地中海贫血患者分为 3 个危险等级 一级为无上述 3 种危险因素;二级有 1~2 种危险因素;三级有 3 种危险因素

[中国异基因造血干细胞移植治疗血液系统疾病专家共识(Ⅰ)——适应证、预处理方案及供者选择(2014 年版).
中华血液学杂志,2014,35(8):775-780.]

第三节　HLA 配型和 NIMA 配型

HLA and Immunogenetics in Cord Blood Transplantation

异基因造血干细胞移植时,供者与受者的 HLA 配型相合程度会直接决定植入成功与否,随着 HLA 配型技术的提高,欧洲脐血协作组报道单份脐血的清髓移植无病存活率由 2000 年的 23％提高到近年的 38％。2009 年,Van Wood 等首次报道了非遗传性母源性抗原(noninherited maternal antigens,NIMA)和遗传性父源性抗原(inherited paternal antigens,IPA)对非亲缘脐带血移植的影响,移植前脐血的选择也越来越精准。

一、HLA 配型

（一）HLA 基因复合体

人类白细胞抗原(human leukocyte antigen,HLA)是由 HLA 基因复合体所编码的产物,HLA 基因复合体是调节人体免疫反应和异体移植排斥的一组基因,位于人类第 6 号染色体短臂 6p21.31 上。HLA 基因根据其编码分子的分布与功能不同分为 3 个区,即 Ⅰ类基因区、Ⅱ类基因区及 Ⅲ类基因区。Ⅰ类基因区包括经典的 Ⅰ类基因 HLA-A、B、C 位点和非经典的 Ⅰ类基因 HLA-E、F、G、H、X 等;Ⅱ类基因区包括经典的 Ⅱ类基因 HLA-DP、DQ、DR 位点和非经典的 Ⅱ类基因 HLA-DN、DO、DM 等;Ⅲ类基因区位于 HLA-Ⅰ、Ⅱ类基因区之间,由一些与补体和某些炎症因子编码相关的基因组成,包括 C4、C2、B 因子、TNF、HSP70 等。HLA-Ⅰ、Ⅱ、Ⅲ类基因区分别编码 HLA-Ⅰ、Ⅱ、Ⅲ类抗原。HLA-Ⅰ、Ⅱ抗原与同种异体器官移植的排斥反应密切相关(见图 3-2-3,文后彩图)。

（二）HLA 相合程度及类型对 UCBT 效果的影响

HLA 相合程度及类型对 UCBT 疗效影响不一。供者与受者的 HLA 配型相合程度会直接决定植入成功与否,也会对移植物抗宿主病(GVHD)有不同程度的影响。在骨髓和外周血干细胞移植中需要高分辨 HLA 配型,而在脐带血移植中一般只做 HLA-A、HLA-B 低分辨及 HLA-DRB1 高分辨检测即可,这就大大增加了找到供者的可能。

所有的大样本研究都表明 HLA 不相合增加移植相关死亡率并降低生存率。HLA 相匹配的 UCBT 以及 1 或 2 个等位基因不匹配的 UCBT 移植相关死亡率分别为 9％、26％和 26％。HLA-A、HLA-B、HLA-DRB1 位点不相合数增加,可导致脐血植入和造血恢复延迟,移植相关死亡率增加、复发率减低。对其他 Ⅱ类位点(DQB1 和 DP1)的作用仍有争议。HLA 不合的位点与急性 GVHD 的严重度有关:如 HLA-D＞HLA-A＞HLA-B。如单方向不合(如患者 A1,1,供者 A1,2,其他位点相同)供者的淋巴细胞不能把受者的抗原识为异己时,不合位点不增加 GVHD 的发生率。Delaney 等研究发现,HLA-B 位点的相合可缩短中性粒细胞和血小板植入的中位时间,而 HLA-DR 位点的相合可降低急性 GVHD,高分结果与低分相比较对治疗没有影响。因此,在考虑 HLA 相合时,在位点相合数相同的情况下,首先要考虑 HLA-B 和 HLA-DR 位点的相合。

虽然目前尚无明确证据支持 HLA-C 位点的重要性,但有一项回顾性临床研究结果提示 HLA-C 位点不合的白血病及 MDS 患者移植相关死亡率比相合患者高。在一项清髓性单份 CBT 的研究中,同接受完全相合的 CBT 的患者相比,接受 HLA-A、HLA-B 或 HLA-DRB1 基因完全相合但 HLA-C 基因不合的 CBT 患者的移植相关死亡率更高;相似地,同接受 HLA-A、B 或 DRB1 基因单个位点不合且 HLA-C 位点相合 CBT 的患者相比,HLA-A、B 或 DRB1 基因单个位点不合且 HLA-C 位点不合的 CBT 的患者的移植相关死亡率更高。一组关于双份 CBT 的初步数据也显示 HLA-C 位点相合可能在降低强度预处理的 CBT 中也很重要。所以,移植中心建议如果有多份 HLA-A、HLA-B 低分辨及 HLA-DRB1 高分辨相合的脐血,那么毫无疑问优先选择其中 HLA-A、HLA-B、HLA-C、HLA-DRB1 高分辨均完全相合的那份脐血,但这种可能性较低。因为很多脐血库在脐血冻存前未进行上述所有位点的高分辨检测,解冻后再进行高分辨检测显然不现实。

另外,Stevens 等的研究发现,当进行 HLA 不全相合的 UCBT 时,如果发生不相合的位点在供者为纯合子表达时,其植入时间缩短,移植相关死亡率(transplant-related mortality,TRM)降低,总体疗效与 HLA 相合的 UCBT 相当。而当受者为纯合子,供者在该位点只有一个位点与供者相合时,植入则较缓慢,移植失败及复发率明显增加。

双份脐血 HLA 配型与单份脐血标准基本一致。有研究表明双份脐血-脐血间 HLA 相合程度并不影响植入及患者生存率。此外,该中心还发现双份脐血 HLA-A、HLA-B、HLA-C、HLA-DRB1 及 HLA-DQB1 共 10 个位点高分辨相合程度并不影响脐血植入。

（三）HLA 不相合的方向对 UCBT 效果的影响

HLA 不相合的方向可以是移植物抗宿主病(GVHD)方向(位于受者某一位点的捐献者纯合子同供者共享一个抗原)或宿主抗移植物病方向(位于供者某一位点的受者纯合子同受者共享一个抗原)。Eurocord 的一项大型研究分析了接受单份清髓性 CBT 的 1565 例患者,中值年龄为 15 岁。HLA 不相合的方向并不影响非复发性死亡或存活率。然而,一项日本研究却显示 GVHD 方向的 HLA 不相合同移植物植入速度减慢有关。宿主抗移植物方向的 HLA 不相合对移植物植入没有影响。因此,有研究者在选择 HLA 不全相合脐血时,优先考虑单向不相合(GVHD 方向),而不考虑双向不相合或单向不相合(rejection 方向),因为前者移植后具有明显的生存优势。

（四）脐血中供者特异性 HLA 抗体对 UCBT 效果的影响

脐血中供者特异性 HLA 抗体的存在对移植是不利因素。在单份和双份 UCBT 时,脐血中供者特异性 HLA 抗体的存在同移植失败和死亡的高风险相关。在一项清髓性单份 UCBT 的研究中,HLA 抗体呈阴性的患者的中性粒细胞恢复率为 82%,相比之下,脐血中供者特异性 HLA 抗体存在的患者中性粒细胞恢复率仅为 32%。在一项来自波士顿的研究中,如果患者体内存在预先形成的抗双份 UCB 单位的 HLA 抗体,接受降低强度预处理(RIC)的双份 UCBT 的患者 3 年的总体生存率(overall survival,OS)为 0,而体内没有抗体的患者 OS 为 45%($P=0.04$)。故许多中心现在都已决定不再选择含有供者特异性 HLA 抗体的脐带血。目前的观点认为:受体抗 HLA 抗体检测可预测植入失败的风险,有任一型 HLA 抗体阳性者,慎用 CBT(因可能存在识别 HLA 抗原分子的 CD8＋CTL 克隆)。

二、NIMA 配型

在胚体-母体相互作用会影响 UCBT 的效果这一点上,有越来越多的证据证明,通过对脐带血捐献者母亲进行 HLA 配型,选择用非遗传性母源性抗原(NIMA)相合且(或)跟受者共享遗传性父源性抗原靶点的移植物会提高不相合 UCBT 的总体有效性。

(一)NIMA 效应

胎儿从父体和母体各遗传一个单倍型人类白细胞抗原,分别称为遗传性父源性抗原(inherited paternal antigens,IPA)和遗传性母源性抗原(inherited maternal antigens,IMA)。在怀孕期间,细胞通过胎盘的母婴双向交换使胎儿接触母亲的细胞。当母细胞进入胎儿循环而产生的非遗传性母源性抗原(NIMA),导致产生 NIMA 特异性反应。另外,胎儿细胞进入母体循环,母亲对胎儿细胞的 IPA(来自父体)也可发生致敏。

所谓的 NIMA 效应已被广泛研究,Mold 等认为,可能是产生了 $CD4^+CD25^+Fox^+$ 调节性 T 细胞,后者抑制了胎儿对 NIMA 的特异反应。在肾移植和造血干细胞移植中调节性 T 细胞的存在涉及 NIMA 的作用。近来的研究也表明,这些调节性 T 细胞负责抑制供体同种异体反应性细胞的扩增,后者引起 GVHD。然而重要的是,他们去除了 $CD8^+$ 细胞的细胞毒效应,因此,不影响他们的移植物抗肿瘤作用。另一个机制,由 Mommaas 等提出,是脐血带有 NIMA 特异性细胞毒性 $CD8^+$ T 细胞,它可以存在于出生时,或者能在体外致敏后产生,这些细胞能够在体外溶解 NIMA 特异性靶细胞。其他的脐血中存在细胞毒性和调节性 $CD8^+$ T 细胞的证据来自于 van Halteren 等的研究,他在后代中发现了抗母亲微小 H-抗原的 $CD8^+$ 细胞。

而且,在胎儿组织中以及在脐血样品中能检测到微量的母体细胞,其中一些为记忆性淋巴细胞并且可以存留很长时间。这些母体细胞被暴露,并被进入母体血循环的胎儿细胞上的表达的 IPA 致敏。抗 IPA 细胞的存在可能与母亲供体半相合去 T 细胞移植结果比父亲供体效果较好有关。在无关脐血移植,抗 IPA 致敏的母体细胞和脐血一起移植入受者体内。

(二)胎儿-母体的交互作用改善了无关 UCBT 的疗效

1. 用 NIMA 相合的 UCB 进行移植可改善疗效　Van Wood 等于 2009 年发表了评估胎儿暴露于 NIMA 对无关 UCBT 影响的第一篇研究。假设在胎儿期暴露于 NIMA,在受者和脐带血供者 NIMA 相合的情况下将会影响移植疗效。评估了从国家脐带血计划(NCBP)、纽约血液中心(NYBC)接受单份 UCBT 的 1121 名恶性血液病患者。所有患者被分成 3 组:①HLA 不相合的移植($n=62$,占总数 6%);②HLA 和 NIMA 都相合的移植($n=79$,占总数 7%);③HLA 相合但 NIMA 不相合的移植($n=980$,占总数 87%)。值得注意的是,NIMA 相合被回顾性地分配,因此将会随机匹配;在移植时,不会基于 NIMA 选择 UCB。相比于 NIMA 不相合的移植,NIMA 相合的移植其移植相关死亡率明显改善(对所有患者 $P=0.034$;对病史超过 10 年以上患者,$P=0.012$),对 HLA 不相合移植的患者,NIMA 相合移植组的总体死亡率和治疗失败率明显降低(对病史超过 10 年以上的患者,分别为 $P=0.002$ 和 0.002),移植疗效有了很大改善,特别是对于接受低细胞剂量移植的患者。总体上,一个 HLA 位点不相合、NIMA 相合的移植与全相合(即 HLA 6/6 相合)的移植疗效相似。重要的是,接受 HLA 不相合和 NIMA 相合的 UCBT 的 AML 患者的移植后复发率较低。接受 HLA 不相合、NIMA 相合移植患者的 GVHD 的发病率没有增加。

Rocha 等人的后续研究旨在确定 HLA 不相合、NIMA 相合 UCBT 的优势。研究者比较了 48 例接受 HLA 不相合、NIMA 相合的单份 UCBT 和 118 例 HLA 不相合、NIMA 不相合 UCBT 的结果(所有受者均患恶性血液病)。该研究同样以回顾性方式分配 NIMA 的相合性。在 508 名符合条件的候选患者中,接受 NIMA 相合 UCBT 的患者占 8.5%。重要的是,在该研究中,在接受 NIMA 相合移植后复发率较低($RR=0.48,P=0.05$);因此在 NIMA 相合 UCBT 后的总生存期延长:NIMA 相合移植后 5 年 OS 为 55%,而 NIMA 不相合移植($P=0.04$)后 5 年 OS 为 38%($P=0.04$)。在该分析中没有单独显示 HLA 不相合、NIMA 相合移植的疗效,因此无法与先前的研究进行直接比较。

在每项研究中,HLA 不相合、NIMA 相合移植与副作用没有关系。此外,上述两项研究以不同的分析方法显示了 NIMA 相合移植的良好疗效,明显提高了移植后存活率。这可能是因为脐血与 NIMA 接触后已经诱导了免疫耐受,当移植时脐血和携带有与该脐血 NIMA 相似的患者抗原接触后,免疫反应就相对弱化。因此,临床上如果没有完全匹配的供者,HLA 不相合、NIMA 相合移植可以成为恶性血液病患者的选择。

2. 与受者共享 IPA 靶标的 UCB 进行移植可改善疗效　胎儿母体交互机制的另一个重要的生物特性是胎儿与脐带血里存在的母体微嵌合现象。Van Rood 等人猜测,在患者与 IPA 有相同的抗原时,移植的脐带血里 IPA 致敏的母体细胞可能影响最终疗效,因此母体细胞将有一个 IPA 靶标。在这种情况下,患者与 UCB 供者共享一个母体细胞 IPA 靶标。

共有 845 名 AML 和 ALL 患者,移植的 UCB 来自于 NYBC,以回顾性的方式把他们分成两组,分别为:①与 1、2 或所有 3 个 HLA 位点共享 IPA 靶标($N=751$);②没有共享 IPA 靶标($N=64$,代表总人数的 6%)。所有患者均接受单份移植。两组患者的特点、疾病特征和脐血总有核细胞剂量(TNC)相似,Ⅲ度和Ⅵ度急性 GVHD 的发病率也没有差别。但是,HLA 不相合且共享 IPA 的移植组的复发率明显较低,尤其是一个 HLA 位点不相合但带有共享 IPA 靶标的 UCBT 患者,复发率降低最明显($HR=0.15,P<0.01$)。其较强的移植物抗白血病效应由母体微嵌合细胞进行介导,并且不依赖于其他的人类白细胞抗原。

这是为无关 UCBT 后复发率降低的免疫机制提供证据的首个研究。此外,该发现支持恶性血液病患者应尽可能避免接受没有 IPA 靶标的 UCB 进行移植。

(三)脐带血选择要考虑脐血供者母亲的 HLA 分型

以上研究也将指导最优脐带血的选择。例如,会优先选择那些总有核细胞计量(TNC)高且(或)来自于那些同一种族的完全相合的脐带血。如果没有完全相合的脐带血,基于 TNC 细胞剂量和(或)其他移植中心正在使用的选择标准,则会选择有利的 5/6 相合及 4/6 相合的脐带血。要进行脐血供者母亲的 HLA 分型(例如在脐带血 HLA 分型确认时)以评估带有共享 IPA 靶点的移植物和(或)在不合的脐带血中已选的相合的 NIMA。在这些情况下,为预测能找到相合的 NIMA 的可能性,单体型或供者种族等位基因的频度很重要。最终的选择将取决于是否有 NIMA 相合且(或)带有 IPA 靶点的脐带血以及合适的细胞数量。

表 3-2-5 所示为某位患者配型的例子:通过搜索有多个 4/6 相合的脐带血单位

（CBUs），回顾 CB 供者母亲的 HLA 分型，选择了一个同患者有两个 HLA 匹配（在 HLA-A 和-DRB1）、一个非遗传性母源性抗原（NIMA）匹配（在 HLA-DRB1）及共享遗传性父源性抗原（IPA）靶点（在 HLA-A、HLA-B 和 HLA-DRB1）的脐带血移植物。

表 3-2-5　　　　根据患者、脐带血及脐血供者母亲的 HLA 分型选择脐带血举例

HLA 配型	A	A	B	B	DRB1	DRB1	说明
患者	01：01	68：02	15：03	58：02	11：01	15：03	
脐带血	02：02	68：02	15：03	58：02	07：01	15：03	HLA 不合
母亲	02	23	81	58	07：01	11：01	NIMA 相合
	68		15			15：03	共享 IPA 靶点

注：①脐带血与患者有 2 个 HLA 不合，分别在 HLA-A 和 HLA-DRB1；②共享的 IPA 靶点出现在 HLA-A、HLA-B 和 HLA-DRB1 上；③NIMA 在 HLA-DRB1 处匹配。

第四节　最优脐带血选择
Selection of Cord Blood Units for Transplantation

脐血的选择关系到移植的效果。如何选择脐血需要考虑两个因素，一个是脐血的有核细胞数，另一个是脐血与受者 HLA 匹配程度。随着技术水平的提高，等位基因水平配型、HLA-C 位点、非遗传母体等位基因配型、HLA 抗体、脐带血效能及处理方法都有可能影响移植效果。

一、细胞数量

脐带血 $CD34^+$ 造血干细胞（HSCs）含量并不低，甚至高于骨髓和外周血，但每份脐血容量有限，单份脐血 $60\sim120mL$/份，MNC 1.6×10^6/mL。因此，细胞量是保证 UCBT 后植入和提高存活率的最重要因素。恶性血液病要求冻存脐血 $TNC\geqslant3.7\times10^7$/kg，融冻后输入 $TNC\geqslant2.5\times10^7$/kg，$CD34^+$ 细胞数 $>1.7\times10^5$/kg；非恶性患者冻存脐血 $TNC\geqslant4.0\times10^7$/kg，$TNC<3.5\times10^7$/kg 者移植后存活率降低。增加细胞数量可促进植入。欧洲推荐 HLA 位点 6/6、5/6、4/6 相合时需要输入细胞数分别为 $>3\times10^7$ TNC/kg、$>4\times10^7$ TNC/kg、$>5\times10^7$ TNC/kg。随着 UCBT 的广泛开展，近年逐渐认识到 $CD34^+$ 细胞数量的重要性，$CD34^+$ 细胞数与植入和植入时间密切相关。Yoo 报道脐血 $CD34^+$ 细胞 $<1.4\times10^5$/kg 时植入时间延迟 4 天，Wagner 报道输入 $CD34^+$ 细胞数低于 1.7×10^5/kg，移植相关死亡率超过 70%。2007 年，Eurocord 进一步提高了脐血 $CD34^+$ 细胞的推荐数量：$>2\times10^5$/kg。由于每份脐血容量有限，以往认为，UCBT 仅适合于体重低于 44 千克的患者。双份脐血移植，成功地克服了单份脐血容量对成人和大体重儿童的限制。众多临床资料表明双份脐血移植植入率约 91%，甚至更高。双份脐血移植之间 HLA 不合位点无需相同，但至少有 1 份脐血 $TNC>1.5\times10^7$/kg，最好 $>$ 等于 1.9×10^7/kg，总 TNC

$>3.7×10^7/kg$。

Barker 等于 2010 年报道了 HLA 和有核细胞数对单份脐血移植的影响,1061 个成人和儿童白血病患者清髓预处理后移植单份脐带血,供受者 HLA-A、HLA-B、HLA-DRB1 6/6 相合者移植相关死亡率最低,而和脐血有核细胞数无关。进一步分析发现供受者 HLA 不合程度越高,所需单个核细胞数越高。为获得同样的移植相关死亡率,HLA 供受者 4/6 相合者需要输注的脐带血有核细胞数要 $≥5.0×10^7/kg$,而 5/6 相合者只需要 $≥2.5×10^7/kg$。很多中心都不接受 $TNC<2.5×10^7/kg$ 且有 1 或 2 个位点不相合的单份 UCBT。对患有非恶性疾病的患者进行的一系列研究显示,非恶性疾病患者可能需要更高的细胞剂量,接受 $TNC<3.5×10^7/kg$ 且有 2~3 个 HLA 抗原不合的 UCBT 手术的儿童存活率小于 10%。非恶性病的推荐细胞剂量为 $TNC>4.0×10^7/kg$。表 3-2-6 给出了受配型相合度和细胞剂量所影响的脐带血选择优先顺序。表 3-2-7 举例说明根据 HLA 分型和细胞数量进行最优脐带血选择。

表 3-2-6　　　　　　　　　　　　　移植用脐带血选择优先原则

HLA 配型	细胞剂量($×10^7/kg$)						
	1.5~2.0	2.1~2.5	2.6~3.0	3.1~3.5	3.6~4.0	4.1~4.5	4.6~5.0
6/6	3	2	1				
5/6	8	7	6	5	4		
4/6	15	14	13	12	11	10	9

[张昊,王福喜,武文杰,等.生物技术通讯.2013,24(5):742.]

表 3-2-7　　　　　　　根据 HLA 分型和细胞数量进行最优脐带血选择举例

待选择脐带血	同患者 HLA 相合性	细胞数量	最优脐带血选择
A	4/6	$3.0×10^7 TNC/kg$	选择 A 和 C
B	5/6	$1.7×10^7 TNC/kg$	
C	4/6	$5.0×10^7 TNC/kg$	
A	4/6	$3.5×10^7 TNC/kg$	选择 B 和 C
B	5/6	$3.0×10^7 TNC/kg$	
C	4/6	$5.0×10^7 TNC/kg$	

二、HLA 配型和 NIMA 配型

详见本章第三节。

三、其他因素

(一)杀伤细胞免疫球蛋白受体(KIR)配型

关于杀伤细胞免疫球蛋白受体(KIR)配体相合对 CBT 是否有益,结论尚不一致。Tanaka 和同事们发现,GVHD 方向的 KIR 配体相合组或不相合组在 OS、无病存活、复发

或急性 GVHD 方面并无不同。然而，在宿主抗移植物方面，KIR 配体不相合与 ALL 患者植入效果更差有关。在一组接受抗胸腺细胞球蛋白预处理的 RIC 双份 UCBT 的患者中，KIR 配体不相合同疾病复发率降低无关。明尼苏达的研究组发现 KIR 的异源反应效果有赖于预处理的强度：KIR 配体不相合对接受清髓性预处理方案患者的 GVHD、疾病复发或存活率没有影响；然而，对接受 RIC 的患者，KIR 配体不相合导致严重的Ⅲ～Ⅳ级 GVHD 的发病率增加，存活率降低。

（二）脐带血处理

UCB 冻存前要用多种技术进行处理，分离脐血中 MNC 或 CD34$^+$ 细胞冻存可大大减少库存体积与 DMSO 用量，避免因 ABO 血型不合发生的溶血。但任何物理方法分离红细胞都会造成造血干/祖细胞不同程度的丢失。因此，大多数脐血库实际保存的均为脐血有核细胞（nucleated cells，NC），不再作进一步的分离，以避免丢失干细胞。在 120 位患有非恶性疾病的儿童身上进行了针对去除血浆的研究，植入的中位时间为 21 天，无病存活率为 70%。Broxmeyer 等认为对新鲜脐血的任何处理步骤均可丢失大量造血细胞，所以主张全血冻存，用前化冻后也不必洗涤，可直接静脉输注。如果将 CD34$^+$ 细胞的活性用作质量指标，数据显示在新鲜脐血室温避光保存中该活性以每天约 7% 的速率减弱。脐血采集后最好在 12 小时内应用，但使用新鲜脐血做 allo-HSCT 的时机极不容易掌握，为保证脐血细胞的活性，脐血采集后一般 24 小时之内需冻存。

（三）脐带血的效能

Duke 大学的研究小组研究了 UCB 的效能，包括有核细胞总数（TNC）、CD34$^+$ 细胞以及集落形成单位（CFU）。研究发现，从采集到处理更短的间隔时间、孕龄 34～40 周、白种人种以及更高的出生体重等因素都同更高的效能相关，对于移植效果的影响尚不明确；但在某些研究中，更高的 CFU 水平同更快的中性粒细胞植入速度相关。

（四）ABO 血型

红细胞 ABO 血型相同是实体器官移植的必要条件，但对造血细胞移植的影响却不甚明确。关于 UCBT 中 ABO 血型对植入的影响的研究较少，日本的 Tomonari 等研究分析了 95 例成年人患者接受清髓性 UCBT，ABO 血型不相合对移植疗效的影响。结果表明，供受者 ABO 血型完全相合或者次要不相合的 UCBT 后，血小板（PLT）恢复快于 ABO 血型主要不相合及主次均不相合的 UCBT，且移植过程中输注 PLT 和红细胞的次数少于后者。但红系植入未见延迟也未见纯红细胞 AA 的发生。在细胞数相当和 HLA 相合的情况下，应该选择 ABO 血型相合的脐血，依次选择次侧不相合-主侧不相合-主次均不相合的脐血。

（五）人种/族裔

国际血液和骨髓移植研究中心（CIBMTR）就人种/族裔对 UCBT 效果的影响进行了研究。接受清髓性预处理的单份 UCBT 后，黑人的整体存活率要比白人低。黑人也不太容易得到细胞剂量大于 2.5×10^7 TNC/kg 且非常相合的脐带血。将同一人种/族裔的人作为 UCBT 受者时，在 UCB 的选择方面存活率并不会更高。明尼苏达大学的一项研究也发现供受者种族相同对疾病复发、GVHD 或存活率并没有影响。

第五节 常用预处理方案

Conditioning Regimen of Cord Blood Transplantation

预处理方案的选择一般根据患儿所接受的移植类型及疾病诊断、病期的不同而各有所不同。一般根据预处理方案是否含放疗,可将预处理方案分为两大类:①含放疗的预处理方案,以 CY＋TBI 为代表,其优点为抗肿瘤作用强,移植后肿瘤复发率低,但预处理相关毒性大,尤其是间质性肺炎发病率上升。②不含放疗的预处理方案,以 BU＋CY 为代表,由于方案组成中不含 TBI,故继发肿瘤发生率高、白内障、性功能障碍、儿童生长发育迟缓等并发症减少,且免去了 TBI 所需的专门设备,但肝静脉闭塞病(HVOD)发病率上升。此类预处理方案适合于以往曾作放疗的恶性肿瘤(不宜再作放疗)患者、小于 5 岁的儿童恶性肿瘤患者及非恶性肿瘤疾病患者的 HSCT 等。在预处理方案的设计中,应根据疾病种类,以不同的目的选用不同的化疗/放疗组合。

根据《中国异基因造血干细胞移植治疗血液系统疾病专家共识(Ⅰ)——适应证、预处理方案及供者选择(2014 年版)》,预处理方案的推荐如下:

一、恶性血液病

(一)白血病/MDS 方案

1.一般强度的预处理方案 清髓预处理方案(MAC)常用的有经典 TBICy 和 BuCy 方案及其改良方案,后者以北京大学血液病研究所的方案在国内应用最多(见表 3-2-8),其他如包含马法兰(Mel)的方案,因为药物来源受限国内很少应用。抗胸腺细胞球蛋白(ATG)一般用于替代供者的移植,剂量不等,ATG(商品名:即复宁)常用剂量为 6～10mg/kg,或费森尤斯生产的兔抗淋巴细胞球蛋白(ATG-F)应用剂量为 20～40mg/kg;为降低移植物抗宿主病(GVHD),更低剂量 ATG 也尝试用于配型相合的同胞 HSCT 中。

2.治疗白血病/MDS 的减低强度预处理(RIC)方案 RIC 方案有多种,主要为包括氟达拉滨的方案和(或)减少原有组合中细胞毒药物剂量增加了免疫抑制剂如 ATG 的方案(见表 3-2-9)。

3.加强的预处理方案 加强的预处理方案一般在经典方案基础上增加一些药物,常用 Ara-C、依托泊苷(VP16)、Mel、TBI 或氟达拉滨、赛替哌等,常用于难治和复发的恶性血液病患者(见表 3-2-10)。

预处理方案的选择受患者疾病种类、疾病状态、身体状况、移植供者来源等因素的影响。55 岁以下的患者一般选择常规剂量的预处理方案,年龄大于 55 岁或虽然不足 55 岁但重要脏器功能受损或移植指数大于 3 的患者,可以考虑选择 RIC 方案,而具有复发难治的年轻恶性血液病患者可以接受增加强度的预处理方案。

增加强度的预处理在一定程度上降低了复发率,但可能带来移植相关死亡率增加,不一定能带来存活的改善;而 RIC 方案提高了耐受性,需要通过免疫抑制剂和细胞治疗降低移植后疾病的复发率,有报道组合方案用于治疗复发难治的恶性血液病,如 FLAMSA

（氟达拉滨＋安吖啶）续贯 RIC。也可以采用常规预处理方案,移植后通过调节免疫抑制剂或细胞治疗加强移植物抗白血病(GVL)效应。

（二）其他恶性血液病(见表 3-2-11)

其他恶性血液病也可以采用白血病的清髓预处理方案,如经典 BuCy 或 TBICy 方案,北京大学人民医院采用改良 BuCy 方案。

表 3-2-8　　经典和改良的清髓预处理方案

清髓预处理方案	药物名称	总剂量	应用时间(d)	移植类型
经典方案				
Cy/TBI	Cy	120mg/kg	−6、−5	allo-HSCT
	分次 TBI	12～14Gy	−3～−1	
Bu/Cy	BU	16mg/kg(口服) 或 12.8mg/kg (静脉滴注)	−7～−4	allo-HSCT
	Cy	120mg/kg	−3、−2	
改良方案(北京大学人民医院方案)				
mBuCy	Hu	80mg/kg,分两次	−10	同胞相合 HSCT
	Ara-C	2g/m²	−9	
	Bu	9.6mg/kg(静脉滴注)	−8～−6	
	Cy	3.6g/m²	−5、−4	
	MeCCNU	250mg/m²(口服)	−3	
mCy/TBI	单次 TBI	770cGy	−6	同胞相合 HSCT
	Cy	3.6g/m²	−5、−4	
	MeCCNU	250mg/m²	−3	
mBuCy＋ATG	Ara-C	4～8g/m²	−10、−9	
	Bu	9.6mg/kg(静脉滴注)	−8～−6	
	Cy	3.6g/m²	−5、−4	
	ATG	10mg/kg	−5～−2	
	或 ATG-F	40mg/kg	−5～−2	URD、CBT、HID-HSCT
mCy/TBI＋ATG	TBI	770cGy	−3	URD-HSCT、HID-HSCT
	Cy	3.6g/m²	−5、−4	
	MeCCNU	250mg/m²	−3	

续表

清髓预处理方案	药物名称	总剂量	应用时间(d)	移植类型
	ATG	10mg/kg	−5～−2	
	或 ATG-F	40mg/kg	−5～−2	

注:Cy:环磷酰胺;Bu:白消安;TBI:全身照射;Hu:羟基脲;Ara-C:阿糖胞苷;MeCCNU:甲环亚硝脲;ATG:抗胸腺细胞球蛋白,即复宁;ATG-F:费森尤斯生产的兔抗淋巴细胞球蛋白;allo-HSCT:异基因造血干细胞移植;URD:无关供者;CBT:脐血移植;HID-HSCT:单倍体相合造血干细胞移植。

［中华医学会血液学分会干细胞应用学组.中国异基因造血干细胞移植治疗血液系统疾病专家共识(Ⅰ)——适应证、预处理方案及供者选择(2014 年版).中华血液学杂志,2014,35(08):775-780.］

表 3-2-9　　治疗白血病/骨髓增生异常综合征的减低强度预处理(RIC)方案

预处理方案	药物名称	总剂量	应用时间	移植类型
国际常用方案				
Flu/Mel	Flu	150mg/m²	−7～−3	allo-HSCT
	Mel	140mg/m²	−2～−1	
Flu/Bu	Flu	150mg/m²	−9～−5	allo-HSCT
	Bu	8～10mg/kg(口服)	−6～−4	
Flu/Cy	Flu	150mg/m²	−7～−3	allo-HSCT
	Cy	140mg/kg	−2、−1	
Flu/Bu/TT	Flu	150mg/m²	−7～−5	allo-HSCT
	Bu	8mg/kg(口服)	−6～−4	
	Thiotepa	5mg/kg	−3	
TBI/Cy/ATG	TBI	4 Gy	−5	Flu+Ara-C+AMSA续贯,allo-HSCT
	Cy	120mg/kg	−4、−3	
	ATG			
改良方案(北京大学人民医院方案)				
RIC-mBuCy	Hu	80mg/kg(分 2 次)	−10	同胞相合 HSCT
	Ara-C	2g/m²(CI)	−9	
	Bu	4、8mg/kg(静脉滴注)	−10、−9	
	Cy	2.0g/m²	−5、−4	
	MeCCNU	250mg/m²(口服)	−3	
	ATG	10mg/kg	−5～−2	
	或 ATG−F	20～40mg/kg	−5～−2	

续表

预处理方案	药物名称	总剂量	应用时间	移植类型
RIC-BuFlu	Hu	80mg/kg（分2次）	－10	同胞相合 HSCT
	Ara-C	2g/m²（CI）	－9	
	Bu	9.6mg/kg（静脉滴注）	－8～－6	
	Flu	150mg/m²	－6～－2	
	MeCCNU	250mg/m²（口服）	－3	
RIC-mBuFluATG	Ara-C	8g/m²（CI）	－10、－9	HID-HSCT
	Bu	9.6mg/kg（静脉滴注）	－8～－6	
	Flu	150mg/m²	－6～－2	
	MeCCNU	250mg/m²（口服）	－3	
	ATG	10mg/kg	－5～－2	
	或 ATG-F	40mg/kg	－5～－2	
RIC-mBuCyFlu＋ATG	Ara-C	8g/m²（CI）	－10、－9	HID-HSCT
	Bu	9.6mg/kg（静脉滴注）	－8～－6	
	Flu	150mg/m²	－6～－2	
	Cy	2.0g/m²	－5、－4	
	MeCCNU	250mg/m²（口服）	－3	
	ATG	10mg/kg	－5～－2	
	或 ATG-F	40mg/kg	－5～－2	

注：Flu：氟达拉滨；Mel：马法兰；Cy：环磷酰胺；Bu：白消安；Thiotepa：塞替哌；TBI：全身照射；Hu：羟基脲；Ara-C：阿糖胞苷；MeCCNU：甲环亚硝脲；ATG：抗胸腺细胞球蛋白，即复宁；ATG-F：费森尤斯生产的兔抗淋巴细胞球蛋白；AMSA：安丫啶；allo-HSCT：异基因造血干细胞移植；URD：无关供者；CBT：脐血移植；HID-HSCT：单倍体相合造血干细胞移植。

［中华医学会血液学分会干细胞应用学组. 中国异基因造血干细胞移植治疗血液系统疾病专家共识（Ⅰ）——适应证、预处理方案及供者选择（2014 年版）. 中华血液学杂志，2014，35（08）：775-780. ］

表 3-2-10 经常采用的加强预处理方案

预处理方案	药物名称	总剂量	应用时间	移植类型
国际常用方案				
Cy/VP16/TBI	Cy	120mg/kg	−6、−5	allo-HSCT
	Vp16	30~60mg/m²	−4	
	fTBI	12.0~13.8 Gy	−3、−1	
TBI/TT/Cy	fTBI	13.8 Gy	−9~−6	allo-HSCT
	TT	10mg/kg	−5、−4	
	Cy	120mg/kg	−6、−5	
Bu/Cy/MEL	Bu	16mg/kg(口服)	−7~−4	
	Cy	120mg/kg	−3、−2	allo-HSCT
	Mel	140mg/m²	−1	
国内方案				
(刘启发等)	Flu	150mg/m²	−10~−6	
	Ara-C	5~10g/m²	−10~−6	allo-HSCT
	TBI	9 Gy	−5、−4	
	Cy	120mg/kg	−3、−2	
	Vp16	30mg/kg	−3、−2	

注:Cy:环磷酰胺;TT:Thiotepa,塞替哌;fTBI:分次全身照射;Flu:氟达拉滨;Bu:白消安;Mel:马法兰;Ara-C:阿糖胞苷;allo-HSCT:异基因造血干细胞移植。

［中华医学会血液学分会干细胞应用学组.中国异基因造血干细胞移植治疗血液系统疾病专家共识(Ⅰ)——适应证、预处理方案及供者选择(2014 年版).中华血液学杂志,2014,35(08):775-780.］

表 3-2-11 多发性骨髓瘤(MM)、淋巴瘤的预处理方案

常用预处理方案	药物名称	总剂量	应用时间	移植类型
BEAM	BCNU	300mg/m²	−6	淋巴瘤的 allo-HSCT
	Vp16	800mg/m²	−5~−2	
	Ara-C	800mg/m²	−5~−2	
	Mel	140mg/m²	−1	
Flu/Mel	Flu	150mg/m²	−7~−3	MM 的 allo-HSCT
	Mel	140mg/m²	−2、−1	

续表

常用预处理方案	药物名称	总剂量	应用时间	移植类型
	硼替佐米			
Flu/Bu	Flu	150mg/m²	−9～−5	MM 的 allo-HSCT
	Bu	6.4～9.6mg/kg	−6～−5/−4	
		（静脉滴注）		

注：BCNU：卡氮芥；Vp16：依托泊苷；Ara-C：阿糖胞苷；Mel：马法兰；Flu：氟达拉滨；Bu：白消安；allo-HSCT：异基因造血干细胞移植。

［中华医学会血液学分会干细胞应用学组.中国异基因造血干细胞移植治疗血液系统疾病专家共识（Ⅰ）——适应证、预处理方案及供者选择（2014 年版）.中华血液学杂志，2014，35（08）：775-780.］

二、非恶性血液病

（一）严重性再障贫血（SAA）

同胞相合移植的预处理方案为 Cy-ATG，非血缘供者移植推荐采用 FluCy-ATG 方案，单倍体相合的移植治疗 SAA 尚无统一的预处理方案（见表 3-2-12）。

（二）地中海贫血

采用与白血病相同的常规强度预处理方案疗效欠佳，国内一般采用加强的预处理方案（见表 3-2-13）。

（三）范可尼贫血

HSCT 治疗范可尼贫血经常采用 Flu-Cy-ATG 预处理［Flu 150mg/m²，Cy 5～10mg/(kg·d)，共 4 天；兔抗人 ATG 10mg/kg］进行 allo-HSCT，替代供者移植可以再增加低剂量 TBI。

表 3-2-12　　　　　　　　　　重型再生障碍性贫血的预处理方案

预处理方案	药物名称	总剂量	应用时间	移植类型
国际推荐方案				
Cy-ATG	Cy	200mg/kg	−5～−2	同胞相合 HSCT
	ATG	11.25～15.0mg/kg	−5～−3、−2	
Flu-Cy-ATG	Flu	120mg/m²	−5～−2	非同胞相合 HSCT
	Cy	120mg/kg	−5～−2	
	ATG	11.25～15.0mg/kg	−5～−3、−2	
国内应用方案				
Bu-Cy-ATG 方案	Bu	6.4mg/kg（静脉滴注）	−7、−6	单倍体相合 HSCT
	Cy	200mg/kg	−5～−2	
	ATG	10mg/kg	−5～−2	

续表

预处理方案	药物名称	总剂量	应用时间	移植类型
	或 ATG-F	40mg/kg	−5～−2	
Bu-Cy-Flu-ATG 方案	Bu	8mg/kg（口服）	−7、−6	单倍体相合 HSCT
	Flu	120mg/m²	−10～−7	
	Cy	200mg/kg	−6～−3	
	ATG	20mg/kg	−4～−1	
	或 ATG-F	10mg/kg	−4～−1	
Flu-Cy-ATG 方案	Flu	120mg/m²	−5～−2	单倍体相合 HSCT
	Cy	90mg/kg	−3、−2	
	ATG	10mg/kg	−5～−2	

注:Cy:环磷酰胺;ATG:抗胸腺细胞球蛋白,即复宁;ATG-F:费森尤斯生产的兔抗淋巴细胞球蛋白;Flu:氟达拉滨;Bu:白消安;HSCT:造血干细胞移植。

表 3-2-13　　　　　　　　　　地中海贫血的预处理方案

预处理方案	药物名称	总剂量	应用时间	移植类型
常规强度方案				
与白血病预处理方案相同的方案	同白血病预处理	同白血病预处理		allo-HSCT
Bu-Cy 方案	Bu	14mg/kg（口服）		allo-HSCT
	Cy	200mg/kg		
加强的方案				
NFO-8-TM 方案	Cy	110mg/kg	−10、−9	HLA 相合同胞移植非血缘供者移植
	Flu	200mg/m²	−8、−4	
	Thiotepa	10mg/kg	−5	
	Bu	静脉滴注,qd（−8d）Css 目标为 300～600ng/L	−8～−6	
	Azathioprine	3mg/kg,qd	−45 开始	
	Hu	30mg/kg,qd	−45 开始	
Flu-Bu-Cy-ATG	Flu	150mg/m²	−12～−10	Allo-HSCT

续表

预处理方案	药物名称	总剂量	应用时间	移植类型
	Bu	12.8~16.0mg/kg（静脉滴注）	－9～－6	
	Cy	200mg/kg	－5～－2	
	ATG	10mg/kg	－5～－2	
	Hu	20mg/kg,qd	3 个月前开始	

注：Bu：白消安；Cy：环磷酰胺；Flu：氟达拉滨；Thiotepa：塞替哌；Azathioprine：硫唑嘌呤；ATG：抗胸腺细胞球蛋白；allo-HSCT：异基因造血干细胞移植；Css：稳态血浆药物浓度；Hu：羟基脲；qd：每日 1 次。

三、国外脐血移植的常用预处理方案

（一）美国

1. 恶性血液病或重型再障 TBI 13.5Gy，分 9 次（－8～－4d）；CTX 60mg/（kg·d）×2（－3～－2d）；ATG（马）总量 90mg/kg（－3～－1d）。

2. 遗传代谢性疾病及其他非恶性疾病 经典 BuCy＋ATG 为基础的方案。

3. 小于 2 岁婴儿白血病 Bu 16mg/kg，分 16 次口服（－8～－5d）；马法兰 45mg/（kg·d）（－4～－2d），ATG（马）总量 90mg/kg（－3～－1d）。

（二）欧洲

TBI＋CTX：TBI 12Gy，分 6 次（－7～－5d）；CTX 60mg/（kg·d）×2（－3～－2d），ALG 总量 600U/kg（－6～－3d）。

（三）日本

TBI＋Ara-C：TBI 12Gy，分 4 次（－9～－8d），Ara-C 每次 3g/m²（－5d，－4d，2 次/日），CTX 60mg/（kg·d）×2（－3～－2d）。

第六节　脐血造血干细胞移植程序

The Procedure of Cord Blood Transplantation

一、脐血的选择

脐血植入的情况与输注的脐血总有核细胞数（TNC）、CD34$^+$ 细胞数量以及人类白细胞抗原的差异性有关。年龄、受者性别、潜在疾病、ABO 血型不匹配、GVHD 的预防方法对于植入动力学没有明显影响。因此对于脐血的筛选，既要考虑脐血细胞的数量又要考虑 HLA 配型的相合程度。HLA 配型不合程度越大，所需细胞数量就越多。

（一）脐血与受者 HLA 匹配程度

HLA 相合程度明显影响脐血植入和患者生存。Shi-xia 等通过对 1589 例患者的分析得出随着 HLA 差异的增大，植入失败、严重的 GVHD 和 TRM 都增加，DFS 下降。脐

血移植配型标准为 HLA-A、HLA-B 低分辨及 HLA-DRB1 高分辨检测,相容程度要求大于等于 4/6 相合。多数移植中心达成共识:HLA 不相合程度越高,需要的脐血 TNC 越多。而且,Takanashi 等发现,如果脐血含有特异性的抗人类白细胞抗原抗体,则中性粒细胞和血小板的植入时间显著延长,故应尽量选择无供者特异性 HLA 抗体的脐血。另外,在 HLA 不相合的脐血移植中,选择供受者 NIMA 相合的脐血可以提高移植的成功率。脐血移植中供受者 HLA-C 相合可以提高疗效。

（二）脐血的细胞数量

目前多数学者认为输注的有核细胞数量是脐血移植成功的关键,临床选用异基因 HLA 不相合的无关供者时,要把细胞数放在首位。输注的脐血 TNC 是影响脐血移植后长期结果的重要因子,美国 Rubinstein 等认为脐血有核细胞至少达 $5.0 \times 10^7/kg$,Kurtzberg 等认为脐血有核细胞至少达 $3.0 \times 10^7/kg$。有学者认为 $3 \times 10^7 \sim 5 \times 10^7/kg$ 有核细胞为脐血移植的有效剂量,而 $1 \times 10^8/kg$ 是最优效剂量。当脐血中的 $TNC \geqslant 3 \times 10^7/kg$ 时,平均植入时间为 16.5 天,而未达到该数量的脐血植入增加至 21 天。Wagner 等总结了 102 例脐血移植治疗儿童恶性和非恶性疾病的结果,中位输注 CD34$^+$ 细胞为 $0.28 \times 10^5/kg$,CD34$^+$ 细胞最低剂量为 $0.17 \times 10^5/kg$,低于此量,造血几乎不能恢复,大于 $0.27 \times 10^5/kg$,TRM 降低,植入率和生存率提高。因此认为 CD34$^+$ 细胞量与植入、TRM 及生存率相关。

综合考虑以上因素,单份脐血移植要求 HLA $\geqslant 4/6$ 个位点相合,细胞数量如表 3-2-14 所示。

表 3-2-14 UCBT 需要的细胞数量

HLA 相合程度	按受者体重计算的造血干祖细胞数量
HLA $\geqslant 5/6$ 位点相合	冷冻前 TNC$>2.5 \times 10^7/kg$,其中 CD34$^+$ 细胞$>1.0 \times 10^5/kg$;或 TNC$>2.0 \times 10^7/kg$,其中 CD34$^+$ 细胞$>1.2 \times 10^5/kg$
HLA 4/6 位点相合	冷冻前 TNC$>3.5 \times 10^7/kg$,其中 CD34$^+$ 细胞$>1.2 \times 10^5/kg$;或 TNC$>3.0 \times 10^7/kg$,其中 CD34$^+$ 细胞$>1.5 \times 10^5/kg$

如果达不到上述要求者则采用双份脐血移植,要求 TNC$>3.5 \times 10^7/kg$ 或 CD34$^+$ 细胞$>1.5 \times 10^5/kg$。

二、患者移植前准备

对受者进行预处理或骨髓根治性化疗(myeloablative chemotherapy)是进行造血干细胞移植的重要组成部分,所以,预先必须顾及强力放/化疗时期及以后可能遇到的问题。全面、合理和充分的术前准备对移植术的成功具有非常重要的作用,一般包括以下几个方面:

1.核实患者的诊断 明确其目前的疾病状况,确认患者符合移植适应证并处于最佳移植时机。

2.一般准备 患者即将经历一次强烈损伤性的治疗,术前尽可能改善体质,提高营养。全面细致查体,记录体重和三大常规。

3. 心理准备　向患者和家属解释移植术的必要性、安全性和技术过程,说明可能出现的情况和对策;增强患者战胜疾病的信心,最大限度地取得患者和家属的全面合作,并书面签字同意接受此项手术。

4. 血型测定和 HLA 配型

(1)血型测定:预先测知患者 ABO 和 Rh 血型对供者选择、全血细胞抑制期成分输血以及植入检测有重要参考价值。一般地讲,供受体血型相同较易植入,但血型不同也不影响脐血移植效果。

(2)HLA 配型:患者在确定接受造血干细胞移植后的第一步是进行患者的 HLA 检测,在患者外周血白细胞达到一定量($\geqslant 2 \times 10^9$/L)时,抽取患者外周血 $4 \sim 10$mL(EDTA 抗凝)对患者进行 HLA 分型,以寻找 HLA 配型相合或相近的脐带血。HLA 相合是异基因造血干细胞移植成功的关键,否则在移植中发生移植排斥、GVHD 及相应合并症的可能性将大大增加。如果有可能,要进行脐血供者母亲的 HLA 分型。

5. 主要脏器功能测定　术前要做全面检查了解各重要脏器如心、肝、肺、肾功能,包括血尿便常规、生化全套、肝功、肾功、心肌酶谱、心电图、心脏彩超、胸片、腹部 B 超等,以作为选择强烈化疗药物种类和剂量的参考,监测毒性反应和移植物抗宿主病。

6. 寻找和清除感染灶　详细了解患者的身体状况,受者体内的所有感染病灶需在移植前清除。移植前请口腔科、耳鼻喉科、眼科、肛肠科会诊,做 PPD 皮试,做血清病毒学检查,排除龋齿、肛裂、痔疮、结核、巨细胞病毒等潜在感染灶,凡有活动性结核或 CMV 感染者宜首先治疗结核和 CMV 感染。

7. 细菌培养和药物敏感试验　一般应做眼、耳、鼻、咽、血、大小便、腋窝、外阴部细菌培养加药物敏感试验,隔日一次,每部位 3 次。目的在于了解体内、体表潜在的细菌寄生情况,有利于全血细胞减少期合并感染时病原体的估测和抗菌药物的选择。

8. 锁骨下静脉穿刺置管　患儿 HSCT 前需常规进行中心静脉置管,以保证大剂量化疗药物安全、准确、及时地输入体内,以及干细胞血在短时间内输入患儿体内和完成胃肠外营养支持疗法的顺利进行。一般选用右侧锁骨下静脉穿刺,留置 ARROW 双腔导管,导管末端位于上腔静脉及右心房的交界处。平时肝素液充盈导管,穿刺处每日常规消毒,保持干燥,并用无菌纱布覆盖,可保留数周至数月。

9. 肠道消毒　全血细胞减少期患者处于免疫抑制和高度易感染状态,此时无菌环境中,体表每日由护士作清洁护理,但正常存在的肠道菌群仍可能作为病原体移位致病或进入血流引起败血症。所以术前需进行肠道消毒,可减少感染的机会,减轻移植物抗宿主反应。常用方法为移植前 10 天开始口服复方新诺明(SMZco)、黄连素、更昔洛韦、制霉菌素等肠道消毒药物,移植前 3 天静脉应用抗生素,以清除体内潜在感染病灶。

10. 入住无菌层流病房　空气层流无菌病房是患者接受全环境保护治疗护理的场所,患者在此可以安全地度过免疫功能低下期。层流病房里的空气通过高效过滤器的过滤,可以清除 99.9% 以上直径大于 $0.3 \mu m$ 尘粒及细菌而使空气得以净化,使之达到基本无菌的程度。患儿入层流无菌病房前需严格按照要求作好身体内、外环境的消毒灭菌工作,前 3 天开始口服肠道消毒药及消毒饮食。入层流病房前 1 天,修剪指、趾甲,剃头、备皮,药物保留灌肠,当日晨清洁灌肠、清洁洗澡后用 1∶2000 洗必泰药浴 30 分钟,穿无菌衣裤,入住层流病房。

11.水化和碱化体液　所谓水化和碱化体液是指在大剂量化/放疗前夕和期间,每日入液量应大于 $3L/m^2$,口服或静滴 5% 碳酸氢钠,使尿液 pH 值大于等于 6.5。通常对一位能正常进食的患者,除鼓励多饮水外,可从静脉途径补充液体每日 60mL/kg(糖∶盐 = 5∶1),5% 碳酸氢钠每日 5mL/kg,可以达到体液水化碱化的程度。

三、预处理方案选择及应用

UCBT 前,患儿须接受一个疗程的超大剂量化疗,有时再加上大剂量放疗,这种治疗称为预处理或骨髓根治性化疗。预处理恰当与否,关系到移植和整个治疗的成功。

预处理是造血干细胞移植术前患者准备的最后一个步骤,也是最为重要的一个环节。其目的在于:①抑制患者自身免疫系统,使移植物免遭排斥;②为异体造血干细胞植入留出髓腔;③进一步根治原发疾病,如白血病、肿瘤、免疫病等。

具体方案详见本章第五节。

四、冷冻脐血的冻融和回输

在预处理方案完成之后,冷冻保存的脐血 HSC 可直接从中心静脉尽快输入。在患儿床前,从液氮罐中取出冷冻保存的脐血后,迅速放入 37～40℃ 的恒温水浴中 1～2 分钟迅速融冻后,通过中心静脉于 15～20 分钟内尽快输注给患者。在输入前给予患者碱化及地塞米松等药物,输注过程中密切观察患者的生命体征,有无发热、溶血、血尿等情况。

留取标本检测每份脐血的 TNC、$CD34^+$ 细胞、$CD3^+$ 细胞、NK 细胞数量和干/祖细胞培养。

五、移植后的观察和处理

(一)严密观察移植后的并发症

详见本章第八节。

(二)动态观察血象改变

脐血移植后,观察病情改变的同时,每日一次测血常规和网织红细胞计数,直到白细胞回升至 $1×10^9/L$ 以上,然后每周一次,到血象正常为止。由于脐血所含细胞数量有限及弱免疫原性,移植后患者植入时间及造血重建延迟,中性粒细胞和血小板恢复时间均明显延迟于其他供者来源造血干细胞移植。Zheng 等最近报道的研究显示,90 例 AML 患者行脐血移植,中性粒细胞植入的中位时间为 18 天(12～39 天),血小板的植入中位时间为 39 天(14～140 天)。

(三)成分输血

1.成分血的选择　输注的血制品应与患者当时的血型与凝集素相合。根据脐带血 ABO 血型与患者 ABO 血型最大不匹配程度,分为 ABO 血型相合、次侧不合、主侧不合和主次侧均不合,根据表 3-2-15 选择移植后早期输注血制品的 ABO 血型。

表 3-2-15　　　　　　　移植后早期输注血制品 ABO 血型选择原则

ABO 血型不匹配程度	定义	各类血液成分的血型选择	
		红细胞	血小板、血浆
主侧血型不合	指受者血浆中具有与供者红细胞抗原起反应的红细胞凝集素（如供者 A、B、AB，受者 O；供者 AB，受者 A、B）	移植后输受者型红细胞至患者原凝集素消失后改输供者型红细胞	移植后改输供者型
次侧血型不合	指供者具有与受者红细胞抗原起反应的红细胞凝集素（如供者 O，受者 A、B、AB；供者 A、B，受者 AB）	移植后输供者型红细胞	移植后输受者型至患者血型转变为供者型后改输供者型
主次侧血型均不合	指以上两种情况同时存在（如供者 A，受者 B；供者 B，受者 A）	移植后输 O 型红细胞，直至患者凝集素消失后改输供者型红细胞	移植后输 AB 型，至患者血型转变为供者型后改输供者型

2.输血原则　所有受者,在 UCBT 前应行红细胞血型检测,以便以后判定移植物的出现并在出现自身抗体后用血型相同的血制品。

(1)输血指征:当血红蛋白低于 80g/L 时输悬浮红细胞,当血小板低于 $20 \times 10^9/L$ 和(或)有出血倾向时输注血小板。

(2)照光:所有患者移植后均需用照光的血制品。照射量为 20~25cGy;移植后 1 年内均需用照光的血制品。

(3)去白:除了供者干细胞以外,所有血细胞需要去白处理,悬浮红细胞输入时必须使用白细胞过滤器,血小板输入时必须使用血小板过滤器,以减少因为粒细胞的输入而导致的移植后 CMV 等病毒感染。

(4)若供者及受者血清学 CMV 均阴性,最好用 CMV(一)血液;若得不到 CMV(一)血,则用输血过滤器输注。

(四)脐血植入状态的监测

脐血中富含造血干/祖细胞,与成人骨髓相比,细胞更幼稚,体外增殖潜能更强,在体内更易植入,但与动员外周血(PBSC)、骨髓(BMSC)相比,植入的时间较长(见图 3-2-4)。延迟的造血功能恢复和植入失败是脐血移植的主要问题。Herr 等研究了 147 例患者脐血移植后 133 例获得植入,ANC 大于 $0.5 \times 10^9/L$ 植入的中位时间为 24 天,移植后 60 天的累积植入率为 90％±3％。虽然脐血移植后植入的时间显著延迟,但总体植入率与骨髓及外周造血干细胞移植相同。如何检测脐血是否植入有多种方法,具体见本章第七节。

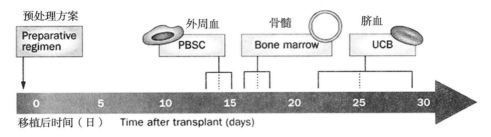

图 3-2-4　清髓性预处理后用动员的外周血干细胞、无关供者骨髓和单份脐血移植后中性粒
细胞的植入时间（移植当天定义为 0）

［Lund TC,et al. *Rev Clin Oncol*，2015，12(3)：163-174.］

第七节　脐血植入状态的监测

Monitoring of Cord Blood Engraftment

一、植入的定义

造血干细胞移植（HSCT）后髓系植入时间的定义是中性粒细胞绝对值（ANC）大于 $0.5 \times 10^9 /L$ 且连续超过 3 天的第 1 天。

血小板的植入时间定义为不依赖血小板悬液输注连续 7 天，血小板计数大于 $20 \times 10^9 /L$ 的第 1 天。

二、植入状态的分类

1.临床植入　allo-HSCT 后，如患者外周血中性粒细胞已大于 $0.2 \times 10^9 /L$，并在其后稳步上升，即表示供者的造血干细胞已植入患者骨髓，这种植入称为临床植入。

2.部分植入　如果移植后受者细胞仍出现在骨髓或外周血中，可以同时检测到供者和受者两种细胞成分，称为混合嵌合状态（mixed chimerism，MC，供者细胞占 2.5%～97%），也被称为部分植入。混合嵌合状态只是一时性的，不能永久存在，最终只在达到完全嵌合状态，才可稳定。

3.完全植入　完全植入是指当供者细胞完全占据受者的骨髓或外周血，即供者细胞完全植入时，称为完全的供者嵌合状态（completed chimerism，CC），供者细胞大于 97%，也被称为完全植入。

4.移植排斥　极少数患者可在临床植入，且有混合嵌合状态形成后，又复出现骨髓空虚、骨髓衰竭情况，此被称为排斥（rejection）。

早期移植排斥的标准为移植后 42 天，ANC≤ $0.5 \times 10^9 /L$ 或骨髓小于 10% 供者细胞嵌合。

三、常用的植入检测方法

移植后植入状态的分析对于判断移植是否成功，移植后免疫抑制剂的合理使用，以及对移植物抗宿主病的防治、疾病复发的监测都有着重要的意义。多年来，已有多种植入状态分析方法应用于临床。如红细胞血型系统、白细胞抗原系统以及细胞遗传学的染色体分析等。但由于其不同程度地存在着敏感性差、不能定量、样本需要量大、费时长、操作复杂、同性别不能检测等局限，目前已逐渐被分子生物学所采用的 DNA 分析技术所取代。利用短串联重复序列(STR)结合 PCR 的方法被认为是目前检测移植嵌合状态最灵敏的方法之一。

植入分析的方法要求从受者采取的标本(血)中确定供者或受者原细胞并进行定性或定量的研究。一般通过检测下列主要方面之一来完成。

(一)红细胞抗原系统的检测

迄今已发现 30 多个血型系统，包括 ABO、Rh、MNS、Kell、Duffy 等系统，共 400 多种红细胞血型。人类个体红细胞血型表型至少在 1×10^9 种以上，因而红细胞血型表型可以作为植入证据。当供者与受者的血型不同时，移植后若受者表现为供者的血型，与供者的交叉配血实验无反应，则表明异基因造血干细胞已植入。但检测红细胞抗原的方法有一定局限性，因为：①红细胞寿命较长，红细胞抗原系统的检测结果易受移植前和移植后输血的影响；②在髓系植入良好的 ABO 血型不合的 UCBT 中，因溶血导致供者红细胞在受者血循环中延迟出现，此时不宜采用红细胞抗原作为植入证据；③为了发现供受者之间红细胞抗原差异，常需进行多个系统的红细胞血型检测。

(二)白细胞抗原系统的检测

人类白细胞抗原系统是人类最复杂的遗传多态性血型系统，植入与否可检测 HLA 遗传抗原的不同。移植后如果受者在移植前与供者不相同的某 HLA 位点变成与供者相同，则表明造血干细胞已植入。受移植后抗原表达及实验方法的限制，本方法的灵敏度仅可为 25%～50%，且不能用于移植早期的检测。因为在选取供者时，需尽量选择主要位点相合者，故此仅适用于有 HLA 位点不完全相合的患者。

(三)免疫球蛋白同种异型的检测

由于免疫球蛋白(Ig)多肽链上氨基酸的不同，各类及各型 Ig 又表现出同种异型。Ig 重链同种异型在 IgG、IgA 和 IgE 三类免疫球蛋白上，轻链的同种异型在 kappa 型链上，如 IgG 重链上的 Gm 因子、IgA 重链上的 Am 因子、kappa 型轻链上的 Km 因子等。由于目前对免疫球蛋白同种异型认识有限，其个体识别率尚低，此外，它仅能反映 B 淋巴细胞的植活状态，且受血浆及免疫球蛋白制品输注的影响。

(四)细胞内同工酶的检测

对某一个个体而言，来源于同一干细胞的细胞内同工酶酶谱是稳定的，利用细胞内同工酶的遗传多态性，可区分供者和受者源的造血，特别是多态酶类，如葡萄糖-6-磷酸脱氢酶(G-6-PD)、磷酸葡萄糖变位酶(PGM)、酸性磷酸酯酶(ACP)、腺苷脱氨酶(ADA)、非特异性酯酶(ESD)等。多种酶谱的组合可用于个体识别，而且可用于检测各种细胞系的植活状态。同工酶检查具有快速、灵敏和重复性好等特点，但对个体识别率低，不能用于所

有 HSCT 供受者,而且也受输血的影响。

（五）细胞遗传学分析

传统的细胞遗传学分析采用中期细胞分裂相检测标志染色体,常用的为性染色体核型分析。人类体细胞第 23 对染色体,在女性为 XX,男性为 XY。利用这一差别,在供、受者性别不同时,可区分受者血细胞的植入状态,且不受输血的影响。这种方法用于植入检测有一定局限:①仅适用于供受者之间存在性别差异时;②费时费力;③敏感性低:染色体分析需要分裂细胞,而移植早期常找不到细胞分裂相。染色体检查结果的可靠性及灵敏度在很大程度上取决于所检测的分裂细胞数。

（六）分子遗传学分析

目前最常用的两种检测方法为采用性别特异性探针进行荧光素原位杂交(fluorescence in situ hybridization,FISH)和通过 DNA 扩增检测数目可变的串联重复序列(variable number of tandem repeats,VNTR)或短串重复序列(short tandem repeats,STR)的多态性。

1. FISH 用于性别基因的检查　当供者和受者性别不同时,Y 基因是最易识别的遗传标记。起始多采用 Y 特异性探针,进行 FISH,在男性假阴性不超过 2.5%,在女性假阳性不超过 2.7%。目前多采用 X、Y 特异性双色荧光探针。在男性中发生 XX 假阳性的概率为 0.63%,在女性发生 XY 假阳性的概率为 0.30%。FISH 可以在单个细胞水平进行,与传统的细胞遗传学分析相比,这种方法简便可靠,重复性好,灵敏度也高,此法不需要分裂细胞,更适合植活状态的早期监测。

2. DNA 指纹分析　DNA 指纹指具有完全个体特异的 DNA 多态性,其个体识别能力足以与手指指纹相媲美,因而得名。DNA 指纹的图像在 X 光胶片中呈一系列条纹,很像商品上的条形码。各种分析方法均以 DNA 的多态性为基础,产生具有高度个体特异性的 DNA 指纹图谱,由于 DNA 指纹图谱具有高度的变异性和稳定的遗传性,且仍按简单的孟德尔方式遗传,成为目前最具吸引力的遗传标记。DNA 指纹图谱包括多种多样的检测手段,如 RFLP(限制性内切酶酶切片段长度多态性)分析、串联重复序列分析(VNTR 或 STR 多态性)、RAPD(随机扩增多态性 DNA)分析等等。

限制片段长度多态性(RFLP)是一种非常有效的区别供者和受者 DNA 多态性的方法。用特异探针区别供者和受者的等位基因经 Southern 杂交显示出 DNA 指纹图谱,利用供、受者之间的指纹图谱差异判断植入情况。另外一类 RFLP 是由 VNTR 或 STR 的拷贝数不同所形成。由于小卫星 DNA、微卫星 DNA 重复的数目及重复的频率在人群中表现高度的多态性,当采用限制性内切酶切割 VNTR 或 STR 区时,只要酶切点不在重复区内,即可得到不同长度的片段。通过 PCR 扩增明确的 DNA 片段,使受者或供者来源的 DNA 扩增 $10^6 \sim 10^9$ 倍,然后再用荧光探针杂交,来识别 VNTR 或 STR 多态性。因为此方法用标本少,可用于植入失败或严重白细胞减少时。

STR 是指 DNA 基因组中小于 10 个核苷酸的简单重复序列,一般为 2～6 个碱基重复,如 $(CA)_n$、$(GT)_n$、$(CAG)_n$ 等,以 $(CA)_n$ 重复序列最为常见,通常多态性片段长为 100～300 bp。以人类基因组为例,平均每 15～20kb 就存在 1 个 STR 座位,据此估计整个人类基因组中大约有 50000～100000 个 STR 位点。由于它均有高度的多态性和遗传稳定性,所以非常适合作为遗传学 DNA 分子标记。荧光标记 STR-PCR 技术可以精确识别移植物植入状态，是骨髓移植后早期识别移植物植入、检测微小残留病变及预测移植效果的有效方法。现已成为鉴别不同个体 DNA 的强有力的工具。目前多重荧光标记 PCR 联合高效毛细管电泳法成为鉴定 STR 的主要方法。研究表明，PCR-STR 是迄今为止唯一能从微量 DNA 进行遗传学分析的方法，可以敏感显示出移植物的植入状态。

第八节　脐血造血干细胞移植常见并发症
Complications of Cord Blood Transplantation

移植相关并发症主要与大剂量的化疗和放疗的毒副作用有关，同时也和造血功能和免疫功能受抑制有关。其主要的移植相关并发症包括：①放化疗早期毒性作用：恶心和呕吐、黏膜炎、腹泻、出血性膀胱炎、骨髓再生障碍（合并感染、出血）、脱发、腮腺炎等可逆性副作用；间质性肺炎、肝静脉阻塞性疾病，充血性心脏病、弥漫性肺泡出血、毛细血管渗漏综合征等致死性副作用；②放化疗后期毒性作用：甲状腺功能低下、性腺功能不全（不育）、内分泌障碍、小儿生长发育障碍、白内障、继发恶性肿瘤等；③移植物抗宿主反应，包括急性和慢性；④植入前综合征、植入综合征；⑤移植相关血栓性微血管病；⑥移植失败；⑦复发等。

一、感染

感染是造血干细胞移植常见并发症，也是移植失败的一个重要原因。患者在移植期间经历了三个阶段，第一阶段由于患者移植前接受超大剂量化疗及放疗预处理，免疫功能受到严重破坏，粒细胞缺乏，以及口腔肠道黏膜屏障损害，同时巨噬细胞、T 细胞和 NK 细胞的功能抑制；第二阶段主要为急性 GVHD 发生时期，T 细胞功能受损；第三阶段则为慢性 GVHD 发作时期，常有 T 细胞、B 细胞功能异常。以上每一阶段的感染都有一定特征，可发生身体任何部位的感染，甚至发生败血症引起死亡。感染可能来自移植操作的并发症、潜在的感染病原体激活、环境中接触的新病原体等。脐血移植后免疫重建特别是 T 细胞及其亚群重建较骨髓和外周血明显延缓，所以早期感染发生率及感染相关死亡率增加。

（一）感染的特点

1. HSCT 后早期感染　一般发生在 HSCT 后头 30 天内。多数患者出现发热，其中约 40％有明确的病原菌，主要是患者本人内源菌感染（来自内源肠道和皮肤的微生物），20％为临床上肯定的感染，但未能证实明确的病原菌，其余 40％发热无明确的原因。近 15 年来革兰阳性细菌感染引起的败血症升至 70％左右，表皮葡萄球菌、金黄色葡萄球菌、溶血性链球菌、肺炎球菌等革兰阳性球菌引起的感染有增多趋势。

2. HSCT 后中期感染　一般发生在 HSCT 后 2～3 个月。由于 CBT 植入延迟，患者存在持续的细胞免疫和体液免疫缺陷，导致感染风险增大，患者普遍对病毒如巨细胞病毒（CMV）、水痘带状疱疹病毒（VZV）和 EB 病毒等易感，特别是 CMV 感染。而某些侵袭性

病毒如腺病毒、轮状病毒、柯萨奇病毒则常引起非特异性肠炎。移植中期合并深部真菌感染(deep fungus infection,DFI)的发生率和死亡率近年来有逐渐增高趋势,致命性 DFI 占 $50\% \sim 90\%$。中性粒细胞减少是发生发展的重要因素。当外周血中性粒细胞计数低于 $1 \times 10^9/L$ 持续超过 7 天时易发生 DFI,最常见的是念珠菌和曲霉菌。前者以白色和热带念珠菌常见,后者以烟曲菌为主。

3. HSCT 后后期感染　一般发生在 HSCT 3 个月以后。发生的感染主要与 cGVHD 有关。VZV 感染最常见。cGVHD 患者较易发生鼻窦炎和呼吸道感染,甚至发展为菌血症,通常以革兰阳性球菌如链球菌、肺炎球菌较常见。近年来,肝炎病毒特别是丙型肝炎病毒感染在患者中有增加的趋势。主要为血源性感染,因此应加强对血制品的管理。

(二)感染的预防

1. 全环境保护包括移植前 10 日至移植后造血功能基本恢复期间居住在空气层流洁净室,减少患者体内外带菌负荷。

2. 移植前清除患者体内隐藏的感染灶,如龋齿、鼻窦炎、肛瘘、痔疮等。

3. 预防用药

(1)清除肠道中的细菌,口服肠道不吸收的抗生素,如庆大霉素、新霉素、万古霉类、多黏菌素 E 等。防治厌氧菌感染,用甲硝唑。在移植期间,特别是第一阶段是感染的高发时期,在此期间是否用广谱抗生素预防革兰阴性杆菌或阳性球菌,目前意义不一。

(2)预防肺孢子虫病:用复方新诺明。

(3)预防真菌感染:应用氟康唑、伊曲康唑、制霉菌素、大蒜素、两性霉素 B 等。

(4)预防病毒感染:阿昔洛韦具有较好预防单纯疱疹病毒感染的作用。巨细胞病毒(cytomegalovirus,CMV)血清学阳性的供、受者可预防性应用更昔洛韦(ganciclovir;丙氧鸟苷,DHPG)、膦甲酸钠、大蒜素、免疫球蛋白等。更昔洛韦对Ⅰ型、Ⅱ型单纯疱疹病毒及水痘带状疱疹病毒的作用机制与阿昔洛韦相似,更昔洛韦在细胞内的消除半衰期长达 24 小时以上,对巨细胞病毒(CMV)感染有良好作用。CMV 感染是移植后最常见的并发症之一,CMV 感染可导致 CMV 间质性肺炎、CMV 性肠炎、CMV 性肝炎等 CMV 病,若不及时治疗,死亡率可达 90% 以上。移植前受者监测 CMV-DNA 或 CMV-IgM 或 PP65CMV 抗原血症,如果阴性不预防,如果阳性 CMV-DNA 大于 $10 \times 10^3/copy$、CMV-IgM^+,预处理时加用更昔洛韦 $5mg/(kg \cdot d)$ 至移植当天;出院前至少每周 1 次、出院后至少每 2 周一次监测 CMV-DNA,如果阳性给予更昔洛韦 $5mg/(kg \cdot d)$ 抢先治疗,如果上升,给予 $10mg/(kg \cdot d)$。此药主要不良反应是骨髓抑制,中性粒细胞低于 $0.5 \times 10^9/L$ 时需停药。膦甲酸钠注射液(foscarnet sodium injection)为广谱抗病毒药物,作用机制为直接抑制病毒特异的 DNA 多聚酶和逆转录酶。本品对Ⅰ型、Ⅱ型单纯疱疹病毒、巨细胞病毒等有抑制作用。初始剂量:60mg/kg,q8h 静脉滴注(>1 小时),2～3 周;维持量为每日 90～120mg/kg,剂量、给药间隔及连续应用时间须根据患者的肾功能与用药的耐受程度予以调节,肾功能不全者需减量用药。

4. HSCT 后期感染的预防包括提前监测、疫苗接种等,详见表3-2-16。

表 3-2-16   迟发机会性感染的预防策略

感染	预防策略	说明
VZV,HSV	预防,疫苗接种	阿昔洛韦、伐昔洛韦降低第一年的发病率,减毒活疫苗的安全性没有证实
CMV	预防,提前检测	更昔洛韦为基础的预防和提前检测可能降低感染和相关死亡
腺病毒	提前检测	迟发性感染较常见,但预防策略缺乏
流感	疫苗接种和预防	在流感爆发期间预防有效,疫苗可降低发病率,尽管不是 100% 有效
呼吸道细菌病原体	预防,疫苗接种	接种疫苗降低肺炎球菌感染尤为重要,预防性应用复方新诺明可能会减少一些细菌性呼吸道感染
结核	治疗前高分辨 CT 筛选	应诊断和治疗潜伏性感染,以预防后期再激活
曲霉菌	预防,提前监测	随机临床试验证实了新型唑类药物如泊沙康唑、伏立康唑的有效性,尽管生存率无显著提高
卡氏肺孢子虫	预防	复方新诺明每天 1 次或每周 2～3 次是最有效的治疗方案,其他可选择的药物还有氨苯砜、阿托伐醌,但研究结果不确定
弓形虫	预防	复方新诺明可减少感染
诺卡氏菌	预防	尽管发生突变,复方新诺明可减少感染

(Kieren A Marr. *Hematol Am Soc Hematol Educ Program*,2011:119-120.)

（三）感染的治疗

移植后造血功能还未重建以前,对于体温高于 37.5℃者,除外输血、输液和过敏等因素外,应积极查找感染灶与病原菌,争取在抗生素应用前进行血、尿、粪等培养,同时早期积极应用强效广谱抗生素抗感染治疗。在感染未明确以前,先给予经验性抗感染治疗,以后根据病原菌检查结果调整抗生素。

1. 经验性抗感染治疗步骤　首先,第三代头孢菌素或第四代头孢菌素(如头孢吡肟等)或联合氨基糖苷类,甚至碳青霉烯类(如泰能等);如发热 3～5 日未控制,再考虑可能有革兰阳性球菌感染,立即加用万古霉素或替考拉宁等;如再发热 3～5 日仍未控制,应尽早抗真菌治疗。

2. 真菌感染的治疗　侵袭性真菌感染在免疫功能低下患者的发生率及病死率很高,其病死率高达 45%～90%,造血干细胞移植患者为其高危患者,侵袭性真菌感染早期诊断非常困难,目前缺少敏感的特异检查技术,因此,对于移植后持续发热应用广谱强效抗生素3～5 日无效的患者应考虑真菌感染,并早期经验性抗真菌治疗。两性霉素 B 是一种广谱高效抗真菌药物,由于其毒副作用特别是肾毒性限制其广泛应用。但从小剂量开始逐渐增加剂量,提高了患者对两性霉素 B 的耐受性。新剂型脂质体两性霉素 B 减少了肾毒性,也提高了两性霉素 B 的剂量,但仍存在诸多问题尚未解决,包括最佳剂量,以及与普通两性霉素 B 相比其抗真菌疗效等。氟康唑主要用于治疗念珠菌感染,对曲霉菌无效,用法:成人 400～800mg/d,氟康唑的耐药问题逐渐引起临床重视。伊曲康唑为广谱抗真菌药物,不仅对念珠菌有效,而且对曲霉菌也有效,伊曲康唑注射液适应于粒细胞减少发热患者经验治疗,用法:成人初 2 日 200mg/次,每日 2 次,以后,200mg/d,每日 1 次,14 日后改为口服维持治疗。三唑类抗真菌药具有广谱抗真菌作用,对念珠真菌属(包括氟康唑和伊曲康唑耐药株)、新型隐球菌、曲霉属、组织胞浆菌等均有良好抗菌活性,如伏立康唑(voriconazole)有口服及注射剂。棘白菌素类(echinocandins)为葡聚糖合成酶抑制剂,抑制真菌细胞壁的合成,如卡泊芬净(caspofungin)对曲霉、念珠菌属等均有良好的抗菌作用,对肺孢子虫病也有作用等。

3.加速造血恢复　骨髓移植后粒细胞缺乏期是感染的高峰时期,加速机体的造血恢复,缩短白细胞减少、粒细胞缺乏的持续时间,可明显降低感染发生率。方法:基因重组粒/粒-单核细胞集落刺激因子(rhG/GM-CSF):5～10μg/(kg・d),皮下注射,+5 日开始应用,直到粒细胞绝对值大于 $0.5×10^9/L$。

4.静注免疫球蛋白　可以提高患者的抗病毒能力。

二、移植物抗宿主病

移植物抗宿主病(graft versus host disease,GVHD)是异基因 HSCT 的主要并发症和造成死亡的一个重要原因,GVHD 的预防与治疗是决定异基因 HSCT 是否成功、移植个体是否长期存活的主要因素之一。由于脐血免疫原性较弱,GVHD 发生率显著降低。在 HLA 配型完全相合的非血缘骨髓移植中,Ⅱ～Ⅳ度急性 GVHD 发生率为 43%～70%,1 个位点不合者高达 63%～95%,广泛性慢性 GVHD 达 80%。而在 UCBT 中,HLA 全相合Ⅱ～Ⅳ度急性 GVHD 发生率为 33%～44%,1 个位点不合者 32%～48%,慢性 GVHD 为 0～25%。文献报道显示,UCBT 的慢性 GVHD 发生率低于任何其他供者来源的造血干细胞移植。

过去急、慢性 GVHD 诊断是按照移植后 GVHD 出现的时间划分的。任何移植 100天之后出现 GVHD 的表现都被定义为慢性 GVHD。近 20 年来,随着造血干细胞移植实践的不断发展,特别是非亲缘移植、脐血移植、非清髓移植、不全相合移植及供体淋巴细胞输注(DLI)在临床中的广泛应用,深刻改变了急、慢性 GVHD 的表现和自然病史。应用发生时间来划分急、慢性 GVHD 显现出其局限性。例如,非清髓移植患者急性 GVHD 常发生在移植 100 天之后,在接受 DLI 患者中,急性和慢性 GVHD 可以同时出现而表现为重叠综合征。2005 年,NIH 专家共识提出慢性 GVHD 的诊断应根据其特征性的症状和体征,而不是移植后发生时间。

急性 GVHD(aGVHD)按照发生时间被划分为"经典型"和"持续、复发或迟发型"两种情况。经典型 aGVHD 发生在移植后或 DLI 后 100 天之内,表现为皮肤斑丘疹,恶心,呕吐,食欲缺乏,腹泻,肠梗阻或胆汁瘀积性肝炎;持续、复发或迟发性 aGVHD 发生在移植后或 DLI后 100 天之后,常出现于免疫抑制剂减量或停用时,没有 cGVHD 的"确诊"或"特征性"的临床表现。无论发生在移植后何时，典型的皮肤、消化道、肝功异常都被定义为 aGVHD。

慢性 GVHD(cGVHD)包括经典的 cGVHD 和重叠综合征，发生时间没有限制。经典型 cGVHD 具有至少一个"确诊"的或"特征性"的 cGVHD 表现而没有 aGVHD 的经典表现，急性和慢性 GVHD 的典型诊断特征同时出现时，称为重叠型 cGVHD(见表 3-2-17)。

表 3-2-17　　　　　　　　　　　　　GVHD 的分类诊断(NIH)

分类	移植和 DLI 后出现症状的时间	aGVHD 的临床特征	cGVHD 的临床特征
急性 GVHD			
经典的急性 GVHD	≤100 天	是	否
持续、复发或迟发型 GVHD	>100 天	是	否
慢性 GVHD			
经典型慢性 GVHD	无时间限制	否	是
重叠综合征	无时间限制	是	是

[张钰. 综述. 国际输血及血液学杂志，2010，33(4)：315-318.]

(一)急性移植物抗宿主病(aGVHD)

1. 发病机制　　1996 年，Billingham 曾提出发生 GVHD 的 3 个基本要素：①移植物中含有免疫活性细胞；②受者的免疫系统必须受到抑制，这样才能使供者细胞顺利植入，攻击受者组织；③受者必须具有供者所缺少的抗原，这样受者才能被移植物视为外来物，通过这些特异的抗原决定簇来刺激供者细胞活化。供受者之间组织相容性差异，受者不能排斥移植物和移植物中有免疫活性细胞是发生的必要条件。供/受体 T 淋巴细胞是引起 GVHD 最主要的效应细胞，GVHD 严重程度主要与受体体内的 T 细胞数量密切相关。aGVHD 的病理、生理过程，被认为是在供体 T 淋巴细胞活化的基础上，在抗原递呈细胞和炎性细胞因子等参与下，引起重要靶器官损伤。

aGVHD 的发生需要经历 3 个连续的阶段：①预处理阶段由于药物或全身照射引起宿主组织细胞损伤，释放大量细胞因子如 IL-2、TNF-α 等，并激活宿主的抗原提呈细胞(APC)；②活化的宿主 APC 与大量细胞因子共同作用激活供者 T 淋巴细胞，使其活化、增殖、分化；③活化的供者 T 细胞和细胞因子共同作用于靶器官，导致组织器官损伤，出现 aGVHD 的临床症状。

2. 诊断　　典型的 aGVHD 发生在移植后 2~4 周，表现为皮肤红斑和斑丘疹、持续性厌食和(或)腹泻、肝功能异常(胆红素、ALT、AST、ALP 和 GGT 升高)。肝脏和胃肠道的损害一般依次出现在皮肤损害之后，在轻型患者可无肝脏和(或)胃肠道的症状。必要时进行病理检查(皮肤、肠道和肝脏)以协助诊断。aGVHD 根据皮肤、肝脏、消化道受累的严重程度分为Ⅰ~Ⅳ度(见表 3-2-18、表 3-2-19、表 3-2-20)。

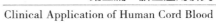

表 3-2-18　　　　　　　　　　　　　　　器官的严重度分级

分级	临床表现
皮肤	
1 级	斑丘疹＜25％
2 级	斑丘疹 25％～50％
3 级	广泛性红皮病
4 级	广泛性红皮病伴有大疱和脱屑
肝脏	
1 级	胆红素 2～3.0mg/100mL
2 级	胆红素 3～5.9mg/100mL
3 级	胆红素 6～14.9mg/100mL
4 级	胆红素＞15mg/100mL
肠道	GVHD 引起的恶心呕吐和（或）厌食定为 1 级。肉眼血便为肠道 2 级，3 度 GVHD
腹泻	
1 级	没有医疗和感染因素,每天水样便＜1000mL
2 级	每天水样便＞1000mL
3 级	每天水样便＞1500mL
4 级	每天水样便＞2000mL

表 3-2-19　　　　　　　　　　　　　　　　aGVHD 分度

分度	器管受累程度
Ⅰ度	皮肤 1～2 级,无肠道和肝脏受累
Ⅱ度	皮肤 1～3 级,伴或不伴肠道 1 级,伴或不伴肝脏 1 级
Ⅲ度	肠道 2～4 级,伴或不伴肝脏 2～4 级,伴或不伴皮疹
Ⅳ度	和Ⅲ度相似,伴有终末症状或死亡

（美国 Hutchinson 癌症研究中心医学联合体.俞立权主译.造血干细胞移植标准实践手册.）

表 3-2-20　　　　　　　　　　　　　　　aGVHD 的病理分级

分度	皮肤	肝脏	肠道
Ⅰ	基底层细胞空泡变性或坏死	叶间胆小管变性和（或）少于 25％坏死	隐窝腺体扩张,个别上皮细胞坏死
Ⅱ	同Ⅰ,海绵层水肿和上皮细胞坏死	同上 25％～50％	同Ⅰ,绒毛脱离、固有膜和平滑肌炎性浸润
Ⅲ	同Ⅰ,灶性上皮与真皮分离	同上 50％～75％	同Ⅰ,灶性黏膜剥脱
Ⅳ	明显表皮剥离	同上大于 75％	弥散性黏膜剥脱

3. aGVHD 的预防

（1）供受者因素：供体、受体 HLA 不相合是引发 aGVHD 的主要因素，其他相关因素包括年龄、性别和次要组织相容性抗原等。供体、受体 HLA 不相合程度与 aGVHD 发生的严重程度呈正相关，对 HLA 全相合的移植患者，采用无关供体其 Ⅱ～Ⅳ度 aGVHD 发生率高于相关供体。HLA-DQBl 不相合是 Ⅱ～Ⅳ度 aGVHD 发生的危险因素，并且在无关供体移植情况下，供体与受体 HLA-A、B、C、DRBl 和 DQBl 等位点基因相合者比不相合者预后好。在 HLA 相合率相似情况下，患者接受 UCBT 的 aGVHD 发生风险比 BMT 和 PBSCT 低。然而，与单份无关供体 UCBT 相比，患者接受双份无关供体 UCBT 的 aGVHD 发生风险升高。

调节性 T 细胞（regulatory T cells，Treg）属于抑制免疫活化的 T 淋巴细胞亚群，可降低同种异体反应性。供体单个核细胞中 Treg 高水平，已被证实可减少受体 aGVHD 的发生风险。T 淋巴细胞去除可降低 aGVHD 的发生风险。

（2）预处理因素：预处理过程方案导致胃肠道黏膜损害严重的患者更易发生 aGVHD；长时间未进食而行胃肠外营养的患者，其 aGVHD 发生风险增加。同样，TBI 在预处理方案中的使用也可导致患者移植后 aGVHD 的发生风险增加。

（3）全环境保护：层流病房和肠道无菌管理可降低 aGVHD 的发生率。

（4）药物预防：免疫抑制剂仍为预防 aGVHD 的首选方案。目前多为联合用药。

①甲氨蝶呤（MTX）：移植后 1 天（15mg/m²），3 天、6 天、11 天（10mg/m²）。主要副作用：黏膜炎和造血恢复延迟（MTX 降低植入率）。自 1970 年代以来，MTX 与 CSA 联合使用，取得了巨大的成功，如今已成为预防 aGVHD 的标准方案。

②环孢素 A（CsA）：是一种 T 细胞增殖和活化的抑制剂，主要通过抑制钙调磷酸酶/NFATc（活化 T 细胞的核因子）途径来发挥作用。剂量为 2.5～3mg/(kg·d)，24 小时持续输注，一1 天开始，血清 CSA 平均浓度维持在 250～300μg/mL 至 30～45 天，胃肠道功能恢复后，按照静脉剂量的 2 倍改口服，谷浓度维持 200μg/mL，以后根据是否存在急性 GVHD、是否有感染、血象恢复情况和残留病检测情况开始减量至停用。无 GVHD 者，6 周后开始每周递减 10%～20%，4～6 个月终止。

③霉酚酸酯（MMF）：是霉酚酸（MPA）的药物前体，通过抑制肌苷 5'-磷酸脱氢酶（IMPDH，一种全程合成鸟嘌呤的限速酶）来抑制淋巴细胞的增殖。IMPDH 有两种亚型。大多数细胞表达 IMPDH1，而 B 细胞和 T 细胞特异性表达 IMPDH2。由于 MPA 的主要靶点是 IMPDH2，因此 MPA 能够有效地靶向抑制淋巴细胞。常单独或与其他免疫抑制药物如 CSA 组合使用。剂量 10～30mg/(kg·次)，每 8 小时一次，0 天开始。由于儿童代谢 MMF 的速度要比成年人更加迅速，临床上一般 12 岁以上的患者 15mg/(kg·次)，小于 12 岁患者 20 mg/(kg·次)。每 8 小时的剂量上限为 1.5g。静脉注射给药持续时间不少于 2 天；如患儿能够口服药物，需改为口服给药，口服时应空腹时服用。在移植后接近 75～100 天若未发生 aGVHD 时逐渐减停 MMF，一般患者按 10%～25% 的递减量给药，直至 4～6 个月时停用。最新研究发现，当结合 MMF 日总剂量和优势脐血单位 HLA 相合程度两个指标时，较高的 MMF 剂量可减少具有较少 HLA 配型相合移植脐血单位的 Ⅲ级和 Ⅳ级 aGVHD 的发生，但对清髓处理后的植入没有影响。故甚至有学者提

出，MMF 每 6 小时给药，使 MMF 剂量从 900mg/m² 增加到 1200mg/m²，来达到 MPA 低谷水平大于等于 $1\mu g/mL$ 的水平。这相当于在儿童体内达到近 30mg/(kg·次)的剂量。有研究显示 MMF 与 CSA 联合，加或不加 MTX 预防 aGVHD，Ⅱ～Ⅳ级 aGVHD 的发生率为 38%～62%。

④他克莫司(TAC)：也是一种钙调磷酸酶抑制剂，其作用机制、药代动力学和不良反应均与 CSA 相似，但其免疫抑制作用无论在体外还是在体内试验都是 CSA 的数十倍到数百倍。对已发生排异反应的抑制作用也比 CSA 好，细菌和病毒感染率也较 CSA 治疗者低。于－2 天始以 0.03～0.05mg/(kg·d)持续静滴给药，造血重建后改为口服给药；联合用药时，一般用药量 0.05～0.15mg/(kg·d)，分两次服。为达到最大口服吸收率，须空腹服用或至少在餐前 1 小时或餐后 2～3 小时服用。对儿童患者，通常需用成人推荐剂量的 1.5～2 倍才能达到与成人相同的血药浓度(肝功能、肾功能受损者情况除外)。儿童服用剂量为按体重计算，每日 0.3mg/kg。移植后连续用药 180 天或根据病情停用。理想的全血谷浓度为 10～20ng/mL。其联合短程的 MTX 预防 aGVHD 疗效优于 CSA＋MTX。在一项Ⅱ期随机试验中，Perkins 等将 MMF 与 TAC 联合使用，与 MTX＋TAC 相比 MMF 组口腔黏膜炎的发病率及严重程度显著减少。

⑤西罗莫司：一种新型大环内酯类免疫抑制剂，通过不同的细胞因子受体阻断信号传导，阻断 T 淋巴细胞及其他细胞由 G1 期至 S 期的进程，从而发挥免疫抑制效应。西罗莫司除了对效应 T 细胞有抑制作用，还可以保持移植后调节性 T 细胞的功能。一般于移植术后与 CSA 及皮质激素一起应用，但应在 CSA 给药后 4 小时服用，每日一次。首次应给予维持剂量 3 倍的负荷量，并定期根据全血谷浓度调整剂量。一般建议西罗莫司全血谷浓度控制在 3～12ng/mL。

⑥兔抗人胸腺球蛋白(ATG)：是一种选择性免疫抑制剂，作用于 T 细胞使淋巴细胞衰竭。ATG 用于预防 GVHD 的机制为 T 细胞在激活以前已经被抑制，由此防止了后续的细胞因子连锁免疫反应。移植前和移植期间使用 ATG，可降低急、慢性 GVHD 的发生，使用剂量一般为 2.5～5mg/(kg·d)，－5 天到－1 天。在 aGVHD 的发生率和严重性方面中低剂量(总剂量＜50mg/kg)没有明显差别，高剂量的 ATG(总剂量＞60mg/kg)虽然能降低 aGVHD 的发生，但是与之伴随的是致死性感染发生率的增加。

⑦抗 CD25 单克隆抗体(巴利昔单抗)：是一种高选择性的抗 CD25 的单克隆抗体，它由抗 CD25 的 α 亚单位的鼠源可变区与人的 Ig 恒定区构成，能有效地封闭 IL-2 受体(IL-2R)，从而抑制 IL-2 介导的 T 细胞激活与增殖反应，发挥免疫抑制作用。和激素与 ATG 不一样的是，应用抗 CD25 单抗，不影响周围血中淋巴细胞的数量。不增加感染和恶性肿瘤发生率。用法用量：1mg/kg，第 1、4 天使用，以后每周 1 次静脉点滴，连用 3～5 次。

⑧环磷酰胺(Cy)：移植后早期给予 Cy 可以快速消灭同种异体反应性 T 细胞，从而达到预防 aGVHD 的效果。有研究显示 Cy 单药作为相关和无关供者清髓性移植后 GVHD 的预防，Ⅱ～Ⅳ级 aGVHD 发生率为 41%。Luznik 等在移植后的第 3～4 天按 50mg/(kg·d)的剂量给药，并分别对 HLA 匹配的亲缘供者和非亲缘供者移植的发病率进行了统计，其中Ⅱ～Ⅳ级 aGVHD 的发生率分别为 42% 和 46%，而Ⅲ～Ⅳ级 aGVHD 的发生率分别为 12% 和 8%。

⑨输注骨髓间充质干细胞：有研究观察了骨髓间充质干细胞对小鼠异基因脐血移植后 aGVHD 的影响，发现与脐血 MNC＋脾细胞组比较，脐血 MNC＋脾细胞＋MSC 组的受者鼠存活率明显升高，GVHD 临床评分明显降低，肝、小肠、皮肤病理学检查显示仅有Ⅰ～Ⅱ级或无 GVHD 改变，提示 MSC 参与共移植可以减轻 GVHD 的发生。

⑩移植物 T 细胞去除（T cell depletion，TCD）：由于移植物中的 T 细胞是引起 GVHD 的主要效应细胞，许多研究者在进行 HLA 不相合移植中采用 TCD 策略预防 GVHD，使 aGVHD 发生率显著降低。但过度的 TCD 也导致了移植排斥增加、造血恢复延迟和疾病复发率升高等后果。最近在佩鲁贾和芝加哥会议上，认为 CD3$^+$T 细胞剂量应小于 2×10^4/kg，最好小于 1×10^4/kg。目前 TCD 的方法包括逆淘洗法、密度梯度法、大豆凝集素加 E 花环法、抗 T 细胞单克隆抗体以及 CD34$^+$细胞分选法。

⑪诱导免疫耐受：通过阻断 T 细胞活化的共刺激信号途径诱导免疫耐受。T 细胞的活化需要 HLA 多肽和共刺激信号的共同作用。如果第一信号和共刺激信号均传递给抗原特异性 T 细胞，T 细胞即活化并产生效应。CTLA4 是 B7 分子的受体，利用 CTLA4 分子可溶性片断和人类免疫球蛋白的融合蛋白 CTLA4-I 结合，竞争性地与 B7 结合从而阻断 B7 和 CD28 结合，这样 T 细胞就不能被活化，导致 GVHD 无法启动。调节性 T 细胞在维持免疫耐受中起关键作用并预防 GVHD 的潜能，近来受到广泛关注，如 CD4$^+$/CD25$^+$T 细胞。Taylor 等在鼠模型中发现，移植物中去除 CD4$^+$/CD25$^+$T 细胞会使 GVHD 发生率增加，而输注经体外扩增的 CD4$^+$/CD25$^+$T 细胞可有效预防 GVHD。

4. aGVHD 的治疗　aGVHD 的治疗指征通常定为Ⅱ度 aGVHD。仅有局部皮疹的 aGVHD，可以不治疗或局部涂用可的松软膏就能控制。但如果有以下情况之一时就必须及时给予全身性治疗：如皮疹面积迅速扩大，皮肤损害程度加重，出现发热、流感样症状，或怀疑有肠道或肝脏 GVHD。

（1）一线治疗：皮质类固醇激素是治疗 aGVHD 的标准首选药物，主要作用原理是破坏淋巴细胞及抑制炎症反应。甲泼尼龙（MP）1～2 mg/（kg·d）是急性Ⅱ～Ⅳ级 GVHD 的标准疗法，应用 7～14 天，如出现治疗反应，则逐渐减量。单用激素治疗有效率为 50%，提高剂量并不能改善疗效。对于 MP 治疗无反应者，不主张增加剂量超过 2mg/kg，而建议加用另一种药物。对于肠道型 aGVHD 受者，有研究显示，联合使用 MP 和倍氯米松与单用 MP 者治疗反应率及存活率高。

评价 MP 一线治疗的治疗反应，2008 年版欧洲骨髓移植手册（EBMT）建议，在使用 MP 治疗 3 天后 aGVHD 出现进展，7 天后临床征象无改善，以及 14 天后仅见部分反应，均应视为治疗失败（或激素无效）。不同靶器官受累时，其治疗反应时间差异较大，皮肤红斑疹可能在 24 小时内显著消退，但肝脏和肠道表现可能需要较长时间才能得到改善。一般认为，治疗 3 天后 GVHD 表现恶化，或 5 天后皮损未改善，都预期不能获得 MP 治疗反应，应考虑开始二线治疗。但二线治疗并不意味着完全弃用糖皮质激素，尤其是对肠道型 aGVHD 患者，口服倍氯米松或布地奈德都有较好的治疗价值。

（2）二线治疗：目前还没有治疗 aGVHD 的标准二线方案，用于 GVHD 预防的药物如 CsA、MMF、他克莫司、西罗莫司都可以用于治疗，应用最广泛的是多克隆或单克隆抗体，如 ATG、抗 CD3 单克隆抗体、抗 CD25 单克隆抗体（巴利昔单抗）、鼠抗 TNF-α 抗体等，疗

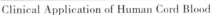

效不一,其安全性和有效性还有待研究。细胞治疗如间充质干细胞、调节性 T 细胞以及体外光疗等治疗展示了良好的应用前景。部分治疗方法介绍如下:

①ATG:除广谱的抗 T 淋巴细胞效应外,发现 ATG 还具有诱导调节性 T 淋巴细胞(Treg 细胞)效应,有助于建立免疫耐受。研究显示,ATG 可使 20%～50% 的难治型 aGVHD 患者的症状得到改善,在皮肤型 aGVHD 中效果更好,治疗反应率达到 60%～75%。早期应用 ATG 可能与 aGVHD 患者存活率的改善存在一定程度的相关性。应用 ATG 时,需要注意其不良反应,如低血压、血小板减少、过敏反应、移植后淋巴增殖性疾病及感染风险增加等。

②抗 CD3 单克隆抗体(OKT3):在 80 例肾上腺皮质激素难治性 GVHD 随机研究中,比较 OKT3 联合大剂量甲泼尼龙(10mg/kg)与甲泼尼龙单药的疗效,100 天总有效率分别为 53% 和 33%,1 年生存率 45% 和 36%。为了尽量减少细胞因子释放综合征,采用人源化抗 CD3 抗体维西珠单抗(visilizumab),3mg/(m² · 次),Ⅱ 期研究中治疗了 44 例激素难治性患者(86% 患者为 Ⅲ～Ⅳ 级 GVHD),14% 的患者在 7 周完全缓解。6 个月生存率为 32%。EB 病毒活化的发生率为 40%～50%。与治疗相关的毒性是细胞因子释放综合征(发热、畏寒、恶心、皮疹等)。

③抗 CD25 单克隆抗体(巴利昔单克隆抗体):药物半衰期 7 天,其阻断 IL-2 受体的时间是 30～45 天。用于皮质激素耐药的难治性 aGVHD,及时应用可阻断级联免疫反应,减轻或控制 aGVHD 的发展。患者在 GVHD 预防方案中未使用者可考虑加用。在采用如下的给药方案组,即每天 1mg/kg,第 1、4、8、15、22 天使用,aGVHD 有效率 47%～68%。

④鼠抗 TNF-α 抗体:肿瘤坏死因子 α(TNF-α)具有多种免疫学效应,除可诱导细胞凋亡外,还可增强黏附分子、组织相容性抗原以及多种炎症因子(如 IL-1、IL-6 及 IL-7、干扰素等)的表达。研究中发现,每周使用剂量为 10mg/kg 的英夫利昔单抗(抗 TNF-α 的人鼠嵌合型抗体)4 次,对于胃肠道型 aGVHD 患者尤为有效。

⑤间充质干细胞(MSCs):MSCs 是一种具有自我复制能力和多向分化潜能的成体干细胞,这种干细胞能够发育成硬骨、软骨、脂肪和其他类型的细胞。其还可以诱导调节型 T 细胞的扩增,并且抑制树突状细胞及自然杀伤细胞的增殖。2004 年,Le Blanc 等报道了首例半相合异基因间充质干细胞移植治疗 GVHD 获得成功,其后又报道了异基因配型不合的间充质干细胞移植治疗 GVHD 的有效性,并且认为在应用间充质干细胞治疗 GVHD 不需要严格的配型,其后又有多篇异基因未经配型的 MSC 治疗 GVHD、促进造血重建的报道。2008 年的一项多中心期临床研究包含了 55 例激素耐药患者,MSCs 来源包括 HLA 相合同胞、单倍型亲属或无关第三方的骨髓;55 例患者中 30 例获得 CR,其中青少年患者 CR 率为 68%,成人患者 CR 率为 43%,疗效与 MSCs 来源无关。国内学者应用体外扩增的人脐带 MSC 治疗 9 例中重度激素耐药急性 GVHD 患者,MSC 输注后 5～20 天起效,临床症状及实验室指标改善,6 例 CR,2 例 PR,1 例未缓解,有效率达 89%,未出现相关不良反应。大部分 aGVHD 临床症状在 MSC 输注后快速改善,以肠道症状尤为显著。

⑥体外光分离置换疗法(ECP):ECP 是在体外循环下以补骨脂素增敏紫外线照射 T 细胞后回输,可用于治疗难治性 aGVHD。有研究报道 ECP 可以诱导白细胞凋亡,促使抗原提呈细胞吞噬凋亡的淋巴细胞,进而影响抗原呈递的进程,刺激调节性 T 细胞的形

成及免疫抑制性细胞因子的分泌,从而下调 T 细胞介导的免疫应答。一项前瞻性 II 期试验分析了 59 例接受强化 ECP 方案治疗的激素难治性 aGVHD 的患者,开始每周接受 2 次 ECP,治疗有效后 2～4 周接受 2 次 ECP 治疗,直至达到最大效应。皮肤、小肠和肝脏 aGVHD 的 CR 率分别达到 82%、61% 和 61%,3 个器官均受累患者的 CR 率为 25%。

(二)慢性移植物抗宿主病(cGVHD)

慢性移植物抗宿主病(cGVHD)是一种全身性、多器官综合征,是 HSCT 后最为常见的晚期及长期存活病者的并发症,已成为影响移植后患者长期生存率和生存质量的主要原因。过去 30 年来,实验和临床研究对 aGVHD 的病理生理有了广泛的认识和理解,但对 cGVHD 发病机制和病理生理仍不清楚。慢性 GVHD 常累及多个器官系统,临床表现类似自身免疫病。

1. 发病机制 cGVHD 和 aGVHD 发病机制不同,aGVHD 具有更强的炎症成分,而 cGVHD 则更多地表现为自身免疫反应和纤维化。目前认为,aGVHD 主要由 1 类 T 辅助细胞(Th1)和 Th17 介导,而 cGVHD 主要由 Th2 介导。异基因干细胞移植后供者 T 细胞在宿主体内分化成熟,从干细胞分化为功能性 T 细胞需经过胸腺阴性选择,如果移植后胸腺损伤,宿主体内供者 T 细胞不能在胸腺内进行阴性选择(克隆去除)并迁移到外周 T 细胞并诱导免疫耐受。cGVHD 的病理生理过程主要依赖于 $CD4^+$ T 淋巴细胞向 Th2 细胞的极化,这个过程有 6 个特异的标记。首先是胸腺的损伤,它可由预处理造成,但更多的是此前发生的 aGVHD 所造成。胸腺损伤后,导致异体反应性 $CD4^+$ T 淋巴细胞阴性选择的缺陷。这使得机体偏向于分泌更多 Th2 型细胞因子,包括白介素 4(IL-4)、IL-5、IL-11、IL-10 和转化生长因子 β1(TGF-β1)。同时导致巨噬细胞活化,产生血小板衍化生长因子(PDGF)和 TGF-β1。这些分子使纤维母细胞增生和活化。调节性 T 淋巴细胞数量减少是第五个标志,最终 B 淋巴细胞失调,导致自身反应性 B 淋巴细胞出现和自身反应性抗体的产生。有人认为,自身反应性 B 淋巴细胞的出现可能是由于淋巴系统微环境中高水平 B 淋巴细胞活化因子(BAFF)的存在。所有的这些促成了与纤维组织增生相关的自身免疫样的系统性综合征。这种变化可发生于全身各个器官,但最常累及口腔和眼睛的黏膜表面,以及皮肤、肺、肾脏、肝脏和胃肠道。

2. 临床表现 临床错综复杂,类似自身免疫性胶原血管病(见表 3-2-21)。通常表现为局限或广泛的多器官受累,临床表现轻重不一,轻者仅影响生活质量,重者可危及生命。累及器官主要包括皮肤、眼睛、口腔、指甲、胃肠道、肝脏、肺,还可累及肌肉、筋膜和关节、造血系统、免疫系统和浆膜等。cGVHD 累及皮肤时,临床表现为广泛的色素沉着或色素缺失,也有白化病的临床报道,还可以表现为皮肤厚硬,皮肤溃疡,局部或大片脱发等临床症状;累及眼部时,临床上可表现为角膜、结膜干燥,无泪,瘢痕性兔眼,无菌性结膜炎以及持续性角膜上皮损害,角膜溃疡融化;累及口腔时,临床表现主要为口腔黏膜白斑、红斑、苔藓样变、黏膜溃疡、口腔黏膜萎缩及干燥等;累及骨骼肌肉系统时,病变主要表现为重症肌无力、多发性肌炎、多发性浆膜炎、关节挛缩等临床症状。此外,cGVHD 的全身表现还可有疲劳、体重下降、嗜酸细胞增多、免疫球蛋白 A 缺陷、慢性腹泻、肾病综合征、膜性肾病、梗阻性细支气管炎以及自身免疫性血小板减少症等。由于表现的多样性、迁延性,不同的移植中心对相应的临床表现缺乏统一的认识,从而给诊断、分级、治疗及预后带来困难。

表 3-2-21　　　　　　　　　cGVHD 的临床表现（NIH）

器官或部位	诊断性征象（可以确诊）	典型征象（cGVHD 特有,但不足以确诊）	其他征象	共有症状（aGVHD 和 cGVHD 共有）
皮肤	皮肤异色病 扁平苔藓样特征 硬化特征 硬斑病样特征 苔藓硬化样特征	褪色	汗腺损伤 鱼鳞癣 毛发角化症 色素减退 色素沉着	红斑、斑丘疹,皮肤瘙痒症
指甲		异位 纵向隆起,裂开或易脆 甲癣 翼状胬肉 指甲缺失（常为对称性；大部分受累）*		
头皮和头发		新出现瘢痕秃头症（放化疗恢复后） 丘疹鳞屑样损害	头发稀疏,典型斑秃,粗糙无光泽（不排除内分泌或其他原因） 早灰白头	
口腔	苔藓样特征 角化过度斑 硬化引起张口困难	口腔干燥 黏液囊肿 黏膜萎缩 白膜* 溃疡*		齿龈炎 黏膜炎 红斑 疼痛
眼睛		眼睛干燥,沙眼或疼痛@ 瘢痕性结膜炎 角膜结膜炎干燥@ 点状角膜病融合区	畏光 眶周色素沉着 眼睑炎（眼睑水肿区有红斑）	
阴道	扁平苔藓样特征 阴道干燥或狭窄	糜烂 裂开、溃疡		
胃肠道	食管蹼 食管上 1/3 狭窄或变窄*		胰腺分泌不足	厌食、恶心、呕吐、腹泻、体重下降 生长缓慢（儿童）

续表

器官或部位	诊断性征象（可以确诊）	典型征象（cGVHD 特有，但不足以确诊）	其他征象	共有症状（aGVHD 和 cGVHD 共有）
肝				胆红素升高，AKP＞2 倍正常值*，ALT 或 AST＞2 倍正常值*
肺	闭塞性细支气管炎结合活检诊断	闭塞性细支气管炎结合 PFTs 和放射诊断@		闭塞性细支气管炎肺炎（BOOP）
肌肉、韧带、关节	筋膜炎 关节僵硬或由于硬化引起挛缩	肌炎或多肌炎@	水肿 肌肉抽搐 关节痛或关节炎	
造血和免疫系统			血小板减少症、红细胞增多症、淋巴细胞减少症、丙种球蛋白增多或减少、自身抗体（AIHA 和 ITP）	
其他			心包或胸膜积液、腹水、周围神经疾病、肾病综合征、肌无力、心脏病变（传导异常或心肌病）	

注：AKP：碱性磷酸酶；ALT：丙胺酸转氨酶；AST：天门冬氨酸转氨酶；PFTs：肺功能试验；AIHA：免疫性溶血性贫血；lTP：特发性血小板减少性紫癜。＊：应排除感染，药物影响，恶变或其他原因。@：需要活检或 X 线检查（或眼睛 schirmer 检查）。

[章卫平，杨丹.国际输血及血液学杂志，2008，31(1)：388-391.]

3.诊断　原有 cGVHD 分类诊断主要采用美国西雅图标准。该标准于 1980 年由 Schulman 等提出（见表 3-2-22）。根据受累器官和广泛程度，将 aGVHD 分为局限型和广泛型两类。

表 3-2-22　　　　　　　　　　慢性 GVHD 分类诊断标准（西雅图）

分期	临床表现
局限型慢性 GVHD	包括下述两者,或其一:
	1.局限性皮肤损害
	2.慢性 GVHD 的肝功能损害
广泛型慢性 GVHD	含下述一种:
	1.广泛性皮肤损害
	2.局限性皮肤损害,或合并有慢性 GVHD 的肝功能损害并有下述之一:
	(1)肝活检示明显的慢性活动性肝炎、坏死或硬化
	(2)眼泪分泌减少(Schirmer 试验湿长≤5mm/5min)
	(3)唾液腺受损或口腔黏膜活检示受损
	(4)任何内脏受损

［张钰.综述.国际输血及血液学杂志,2010,33(4):315-318.］

　　2005 年,美国国立卫生研究院(NIH)专家共识提出,cGVHD 的诊断应根据其特征性症状和体征,而不是移植后发生时间,并将其标准化。根据 NIH 共识,cGVHD 的症状特征被划分为:可确诊(足以诊断 cGVHD)的症状或体征;特征性(见于 cGVHD,单独出现不足以诊断)症状和体征;普通症状和体征(急慢性 GVHD 均可见);其他特征(不常与 cGVHD 相关,若确诊可作为 cGVHD 的部分症状)。

　　"确诊"是指单独出现这些症状和体征足以确定诊断 cGVHD。这些症状主要累及皮肤及其附属物、口腔、眼睛、女性生殖器、食道、肺及结缔组织。由于其他原因而出现的类似表现,特别是感染需要鉴别诊断。如果患者有至少一个 cGVHD 的"确诊"特征,不一定要活检,但活组织检查和其他实验室检查有助于进一步明确诊断(见表 3-2-23)。

表 3-2-23　　　　　　　　　　可确诊慢性 GVHD 的症状和体征

皮肤	皮肤异色病;扁平苔藓样特征;硬皮病样特征;硬化性苔藓样特征
口腔	苔藓样病变;角化过度;硬化所致张开受限
生殖道	扁平苔藓样病变;阴道瘢痕或狭窄
消化道	食管蹼;食道中上 1/3 段狭窄或硬化
肺	经肺活检证实的闭塞性细支气管炎
肌肉、筋膜或关节	筋膜炎;继发于硬化症的关节僵直、挛缩

［张钰.综述.国际输血及血液学杂志,2010,33(4):315-318.］

　　特征性的临床表现可见于 cGVHD,但单独出现不足以诊断 cGVHD(见表 3-2-24),感染和其他原因引起的改变必须除外。如缺少"确诊"特征,需要活检或其他检查证实。

表 3-2-24	慢性 GVHD 特征性症状和体征
皮肤	皮肤色素减退
指甲	指甲营养不良；指甲纵脊、开裂或易碎；指甲剥离；指甲翼状胬肉；指甲缺失（通常对称分布，多数指甲受累）
头皮和体毛	新发的瘢痕或非瘢痕性脱发（化疗后恢复期）；鳞屑，丘疹鳞屑性皮损
口腔	口腔干燥；黏液囊肿；黏膜萎缩；假瘤形成；溃疡
眼睛	新出现的眼睛干燥、疼痛、沙眼；瘢痕性结膜炎；干燥性角膜炎（5 分钟的 Schirmer≤5mm，有干燥症状的 6～10mm，需要裂隙灯检查除外其他原因引起的干眼症），角膜斑点
生殖器	糜烂；龟裂；溃疡
肺	经肺功能及影像学诊断的闭塞性细支气管炎
肌肉，筋膜和关节	肌炎或多肌炎

［张钰.综述.国际输血及血液学杂志，2010,33(4)：315-318.］

急、慢性 GVHD 均可见到的症状和体征，累及的器官主要包括皮肤、口腔黏膜、消化道、肝脏和肺（见表 3-2-25）。

表 3-2-25	急慢性 GVHD 均可见到的症状和体征
皮肤	红斑；斑丘疹；瘙痒
口腔	牙龈炎；黏膜炎；红斑；疼痛
消化道	食欲减退；恶心；呕吐；腹泻；体重下降；生长停滞（青少年和儿童）
肝脏	总胆红素或碱性磷酸酶超过正常上限 2 倍；谷丙转氨酶或谷草转氨酶超过正常上限 2 倍
肺	闭塞性细支气管炎合并机化性肺炎（BOOP）

［张钰.综述.国际输血及血液学杂志，2010,33(4)：315-318.］

慢性 GVHD 其他特征：主要包括出汗机能减退，皮肤色素沉着或脱失，头皮变薄或头发过早变白，畏光，胰腺外分泌不足，外周性水肿，关节炎，浆膜炎，周围神经病变和肾病综合征。造血系统异常，包含了血小板减少、嗜酸粒细胞增高、淋巴细胞减少、高或低的丙种球蛋白血症。这些特征出现不常与 cGVHD 相关，但是如果确诊 cGVHD，这些特征可作为 cGVHD 的部分症状而出现。

总之，目前认为 cGVHD 的诊断标准包括：需要至少 1 项确诊症状，或者活检、实验室检查证实的至少 1 项特征性表现；排除其他可能的诊断（如感染、药物等）。

4.慢性 GVHD 的严重程度评估   以往 cGVHD 根据初始的临床表现分为局限性和广泛性两类，这种曾经广泛应用的标准有其局限性。NIH 工作组依据前述的 cGVHD 诊断标准建立了新的整体评价系统，此系统基于受累器官数量和严重程度进行评估（见表 3-2-26）。器官或部位分级包括皮肤、口腔、眼睛、胃肠道、肝、肺、关节和韧带、阴道。每一个器官或部位依次按 0～3 分级。0 级是指没有受损,1～3 级反映受损程度。该评分系统通过对各个单个器官累及的程度及功能障碍的严重程度的评分将 cGVHD 整体严重程度划分为轻度、中度和重度。

表 3-2-26 慢性 GVHD 受累器官或部位的分级(NIH)

	0 级	1 级	2 级	3 级
表现	无症状	有症状	有症状	有症状
分级:KPS、ECOG、LPS	自由活动(ECOG 0,KPS 或 LPS 100%)	完全不用卧床,身体剧烈活动时受限制(ECOG 1,KPS 或 LPS 80%～90%)	不卧床,有自我护理能力,床外觉醒时间 > 50%(ECOG 2,KPS 或 LPS 60%～70%)	自我护理受限,床上觉醒时间 > 50%(ECOG 3～5,KPS 或 LPS<60%)
皮肤临床特征 斑疹 扁平苔藓 丘疹鳞片癣 色素减退 色素沉着 毛发角化症 红斑 红皮病 皮肤异色病 硬化特征 瘙痒症 头发受损 指甲受损 受损 BSA%	无症状	BSA < 18% 有症状,但不出现硬化	BSA 9%～50%或有表面硬化临床特征,"无紧绷"(可能有压痛)	BSA>50%或有深层硬化特征"有紧绷"(不出现压痛),活动受限,溃疡或严重瘙痒症
口腔	无症状	轻度症状 张口不受限	中度症状 张口稍受限	重度症状 张口受限
眼睛 眼泪测验(mm) >10 6～10 ≤5 无	无症状	轻度眼睛干燥症,不影响 ADL(每人需滴眼≤3 次)或者为无症状的干燥性角膜结膜炎	中度眼睛干燥症,部分影响 ADL(每天需要滴眼>3 次或有点状斑),没有视力损害	严重眼睛干燥症完全影响 ADL(需特殊眼睛处理以减轻疼痛)或因为视力不能工作,或因为角膜干燥症引起视力下降

续表

	0 级	1 级	2 级	3 级
胃肠道	无症状	有症状 吞咽困难，厌食、恶心、呕吐，腹痛、腹泻，体重下降<5%	有症状 体重下降<5%～15%	有症状 体重下降>15%，需营养支持提供更多卡路里或食管扩张
肝	肝功能正常	胆红素升高 AST 或 ALT<2×正常值	胆红素>3mg/dL 或胆红素、酶2～5×正常值	胆红素或酶>5×正常值
肺*	无症状	轻度症状 （上楼梯台阶后呼吸急促）	中度症状 （平路行走后呼吸急促，气短）	重度症状 （休息时呼吸困难需吸氧）
FEV1 DLCO	FEV1>80% 或 LFS=2	FEV160%～79% 或 LFS 3～5	FEV140%～59% 或 LFS 6～9	FEV1≤39% 或 LFS 10～12
关节和韧带	无症状	四肢轻度紧绷感，运动正常或轻度下降，不影响 ADL	四肢紧迫感，关节挛缩，红斑因筋膜炎引起 ROM 和 ADL 中度受限	挛缩，ROM 和 ADL 完全受限（不能系鞋带、衣服纽扣、穿衣）
阴道	无症状	轻度症状 不影响性交，妇科检查轻度不适	中度症状 性交困难，妇科检查不适	症状加重（狭窄，阴道黏着或严重溃疡）性交疼痛，阴道镜插入困难

以下其他的临床表现及与 cGVHD 相关并发症，也可根据功能情况分为 0—3 级（无症状、轻度、中度、重度）。

食管狭窄或蹼_ 心包积液_ 胸膜积液_ 腹水_ 淋巴细胞减少症_ 周围神经病_ 红细胞增多症_ 心脏病_ 多肌炎_ 心脏传导异常_ 冠状动脉受损_ 血小板<100×109/L_ 病情进行性发作_

注：*：肺部分级使用肺功能试验（PFT），出现矛盾时，肺部症状或 PFT 之间按较高值分级。执行肺功能分级时，如果 DLCO 没有意义，使用 FEV1。FEV 预期值出现和 DLCO（调整后红细胞容积，不是肺泡量）修正如下：>80%＝1；70%～79%＝2；60%～69%＝3；50%～59%＝4；40%～49%＝5；<40%＝6。LFS＝FEV1 分级＋DLCO 分级，有可能为 2～12 范围。ECOG：东部协作肿瘤组标准；KPS：执行 Karnofsky 标准；LPS：执行 lansky 标准；BSA：身体表面区域；ADI：每日活动。

[Filipovich AH, et al. *Biol Blood Marrow Transplant*. 2005, 11(12): 945-56.]

轻度 cGVHD 的特点是 1 个或 2 个器官组织受累（除外肺），每个受累器官的评分不大于 1 分，并且临床上没有严重功能障碍。中度 cGVHD：①至少有 1 个器官或组织受累，有临床意义但没有主要功能残疾（任何受累器官或组织最高评分 2 分）；②3 个或更多的器官或组织的功能，没有临床意义的功能损伤（所有受累器官或组织最高评分 1 分）；肺评分为1分也被认为是中度 cGVHD。严重 cGVHD：主要残疾（任何器官或组织评分为3分）；肺评分2分也被认为是严重的 cGVHD（见表 3-2-27）。

表 3-2-27　　　　　　　　　　慢性 GVHD 整体评价系统

整体的严重程度	器官、组织受累	受累器官、组织的最大评分
轻度	1个或2个(不包括肺)	1
中度	3个或以上	1
	1个或以上	2
重度	不管多少	3

[张钰.综述.国际输血及血液学杂志,2010,33(4):315-318.]

5. 慢性 GVHD 治疗　目前对于慢性 GVHD 没有标准治疗指南,对于恶性血液病患者而言,cGVHD 与移植物抗肿瘤(GVT)效应密切相关,过度的免疫抑制治疗可能减弱 GVT 效应而增加复发及感染的风险,而治疗不足则增加移植相关并发症发病率和死亡率。

NIH 工作组共识：建议轻度 cGVHD 只需局部处理(如局部类固醇药物治疗)；中度以上 cGVHD,若有多于3个器官受损时,须全身免疫抑制治疗；如果患者正在接受免疫抑制治疗,可加大药物剂量或增加其他免疫抑制剂。与此同时,要加强感染的预防。合并感染要随时调整治疗方案和药物剂量。

(1) 一线治疗：联合应用皮质类固醇激素和钙调神经磷酸酶抑制剂目前被认为是最有效的治疗方案。西雅图 BMT 中心主要治疗方案为泼尼松和 CSA 交替使用：强的松 1mg/(kg·d),CSA 6mg/(kg·d),每日2次。开始为泼尼松和 CSA 同时使用2周,然后 CSA 单独使用9~12个月。

(2) 二线治疗：对于激素治疗无效,即以糖皮质激素为基础的标准免疫抑制治疗方案治疗至少2个月后患者症状无改善或者治疗1个月后出现疾病进展时,应给予二线治疗。目前常见的二线治疗药物有霉酚酸酯、大剂量糖皮质激素、体外光疗、西罗莫司、喷司他丁、抗 CD20 单克隆抗体、抗 CD25 单克隆抗体、沙利度胺等。经过二线治疗后,三线治疗的选择通常依据临床情况,在慢性 GVHD 的病情进展风险与增加感染概率两者之间获得平衡。

(3) 辅助和支持护理治疗：cGVHD 的临床表现可持续很久,有些并发症是不可逆的。因此,辅助治疗和支持护理是移植后保护重要脏器功能和改善患者舒适度的重要措施。表 3-2-28 为健康发展计划协助组织编写的 cGVHD 辅助治疗和支持护理干预概要。

表 3-2-28　　　　　　　　　　cGVHD 的辅助治疗和护理干预概要

器官系统	器官特殊干预
皮肤及附属物	预防：光照保护 治疗：①完整无损皮肤：局部润肤剂、类固醇药物、止痒剂等,例如补骨脂素＋长波紫外线(UVA)、CNI ②糜烂/溃疡皮肤：微生物培养、局部抗生素、保护性敷料、清创术、高压氧治疗、专科医师会诊

续表

器官系统	器官特殊干预
口腔	预防：保持口腔/牙齿卫生，常规牙齿清洁，预防牙龈炎，观察病情变化 治疗：局部高浓度皮质类固醇和止痛剂、治疗口腔干燥症
眼睛	预防：光照保护，观察有无感染、白内障形成、眼内压增加 治疗：给予人工泪液、局部类固醇药物或环孢素、点状封闭、潮湿环境、毛果芸香碱滴眼、眼缘缝合术、微生物培养、局部抗生素
阴道	预防：观察雌激素水平，注意有无感染（病毒、真菌等）及病情恶化 治疗：予水样润滑剂、局部雌激素、局部类固醇药物或 CNI，必要时使用扩张器，手术治疗广泛粘连
胃肠道	预防：观察有无感染 治疗：消除其他潜在病因；注意饮食变化，若吸收不良给予消化酶；适当处理胃食管反流；食管扩张术、熊去氧胆酸
肺	预防：观察有无感染 治疗：消除其他潜在病因；予吸入皮质类固醇、支气管扩张、辅助性吸氧、肺康复训练，有适当供者可考虑肺移植
神经	预防：药物浓度监控，预防各种疾病；包括控制血压、补充电解质、应用抗痉挛药物等
免疫和感染疾病	预防：观察有无感染；预防间质性浆细胞肺炎、带状疱疹、包膜细菌；若反复感染用免疫球蛋白；在疾病预防中心指导下接种疫苗 治疗：生物类特异性抗生素，发热时注射广谱抗生素
肌肉与骨骼	预防：观察运动量、骨密度、钙水平和维生素 D 水平，物理治疗，补充钙和维生素 D、磷酸盐

三、肝静脉闭塞病

肝静脉闭塞病（hepatic veno-occlusive disease，HVOD），也称肝窦阻塞综合征（SOS），是一种以肝内小静脉和血窦内皮细胞损伤导致其纤维性闭塞为主要病理性改变的疾病，典型 VOD 一般发生在 SCT 后第 1 个月内，发病率 10％～60％不等，以黄疸、疼痛性肝大、体重增加和腹水为特征，轻中度患者可完全恢复，严重时可出现多器官功能衰竭（MOF），因缺乏特异性治疗措施，重症患者 100 天内死亡率高达 80％。

（一）病因和发病机制

HVOD 的发病危险因素如表 3-2-29 所示，其发病主要与移植前大剂量化、放疗时肝脏的毒性反应有关。如马利兰、氮芥、环磷酰胺等多在肝内代谢和转化，其代谢产物主要集中在小叶中央区的肝静脉系统内。此外肝内小静脉对射线特别敏感，一次照射 8Gy 以上则会出现明显的损伤甚至纤维化。

HVOD 的发病机制复杂，CBT 前预处理中使用的细胞毒药物致肝窦内皮细胞和肝细胞损伤是发生 HVOD 的关键始动因素，涉及内皮损伤、细胞因子释放、止血作用以及通过谷胱甘肽途径的肝脏药物解毒等。

常用的 CBT 预处理药物环磷酰胺先经细胞色素 P450 酶系统,代谢为有毒性的代谢产物丙烯醛,再经谷胱甘肽途径分解为无毒性的产物排出体外,在预处理使用白消安(BU)、卡莫司汀等消耗了大量的谷胱甘肽后,后续使用的环磷酰胺的毒性产物丙烯醛因缺少谷胱甘肽的代谢,而聚集在富含细胞色素 P450 酶、但缺少谷胱甘肽的肝小叶 3 区,致该区(肝中央静脉周围)HVOD 的发生。

化疗和免疫损伤导致促凝细胞因子及纤溶抑制物水平升高均参与 HVOD 的发病。纤维蛋白聚集和细胞碎片等堵塞了损伤的内皮上细小毛孔,造成肝静脉流出道阻塞,从而导致窦后高压。血管闭塞、肝细胞坏死和肝纤维化最终导致肝功能衰竭、肝肾综合征、MOF 和死亡。因显微镜下可发现明显的肝窦阻塞,故 HVOD 又称 SOS。

表 3-2-29　　　　　　　　　　　　HVOD 发病危险因素

危险因素	较低危险性＜较高危险性
移植类型	同基因或自体＜异基因
供者类型	同胞＜其他亲属＜无关供者
HLA 相合程度	HLA 相合＜任何不相合
干细胞来源	外周血＜骨髓
T 细胞去除	有 TCD＜没有 TCD
诊断	非恶性疾病＜恶性疾病
疾病状态	缓解＜复发
预处理	
-强度	单用 Cy＜Cy ＋TBI＜BVC(BCNU，VP，Cy)
-TBI	分次 TBI＜单次剂量 TBI
	小于 12Gy＜大于 12Gy
	低剂量率＜高剂量率
-马利兰(Bu)	静脉 Bu＜调整后口服 Bu＜未调整后口服 Bu
-时间	间隔用 Cy-TBI 36 小时＜12 小时
年龄/性别	年轻＜年老/男人＜女人
Karnofsky 评分	100～90＜低于 90
移植前的 AST/ALT	正常＜增高
移植次数	1 次＜2 次
既往肝区照射	否＜是
既往吉姆单抗(Mylotarg)治疗	否＜是
肝脏状态	正常＜纤维化＜硬化或浸润
CMV 血清学状态	阴性＜阳性
预处理时发热	无＜存在
肝毒性药物	孕激素,酮康唑,CsA,氨甲蝶呤,两性霉素 B,万古霉素＜阿昔洛韦,IV Ig
遗传易感性	GSTM1 基因型阳性＜GSTM1 基因型阴性

注:黑体字指主要危险因素。

（二）临床表现

临床上以突发性肝脏肿大触痛，胆汁瘀积性黄疸，体液潴留引起腹水或不明原因的体重增加，门静脉高压症及血小板明显减少为主要特征。不仅可引起肝功能衰竭，还可最终导致心肺肾脑的重要脏器功能衰竭而死亡。

按严重程度分为三型：

轻型：符合 HVOD 标准，不需治疗，自限性。

中型：需利尿剂、麻醉止痛剂等药物治疗，可痊愈。

重型：无特效治疗，移植前 100 天死亡率高。

（三）诊断

至今 HVOD 诊断仍为临床诊断，排除其他原因即考虑本病。肝静脉压测定、肝组织活检、多普勒超声、CT、磁共振成像（MRI）等影像学检查在移植后早期开展均受限制。

目前有西雅图和巴尔的摩两项临床诊断标准（见表 3-2-30）。尽管后者更严格，但两个诊断标准类似，特异性为 91％～92％，敏感性较低。

表 3-2-30　　　　　　　　　　　　　　　HVOD 诊断标准

标准	内容
西雅图移植中心临床诊断标准	造血干细胞移植后 30 天内，以下 3 个条件中具备 2 项： （1）高胆红素血症（总胆红素＞2mg/dL 或 34.2μmol/L） （2）肝脏肿大，肝区疼痛 （3）腹水＋/－，体重在短期内迅速增加，与基础体重比较＞2％，排除其他原因
巴尔的摩标准	造血干细胞移植后 21 天内，胆红素升高≥2.0 mg/dL 和至少下列 2 项：①疼痛性肝大；②腹水或≥5％的体重增加

鉴别诊断需要与其他原因引起的肝大、体重增加和黄疸鉴别。黄疸及高胆红素血症还可见于环孢素 A 或他克莫司相关肝毒性、肝脏急性 GVHD、脓毒症、溶血、胆囊疾病或使用肠外营养等。发病时间对缩小鉴别诊断范围非常有用。HVOD 通常发生在移植后 30 天内，尽管有报道罕见病例发生在移植后 35～65 天。在异基因移植中使用环孢素 A 或他克莫司时，胆汁瘀积可能发生在移植后任何时间，急性 GVHD 通常发生在植入后，病毒感染发生在 SCT 后 100 天内，真菌感染经常在 35 天后，特别是在应用激素时发生。

（四）治疗

治疗目前仍较困难，对重症 VOD 尚缺乏特异性措施（见表 3-2-31）。一般治疗原则为积极对症支持疗法，采用护肝及药物溶血栓、扩张血管等治疗，但应注意系统性抗凝和抗血栓药物部分有效但有明显的出血风险。常用治疗措施为：

1. 对症支持治疗　支持和对症治疗包括血浆扩容，改善肾血量灌注，保持水电解质平衡，限制钠盐摄入，适当利尿，注意监测体重、尿量和血容量负荷改变，积极防治脑病，避免使用对肝脏有损害的药物和镇静止痛药等。发生脏器功能衰竭时给予血液透析和机械通气。

2. 去纤核苷酸（DF）　DF 是目前公认的治疗 HSCT 后 HVOD 最有前景的新药，基于其抗凝、促进纤溶、抗炎等作用。较近的一项大系列前瞻性临床研究纳入了 305 例 HSCT 后 HVOD 患者，中位年龄 16 岁（0.1 岁～70 岁），其中重型 HVOD 患者 220 例。

DF 治疗剂量为每天 25mg/kg,静脉滴注。结果显示:CR 率为 30%,移植后 100 天 OS 率为 50%;重型 HVOD 患者的 CR 率为 26%,移植后 100 天 OS 率为 45%;非重型 HVOD 患者的 CR 率为 39%,移植后 100 天 OS 率为 65%。儿童和成年患者的 CR 率分别为 33%和 26%,移植后 100 天 OS 率分别为 56%和 44%。从诊断 HVOD 到起始应用 DF 时间大于 2 天患者的 CR 率为 20%,明显低于应用 DF 时间小于等于 2 天患者的 34%。该研究证实了 DF 治疗移植后 HVOD 的有效性,也证明了 DF 治疗儿童 HVOD 疗效的优越性及早期采用 DF 治疗的重要性。DF 相关的常见不良反应有出血、低血压、胃肠道不适(如恶心、呕吐、腹部不适),偶发注射部位的不良反应,但大多数为轻中度。

3.组织血浆蛋白酶原激活剂(tPA)　据报道,t-PA 治疗 HVOD 的有效率接近 30%,但其临床应用因严重的出血性并发症而受到限制。

4.PGE_1＋肝素　国外有报道 PGE_1 由 $0.075\mu g/(kg \cdot h)$ 逐渐增加到 $0.3 \sim 0.5\mu g/(kg \cdot h)$＋肝素 100U/(kg · d) 已成功地应用于已形成的严重 HVOD。

5.外科治疗　外科治疗包括肝内门静脉分流术、肝移植等。

表 3-2-31　　　　　　　　　　　　　　　　HVOD 的治疗

一线治疗	
对症治疗[①]	· 限制水盐摄入±利尿
	· 通过输注白蛋白、血浆或血液制品(HCT＞30%)维持血容量和肾脏灌注
针对性治疗	· 去纤核苷酸:6.25mg/kg 静脉输注 2h q6h ×14d
	· 其他药物
	rt-PA(重组组织型纤溶酶原激活剂)[0.05mg/(kg · h)],输注 4h,最大量 10mg/d,连用 2～4d]联合肝素钠[肝素钠先 20U/kg 静脉推注(最大量 1000U),继之 150U/(kg · d)持续静滴,连用 10d];去纤苷获得之前,可先用此方案,某些病例有效,但多器官衰竭、出血或严重高血压患者禁用
	抗凝血酶Ⅲ、前列腺素、肾上腺皮质激素、谷氨酰胺/维生素 E、N-乙酰半管氨酸和重组可溶性血栓调节蛋白偶有治疗成功的报道,但病例数较少
其他治疗	
对症治疗[①]	· 镇痛
	· 胸腹腔穿刺放液
	· 血液透析/血液滤过
	· 机械通气
针对性治疗	· TIPS(经颈静脉肝内门体分流术):虽门脉高压和腹水改善,长期疗效和生存率仍差
	· 外科手术分流
	· 肝移植

注:①首先进行对症治疗,对重症病例进行针对性治疗。

（五）预防

引起 HVOD 的高危因素包括女性，高龄，移植前肝损伤，腹部放射，铁负荷过高及进展期肿瘤患者，高强度预处理方案，抗 CD33 单抗（肝内皮细胞和星状细胞表达 CD33），西罗莫司（加重肝血管内皮细胞的衰老、降低内皮生长因子水平）及其他肝毒性药物使用，以及高危遗传倾向（如谷胱甘肽酶系统基因突变）的人群。

由于目前缺乏有效的治疗方法，预防成为移植方案中关键的一环。预防措施包括（见表 3-2-32）：

表 3-2-32   HVOD 的预防

一、避免危险因素
- 避免在肝功能不正常的情况下进行干细胞移植；调整 Bu 剂量或静脉应用 Bu；先使用 Cy 再用 Bu；分次 TBI；避免使用肝毒性药物等
- 对高危患者，考虑减低强度的预处理 allo-HSCT（VOD 发生率＜2%）

二、药物治疗
- 肝素钠：100U/(kg·d)持续输注，虽然有两个随机研究提示治疗有效，但其他研究认为无效且危险；
- 前列腺素 E_1：0.3μg/(kg·h)持续输注。几个临床试验的评估都是与肝素合用，单用时未观察到治疗效果
- 熊去氧胆酸：600～900mg/d 口服，4 个随机试验和 2 个历史对照研究表明 HVOD 减轻，TRM 下降
- 低分子肝素：依诺肝素 40mg/d 或弗希肝素 5000U/d 皮下注射，相对安全，有部分效果，需进行随机对照研究
- 去纤核苷酸：仅有一个儿童的随机研究表明 HVOD 和 GVHD 的发生率明显降低

1. 优化预处理方案及 GVHD 预防方案，监测肝损伤药物浓度及应用谷胱甘肽等，有助于减少肝损害，降低 HVOD 发生率。

2. 避免在肝功能不正常的情况下进行干细胞移植。

3. 预防性应用抗凝剂和抗血栓药物　由于 HVOD 的发生机制为肝窦和（或）中央静脉阻塞，抗血栓形成或纤维溶解剂已作为预防药物。目前采用的预防药物包括肝素联合前列腺素 E_1、熊去氧胆酸等。在有 HVOD 高危因素的患者，小剂量肝素[100U/(kg·d)]持续静滴，从预处理开始到 HSCT 后 30 天；前列腺素 E_1（PGE_1）静脉滴注 1.25～10ng/(kg·min)，从预处理开始到 HSCT 后 30 天。PGE_1 有扩张血管、抑制血小板聚集等作用，对血管上皮和肝细胞有保护作用。

四、间质性肺炎

间质性肺炎（interstitial pneumonitis，IP）是异基因造血干细胞移植后的严重并发症之一，是继感染、GVHD 和 HVOD 之后导致移植相关死亡的第四大原因。CMV 感染与间质性肺炎的发生有重要关系，CMV-IP 且易合并真菌、细菌、卡氏肺囊虫等其他感染；在

非 CMV-IP 中,迟发性非感染性肺部并发症是导致患者预后不佳的主要因素之一。IP 的发生率 10%～40%,若无及时和特异性的治疗,死亡率高达 85%～100%。发病机制目前仍不十分清楚。IP 可发生在 HSCT 后 1 周～2 年,但常见发病时间为 HSCT 后 8～10 周。特发性 IP 发生时间可能较 CMV 引起的要早。病理学改变呈单核细胞的肺间质浸润、增厚、水肿、渗出、肺泡空间相对减少,在晚期肺间质纤维化。

(一)病因和诱因

1.感染性因素　CMV 感染引起 IP(包括单纯 CMV 感染及 CMV 合并其他病原体感染)占 40%～50%;卡氏肺囊虫和其他病毒(水痘-带状疱疹病毒,腺病毒)引起者占 10%～20%,其他感染如真菌、细菌、支原体、原虫等也可能有关。

(1)CMV 感染:IP 的发生原因是多方面的,其中至少 50% 与 CMV 感染有关。CMV 是异基因造血干细胞移植后常见的并发症,也是造血干细胞移植后 IP 的主要原因之一。CMV 感染非常普遍,在人体免疫功能正常时,CMV 常以整合状态潜伏存在,CMV 特异性细胞毒性 T 淋巴细胞对 CMV 感染有一定限制作用,能保护 CMV 感染患者不致发生 CMV-IP。患者在干细胞移植术后由于免疫功能低下,CMV 特异性细胞毒 T 细胞和辅助 T 细胞反应缺陷,不能清除感染和产生免疫保护,致使体内潜伏病毒复燃或经输血或供者细胞感染病毒,容易发生 CMV 活动性感染。移植后 8～10 个月内患者免疫系统功能尚未恢复,细胞免疫功能缺陷致使体内潜伏病毒再燃。CMV 感染是干细胞移植后的常见并发症。CMV-IP 是移植后 CMV 疾病的主要类型。CMV 感染的高危因素包括移植前供受者 CMV 血清学阳性,严重的 GVHD,无关供者移植,HLA 不完全相合的移植,经常输注 CMV 血清阳性的血制品等,其中 GVHD 的严重程度与之密切相关。

(2)真菌感染:主要致病菌有念珠菌和曲霉菌。真菌致病力相对较弱,引起的 IP 较少见,仅于机体免疫功能低下时致病。另外免疫抑制剂及广谱抗生素的应用,导管留置等因素均使真菌感染的机会大大增加。

(3)卡氏肺囊虫感染:发病率 1%～2%,是一种机会感染性疾病,甲氧苄啶/磺胺甲基异恶唑(SMZco)联合用药能预防大多数卡肺的发生。

(4)细菌感染:细菌引起的 IP 较少见,与患者机体免疫力低下、致病菌种的侵袭力等多种因素有关。

2.非感染因素　近年来,随着预防性抗生素、抗病毒药物和抗真菌药物的运用,移植后并发细菌、病毒及真菌感染的发病率明显下降。而非感染性肺部并发症逐渐成为造血干细胞移植后影响患者生存质量及生存时间的主要因素。

(1)预处理方案:预处理中采用的 TBI 和大剂量化疗包括环磷酰胺、白消安、甲氨蝶呤等药物与 IP 的发生有关。研究发现,异基因干细胞移植后 CMV-IP 发生率与 TBI 的剂量与剂量率,尤其与肺组织的吸收剂量有密切关系,当吸收量大于 8Gy 以上时,IP 发生率明显增高。此外,IP 与预处理方案中化疗药物对肺部直接损伤也有一定关系。

(2)GVHD:GVHD 是并发肺部感染的高危因素。CMV 感染常与严重 GVHD 和造血功能抑制伴随存在,aGVHD 可明显增加 CMV 等感染的发生率,且随着 GVHD 的程度加重,其感染率有所增加,GVHD可明显削弱患者的正常免疫功能,同时由于治疗GVHD而应用大量的免疫抑制剂进一步削弱了患者的免疫力而造成CMV等病原体隐性感染的激活,导致IP。

(二)临床表现

IP常于移植后30～50天开始发病,早期出现不同程度的发热,以中度发热为主,呈不规则热型,部分可达39.0～41.3℃。胸闷、气急、呼吸困难,咳嗽、咳痰、以干咳为主,一般咳痰量不多。

体征:肺部一般无啰音,缺氧者口唇青紫、甲端发绀。早期肺部体征少而症状重是IP的一个显著特点,到晚期可出现干湿性啰音。严重者有明显呼吸窘迫症状,呼吸困难进行性加重,可在数天内出现进行性加重的低氧血症,低碳酸血症,晚期出现Ⅱ型呼吸衰竭。

(三)辅助检查

1.胸部X线片 示早期两肺纹理增粗,之后呈弥漫性网织状、纤维条索状、斑点状密度增高影,病情严重者肺部呈磨玻璃样改变。

2.高分辨计算机断层扫描(HRCT) 用于IP的诊断,效果明显优于胸部X线平片。典型的IP在HRCT上,肺部以磨玻璃样改变及网格状改变为主,部分可伴有肺间质纤维化。病变部位以下肺和胸膜下为重,且以弥漫性细网格样间质性病变为主。

3.胸部动脉血气分析 动脉血氧分压下降明显,低氧血症为最主要生理异常,常常早于胸部X光片的异常,尤其活动后更明显,且连续监测一般呈进行性下降。

4.肺功能测定 示限制性通气功能障碍、弥散功能降低。

5.病原学检测,因IP与CMV关系密切,故CMV检测是重点,目前多采用血液或尿液CMV-IgM、CMV-pp65和CMV-DNA定量检测,阳性者可明确诊断。还可行血涂片免疫组化CMV抗原检测以及痰中粒细胞核内CMV包涵体检测等特殊检测。确诊首选纤维支气管镜检加肺泡灌洗肺组织或其分泌物中找到CMV或其特异性抗原或DNA片段。

(1)卡氏肺囊虫(PC)感染:可通过支气管肺活检、刷检等途径找到PC,PCR技术检测痰液、血清中PC的DNA以确诊。

(2)真菌感染:可依靠深部痰培养,支气管肺泡灌洗(BAL),采集下呼吸道分泌物培养及PCR扩增、真菌荧光染色等检测方法明确诊断,必要时可行肺活检术。

(3)细菌感染:病原学检测主要靠血液及痰培养等确诊,必要时也可行纤维支气管镜检查及支气管肺泡灌洗等检查明确诊断。

(四)诊断与鉴别诊断

干细胞移植后患者有发热、干咳、呼吸急促、呼吸困难、伴进行性低氧血症的表现时,首先考虑IP。结合辅助检查可以协助诊断。

40%～60%的造血干细胞移植受者可能发生感染或非感染肺部并发症,出现发热、干咳、进行性低氧血症等表现,临床表现类似,治疗原则和方法不同,应注意进行鉴别(见表3-2-33)。

表 3-2-33　　　　造血干细胞移植后感染性和非感染性肺部并发症的鉴别

并发症	发病时间	发病率	病因及机制	临床表现	诊断	治疗
CMV-IP	多发生在移植后 30～100 天，少数发生在移植后 2 年	40%～50%	干细胞移植术后由于免疫功能低下，CMV 特异性细胞毒 T 细胞和辅助 T 细胞反应缺陷，不能清除感染和产生免疫保护，致使体内潜伏病毒复燃或经输血或供者细胞感染病毒	进行性呼吸困难和低氧血症，多数患者有轻度至中度咳嗽，干咳或少量非脓性痰，可突发性干咳、发绀，多伴发热。肺部啰音出现较晚	①临床表现为发热干咳、临床表现为发热、干咳、气促、呼吸困难；②血气分析示低氧血症伴或不伴低碳酸血症；③肺功能测定显示限制性通气障碍，肺容量、肺顺应性和肺灌流量均减少；④胸部 X 片改变多种多样，开始时可以呈段、叶或弥散性间质性改变或结节样浸润，以肺底部和肺门区最明显，在疾病进展过程中病变融合，X 线示游走性浸润影，浸润区则呈毛玻璃样改变，X 线改变吸收慢，一般持续大于 1 个月；⑤确诊有赖于肺组织或其分泌物中找到 CMV 或其特异性抗原或 DNA 片段。纤维支气管镜检加肺泡灌洗为确诊之首选方法	对 CMV 抗原阳性者可用大剂量免疫球蛋白 500mg/(kg·d)，静滴，12 小时 1 次，抗 CMV 药物常用丙氧鸟苷，必要时加用膦甲酸钠治疗
特发性肺炎综合征（idiopathic pneumonia syndrome，IPS）	中位发病时间为移植后 19 天（4～106 天）	3%～15%	病因及机制不清。其高危因素有：年龄大于 40 岁、移植前原发疾病为非白血病的恶性肿瘤、移植前过强的预处理方案或 TBI、严重 GVHD 以及 CMV 抗体阳性的供者移植	多种多样，常见症状有呼吸困难、干咳、低氧血症，重症可有急性呼吸衰竭	(1)弥漫性肺泡损害的证据：①胸片或 CT 可见多肺叶的浸润影；②肺炎的症状和体征；③呼吸生理异常的证据和肺泡动脉血氧分压差增加；肺功能检查提示新出现的或加重的限制性通气功能障碍 (2)排除活动期下呼吸道感染：①支气管肺泡灌洗液细菌病原体检查阴性和(或)应用广谱抗生素后病情无改善。②常规细菌、病毒、真菌培养阴性；③巨细胞病毒快速病毒壳培养（shell-vial culture）阴性；④巨细胞病毒、真菌和卡氏细胞学检查阴性；⑤呼吸道合胞病毒、副流感病毒等其他检测阴性 (3)排除心功能不全、急性肾功损害、医源性液体负荷过重所致肺功能损害	主要是大剂量激素、机械通气及预防感染。还有报道依那普利对 IPS 有效。肺移植可作为某些患者的治疗手段

续表

诊断	发病时间	发病率	病因及机制	临床表现	诊断	治疗
弥漫性肺泡出血（Diffuse alveolar hemorrhage, DAH）	发生在移植早期，中位发病时间为异基因移植后19天	2%~17%	病因及机制不详，可能与非特异性的肺泡毛细血管内皮细胞损伤和细胞因子导致的肺泡炎有关，其发病危险因素包括高龄、清髓性预处理方案、CTX累积剂量、TBI、严重GVHD、中性粒细胞植入及干细胞保存剂二甲基亚砜	进行性的呼吸困难、发热、咳嗽、低氧血症、呼吸衰竭、咯血等	①弥漫性肺泡损伤的证据：多个肺叶浸润影、肺炎的症状和体征和呼吸生理异常包括肺泡动脉血氧分压差增加和限制性通气功能障碍；②排除感染；③支气管肺泡灌洗结果显示，来自3个不同的支气管亚段的回收液逐渐加重的血性液体，或是20%以上灌洗液的细胞为含铁血黄素的巨噬细胞，或者肺组织活检至少30%的肺泡表面可见到血液成分存在。灌洗液中20%以上为含铁血黄素巨噬细胞可作为另一条诊断标准，但通常需要2~3天的时间上述表现才会出现，没有找到含铁血黄素巨噬细胞也不能排除新鲜出血的发生	可采用糖皮质激素、新鲜冰冻血浆和血浆置换治疗；重组Ⅶa，抗纤维蛋白溶解物等也有报道；机械通气治疗
急性肺水肿	移植后2~3周	较常见	主要与预处理、液体负荷过大、心肾功能不全等有关	临床表现为突发的呼吸困难、体质量增加、双肺湿啰音及低氧血症	心源性肺水肿可由过度水化、大量输液及化疗药物的毒性损伤引起；全身放疗、免疫抑制剂的使用及脓毒血症等所致的肺损伤可使毛细血管通透性增加，引起非心源性肺水肿	治疗类似其他原因所致的肺水肿，即合理的补液及利尿药物的应用，严重者进行机械通气治疗
放射性肺炎（Radiation pneumonitis）	放疗结束后6周~6个月	接受TBI的移植患者约7%发生有症状的放射性肺炎	是肺毒性损伤后的急性表现，数周后可表现为迟发的炎性反应及纤维化。发病危险因素有大剂量化疗后、TBI、移植前就存在肺部疾病、因乳腺癌接受局部放疗的患者	大部分患者虽有胸部影像学改变但无明显临床症状。典型表现为发热、进行性呼吸困难和低氧血症。可进展为不可逆的局部肺纤维化，也可同时产生	①有或无临床症状；②实验室检查通常可见血沉增快、白细胞增加；③胸片表现多样，可以是局部的模糊影，也可表现为致密的浸润影，边缘相对清晰，但不是肺的解剖学边界，对应的是放疗的区域；胸部CT表现为局部高密度影，边缘相对清晰类似胸片的表现；④肺功能提示限制性通气障碍和弥散能力下降，其中肺的弥散功能是最重要的提示肺放射性损伤预后的指标	多采用激素（通常剂量为1~2mg/kg，并逐渐减量）及对症支持；动物实验证实吡非尼酮对放射性肺损伤有防护作用，可改善肺纤维化

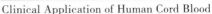

续表

诊断	发病时间	发病率	病因及机制	临床表现	诊断	治疗
闭塞性细支气管炎（bronchiolitis obliterans，BO）	一般发生在移植3个月以后，多发生在移植后的6～12个月	2%～30%	BO的早期组织学改变包括气管、支气管上皮损伤以及炎症细胞浸润，晚期则转变为气道部分或完全阻塞。危险因素包括移植前FEV1/FVC下降、受者年龄偏大、GVHD、肺部并发症、使用MTX、女性供者、移植后100天内病毒感染。但是包含ATG的预处理方案是减低BO的因素	常隐袭起病，主要表现为干咳、气促、喘息。30%可无症状，肺部的啰音及哮鸣音是常见的体征，气管扩张剂无效。一些患者也可表现为特发性胸部漏气综合征，如自发性纵隔积气、气胸和间质性肺气肿	①干咳、呼吸困难、气喘，一般不伴发热；②合并慢性GVHD；③肺功能检测FEV1/FVC＜0.7及FEV1＜75%、RV＞120%的预计值；④胸部高分辨率CT示呼气相空气潴留征、支气管扩张、支气管壁增厚、双肺过度充气；⑤排除可致阻塞性肺部疾病的其他原因同时还需排除GVHD引起的肺部其他并发症	糖皮质激素为一线用药，其他免疫抑制剂如环孢素、他克莫司、雷帕霉素、依维莫司、吗替麦考酚酯、白三烯受体拮抗剂等均是BO综合征的有效治疗方案。药物治疗失败患者可采取肺移植
闭塞性细支气管炎伴机化性肺炎（bronchiolitis obliterans organizing pneumonia，BOOP）	常发生在移植后1个月至2年，多发生于移植后的108天（5～2800天）	0.9%～10.3%	该病的发病机制可能与供者干细胞攻击受者免疫系统有关。危险因素有高龄、cGVHD、含马利兰的预处理方案、HLA配型不合等	临床表现为急性或亚急性发热、干咳和呼吸困难；查体可闻及啰音和吸气相爆裂音	①临床表现包括干咳、呼吸困难、发热；②肺功能表现为轻至中度限制性通气障碍及弥散功能障碍；③CT检查通常可发现有弥漫性斑块状影、毛玻璃影及结节影；④纤维支气管镜和肺活检对其诊断有重要价值，支气管肺泡灌洗液中淋巴细胞增多；⑤确诊依赖支气管镜下活检或开胸肺活检，组织病理学特征为细支气管腔内、肺泡管和肺泡内出现机化性渗出物，细支气管内肉芽组织增生，肺泡周围单核细胞浸润	大部分患者对激素治疗有效，并在开始治疗1～3月后，胸片恢复正常，持续6～12月，治愈率可达65%以上。有病例报道，乙基琥珀酸红霉素酯联合激素治疗取得良好效果

（五）间质性肺炎的治疗

1. 对症支持治疗 持续吸氧及支持疗法，采用面罩、氧袋吸氧，双水平气道正压通气（BiPAP）无创呼吸机支持，无创通气疗效不满意时行气管插管、气管切开。随着病情的进展，肺间质渗出逐渐增多，血浆蛋白逐渐下降，肺湿度加快加重，呼吸困难必将逐渐加重，适当输血浆、白蛋白对减慢肺间质渗出的进程有利。常用白蛋白20g/d，连用数天。

2. 激素治疗 激素可减少肺泡毛细血管、肺间质的渗出，有提高氧合、延缓使用辅助呼吸措施的作用，同时可对抗可能存在的GVHD。常用甲泼尼龙2～6 mg/（kg·d），密切观察患者病情变化，病情进行性加重者，根据血气加重程度，甲基强的松龙剂量加量，病情改善后逐渐减量，明显好转、病情平稳后改为口服强的松龙片维持治疗。

3.病因治疗

(1)考虑有 CMV 感染者,给予更昔洛韦或膦甲酸钠,联合静脉用丙种球蛋白治疗。诱导期用更昔洛韦 5mg/(kg·次),每 12 小时一次静脉滴注,连用 14 天;或膦甲酸钠 600 mg/(kg·次),每 8 小时一次,用输液泵滴注 1 小时以上,连续 14～21 日;联合静脉用丙种球蛋白 400mg/(kg·d),于 d1、d2、d7 使用。维持阶段用更昔洛韦 5mg/(kg·d),连用 30 天;或膦甲酸钠 90mg/(kg·次),每日一次,用输液泵滴注 2 小时以上,疗程视疗效而定;于 d14、d21 加用免疫球蛋 200mg/kg。

(2)怀疑卡氏肺囊虫病者应加大复方新诺明等药物的用量 50～150mg/(kg·d)。

(3)抗细菌,根据患者具体情况可选择使用碳青霉烯类、万古霉素及四代头孢等。

(4)注意监测患者血气变化、定期复查肺部 CT 了解间质性改变情况,密切观察患者临床表现,以上各相关指标如短期内不能改善者,则尽早加用抗真菌药物如伊曲康唑、伏立康唑、卡泊芬净及两性霉素 B 等。

(5)当广谱抗生素、抗病毒、抗真菌治疗无效,进一步行肺功能等相关检查,如考虑合并 BO 等其他非感染性肺部并发症时,加用强的松、环孢素 A、硫唑嘌呤等免疫抑制剂。

(六)间质性肺炎的预防

预防比治疗更重要。目前有两种策略:

1.直接着眼于 CMV 感染的预防进而降低 CMV-IP 发生率

(1)对于 CMV 血清学阴性的受者,选用 CMV 阴性的供者或献血员。

(2)对移植前血清学 CMV 阳性血清学受者,于移植后立即予药物或其他方式以阻止 CMV 的激活或再感染:包括阿昔洛韦(无环鸟苷)、更昔洛韦(DHPG,GCV)和膦甲酸钠(可耐,Foscamet)及大蒜素等。

(3)避免输注粒细胞。

(4)预防性应用 CMV 高效免疫球蛋白,防止 CMV 的再激活。

2.在 CMV 感染发生后但尚未形成 CMV-IP 之前给予有效的预防,以阻止 CMV-IP 的发生,即所谓的"早期预防性治疗"

(1)抗病毒药物:阿昔洛韦、DHPG、膦甲酸钠等。

(2)在可能的情况下,尽量减少免疫抑制剂的应用。

(3)应用 CMV 特异性 T 淋巴细胞的过继性免疫治疗,通过分离并克隆出 CMV 特异性的供者 CD8 阳性淋巴细胞,在体外扩增之后回输于受者体内,发挥抗 CMV 的作用。

3.其他危险因素的预防

(1)常规口服左氧氟沙星、制霉菌素预防肠道细菌和真菌感染,复方新诺明预防卡氏肺囊虫病,口服氟康唑预防真菌感染等。

(2)常规 GVHD 和 HVOD 的预防

(3)控制预处理时肺部照射剂量及剂量率,严格把握移植过程中化疗药物的使用剂量,尽量减少预处理方案及移植过程中化疗药物等对肺部的损伤。

五、出血性膀胱炎

出血性膀胱炎(hemorrhagic cystitis,HC)是 HSCT 常见的并发症之一,可引起肾脏并发症、住院时间延长、住院花费增加,甚至导致死亡。在无预防措施情况下发生率高达40%～68%,给予适当的抗病毒预防后其发生率下降至 0%～25%,对于儿童,HC 的发生率在 25% 以上。1959 年,Coggins 等报道了第一例环磷酰胺引起的无菌性出血性膀胱炎(HC)。

(一)病因及发病机制

按 HC 发生的时间可分为早期 HC 和迟发型 HC,其发生的原因也是由各种因素相互作用引起。

1.早期 HC　发生在预处理 28～72 小时称为早期 HC,其发生多与预处理化疗药物毒性及血小板低下相关,尤其与包含大剂量的环磷酰胺及白舒非的化疗药物。环磷酰胺的代谢产物丙烯醛与尿道及膀胱黏膜接触后,立即发生组织学改变,引起黏膜损伤,表现为充血、水肿和糜烂,同时引起膀胱纤维化,且持续 36 小时;马利兰主要以未被分解的形式从尿中排出,损伤黏膜。抗胸腺细胞球蛋白(ATG)的应用、既往的骨盆部位放疗或TBI 也是引起早期 HC 的原因。

2.迟发型 HC　发生在 72 小时后称为迟发型 HC,其发生与多种复合因素相关,多数学者认为与移植物抗宿主病及病毒感染(其中包括 BK 多瘤病毒,JC 病毒,腺病毒 7、11、34、35、疱疹病毒或巨细胞病毒)相关。由于细胞免疫异常及供者 T 淋巴细胞的去除及GVHD 导致病毒活化复制增加导致 HC。最近的研究越来越支持 BK 病毒是引起 HSCT后 HC 的主要原因。HSCT 后迟发性 HC 还可能与无关供体移植供受体性别差异(女供男)、ATG 的应用及 aGVHD 发生等有关。GVHD 越重,并发 HC 也越重。

(二)诊断及分度

1.主要依据临床表现　患者出现镜下或肉眼血尿,伴程度轻重不等的尿频、尿急、尿痛等尿路刺激症状,严重时血块可阻塞尿道出现排尿困难、尿潴留,甚至出现肾盂积水、肾功不全等。中段尿培养无细菌、真菌生长。同时排除其他疾病情况如阴道出血、全身出血体质、细菌或真菌泌尿道感染等。

2.辅助检查

(1)尿常规:可见镜下血尿或肉眼血尿,排除细菌感染。

(2)血、尿病毒学检查:如血 CMV、微小病毒等,尿 CMV、单孢病毒等。

(3)膀胱 B 超检查:属无创性检查,可见膀胱壁增厚,血凝块等。

(4)膀胱镜检查:镜下表现为膀胱黏膜充血水肿,毛细血管扩张,弥散性点状出血,可有黏膜溃疡形成,非典型的纤维增生也是 HC 的特征之一。

(5)膀胱黏膜活检:黏膜间质水肿、出血、分叶核细胞浸润、上皮脱落、平滑肌坏死。

(三)分度及分级

HC 的分度依据 Droller 标准:Ⅰ度:镜下血尿。Ⅱ度:肉眼血尿。Ⅲ度:肉眼血尿伴小血凝块。Ⅳ度:肉眼血尿伴血凝块阻塞尿道,需用仪器进行血块清除。Ⅰ～Ⅱ度为轻度，Ⅲ～Ⅳ度为重度。

另有学者据临床症状将 HC 分为三度：Ⅰ度：排尿时疼痛。Ⅱ度：尿频，每 1 小时多次。Ⅲ度：需要输血和血小板支持。

Arthur 则据血尿程度将 HC 分为 5 级：0 级：无血尿。Ⅰ级：每高倍镜视野有多于 50 个红细胞。Ⅱ级：肉眼血尿。Ⅲ级：肉眼血尿伴血块。Ⅳ级：肉眼血尿伴血块，由于阻塞尿道血中肌酐上升。

（四）治疗

轻、中度出血性膀胱炎通过常规水化、碱化等治疗后可好转；重度出血性膀胱炎在抗病毒基础上可应用小剂量激素。具体措施如下：

1．大剂量水化、碱化尿液，利尿　　HC 患者必须接受碱化尿液治疗；Ⅲ级以上患者需接受大量水化、强制利尿；Ⅳ级患者更需进行经尿道插管膀胱冲洗术。

2．输注血小板和止血药　　保证血小板数目在 $50 \times 10^9/L$ 以上。

3．抗病毒治疗　　西多福韦具有广谱抗病毒谱，考虑到其肾毒性，也可换用更昔洛韦等抗病毒治疗。

4．小剂量激素　　如甲泼尼龙 $1 \sim 2mg/(kg \cdot d)$，由于免疫抑制剂的使用和免疫损伤均可能参与 HC 的发病，因而对临床抗病毒治疗效果不好的患者，应考虑有免疫因素的存在，抗病毒结合小剂量免疫抑制剂可达到缓解症状和缩短病程的作用。

5．膀胱内药物灌注　　包括氨基己酸、$10 \sim 100mL/L$ 甲醛、$5 \sim 10mL/L$ 硝酸银、$10g/L$ 硫酸铝等，可能是有效的治疗手段，但容易引发其他并发症，如膀胱挛缩或纤维化等。

6．高压氧舱治疗　　多数研究认为高压氧治疗难治性 HC 有效，但目前其机制尚不清楚，可能与高浓度的氧离子对膀胱黏膜的保护作用有关。

7．外科治疗　　膀胱镜清除血凝块，电灸凝固术，动脉结扎术和栓塞术，膀胱切除等

（五）预防

1．由于 HC 主要是环磷酰胺的代谢产物丙烯醛对膀胱上皮直接毒性引起，大量强迫利尿有预防 HC 的作用。预处理前后大量补液，一般在环磷酰胺应用前 4 小时开始一直到停用 CTX 后 24 小时大量静脉输液，每日尿量 $2500 \sim 3000mL/m^2$，静脉应用碳酸氢钠碱化尿液，尿 pH 值维持于 $6.8 \sim 7.5$。并给予利尿剂强迫性利尿。静脉给予美司那（mesna）中和丙烯醛对膀胱黏膜的毒性作用，用量为 CTX 剂量的 $120\% \sim 140\%$，分为 4 个剂量，每日应用 CTX 的 0、3、6、9 小时输注。上述方法可联合应用。

2．另外，由于迟发型 HC 与病毒感染有关，故 CBT 后连续监测 BK 多瘤病毒、CMV 等病毒滴度并及时采取相应措施对预防 HC 的发生也有重要意义。

六、植入前综合征（PES）和植入综合征（ES）

脐血移植（CBT）患者在脐血干细胞输注平均一周左右（即在中性粒细胞植入之前），部分患者会出现一系列免疫反应。1994 年由 Spitzer 等首先提出植入综合征（engraftment syndrome，ES）这一概念，是指 HSCT 后中性粒细胞恢复早期，部分患者出现发热、皮疹、腹泻、黄疸、非心源性肺水肿、多器官功能衰竭等临床症状的统称。当时称之为毛细

血管渗漏综合征(capillary leakage syndrome,CLS)。随后人们发现 HSCT 后,特别是脐血移植后,部分患者在中性粒细胞植入前,甚至在未植入的患者中可出现类似的临床症状。2005 年,日本学者将发生在 CBT 后中性粒细胞植入之前,出现的上述一系列免疫反应称之为植入前免疫反应(pre-immune response,PIR),2008 年,韩国学者称之为植入前综合征(pre-engraftment syndrome,PES)。

PES 的临床表现与 ES 极其相似,最大的不同在于发生时间的不一致。一般而言,PES 发生在中性粒细胞植入前(≥6 天),而 ES 发生在中性粒细胞植入后 96 小时内。

PES 在 CBT 中发生率远远高于其他类型的移植。韩国脐血移植工作组通过 102 例符合 PES 诊断的 UCBT 患者研究发现,PES 不仅是移植后 GVHD 发生的重要危险因素,而且是预测脐血是否植入的重要参考指标。PES 与脐血干细胞能否植入密切相关,脐血移植过程中未发生 PES 是原发性植入失败的高危因素。

(一)病因和发病机制

1.植入前综合征(PES)　发生 GVHD 的高危因素有:①预处理方案:多因素分析发现,清髓性预处理方案是 PES 发生的高危因素。②GVHD 预防方案:短程 MTX 预防GVHD 可以减少 CBT 后的 PES 的发生;Kanda 等则发现在清髓性双份脐血移植中,采用 CsA 联合 MMF 的预防 GVHD 的方案,发生 PES 的概率明显高于他克莫司联合 MMF组;最近 Arai 等则研究发现,CBT 时使用 MMF 加神经钙调蛋白抑制剂(CNI)CsA 的GVHD 的预防方案与单独 CNI 相比,减少了严重 PES 的发生率,即使较低的 MMF 浓度也可以减少严重 PES 的发生率。

PES 的发病机制目前尚未明了。Kishi 和 Wang 等均报道 PES 可以在脐血移植后、植入前出现,提示其发病机制可能不同于 ES 和 aGVHD。PES 与脐血植入之间的关系表明:PES 的发生可能标志着脐血 T 细胞或其他免疫细胞的植入(反应脐血早期植入)。

2.植入综合征(ES)　Schmid 等研究发现,ES 的发生与移植后应用 G-CSF、两性霉素 B 及输入大量 MNC 有关。Nakagawa 等认为移植预处理的毒性(大剂量的免疫抑制剂、马利兰、全身放疗及大剂量烷化剂)与外源性 G-CSF 的使用共同促进了促炎性细胞因子的产生,进而引起 ES 的发生。

目前有关 ES 的发病机制尚不十分清楚,可能与多种因素有关,包括放疗、化疗药物等对内皮、上皮的损伤,导致炎性细胞因子的产生与释放,如肿瘤坏死因子-α,白介素-1β,白介素-8 等细胞因子的释放。早期细胞因子对效应细胞如 T 细胞、中性粒细胞、单核细胞和其他效应细胞的作用;这些细胞因子、效应细胞之间,以及细胞因子与效应细胞之间的相互作用,导致前炎性细胞因子的进一步释放和补体活化,导致 ES 的发生与发展。ES往往发生于中性粒细胞恢复过程中,其发生率与中性粒细胞的恢复速度密切相关,由此推测中性粒细胞是促成 ES 临床表现的主要效应细胞。Takatsuka 等也认为 ES 可能的发病机制是预处理放化疗后,血液中的细胞因子水平异常升高,出现炎症样发热表现,但无感染证据,之后在中性粒细胞恢复期,由于高浓度环孢素、他克莫司、两性霉素或 CMV 等刺激因素,引发大量中性粒细胞局部迁移浸润血管、中性粒细胞脱颗粒、氧化代谢等过程,使血管通透性增加,导致血管内皮细胞损伤,进而导致 ES 的发生。

（二）临床特征

植入综合征多发生在移植后 4～22 天,白细胞升高后 5 天内,伴随中性粒细胞的恢复过程。PES 一般发生在脐血移植后 8～9 天、中性粒细胞植入前 12～14 天。有报道称,患者最早在脐血移植后 2 天即可出现 PES。与 ES 和 aGVHD 相比,体重增加、发热和血清 C 反应蛋白(CRP)增高在 PES 中更常见。相反,黄疸在 PES 中相对较少。非感染性发热及充血性皮疹是 PES 最为特异性的临床表现。

1. 发热　通常体温≥38.3℃(或 38.0℃),无感染依据,可以是最早出现的症状,一般出现在移植后 7～9 天体温到达最高峰。

2. 红色充血性皮疹　大多数患者伴有皮疹,为特征性红色充血性皮疹。患者皮肤活检显示,PES 与 aGVHD 具有相似的组织病理改变,即表皮细胞的角质化,上皮细胞的嗜酸性坏死,基底层细胞的空泡样改变,以及血管周围较多淋巴细胞的浸润等。

3. 非感染性腹泻　指连续 3 天或以上,每天至少有两次或两次以上的稀水样大便,显微镜检查没有发现白细胞,没有病原学导致肠道感染的证据。

4. 体重增加　体重增加超过基础体重(移植当天体重)的 3%。

5. 黄疸　血清中总胆红素＞34μmol/L,出现肝脏转氨酶升高 2 倍以上。

6. 肺实质浸润　肺部症状表现为不能用心力衰竭解释的气促、呼吸困难、发绀,吸氧无效,并排除其他原因引起的低氧血症。

7. 毛细血管渗漏综合征(CLS)　出现非心源性血压进行性下降、全身水肿、体腔积液、低氧血症、血浆蛋白降低及胸部 X 线片提示肺间质渗出性改变,一般在中性粒细胞恢复早期出现。

8. 重症患者可发展为急性呼吸窘迫综合征、血流动力学不稳定和多器官功能衰竭,病死率高。

（三）诊断

至今尚无统一明确的诊断标准。由于 PES 与 ES 的临床特征之间无显著差异,故有学者认为 PES 的诊断标准可以参考 ES 的标准。

1. PES 的定义　日本学者将患者在中性粒细胞植入前(≥6 天),出现非感染性发热(≥38℃)、非药物所致的红斑性皮疹、腹泻、黄疸(血清总胆红素＞34μmol/L)、体重大于基础体重的 3% 等免疫反应,均定义为 PES。

还有学者将 PES 定义为:①体温≥38.3℃,无确定的感染源,广谱抗生素治疗无效;和(或)②类似于 aGVHD 的不明原因皮疹;其中,发热和皮疹应发生在中性粒细胞植入前。采用此诊断标准,脐血移植后 PES 出现在中性粒细胞植入前 14 天左右。

2. 根据 ES 是一种临床表现,不伴有特征性的组织病理学变化或生化指标,2001 年 Spitzer 推荐下列 S 标准,2003 年 Maiolino 等报道了 M 标准(见表 3-2-34)。

表 3-2-34	植入综合征的诊断标准
诊断标准	具体内容
Spitzer 标准（S 标准）	确诊 ES 需要 3 条主要诊断标准或 2 条主要标准加 1 条或 1 条以上次要标准 (1)主要诊断标准：①体温≥38.3℃，无确定的感染原。②非药物所致的红斑性皮疹，累及全身皮肤 25％以上。③表现为弥漫性肺浸润的非心源性肺水肿及缺氧症状 (2)次要诊断标准：①肝功能异常，总胆红素≥34μmol/L 或转氨酶水平≥基值 2 倍以上。②肾功能不全，肌酐≥基值 2 倍以上。③体重增加≥基础体重的 2.5％。④不能用其他原因解释的一过性脑病
Maiolino 标准（M 标准）	首次出现中性粒细胞升高的 24 小时内出现以下情况： 非感染性发热＋皮疹，或肺浸润，或腹泻

（四）治疗

1. PES 的分层干预治疗　国内孙自敏团队的研究表明，7 天内发生 PES（＜7 天）、超过 3 个以上临床症状、MP 疗效差（1 周内无效）是 PES 患者预后不良的高危因素，根据这三个高危因素制定 PES 积分系统，存在一项高危因素计 1 分，无高危因素为 0 分，能够有效地判断 PES 的预后。

根据 PES 预后积分系统采用甲基泼尼松龙（MP）为基础的分层干预治疗：出现 1 个高危因素的患者 MP 1mg/（kg·d）干预治疗，出现 2 个或以上高危因素的患者采用 MP 2mg/（kg·d）干预治疗，PES 患者在上述剂量 MP 治疗期间，如果 3 天内症状进展、或者 5 天内症状不缓解、或者 7 天内症状仅部分改善，则加用二线免疫抑制剂抗 CD25 单克隆抗体。

由于 PES 有利于脐血的植入，根据积分系统而对 MP 进行剂量选择（重症 PES 2mg/（kg·d），轻症 1mg/（kg·d）对减少 CBT 后原发性植入失败的发生亦具有重要意义；除此之外，重症 PES 转化为轻症 PES，可能会增加脐血移植的 GVL 效应。故 PES 积分系统及分层治疗对预后的干预具有重要的临床意义。

但应指出：脐血移植后 PES 的最佳预防和治疗方案还没确定，高强度的 GVHD 预防方案和（或）附加的免疫抑制剂治疗也许能减轻 aGVHD 和早期免疫反应的严重程度，但也有可能导致移植物中供者免疫细胞被抑制，进而增加植入失败的风险。

2. ES 的预防和治疗　由于移植后常规使用 G-CSF 促进中性粒细胞的分化与释放有可能促进 ES 的发病，因此，对进行大剂量放化疗预处理的移植患者，如果输注 CD34$^+$ 细胞＞10×10^9/L，不再使用 G-CSF 以预防 ES 的发生。

一般情况下，短期发热、少量皮疹等轻微的 ES 不需要治疗，在血液系统完全恢复及停止使用细胞因子后，大多数症状可自行消失。对于症状较重的 ES 患者则需要积极治疗。

（1）一线治疗：肾上腺皮质激素对 ES 具有良好的疗效，对临床症状较重，尤其对于包括累及肺部的各类 ES 患者,首选肾上腺皮质激素,可给予 MP 0.5～10mg/(kg·d)或泼尼松治疗。

(2)二线治疗:针对以 CLS 为主要表现的 ES 患者,可在激素基础上加用浓缩补体 C1 酯酶抑制剂治疗,可获得较好的疗效。

(3)对症及支持治疗:预防性的使用抗生素,减少血容量,可适当使用襻利尿剂。并发呼吸衰竭时需气管插管机械通气。在异体移植中,减少血容量可增加 CsA、FK506 等药物的肾毒性,可以使用血管活性药物如多巴胺,以增加肾脏血流灌注,但目前尚无严格的对照研究报道。

七、移植相关血栓性微血管病

移植相关血栓性微血管病(thrombotic microangiopathy,TA-TMA)是移植后较严重的并发症之一,1980 年首次报道,是一种以微血管病性溶血性贫血(MAHA)、消耗性血小板减少、微血管血栓形成和多器官功能衰竭为主要表现的临床综合征。移植后 CMV 和 HHV-6 病毒感染可能引起毛细血管内皮细胞损伤,成为 TMA 的触发因素。可发生在移植后早期,也可晚至移植后 8 个月发生,发病时间通常在移植后的 2 个月内(4 天～30 个月)。其发生率为 10%～25%,病死率为 60%～90%。

(一)病因及发病机制

该病的发病相关因素包括:①移植前强烈预处理如大剂量全身照射(TBI)、大剂量化疗;②aGVHD;③环孢素 A、FK506、西罗莫司治疗;④病毒感染如 CMV、人疱疹病毒-6(HHV-6)、腺病毒、微小病毒-19、BK 病毒等以及其他感染并发症等。而女性、黑种人、疾病晚期、肝功能异常病史和年老等情况可增加 TA-TMA 发生风险。

TA-TMA 的发病机制未明,现认为多因素引起的内皮细胞损伤和功能失调是其发病的中心环节,环孢素 A、TBI 等致病因素通过损伤血管内皮激活血管内凝血机制,血小板凝聚和血流受阻又加重血管内皮损伤。钙蛋白酶、幽门螺杆菌、血管内皮细胞生长因子/一氧化氮(VEGF/NO)内皮保护机制失衡,以及抗体介导的组织损伤与补体系统激活也可能参与其发病过程。

组织病理学的特征性改变是存在毛细血管管腔内纤维素-血小板血栓或血栓坏死性血管内皮细胞损伤,可有细胞凋亡征象,但无淋巴细胞浸润征象,可伴有组织出血。

(二)诊断

目前尚无统一诊断标准。目前主要应用于临床的诊断标准有国际工作小组(IWG)标准和血液、骨髓移植临床试验网络毒性委员会(BMT-CTN)标准(见表 3-2-35)。近期研究提出将无肾功能损害或神经系统异常表现者归入可疑 TMA(probable TMA)。鉴于肾脏病变在 TA-TMA 发病的中心地位,建议以肾脏为中心检测 TA-TMA。CMV 和(或)HHV-6 病毒感染在 TMA 具有病原学意义。

当患者移植后出现不能解释的溶血,需要输入的血小板数量突然增加,以及出现不易解释的高血压、水肿等肾衰竭或神经系统改变时,或移植后伴有严重的难治性腹泻时应考虑到 TA-TMA 的诊断。此时应仔细检查血涂片中的破碎红细胞,寻找微血管病的证据。如破碎红细胞大于 2%,同时伴有 LDH 水平升高,TMA 的诊断可以成立。

表 3-2-35　　　　　　　　　　　　　　　TMA 的诊断标准

诊断标准	
国际工作组(IWG)	①外周血破碎细胞＞4％ ②新出现的或进行性血小板减少症(血小板计数＜50×10⁹/L 或较前减少≥50％) ③血清乳酸脱氢酶(LDH)突然、持续升高 ④血红蛋白下降或需要输血量增加 ⑤血清结合珠蛋白(HP)减低
血液和骨髓移植临床研究网络(BMT-CTN)	①外周血涂片中每高倍镜视野至少出现 2 个破碎红细胞 ②LDH 升高 ③无法用其他原因解释的肾功能异常(血肌酐升高为正常 2 倍以上或肌酐清除率减少 50％)和(或)中枢神经系统异常 ④直接、间接 Coombs 试验(—)

目前临床普遍应用外周血破碎细胞比例、LDH、HP、血肌酐水平等指标监测 TA-TMA 的发生,但通常这些指标升高时,预示严重 TA-TMA 的发生。而早期预测 TA-TMA 的发生并及早进行干预有望改善 TA-TMA 患者预后。辛辛那提儿童医院医学中心的研究人员前瞻性地评估了 100 例接受 HSCT 的患者,发现 39％患者符合 TMA 标准。接受 HSCT 1 年后,TMA 患者的白血病复发死亡率显著高于没有 TMA 的患者(43.6％比 7.8％)。乳酸脱氢酶升高、尿常规检查出蛋白尿、高血压都是 TMA 的最早标志。TMA 诊断时蛋白尿(＞30mg/dL)和血液中末端补体激活(sC5b-9 升高)的现象与很差的生存率相关(1 年时＜20％),而所有的无蛋白尿和 sC5b-9 血清浓度正常的患者存活下来(P＜0.01)。基于这些前瞻性的观察,研究人员提出了一种识别高风险患者的方法(见图 3-2-5、图 3-2-6),可能使患者从快速的临床干预中获益。

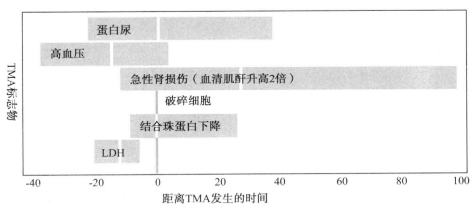

图 3-2-5　与 TMA 诊断有关的临床和实验室标记物的出现时间过程

注:① TMA 确诊的时间定为 0 天。②白色竖线代表标记物阳性出现的平均日期,灰条代表了四分位距(IQR)。③各标记物的诊断标准:蛋白尿:随机尿分析尿蛋白≥大于等于 mg/dL;高血压:收缩压高于同年龄、同性别、同身高的第 95 百分位;急性肾损伤:AKI,血清肌酐水平较移植前升高 2 倍以上;结合珠蛋白下降:珠蛋白低于正常值下限;④各标记物出现的时间:高血压(—d14)和 LDH 增高(—d13)是 TMA 的第一标志物,随后出现蛋白尿(—d10),破碎红细胞出现在 d0,结合珠蛋白下降于 LDH 的首次增高后约 2 周出现,急性肾损伤发生在 TMA 确诊后平均 28 天后。

[Jodele S,et al. Blood,2014,124(4):645-653.]

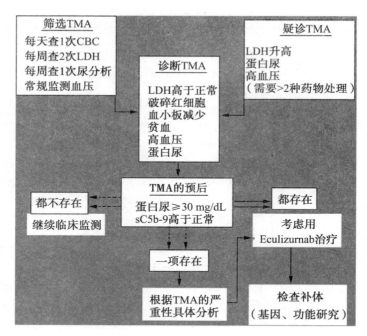

图 3-2-6　造血干细胞移植相关的血栓性微血管病的诊断和风险标准

［Jodele S,et al. Blood,2014,124(4):645-653.］

（三）治疗

移植相关性血栓性微血管病(TA-TMA)的治疗原则是:迅速减停免疫抑制剂,针对血管内凝血机制紊乱进行处理。

目前尚无统一有效的治疗方案。目前可采用的治疗方法如下:

1.对于 CsA 或 FK506 相关性 TMA,同时又确实必要应用免疫抑制药物的患者,可用其他免疫抑制药物取代,如 MMF、硫唑嘌呤、糖皮质激素或抗 CD25 单抗等。

2.去纤核苷酸(DF)　被认为是目前治疗 TA-TMA 最有希望的药物。通过抑制体内 TNF-α 介导内皮细胞凋亡保护内皮细胞不受损伤,减少内皮细胞促炎因子表达,降低血浆纤溶酶原激活抑制物 1(PAI1)活性,增加体内组织纤溶酶原激活物(t-PA)功能,并具有纤溶、抗血栓形成、抗炎和溶解血栓活性。Corti 等应用 DF 40 mg/(kg・d)口服治疗 TA-TMA 患者 12 例,5 例达 CR,3 例达 PR。Besisik 等应用 DF 10 mg/(kg・d)分 4 次静脉滴注与血浆置换治疗,成功使 1 例 TA-TMA 患者达 CR。

3.治疗性血浆置换(TPE)　疗效不确切,仅在未伴发 aGVHD 的 TA-TMA 患者中建议使用。

4.达利珠单抗(daclizumab)　是一种人单克隆抗 CD25 抗体,能识别并与激活的 T 淋巴细胞 IL-2 受体 α 亚单位结合,减少 IL-2 产生,多用于减少实体器官(心、肝、肾、肺)移植后急性排异的发生,治疗 T 淋巴细胞介导自体免疫紊乱。用法:负荷剂量 2mg/kg,后每周 1mg/kg。

5.利妥昔单抗(rituximab)　是抗 CD20 抗体,用于伴有 ADAMTS-3 活性减低的患

者治疗有效。用法用量:每周 375mg/m² ,连用 2～3 次。

6.重组人可溶性血栓调节蛋白(rTM)　rTM 为血栓调节蛋白和凝血酶的复合物,可激活蛋白 C,产生活性蛋白 C,使 F Ⅴ a 和 F Ⅷ a 失活。抑制内外源性凝血机制,起到抗凝作用。rTM 还有抗炎活性、保护内皮细胞避免损伤及在 DIC 患者中提高抗凝血酶Ⅲ、PAI 水平作用。用法用量:rTM 380U/kg×6 d。

7.支持治疗、治疗并发症。

(四)预后

TA-TMA 虽经治疗预后仍差,病死率为 60％～90％。

预后不良指标包括:①年龄大于 18 岁;②无关或单倍体供者;③外周血涂片每高倍镜视野有多于 5 个及以上破碎细胞;④未应用西罗莫司而出现的 TA-TMA;⑤伴发肾功能异常。

八、移植后淋巴细胞增殖性疾病

移植后淋巴细胞增殖性疾病(post-transplant lymphoproliferative disease,PTLD)是异基因造血干细胞移植后持续免疫抑制导致的淋巴细胞或浆细胞异常增生性疾病。是一种少见的移植后严重并发症。Brunstein 等分析了 335 例脐带血移植患者,PTLD 发病率为 3％,并发现使用含 ATG 的非清髓预处理方案者 EB 病毒相关性 PTLD(EBV-PTLD)发病率高达 21％。Dumas 等回顾性分析 175 例脐带血移植的患者,当进行早期 EBV 监测及干预治疗后,其中 4 例(占 2.3％)发生 EBV-PTLD。PTLD 是一组异质性疾病,包括多种组织病理学类型。从早期的多克隆良性病变进展至侵袭性淋巴瘤,各种疾病形式具有不同的生物学和临床特征。

(一)病因和发病机制

PTLD 发病的危险因素包括:病毒感染情况(尤其是 EB 病毒)、HLA 不相合、去除移植物中的 T 细胞、应用 ATG、免疫抑制剂的种类和剂量、以及患者的其他隐匿性病变等。发病原因主要与移植后出现的进行性免疫功能降低有关,尤其与 T 细胞功能缺陷相关。许多证据表明,Epstein-Barr 病毒(EBV)在大部分 PTLD 患者的发病中起到至关重要的作用。正常人感染后,EBV 潜伏在外周血 B 淋巴细胞中,病毒隐匿基因间断表达可激活体内特异性 T 淋巴细胞,使得感染的 B 淋巴细胞不会过度增殖。在免疫功能缺陷的患者中,由于预处理化疗和免疫抑制剂的使用,EBV 特异性 T 淋巴细胞功能损伤或者缺失,EBV 诱导的 B 细胞克隆性增殖而失去控制,最终导致 PTLD。大约有 20％的 PTLD 患者 EBV 检测阴性,其病因不明。

(二)临床表现

大部分发生在造血干细胞移植移植后 1～5 个月,也可早至移植后数周或晚至移植后数年,EBV 阳性者中位发生时间早于阴性者。临床表现多样,与病变部位及严重程度、病理类型等有关。几乎可累及所有器官系统。常见的非特异性症状包括难以解释的发热或盗汗、消瘦、乏力、嗜睡、厌食、咽痛等。查体可能发现淋巴结肿大、肝脾肿大、扁桃体肿大或炎症、皮下结节、局灶性神经系统体征或多发肿块等。

实验室检查包括:

1.血常规　白细胞、血小板降低和不同程度的贫血。

2.骨髓常规　当骨髓被浸润时,骨髓涂片可见异常增高的淋巴细胞。

3.肝肾功心肌酶检查　可见肝肾功能损害,尿酸和 LDH 升高。

4. EBV 的相关检测　EBV 特异性抗体阳性,EBV-DNA 含量增高,定期监测外周血 EBV-DNA 负荷水平可作为疾病活动指征。

5.影像学检查(如 B 超、CT、MRI、PET/CT)　可发现累及部位相应病灶。

6.病理学检查　这是明确诊断的关键。2008 年 WHO 将 PTLD 分为四种病理类型:

(1)早期病变:多发生在移植后一年,包括反应性浆细胞增生和传染性单核细胞增多症样病变。前者淋巴组织可见大量浆细胞和散在的 EBV 阳性的免疫母细胞,基本的淋巴组织结果未被破坏;后者副皮质区膨胀,其中渗透着浆细胞、T 细胞和较多的免疫母细胞,部分淋巴组织结果被破坏。免疫病理浆细胞呈多克隆性轻链表达。免疫母细胞表达 $CD20^+$、$CD79a^+$、$PAX-5^+$、$CD30^+$、$CDL5^-$、$EBER^+$。分子生物学分析可见多克隆性 IgH 重排。

(2)多形性 PTLD:由中小淋巴细胞、免疫母细胞和成熟浆细胞组成,基本的淋巴组织结果被破坏,坏死区可见异形细胞。免疫组化可见 T 细胞和 B 细胞,其中 B 细胞表达 $CD20^+$、$CD79a^+$、$PAX-5^+$、$EBER^+$。分子生物学分析见克隆性 IgH 重排和 EBV-DNA。

(3)单形性 PTLD:是 PTLD 最常见的类型,分为 B 细胞性和 T 细胞性。B 细胞单形性 PTLD 包括弥漫性大 B 细胞性淋巴瘤(DLBCL)、Burkitt 淋巴瘤(BL)、浆细胞骨髓瘤、浆细胞瘤样病变等等。正常淋巴组织结构消失,伴融合成片的转化细胞。DLBCL 免疫病理示 $CD20^+$、$CD79a^+$、$PAX5^+$、$EBER^+$;BL 表达 $CD20^+$、$CDL0^+$、$BCL2^-$、$Ki67^+$(100%)、$EBER^+$。浆细胞骨髓瘤和浆细胞瘤样病变表达 $CD138^+$、$VS38c^+$、$CD20^-$、$CD79a^+$。分子生物学检测 BL 可出现 MYC 重排,预后甚差。T 细胞单形性 PTLD:约占 PTLD 的 4%～12.5%,可表现为 WHO 分型中 T 细胞恶性淋巴瘤的任何一种,免疫分型表达 $CD2^+$、$CD3^+$、$CD5^+$、$CD7^+$,EBER 通常阴性。

(4)经典霍奇金淋巴瘤型 PTLD:属少见类型,形态学可见 Reed-stembeg 细胞,典型的免疫分型表达 $CD30^+$、$CDL5^+$、$CD45^-$、$CD3^-$、$EBER^-$、$CD20^-$。

(三)诊断

主要依据临床症状、实验室检查和组织病理学综合进行诊断。出现下列情况者,应当高度怀疑 PTLD:

1.临床表现　①移植后出现广谱抗生素抗感染治疗无效的反复发热,伴盗汗、体重减轻等;②查体可见扁桃体肿大、化脓样改变,腺样体肿大,全身淋巴结进行性肿大,肝脾肿大。

2.辅助检查　①血象三系血细胞进行性下降;②血清乳酸脱氢酶增高;③活组织检查具有 PTLD 病理学特征;④血清中 EBV 抗体或 EBV-DNA 的含量增高。应该注意,EBV-DNA 阴性不能排除 PTLD,EBV-DNA 高负荷并不一定就是发生 PTLD,还需结合各种临床资料进行综合分析。

3. PTLD 的临床分型　85% 以上的异基因造血干细胞移植 PTLD 来源于供者的 B 淋巴细胞,仅有极少数起源于 T 细胞或 NK 细胞(14% 来源于 T 细胞,约 1% 来源于 NK 细胞)。根据 2008 年 WHO 分类,分为 4 种基本类型,反映了病变从多克隆向单克隆演

进，侵袭性逐渐增强最终发展为淋巴瘤的连续过程。

（1）早期病变，即浆细胞增生和传染性单核细胞增生样 PTLD。这两种病变多见于儿童、年轻患者或原发性 EBV 感染者。

（2）多形性 PTLD，受累组织结构破坏，是儿童最常见的类型，通常与原发性 EBV 感染有关。

（3）单形性 PTLD，包括大多数 B 细胞淋巴瘤和所有 T 细胞淋巴瘤。EBV 阳性的单形性 PTLD 为非生发中心表型，而 EBV 阴性者与普通人群发生的淋巴瘤相似。

（4）经典霍奇金淋巴瘤型 PTLD，诊断标准与普通人群发生的相应淋巴瘤相同。最常见的类型是混合细胞型。

（四）PTLD 的治疗

1. 减停免疫抑制剂　减停免疫抑制剂（reduction of immunosuppression，RI）是诊断 PTLD 后的首选方法，要求尽早开始。如病情允许，应将免疫抑制剂减低至最低耐受剂量（通常减少基线水平的 25%～50%），但可能导致不同程度的 GVHD。

2. 抗 CD20 单克隆抗体　利妥昔单克隆抗体（rituximab，RTX）是一种嵌合鼠/人的单克隆抗体，能与贯穿细胞膜的 CD20 抗原特异性结合，通过补体依赖性细胞毒性和抗体依赖性细胞的细胞毒性能引发 B 细胞溶解的免疫反应。CD20 存在于前 B 和成熟 B 淋巴细胞，多数 EBV 相关的 PTLD 来源于 B 细胞并表达 CD20，但 CD20 不存在于造血干细胞或其他正常组织。几项前瞻性、多中心 II 期临床试验（$375mg/m^2$，每周 1 次，共 3～5 次）证实了 RTX 单药治疗 RI 无效的 CD20 阳性 PTLD 的疗效和安全性，总反应率约 60%，CR 率为 28%～61%。RTX 单药治疗的主要问题是容易复发，远期疗效不理想，治疗后 1 年内约 26% 的反应者再度出现疾病进展，且 RTX 对高肿瘤负荷、多个结外部位受累、EBV 阴性及晚期发生的 PTLD 疗效差。值得一提的是，鞘内注射利妥昔单抗能有效治疗原发中枢神经系统的 EBV-PTLD。

3. 细胞免疫治疗

（1）供者淋巴细胞输注（DLI）：EBV 血清抗体阳性的供体外周血单个核细胞中存在 EBV 特异性 $CD8^+$ T 淋巴细胞，因此输注供体淋巴细胞能降低患者 EBV 负荷，缓解 EBV-PTLD 病情，但可能伴随发生严重 GVHD 的风险。

（2）EB 病毒特异性细胞毒 T 细胞（EBV-CTL）：供者来源的 EBV-CTLs 输注是预防和治疗 PTLD 的一个有效方法。Heslop 等长期随访了 114 例使用原供体来源的 EBV-CTL 预防和治疗 EBV-PTLD 的患者，其中 101 例预防的患者无一例发生 EBV-PTLD，13 例接受治疗的患者中 11 例获得了长期生存，并且无治疗相关并发症。但由于 EBV-CTLs 来自受者自身或第三方（HLA 完全或部分匹配），其制备需要较高技术和时间、费用，实际的临床应用可能面临诸多挑战。

4. 抗病毒药物与静脉免疫球蛋白　更昔洛韦和阿昔洛韦能抑制疱疹病毒体外复制，但在体内对 EBV 无效，因为不能清除潜伏感染的 B 细胞，EBV 潜伏感染的 B 细胞缺乏将这些核苷类似物转化为活性代谢物所需的病毒特异性胸苷激酶。接受抗病毒治疗的患者仍可出现 EBV 负荷升高并发生 PTLD。转录调节因子丁酸精氨酸能上调胸苷激酶表达，并诱导 EBV 感染的淋巴细胞从潜伏期进入裂解期，从而提高对更昔洛韦的敏感性，已在小样本的临床试验中取得成功。另一个值得关注的联合用药是硼替佐米,体外研究中能诱导 EBV 裂解期的活化,其与更昔洛韦联用治疗 EBV 相关 PTLD 的临床试验正在进行。有中心将静脉免疫球蛋白(IVIG)作为一种辅助治疗手段,与更昔洛韦或干扰素等联合治疗早期 PTLD 取得成功。

5.手术切除/局部放疗 对于少数病灶局限的 PTLD 可适当采取放疗和手术治疗。对单一病灶 PTLD(Ann Arbor 分期 I 期)的患者,手术切除和(或)放疗联合 RI 是一种有效的治疗方案。肠穿孔、肠梗阻、难以控制的消化道出血等并发症往往需要紧急的手术干预。对于某些特定部位(眼、中枢神经系统)或类型(鼻 NK/T 细胞淋巴瘤)的 PTLD、危及生命的梗阻或压迫症状、化疗和单克隆抗体治疗无效的病变需要考虑放疗。

6.化疗 化疗能杀伤异常增殖的淋巴细胞,且具有免疫抑制作用,能够防治移植物排斥。在 RTX 治疗之前,一直是 RI 治疗失败患者的标准治疗方法。通常为 CHOP 或 CHOP 样方案,CR 率为 42%～92%,并能使 PTLD 持续缓解,但治疗相关死亡率高达 15%～50%,主要死因是各种感染并发症。

(五)预防

1.移植后动态监测 EBV-DNA 拷贝数,同时采取积极的预防干预。

2.高危人群应密切观察 PTLD 相关的临床表现,情况允许时尽量减少免疫抑制剂的用量。

3.如果患者 EBV-DNA 拷贝数较高,或者数量快速增长,则要考虑 PTLD 的出现,应及早采取预防措施。包括输注免疫球蛋白、抗病毒及监测 EBV 负荷升高时抢先予 RI±RTX 的超前治疗。

九、植入失败

植入失败(graft failure,GF)是一项少见的移植并发症,但严重威胁移植患者的总体生存。GF 简言之为供者的造血干细胞在受者骨髓内不能"生根发芽",而受者本身的造血细胞由于移植前遭受超大剂量的化疗、放疗,已被严重抑制而不能维持正常的造血功能,患者在未能得到供者移植物中造血干细胞植活的情况下,将会因造血功能衰竭所致的合并症而死亡。故 GF 是 HSCT 中具最严重危险的转归,应及时判断。GF 在 HLA 不完全相合的亲属移植和无关供者移植中较为常见,其发生率与移植物有关,应用传统的清髓性预处理方案,外周血造血干细胞移植 GF 发生率低于 5%,骨髓移植发生率为 5%～10%,UCBT 发生率 20% 左右。

(一)病因和诱因

HSCT 后的植入失败,主要是供受者之间未能成功建立免疫耐受,因而移植物受排斥。常见植入失败的原因有:

1.HLA 配型相合程度 供受者 HLA 相合程度是影响植入的最主要因素。HLA 基因型相合时发生率仅 2%,HLA 表型相合时发生率为 7%,HLA 1 个位点不相合时发生率为 9%,HLA 2 个位点不相合时发生率为 21%。普遍认为 HLA 相合程度影响较大的位点为 HLA-A,HLA-B,HLA-DRB1,而 HLA-DP,HLA-DQ 影响较小,HLA-C 对植入也有一定影响。

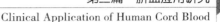

2.移植前多次输血,女性患者移植前多次受孕　上述情况使受者移植前体内已有多种抗体存在,处于致敏状态,移植后对供者的造血干细胞易发生排斥反应,使其难以植入。

3.细胞毒药物的毒副作用　移植前使用的预处理方案中许多药物均为细胞毒药物,对受者的骨髓及供者的造血干细胞均有抑制作用。移植后为防止 GVHD 及感染使用的免疫抑制剂、某些抗生素及抗病毒药均可损伤供者的造血干细胞。

4.严重的急、慢性 GVHD,累及骨髓基质细胞　严重的 GVHD,即供者移植物中的淋巴细胞可引起受者骨髓的基质细胞损伤,而基质细胞是供给造血干细胞营养成分的主要来源,致使造血支持功能不足,影响正常造血的重建。此外,移植后常规使用的免疫抑制剂剂量不足,使排斥反应增加。

5.输入的造血细胞数量不足　有核细胞数低与植入失败有关,这在 CBT 中尤为明显。脐血中造血干细胞数目有限,用于 CBT 的有核细胞数仅为骨髓或外周血造血干细胞移植数的 1/10 以下,因而植入失败率较高。

国际脐血库组织的一篇综述提议:在 HLA 全相合和 5 个位点相合的脐血移植治疗恶性及非恶性疾病中,推荐有核细胞数在冷冻时最小量为 $(2.5\sim3.0)\times10^7/kg$,解冻后 $(2\sim2.5)\times10^7/kg$;在 HLA 4 个位点相合的脐血移植时,治疗恶性疾病的最小有核细胞数为冷冻时 $3.5\times10^7/kg$,解冻后 $3.0\times10^7/kg$;治疗非恶性疾病的最小有核细胞数为冷冻时 $(4\sim5)\times10^7/kg$,解冻后 $3.5\times10^7/kg$,并提出应该根据其他条件进行相应的调整。

采用多因素分析,发现疾病确诊到移植的时间和输注的 CD34$^+$ 细胞数量与移植排斥有关。普遍认为 CD34$^+$ 细胞大于 $2\times10^6/kg$ 是粒细胞及血小板快速植入的阈值,而少于此数则可能导致植入延迟甚至失败。

6.预处理方案强度不够　如采用减低强度预处理方案(RIC),不能有效杀灭受者体内的免疫活性细胞,造成其攻击输入的造血干细胞。有研究表明,以氟达拉滨为基础的减低剂量预处理方案有助于较快且稳定的植入。

7.疾病类型　总体而言,恶性疾病和免疫缺陷性疾病的植入失败率较低,而非恶性血液病及遗传代谢性疾病移植后的植入失败率相对较高。

8.供受者嵌合情况　研究发现,移植后 14 天 T 细胞及 NK 细胞的嵌合水平低于 50% 则植入失败率明显增高,因此提出移植后 14 天嵌入水平可以作为早期预测及评价植入的有效指标。移植后混合嵌合体数量监测可以作为 GF 有效的监测指标。

9.其他因素　严重感染,尤其是 CMV 感染;移植中后期,原有疾病复发,病变克隆增殖、扩展、排斥并最终取代移植物等。

(二)诊断标准

临床需根据移植类型具体分析诊断。CBT 后 42 天时,患者外周血中性粒细胞计数仍未能稳定地大于 $0.5\times10^9/L$,并且红细胞及血小板也极度减少,同时骨髓活检示骨髓空虚,无明确的粒、红及巨核系前体细胞,提示 GF。

1.按植入失败发生的时间,植入失败可分为原发植入失败和继发植入失败,各个中心对此定义不完全一致。

(1)原发植入失败:是指+42 天中性粒细胞计数绝对值(ANC)低于 $0.5\times10^9/L$ 或骨髓低于 10% 供者细胞嵌合(STR-PCR)。

（2）继发植入失败：患者在获完全造血重建后再次出现 ANC 逐渐降低至小于 0.5×10^9/L 并且供者细胞比例逐渐减少从而丧失供者植入。

2.按植入失败累及的造血细胞，植入失败可以表现为粒、红、巨等 3 系均未植入，也可以出现 1 系或 2 系未植入，临床上较常见的是单纯红系或血小板的植入失败。

（1）单纯红系植入失败（即移植后纯红细胞再生障碍性贫血）：据统计主要 ABO 血型不合造血干细胞移植后纯红再障发生率为 20%～30%，其中以 A→O 供受者间纯红再障的发生率最高。纯红再障的发生机制通常认为是由凝集素介导的免疫机制异常导致红细胞及其前体细胞破坏。

（2）单纯血小板植入失败：移植后可能出现单纯血小板未植入或血小板输注无效，提示其与人类血小板抗原有关。在血小板未植入的病例中可检测到受者来源的抗人类血小板抗原抗体。通过输注抗人类血小板抗原抗体阴性的血小板，可使血小板数量持续上升并保持稳定。

（三）预防

移植物植入失败重在预防，应尽量避免上述各种造成植入失败的原因，或针对某一原因进行针对性处理，力求将这些因素降到最低的程度。具体包括以下措施：

1.寻找供或（和）受者 HLA 配型完全相合或尽可能相配的供者。

2.对移植前有多次输血史的患者移植细胞时应给予大剂量丙种球蛋白（400mg/kg）静滴每天 1 次或隔日 1 次以进行抗原封闭作用，或移植前作血浆交换以去除有害抗体，可能有利于植入。

3.加强预处理的免疫抑制强度。

4.提高移植细胞数量：但细胞数量过多，有可能引起急性 GVHD 发生率、移植相关死亡率升高，所以数量并非越多越好。

5.重视 GVHD 的防治，降低由于严重 GVHD 所致继发性 GF。

6.积极采取有效措施防治感染，如细菌、真菌、尤其是 CMV 感染。

7.去除 T 细胞移植，此方法的效果尚待进一步提高。

（四）治疗

一旦符合植入失败的诊断标准，则应尽速处理，以降低各种并发症的死亡率。常用治疗方法包括造血干细胞的二次回输、间充质干细胞输注、供者淋巴细胞输注、应用 G-CSF 和二次移植。

1.造血干细胞的二次回输　移植后 100 天内进行二次回输疗效更好。有文献报道，对于 allo-HSCT 患者血小板植入失败，采取 G-CSF 动员的供者外周血造血干细胞二次回输，有效率为 56.3%，相关不良反应小，对促进受者造血恢复能够发挥一定的疗效。

2.间充质干细胞（MSCs）输注　间充质干细胞被认为是骨髓基质细胞的前体细胞，为造血提供支架，促进造血发生。因此，有学者建议在自体或异基因造血干细胞移植输注 MSCs 以增强造血重建、治疗植入失败。MSCs 促进造血重建的原因可能与 MSCs 产生并释放到循环中的细胞因子导致造血干细胞归巢及增殖有关。Meuleman 对 6 例造血恢复失败的恶性血液病患者，在未进行预处理和无 HSC 支持的条件下，单纯输注 MSC 观察其对造血重建的作用。所有患者输注 MSC 前均为完全供者嵌合造血，原发病为缓解状态,但骨髓增生低下,不能脱离血小板和红细胞输注。患者分别在输注 MSC 后 12 天和 21 天造血恢复。有学者推荐将 MSC 作为植入失败的一线治疗。

3.进行二次移植　植入失败尤其是全系植入失败的最佳治疗方法是进行二次移植。但植入失败的患者经常有诸多高危因素,包括长期全血细胞减少引起的活动性感染和行为状态评分较低等,致使二次移植面临多种挑战。同时,二次移植也需考虑多方面因素的影响。

4.输注同一供者的淋巴细胞　如植入失败主要由于受者的排斥反应引起,则输注同一供者的淋巴细胞可能有效。

5.给予各种造血生长因子　包括刺激白细胞生长的粒细胞集落刺激因子(G-CSF)或作用更强的粒-巨噬细胞集落刺激因子(GM-CSF);血小板生成素(TPO)刺激巨核细胞生长发育及生成血小板;红细胞生成素(EPO)刺激红系细胞生长发育及生成成熟的红细胞等。

(王红美,栾佐,沈柏均)

主要参考文献

1.陈欣,冯四洲.造血干细胞移植相关血栓性微血管病研究进展.中华血液学杂志,2011,32(8):560-563.

2.崔东岳,孙自敏.脐血移植后植入的规律和检测方法.国际输血及血液学杂志,2011,34(2):145-148.

3.韩婷婷,徐兰平.造血干细胞移植后植入综合征研究进展.中华移植杂志(电子版),2012,6(3):204-208.

4.李来玲,王兴兵,孙自敏.植入前综合征的诊治进展.国际输血及血液学杂志,2011,34(2):124-126.

5.栾佐.儿科脐带血造血干细胞移植现状与进展.中国小儿血液与肿瘤杂志,2009,14(5):193-194.

6.罗洪,张红宾.造血干细胞移植后非感染性肺部并发症:研究与进展.中国组织工程研究,2015,19(10):1630-1634.

7.汤宝林综述,孙自敏审校.脐血造血干细胞移植应用现状.国际输血及血液学杂志,2013,36(5):407-411.

8.吴涛,蕙瑞,白海.异基因造血干细胞移植中移植物抗宿主病的研究进展.中华器官移植杂志,2015,36(3):188-191.

9.许兰平,黄晓军.干细胞移植的 HLA 配型和植入证据检测.中国实用儿科杂志,2005,20(11):649-651.

10.张昊,王福喜,武文杰,等.无关供者脐带血干细胞移植概况.生物技术通讯,2013,24(5):741-743.

11.张钰综述,刘启发审校.慢性移植物抗宿主病的临床表现及诊断.国际输血及血液学杂志,2010,33(4):315-318.

12.章卫平,杨丹.慢性移植物抗宿主病最新临床诊断和分级标准解读.国际输血及血液学杂志,2008,31(1):388-391.

13. 郑昌成,孙自敏.非血缘脐血造血干细胞移植的现状.白血病・淋巴瘤.2011,20(9):518-521.

14. Arai Y, Kondo T, Kitano T, et al. Monitoring mycophenolate mofetil is necessary for the effective prophylaxis of acute GVHD after cord blood transplantation. *Bone Marrow Transplant*, 2015,50(2):312-314.

15. Armson BA, Allan DS, Casper RF. Umbilical cord blood:counselling, collection, and banking. *J Obstet Gynaecol,Can*, 2015,37(9):832-846.

16. Avery S, Shi W, Lubin M, et al. Influence of infused cell dose and HLA match on engraftment after double-unit cord blood allografts. *Blood*,2011,117(12):3277 - 3285.

17. Ballen KK, Klein JP, Pedersen TL, et al. Relationship of race/ethnicity and survival after single umbilical cord blood transplantation for adults and children with leukemia and myelodysplastic syndromes. *Biol Blood Marrow Transplant*,2012,18(6):903-912.

18. Barker JN, Byam C, Scaradavou A, et al. How I treat:the selection and acquisition of unrelated cord blood grafts. *Blood*, 2011,117(8):2332-2339.

19. Barker JN, Scaradavou A, Stevens C, et al. Combined effect of total nucleated cell dose and HLA match on transplantation outcome in 1061 cord blood recipients with hematologic malignancies. *Blood*, 2010,115(9):1843-1849.

20. Barker JN, Weisdorf DJ, Defor TE, et al. Rapid and complete donor chimerism in adult recipients of unrelated donor umbilical cord blood transplantation after reduced-intensity conditioning. *Blood*, 2003,102(5):1915-1919.

21. Bellen KK, Spitzer TR, Yeap By, et al. Double unrelated reduced 2 intensity umbilical cord blood transplantation in adults. *Biol Blood Marrow Transplant*, 2007,13(1):82-89.

22. Brunstein CG, Weisdorf DJ, DeFor T, et al. Marked increased risk of Epstein-Barr virus-related complications with the addition of antithymocyte globulin to a nonmyeloablative conditioning prior to unrelated umbilical cord blood transplantation. *Blood*, 2006,108(8):2874-2880.

23. Brunstein CG,Eapen M,Ahn KW,et al. Reduced intensity conditioning transplantation in acute leukemia:the effect of source of unrelated donor stem cells on outcomes. *Blood*,2012,119(23):5591-5598.

24. Brunstein CG,Wagner JE,Weisdorf D, et al. Negative effect of KIR alloreactivity in recipients of umbilical cord blood transplants depends on transplantation conditioning intensity. *Blood*,2009,113(22):5628-5634.

25. Christopherson KW, Hangoc G, Mantel CR, et al. Modulation of hematopoietic stem cell homing and engraftment by CD26. *Science*,2004,305(5686):1000-1003.

26. Cunha R, Loiseau P, Ruggeri A, et al. Impact of HLA mismatch direction on

outcomes after umbilical cord blood transplantation for hematological malignant disorders: a retrospective Euro-EBMT analysis. *Bone Marrow Transplant*, 2014, 49 (1): 24-29.

27. Cutler C, Kim HT, Sun L, et al. Donor-specific anti-HLA antibodies predict outcome in double umbilical cord blood transplantation. *Blood*, 2011, 118 (25): 6691-6697.

28. Danby R, Rocha V. Improving engraftment and immune reconstitution in umbilical cord blood transplantation. *Front Immunol*, 2014, 24(5):68.

29. Delaney C, Heimfeld S, Brashem-Stein C, et al. Notch-mediated expansion of human cord blood progenitor cells capable of rapid myeloid reconstitution. *Nature Medieine*, 2010, 16:232-236.

30. Delaney M, Ballen KK. The role of HLA in umbilical cord blood transplantation. *Best Pract Res Clin Hematol*, 2010, 23(2):179-187.

31. Derniame S, Lee F, Domogala A, et al. Unique effects of mycophenolate mofetil on cord blood T cells: implications for GVHD prophylaxis. *Transplantation*, 2014, 97 (8):870-878.

32. Dong LJ, Xie DH, LU DP, et al. HSC transplantation-associated intestinal thrombotic microangiopathy: cliniical pathological features, diagnosis criteria and treatment. *J Exp Hematol*, 2006, 14(2):327-331.

33. Dumas PY, Ruggeri A, Robin M, et al. Incidence and risk factors of EBV reactivation after unrelated cord blood transplantation: a Eurocord and Société Française de Greffe de Moelle-Therapie Cellulaire Collaborative Study. *Bone Marrow Transplant*, 2013, 48(2):253-256.

34. Eapen M, Klein JP, Ruggeri A, et al. Impact of allele-level HLA matching on outcomes after myeloablative single unit umbilical cord blood transplantation for hematologic malignancy. *Blood*, 2014, 123(1):133-140.

35. Eapen M, Klein JP, Sanz GF, et al. Effect of donor-recipient matching at HLA A, B, C and DRB1 on outcomes after umbilical cord blood transplantation for leukemia and myelodysplastic syndrome: a retrospective analysis. *Lancet Oncol*, 2011, 12 (13): 1214-1221.

36. Eapen M, Rocha V, Sanz G, et al. Effect of graft source on unrelated donor haemopoietic stem-cell transplantation in adults with acute leukaemia: a retrospective analysis. *Lancet Oncol*, 2010, 11(7):653-660.

37. Eapen M, Rubinstein P, Zhang MJ, et al. Outcomes of transplantation of unrelated donor umbilical cord blood and bone marrow in children with acute leukaemia: a comparison study. *The Lancet*, 2007, 369(9577):1947-1954.

38. Evens AM, Roy R, Sterrenberg D, et al. Post-transplantation lymphoproliferative disorders : diagnosis, prognosis, and current approaches to therapy. *Curr Oncol*

Rep，2010，12(6)：383-394.

39. Farag SS，Srivastava S，Messina- Graham S，et al. In vivo DPP- 4 inhibition to enhance engraftment of single- unit cord blood transplants in adults with hematological malignancies. *Stem Cells Dev*，2013，22(7)：1007-1015.

40. Fernández MN，Regidor C，Cabrera R，et al. Unrelated umbilical cord blood transplants in adults：early recovery of neutrophils by supportive co-transplantation of a low number of highly purified peripheral blood CD34[+] cells from an HLA-haploidentical donor. *Exp Hematol*，2003，31(6)：535-544.

41. Frassoni F，Gualandi F，Podestà M，et al. Direct intrabone transplant of unrelated cord-blood cells in acute leukaemia：a phase Ⅰ/Ⅱ study. *Lancet Oncol*，2008，9(9)：831-839.

42. Furukawa T，Kurasaki-Ida T，Masuko M，et al. Pharmacokinetic and pharmacodynamic analysis of cyclosporine A (CsA) to find the best single time point for the monitoring and adjusting of CsA dose using twice-daily 3-h intravenous infusions in allogeneic hematopoietic stem cell transplantation. *Int J Hematol*，2010，92(1)：144-151.

43. Garfall A，Kim H，Cutler C，et al. Allele level matching at HLA is associated with improved survival after reduced intensity cord blood transplantation. *Blood*，2012，120(21)：2010a (abstract).

44. Garfall A，Kim HT，Sun L，et al. KIR ligand incompatibility is not associated with relapse reduction after double umbilical cord blood transplantation. *Bone Marrow Transplant*，2013，48(7)：1000-1002.

45. Gluckman E，Broxmeyer HE，Auerbach AD，et al. Hematopoietic reconstitution in a patient with Fanconi anemia by means of umbilical-cord blood from an HLA-identical sibling. *N Eng J Med*，1989，321(17)：1174-1178.

46. Gluckman E，Rocha V，Arcese W，et al. Factors associated with outcomes of unrelated cord blood transplant：guidelines for donor choice. *Exp Hematol*，2004，32(4)：397-407.

47. Gluckman E，RochaV. Improving outcomes of cord blood transplantation：HLA matching，cell dose，and other graft-and transplantation-related factors. *Br J Hematol*，2009，147(2)：262-274.

48. Gluckman E，Rocha V. Cord blood transpLantation for children with acute leukaemia：a Eurocord registry analysis. *Blood Cells Mol Dis*，2004，33(3)：271-273.

49. Gluckman E. Milestones in umbilical cord blood transplantation. *Br J Haematol*，2011，25(6)：255-259.

50. Gluckman E. Cord blood transplantation. *Biol Blood Marrow Transplant*，2006，2：808-812.

51. Gluckman E. Ten years of cord blood transplantation：from bench to bedside. *Br J Haemato*l，2009，147(2)：192-199.

52. Guttridge MG，Soh TG，Belfield H，et al. Storage time affects umbilical cord blood viability. *Transfusion*，2014，54(5)：1278-1285.

53. Haldar S，Dru C，Bhowmick NA. Mechanisms of hemorrhagic cystitis. *Am J Clin Exp Urol*，2014，2(3)：199-208.

54. Harnicar S，Ponce DM，Hilden P，et al. Mycophenolate mofetil dosing and higher mycophenolic acid trough levels reduce severe acute graft-verus-host disease after double-unit cord blood transplantation. *Biol Blood Marrow Transplant*，2015，21(5)：920-925.

55. Heslop HE，Slobod KS，Pule MA，et al. Long-term outcome of EBV-specific T-cell infusions to prevent or treat EBV-related lymphoproliferative disease in transplant recipients. *Blood*，2010，115(5)：925-935.

56. Jodele S，Davies SM，Lane A，et al. Diagnostic and risk criteria for HSCT-associated thrombotic microangiopathy：a study in children and young adults. *Blood*，2014，124(4)：645-653.

57. Kanda J，Kaynar L，Kanda Y，et al. Pre-engraftment syndrome after myeloablative dual umbilical cord blood transplantation：risk factors and response to treatment. *Bone marrow transplant*，2013，48(7)：926-931.

58. Ljungman P，Bregni M，Brune M，et al. Allogeneic and autologous transplantation for haematological diseases，solid tumours and immune disorders：current practice in Europe 2009. *Bone Marrow Transplant*，2010，45(2)：219-234.

59. Lund TC，Boitano AE，Delaney CS. Advances in umbilical cord blood manipulation-from niche to bedside. *Nat Rev Clin Oncol*，2015，12(3)：163-174.

60. Luznik L，Bolanos-Meade J，Zahurak M，et al. High dose cyclophosphamide as single a gent short course prophylaxis of graft versus host disease. *Blood*，2010，115(16)：3224-3230.

61. Luznik L，Fuchs EJ. High dose post transplantation cyclophosphamide to promote graft host tolerance after allogeneic hematopoietic stem cell transplantation. *Immunol Res*，2010，47(1/3)：6667.

62. Macmillan ML，Blazar BR，DeFor TE，et al. Transplantation of ex-vivo culture-expanded parental haploidentical mesenchymal stem cells to promote engraftment in pediatric recipients of unrelated donor umbilical cord blood：results of a phase Ⅰ-Ⅱ clinical trial. *Bone Marrow Transplant*，2009，43(6)：447-454.

63. Matsuno N，Yamamoto H，Watanabe N，et al. Rapid T-cell chimerism switch and memory T-cell expansion are associated with pre-engraftment immune reaction early after cord blood transplantation. *Br J Haematol*，2013，160(2)：255-258.

64. Matsuno N，Wake A，Uchida N，et al. Impact of HLA disparity in the graft-ver-sus-host direction on engraftment in adult patients receiving reduced-intensity cord blood transplantation. *Blood*，2009，114(8)：1689-1695.

65. Narimatsu H，Terakura S，Matsuo K，et al. Short-term methotrexate could reduce early immune reactions and improce outcomes in umbilical cord blood transplantation for adults. *Bone marrow transplant*，2007，39(1)：31-39.

66. Neumann F，Graef T，Tapprich C，et al. Cyclosporine A and mycophenolate mofetil vs cyclosporine A and methotrexate for graft versus host disease prophylaxis after stem cell transplantation from HLA identical siblings. *Bone Marrow Transplant*，2005，35(11)：1089-1093.

67. Nikiforow S，Li S，Coughlin E，et al. Impact of cord blood processing conditions on outcomes after double cord blood transplantation. *Blood*，2013，695a（abstract）.

68. Page KM，Mendizibal A，Betz-Shablein R，et al. Optimizing donor selection for public cord blood banking：influence of maternal，infant，and collection characteristics on cord blood unit quality. *Transfusion*，2013，54(2)：340-352.

69. Page KM，Zhang L，Mendizibal A，et al. Total colony-forming units are a strong，independent predictor of neutrophil and platelet engraftment after unrelated umbilical cord blood transplantation：a single-center analysis of 435 cord blood transplants. *Biol Blood Marrow Transplant*，2011，17(9)：1362-1374.

70. Perkins J，Field T，Kim J，et al. A randomized phase trial comparing tacrolimus and mycophenolate mofetil to tacrolimus and methotrexate for acute graft versus host disease prophylaxis. *Biol Blood Marrow Transplant*，2010，16(7)：937-947.

71. Petz L，Jaing TH，Rosenthal J，et al. Analysis of 120 pediatric patients with nonmalignant disorders transplanted using unrelated plasma-depleted or-reduced cord blood. *Transfusion*，2012，52：1311-1320.

72. Ramirez P，Wagner JE，De For TE，et al. Factors predicting single unit predominance after double umbilical cord blood transplantation. *Bone Marrow Transplant*，2012，47(6)：799-803.

73. Richardson PG，Corbacioglu S，Ho VT，et al. Drug safety evaluation of defibrotide. *Expert Opin Drug Saf*，2013，12(1)：123-136.

74. Robinson SN，Simmons PJ，Thomas MW，et al. Ex vivo fucosylation improves human cord blood engraftment in NOD- SCID IL- 2Rγ（null）mice. *Exp Hematol*，2012，40(6)：445-456.

75. Robinson SN，Thomas MW，Simmons PJ，et al. Fucosylation with fucosyltransferase Ⅵ or fucosyltransferase Ⅶ improves cord blood engraftment. *Cytotherapy*，2014，16(1)：84-89.

76. Rocha V，Labopin M，Ruggeri A，et al. Unrelated cord blood transplantation：outcomes after single-unit intrabone injection compared with double- unit intravenous injection in patients with hematological malignancies. *Transplantation*，2013，95（10）：1284-1291.

77. Rocha V，Gluckman E. Improving outcomes of cord blood transplantation：HLA

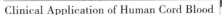

matching，cell dose and other graft-and transplantation-related factors. *Br L Haematol*，2009，147(2)：262-274.

78. Rocha V，Locatelli F. Searching for alternative hematologic stem cell donors for pediatric patients. *Bone Marrow Transplant*，2008，41(2)：207-214.

79. RochaV，Spellman S，Zhang MJ，et al. Effect of HLA-matching recipients to donor noninherited maternal antigens on outcomes after mismatched umbilical cord blood transplantation for hematologic malignancy. *Biol Blood Marrow Transplant*，2012，18(12)：1890-1896.

80. Romee R，Weisdorf DJ，Brunstein C，et al. Impact of ABO-mismatch on risk of GVHD after umbilical cord blood transplantation. *Bone Marrow Transplant*，2013，48(8)：1046-1049.

81. Ruggeri A，Rocha V，Masson E，et al. Impact of donor specific anti-HLA antibodies on graft failure and survival after reduced intensity conditioning-unrelated cord blood transplantation. *Hematologica*，2013，98(7)：1154-1160.

82. Sabattini E，Bacci F，Sagramoso C，et al. WHO classification of tumours of haematopoietic and lymphoid tissues in 2008： an overview. *Pathologica*，2010，102(3)：83-87.

83. Scaradavou A. *Maternal HLA Typing and Cord Blood Unit Choice Umbilical Cord Blood Banking and Transplantation*. Springer International Publishing Print，2014；49-58.

84. Schoemans H，Theunissen K，Maertens J，et al. Adult umbilical cord blood transplantation：a comprehensive review. *Bone Marrow Transplant*，2006，38(2)：83-93.

85. Shi-xia X，Xian-hua T，Hai-qin X，et al. Meta-analysis of HLA matching and the outcome of unrelated umbilical cord blood transplantation (CBT). *Transpl Immunol*. 2009；21(4)：234-239.

86. Smith AR，Wagner JE. Alternative haematopoietic stem cell sources for transplantation：place of umbilical cord blood. *Br J Haematol*，2009，147(2)：246-261.

87. Stevens CE，Carrier C，Car Denter C，et al. HLA mismatch direction in cord blood transplantation：impact on outcome and implications for cord blood unit selection. *Blood*，2011，118(14)：3969-3978.

88. Takanashi M，AtsutaY，Fujiwara K，et al. The impact of anti-HLA antibodies on unrelated cord blood transplantations. *Blood*，2010，116(15)：2839-2846.

89. Tanaka J，Morishima Y，Takahashi Y，et al. Effects of KIR ligand incompatibility on clinical outcomes of umbilical cord blood transplantation without ATG for acute leukemia in remission. *Blood Cancer J*，2013，29(3)：e164.

90. Ustun C，Bachonova V，Shanley R，et al. Importance of donor ethnicity/race matching in unrelated adult and cord blood allogeneic hematopoietic cell transplantation. *Leuk Lymphoma*，2014，55(2)：358-364.

91. van Rood JJ, Stevens CE, Smits J, et al. Reexposure of cord blood to noninterited maternal HLA antigens improves transplant outcomes in hematological malignancies. *Proc Natl Acad Sci USA*, 2009, 106(47): 19952-19957.

92. Wagner JE. Should double cord blood transplants be the preferred choice when a sibling donor is un unavailable? *Best Pract Res Clin Haematol*, 2009, 22(4): 551-555.

93. Wang Y, Chang YJ, Xu LP, et al. Who is the best donor for a related HLA haplotype-mismatched transplant? *Blood*, 2014, 124(6): 843-850.

94. Willemze R, Rodrigues CA, Labopin M, et al. KIR-ligand incompatibility in the graft-versushost direction improves outcomes after umbilical cord blood transplantation for acute leukemia. *Leukemia*, 2009, 23(3): 492-500.

95. Yoo KH, Lee SH, Kim HJ, et al. The impact of post-thaw-colony forming units-granulocyte/macrophage on engraftment following unrelated cord blood transplantation in pediatric recipients. *Bone Marrow Transplant*, 2007, 39(9): 515-521.

96. Zhang H, Chen J, Que W. A meta-analysis of unrelated donor umbilical cord blood transplantation versus unrelated donor bone marrow transplantation in acute leukemia patients. *Biol Blood Marrow Transplant*, 2012, 18(8): 1164-1173.

97. Zhang YM. New techniques for umbilical cord blood transplantation. *J South Med Univ*, 2013, 33(12): 1839-1843.

98. Zheng C, Zhu X, Tang B, et al. Comparative analysis of unrelated cord blood transplantation and HLA-matched sibling hematopoietic stem cell transplantation in children with high-rish or advanced acute leukemia. *Ann Hematol*, 2015, 94 (3): 473-480.

第三章　脐血移植术:各论

Cord Blood Transplantation:Specific Sections

第一节　脐血移植治疗白血病

Cord Blood Transplantation For Leukemia

白血病是造血系统的恶性肿瘤,是我国最常见的恶性肿瘤之一。0~9 岁和 60 岁以上是白血病发病的两个高峰期。白血病按起病的缓急可分为急、慢性白血病。根据受累的细胞类型,急性白血病又分为急性淋巴细胞白血病(ALL)和急性髓细胞白血病(AML,以往称为急性非淋巴细胞白血病),成人以 AML 多见,儿童以 ALL 多见。慢性白血病又分为慢性髓细胞白血病(CML)和慢性淋巴细胞白血病(CLL),皆多见于成人。近年来随着分子生物学、细胞遗传学、基因组学研究进展,不同作用机制化学治疗药物的联合应用,以及靶向治疗研究及临床新药应用的进展,白血病的疗效取得了显著进展。如目前应用强烈的联合化疗方案(如德国 BFM 方案、CCLG-2008 方案等)后小儿 ALL5 年无病生存率约为 80%,个别治疗中心可达 90%。而 AML 可达 40%~60%。白血病已成为可治愈的恶性肿瘤之一。但是,对难治、复发白血病患者或有预后不良因素的白血病患者,单纯化疗效果欠佳,此时应首选造血干细胞移植。由于脐血移植具有安全、有效、便捷等诸多优点,在无法找到合适骨髓供者时,可选择脐血作为替代骨髓的造血干细胞来源治疗儿童与成人白血病。

一、移植指征

当具有某些特征的患者采用非移植疗法预期效果很差,或者已有资料显示该组患者接受移植的疗效优于非移植时,这类患者具有移植的指征。

1.急性淋巴细胞性白血病(ALL)

(1)CR1 期患者的移植:推荐用于以下高危患者:①诱导缓解治疗结束后未达到骨髓完全缓解;②诱导缓解治疗结束后骨髓完全缓解但微小残留病(MRD)仍大于等于 10^{-2};

③伴有 MLL 基因重排阳性,年龄小于 6 个月起病时 WBC≥300×10⁹/L;④伴有 Ph 染色体阳性 ALL 的患者,化疗联合 TKI 治疗后反应差或 MRD 仍高者。

(2)CR2 期及以上患者的移植:很早期复发及早期复发(小于 18 个月)ALL 患者,建议在 CR2 期进行移植;所有 CR3 以上患者均具有移植指征。

(3)挽救性移植:对于难治、复发未缓解患者,包括庇护所白血病不能缓解者。

2.急性髓细胞白血病(AML)

(1)CR1 期移植指征:①具有不良细胞遗传学标记之一,包括复杂核型(包括染色体易位在内的 3 种以上的染色体异常,但不包括良好核型 t(8;21)、inv(16)、t(16;16)等),5号、7 号染色体单体、5q-、t(9;22),MLL 重排(除 MLL-AF9),MLL-PTD,12p/t(2;12)/ETV6-HOXD,t(6;9)/DEK-NUP214 或 DEK-CAN,t(7;12)/HLXB9-ETV6,c-kit 突变,FLT3-ITD 突变。②具有细胞形态学特征:M0,M6,M7。③由骨髓增生异常综合征(MDS)转化的 AML 或治疗相关的 AML。④治疗反应不良:诱导治疗第一疗程后 D28骨髓幼稚细胞≥20%,经过 2 个以上(不包括 2 个)疗程达到 CR1。

(2)CR2 期具有移植指征:首次血液学复发的 AML 患者,经诱导治疗或挽救性治疗达到 CR2 后,争取尽早进行移植;CR3 期的任何类型 AML 患者具有移植指征。

(3)未获得 CR 的 AML:难治及复发性各种类型 AML,如果不能获得 CR(包括庇护所白血病不能缓解者),可以进行挽救性移植,均建议在有经验的单位尝试。

3.慢性髓细胞白血病(CML)

(1)对于伊马替尼治疗失败的慢性期患者,可根据患者及家长的意愿考虑移植。

(2)在伊马替尼治疗中或任何时候出现 BCR-ABL 基因 T315I 突变的患者,首选移植。

(3)对第二代酪氨酸激酶抑制剂(TKI)治疗反应欠佳、失败或不耐受的所有患者,可进行移植。

(4)加速期或急变期患者建议进行移植,移植前首选化疗+TKI 治疗,争取在患儿再次慢性期进行移植治疗。

(5)新诊断的儿童和青年 CML 患者,如果有配型较好的合适脐血供体,在家长完全知情和理解移植利弊的情况下,也可以进行移植。

4.慢性淋巴细胞白血病(CLL)

(1)具有 Del(17p)的患者,对于经过诱导治疗获得 CR/PR 的患者如果具有 HLA 完全匹配的供者且身体条件许可,推荐进行包括减低预处理强度在内的异基因造血干细胞移植。

(2)复发难治患者,如果患者出现疾病短期进展,则认为是高危 CLL 患者,治疗获得CR/PR 的患者如果具有 HLA 全相合的供者且身体条件许可,推荐进行异基因造血干细胞移植作为巩固治疗。

(3)对于病理组织活检证实发生大细胞转化(Richter 综合征)的患者,有条件者可以考虑进行异基因的造血干细胞移植。

5.骨髓增生异常综合征(MDS)　包括 MDS 及 MDS/骨髓增殖性肿瘤(MPN)。

(1)MDS 伴有严重中性粒细胞或血小板减少或输血依赖的患者。

（2）即使无输血依赖或未达到 RAEB 和 RAEB-t 程度，伴有提示预后不良的染色体异常（如 7 号单体或复杂核型）的 MDS。

（3）伴有幼稚细胞比例增高的 RAEB、RAEB-t。

（4）MPN（包括 JMML）。

二、脐血的选择

脐血所含的单个核细胞数（TNC）及 CD34$^+$ 细胞数直接影响脐血的植入，原则上细胞数量越多越利于植入。2008 年发表的一项多中心非亲缘脐血移植治疗儿童（小于 18 岁）血液系统恶性疾病的研究报道显示 191 例恶性血液病患儿接受了 UCBT，中位年龄 7.7 岁（0.9～17.9 岁），大多数患者为急性白血病（$n=161;84\%$），收集的 TNC 和 CD34$^+$ 细胞平均数分别是 $5.1\times10^7/kg$ 和 $1.9\times10^5/kg$；39％的患者（$n=75$）为 5-6/6HLA 位点相合，其余 2～3 个位点不相合；累计 42 天中性粒细胞植入率为 80％（95％ CI，75％～85％）；累计 100 天急性 GVHD 及 2 年慢性 GVHD 分别为 20％（95％ CI，14％～26％）和 21％（（95％CI，15％～28％）；累计 2 年疾病复发率分别为 20％（95％ CI，15～26％）。多变量统计分析，HLA 高的相合程度（$P=0.04$）和高的 TNC 的量（$P=0.04$）是改善中性粒细胞植入的独立因素，2 年的 OS 是 50％（95％ CI，42％～57％），CMV 血清型状态（$P<0.01$）、ABO 相合度（$P=0.02$）、受者性别（$P<0.01$）和 TNC 的量（$P=0.04$）是影响 OS 的独立预后因素，这项实验加强了脐血移植在儿童血液病中的应用。

欧洲推荐供受者 HLA 配型 6/6、5/6、4/6 相合时需要输入 TNC 分别为大于 $3\times10^7/kg$、$4\times10^7/kg$、$5\times10^7/kg$。为减少原发性植入失败的发生，建议按细胞数选择脐血。冷冻前脐血 CD34$^+$ 细胞数要求大于 $1.7\times10^5/kg$（受者体重）。Kurtzberg 等报道较高的 TNC 大于 $5.1\times10^7/kg$ 明显改善中性粒细胞和血小板的植入，而输注脐血 TNC 小于等于 $2.5\times10^7/kg$ 者植入率较低且较慢，存活率明显降低，尤其是使用 HLA 4/6 个位点相合 TNC 含量较低（$<5\times10^7/kg$）脐血的患者，由于移植后植入率较低且长期生存率较差，应慎重选择。

对于体重比较大的患者，单份脐血细胞数量不能满足以上的标准时，可以选择双份脐血，否则不建议选择双份脐血移植。选择双份脐血参考标准为：每份脐血的 TNC$\geqslant1.5\times10^7/kg$；脐血与受者的 HLA 配型至少为 4 个位点相合。

推荐尽量开展高分辨供受体 HLA 配型。Barker 回顾性分析 1061 例无关脐血移植，发现患者 HLA 相合移植相关死亡率发生率较低。1～2 个位点不合，TNC$>5.0\times10^7/kg$ 的移植相关死亡率为 TNC 为（2.5～4.9）$\times10^7/kg$ 的一半。现普遍认为，HLA-A、B、C 和 DRB1 是影响非血缘 HSCT 结果最重要位点，对其他 II 类位点（DQB1 和 DP1）的作用仍有争议。建议进行 HLA-C 抗原检测，首选 HLA-C 相合供者。移植前建议进行供者特异性抗 HLA 抗体（DSA）筛查，若 DSA 阳性，建议另选其他合适供者。有条件时可进行非遗传性母源性 HLA 抗原（NIMA）检测，选择 NIMA 相合供者。

三、预处理方案

(一)清髓性预处理方案

全身照射(TBI)具有抗肿瘤和免疫抑制双重作用,是大多数恶性血液病患者 UCBT 的清髓性预处理方案的奠基石。目前,国内外常用分次 TBI,因其具有相对高的治疗效果且副作用小。TBI 总剂量大多以 12～13.75Gy,分 4～9 次照射,剂量率多在 0.04～0.06Gy/min。由于单用全身照射还不足以消灭体内的瘤细胞或抑制受者免疫来保证植入,故常将 TBI 与化疗药物联用。TBI/环磷酰胺(CY)迄今为止仍被认为是成人造血干细胞移植的标准预处理方案,并对急、慢性白血病有很好的治疗作用。TBI 毒副反应大,且随着年龄的增加而增加,因此联合化疗药物的预处理方案备受关注,而且此类预处理不需要放疗等特殊设备。最常见的是白消安(BU)为主的预处理方案,BU 是许多清髓性不含 TBI 的预处理方案的基础,大剂量 BU 虽然具有清髓作用,但对成熟淋巴细胞的毒性是有限的,故没有明显的免疫抑制作用。不同剂量的马法兰(MEL)已作为非 TBI 方案的重要组成部分,均需加用 CY、塞替派(TT)、ATG 或低剂量的 TBI 等来促进植入。

预处理方案举例：

(1)TBI 为主的方案(fTBI/Ara-C/CY)：fTBI(3GY Bid×2d,－9～－8 天,剂量率 5～7cGY/min,肺剂量 7GY)；Ara-C[2g/m² q12h×2d,－6～－5 天,髓细胞白血病患者在使用 Ara-C 前加用 G-CSF5μg/(kg・d)至 Ara-C 结束]/CY(60mg/kg×2d,－3～－2 天)。本方案主要适用于年龄大于等于 14 岁,或者存在中枢神经系统白血病的患者。

(2)化疗为主的方案[BU/CY/Flu(ALL)]：BU(0.8mg/kg q6h×4d,－7～－4 天)；CY(60mg/kg×2d,－3～－2 天)；Flu(30mg/m²×4d,－9～－6 天)。本方案主要适用年龄小于 14 岁的 ALL,或者之前曾经接受过中枢神经系统放疗的 ALL 患者。

(3)化疗为主的方案[Ara-C/BU/CY(AML)]：Ara-C[2g/m² q12h×2d,－9～－8 天,使用 Ara-C 前加用 G-CSF5μg/(kg・d)至 Ara-C 结束]；BU(0.8mg/kg q6h×4d,－7～－4 天)；CY(60mg/kg×2d,－3～－2 天)。本方案主要适用年龄小于 14 岁的 AML,或者之前曾经接受过中枢神经系统放疗的 AML 患者。

(二)减低强度预处理方案

目前,减低强度预处理方案(RIC)在脐血移植中广泛应用。它不是完全清除受者骨髓造血细胞和恶性细胞,而是诱导异基因移植物与宿主之间双向耐受,形成嵌合体,试图依靠移植后供者来源 T 细胞介导移植物抗肿瘤效应(GVL)消灭体内残存的白血病细胞,故具有预处理耐受性好、植活率高等优势。对于恶性血液病来说,RIC 方案可增加复发的风险,因此主要用于疾病控制良好的、对放化疗敏感的老年或并发症较多不能耐受大剂量化放疗的患者。

目前 RIC 方案较多,主要有以下种类：①以氟达拉滨为主联合应用马利兰、抗淋巴细胞球蛋白/抗胸腺球蛋白及阿糖胞苷等方案；氟达拉滨兼有细胞毒和免疫抑制作用,对骨髓有较强的抑制,但对非造血系统毒性温和,目前作为非清髓方案的主要药物；②以低剂量全身照射结合马法兰等化疗药物组成的方案；③用分次照射代替一次性全身照射；④亚剂量照射加减量环磷酰胺或加抗淋巴细胞球蛋白等。

四、脐血移植与骨髓移植治疗白血病疗效比较

2000 年,Rocha 等报道在 Eurocord 登记的 113 例接受 HLA 相合的同胞 CBT 和 2052 例接受 HLA 相合 BMT 的儿童患者进行对比分析,发现两组中性粒细胞植入率分别为 89%(UCBT)和 98%(BMT,下同),中性粒细胞植入时间分别为 26 天和 18 天,大于等于Ⅲ°aGVHD 发生率分别为 2% 和 10%,cGVHD 发生率分别为 6% 和 15%,TRM(40 天内)分别为 14% 和 12%,3 年总 OS 分别为 64% 与 66%。2001 年,Rocha 等对 541 例急性白血病患儿与非血缘 BMT 进行多中心回顾性研究,其中,接受 UCBT 为 99 例,结果显示 UCBT 组中性粒细胞及血小板的植入延迟,但Ⅱ~Ⅳ度 aGVHD 及 cGVHD 发生率降低,UCBT 组移植相关死亡率(TRM)较高,但两组移植后 100 天的复发率、病死率、2 年复发率、OS 率及 DFS 率无统计学差异。2007 年,欧洲学者比较 503 例儿童接受 UCBT(其中 35 例 HLA-A,-B 和 DRB1 等位基因 6/6 个位点相合,其他均为 1~2/6 个位点不合)、282 例接受 UBMT(116 例为 HLA-A、HLA-B,HLA-C 和 DRB1 等位基因 8/8 个位点相合,166 例不全匹配)。与进行 UBMT 8/8 个等位基因匹配的患儿相比,接受 1~2/6 个 HLA 位点不合的 UCBT 患儿 EFS 相同,而 35 位 HLA 6/6 个位点匹配接受 UCBT 的患儿有更好的疗效,5 年生存率(disease-free-survival,DFS)达 60%。一项结合多个同比研究的 Meta 分析显示,接受 UCBT 与 UBMT 患儿的 OS 没有区别,因此,在缺乏 HLA 匹配的血缘供者时,UCBT 可以作为儿童恶性病的一个合适的选择。

五、脐血移植在儿童患者中的应用

欧洲脐血库回顾性研究示 532 例接受非亲缘 CBT 移植的 ALL 患儿,早前 B-ALL 是最常见的表型,分别有 186 例(5%)CR1、238 例(45%)CR2、108 例(20%)CR3 或进展期患儿接受了脐血移植,中位年龄 6.8 岁,大多数为单份脐血移植,输入的 TNC 中位数是 4×10^7/kg,1~2 个 HLA 位点不相合,累计中性粒细胞植入率、aGVHD 发生率及 TRM 分别为 82%、27% 和 21%,多变量分析,输注的 TNC 细胞剂量≥4×10^7/kg(受者体重)、移植时处于 CR1 缓解状态与更好的中性粒细胞植入相关。2 年复发率为 37%,疾病状态和 TBI 应用是影响复发的独立预后因素,2 年 EFS 为 38%,CR1 期为 49%,CR2 期为 42%,CR3 期/进展期为 10%。2012 年,欧洲脐血库分析了 170 例非亲缘脐血移植 ALL 患儿移植前微小残留病灶(MRD)检测结果与移植后复发率的关系,患儿中位年龄 6.5 岁(1~17 岁),应用清髓性预处理方案,移植后 4 年累积复发率是(30±3)%,多变量分析,移植前阳性 MRD 是复发的独立预后因素[HR 2.2 (95% CI,1.2~3.9);P = 0.001],移植前阴性 MRD 能改善无白血病生存(leukemia-free survival,LFS)率(54% vs 29%,P = 0.003),也是 EFS 的独立预后因素[HR 0.5 (95% CI,0.3~0.8);P = 0.003]。脐血移植前 MRD 的评估可以鉴定移植后高危复发人群,更多地减少移植后复发风险的策略应进一步探讨。

欧洲脐血移植登记资料显示,95 例 AML 患儿接受 UCBT 治疗,中位年龄 4.8 岁,中位细胞数(冷冻前)为 5.2×10^7/kg,累计中性粒细胞植入率、急性 GVHD 发生率及 100 天 TRM 分别为(78±4)%、(35±5)% 和(20±4)%,CR1 和 CR2 移植患者 EFS 分别是

（59±11）％和（50±8）％，累计2年复发率为（29±5）％。高危遗传学异常患儿具有同样的无病生存率，从而提示 UCBT 可作为高危儿童 AML 的治疗选择。最近日本报道 141 例儿童 AML 患者接受 UCBT 治疗的长期随访结果显示，移植前 39 例患儿为 CR1,33 例为 CR2,4 例为 CR3,65 例为进展期（未缓解）。累计中性粒细胞恢复、血小板恢复、急性 GVHD（Ⅱ～Ⅳ度）及 100 天 TRM 分别为 78.7％、62.4％、40.1％和 10.8％。多因素分析显示，输注的 CD34$^+$ 细胞剂量≥1.35×10^5/kg（受者体重）与更好的造血恢复相关。和欧洲结果不同的是，使用 MTX 预防 GVHD 与较低的 100 天内 TRM 相关，累计 6 年复发率为 38.8％，并和疾病状态相关。6 年 OS 为 45.8％，CR1 期为（70.4±8.3）％，CR2 期为（59.3±11.3）％，CR3 期为（75.5±21）％，进展期者为（20.6±6.2）％。此结果提示，UCBT 对高危及 CR2 和 CR3 期 AML 患儿具有较好的疗效。

美国 Cord Blood Transplantation Study（COBLT）协作组进行的首项儿童 UCBT 的前瞻性多中心研究中，191 例复发或具有高危复发可能的儿童白血病患者（平均年龄 7.7 岁，平均体重 25.9kg）接受了 UD-CBT，HLA 相合情况为 6/6（n＝17）、5/6（n＝58）、4/6（n＝111）和 3/6（n＝5）。虽然中性粒细胞和血小板平均植入时间分别为 27 天和 174 天，但移植后 100 天内Ⅲ/Ⅳ度 aGVHD 的发生率为 19.5％（95％CI,13.9％～25.5％），2 年内 cGVHD 的发生率为 20.8％（95％CI,14.8％～27.7％）。而移植后 2 年复发率仅为 19.9％（95％CI,14.8％～25.7％），6 个月和 2 年 OS 率达 67.4％和 49.5％。

上述资料表明，无论是 HLA 相合同胞还是 UD-UCBT 的小儿 UCBT，与 BMT 相比植入率稍差（90％），造血恢复延迟，但 aGVHD 较轻，cGVHD 低，TRM 较高，而肿瘤复发及 OS 无差异。因此脐血移植可以成为儿童高危恶性血液病非血缘造血干细胞移植的首选。2016 年 5 月中华医学会儿科学分会血液学组儿童干细胞移植亚专业组在济南讨论拟定《儿童恶性血液病脐带血移植儿科专家共识》，见本节附录，供参考。

六、脐血移植在成人患者中的应用

一般认为由于单份脐血中的干细胞数量较少，适用于体重小于 20 kg 的儿童，所以脐血移植在成人中的应用受到限制。Gluckman 报道脐血移植最佳有核细胞数（TNC）为 2×10^7/kg，当输注的 TNC＞3×10^7/kg 和＜1×10^7/kg 时，移植相关死亡率分别为 30％和 75％。另一个限制脐血移植在成人中应用的因素是脐血移植造血重建延迟。由于脐血的干细胞比骨髓和外周血中的干细胞更原始，所以植入所需的时间长，导致严重感染和输血机会增加。基于以上原因，脐血移植在儿童中取得了良好效果，而在成人移植方面却进展缓慢。

近年来多项研究认为脐血移植在成人中应用也取得了较好的疗效。1996 年，Laporte 报道一名体重 55kg 的 26 岁 CML 患者在疾病诊断 5 年后进入加速期时接受非血缘脐血移植并获得成功，由此拉开了成人脐血移植的序幕。2004 年，Takahashi 的研究中成人白血病患者接受 UD-UCBT（n＝68）和接受 UD-BMT（n＝45）相比，两组 TRM（1 年）UCBT 为 9％，BMT 为 29％，感染和 GVHD 相关死亡分别为 0％和 42％，白血病复发率为 16％和 25％，2 年 DFS 为 74％和 49％。从报道的资料分析考虑与预后相关的有利因素包括：①预处理中均含 TBI（3Gy），髓系白血病预处理中 Ara-C 与 G-CSF 联用可减少复发,器官功能紊乱者不用环磷酰胺;②治疗中降低免疫抑制剂强度,未用 ATG,尽量减少类固醇激素的应用;③髓系白血病疗效好于 ALL。2014 年,Rodrigues 等比较来自Eurocord 和 EBMT 登记 104 例 UCBT 及 541 例同胞相合的外周血干细胞移植数据,发现Ⅱ～Ⅳ度 aGVHD 的发生率、3 年非复发死亡率及复发率或疾病进展无显著差异;两组3 年无进展生存和总生存率无显著差异,但 UCBT 组 cGVHD 发生率较 allo-PBHSCT 组明显降低,分别为 26％和 52％;这进一步确定了 UCBT 在成年人非血缘 HSCT 中的地位。对于成年复发、难治白血病患者,若无 HLA 相合的同胞及非血缘供者,UCBT 也是一种不可多得的治疗选择。

为了克服单份脐血中所含有的有核细胞数较少的限制,人们尝试采用双份脐血造血干细胞移植。Barker 等给 23 例成人恶性血液病患者行 allo-DUCBT,患者平均年龄 24岁(13～53 岁),平均体重 73kg(48～120kg),除 1 例 CML 患者移植前疾病处于慢性期以外,其他均为高危白血病患者。所有患者中,2 例接受供受者 HLA 6/6 相合移植,11 例接受 HLA 5/6 相合移植,10 例接受 HLA 4/6 相合移植;移植的最低 TNC 为 1.1×10^7/kg(受者体重),最高 TNC 为 6.3×10^7/kg(受者体重),平均为 3.5×10^7/kg(受者体重);移植的 CD34$^+$细胞数最低为 1.2×10^5/kg(受者体重),最高为 14.5×10^5/kg(受者体重),平均为 4.9×10^5/kg(受者体重)。预处理基本方案采用"CY＋TBI"方案[CY 120 mg/kg(受者体重),静脉滴注,移植前－7d,－6d;TBI 1320cGy,分 8 次照射];其中 2 例患者在预处理方案中加用 ATG(ATG 15mg/kg,静脉滴注,每 12 小时 1 次,移植前－3d,－2d,－1d);另外 21 例患者加用氟达拉滨(Flu 75mg/m^2,分 3 次静脉滴注,移植前－8d,－7d,－6d)。采用 CSA＋MP 或 CSA＋MMF 预防 GVHD。移植后可评估的 21 例患者中,移植物平均中位植入时间为 23 天(15～41d),Ⅱ～Ⅳ度 aGVHD 的发生率为 65％,Ⅲ～Ⅳ度 aGVHD 的发生率为 13％;术后 1 年 DFS 为 57％;若患者处于疾病缓解期接受移植,则术后 1 年 DFS 高达 72％。由此,作者认为成人行两份 HLA 部分相合脐血移植是安全有效的。此外,在双份脐血移植中,两份脐血的植入状况是不均衡的,受者移植术后其长期的造血与免疫功能重建来自其中的一份脐血,另一份脐血被排斥。

单份脐血中的干细胞数量少及脐血移植后受者免疫功能重建的延迟是成人脐血移植面临的主要挑战。为了提高脐血移植后植入速度,减少移植相关死亡率,学者们进行了许多尝试,包括增加脐血库的容量以减少 HLA 不相合的程度、采用双份脐血移植、骨髓腔内脐血输注、细胞因子体外扩增、非清髓的脐带血移植、提高脐带血干/祖细胞归巢效率、使用间充质干细胞/间质细胞等。随着一系列新的移植技术应用于造血干细胞移植领域,成人脐血的治疗效果将会得到改善。

(王红美,栾佐,赵平)

主要参考文献

1.范磊,徐卫,李建勇.慢性淋巴细胞白血病诊断和治疗指南解读.临床内科杂志,2014,31(10):718-720.

2.袁晓,孙自敏.双份脐血造血干细胞移植的现状.国际输血及血液学杂志,2007,30(5):457-459.

3. 方建培，许吕宏. 中国脐带血移植的问题和展望. 中国儿科杂志，2016，54（11）：801-803.

4. Arai Y，Takeda J，Aoki K，et al. Efficiency of high-dose cytarabine added to CY/TBI in cord blood transplantation for myeloid malignancy. *Blood*，2015，126（3）：415-422.

5. Avery S，Shi W，Lubin M，et al. Influence of infused cell dose and HLA match on engraftment after double-unit cord blood allografts. *Blood*，2011，117（12）：3277-3285.

6. Ballen KK，Spitzer TR，Yeap BY，et al. Double unrelated Reduced-Intensity umbilical cord blood transplantation in adults. *Biol Blood Marrow Transplant*，2007，13（1）：82-89.

7. Barker JN，Scaradavou A，Stevens CE. Combined effect of total nucleated cell dose and HLA match on transplant outcome in 1061 cord blood recipients with hematological malignancies. *Blood*，2010，115（9）：1843-1849.

8. Barker JN，Weisdorf DJ，Defor TE，et al. Rapid and complete donor chimerism in adult recipients of unrelated donor umbilical cord blood transplantation after reduced-intensity conditioning. *Blood*，2003，102（5）：1915-1919.

9. Barker JN，Weisdorf DJ，Defor TE，et al. Transplantation of 2 partially HLA-matched umbilical cord blood units to enhance engraftment in adults with hematologic malignancy. *Blood*. 2005，105（3）：1343-1347.

10. Barker JN，Weisdorf DJ，Wagner JE. Creation of a double chimera after the transplantation of umbilical-cord blood from two partially matched unrelated donors. *N Engl J Med*，2001，344（24）：1870-1871.

11. Barker JN. Umbilical cord blood（UCB）transplantation：an alternative to the use of unrelated volunteer donors? *In American Society of Hematology Education Book*，2007，62：55-61.

12. Copelan EA，Hamilton BK，Avalos B，et al. Better leukemia-free and overall survival in AML in first remission following cyclophosphamide in combination with busulfan compared with TBI. *Blood*，2013，122（24）：3863-3870.

13. Cutler C，Haspel R，Kao G，et al. Double umbilical cord blood transplantation with reduced intensity conditioning and sirolimusbased GVHD prophylaxis. *Bone Marrow Transplant*，2007，13（Suppl2）：122.

14. Dahi PB，Ponce DM，Devlin S，et al. Donor-recipient allele-level HLA matching of unrelated cord blood units reveals high degrees of mismatch and alters graft selection. *Bone Marrow Transplant*，2014，49（9）：1184-1186.

15. Delaney C，Heimfeld S，Brashem- Stein C，et al. Notch- mediated expansion of human cord blood progenitor cells capable of rapid myeloid reconstitution. *Nat Med*，2010，16（2）：232-236.

16. Delaney C，Ratajczak MZ，Laughlin MJ. Strategies to enhance umbilical cord blood stem cell engraftment in adult patients. *Expert Rev Hematol*，2010，3（3）：273-283.

17. Eapen M，Klein JP，Ruggeri A，et al. Impact of allele-level HLA matching on outcomes after myeloablative single unit umbilical cord blood transplantation for hematologic malignancy. *Blood*，2014，123(1)：133-140.

18. Eapen M，Klein JP，Sanz GF，et al. Effect of donor-recipient HLA matching at HLA A，B，C，and DRB1 on outcomes after umbilical-cord blood transplantation for leukaemia and myelodysplastic syndrome： a retrospective analysis. *Lancet Oncol*，2011，12(13)：1214-1221.

19. Frassoni F，Gualandi F，Podestà M，et al. Direct intrabone transplant of unrelated cord-blood cells in acute leukaemia：a phase Ⅰ/Ⅱ study，*Lancet Oncol*，2008，9(9)：831-839.

20. Gluckman E. Hematopoietic stem- cell transplants using umbilicalcord blood. *N Engl J Med*，2001，344(24)：1860-1861.

21. Kurtzberg J，Prasad VK，Carter SL，et al. Results of the Cord Blood Transplantation Study（COBLT）：clinical outcomes of unrelated donor umbilical cord blood transplantation in pediatric patients with hematological malignancies. *Blood*，2008，112(10)：4318-4327.

22. Kushida T，Inaba M，Hisha H，et al. Intra-bone marrow injection of allogeneic bone marrow cells：a powerful new strategy for treatment of intractable autoimmune diseases in MRL/lpr mice. *Blood*，2001，97(10)：3292-3299.

23. Laporte JP，Gorin NC，Rubinstein P，et al. Cord-blood transplantation from an unrelated donor in an adult with chronic myelogenous leukemia. *N Engl J Med*，1996，335(3)：167-170.

24. Mehta RS，Di Stasi A，Andersson BS，et al . The development of a myeloablative，reduced-toxicity，conditioning regimen for cord blood transplantation. *Clin Lymphoma Myeloma Leuk*．2014，14(1)：e1-5.

25. Purtill D，Smith K，Devlin S，et al. Dominant unit CD34$^+$ cell dose predicts engraftment after double-unit cord blood transplantation and is influeuced by bank practice. *Blood*，2014，124(19)：2905-2912.

26. Robinson SN，Simmons PJ，Thomas MW，et al. Ex vivo fucosylation improves human cord blood engraftment in NOD- SCID IL- 2Rγ（null）mice. *Exp Hematol*，2012，40(6)：445-456.

27. Rocha V，Cornish J，SieversEL，et al. Comparison of outcomes of unrelated bone marrow and umbilical cord blood transplants in children with acute leukemia. *Blood*，2001，97(10)：2962-2971.

28. Rocha V，Labopin M，Ruggeri A，et al. Unrelated cord blood transplantation：outcomes after single- unit intrabone injection compared with double- unit intravenous injection in patients with hematological malignancies. *Transplantation*，2013，95(10)：1284-1291.

29. Rocha V，Wagner JE，Sobocinski K，et al. Graft-versus-host disease in children who have received a cord-blood or bone marrow transplant from an HLA-identical sibling. Eurocord and international bone marrow transplant registry working committee on alternative donor and stem cell sources. *N Engl J Med*，2000，342(25)：1846-1854.

30. Rodrigues CA，Rocha V，Dreger P，et al. Alternative donor hematopoietic stem cell transplantation for mature lymphoid malignancies after reduced-intensity conditioning regimen：similar outcomes with umbilical cord blood and unrelated donor peripheral blood. *Haematologica*，2014，99(2)：370-377.

31. Scaradavou AL，Brunstein CG，Eapen M，et al. Double unit grafts successfully extend the application of umbilical cord blood transplantation in adults with acute leukemia. *Blood*，2013，121(5)：752-758.

32. Takahashi S，Iseki T，Ooi J，et al. Single-institute comparative analysis of unrelated bone marrow transplantation and cord blood transplantation for adult patients with hematologic malignancies. *Blood*，2004，104(12)：3813-3820.

33. Takahashi S，Ooi J，Tomonari A，et al. Comparative single-institute analysis of cord blood transplantation from unrelated donors with bone marrow or peripheral blood stem-cell transplants from related donors in adult patients with hematologic malignancies after myeloablative conditioning regimen. *Blood*，2007，109(3)：1322-1330.

34. Wagner JE Jr，Eapen M，KurtzbergJ，et al. One-unit versus two-unit cord-blood transplantation. *N Engl J Med*，2014，371(18)：1685-1694.

附录　儿童恶性血液病脐带血移植儿科专家共识[①]

1989 年,世界上第一例脐带血移植(CBT)获得成功,20 世纪 90 年代初我国儿科医生相继拉开了 CBT 临床研究与实践的序幕。近年的临床实践表明脐带血有获得迅速、HLA 配型的相合程度要求低、GVHD 程度较轻的特点,脐带血不仅是有效的造血干细胞移植来源,而且有限的脐血容量能够满足儿童需要。为了规范我国脐带血移植在儿童恶性血液病的适应证和移植时机,为患者推荐合适的脐带血供体和预处理方案,中华医学会儿科分会血液学组在全国儿科造血干细胞移植登记和多中心数据总结前提下,在儿童恶性血液病脐带血移植 2010 版推荐方案的基础上,参考美国血液与骨髓移植学会(ASBMT)指南、欧洲骨髓移植协作组(EBMT)指南的基础上,制订了体现中国特色的脐带血移植治疗儿童恶性血液病儿科专家共识。

一、脐带血移植在儿童恶性血液病中的适应证和移植时机

当具有某些特征的患儿采用非移植疗法预期效果很差,或者已有资料显示该组患儿接受移植的疗效优于非移植时,这类患儿具有移植的指征。

---

① 中华医学会儿科学分会血液学组,儿童恶性血液病脐带血移植专家共识. 中华儿科杂志,2016,54(11):804-807.

（一）急性淋巴细胞性白血病（ALL）

1.CR1 期患者的移植，推荐用于以下高危患者：

（1）诱导治疗结束后未达到骨髓完全缓解。

（2）伴有 Ph 染色体阳性 ALL 的患者，泼尼松反应不佳或化疗联合第二代酪氨酸激酶抑制剂（TKI）治疗后反应差或 MRD 仍高者。

（3）伴有 MLL 基因重排阳性，年龄<6 个月且起病时白细胞计数≥300×10⁹/L；

（4）诱导 2 个疗程 MRD≥0.1%。

2.CR2 期患者的移植：非单纯骨髓外复发，诊断 30 月内复发，高、中危 ALL 诊断 30 月后复发。

3.CR3 及以上：所有患儿推荐移植。

4.挽救性移植：对于难治、复发未缓解患儿，包括庇护所白血病不能缓解者，限于有经验的医院进行探讨性移植。

（二）急性髓系白血病（AML）

1.CR1 期具有移植指征

（1）具有不良细胞遗传学标记之一：①复杂核型[染色体易位在内的 3 种及以上异常，但不包括良好核型 t(8;21)、inv(16)、t(16;16)等]；②5 号、7 号染色体单体、5q-；③t(9;22)；④MLL 重排（除 MLL-AF9)、MLL-PTD；⑤12p/t(2;12)/ETV6-HOXD；⑥t(6;9)/DEK-NUP214 或 DEK-CAN；⑦t(7;12)/HLXB9-ETV6；⑧c-kit 突变；⑨FLT3-ITD 突变。

（2）具有细胞形态学特征：M0、M6、M7[除外合并 Down's syndrome 及 t(1;22)患儿]。

（3）由骨髓增生异常综合征（MDS）转化的 AML 或治疗相关的 AML。

（4）治疗反应不良：诱导治疗第一疗程后 D28 骨髓幼稚细胞≥20%，2 个疗程未达到 CR1。

2.CR2 期及以上的 AML 患儿。

3.未获得 CR 的 AML　难治及复发性各种类型 AML，如果不能获得 CR（包括髓外白血病不能缓解者），可以进行挽救性移植。

4.粒细胞肉瘤。

5.同胞全相合供体适用于所有非低危型 AML。

（三）慢性髓性白血病（CML）

1.伊马替尼治疗失败的慢性期患者。

2.伊马替尼治疗中或任何时候出现 BCR-ABL 基因 T315I 突变的患者。

3.对第二代酪氨酸激酶抑制剂（TKI）治疗反应欠佳、失败或不耐受的所有患者。

4.加速期或急变期患者建议进行移植，移植前首选化疗+TKI 治疗，争取在患儿再次慢性期进行移植治疗。

5.新诊断的儿童和青年 CML 患者，如果有配型较好的合适供体，也可以推荐进行移植。

（四）MDS[包括 MDS 及 MDS/骨髓增殖性肿瘤（MPN）]

1.MDS 伴有严重中性粒细胞或血小板减少或输血依赖的患者

2.无输血依赖或未达到 RAEB 和 RAEB-t 程度，伴有提示预后不良的染色体异常（如 7 号单体或复杂核型）的 MDS。

3.伴有幼稚细胞比例增高的 RAEB、RAEB-t。

4.CMML，不典型 CML（BCR-ABL 基因阴性）。

5.JMML：①正常核型及伴有以下突变的 JMML：K-RAS、PTPN-11、NF1 及大部分 N-RAS 突变，②伴有 CBL 突变或小部分 N-RAS 突变（HbF 含量低、血小板计数高）的 JMML 出现疾病进展。

（五）霍奇金淋巴瘤（HL）

自体移植失败的患者。

（六）非霍奇金淋巴瘤（NHL）

复发、难治或 CR2 患者具有移植指征。

二、脐带血的选择

（一）脐带血 HLA 配型

1.尽量推荐开展高分辨供受体 HLA 配型,供受体 HLA 配型 6/6 位点完全相合首选,5/6、4/6 位点相合也可依次选择。

2.建议进行 HLA-C 抗原检测,首选 HLA-C 相合供者。

3.移植前建议进行供者特异性抗 HLA 抗体（DSA）筛查,若 DSA 阳性 ,建议另选其他合适供者。

（二）脐带血细胞数量

1.单份脐带血移植　脐带血所含的单个核细胞数（TNC）及 $CD34^+$ 细胞数直接影响脐血的植入,原则上细胞数量越多越利于植入,为减少原发性植入失败的发生,建议按细胞数选择脐带血:原则上冷冻前脐血 $CD34^+$ 细胞数$>1.7\times10^5$/kg（受者体重）,移植前脐带血小管复苏回收率大于等于 85％;当供受者 HLA 配型 6/6 位点相合,冷冻前 $TNC>3.0\times10^7$/kg（受者体重）;供受者 HLA 配型 5/6 位点相合,冷冻前 $TNC>4.0\times10^7$/kg（受者体重）;供受者 HLA 配型 4/6 位点相合,冷冻前 $TNC>5.0\times10^7$/kg（受者体重）。

2.双份脐带血移植　对于体重比较大的年长儿,单份脐带血细胞数量不能满足以上的标准时,可以选择双份脐带血,否则不建议选择双份脐带血移植。选择双份脐带血参考标准为:①每份脐带血冻融前的 $TNC\geqslant1.5\times10^7$/kg;②双份脐带血冻融前 TNC 总数至少达到单份脐带血移植标准;③脐带血与受者的 HLA 配型至少 4 个位点相合。

三、预处理方案

清髓预处理方案（MAC）常用的有经典及加强预处理方案（表）。

附表 1　　　　　　　　　　　**经典和加强的预处理方案**

预处理方案	药物名称	剂量	应用时间(d)
经典方案			
Bu/Cy	Bu	16mg/kg（口服）或 12mg/kg（静脉滴注）	$-7\sim-4$
	Cy	120mg/kg	$-3,-2$
Cy/TBI	Cy	120mg/kg	$-6,-5$
	分次 TBI	$12\sim14$Gy	$-3\sim-1$
加强预处理方案			
Cy/TBI ＋ Ara-C＋ G-CSF	分次 TBI	12Gy	$-8\sim-6$
	Ara-C*	8g/m^2	$-5,-4$
	G-CSF	5μg/(kg · d)	$-5,-4$
	Cy	120mg/kg	$-3,-2$
	BCNU**	250mg/m^2	-5

续表

预处理方案	药物名称	剂量	应用时间(d)
Flu ＋ Bu/Cy ＋ Ara-C＋ G-CSF	BCNU＊＊	250mg/m²	－10
	Flu	120mg/m²	－9～－6
	Bu＊＊＊	12.8～19.2mg/kg(静脉滴注)	－7～－4
	Ara-C	8g/m²	－5，－4
	G-CSF	5μg/(kg·d)	－5，－4
	Cy	120mg/kg	－3，－2

备注:Bu:白消安;Cy:环磷酰胺;TBI:全身辐照;Flu:氟达拉宾;Ara-C:阿糖胞苷;G-CSF:粒细胞集落刺激因子;BCNU:卡莫司汀。

＊ Ara-C:对于难治、复发患儿可根据移植条件及经验增加用量至总量12g/ m²。

＊ ＊ BCNU 仅用于 ALL 患儿,BCNU 可由相同剂量的 Me-CCNU(司莫司汀)替代。

＊ ＊ ＊ 静脉应用白舒菲的剂量:＜9kg:1mg/(kg·次),共 16 次;9～16kg:1.2mg/(kg·次),共 16 次;16～23kg:1.1mg/(kg·次),共 16 次;23～34kg:0.95mg/(kg·次),共 16 次;＞34kg:0.8mg/(kg·次),共 16 次。

3 岁以上的 ALL 患儿有条件做全身辐照(TBI)的单位建议选择含 TBI 的预处理方案,其他的患儿可选择不含 TBI 的预处理方案。

四、脐带血移植的若干问题

(一)移植物抗宿主病(GVHD)的防治

1.环孢素 A(CsA)联合吗替麦考酚酯(MMF)预防 GVHD

(1)CsA:－1d 起,3～5mg/(kg·d),q12h,静注:维持血谷浓度为 100～150μg/L;24 小时持续滴注维持血浓度为 150～300μg/L;患者如无明显呕吐、腹泻则可尽早改为口服。

(2)MMF:＋1d～＋30d,25～30mg/(kg·d),口服。

(3)高危患者建议尽量在移植后 3 月内减停免疫抑制剂,具体须根据 GVHD 严重程度、患儿状态及供者嵌合度进行调整;如无明显 aGVHD 发生、完全嵌合,则可于移植后＋45d 后将 CsA 每周减 1/5 量直至停用;如不完全嵌合则需尽早停用免疫抑制剂。

2.发生植入前综合征时,建议加甲泼尼龙 0.5～1mg/(kg·d),待症状控制后每 3 天减半量。

3.GVHD 的治疗

(1)将甲泼尼龙加至 1～2mg/(kg·d),如效果不佳可选择加用其他免疫抑制剂。

(2)其他免疫抑制剂:

①他克莫司:0.05～0.1mg/(kg·d),维持血谷浓度为 10～15μg/L。

②雷帕霉素:0.05mg/(kg·d),维持血谷浓度为 10～15μg/L。

③抗 CD25 单抗:40kg 及以上,20mg/次,小于 40kg,10mg/次;第 1、4 天用,随后每周 1 次再用 4～5 次。

④抗肿瘤坏死因子抗体:25mg/(m²·次),每周 2 次×4 次,随后每周 1 次再用 2～4 次。

⑤甲氨蝶呤:10mg/(m²·次),每周一次,用 4 次。

⑥环磷酰胺:150-300mg/(m²·次),每周一次,用 4 次。

⑦间充质干细胞输注:2×10⁶/kg。

（二）造血重建

1. 中性粒细胞植入　中性粒细胞连续 3 天大于等于 $0.5\times10^9/L$ 为粒细胞植入。

2. 血小板植入　血小板计数连续 7 天大于等于 $20\times10^9/L$ 为血小板植入。

（三）植入失败

移植后 42 天未植入者可诊断为原发植入失败，移植后＋21 天未达到中性粒细胞植入者需着手准备补救措施。

总之，脐带血移植是造血干细胞移植的方式之一，其疗效受多个环节影响，与移植的预处理强度、脐带血选择和患儿的病情、身体状况密切相关，群体规范化的同时，也需个体化处理，另外，为进一步提高儿童恶性血液病的长期存活率，需从诊断开始将患儿进行危险度分层，为患儿设计总体的治疗方案，在最恰当的时机接受脐血移植治疗。

主要参考文献

1. Shen BJ，Hou HS，Zhang HQ，et al. Unrealted，HLA-mismatched multiple human umbilical cord blood transplantation in four cases with advanced solid tumors：initial studies[J]. *Blood Cells*，1994，20(2-3)：285-292.

2. 沈柏均，张洪泉，侯怀水，等. 脐带血造血干细胞移植一例报道[J]. 中华器官移植杂志，1991，12(3)：138-139.

3. 朱为国，钱新华，程少杰，等. HLA 不全相合同胞脐血移植治疗儿童白血病一例[J]. 中华儿科杂志，1997，45(5)：264-265.

4. Majhail NS，Farnia SH，Carpenter PA，et al. Indications for Autologous and Allogeneic Hematopoietic Cell Transplantation：Guidelines from the American Society for Blood and Marrow Transplantation.[J]. *Biology of Blood & Marrow Transplantation Journal of the American Society for Blood & Marrow Transplantation*，2015，21(11)：1863-1869.

5. Sureda A，Bader P，Cesaro S，et al. Indications for allo-and auto-SCT for haematological diseases，solid tumours and immune disorders：current practice in Europe，2015.[J]. *Bone Marrow Transplantation*，2015，50(8)：1037-1056.

6. Spellman SR，Eapen M，Logan BR，et al. A perspective on the selection of unrelated donors and cord blood units for transplantation.[J]. *Blood*，2012，120(2)：259-265.

7. Barker JN，Scaradavou A，Stevens CE. Combined effect of total nucleated cell dose and HLA match on transplantation outcome in 1061 cord blood recipients with hematologic malignancies.[J]. *Blood*，2010，115(9)：1843-1849.

8. Eapen M，Klein JP，Ruggeri A，et al. Impact of allele-level HLA matching on outcomes after myeloablative single unit umbilical cord blood transplantation for hematologic malignancy.[J]. *Blood*，2014，123(1)：133-140.

9. Eapen M，Klein JP，Sanz GF，et al. Effect of donor-recipient HLA matching at HLA A，B，C，and DRB1 on outcomes after umbilical-cord blood transplantation for leukaemia and myelodysplastic syndrome：a retrospective analysis.[J]. Lancet Oncology，2011，12(13)：1214-1221.

10. Wagner JE，Barker JN，Defor TE，et al. Transplantation of unrelated donor umbilical co.

方建培等有关"共识"解读重点："共识"中的两个关键信息，将可能改变我国 UCBT 治疗恶性血液病的临床疗效；如上所述，"共识"在多中心总结的循证医学基础上较既往观点更新的关键点有：①预处理方案放弃 ATG 的使用；②放弃 GVHD 预防时甲氨蝶呤（MTX）的使用，是参考了美国血液与骨髓移植学会(ASBMT)指南和欧洲骨髓移植协作组(EBMT)指南,结合1998～2012年多中心的UCBT经验总结。还原脐带血的免疫学特性,降低免疫机制强度,将有利于UCBT受者的免疫重建加速,从而降低感染率和因感染导致的HSCT病死率。让儿科移植医生敢于把UCBT作为一线选择,让儿童患者有机会把脐带血作为一线移植选择。

第二节　脐血移植治疗恶性实体瘤
Cord Blood Transplantation For Malignant Solid Tumors

恶性实体瘤指可通过临床检查如X线摄片、CT扫描、B超,或触诊扪及的恶性有形肿块。X线、CT扫描、B超及触诊无法看到或扪及的肿瘤如血液病中的白血病属于非实体瘤。儿童、青少年和成人在恶性实体瘤的种类、性质、治疗、预后等方面有很多不同。大多数实体肿瘤的治疗一般通过手术、化疗、放疗、分子靶向治疗、免疫治疗和中医药治疗等多种治疗方法,多学科协作,有计划、有步骤、有顺序地进行。如儿童恶性实体瘤通过以上综合治疗60%以上获得长期生存。但对部分难治、复发的肿瘤患者,造血干细胞移植是一个较好的治疗选择。

脐带血来源丰富且容易及时获得,含有丰富的造血干细胞和间充质干细胞,脐血移植已经广泛用于恶性血液病的治疗。1994年,沈柏均等报道了应用HLA不匹配的多份非血缘相关性脐带血输注治疗4例晚期恶性实体瘤患儿,其中3例完全缓解,1例部分缓解,GVHD轻;有2例分别于移植后210天(4岁脂肪肉瘤患儿)和90天(11岁非霍奇金淋巴瘤患儿)复发,自此拉开了国内脐血移植治疗恶性实体瘤的序幕。但与白血病相比,脐血移植在恶性实体瘤方面的报道较少,且大部分报道集中在淋巴瘤方面,少数报道了自体脐血或异基因脐血移植治疗神经母细胞瘤Ⅳ期,关于其他实体肿瘤的脐血移植文献极少。

一、移植指征

(一)霍奇金淋巴瘤(HL)

难治、CR2或自体移植后复发患者。

可选择自体脐血移植或同胞全相合脐血移植。

(二)非霍奇金淋巴瘤(NHL)

滤泡淋巴瘤、弥漫大B细胞淋巴瘤、套细胞淋巴瘤、淋巴母细胞淋巴瘤和Burkitt淋巴瘤、外周T细胞淋巴瘤、NK/T细胞淋巴瘤,在复发、难治或CR2患者具有移植指征。

可选择自体脐血移植、同胞全相合脐血移植、异基因全相合脐血移植。

(三)其他恶性实体瘤

软组织肿瘤(Ⅳ期或＞CR1)、横纹肌肉瘤(高危组或＞CR1)、神经母细胞瘤(高危组或＞CR1)、Wilms'瘤(＞CR1)、脑瘤(特别是幕上星型细胞瘤、小脑髓母细胞瘤以及室管膜瘤难治或复发者)、尤文氏肉瘤(高危组或＞CR1)、原发性神经外胚瘤(PNET)、生殖细胞瘤(高危组)、睾丸癌(高危组)、肾癌(复发、难治者)、乳腺癌(复发、难治者)、卵巢癌(复发、难治者)等有自体造血干细胞移植指征的,可选择自体脐血移植。

二、脐血的选择

同脐血移植治疗白血病(详见第一节)。

三、脐血移植治疗淋巴瘤

淋巴瘤(lymphoma)是一组起源于淋巴结或其他淋巴组织的异质性血液系统恶性肿瘤。根据其病理形态学国际上统一分为两大类：霍奇金淋巴瘤(Hodgkin's lymphoma，HL)及非霍奇金淋巴瘤(non-Hodgkin's lymphoma，NHL)，后者又分为 B 细胞肿瘤和 T 细胞/NK 细胞肿瘤。NHL 的病理分类比较复杂且分歧较大。

多数淋巴瘤对化疗敏感，但其中部分在初始治疗时即表现为对化疗耐药，或缓解后很快复发，称之为难治性淋巴瘤。难治性淋巴瘤的发病机制尚未明确，有关其治疗的临床策略也不统一。临床上常采用挽救化疗、解救放疗或新药治疗。对于难治性或初次治疗 1 年内复发的患者，二线治疗方案的无病生存率和总体生存率仍不能令人满意，而大剂量化疗配合干细胞移植能够显著提高疗效，已经成为难治性或复发淋巴瘤的常规治疗。

2003 年，欧洲血液及骨髓移植(EBMT)组回顾性分析了 1185 例进行异基因造血干细胞移植(allo-HSCT)的淋巴瘤患者，并与 14687 例同期进行自体造血干细胞移植(auto-HSCT)的淋巴瘤患者进行比较。根据病理结果将这些进行 allo-HSCT 的淋巴瘤患者分为以下几组：低度恶性 NHL 231 例，中度恶性 NHL 147 例，高度恶性 NHL 255 例，淋巴母细胞性淋巴瘤 314 例，伯基特淋巴瘤 71 例，霍奇金病 167 例。这些患者在第一次移植时就采取了 allo-HSCT 程序。移植后 4 年的精算总生存率(OS)如下：低度恶性 NHL 51.1%，中度恶性 NHL 38.3%，高度恶性 NHL 41.2%，淋巴母细胞性淋巴瘤 42.0%，伯基特淋巴瘤 37.1%，霍奇金病 24.7%。由于移植相关死亡率高，allo-HSCT 的结果与 auto-HSCT 相比并不乐观，尤其对于霍奇金病患者(24.7% 对 51.7%)。对病例进行匹配分析发现：在生存率方面，各种类型淋巴瘤 auto-HSCT 的 OS 优于 allo-HSCT；在复发率方面，低度恶性、中度恶性、高度恶性淋巴瘤以及淋巴母细胞淋巴瘤患者 allo-HSCT 复发率较 auto-HSCT 低，伯基特淋巴瘤二者复发率相当，而霍奇金病在 allo-HSCT 组复发率反而更高。

如上所述，异基因移植与自体移植相比，移植相关病死率及远期并发症高，故一般建议用于年龄小于 50 岁、有 HLA 相合同胞供体的复发 NHL 患者。近年来来由于预处理方案的改进和支持疗法的改善，移植相关死亡率明显下降，并且由于供者的移植物没有肿瘤细胞，临床上有显著的移植物抗霍奇金淋巴瘤效应(GVHL)等优点，异基因造血干细胞移植近年来越来越多地用于治疗难治复发性淋巴瘤。

一般来说，目前对初治高危和敏感复发的 NHL 仍首选自体移植，但多次复发、自体移植后复发和常规化疗耐药患者可考虑异基因移植。Dahi 等人最近报道，由于脐血移植的可获得性，持续增加的脐血移植将改变异基因造血干细胞移植患者供者来源短缺的局面。尽管脐血移植仍需进一步临床研究，但它为无法找到合适供者的患者提供了一个异基因造血干细胞移植的机会。

Bachanova 等回顾性分析了 1593 例进展期霍奇金、非霍奇金淋巴瘤的成人患者（2000～2010 年），分为脐血移植组（UCB，1 或 2 份脐血，$n=142$）、8/8 HLA 相合的非亲缘供者（MUDs，$n=1176$），7/8 HLA 相合的非亲缘供者（MMUDs，$n=275$）。结果发现 MMUD 组（44%）的 3 年非复发死亡率显著高于 MUD 组（35%）（$P=0.004$），但与 UCB 组（37%）相似（$P=0.19$）；平均随访 55 个月，3 年累积复发率 MMUD 组最低，显著高于 MUD 组（25% vs33%，$P=0.003$），而 UCB 组和 MUD 组相似（30% vs33%；$P=0.48$）；多变量分析发现，UCB 组的急慢性 GVHD 均较成人供体组低；三组 3 年 OS 相似（MUD 43%，MMUD 37%，UCB 41%）。以上研究表明，在缺乏 HLA 匹配的同胞或 8/8 HLA 相合的非亲缘供者的淋巴瘤患者，UCB 可以提供一个较好的异基因移植选择。

　　Rodrigues 等分析了 UCBT 治疗淋巴恶性肿瘤的危险因素，共评估了 104 例进行 UCBT 的淋巴恶性肿瘤成年患者（平均年龄 41 岁），有 2 个位点 HLA 抗原不匹配的 UCB 为 68%，移植单份（$n=78$）或双份（$n=26$）UCB。疾病诊断为 NHL（$n=61$），HL（$n=29$），CLL（$n=14$），其中 87% 的患者为疾病晚期，60% 的患者为自体移植后复发的患者。64% 的患者给予减低强度预处理方案，46% 的患者给予低剂量 TBI。平均随访 18 个月。结果发现：84% 的患者在 60 天内中性粒细胞植入，其中输注 $CD34^+/kg$ 高细胞剂量组植入较快（$P=0.0004$）。1 年非复发相关死亡率（NRM）为 28%，接受低剂量 TBI 的患者 NRM 发生率较低（$P=0.03$）。1 年复发或进展的发生率为 31%，接受双份 UCBT 的患者复发率较低（$P=0.03$）。1 年无进展生存期（PFS）为 40%，化疗敏感的患者（49% vs34%；$P=0.03$）、预处理方案含低剂量 TBI 的患者（60% vs23%；$P=0.001$）以及输注较高剂量有核细胞的患者（49% vs21%；$P=0.009$）PFS 较高。因此，对成人淋巴瘤患者，UCBT 是一个不错的治疗选择，而疾病本身对化疗敏感、预处理时采用低剂量 TBI、输注细胞剂量较高等因素有利于患者的预后。

四、脐血移植治疗神经母细胞瘤

　　神经母细胞瘤（neuroblastoma，NB）属于神经内分泌性肿瘤，可以起源于交感神经系统的任意神经嵴部位。其最常见的发生部位是肾上腺，但也可以发生在颈部、胸部、腹部以及盆腔的神经组织。NB 是儿童最常见的恶性肿瘤之一，因其恶性程度高，治疗难度大，所以被称为儿童肿瘤之王。根据危险因素的不同，NB 可以分为低危组、中危组和高危组。处于非高危组的 NB 患者，主要通过手术切除并辅以化疗的方法来治疗；但是高危组 NB 患者，则需要采用综合各种强化的治疗方案，包括大剂量化疗、手术切除、放疗、造血干细胞移植、生物治疗、免疫治疗等。

　　自体造血干细胞移植已经成为高危组 NB 治疗方案的一部分，自体外周血干细胞或骨髓是最常见的造血干细胞来源，少部分为自体脐带血移植（auto-CBT）。2009 年，北京儿童医院血液科吴敏媛主任、秦茂权医生使用自体脐带血治疗了一位年仅 1 岁的神经母细胞瘤小患者，术后小患者的造血系统恢复正常，肿瘤也全部消失。国际上病例数最多的 auto-CBT 治疗 NB 的报道为 2016 年 Ning 等的研究，他们在 2007～2013 年为 13 例高危、难治的 NB 患者进行了 auto-SCTs，其中 4 例 11～64 个月龄转移性 NB 患儿进行了 auto-CBT，输注的有核细胞剂量和 CD34$^+$ 细胞剂量分别为 2.8～8.7×10^7/kg 和 0.36 ～3.9×10^5/kg，冻融后的活率为 57%～76%。中性粒细胞植入（>0.5×10^9/L）发生于 15～33 天，血小板植入发生于 31～43 天（>20×10^9/L）和 33～65 天（>50×10^9/L）。无严重的急慢性并发症，有 3 例患者无复发生存 1.9～7.7 年，1 例患者移植后 16 个月复发，死于疾病进展。

异体血缘相关性脐血移植治疗 NB 的文献报道最早见于 1992 年，Vanlemmens 等联合 CBT 和造血生长因子（rGM-CSF）治疗了 1 例 7 岁的晚期 NB 患者，脐带血来自其 HLA 相合的同胞，储存在液氮中。预处理方案为 BU（600 mg/m^2）+CY（200 mg/kg）。无严重并发症出现，仅第 10 天发生 Ⅱ 度急性 GVHD，且对激素敏感。造血重建迅速，第 13 天中性粒细胞绝对值超过 0.5×10^9/L，第 40 天血小板超过 30×10^9/L。患儿病情持续缓解 8 个月。

由于 allo-HSCT 具有移植物抗肿瘤效应、复发率低、来源方便等优势，Jubert 等开展了采用减低强度预处理行非血缘相关性脐血移植治疗 NB 的前瞻性研究，预处理方案为 CY（50mg/kg，−6 天）、氟达拉滨（40mg/m^2，−6～−2 天）、TBI（200cGy，−1 天）和兔 ATG（2.5mg/kg，−3～−1 天）。共治疗了 6 例难治或复发的 NB 患者。所有的患者预处理方案耐受良好，中性粒细胞和血小板完全植入的平均时间分别为 12 和 35 天。但所有患者移植后（平均 55 天，26～180 天）都出现疾病进展。移植后 2 月 NK 细胞的数目正常，但 T 细胞的恢复较慢。作者认为应该移植前减轻瘤荷，移植后加上 NK 细胞为基础的免疫治疗。之后，Arisaka 等报道了用 ^{131}I- 间碘苯甲胍（^{131}I-MIBG）联合非血缘相关脐血移植治疗一例复发 NB 患儿，患儿为 4 岁 Ⅳ 期 NB 女孩，肿瘤原发于左肾上腺，伴有胸椎、骨盆和骨髓转移，经化疗、手术、放疗和自体外周血造血干细胞移植等一线治疗，2 年后患儿病情复发，并伴全身多处转移。给予患儿 ^{131}I-MIBG（18mCi/kg）治疗后，肿瘤体积缩小，但未获 CR，于是给予患儿异基因 CBSCT 治疗。清髓性预处理方案为白消安［1.1mg/（kg·d），每天 4 次，−8～−5 天］及马法兰［90 mg/（m^2·d），每天 1 次，第−4，−3 天］，输注 1 个 HLA-DR 位点不合的脐带血。CBSCT 后第 26 天患儿的中性粒细胞恢复，35 天血小板恢复。不幸的是，患儿虽然移植后 VMA 和 HVA 明显下降至正常，但通过 ^{131}I-MIBG 扫描在胸椎和股骨仍能检测到微量的肿瘤残留，患儿移植 12 个月后死亡。

综上所述，大剂量化放疗联合自体造血干细胞移植（包括自体脐带血移植）仍是晚期恶性实体瘤的首选，但对多次复发、自体移植后复发和常规化疗耐药的患者，异基因移植尤其是异基因脐血移植已经成为研究热点。

（王红美，赵平，栾佐，沈柏均）

主要参考文献

1. Bachanova V，Burns LJ，Wang T，et al. Alternative donors extend transplantation for patients with lymphoma who lack an HLA matched donor. *Bone Marrow Trans-*

plant，2015，50（2）：197-203.

2. Claviez A，Canals C，Dierickx D，et al. Allogeneic hematopoietic stem cell transplantation in children and adolescents with recurrent and refractory Hodgkin lymphoma：an analysis of the European Group for Blood and Marrow Transplantation. *Blood*，2009，114（10）：2060-2067.

3. Dahi PB，Ponce DM，Devlin S，et al. Donor-recipient allele-level HLA matching of unrelated cord blood units reveals high degrees of mismatch and alters graft selection. *Bone Marrow Transplant*，2014，49（9）：1184-1186.

4. Jubert C，Wall DA，GrimLey M，et al. Engraftment of unrelated cord blood after reduced-intensity conditioning regimen in children with refractory neuroblastoma：a feasibility trial. *Bone Marrow Transplant*，2011，46（2）：232-237.

5. Ning B，Cheuk DK，Chiang AK，et al. Autologous cord blood transplantation for metastatic neuroblastoma. *Pediatr Transplant*，2016，20（2）：290-296.

6. Okuya M，Hagisawa S，Sugita K，et al. I^{131} Metaiodobenzyl guanidine therapy with allogeneic cord blood stem cell transplantation for recurrent neuroblastoma. *Ital J Pediatr*，2012，38：53.

7. Peniket AJ，Ruiz de Elvira MC，Taghipour G，et al. European Bone Marrow Transplantation（EBMT）Lymphoma Registry. An EBMT registry matched study of allogeneic stem cell transplants for lymphoma：allogeneic transplantation is associated with a lower relapse rate but a higher procedure-related mortality rate than autologous transplantation. *Bone Marrow Transplant*，2003，31（8）：667-678.

8. Rodrigues CA，Sanz G，Brunstein CG，et al. Analysis of risk factors for outcomes after unrelated cord blood transplantation in adults with lymphoid malignancies：a study by the Eurocord-Netcord and lymphoma working party of the European group for blood and marrow transplantation. *J ClinOncol*，2009，27（2）：256-263.

9. Shen BJ，Hou HS，Zhang HQ，et al. Unrelated，HLA-mismatched multiple human umbilical cord blood transfusion in four cases with advanced solid tumors：initial studies. *Blood Cells*，1994，20（2-3）：285-292.

10. Vanlemmens P，Plouvier E，Amsallem D，et al. Transplantation of umbilical cord blood in neuroblastoma. *Nouv Rev Fr Hematol*，1992，34（3）：243-246.

第三节　脐血移植治疗遗传性疾病

Cord Blood Transplantation For Genetic Diseases

遗传性疾病是指由遗传物质发生改变而引起的或者是由致病基因所控制的疾病，常为先天性，也可后天发病。这些先天性遗传性疾病可以通过异基因造血干细胞移植

（HSCT）得到治愈。遗传性疾病的 HSCT 通常较多地选择脐带血作为移植物，因为移植物来源易得，细胞生命力强，供受者 HLA 匹配程度要求不高，移植物抗宿主病（GVHD）发生率低，造血干细胞和非造血干细胞均含量丰富，有利于移植后多系统的组织器官修复重建。儿童先天性遗传性疾病种类繁多，先天性免疫缺陷病（严重联合免疫缺陷病、Wiskott-Aldrich 综合征、X 连锁高 IgM 血症等）、先天性血细胞病（地中海贫血、范可尼氏贫血、Chediak-Hegashi 综合征等）和遗传代谢性疾病（戈谢病、黏多糖病、婴儿石骨症等）都可通过 HSCT 得到治愈。相信随着医学科学的发展，HSCT 治疗遗传性疾病的适应证会越来越多。

一、脐血移植治疗原发性免疫缺陷病

原发性免疫缺陷（primary immune deficiencies，PID）是一组因基因缺陷而导致的先天性免疫发育和（或）功能缺陷性疾病，具有反复感染、容易合并自身免疫性疾病和继发肿瘤等临床特征。PID 多为常染色体隐性遗传，个别 PID 患者临床症状轻微，部分重症者如联合免疫缺陷病（severe combined immunodeficiency，SCID）患儿病情进展迅速，若缺乏及时诊治，患儿往往在 1 岁前死亡，全世界 PID 发病率约为 10∶100 000。国际免疫协会 2015 年专家会议将 PID 分为九大分类：SCID；联合免疫缺陷相关的综合征［如 Wiskott-Aldrich 综合征（WAS）等］；主要抗体不足；免疫条件失衡性疾病；吞噬细胞的数量和（或）功能缺陷［如 X-连锁慢性肉芽肿病（X-linked chronicgranulomatous disease，CGD）等］；固有免疫及先天免疫缺陷；自身炎症性疾病；补体功能缺陷；类似 PID 表型疾病等共计 250 余种。

目前 PID 的治疗原则包括对症支持、替代治疗、HSCT 和基因治疗。基因治疗作为根治手段尚处于实验研究阶段；因此若有 HLA 配型合适的供者建议严重 PID 患儿早期行 HSCT。我国由于骨髓库供者存在的各种限制性导致大约 50% 的患者不能找到合适的无关供者，而脐带血作为现成储备的造血干细胞来源，能够为这些患者提供更多实施异基因 HSCT 的可能性，脐血移植（CBT）是目前治疗 PID 容易获得的供者来源，一般单份脐血的细胞数对体重低于 50kg 的患者足够［TNC≥$2.5×10^7$/kg（受者体重）］，而大部分 20 岁以下患者均可找到 HLA 配型大于等于 4/6 的非血缘脐血，故 CBT 对 PID 患者来说是治疗的最佳选择。

（一）CBT 治疗 PID 疾病的适应证和时机

1. 适应证　由于异基因 HSCT 存在移植相关风险；PID 种类繁多，病情严重程度差异大，因此不是所有的 PID 都需要或有移植指征；同一种疾病不同类型或严重程度差异也有不同的考虑和选择。以 WAS 为例，WAS 基因导致的缺陷和病情严重程度相差较大，典型的 WAS（包括 WAS 评分在 3 分及以上、WAS 蛋白表达显著缺乏者）有较强的移植指征，而 X 连锁血小板减少症（X-linked thrombocytopenia，XLT）表现为单纯血小板减少者，则需要根据其血小板减少的严重程度和对健康构成的威胁而定。X 连锁丙种球蛋白缺乏症（X-linked agammaglobulinemia，XLA）是否进行移植治疗仍存在争议。总结国内外的移植经验，PID 移植治疗的适应证如表 3-3-1 所示。

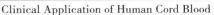

表 3-3-1		脐血移植治疗 PID 的疾病适应证
联合免疫缺陷	T-B+SCID	CγC（普通 γ 链缺陷）、JAK3 缺陷、IL7Rα 缺陷；CD45 缺陷、CD3δ/CD3ε/CD3ζ 缺陷
	T-B-SCID	腺苷脱氨酶（ADA）缺陷；重组活化基因（RAG1/2）缺陷、DCLREIC（Artemis）缺陷、Cermunnos 蛋白缺陷、DNA 连接酶 Ⅳ（DNA Ligase 4）缺陷、DNA PKs；AK2 缺陷（RD:网状系统发育不全）
	其他	zata 链相关蛋白（ZAP 70）缺陷；MHC Ⅱ类分子缺陷、PNP 缺陷、Omenn 综合征、CD40 配体缺陷、MHCⅠ类分子缺陷
其他明确定义的 PID		WAS、免疫-骨发育不良（Combined immune deficiency with skeletal dysplasia）、软骨毛发发育不良（AR,RMRP 基因突变）、严重的 DiGeorge 综合征 *（胸腺缺失，22q 11 del）
免疫调节失衡性疾病		X 连锁淋巴组织增生综合征（XLP）、家族性嗜血淋巴组织细胞增生症（FHLH）、Griscelli disease、自身免疫性淋巴细胞增生综合征（ALPS）、多内分泌腺病和肠病（IPEX）综合征
吞噬细胞数量和（或）功能缺陷		Kosmann 病†、Shwachman-Diamond 综合征†、白细胞粘附缺陷（LAD）、X 连锁或常染色体隐性遗传慢性肉芽肿性疾病（XL/AR-CGD）、Chediak-Higashi 综合征（CHS）、IFN-γ 受体缺陷

注释：* 胸腺移植优于 HSCT；† 并不是所有患儿都推荐 HSCT。

[Mary A Slatter, Andrew R Gennery. Stem Cell Transplantation for Primary Immunodeficiency. *Expert Rev Clin Immunol*, 2013, 9(10):991-999.]

2. 移植时机　由于有移植适应证的 PID 患儿病情重、疾病进展迅速，建议一旦确诊，应尽早移植。除移植物种类、疾病严重程度外，移植年龄、移植时感染状态等都会构成影响预后的重要因素。

（1）年龄：原发性免疫缺陷（PID）患者随年龄增长，感染风险增加，疾病进展严重，并发症增多，因此早期诊断，尽早移植对 PID 患者尤其重要。移植年龄对 SCID、WAS、CGD 等 PID 患者的移植效果有不同程度的影响。

①SCID：本病是一种罕见的遗传性疾病，特点是 T、B 淋巴细胞功能缺陷导致反复感染以致早期死亡，发生率约占活产婴儿的 1/50 000。SCID 表型来源于编码免疫系统组成部分的多基因突变，包括细胞因子受体链或信号分子及抗原受体发育必需基因。除了由于腺苷脱氨酶导致的 SCID 可以用酶替代治疗，对于患有严重 SCID 的患儿，目前证实唯一有效的治疗方法是异基因 HSCT。研究证实在出生后前几个月进行 HSCT，预后是最好的。

美国多中心研究了 2000～2009 年 10 年间 HSCT 治疗 PID 的结果显示：年龄小于等

于 3.5 月的患儿进行移植，无论供者来源选择或是否合并感染，其移植后长期存活率都可达到 94％；而年龄大于 3.5 个月同时合并感染者，移植后生存率相对下降。对于合并感染的患儿，最好的挽救性治疗是进行去除 T 细胞半相合移植，该治疗无需预处理。预处理似乎与 CD3＋T 细胞恢复有关，而与 IVIG 应用及 IgA 恢复无明显关系。SCID 的亚型影响 CD3＋T 细胞恢复，但不影响患儿的生存质量。EBMT 大样本研究显示移植年龄小于 6 个月患者移植后长期生存率、移植相关死亡率、移植后并发症均优于移植年龄大于 12 个月患者组。2000～2005 年患者接受亲缘 HLA 配型全相合移植者 SCID 生存率为 90％，接受亲缘 HLA 不匹配治疗者生存率为 66％，较前提高，类似无关供者 HSCT 的结果。

②Wiskott-Aldrich 综合征：WAS 是一种伴 X-染色体免疫缺陷疾病，表现为血小板减少、湿疹、免疫力低下及自身免疫功能紊乱及淋巴恶性肿瘤等而危及生命，发病率为 1/100 万，治疗因免疫缺陷程度而异，轻症者可给予脾切除或 IVIG 治疗，重症者需给予 HSCT。

2006 年，日本学者 Kobayashi 等报道了 HSCT 治疗 57 例 WAS 患者治疗的研究，其中 15 例患者接受了 CBT。所有患者均接受了预处理（Bu/CY，$n＝33$；放疗，$n＝4$；其他，$n＝10$）；5 年的 OS 及 EFS 分别为 80％和 71.4％。这一比率与 MRD 及 MURD 组是相似的，分别为 81.8％/64.3％和 80％/75.2％。

因 UCBT 的 GVHD 的发生率低及其快速可行性，现在许多中心对于 WAS 的男孩更倾向于 UCBT 治疗。典型 WAS 患儿自然生存年龄多小于 20 岁，而接受 HSCT 的患儿 5 年 OS 可达 80％以上。研究显示在 5 岁以前移植（尤其是 2 岁前进行移植）的远期生存率较 5 岁后移植的患儿高，并发症的发生率也相对较低。我们建议典型的 WAS 患儿应该在 2 岁前进行移植，最好不超过 5 岁。

③ CGD：CGD 的特征是严重的危及生命的细菌和真菌感染，异常免疫反应，导致结肠炎，限制性肺疾病，脉络膜视网膜炎和肉芽肿等。尽管本病的治疗效果较前改善，目前死亡率仍为每年 2％～5％。尽管本病 HSCT 的最佳时间仍有争议，但 HSCT 在治愈 CGD 和逆转器官功能障碍方面有积极的作用；因此建议 CGD 患者在确诊后应积极考虑 HSCT 治疗。

（2）感染状态：原发性免疫缺陷（PID）患儿伴随感染是频发事件，前期的 PID 移植治疗的研究都提示移植前无明显感染者预后更好，其次为移植前有感染但已控制者，而移植前有活动性感染未能很好控制者预后较差。因此建议移植前有严重的活动性感染患者应控制感染后开始移植治疗。部分 PID 患儿所患感染难以清除（如结核），临床评估如果延迟移植患儿将不能存活，或单纯药物治疗很难清除所患感染和（或）单纯药物治疗带来较强的毒副作用时，可以结合供者情况考虑带感染移植，争取较快的植入和造血免疫重建以克服感染。

（二）无关供者脐带血的选择

1.HLA 相合度选择　供者移植物的选择是一个多因素的综合考虑结果，其中 HLA 相合度考量是最重要的一个方面。PID 患者移植不需要移植物抗肿瘤效应，所以供者首选亲缘全相合者；若一个家庭中有多个 HLA 配型相合者，要综合考虑供者的年龄、性别、血型及 CMV 状态等。若无亲缘全相合供者，需要进行无关供者查询。早期美国 NMDP 和我国 HLA 配型指南推荐的供者搜寻顺序如表 3-3-2 所示。

表 3-3-2　　　　　　　　　　　　寻找 HLA 配合造血干细胞供者的优先顺序

血缘相关家庭成员	无关供者骨髓库	脐血库
6/6 抗原匹配	6/6 匹配无关供者	6/6 抗原匹配脐血
	6/6 基因匹配	
	6/6 抗原匹配	
单倍体相合成员	5/6 匹配无关供者	5/6 抗原匹配脐血
	5/6 基因匹配	
	5/6 抗原匹配	
5/6 抗原匹配		4/6 抗原匹配脐血

注释:表中:"6/6,5/6"中的6是指所检测的 HLA-A,HLA-B,HLA-DRB1 座位上的 6 个抗原或基因。

[参考《造血干细胞移植 HLA 配型指南(2005)》]

对脐血移植来说,主要考虑 HLA-A、HLA-B 和 HLA-DRB1 位点的相合性,要求检测 A、B 位点在抗原水平的相合性和 DRB1 位点在等位基因水平相合性;NMDP 及欧洲脐血库对 HLA 相合性的要求均是大于等于 4/6 相合(A、B 为抗原水平,DRB1 为基因水平)。但是近年来,越来越多研究证实 C 位点在抗原水平相合将有助于提高生存率,因此有指南提出脐血移植时 HLA 的相合性也应基于 HLA-A、HLA-B、HLA-C 和 HLA-DRB1 四个位点等位基因水平,并且推荐采用大于等于 5/8 相合的脐血移植,同时避免 DRB1 位点不相合,HLA4/8 相合是最低要求。因此选择匹配无关供者时,首先考虑供受者的 HLA-A,HLA-B,HLA-C,HLA-DRBI 等位基因 8/8 配合,在等位基因不完全匹配的情况下,可选择与受者单个位点不匹配的 7/8 等位基因或抗原水平配合的供者;在缺少成人供者时,可考虑使用 5/6 抗原配合血缘相关或无关成人供者或 5/6 或 4/6 错配无关脐血。

2. 供者选择　　HLA 相合同胞供者(MSD)为所有 PID 患儿进行移植治疗的首选,没有 MSD 则需进一步选择无关供(URD)、脐带血或相关供(RD)(包括单倍体供者)移植。不同疾病和状态对移植供者的选择也有重要影响。如 SCID 患者病情严重,移植年龄对移植效果有重要的影响,除考虑 HLA 相合性、疾病类型外,需要尽可能缩短搜寻时间,以减少合并感染等不良预后因素,因此相对搜寻时间较短的 RD 或脐带血的应用可能更有利。参考欧美移植经验,结合我国各移植中心经验,建议:

(1)SCID 患者:①年龄小于等于 3.5 个月,近期无明显感染风险者:首选 MSD,其次相合无关供(MUD)或相合相关供(MRD)、再次 HLA 不合相关供(MMRD)或脐带血,最后单倍体供者。

②年龄小于等于 3.5 个月,近期有感染或感染风险高者:首选 MSD,其次 MRD、MMRD、脐带血或单倍体供者;最后 MUD 或 MMUD。

③年龄大于 3.5 个月,不伴感染者:首选 MSD,其次 MRD、无预处理的去 T 细胞 MMRD 或 MUD,再次 MMRD、脐带血或单倍体供者。

④年龄大于 3.5 个月,合并感染者:首选 MSD,其次 MRD、无预处理者去 T 细胞 MMRD、脐带血或单倍体供者;再次 MUD 或 MMUD。

(2)非 SCID 患者:建议首选 MSD,其次为 MUD 或 MRD,再次为脐带血、MMRD 或

MMUD,最后为单倍体供者。

3.脐带血的质量选择　　患者在行脐带血移植时,除考虑 HLA 相合性外,还要充分考虑脐带血的冷冻前 TNC、CD34$^+$ 细胞数及病原学等因素。关于脐带血移植的细胞剂量提示 HLA 不合位点数高则需要的细胞剂量越高。NMDP 建议脐带血的 TNC 应＞$(2.5\sim 3)\times 10^7$/kg(受者体重)。《中国异基因 HCT 治疗血液系统疾病专家共识(2014 年版)》推荐非恶性疾病脐带血移植的要求:HLA 配型≥5/6 位点相合,冷冻前 TNC＞3.5×10^7/kg(受者体重),CD34$^+$ 细胞＞1.7×10^5/kg(受者体重);增加 TNC 或 CD34$^+$ 细胞量可提高 HLA 不相合的脐带血移植的植入率。综合各移植组的经验和推荐,在可以选择的条件下参考表 3-3-3,尽可能选择细胞数更高的脐带血。

表 3-3-3　　　　　　　　脐带血移植供受者 HLA 位点和脐带血细胞剂量的选择

HLA 相合度	脐血冷冻前 TNC×10^7/kg(受者体重)	脐血冷冻前 CD34$^+$ 细胞×10^5/kg(受者体重)
供受者 HLA6/6 相合	＞2.5×10^7/kg	＞1.0×10^5/kg
供受者 HLA5/6 相合	＞3.0×10^7/kg	＞1.5×10^5/kg
供受者 HLA4/6 相合	＞$(3.5\sim 4.0)\times 10^7$/kg	＞$(1.8\sim 2.0)\times 10^5$/kg

注释:移植前小管复苏回收率≥85%。

[参考中华医学会血液学分会干细胞应用学组:《中国异基因造血干细胞移植治疗血液系统疾病专家共识适应证、预处理方案及供者选择(2014 年版)》制定]

其次需要评估脐带血在采集和贮存时的质量保障,尤其需要有完善的病原学的检测结果,杜绝经脐带血传播病原感染的可能,如乙肝病毒、HIV、CMV 病毒等。目前在脐带血采集前,规定至少需要对母体进行 HIV 抗体、肝炎病毒血清学标志物、梅毒螺旋体血清学检查等;对于储存超过 180 天的脐带血要对上述病原体行核苷酸检测;另外尽可能对脐带血来源的小孩进行相关的健康评估和报道;并且要求移植前小管复苏病原微生物检测巨细胞病毒、细菌及真菌都为阴性。

(三)移植前评估

原发性免疫缺陷(PID)患者移植前的评估需要详尽的病史采集和体格检查、系统回顾和评价、实验室及影像学等辅助检查。另外要强调病原学、免疫学及已存在的并发性疾病的评估,其中感染状态的评估及主要脏器功能评估与其他疾病类似,强调 PID 相关免疫检测:①普通免疫功能:胸腺功能、免疫球蛋白(亚型)、特异性抗体、淋巴细胞分类等;②PID 特异检测:WAS 蛋白、CD40L 表达、吞噬细胞功能、呼吸爆发实验、淋巴增殖性疾病相关凋亡蛋白检测等。

(四)预处理方案与 GVHD 预防方案

PID 是一组异质性宽泛的疾病,不同疾病、不同供者及不同受者的疾病状态等都是影响预处理方案选择的重要因素,因此原发性免疫缺陷(PID)移植的预处理方案不可能是一种非常固定和统一的模式,每一个病例都需要具有丰富经验的中心单位仔细评估,进行个体化调整。目前主要的移植预处理方案有清髓性预处理方案(MAC)、减低强度(RIC)

和未行预处理三种方案。由于脐带血的 TNC 及 CD34$^+$ 细胞数较外周血及骨髓低,因此理论上使用 MAC 方案更有利于植入。如前所述,RIC 处理方案适用于一些特定疾病(如 CGD、SCID)或患有严重感染及器质性损害并发症的 PID 患者中一方面可取得较高的供者细胞植入率,更重要的是降低预处理相关毒性作用,从而降低移植相关死亡率。

1.MAC 方案 主要针对标准危险度的 PID 患者,有需要清髓的要求以促进供者造血干细胞植入。经典的 MAC 方案包括:TBI＋CY(TBI 12～14Gy 分次＋CY 120mg/kg)、经典的 Bu＋CY 方案和以 Bu＋CY 为主衍生的改良方案。临床实践和研究发现,Bu 伴随较高的肝静脉闭塞性疾病(VOD)风险,Bu 联合 CY 可增加肝脏毒性及 VOD 风险。因此,目前多个中心已用 Flu＋Bu 为主的预处理方案替代,建议有条件者监测 Bu 血药浓度,计算 AUCs。TBI 因其不良反应和后遗症,以及实施困难,我国儿童 PID 移植中采用 TBI 方案的极少;EBMT 亦未做推荐。详见表 3-2-40。

2.RIC 方案 RIC 方案可以降低脏器毒性损害,但也同时降低了供者细胞植入率,增加 GVHD 风险。EBMT 将 RIC 定义为符合以下一条或多条的预处理方案:

(1)TBI≤200cGy。

(2)Bu 总剂量≤8 mg/kg。

(3)马法兰(melphalan)总剂量≤140mg/m^2。

(4)噻替哌总剂量≤10mg/kg(见表 3-2-40)。

RIC 常用药物包括 Flu 和马法兰,可减低药物对 PID 患者的脏器损害,但对婴儿来说化疗相关的心脏损害仍是需要关注的问题。Flu 及减低 CY 剂量引起的脏器损害更轻,但可能产生严重的 GVHD。目前有研究利用苏消安(Treosulfan)联合 Flu 预处理,可以减低发生心脏毒性、VOD 及肺纤维化的风险。

3.未行预处理 目前有多个中心应用 CBT 治疗 PID 患者未行预处理或仅用 ATG 治疗,结果显示中性粒细胞植入及 GVHD 发生情况未见明显差别。但日本的研究中运用多变量分析显示:移植前感染、未行预处理、HLA≥2/6 不相合等提示预后不良;与清髓性预处理相比,减低强度预处理者死亡率低。故未行预处理的效果仍有待于多中心的研究进一步评价。

4.关于 ATG 在脐带血移植中使用的考虑 ATG 的使用可以减少 GVHD 的风险,但可能会降低植入率、使免疫重建延迟、增加移植后感染及发生淋巴细胞增殖性疾病的概率;而去掉免疫抑制剂后可能更有利于移植细胞重建和病毒的清除,所导致 GVHD 风险增加可以通过 CSA＋MMF 预防加以控制。有研究发现小剂量阿伦单抗可促进 T 细胞重建,同时并不增加 GVHD 风险。目前主张避免大剂量使用,并避免在回输脐带血前后使用 ATG。

此外,从前述的 CBT 治疗 PID 研究结果中我们可以看到,在亲缘半相合移植中,相比与单纯去除 CD3$^+$ T 细胞及去除 TCRγδ$^+$ T 细胞,目前常用去除 TCRαβ$^+$ 细胞的方法,既可以减少 GVHD,也可促进免疫重建。

5.GVHD 预防方案 预防 GVHD 的方案较多,通常包含 CSA、他克莫司(FK506)、MMF、激素及短疗程 MTX。移植中心可根据具体的移植条件及经验选择单独使用或合用,详见表 3-3-4。

表 3-3-4　　异基因 HCT 治疗 PID 的常见 MAC 方案(M)和 RIC 方案列举(R)

	GVHD 预防	化学药物治疗	免疫制剂
M1	iv Bu(3.2 mg/kg×4) CY(120 mg/kg)	无	CSA+MMF 或 MTX
M2	Flu(160 mg/m²) iv Bu(3.2 mg/kg×4) CY(100 mg/kg)	无	CSA+MMF 或 MTX
M3	iv Bu(3.2 mg/kg×4) Flu(160 mg/m²)	ATG(TD 10 mg/kg)	CSA+MMF 或 MTX
R1	iv Bu(3.2 mg/kg×4) CY (100 mg/kg)	无	CSA+MMF 或 MTX
R2	iv Bu(3.2 mg/kg×4) Flu(180 mg/m²)	ATG(TD 7.5~10mg/kg)	CSA+MMF 或 MTX

注释：* EBMT 关于移植治疗 PID 的临床指南推荐方案中 Bu 的剂量需要根据 AUC 进行个体化调整。

[参考中华医学会血液学分会干细胞应用学组.《中国异基因造血干细胞移植治疗血液系统疾病专家共识：适应证、预处理方案及供者选择(2014 年版)》及《欧洲 EBMT-ELN (2014)》制定]

（五）临床应用研究

自从 1968 年世界上第一例全相合同胞骨髓造血干细胞移植治疗 SCID 获得成功以来，目前 HSCT 治疗 SCID 已积累了丰富的经验。

1998 年，Rubinstein 等报道的 562 例 UCBT 患者中，至少 31 例 PID 患者（24 例 SCID 及 7 例 WAS），从研究中可以看出 PID 患者的预后不比其他疾病患者差。2007 年，Cairo 等综述了欧洲 40 个中心 93 例 UCBT 治疗 PID 患儿的研究：患儿平均年龄 0.9 岁（范围 0~26 岁），平均体重 8kg（范围 3~39kg）。包括 61 例 SCID，20 例 WAS 及 12 例其他免疫缺陷患儿。其中 56 例患儿供者 HLA 配型小于等可 1 个位点不相合。预处理方案为 Bu/CY+Flu，7 例患儿接受了放疗，11 例患儿未接受预处理。输入 TNC 平均为 8.3×10⁷/kg（受者体重）（范围 0.1~94），CD34⁺ 细胞数 3.4×10⁵/kg（受者体重）（范围 0.4~33）。74 例患儿应用 CSA/激素预防 GVHD。累计中性粒细胞及血小板植入率分别为 85% 和 77%；累计 Ⅱ~Ⅳ度 aGVHD 和 cGVHD 发生率分别为 41% 和 23%。2 年移植相关死亡率（TRM）为 31%。2 年 OS 为 68%，其中 HLA 配型小于等于 1 个位点不合者为 78%，HLA 配型 2~3 个位点不合者为 58%（$P=0.04$）。

2008 年，西班牙学者研究了 15 例 CBT 治疗 PID 的病例，包括 SCID 11 例，X 连锁的淋巴增生综合征 2 例，Omenn's 综合征 1 例，WAS 患者 1 例。14 例为无关供者 CBT，1 例为亲缘 CBT；中位年龄 11.6 个月（范围 2.9~68.0 个月）；平均体重 7kg（范围 4~21kg）。13 例患者给予 Bu+CY 预处理，2 例患者给予 FLU+马法兰预处理。其中 9 例患者联合 ATG 治疗。输入 TNC 平均 7.9×10⁷/kg（受者体重）（范围 2.9~25.0）；平均 CD34⁺ 2.9×10⁵/kg（受者体重）（范围 1.0~7.9）。给予 CSA 联合甲基强的松龙及短疗程 MTX 预防 GVHD。

所有患者均植入,中性粒细胞中位植入时间为31天。8例患者出现Ⅱ～Ⅳ度aGVHD和1例患者出现cGVHD。4例患者死亡:其中3例死于Ⅳ度GVHD合并感染,1例死于进行性肺间质疾病。5年OS为0.73±0.12。所有存活患者均获得完全免疫重建。

2009年,美国血液及骨髓移植会议总结了1998～2007年间UCBT治疗15例WAS男孩的研究结果。患者中位年龄12个月(范围6～51个月),采用清髓性预处理方案Bu/CY/ATG±Flu,HLA相合情况为4/6相合10例,5/6相合3例,6/6相合2例。输入TNC平均为8.31×10⁷/kg(范围4.87～16.40);其中12例患儿给予MMF及CSA预防GVHD。平均中性粒细胞及血小板植入时间分别为21天和67天。移植后1例患儿为嵌合体,其余患儿均为完全植入。4例患儿出现Ⅱ～Ⅳ度aGVHD,12例患儿出现cGVHD;1例患儿死于移植后并发症,包括肠道GVHD、腺病毒感染、广泛cGVHD、EBV相关的淋巴细胞增殖性疾病及多器官功能衰竭综合征。

2011年,日本一家脐血库网络报道了CBT治疗88例PID患者的研究,包括SCID 40例、WAS 23例,慢性肉芽肿病(chronic granulomatous disease,CGD)7例,严重先天性中性粒细胞缺乏症(severe congenital neutropaenia,SCN)5例,及其他免疫缺陷病13例;供者来源均为非亲缘CBT,HLA低分配型≥3/6相合;根据预处理方案不同分为两组,未预处理组(未行预处理或仅用ATG预处理)及预处理组(Bu+CY+TBI/TLI或Bu/CY+ATG± TLI或Bu/CY+Flu或CY+依托泊苷/大剂量阿糖胞苷);并根据预处理方案不同分别用CSA或他克莫司预防GVHD;100天中性粒细胞累计植入率77%,所有病例5年OS为69%(95%CI,57%～78%),SCID和WAS者分别为71%和为82%。导致100天内死亡的主要原因是感染(17/19),100天后死亡的主要原因是GVHD(5/7)。多变量分析提示,移植前感染、未行预处理及HLA≥2/6不相合等是预后不良的危险因素。100天累计发生Ⅱ～Ⅳ度aGVHD为28%(95%CI,19%～38%),在180天cGVHD发生率为13%(95%CI,7%～23%)。

2014年,Gungor等建立了一个减低强度预处理方案,旨在提高骨髓移植和减少药物的器官毒性,56例高危CGD患儿给予高剂量的Flu+兔ATG+低剂量阿仑单抗+BU预处理。OS和EFS分别为93%和89%,亲缘供者及无关供者移植之间结果无差异。

2015年,台湾地区的研究者总结了2004～2013年单中心CBT治疗PID的研究数据。共有8例PID患儿,包括SCID 4例,CGD 2例,WAS 1例及T-细胞免疫缺陷病1例。男孩7例,女孩1例;平均年龄为5.5个月(范围2～74个月),HLA配型≥4/6相合。6例患儿接受了清髓性预处理(Bu+CY+ATG);2例患儿接受了减低强度预处理(ATG+Flu+马法兰),T-细胞免疫缺陷病患儿接受了TBI(7.5 Gy)1次。给予CSA和甲基强的松龙预防GVHD。7例患儿14天中性粒细胞植入;1例患儿出现Ⅲ度GVHD合并感染;1例患儿出现免疫相关性溶血性贫血及血小板减少性紫癜;无CMV感染发生。随访73个月所有患儿均无病生存。

（六）植入检测与免疫重建

移植后需定期检测血常规、淋巴细胞分类、免疫球蛋白及亚类水平、补体量测定等以评价造血免疫重建情况。严格意义上植入成功对于PID患者来说应该包含三个方面:①外周血细胞计数迅速达到植入标准并保持稳定;②造血细胞为供者来源;③免疫功能重建。植入的判断需要在移植后 1 个月时行嵌合状态检测，并每月一次连续动态监测至少 3 次，之后间断监测（3～6 个月一次直至稳定），以观察植入的稳定状态和指导干预。免疫功能重建的检测则需要更长时间的观测。目前常用的嵌合状态检测方法为：STR-PCR 及 FISH。FISH 可检测到单个细胞水平，但只能用于供、受者性别不合或常染色体有特异标记的病例，而 STR-PCR 法适合所有的供受者嵌合状态检测。检测结果证实供者来源的细胞达 95％ 及以上被认为是完全供者植入。

对于 PID 患儿，移植后免疫功能重建是移植目的和评价移植是否成功的重要依据。移植后主要和共同的免疫功能监测和评价包括淋巴细胞分类、免疫球蛋白等，除此之外，不同 PID 种类移植后免疫功能检测和评价的重点不同。T 细胞缺陷者，移植后主要检测淋巴细胞亚类（通常为 CD3、CD4、CD8、CD19 及 CD56）数量恢复情况和移植细胞对植物凝集素等的刺激应答反应；B 细胞缺陷者，主要检测移植后机体免疫球蛋白水平（包括 IgM、IgG、IgA、IgE）；移植相应功能基因产生的靶蛋白水平的检测和移植前后比较也能很好反映植入和免疫重建的状态，详见表 3-3-5。

表 3-3-5　　　　　常见 PID 移植后免疫功能特异的监测和评估

疾病	免疫功能重建监测
SCID	淋巴细胞计数，淋巴细胞分类，免疫球蛋白水平
WAS	WAS 蛋白表达
CGD	呼吸爆发实验及吞噬细胞功能检测
X-HIGM	CD40 配体表达
XLA	血清免疫球蛋白水平

总之，CBT 治疗 PID 至今已有 20 多年的发展历史，各国家和地区的移植中心逐渐积累了丰富的经验，并发展和建立了相应的研究方案，但是因为 PID 的疾病种类多、异质性大、移植治疗中的个体化差异等，移植方案很难统一和覆盖所有的 PID 疾病。因此前述共识在实践的基础上结合国内外的研究形成，尚需个体化调整，并不断发展和完善。

二、CBT 治疗先天性血细胞疾病

先天性血细胞病包括血红蛋白病、再生不良性贫血（范可尼贫血）、血小板减少性疾病及先天性中性粒细胞减少等。

（一）适应证

1. 血红蛋白病　纯合子型 β 地中海贫血（小于 17 岁）以及异常血红蛋白病。

血红蛋白病如地中海贫血（简称地贫）、镰刀红细胞性贫血（SCD）及血红蛋白其他缺陷可导致患者溶血，铁超载及无效造血等导致患者死亡。地贫即珠蛋白生成障碍贫血，即血红蛋白中一种或多种珠蛋白肽链合成减少，引起红细胞内血红蛋白含量减少，并伴有贫血的遗传性溶血性贫血。临床分为 α-地贫及 β-地贫。异常血红蛋白病临床上常见的有：镰刀红细胞性贫血（SCD）、不稳定血红蛋白、氧亲和力增高血红蛋白、血红蛋白 M（家族性紫绀症）等。HSCT 是目前根治重型血红蛋白病的唯一治疗方法，通过 HSCT 治疗的

患者的生活质量,明显高于传统输血和去铁治疗的患者。由于仅有不到 30% 的患者可找到合适的 HLA 配型的骨髓血干细胞供者,所以脐血移植已经成为治疗血红蛋白病的主要手段。

2. 范可尼贫血　范可尼贫血是一种罕见的常染色体隐性遗传病,临床具有全血细胞减少、骨髓再生障碍及先天性多发畸形三联征。一般患儿可选择免疫抑制及雄性激素治疗,严重者需 HSCT 治疗以获得造血功能重建。

3. 血小板减少伴桡骨缺乏症　本病为一种常染色体隐性遗传病,以骨髓中巨核细胞减少或缺如伴桡骨发育不全及内脏畸形为特征。本病病情严重,预后较差,1/3 患者死于婴儿期,2/3 患者可死于 8 个月内。血小板输注短期疗效显著,部分患儿对肾上腺皮质激素及切脾有效,根治手段为 HSCT。

4. Kostman's 粒细胞缺乏症(severe congenital neutropenia,SCN)　本病又称重型先天性中性粒细胞减少症,是一种罕见的常染色体隐性遗传病。该病基本病理是骨髓粒系细胞成熟停滞,导致粒细胞产量减少。病因及发病机制尚未完全清楚。多于生后 2～3 个月至 1 岁起病,多发生皮肤黏膜、肛周、中耳、呼吸道、泌尿道等化脓性感染,并易扩散引起败血症等。一般多给予对症及支持治疗及采用抗生素治疗,患儿死亡率高,部分患儿对 G-CSF 治疗有效,治疗无效者可行 HSCT 挽救性治疗。

5. Chediak-Hegashi 综合征　本病又称遗传性白细胞颗粒异常综合征,为常染色体隐性遗传。本病为先天性免疫缺陷病的一种,临床较为罕见,幼儿发病,全身特征可见白化病表现,肝脾及淋巴结肿大,白细胞、血小板减少,易反复感染。本病无特殊治疗,多于 10 岁前死于严重感染,HSCT 可望改善患儿症状。

(二)脐带血的选择

近年来随着脐血移植研究增多,目前 UCBT 及 CBT 治疗血红蛋白病患者积累了越来越多的经验。Pesaro Ⅲ度地贫患者 CBT 的移植排斥率和死亡率明显高于 Pesaro Ⅰ～Ⅱ度。UCBT 可提供足够的细胞数补偿 1 个 HLA 位点不相合的不足。Wagner 等建议 UCB 较高的 CD34$^+$ 细胞数可部分克服 HLA 的不匹配。

脐血移植治疗地贫成功的重点强调年轻患者,无严重并发症,并且无铁负荷超载的情况。建议确诊后早期移植,尽可能减少输血次数及移植失败率。若患者有移植指征且无相关供者,建议尽早进行无关供者移植治疗。建议 UCBT 的 HLA 配型≥4/6 个位点相合为宜,目标是 TNC≥5×10^7/kg(受者体重)。必要时可采用脐血的体外扩增、双份脐血输注、联合输注(骨髓＋脐血,间充质干细胞＋脐血)等克服单份脐血细胞数目不足导致植入困难等问题。

(三)预处理方案与 GVHD 预防方案

1. 预处理方案　我们建议预处理方案为 Bu(16 次)＋CY(40mg/kg)＋Flu(140mg/m^2)＋ATG。既可以增加植入,又可以减低预处理的毒性;不推荐常规 TBI 治疗。可根据供者 HLA 配型相合度等酌情调整预处理方案。

2. GVHD 预防　多采用经典的 GVHD 预防方案:CSA 单用(或联合激素),部分患儿可能需要联合 MMF 治疗,血红蛋白病患者不推荐常规应用短疗程 MTX 预防 GVHD 治疗。

（四）临床应用研究

1995 年，Issaragrisil 等报道了首例应用 CBT 治疗血红蛋白病的研究，患者为一个 2.5 岁重型 β-地贫患儿，供者来自于其 HLA 全相合同胞（非 β-地贫患者）。预处理方案为 Bu＋CY，GVHD 预防方案为 CSA 及 MTX。2003 年，Locatelli 等报道了 CBT 治疗血红蛋白病的系列研究：共有 44 例患者（包括 33 例重型 β-地贫与 11 例 SCD）接受同胞 CBT，平均年龄 5 岁（范围 1～20 岁）。其中 29 例脐血 HLA 低分辨 6/6 全相合，3 例 HLA 配型 1 个位点不相合。33 例重型 β-地贫患者都按 Pesaro 分度，Ⅰ度 20 例，Ⅱ度 13 例。其中 73％SCD 及 30％地贫患者预处理方案包括 Bu、CY 及 ATG/ALG；18％的 SCD 及地贫患者仅给予 Bu 及 CY 预处理；9％SCD 及 21％地贫患者给予 Bu、Flu 及塞替哌预处理；另外 27％地贫患者接受了 Bu、CY 及噻替哌预处理方案。68％的患者仅用 CSA 预防 GVHD。输注的 TNC 中位数为 $4×10^7$/kg。OS 在两组患者均为 100％，其中地贫及 SCD 的 EFS 分别为 79％（Pesaro Ⅰ 为 89％，Pesaro Ⅱ 为 62％）和 90％。地贫患者中 Bu、Flu 及噻替哌或 Bu、CY 及噻替哌预处理方案 EFS 较 Bu＋CY 及 Bu＋CY＋ATG/ALG 组为优。26 例患者植入成功，60 天内中性粒细胞与血小板植入率分别为 89％和 90％，3 例形成混合嵌合体。aGVHD 发生率为 11％，无Ⅲ～Ⅳ度的 aGVHD，cGVHD 发生率为 6％（均为局限性表现）。2005 年，Walters 等报道了亲缘 CBT 治疗 14 例 β-地贫及 8 例 SCD 患者的随访研究，其中部分患者联合 BM 及 PBSC 治疗；中位随访时间为 124 个月（范围为 5～77 个月），18 例患者（12 例 β-地贫及 6 例 SCD）无病生存。

在过去的几年里有一些关于 UCBT 治疗血红蛋白病的报道，年龄最小者为仅 2 个月男婴，HLA 配型 4/6 相合，预处理方案为 Bu＋CY＋ATG。移植后 100％供者嵌合；早期患儿曾出现免疫性溶血性贫血，给予硫唑嘌呤及激素等治疗后，症状在移植后 2 年逐渐缓解；移植后 11 年检查依然是 100％供者嵌合。截至 2007 年，欧洲共报道了 16 例地贫及 7 例 SCD 接受 UCBT 治疗的患者。2004 年，Vanichsetakul 等总结了 6 例 CBT 治疗重型 β-地贫的经验，其中 3 例接受同胞脐血干细胞移植，另 3 例分别接受 HLA 配型 1、2、3 个位点不合的 UCBT，6 例患者的平均年龄 5.5 岁（2～15 岁），中位随访时间 7 个月，5 例长期无病存活，1 例死于粒细胞减少合并败血症及脑血栓。

2005 年，Jaing 等首次报道了台湾 UCBT 治疗儿童 β-地贫的研究。患者为一名 2.5 岁的重型 β-地贫患儿，HLA 配型 5/6 相合（HLA DRB1 中 1 个位点不合）UCB 的 TNC 为 $8.78×10^7$/kg（受者体重）；CD34 细胞数为 $2.48×10^5$/kg（受者体重）。预处理方案为 Bu、CY 及 ATG；应用 CSA 及短疗程 MMF 预防 GVHD。中性粒细胞植入时间为 17 天，患儿分别于移植后 34 天及 49 天脱离红细胞及血小板输注。移植后仅发生了Ⅰ度 aGVHD（皮肤），仅用激素治疗即得到控制。2012 年，Jaing 等又总结分析了 2003 年 10 月至 2009 年 9 月接受 UCBT 治疗的 35 例 β-地贫病例。35 例患者平均年龄 5.5 岁（1.2～14 岁），随访时间为 6～76 个月（中位时间 36 个月）。35 例患者共接受 40 次 UCBT，26 例接受单份 UCBT，9 例接受双份 UCBT；28 例患者成功植入，6 例患者第一次植入失败后接受第二次 HSCT（其中 5 例 UCBT）。单份 UCBT 和双份 UCBT 的植入率分别为（70.7±7.8）％和（79.1±7.1）％。5 年 OS 和 EFS 分别为（88.3±6.7）％和（73.9±7.4）％，2 年移植相关死亡率为（11.7±6.7）％。35 例患者中，34 例（97.15％）发生

aGVHD(Ⅰ度 6 例,Ⅱ度 12 例,Ⅲ度 15 例,Ⅳ度 1 例),皮肤 cGVHD 14 例(40%)。

2008 年,Markel 等研究了 2 例无关供者 CBT 治疗 SCN 患者的研究。第 1 例患儿随年龄增长 G-CSF 需要量逐渐增大而且有出现急性淋巴细胞的风险,在 9 岁时接受移植;该患儿接受了清髓性预处理(Bu+CY+ATG),并给予 CSA 预防 GVHD,患儿移植后植入速度快,移植后 2 年免疫功能恢复正常。第 2 例患儿虽给予 G-CSF 治疗仍合并严重感染,在 9 月时接受第一次 CBT,给予减低强度预处理,并给予 CSA 预防 GVHD,移植后 33 天检查示受者 100%,提示移植失败。其后接受了第二次脐血移植,仍为减低强度预处理,第二次移植在移植后 6 月再次失败;其后又接受第三次脐血移植后给予免疫抑制剂治疗,患儿合并单纯疱疹病毒感染,出现肠道 GVHD,至移植后 20 个月患儿无病生存,仍为 99%供者植入。研究结果提示 SCN 患儿移植时接受清髓性预处理可能有利于植入。

2014 年,Jaing 等研究了 3 例无关供者 CBT 治疗范可尼贫血患儿结果。患儿平均年龄 2 岁,HLA 配型≤1 个位点不匹配。预处理方案 Flu[30mg/(m² · d)]6 天＋CY[60mg/(kg · d)]2 天＋兔 ATG[2.5mg/(kg · d)]3 天,未用放疗,没有患者出现化疗相关的毒性。输入 TNC 平均 6.43×10^7/kg (受者体重)(范围 2.95～7.23),CD34⁺ 平均 4.12×10^5/kg(受者体重)(范围 3.44～17.28)。所有的人都在移植后 10～19 天植入。3 例患者均出现Ⅱ度 aGVHD,无 cGVHD 发生。平均随访 64 个月(范围 13～69 个月)3 例患者均为完全嵌合。范可尼贫血患者的预处理方案目前尚有争议。有研究显示约有 40%的范可尼贫血患者在接受 HSCT 后 15～20 年合并恶性肿瘤。目前倾向于减少 CY 的剂量,也有中心提出预处理中不用 Flu 以减轻化疗相关的毒性。该研究预处理时未应用放疗,患儿 GVHD 发生率无明显增加,而且植入良好,可能减少放疗相关的恶性肿瘤的机会,提示范可尼贫血预处理中可以考虑不用放疗,仍有待于多中心大样本的研究进一步证实。

三、脐血移植治疗遗传代谢性疾病

遗传代谢性疾病(inherited metabolic disorders,IMDs)是指维持机体正常代谢所必需的某些酶、受体、载体及生物合成发生遗传缺陷导致的疾病。多为单基因遗传病,包括大分子代谢类疾病(溶酶体储积症等)及小分子代谢类疾病(氨基酸、有机酸、脂肪酸等),迄今已确定的溶酶体储积症(LSD)有 50 多种,虽然单一种溶酶体储积症的发病率很低,新生儿总体发病率约为 1/7000。

黏多糖病(mucopolysacchridosis,MPS)是由于溶酶体中降解黏多糖的水解酶活性缺乏或降低使黏多糖(glycosaminoglycan,GAG)在体内不能被完全降解,储积在机体各种组织而发生的疾病。MPS 分为Ⅰ、Ⅱ、Ⅲ、Ⅳ、Ⅵ、Ⅶ、Ⅸ型等 7 种型,除Ⅱ型为 X 连锁遗传外,其余均为常染色体隐性遗传。MPS 为多系统受累疾病,主要累及骨骼、中枢神经系统、心血管系统、耳鼻喉部、呼吸系统、眼、牙齿、肝、脾、关节、肌腱、皮肤等多脏器,并呈慢性进行性加重病程。

迄今已发现的 500 余种遗传代谢病中,多数疾病缺乏有效治疗方法,只能对症治疗,部分疾病通过传统的饮食、药物治疗能够得到控制,少数疾病可以进行酶替代疗法,如:弥漫性血管角质瘤(Fabry 病)、戈谢病(Gaucher's disease)等。为解决患者的长期治疗,细胞治疗和基因治疗已成为现代研究的主流方向。基因治疗技术方面还存在很多短期内难以突破的技术困难；细胞治疗，尤其是 HSCT 成为治疗 IMD 患者及改善患者神经功能及认知功能的有效措施。

（一）CBT 治疗 IMD 的适应证和时机

1.适应证

（1）戈谢病：虽然 β-葡萄糖脑苷脂酶补充治疗可减轻本病患者临床症状，但各脏器细胞中仍可见到大量代谢物堆积，不能改善脑损伤。HSCT 可明显改善高雪氏病Ⅲ型的脑部病变和大多数症状，极大减缓高雪氏病Ⅰ型的骨骼损害。建议当患儿出现神经系统损害或酶替代疗法治疗仍出现肺部病变时，应及早进行 HSCT。

（2）尼曼-匹克病（Niman-Pick disease）：尼曼匹克病 A 型进展迅速，往往来不及进行造血干细胞移植。对于尼曼匹克病 B 型尚存争议，少数报道称其有效，但与酶替代疗法比较尚无结论。

（3）黏多糖病（MPS）——Ⅰ、Ⅱ、Ⅲ、Ⅵ、Ⅶ型：MPSⅠ、Ⅵ、Ⅶ型 HSCT 效果最好，且 HSCT 已成为患者的首选治疗。对于 MPSⅡ、Ⅲ、Ⅳ型，虽有 HSCT 有效的报道，但中枢神经系统对移植的反应不明确，已有的骨骼畸形不能改善，不推荐 HSCT 作为首选的治疗方法。

（4）X-连锁肾上腺-脑白质营养不良（X-ALD）：伴有脑 MRI 改变的 ALD 是 HSCT 的适应证，而且 HSCT 是目前唯一能阻止 ALD 病情进展、改善预后的治疗措施。移植后患者血浆极长链脂肪酸（VLCFA）降低，认知和行为进步，随访 5～10 年脑 MRI 趋于稳定。早期进行移植可有效改善患者的神经髓鞘病变、症状、体征及智力运动能力。对于就诊时 MRI 提示枕叶部分脱髓鞘同时伴有视力、听力、语言、运动障碍的患者，移植后有些患儿遗留严重的神经心理障碍，生存质量差，应慎重选择移植。因此，早期移植十分关键。

对于无症状 ALD 患者，应该进行一系列监测，包括头 MRI 扫描、神经系统体检、内分泌检查等，一旦发现问题，立即安排造血干细胞移植。

（5）黏脂储积病（异染性脑白质病）：造血干细胞移植适于合并心肺疾患的黏脂储积症Ⅱ型。明尼苏达大学曾为 3 例患者进行了 HSCT，2 例心肺功能转为正常，但 3 例均遗留轻至中度的发育落后。

（6）球形脑白质营养不良（globoid cell leukodystrophy，GLD）：按照发病特点可分为早发型和晚发型 2 种。早发型患者可进行产前诊断，生后 1 个月内 HSCT 可预防 GLD 发生；晚发型患者在恰当的时机进行移植，可使脑脊液蛋白正常，视力纠正，神经发育停滞改善，神经传导速度加快，运动恢复正常。曾有报道移植后 5 年的患者，MRI 显示脑白质脱髓鞘病变消失，不伴皮质萎缩和炎性细胞浸润。

（7）异染性脑白质营养不良（metachromaticleukody strophy，MLD）：对于无症状 MLD 患儿进行 HSCT 可预防脑病的发生。婴儿型患儿应争取产前诊断或出生后早期诊断，在 1 岁内移植有效。疗效取决于移植时的疾病状态和年龄，以迟发型或少年型预后为好，症状前期或生活能够自理的时期是移植的最佳时期。在神经心理功能损害处于进展期时或晚期婴儿患者，移植疗效较差。

（8）自毁容貌综合征（Lasch-Nyhan 综合征）：本病呈 X-连锁隐性遗传，故患者均为男性，女性可为携带者，发病率约为 1/38 0000。生后 6～8 个月内无明显异常，其后开始逐

渐出现手足徐动,腱反射亢进,肌张力高,不能坐或立,智能低下等;1 岁后舞蹈和手足徐动明显,紧张时可有角弓反张,锥体束征明显,构音和吞咽困难,难喂食,常呕吐,可有癫痫发作。攻击和自残行为突出具有特征性。患者可活至 20 余岁,最终多死于感染和肾衰竭。对本病神经系统症状无有效的治疗,基因治疗尚在研究中,HSCT 被认为是本病患者的挽救性治疗措施。

(9)婴儿石骨症(infantile osteopetrosis):本病又称大理石病,是婴儿一种罕见的常染色体隐性遗传病,由于破骨细胞功能不全或缺乏导致骨吸收减少,临床产生一系列的症状体征,特点是全身广泛性、对称性骨质硬化,骨塑型异常,进行性贫血,肝脾肿大,患儿常死于感染与贫血。本病无特殊治疗,有报道应用 HSCT 可有一定疗效。

除上述遗传代谢病外,a-甘露糖苷储积症、岩藻糖苷储积症、Fabry 病、神经节苷脂沉积症、神经元蜡质样脂褐质沉积症患者等也有造血干细胞移植成功的报道,有待进行多中心协作进一步验证。

2.移植时机 建议仔细评估患者临床状态及充分权衡利弊并有合适供者后,方可谨慎选择 HSCT。一般认为年龄越小,器官功能越好,移植成功率越高。早期一项来自北美 13 个中心 MPS 患者 HSCT 后神经发育功能的长期随访研究(随访中位时间 8.7 年)显示年龄小于 2 岁进行 HSCT 其远期智力水平明显优于移植时年龄大于 2 岁患童($P=0.01$);2013 年,欧洲 MPS 专家协作组考虑到 MPS 临床表现的多样性,建议将这一年龄放宽到 2.5 岁。

欧洲一项回顾性研究分析了 146 例 UCBT 治疗 Hurler's 综合征的研究,提示患者诊断与移植的间隔时间越短者预后良好,此外也有一些关于其他 IMD 的研究(X-连锁肾上腺脑白质营养不良、异染性脑白质病等)也得出类似的结论。

由于移行并固定到各组织的供者巨噬细胞尤其脑内小胶质细胞的替换以及代谢堆积物的清除需要时间,最好在移植前后有 6 个月的稳定期。遗传代谢病患者 HSCT 的最佳时期是在发病之前,尽量在无症状期或者神经病变轻微之际进行。

3.无关供者脐带血的选择 供者选择的优先次序依次为:健康的全相合同胞供者,匹配的无关脐血,匹配的无关供者。既往认为携带疾病的全相合同胞可作为供者,然而国际多中心研究结果显示无论是移植后酶活性水平还是远期预后,疾病携带者供者均有明显的缺陷,故建议应用健康供者而非疾病携带者。从以往的 CBT 治疗遗传代体病(IMD)的数据来看,UCBT 是治疗婴幼儿 IMD 的合适的选择,即使 HLA 配型不完全相合时,患者的植入成功率也相对较高,而且 aGVHD 及 cGVHD 发生率均较低。

因脐带血具有更加原始的干细胞群,可分化为更多的细胞类型,如成骨细胞、软骨母细胞和神经元细胞,对于 MPS 具有更重要的作用,它能使酶进入骨、软骨和脑组织,改变骨髓移植不能改变的已受损的肌与骨骼的变化,从而使骨骼生长正常、驼背控制或减退、同时可使认知能力提高,因此非血缘 UCBT 是治疗 MPS 的优先选择。本中心参照前述的国内外的指南,制定遗传代谢病患者移植指征及供者选择。详见表 3-3-6。

表 3-3-6　　　　　　　　　　　　遗传代谢病患者移植指征及供者选择

指征	供者		
	MSD	MFD/MUD	Haploid FD
Hurler 综合征（MPSI）（尽早移植,建议<3 岁）	+	+	+
Maroteaux-Lamy 综合征（MPSVI）	+	+	+
戈谢病（Gaucher's disease）	+	—	—
X-连锁肾上腺脑白质营养不良	+	+	+

（三）预处理方案与 GVHD 预防方案

1.预处理方案　　建议应用清髓性方案,以 Bu（16～20 次）＋ CY（200mg/kg）＋ATG 为主。不建议首选全身放疗（TBI）及移植物去 T 细胞处理。从目前国内外 CBT 治疗 IMD 的研究结果可以看出,以 Bu、CY 为主的预处理方案,中性粒细胞及血小板植入良好,而且无严重的 aGVHD 及 cGVHD 发生。GVHD 是影响患者预后的重要原因,在 EBMT 和 CIBMTR 的统计中占 19%,EBMT 的研究显示移植物去 T 处理和非清髓的预处理方案是移植物排斥的高危因素。由于 IMD 患者多为小年龄组发病,而且 TBI 可能导致矮小、白内障、智力发育迟滞、生殖内分泌发育问题等,因此不建议将 TBI 作为首选的预处理方案。

2.GVHD 预防　　通常包含 CSA 及 MMF,部分患儿联合应用激素预防 GVHD。对 IMD 患儿的 CBT,目前多倾向于不联合应用短疗程 MTX 预防 GVHD。

（四）临床应用研究

1.Hurler's 综合征（MPSI 型的严重型）　　本病可导致进行性加重的中枢神经系统,甚至导致婴儿死亡。近年一项研究综述了 1995～2007 年间 UCBT 治疗 159 例 IMD 患儿的研究报道,其中 Hurler's 综合征 45 例；Hunter's 综合征 6 例；Sanfilippo 综合征 19 例；Krabbe's 病 36 例；X-连锁肾上腺脑白质营养不良 13 例；异染性脑白质病 15 例及其他疾病 25 例。患者平均年龄 1.5 岁,平均体重 12kg,随访时间平均 4.2 年。所有病例均给予清髓性预处理,所用药物为 Bu＋CY＋马 ATG；给予 CSA＋激素/MMF 预防 GVHD。冷冻前细胞数为 $9.37×10^7$/kg（受者体重）,输入 TNC $7.57×10^7$/kg（受者体重）。累计中性粒细胞植入率为 87.1%（95%CI,81.8%～92.4%）,累计血小板植入率为 71.0%（95% CI,63.7%～78.3%）,总植入失败率为 8.2%。移植后 97%患者血清酶功能测定正常；GVHD 发生率低,Ⅲ～Ⅳ 度 aGVHD 发生率为 10.3%（95%CI,5.4%～15.2%）,1 年 cGVHD 发生率为 20.9%（95%CI,14.2%～27.6%）；1 年 OS 及 5 年 OS 分别为 71.8%（95% CI,64.7%～78.9%）和 58.2%（95%CI,49.7%～66.6%）。多因素分析显示,患者移植前的一般状况好,HLA 相合度高及输入较高细胞数提示预后良好。

2004 年,Staba 等研究了 20 例接受 UCBT 移植治疗的 Hurler's 综合征患儿,预处理方案为 BU＋CY＋AGT。脐带血供者具有正常的 a-L-艾杜糖苷酶活性（平均细胞数 $10.53×10^7$/kg（受者体重）,HLA 配型大于等于 3/6 位点相合。移植后中性粒细胞植入的中位时间为 24 天。5 例发生Ⅱ或Ⅲ度 aGVHD；无广泛 cGVHD 发生。17 例患儿移植后平均存活 905 天且检查为完全供者植入，外周血 a-L-艾杜糖苷酶活性正常，EFS 为 85%，而且患儿移植后神经认知得到改善。

2. 婴儿 Krabbe's 病（脂肪沉积症的一种）　本病引起婴幼儿进行性神经功能恶化和死亡。2005 年，Escolar 等研究了 11 例无症状 Krabbe's 病儿童（年龄范围 12～44 天）和 14 例有症状 Krabbe's 病（年龄范围 142～352 天）。所有患儿均给予清髓性预处理后接受无关供者脐血移植（UCBT）；无症状组植入率和存活率均为 100%；症状组植入率和存活率分别为 100% 和 43%。婴儿在出现症状前接受移植，不影响中央髓鞘的形成和生长发育，可获得与年龄相符基本的认知功能和语言能力，少数患儿在粗大运动功能和语言上有轻度至中度的落后。

3. 异染性脑白质退化症（metachromatic leukodystrophy，MLD）　MLD 是一种遗传性脱髓鞘疾病，引起进行性加重的神经系统恶化，导致严重的运动障碍，发育倒退、癫痫、失明、耳聋和死亡。本病发病年龄为较大婴儿、青少年或成人。HSCT 可减缓疾病进展。2013 年，Martin 等研究了 27 例 MLD 患者接受 CBT 治疗的效果。26 例患者给予清髓性预处理方案：Bu（16 次，每次 20～40mg/m²，目标血清药物浓度 600～900ng/mL）＋CY（200mg/kg）＋马 ATG（90mg/kg），给予 CSA 及甲基强的松龙/MMF 预防 GVHD。1 例患者接受了减低强度预处理：阿伦单抗（3.2mg/kg），Flu（150mg/m²）＋马法兰（140mg/m²）＋噻替哌（200mg/m²）＋羟基脲；给予他克莫司及 MMF 预防 GVHD。中性粒细胞及血小板中位植入时间分别为 28 天（范围 14～76 天）及 120 天（范围 37～379 天）。100 天累计 Ⅱ～Ⅳ 度 aGVHD 的发生率为 40.7%（95%CI，22.6%～58.8%），24 月累计 cGVHD 发生率为 25.9%。7 例患者死于感染、化疗方案相关的毒性或疾病的进展。移植后患者运动功能没有改善。少年发病的患者在脑干听觉诱发反应、视觉诱发电位、脑电图、和（或）外周神经传导速度稳定上有少许改善，但大多数患者神经系统仍在恶化。总体而言，青春期发病比婴儿后期发病预后好。

（五）植入后注意事项

由于 MPS 病累及患者多个脏器，并且移植后仍有较多疾病残留症状，因此建议尽量在医疗机构中设置多学科团队合作诊治，移植前和移植后对 MPS 患者各脏器功能进行定期随访。分别在移植后 100 天、6 个月和 12 个月随访，以后每年一次。患者每次随诊时要注意监测嵌合情况、aGVHD、cGVHD 和治疗相关的反应。此外，患者需接受儿科专科医师和其他专科医师每 6～12 个月进行一次神经发育的评估。包括同一个星期内完成大脑影像学、神经生理检查和神经发育的研究。表 3-3-7 列出了推荐的随访指标与建议的随访间隔时间。医生可根据每个患者的具体病情、患儿配合程度等做适当调整。

表 3-3-7　　　　　　　　MPS 患者移植前与移植后评估随访指标

（参照明尼达大学移植随访方案制定）

	初始评估	每半年	每年	每 2 年
疾病评估				
酶活性水平	√	√		

续表

	初始评估	每半年	每年	每2年
尿黏多糖水平	√	√		
供受嵌合体	√	√		
一般情况				
病史/体征	√	√		
外观	√	√		
身高/体重	√	√		
头围	√	√		
血压	√	√		
神经系统				
头颅 MRI 或 CT	√			√
脑电图	√			
全脊髓 MRI(可选)	√			√
躯体感觉诱发电位(可选)[&]	√			√
神经心理测试[*]	√		√	
正中神经传导速率(可选)[#]	√			√
耳鼻喉				
耳鼻喉常规检查	√		√	
听力测定或脑干诱发电位(BAER)	√		√	
眼				
角膜和眼底检查	√		√	
眼压	√		√	
视网膜电图(ERG)(可选)	√		√	
视力	√		√	
视觉诱发电位(VEP)(可选)	√		√	
呼吸系统				
胸部 X 线	√			
颈部 CT 或 MRI	√			√[$]
肺功能	√	√		
睡眠呼吸研究(可选)	√		√	
心脏系统				
心电图	√			√

续表

	初始评估	每半年	每年	每2年
心彩超[%] 心彩超%	√			√
骨关节				
张口位颈椎 X 线	√			√
腰椎正侧位片	√			√
骨盆正位片	√			√
膝关节 X 线	√			√
手 X 线	√			√

如果检查需要镇静,需要评估镇静风险,必要时更改检查方式或取消该项检查。

＊神经心理测试是指 Gesell 发育诊断量表(小于 6 岁儿童)或 Wechsler 儿童智能量表(WISC-R,大于 6 岁儿童)以及婴儿-初中生社会生活能力量表

&.躯体感觉诱发电位用以早期诊断脊髓压迫综合征

♯正中神经传导速率用以诊断腕管综合征

＄若已做全脊髓 MRI,则此处可省去

％MPS 患者的冠脉狭窄往往表现不典型,表现为整条血管狭窄,以至于常常不被认识,它可引起患者上感后突然死亡,原因是严重的心肌梗死,需要引起注意。

总之 IMD 患者建议早诊断并尽早进行 HSCT 治疗。不建议应用疾病携带者的供者进行 HSCT。成年患者选择无关供者移植时,更倾向于 UCBT。此外,移植前需评估患者的疾病情况及一般情况;若患者已出现中枢神经系统损伤,建议尽早安排脐血移植。

(李洪娟,王红美,赵平,栾佐)

主要参考文献

1.栾佐.造血干细胞移植在遗传代谢病治疗中的应用.临床儿科杂志,2006,24(12):950-952.

2.赵桐茂.造血干细胞移植 HLA 配型指南.中国输血杂志,2005,18(1):74-76.

3.中华医学会血液学分会干细胞应用学组.中国异基因造血干细胞移植治疗血液系统疾病专家共识(Ⅰ)——适应证、预处理方案及供者选择(2014 年版).中华血液学杂志,2014,35(8):775-780.

4.Aldenhoven M,Wynn RF,Orchard PJ,et al. Long-term outcome of Hurler syndrome patients after hematopoietic cell transplantation:an international multicenter study. *Blood*,2015,125(13):2164-2172.

5.Al-Herz W,Aldhekri H,Barbouche MR,et al. Consanguinity and primary immunodeficiencies. *Hum Hered*,2014,77(1-4):138-143.

6.Anemia:Report of 3 Cases. See comment in PubMed Commons below. *J Pediatr Hematol Oncol*,2014,36(8):e553-555.

7.Boelens JJ,Wynn RF,O'Meara A,et al. Outcomes of hematopoietic stem cell transplantation for Hurler's syndrome in Europe: a risk factor analysis for graft failure. *Bone Marrow Transplant*, 2007, 40(3): 225-233.

8. Cavazzana M, Touzot F, Moshous D, et al. Stem cell transplantation for primary immunodeficiencies: the European experience. *Curr Opin Allergy Clin Immunol*, 2014, 14(6): 516-520.

9. Chang TY, Jaing TH, Lee WI, et al. Single-institution experience of unrelated cord blood transplantation for primary immunodeficiency. *J Pediatr Hematol Oncol*, 2015, 37(3): 191-193.

10. Díaz de Heredia C, Ortega JJ, Díaz MA, et al. Unrelated cord blood transplantation for severe combined immunodeficiency and other primary immunodeficiencies. *Bone Marrow Transplant*, 2008, 41(7): 627-633.

11. Eapen M, Klein JP, Sanz GF, et al. Effect of donor-recipient HLA matching at HLA A, B, C, and DRB1 on outcomes after umbilical-cord blood transplantation for leukaemia and myelodysplastic syndrome: a retrospective analysis. *Lancet Oncol*, 2011, 12(13): 1214-1221.

12. Escolar ML, Poe MD, Provenzale JM, et al. Transplantation of umbilical-cord blood in babies with IFNantile Krabbe's disease. *N Engl J Med*, 2005, 352(20): 2069-2081.

13. Fuller M, Tucker JN, Lang DL, et al. Screening patients referred to a metabolic clinic for lysosomal storage disorders. *J Med Genet*, 2011, 48(6): 422-425.

14. Gennery AR, Slatter MA, Grandin L, et al. Transplantation of hematopoietic stem cells and long-term survival for primary immunodeficiencies in Europe: entering a new century, do we do better? *J Allergy Clin Immunol*, 2010, 126(3): 602-610.

15. Gragert L, Eapen M, Williams E, et al. HLA match likelihoods for hematopoietic stem-cell grafts in the U.S. Registry. *N Engl J Med*, 2014, 371(4): 339-348.

16. Hough R, Danby R, Russell N, et al. Recommendations for a standard UK approach to incorporating umbilical cord blood into clinical transplantation practice: an update on cord blood unit selection, donor selection algorithms and conditioning protocols. *Br J Haematol*, 2016, 172(3): 360-370.

17. Hurley CK, Setterholm M, Lau M, et al. Hematopoietic stem cell donor registry strategies for assigning search determinants and matching relationships. *Bone Marrow Transplant*, 2004, 33(4): 443-550.

18. Knutsen AP, Steffen M, Wassmer K, et al. Umbilical cord blood transplantation in Wiskott Aldrich syndrome. *J Pediatr*, 2003, 142(5): 519-523.

19. Kobayashi R, Ariga T, Nonoyama S, et al. Outcome in patients with Wiskott-Aldrich syndrome following stem cell transplantation: an analysis of 57 patients in Japan. *Br J Haematol*, 2006, 135(3): 362-366.

20. Locatelli F, Rocha V, Reed W, et al. Related umbilical cord blood transplanta-

tion in patients with thalassemia and sickle cell disease. *Blood*,2003,101(6):2137-2143.

21. M R Bishop ed. *Hematopoietic Stem Cell Transplantation*. Springer Science Business Media,LLC,2009:244-245.

22. Markel MK，Haut PR，Renbarger JA，et al. Unrelated cord blood transplantation for severe congenital neutropenia:report of two cases with very different transplant courses. *Pediatr Transplant*，2008,12(8):896-901.

23. Martin HR，Poe MD，Provenzale JM,et al. Neurodevelopmental outcomes of umbilical cord blood transplantation in metachromatic leukodystrophy. *Biol Blood Marrow Transpl*,2013,19:616-624.

24. Morio T，Atsuta Y，Tomizawa D,et al. Outcome of unrelated umbilical cord blood transplantation in 88 patients with primary immunodeficiency in Japan. *Br J Haematol*,2011,154(3):363-372

25. Pai SY，Logan BR，Griffith LM，et al. Transplantation outcomes for severe combined immunodeficiency, 2000-2009. *N Engl J Med*,2014,371(5):434-446.

26. Picard C，Al-Herz W，Bousfiha A,et al. Primary immunodeficiency diseases:an update on the classification from the international union of immunological societies expert committee for primary immunodeficiency. *J Clin Immunol*,2015,35(8):696-726.

27. Prasad VK，Kurtzberg J. Transplant outcomes in mucopolysaccharidoses. *Semin Hematol*,2010,47(1):59-69.

28. Prasad VK，Mendizabal A，Parikh SH,et al. Unrelated donor umbilical cord blood transplantation for inherited metabolic disorders in 159 pediatric patients from a single center:influence of cellular composition of the graft on transplantation outcomes. *Blood*,2008,112(7):2979-2989.

29. Querol S，Gomez SG，Pagliuca A,et al. Quality rather than quantity:the cord blood bank dilemma. *Bone Marrow Transplant*,2010,45(6):970-978.

30. Rubinstein P，Carrier C，Scaradavou A,et al. Outcomes among 562 recipients of placental-blood transplants from unrelated donors. *N Engl J Med*,1998, 339(22):1565-1577.

31. Ruutu T，Gratwohl A，De Witte T,et al. Prophylaxis and treatment of GVHD:EBMT-ELN working group recommendations for a standardized practice. *Bone Marrow Transplant*,2014,49(2):168-173.

32. Staba SL，Escolar ML，Poe M，et al. Cord-blood transplants from unrelated donors in patients with Hurler's syndrome. *N Engl J Med*,2004,350(19):1960-1969.

33. Vanichsetakul P，Wacharaprechanont T，O-Charoen R,et al. Umbilical cord blood transplantation in children with beta-thalassemia diseases. *J Med Assoc Thai*,2004,87(2):S62-67.

34. Wagner JE，Barker JN，DeFor TE，et al. Transplantation of unrelated donor umbilical cord blood in 102 patients with malignant and nonmalignant diseases:influence

of CD34 cell dose and HLA disparity on treatment-related mortality and survival. *Blood*, 2002,100(5):1611-1618.

35. Walters MC, Quirolo L, Trachtenberg ET, et al. Sibling donor cord blood transplantation for thalassemia major: experience of the sibling donor cord blood program. *Ann N Y Acad Sci*,2005,1054:206-213.

第四节　脐血移植治疗再生障碍性贫血
Cord Blood Transplantation For Aplastic Anemia

再生障碍性贫血(aplastic anemia,AA)是一组以骨髓有核细胞增生减低和外周全血细胞减少为特征的骨髓衰竭性疾病。AA 分为先天性和获得性两大类。

脐血移植术(cord blood transplantation,CBT)作为造血干细胞移植的一种,其治疗再生障碍性贫血的历史可追溯到 20 余年前。Gluckman 医生团队在 1988 年完成世界首例同胞供体脐血移植,成功治疗了 1 例先天性再生障碍性贫血(范可尼贫血)患儿,1996年脐血移植在成人再障的治疗中也取得成功。

一、CBT 治疗先天性 AA

(一)概述

先天性 AA 是由于基因点突变、微缺失、微重排、染色体脆性增加以及染色体单体起源等多种遗传因素异常造成的骨髓造血系统功能低下的一类疾病的总称,包括范可尼贫血(Fanconi anemia,FA)、先天性角化不良(dyskeratosis congenital,DKC)、先天性中性粒细胞减少伴胰腺机能不全综合征(shwachman-diamond syndrome,SDS)、先天性纯红细胞再生障碍性贫血(Diamond-Blackfan anemia,DBA)和先天性无巨核细胞性血小板减少症等。这类疾病表型复杂,但其共同的临床特征是骨髓造血功能下降引起外周血细胞减少,患儿常需要依靠输血维持生命,同时极易发生恶性转化,其远期恶性肿瘤(包括白血病和各种实体瘤)的发生率较正常人高 100 多倍。随着基因诊断及治疗技术的进步,造血干细胞移植(HSCT)已经成为根治这些疾病的唯一途径。

(二)脐血的选择

细胞数量是影响 UCBT 植入和移植后患者生存的重要因素,相对于恶性疾病来说,SAA 及 FA 等非恶性疾病由于移植前曾多次输血导致体内淋巴细胞致敏,移植失败(GF)发生率更高。Gluckman 等分析了 93 例 UCBT 治疗 FA 的结果发现,输注的细胞数 $>4.9 \times 10^7$/kg 预后好。MacMillan 等推荐 TNC$>5.0 \times 10^7$/kg 和 CD34$^+$ 细胞大于 2.0×10^5/kg 的脐血单位对于非恶性疾病(骨髓衰竭性疾病和血红蛋白病)是可以接受的,避免使用 2~3 个位点不合且细胞数$<3.5 \times 10^7$/kg 的脐血,如果单份脐血量不足,可以采用双份脐血移植。2009 年,韩国科学家报道对一位 3 岁重型再生障碍性贫血女童的脐血移植中,使用了双份脐带血,一份 6/6 相合的脐带血单位含 2.27×10^7/kg 有核细胞和 0.57×10^5/kg CD34$^+$ 细胞,一份 5/6 相合的脐带血单位含 2.21×10^7/kg 有核细胞和

1.15×10^5/kg CD34$^+$细胞。最终,6/6 相合的脐带血植入,5/6 相合的脐带血消失。发生 Ⅱ度可控制的移植物抗宿主病(GVHD)。目前有关双份脐带血治疗 SAA 的报道较少,有待于进一步研究。HLA 相合是影响 UCBT 植入、GVHD 和长期生存的另一重要因素,高细胞剂量可减低 HLA 不合对植入的不利影响,但 HLA 差异越大,GVHD 发生率越高。因为非恶性疾病不需要移植物抗肿瘤效应,GVHD 的增加只会降低生存和生活质量。因此,对于 AA 等非恶性疾病,尽可能选择 HLA 相合的脐血,尽量避免选择大于 2 个位点不合的脐血。

(三)预处理方案及 GVHD 预防

先天性 AA 患儿因疾病各异,需要采用不同的预处理方法。如 FA 患者对 DNA 杀伤剂高度敏感,当细胞暴露于环磷酰胺(CY)等细胞毒性药物时会增加染色体断裂和组织损伤,早年的清髓性预处理造成了过多预处理相关的毒性死亡,因此该类患儿需要采用减低强度预处理方案。减低强度预处理的关键是如何在减少药物毒性的同时仍然保持较高的植入率。Gluckman 等以氟达拉滨(Flu)及低剂量放疗为主的预处理治疗患者的生存率上升到 85%,但长期随访发现患者罹患肿瘤的风险急剧升高,肿瘤发病高峰在移植后 8～9 年,也有报道随访 20 年患者肿瘤风险达 40%。

对于 FA 患者来说,标准的 CY＋TBI＋ATG 预处理方案不足以清除受者异常的 T 细胞来保证充分的植入,为减少 FA 患者因接受放疗而增加的肿瘤风险,Chao 等报道以 Flu 为主的非放疗预处理使无关供者移植也达到了 88% 的长期无病生存率。Gluckman 等报道了 26 个欧洲移植中心对 93 例 FA 患者进行非血缘 UCBT 的结果,也认为含 Flu 的预处理方案改进了 UCBT 患者的植入和生存。在接受 Flu 的 57 例患者中,13 例采用 CY 40mg/kg 和 TBI 5Gy,11 例采用 CY 和马利兰 8mg/kg,45 例加用 ATG;非 Flu 组,所有 35 例均采用低剂量 CY,22 例采用 TBI 5Gy,6 例全淋巴结照射 4Gy,29 例加用了 ATG,2 例加用了抗 T 细胞单抗。Flu 组和非 Flu 组患者移植前特征及移植物特征均无统计学差异,单因素分析显示 0～1 个 HLA 位点不合、移植前红细胞输注小于 20U、输注细胞数大于 4.9×10^7/kg、受者体重低于 26kg 及 Flu 预处理是中性粒细胞恢复的有利因素。多因素分析显示输注细胞数大于 4.9×10^7/kg 及含 Flu 预处理方案有利于植入。由于甲氨蝶呤有延迟植入和增加植入失败率的风险,MacMillan 等推荐使用环孢素 A(CsA)联合吗替麦考酚酯(MMF)方案预防 GVHD。

国内,上海儿童医学中心采用 HSCT 治疗 17 例先天性 AA 患儿,包括 10 例 FA、5 例 DBA 和 2 例 DKC,干细胞来源包括外周血($n=12$)和脐带血($n=5$),其中有 2 例 FA 和 3 例 DBA 患儿接受了 CBT。FA 患儿接受以 Flu 为主的减低剂量预处理(BU 8mg/kg＋Flu 200mg/m^2＋Cy 40mg/kg ＋ATG 10mg/kg),DBA 患儿接受了白消安为主的清髓预处理(BU 16mg/kg ＋ Cy 200mg/m^2 ＋ ATG 7.5mg/kg)。用 CsA 联合 MMF 预防 GVHD。患儿均移植成功并存活至末次随访。

(四)临床应用研究

1.范可尼贫血(FA) FA 属于常染色体隐性遗传性疾病,全球发病率为 0.3/10 万,表现为先天性畸形、进行性骨髓衰竭及具有肿瘤发生倾向的综合征。一直以来,染色体脆性试验是诊断 FA 的重要手段,但随着分子诊断技术的完善,该方法正逐渐被基因诊断所取代。

迄今为止，HSCT 仍然是治疗 FA 的唯一有效方法。由于 FA 细胞对化疗药物，如环磷酰胺、白消安、顺铂等极为敏感，全身化疗也会严重损坏 FA 细胞，故 HSCT 预处理方案需要减少环磷酰胺药物剂量、尽量避免全身化疗而选择影响较小的氟达拉滨。由于血缘 HLA 相合的正常的同胞供体很少获得，学者开展了很多关于 UCBT 治疗 FA 的研究。Gluckman 等回顾性分析了欧洲脐血库 1994～2005 年登记的世界范围内 UCBT 治疗 FA 的结果：共 92 例患者，中位年龄 9 岁（1～45 岁），HLA-A、HLA-B、HLA-DRB1 6 位点全相合 12 例、1 个位点不相合 35 例、2～3 个位点不相合 45 例。输注的总有核细胞数（TNC）和 $CD34^+$ 细胞数的中位数分别为 4.9×10^7/kg 和 1.9×10^5/kg。预处理方案中 CY 为基础的预处理有 35 例（38%），Flu 为基础的预处理有 57 例（61%），大部分患者（58%）接受 CSA 联合强的松龙预防 GVHD。累计 60 天中性粒细胞恢复为（60±5）%，累计发生 Ⅱ～Ⅳ急性移植物抗宿主病（aGVHD）和慢性移植物抗宿主病（cGVHD）分别为（32±5）% 和（16±4）%，3 年总生存率（OS）为（40±5）%。多变量分析发现：预处理方案中应用 Flu、输注的 TNC 大于等于 4.9×10^7/kg、受体血清中 CMV 阴性均为成功移植的有利因素。与 Gluckman 等的研究一致，Chaudhury 也报道采用 Flu 为基础的的减低强度预处理方案和体外去 T 细胞的移植物促进了 FA 患者的植入和改善了患者生存。

2.其他先天性再生障碍性贫血　由于发病率低，CBT 治疗其他先天性 AA 的文献报道较少。相对常见的为 DBA 和 DKC。DBA 是正细胞贫血伴随红细胞发育不良，血小板和白细胞往往无异常。大部分 DBA 为常染色体显性遗传，平均发病年龄为 3 个月，90% 的患儿在 1 岁以内就出现明显的临床表现，以先天畸形、骨髓衰竭和肿瘤易感性为特点。既往统计显示在活产新生儿及 1 岁以内的婴儿中 DBA 的发病率为 7/100 万。DKC 是一种罕见的以外胚层发育不良为主的遗传病。发病率约为 1/100 万，男性多于女性。临床表现复杂多样，以黏膜表现、骨髓衰竭、肿瘤易感为主要特征，可累及多个脏器系统。遗传方式有 X 染色体性联遗传、常染色体显性或隐性遗传。患者常表现典型的三联征：趾（指）甲角化不良、皮肤色素沉着、口腔黏膜白斑。

Bizzetto 等回顾性分析了脐血移植治疗 64 例先天性骨髓衰竭患者的资料，病种包括 DBA 21 例，先天性无巨核细胞性血小板减少症 16 例，DKC 8 例，SDS 2 例，严重的先天性中性粒细胞减少 16 例，未分类 1 例；相关供体 20 例，无关供体 44 例。接受相关供体移植的患者组除 1 人外，其余都是 HLA 全相合的同胞供者。输注的中位 TNC 为 5.0×10^7/kg，60 天时中性粒细胞累计恢复率为 95%。有 2 例患者发生 Ⅱ～Ⅳ度 aGVHD，2 年 cGVHD 的累计发生率为 11%。3 年 OS 为 95%。接受无关供体移植的患者组中，86% 的患者 1 个 HLA 位点不相合，3 例患者接受了双份脐血移植。输注的中位 TNC 为 6.1×10^7/kg，60 天时中性粒细胞累计恢复率为 55%。100 天时 Ⅱ～Ⅲ度 aGVHD 的累计发生率为 24%，2 年 cGVHD 的累计发生率为 53%。3 年总生存率（OS）为 61%，其中年龄小于 5 岁（$P=0.01$）、输注的 TNC 大于等于 6.1×10^7/kg（$P=0.05$）的患者总生存率较高。因此，对先天性 AA 的患者来说，首选 HLA 全相合的同胞 CBT，如果进行无关供体移植，应尽量选择细胞数量高、HLA 相合程度好的无关供脐带血进行移植。

大家已公认，HSCT 是唯一能根治 DKC 的手段，家族中有非 DC 的 HLA 相合供者，

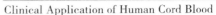
HSCT 是首选治疗方法。由于部分 DC 患者有肺纤维化等肺部疾患,移植后致命的肺部并发症发生率高,因此 HSCT 疗效不如 FA。移植预处理方案也要避免损伤肺脏的药,如放疗和马利兰。HSCT 后导致的相关肺部并发症发病率也较高,远期肿瘤发病率高,总体预后差。

而 DBA 的治疗首选皮质类固醇激素,造血干细胞移植与否及移植时机均存在争议。来自意大利和德国的资料显示造血干细胞移植成功率并不高,他们分别为 9 例和 20 例患者行 HSCT,其主要的适应证是输血依赖型 DBA,其中包括 1 例严重贫血和 1 例伴有血小板减少患者。干细胞的来源主要是骨髓,然而 4 例接受异体脐带血和 1 例接受异体外周血干细胞移植中,只有 1 例存活,其主要的死因为 GVHD。超过 5 年的成活者中同胞配型和无关供者分别占 72.7% 和 17.1%。

二、CBT 治疗获得性再生障碍性贫血

(一)概述

获得性 AA 是由多种原因(物理、化学等,或不明原因)、多种发病机制引起的骨髓造血干细胞和微环境损伤。国际上根据 Camitta 分型标准,分为重型再障(SAA)、非重型再障(NSAA)和极重型再障(VSAA)三型。由于儿童处于生长发育阶段,骨髓代偿能力不及成人,因此 SAA 及 VSAA 比例较高。根据中科院血研所报道,在开展造血干细胞移植和有效免疫抑制治疗之前,SAA 的平均生存期只有 3 个月,半年内的病死率高达 90%。《2009 年版英国再生障碍性贫血诊断与治疗指南》指出,人类白细胞抗原全相合同胞供体(MSD)移植成功率已达到 75%～90%,推荐作为 VSAA、SAA 和依赖成分输血 NSAA 的首选疗法。经免疫抑制治疗失败或复发,小于 50 岁的 SAA 或 VSAA,有非血缘供者、单倍体相合供者具有移植指征,在有经验的单位,也可以尝试脐血移植。

(二)移植时机及供者的选择

SAA、VSAA 患儿如有同胞相合脐血供者,应尽快进行造血干细胞移植治疗;预计在短期(1～2 个月)内能找到 9/10～10/10 位点相合的非血缘相关脐血供者并完成供者体检的 SAA、VSAA 患儿,可在接受不包括 ATG 的 IST 治疗后直接进行造血干细胞移植;其余患儿则在接受了包括 ATG 在内的 IST 治疗 3～6 个月无效后再接受造血干细胞移植治疗,应尽可能选择相合度高的非血缘或亲缘相关的脐带血进行移植。脐带血因细胞数量少、植入率相对低,GF 率高,故一度不推荐作为 SAA 的移植选择。随着脐血库容量的扩大,预处理技术的改进,CBT 治疗 AA 的成功率越来越高。

(三)预处理方案

SAA 经典的预处理方案为 CY 或 CY＋ATG,对 HLA 相合的同胞间移植,这两种方案总生存率均在 80% 左右。UCBT 治疗 SAA 的报道较少,因 GF 高,移植前增加免疫抑制通常是 SAA 患者获得植入的重要保证。由于放疗可能对儿童生长发育、生殖能力的影响较大,远期第二肿瘤的风险也增大,故预处理方案中是否加用放疗一直存在探讨。但其较强的免疫抑制能增加植入机会,目前仍被部分移植中心所采用。近年来有报道,Flu 等药物的应用能增加免疫抑制强度,减少移植排斥,并认为可以此取代放疗,减少远期影响。国际上多使用低剂量的 TBI 2～5Gy 及 Flu 来促进 UCBT 的植入,提高患者移植后

的生存率。但对 ATG 的使用仍存在争议,许多中心省略了 ATG,而采用低剂量 TBI、Flu 联合 CY 或马法兰或马利兰预处理,主要是考虑 UCBT 治疗 SAA 发生严重 GVHD 危险性较低,ATG 由于其半衰期长,有利于清除受者体内植入的供者 T 细胞,可能使 GF 增加。Jaing 等报道 UCBT 治疗 45 例非恶性疾病,5 年 OS 为 88.1%,其中 3 例 SAA 及 2 例 FA 采用了不含 ATG 的方案:FLU30mg/(m² · d)×6d＋CY 60mg/(kg · d)×2d,均获得了植入。

（四）移植后供受者嵌合体的动态监测

由于 SAA 可发生早期（原发性）GF 及迟发性 GF,对于原发性 GF,只有等待自体恢复或二次移植,而移植后嵌合体的动态监测对预防迟发性 GF 具有重要的作用。现有多篇成人供者异基因移植治疗 SAA 后嵌合体监测的报道,特别是在降低或停用免疫抑制剂时易出现受者细胞升高的趋势。因此,在免疫抑制剂开始减量时要小心监测嵌合体的变化,若受者细胞成分升高,可再次恢复免疫抑制剂的用量,使其恢复全供者嵌合,3 个月后再次根据检测结果缓慢调整免疫抑制剂的用量。增加免疫抑制剂用量可促进全供者嵌合,也说明 SAA 患者存在较持久的免疫攻击。对于 UCBT 来说,输注的供者细胞含量少、免疫原性弱,又无法进行供者淋巴细胞输注,故除了加强预处理对受者的免疫抑制、减少对供者细胞的免疫损伤外,移植后嵌合体的动态监测对移植后免疫抑制剂的调整也具有重要的作用。

（五）临床应用研究

关于脐血移植在 AA 中的作用和疗效各中心报道不一。

1. 美国的 Chan 等对 9 例儿童 SAA 患者（中位年龄 9 岁）进行了无关脐血移植,自诊断到 UCBT 的时间为 3.4～20 个月（中位时间 7.2 个月）,所有患儿都至少经过了一次 ATG 治疗且无效。供受体 HLA 配合情况为:6/6(n＝1)、5/6(n＝2)、4/6(n＝6),输注的平均有核细胞剂量为 $5.7×10^7$/kg（范围 $3.5～20×10^7$/kg）。第 1 次脐血移植后,3 例患儿发生了植入失败,未达到造血重建,此 3 例患儿行第 2 次脐血移植后,2 例患儿植入成功。预处理方案中 CYX≥120mg/kg 的患儿都成功植入。粒细胞的平均植入时间为 25 天（17～59 天）。随访平均 34 个月,总共 7 例患儿存活并脱离血制品的输注。资料提示增加移植前免疫抑制剂量是 SAA 患者接受 UCBT 植入成功的重要保证。

2. 日本的 Yoshimi 对 31 例进行无关脐血移植的 SAA 患者进行回顾性的分析,患者中位年龄 28 岁（范围 0.9～72.3 岁）,UCBT 后中性粒细胞和血小板恢复的累计发生率为分别 54.8%（95%CI,36.0%～70.3%）和 72.2%（95%CI,51.3%～85.3%）,Ⅱ度及以上急慢性 GVHD 的累计发生率分别为 17.1%（95%CI,6.2%～32.8%）和 19.7%（95%CI,6.2%～38.8%）。至随访时有 13 例患者存活。2 年 OS 为 41.1%（95%CI,23.8%～57.7%）。研究发现:含低剂量 TBI（2～5Gy）、Flu 和 CY 的预处理方案其 OS 率较高（80%;95%CI,20.4%～96.9%）。因此对没有合适供体的 SAA 患者,应用适宜的预处理方案,UCBT 是一个合适的治疗选择。

3. 法国 Ruggeri 等报道了双份 UCBT 治疗 14 例高危骨髓衰竭性疾病的结果（9 例遗传性,5 例获得性）:其中 8 例为单份脐血植入;共 10 例发生 aGVHD;中位随访时间为 13 个月,6 例（1 例获得性,5 例遗传性）患者死亡;可评估的 OS 分别为（80±17）%（获得性）

和$(44\pm16)\%$（遗传性）。

4. 国内，安徽医科大学报道了18例SAA患者在该中心进行了脐血移植，中位年龄17岁（范围5~61岁），16例给予减低强度的预处理方案：CY（总剂量1200 mg/m²）、兔ATG（总剂量30mg/kg）和Flu（总剂量120mg/m²）。用CSA+MMF预防GVHD。2例患者分别于+21和+22天发生早期死亡；其余16例患者中只有1例原发性植入成功，但是于移植后3月又出现了继发性植入失败；而15例原发植入失败的患者都达到了自体造血的恢复。3个月和6个月的累计反应率分别为56%和81%，2年OS率为88.9%。作者认为，对于新诊断的SAA，用不含TBI但以Flu和ATG为基础的预处理方案容易发生移植物被排异，但脐血移植可促进自体造血恢复，减少移植相关死亡。因此，对于SAA患者，如果IST失败或由于感染等原因无法行IST，又无其他合适供体者，可尽早行脐血移植，增加SAA患者的存活率。

综上所述，随着预处理方案的改进和脐血库的扩大，UCBT日益增多，成为不能等待HLA相合的供者移植的一线治疗选择。考虑到获得性SAA发病的免疫学机制及UCBT治疗后高危险的GF，免疫抑制治疗目前仍然是无HLA相合亲缘供体SAA患者的首选。随着UCBT作为二线治疗及一线治疗的一些鼓舞人心的结果不断出现，UCBT将会更多地作为无合适成人供体SAA患者的治疗选择。为减少GVHD和促进植入，需要选择合适的脐血和改进预处理方案。此外，保留正常的HLA相合的亲缘脐血也显得十分重要。

（王红美，赵平，栾佐）

主要参考文献

1. 陈静，李倩，李本尚.开创我国先天性骨髓衰竭分子诊断及移植治疗新局面.国际输血及血液学杂志，2014,37(5):393-396.

2. 李倩，李本尚，罗长缨，等.遗传性骨髓衰竭综合征17例基因诊断及造血干细胞移植治疗.中华儿科杂志，2015,53(11):817-823.

3. 刘会兰，孙自敏.脐血移植治疗骨髓衰竭性疾病研究进展.国际输血及血液学杂志，2011,34(3):222-225.

4. 肖佩芳，胡绍燕，何海龙，等.异基因造血干细胞移植治疗儿童重型再生障碍性贫血疗效分析.中国实验血液学杂志，2015,23(4):1103-1107.

5. Bizzetto R，Bonfim C，Rocha V，et al. Outcomes after related and unrelated umbilical cord blood transplantation for hereditary bone marrow failure syndromes other than Fanconi anemia. *Haematologica*，2011,96(1):134-141.

6. Chan KW，McDonald L，Lim D，et al. Unrelated cord blood transplantation in children with idiopathic severe aplastic anemia. *Bone Marrow Transplant*，2008,42(9):589-595.

7. Chao MM，Kuehl JS，Strauss G，et al. Outcomes of mismatched and unrelated donor hematopoietic stem cell transplantation in Fanconi anemia conditioned with chemotherapy only. *Ann Hematol*，2015,94(8):1311-1318.

8. Chaudhury S，Auerbach AD，Kernan NA，et al. Fludarabine-based cytoreductive regimen and T-cell-depleted grafts from alternative donors for the treatment of high-risk patients with Fanconi anaemia. *Br J Haematol*，2008，140(6)：644-655.

9. Dalle JH，Peffault de Latour R. Allogeneic hematopoietic stem cell transplantation for inherited bone marrow failure syndromes. *Int J Hematol*，2016，103(4)：373-379.

10. Gluckman E，Broxmeyer HA，Auerbach AD，et al. Hematopoietic reconstitution in a patient with Fanconi's anemia by means of umbilical-cord blood from an HLA-identical sibling. *N Engl J Med*，1989，321(17)：1174-1178.

11. Gluckman E，Rocha V，IonescuI，et al. Results of unrelated cord blood transplant in fanconi anemia patients：risk factor analysis for engraftment and survival. *Biol Blood Marrow Transplant*，2007，13(9)：1073-1082.

12. Gluckman E，Wagner JE. Hematopoietic stem cell transplantation in childhood inherited bone marrow failure syndrome. *Bone Marrow Transplant*，2008，41(2)：127-132.

13. Jaing TH，Chen SH，Tsai MH，et al. Transplantation of unrelated donor umbilical cord blood for nonmalignant diseases：a single institution's experience with 45 patients. *Biol Blood Marrow Transplant*，2010，16(1)：102-107.

14. Kang HJ，Lee JW，Kim H，et al. Successful first-line treatment with double umbilical cord blood transplantation in severe aplastic anemia. *Bone Marrow Transplant*，2010，45(5)：955-956.

15. Laporte JP，Gorin NC，Rubinstein P，et al. Cord-blood transplantation from an unrelated donor in an adult with chronic myelogenous leukemia. *N Engl J Med*，1996，335(3)：167-170.

16. Lawler M，McCann SR，Marsh JC，et al. Serial chimerism analyses indicate that mixed haemopoietic chimerism influences the probability of graft rejection and disease recurrence following allogeneic stem cell transplantation (SCT) for severe aplastic anaemia (SAA)：indication for routine assessment of chimerism post SCT for SAA. Br J *Haematol*，2009，144(6)：933-955.

17. Lee JW，Kang HJ，Kim EK，et al. Successful salvage unrelated umbilical cord blood transplantation with two units after engraftment failure with single unit in severe aplastic anemia. *J Korean Med Sci*，2009，24(4)：744-746.

18. Lipton JM，Atsidaftos E，ZyskindI，et al. Improving clinical care and elucidating the pathophysiology of Diamond Blackfan anemia：an update from the Diamond Blackfan Anemia Registry. *Pediatr Blood Cancer*，2006，46(5)：558-564.

19. Liu HL，Sun ZM，Geng LQ，et al. Unrelated cord blood transplantation for newly diagnosed patients with severe acquired aplastic anemia using a reduced-intensity conditioning：high graft rejection，but good survival. *Bone Marrow Transplant*，2012，47(9)：1186-1190.

20. MacMillan ML，Walters MC，Gluckman E. Transplant outcomes in bone marrow failure syndromes and hemoglobinopathies. *Semin Hematol*，2010，47(1):37-45.

21. Mahadeo KM，Weinberg KI，Abdel-Azim H，et al. A reduced-toxicity regimen is associated with durable engraftment and clinical cure of nonmalignant genetic diseases among children undergoing blood and marrow transplantation with an HLA-matched related donor. *Biol Blood Marrow Transplant*，2015，21(3):440-444.

22. Ruggeri A，de Latour RP，Rocha V，et al. Double cord blood transplantation in patients with high risk bone marrow failure syndromes. *Br J Haematol*，2008，143(3): 404-408.

23. Yoshimi A，Kojima S，Taniguchi S，et al. Unrelated cord blood transplantation for severe aplastic anemia. *Biol Blood Marrow Transplant*，2008，14(9):1057-1063.

第五节　自体脐血移植术

Autologous Cord Blood Transplantation

自体脐血移植的可行性和必要性一直受到人们的质疑，且成为学术界反对自体脐血库的主要理由，因为脐血移植多用于治疗恶性疾病，患者既然得了恶性疾病说明自体细胞已有疾病基因存在，显然不宜使用自身干细胞（包括使用自体脐血作为治疗手段）。后来经过多人反复研究发现，脐血中含白血病基因的概率很低（0.3%）（Hayani，et al），即使有白血病基因存在也未必会引起白血病，因为：①白血病为多基因疾病，单一基因异常难以发病；②白血病基因致病需要有个基因的激活过程。事实上自 1989 年首例脐血移植以来，已实施脐血移植数万例，移植后脐血供者干细胞性白血病不足 10 例，与骨髓造血干细胞移植引起的供者细胞性白血病相仿。因此，除某些造血干细胞相关遗传性疾病，如地中海贫血等之外，自体脐血移植可以列为干细胞移植的选项之一。

一、自体脐血移植治疗白血病和恶性肿瘤

20 世纪末，随着脐血变废为宝的宣传，国内外开始自体脐血的"保险性保存"（insurance storage）的尝试，从此引起了自体保存伦理和法理方面的大争论。基于脐血自用率低（0.04%～0.0005%）和脐血本该是公共资源的考虑，多数专业人士持否定态度。1999年，巴西医师 Ferreira 等在 BMT 杂志上以通讯的形式，公示了首例颇具争议性和故事性的自体脐血移植术，为自体脐血保存注入了一剂催化剂。该患儿 1 岁 2 个月，出生时为其患急性淋巴细胞白血病的哥哥保存了一份脐血（兄妹间 HLA 全相合），不料于 1 岁 2 月时，其兄经 2 次骨髓移植术后病情稳定，而她自己患神经母细胞瘤Ⅳ期，经依托泊苷、卡铂、环磷酰胺联合化疗后得到完全缓解，随后，为根治疾病，进行了清髓性自体脐血移植术。随访 2 年余，仍健康生活。

2007 年，Hayani 等报道一例 3 岁女孩，患高危急性淋巴性白血病，TEL-AML1 融合基因阴性，用 VDLP 方案治疗 4 周后达到完全缓解，在维持治疗过程中第 44 周复发，单

纯中枢神经系统白血病，经三联鞘内注射后达到第 2 次完全缓解。随后进行自体脐血移植术：预处理方案为清髓性放化疗，输入冻存的自体脐血 TNC 5.4×10^7/kg，CD34$^+$ 细胞 1.4×10^5/kg，15 天后完全植入，随访 2 年余仍完全缓解。

二、自体脐血移植治疗再生障碍性贫血

2001 年，美国医生 Fruchtman 等报道一例 20 月龄男孩，患不明原因的爆发性肝功能衰竭，他成功地移植了父亲的肝脏。但三个月以后他发生了全血细胞减少，骨髓检查确诊为重型再生障碍性贫血，用环孢素 A 和激素治疗无效，依赖输注红细胞和血小板生存，因时间已不允许从骨髓库查询和获得 HLA 相合的造血干细胞，决定进行自体脐血移植术。预处理方案为 ATG 40mg/（kg·d）×4 天，继续使用环孢素 A 和激素。随后输入自体脐血 TNC 7.98×10^7/kg（CD34$^+$ 细胞 2.79×10^5/kg）。移植后第 11 天 WBC 大于 1000/μL，第 13 天血小板大于 20000/μL，移植过程中他经历了曲霉菌感染，最终骨髓造血恢复，随访 6 个月完全缓解。

2003 年，在 San Diego 第 45 届 ASH 会议上，Hough 等报道了 1 例两岁半男孩患肝炎相关性再生障碍性贫血，经 ATG、CsA 治疗无效，决定用自体脐血移植术。预处理包括 CTX 50mg/（kg·d）×4 天（总量 200mg/kg），ATG 15mg/（kg·d）×5 天，甲基强的松龙 1mg/（kg·d）×5 天。输入自体脐血 TNC 1×10^7/kg，CD34$^+$ 细胞 0.8×10^5/kg。21 天后骨髓造血恢复，在移植过程中因合并肺、脑等器官感染，不幸于第 52 天因肺部出血死亡。

山东脐血库和解放军 90 医院于 2006 年 11 月收治一例患重度再生障碍性贫血 3 个月余的 6 岁女孩，因面色苍白、发热、皮肤瘀斑于 2 个月前在山东大学齐鲁医院经骨髓检查，确诊为再生障碍性贫血，常规治疗无效。入院时患儿呈重度再障状态，WBC 0.09×10^9/L，RBC 2.6×10^{12}/L，Hb 1.8g/L，血小板 10×10^9/L。入院后经 CTX＋ATG 方案预处理后，于 2006 年 12 月 22 日通过锁骨下静脉输注自体脐血 TNC 14.25×10^8。输注后＋9 天 WBC＞1×10^9/L，血小板＞50×10^9/L，病情逐渐好转，住院 83 天，血象和髓象正常而出院。随访 5 年患儿病情无反复，正常生活。

三、自体脐血移植与基因治疗

如不计一般性的或少量的自体脐血输注，真正意义上的自体脐血移植当推 1995 年美国洛杉矶儿童医院 Kohn 等用 LASN 基因转导自体脐血治疗 3 例腺苷脱氨酶（ADA）缺乏症患儿。他们在围生期即被诊断为患 ADA 缺乏症，分娩时采集脐血 60～200mL，用 FACS 测 T 淋巴细胞 1.5%～2%［正常（56.6±12.5）%］，dAxp（脱氧腺苷代谢物）升高。生后即用 PEG-ADA（ADA 聚乙二醇）30U/kg，肌内注射，每周 2 次维持治疗，同时分离脐血并富集 CD34$^+$ 细胞（大于 30%），用逆转录病毒转导 LASN 基因（含有正常人的 ADAcDNA），培养 3 天，细胞数扩增 1.3～2.4 倍，于生后第四天静脉回输，患者继续应用 PEG-ADA、丙种球蛋白和 TMP/SMX，随访 18 个月，检测到含 LSN 序列的白细胞，外周血为 1/3000～1/10，骨髓为 1/10000，并表现有 ADA 酶活性，因此 PEG-ADA 用量减半，患者正常生活。

四、自体脐血移植与再生医学

近 20 年来,脐血自体保存在争论中迅速发展,全球已达数百万计。自体脐血临床应用数量不断增加,应用领域不断拓展。特别是脐血输注在再生医学中显示出来的卓越疗效已引起人们极大的兴趣,有关内容将在本篇第四章中详述。关于自体脐血输注是否属于移植的问题,我们认为脐血中富含造血干/祖细胞和其他干细胞,如自体输注,无论有否进行预处理,一般情况下不会发生排斥,在人体某组织或器官受损的情况下,干/祖细胞迁移至此,能起到十分有利的修复作用,因此,可以视作移植。

五、自体脐血移植的问题和前景

（一）干细胞数量

毋庸置疑,人类细胞-组织-器官移植中,自体移植较异体移植方便易行,成功率高,副作用少。但自体移植受疾病损伤、老化、退变的限制,实际应用仍受一定的条件限制。以临床应用最广的造血干细胞移植为例,截至 2010 年,全球 48 个国家 645 个研究中心报道的 33362 例移植中,自体占 17736 例（59％）,自体器官移植（心、肺、肝、肾等）则基本不可能。

自体脐血的优势在于:①含干细胞种类多,更原始;②增殖力及可塑性大;③不受疾病和年龄影响;④易得、易存、易用。

自体脐血的最大劣势是干细胞数量不足,作为造血干细胞移植多在儿童中应用,在需反复应用的再生医学中,只能用一次。所幸近年来脐血干细胞体外扩增技术已有长足的进展,有望自体脐血可在成年后应用或反复输注。

（二）治疗指征

目前脐血干细胞移植主要用来治疗白血病、骨髓衰竭、某些遗传性疾病。近十年来自体脐血治疗糖尿病、新生儿缺血缺氧性脑病、脑瘫、孤独症等自体免疫性或退行性疾病显示良好疗效。有人正研究用自己或他人的脐血来预防衰老、返老还童的可能性。

（三）基因治疗

众所周知,许多难治性或遗传性疾病,将在本世纪通过基因检测而确诊,通过基因修饰而治愈。其中的核心问题是基因转导技术及靶细胞（干细胞）的选择。业已证明,脐血中干细胞含量丰富种类多,比其他组织来源的干细胞更原始,基因转导率更高。因此基因疗法结合自体脐血干细胞移植,具有广阔的应用前景。

（沈柏均,赵平）

主要参考文献

1. Ebbeson P, Gratwohl A, Hows J, et al. Autologous cord blood transplantation. A procedure with potential beyond bone marrow replacement? *BMT*, 2000, 26: 1129-1130.

2. Ferreira E, Pasternak J, Bacal N, et al. Autologous cord blood transplantation. *BMT*, 1999, 24: 1041 (letter).

3. Fruchtman SM，Hurlet A，Dracker R，et al. The successful treatment of severe aplastic anemia with autologous cord blood transplantation. *Biol Blood Marrow Transplant*，2004 10(11)：741-742.

4. Hayani A，Lampeter E，Viswanatha D，et al. First report of autologous cord blood transplantation in the treatment of a child with leukemia. *Pediatrics*，2007，119(5)：e296-300.

5. Hough RE，MacMillan ML，Ramsay NKC，et al. Successful neutrophil recovery following autologous umbilical cord blood transplantation for hepatitis-associated aplastic anemia. ASH 45th Annual Meeting，2003：♯5326.

6. Kohn DB，Weinberg KI，Nolta JA，et al. Engraftment of gene-modified umbilical cord blood cells in neonates with adenosine deaminase deficiency. *Nature Med*，1995，1(10)：1017-1023.

7. Perkins EH，Makinodan T，Seibert C，et al. Model approach to immunological rejuvenation of the aged. *Infect Immunity*，1972，6：518-524.

第六节　混合脐血移植术

Mixed Cord Blood Transplantion

1989 年，美国印第安纳大学 Broxmeyer 教授及其同事证实脐血造血干细胞用于临床移植的可行性。同年，法国的 Gluckman 与 Broxmeyer 合作报道了第一例应用 HLA 相配的血缘相关脐血移植，开辟了脐血移植时代。临床实践证明，成功的脐血移植需要至少 2.5×10^7/kg 有核细胞或至少 1.7×10^5/kg CD34$^+$ 细胞。一份脐血提供的造血细胞数量对儿科患者可能足够，但对成人患者，细胞数量不足。为解决这个问题，人们进行了许多尝试，包括向骨髓内直接注射脐血，体外扩增细胞，混合脐血移植（双份或多份脐血移植）等。本节主要讨论混合（双份）脐血移植。

一、混合脐血移植的早期尝试

20 世纪 80 年代，我国盛行用同种胎肝移植治疗疾病，在未进行 HLA 相配的情况下，用 3～11 个流产儿的胎肝干细胞悬液解救强力化疗后的骨髓抑制，全部获得成功，部分出现性染色体嵌合体，且未引起排斥反应。同时我们从文献获悉，脐血中富含造血干/祖细胞，且比成人骨髓干细胞更为幼稚。于是我们设想是否能用脐血代替胎肝进行混合移植？因此，首先设计了"双份脐血体外培养"的课题，结果令人鼓舞（见附录一）。

在这一实验的基础上，我们于 1991 年试用多份脐血混合移植治疗一例晚期卵巢脂肪肉瘤的 4 岁女孩，1 个月后获得完全缓解，由此提出了脐血可以长期冻存，冻存后的脐血可混合移植且可减弱 GVHD，HLA 相合的要求不如骨髓移植严格等新见解（见附录二）。

我们的工作在首届全球脐血移植会议上（美国印第安那波列斯，1993）引起很大的兴趣和争论:①我们所报道的四例移植患者预处理强度较弱,缺乏长期植入的证据,此法是移植还是输注?②在患者免疫抑制预处理后所有患者白细胞均低于 $0.5 \times 10^9/L$ 的情况下,输注多份 HLA 不合的异体脐血,为何不引起 GVHD?鉴于我们这一工作的创新性、有效性和安全性,大家认为值得进一步探索,特别是混合脐血移植的基础研究。

直到 2005 年,Barker 等用 2 份 HLA 部分相合脐血移植治疗恶性血液病取得成功并认为混合移植有增强植入作用。由于混合脐血可提供更多的造血细胞,使脐血移植在成人患者得到更多的应用成为可能。因此,应用混合(双份)脐血做造血移植的数量不断增加。在美国,80% 以上的成人患者需要两份脐血以达到所要求的细胞数量。2000～2012年,意大利共进行了 947 例脐血移植,其中 39 例是混合(双份)脐血移植。1988～2012年,欧洲共进行了约 9300 例脐血移植,其中 1900 例系混合脐血移植。混合脐血移植的形式也呈现多样化,包括:①双份脐血移植;②脐血加成人 HSC 移植;③脐血加 MSC 等等,均取得了较好的疗效。

二、混合脐血移植的方法

混合脐血移植的方法与单份脐血移植的方法基本相似。患者处于较好的状态,主要器官功能正常,及有充足细胞数量的双份 HLA 相合或至少有 4 个位点相合的脐血,包括脐血和患者及两个脐血之间的 HLA 相合。HLA-A 及 HLA-B 应在抗原水平相合,而 HAL-DRB1 应在等位基因水平相合。在冷冻保存时,主要的脐血单位应有至少 2.5×10^7 TNC/kg(患者体重),第 2 份脐血单位应含至少 1.5×10^7 TNC/kg(患者体重)。患者家长需签订知情同意协议。

常用的移植前预处理方案是氟达拉滨(fludarabine),环磷酰胺及全身放疗。在移植前 -10、-9 及 -8 天,患者接受总量为 75mg/m^2(体表面积)(25mg/d)氟达拉滨。在移植前 -7、-6 及 -5 天,接受总量为 1320cGy 的放射治疗。在移植前 -3、-2 天,接受总量为 120mg/kg 的环磷酰胺。移植前 -1 天休息。然后在移植日输入冷冻保存的两份脐血细胞。两份脐血输注间用生理盐水 20mL 冲洗输液通道,术后可用粒细胞生长因子促进中性粒细胞的恢复。

以上是标准剂量的移植前预处理方案,但有些患者由于年龄及身体健康状况不能承受该方案,则可用减低剂量的移植前预处理方案。氟达拉滨(fludarabine)为 40mg/m^2(体表面积),环磷酰胺 50mg/kg,及 200cGy 的全身放射治疗。

移植物抗宿主反应(GVHD)的预防应用环孢素 A 及霉酚酸酯(mycophenolate mofetil)。环孢素 A 用到术后 180 天,然后再逐渐减量。霉酚酸酯用到术后 45 天,如有移植物抗宿主反应,则可继续应用。

三、脐血与第三者 HLA 半相合造血细胞移植术

为了克服脐血细胞少的问题,有人试用脐血与第三者 HLA 半相合的家庭成员造血细胞(CD34+ 或 CD133+)共同输入以促进干细胞植入。组织配型半相合的家庭成员造血细胞有助于早期的造血恢复,而脐血干细胞则提供长期的造血植入。在一项由 55 例患者参加的临床试验中,应用该法进行脐血移植,中性粒细胞恢复的中位时间是 10 天,脐血的完全

植入率是 91％。因此，在混合（双份）脐血移植不可行的情况下，脐血与第三者 HLA 半相合的造血细胞共同输入可提高脐血植入的速度及质量。比较混合（双份）脐血移植和脐血与第三者 HLA 半相合的造血细胞共同移植的临床 Ⅱ～Ⅲ 期试验正在进行。

四、脐血与供者的骨髓或间质干细胞联合移植术

脐血供者的骨髓或间质干细胞（MSC）可提供造血的微环境。脐血与供者的骨髓或 MSC 一起输注可加快脐血移植造血的植入，从而减少移植相关的死亡率，提高疗效。但尚未见到临床对照试验的报道。而且有报道称 MSC 的共同输注有增加白血病干细胞耐药的嫌疑，从而提高了复发的风险。

五、脐血造血细胞骨髓内注射

造血细胞移植一般是将造血细胞像输血一样经静脉输入体内。经过血液循环系统，造血细胞被运输到"家"——骨髓。在此造血细胞得以植入、增殖及分化。动物实验显示，大约只有 10％ 的造血细胞停留在骨髓，90％ 则被滞留在肺、肝及脾脏。于是有人设想将脐血直接输入骨髓，则单份脐血可起到双份脐血的作用。在欧洲进行的初步临床研究显示，单份脐血骨髓内注射较双份脐血移植（经静脉输注）能提高中性粒细胞及血小板的植入。此外，骨髓内直接植入也可减少移植物抗宿主反应及提高无病生存率。但骨髓内注射要较静脉内注射复杂，患者痛苦多，而且感染等并发症也可能增加。有关骨髓内输注脐血细胞的一项大型临床 Ⅱ 期试验正在进行。

六、有效性评价

（一）疗效

目前，混合脐血移植的疗效与单份脐血移植相比无明显区别。Wagner 等在 2014 年报道了明尼苏达大学脐血移植的结果：在 2000 年 12 月 1 日～2012 年 2 月 24 日，共有 224 例 1～21 岁有血液肿瘤的患者接受了脐血移植。所用化疗方案及 GVHD 预防与一般脐血移植相同。其中 111 例混合脐血移植的病例，并与单份脐血移植进行了随机化比较。1 年总的生存率是 65％，与单份脐血移植患者生存率相似。多元分析没有显示混合脐血移植与单份脐血移植在死亡风险上有明显不同。在亚群分析中也没有发现种族、性别及组织配型相合程度等对生存率的影响。

（二）造血恢复及免疫重建

脐血移植在骨髓清除性化疗及骨髓非清除性化疗后，植入成功率可达到 85％ 以上。88％ 接受混合脐血移植的患者在移植后 23 天左右（范围 11～133 天）中性粒细胞恢复，这与单个脐血移植情况相似。但血小板的恢复报道不一，有研究显示混合脐血移植患者血小板的恢复较单份脐血移植要慢，混合脐血移植血小板恢复平均时间为 84 天（22～716 天），而单份脐血移植为 58 天（28～295 天）；而另一些研究则没有发现混合脐血移植及单个脐血移植血小板的恢复有明显区别。

值得注意的是，虽然双份脐血移植提供了足够的移植细胞数量及植入成功率，但长期的造血细胞植入多来源于一份脐血。另一份脐血的造血细胞常在移植后消失，无永久

植入证据。大约在移植 3 个月之内，患者体内可检测到一份脐血(供源)的嵌合体植入的证据。发生这种现象(一份脐血植入)的机制尚不清楚。有人认为这可能是免疫排斥及细胞活力不够的原因。也有人推测与某份脐血 CD3 细胞的数量及脐血与受者 HLA 的相配性有关。Gutman 等研究显示,植入的脐血会产生一批 CD8$^+$ 记忆细胞亚群,这个亚群的细胞可产生干扰素以抑制第二份脐血细胞的植入。

混合脐血移植后的免疫重建也和单份脐血移植相似。在移植后 T 细胞及自然杀伤细胞的恢复速度及数量方面,两者无明显差别。

(三)移植物抗宿主反应(GVHD)

由于混合脐血移植会输入更多的 T 细胞,并且已经观察到双份脐血移植可增加移植物抗白血病 (GVL)效应。因此有理由担心混合脐血移植是否更易引起 GVHD。尽管混合脐血移植最终是单份脐血为主植入,但有研究显示混合脐血移植在治疗急性白血病时较单份脐血移植可引起更高的急性移植物抗宿主反应及更低的白血病复发风险。Wagner 等最近的研究发现,混合脐血移植Ⅲ度及Ⅳ度 aGVHD 的发生率是 23%,而单份脐血移植的发生率是 13%。发生这种现象的原因可能是由于输入的细胞量较多。混合脐血移植所引发的 GVHD 主要表现在皮肤。而胃肠及肝脏损害的发生率则与单份脐血移植没有明显差别。在移植一年后,慢性移植物抗宿主反应的发生率为 32%,与单个脐血移植的发生率相似。但在混合脐血移植的患者中,慢性移植物抗宿主反应(cGVHD)的程度较重。

目前对混合脐血移植是否增加 GVHD 的报道并不一致,其他临床研究则没有证实以上现象,显示混合脐血移植与单份脐血移植相比并不增加 GVHD,并认为输入的 T 细胞数量似乎并不重要。

(四)移植物抗白血病效应(GVL)

Rocha 等人研究证实,混合脐血移植较单份脐血移植在白血病第一个缓解期应用,可降低移植患者的白血病复发率。但用在第二个缓解期时,两者没有明显区别。欧洲脐血移植联合研究小组也显示双份脐血移植较单份脐血移植更可提高急性白血病患者的无病生存率。这些资料显示混合脐血移植可增加移植物抗白血病(GVL)反应。但在存活率方面,混合及单份脐血移植则没有区别。而其他学者认为移植时的白血病状态(CR1 or CR2)对复发风险及死亡率等会更重要。总之,混合脐血移植比单份脐血移植对白血病治疗效果更好的机制尚在探讨中。

七、问题和前景

混合脐血移植使更多患者尤其是成人患者接受脐血移植增多,从而提供更多治愈疾病的机会,是近年来造血细胞移植的一项重要进展。在混合脐血移植中,一个脐血为主植入的机制有待进一步研究。混合脐血移植的费用要比单个脐血移植的高,但效果相似。脐血的采取、体外扩增、冷冻保存技术的提高及周围血与骨髓造血干细胞移植的改善,可降低对混合脐血移植的需要。但目前混合脐血移植仍是一项有重要临床意义的造血细胞移植方法,可使更多患者受益。值得进一步研究。

(沈柏均,隋星卫,王杰)

主要参考文献

1. Avery S, Shi W, Lubin M, et al. Influence of infused cell dose and HLA-match on engraftment after double unit cord blood allografts. *Blood*, 2011, 117: 3277-13285.

2. Ballen K, Spitzer TR, Yeap BY, et al. Double unrelated reduced-intensity umbilical cord blood transplantation in adults. *Biol Blood Marrow Transplant*, 2007, 13: 82-89.

3. Barker JN, Byam C, Scaradavou A. How I treat: the selection and acquisition of unrelated cord blood grafts. *Blood*, 2011, 117: 2332-2339.

4. Barker JN, Weisdorf DJ, DeFor TE, et al. Rapid and complete donor chimerism in adult recipients of unrelated donor umbilical cord blood transplantation after reduced-intensity conditioning. *Blood*, 2003, 102: 1915-1919.

5. Barker JN, Weisdorf DJ, DeFor TE, et al. Transplantation of 2 partially HLA matched umbilical cord blood units to enhance engraftment in adults with hematologic malignancy. *Blood*, 2005, 105: 1343-1347.

6. Broxmeyer HE, Douglas GW, Hangoc G, et al. Human umbilical cord blood as a potential source of transplantable hematopoietic stem/progenitor cells. *Proc Natl Acad Sci USA* 1989, 86: 3828-3832.

7. Brunstein CG, Barker JN, Weisdorf DJ, et al. Umbilical cord blood transplantation after nonmyeloablative conditioning: impact on transplantation outcomes in 110 adults with hematologic disease. *Blood*, 2007, 110: 3064-3070.

8. Brunstein CG, Gutman JA, Weisdorf DJ, et al. Allogeneic hematopoietic cell transplantation for hematologic malignancy: relative risks and benefits of double umbilical cord blood. *Blood*, 2010, 116: 4693-4696.

9. Cutler C, Stevenson K, Kim HT, et al. Double umbilical cord blood transplantation with reduced intensity conditioning and sirolimus-based GVHD prophylaxis. *Bone Marrow Transplant*, 2011, 46: 659-667.

10. Delaney C, Gutman JA, Appelbaum FR. Cord blood transplantation for haematoloigc malignancies: conditioning regimens, double cord blood transplants and infectious complications. *Br J Haematol*, 2009, 147: 207-216.

11. Eapen M, Rubinstein P, Zhang MJ, et al. Outcomes of transplantation of unrelated donor umbilical cord blood and bone marrow in children with acute leukaemia: a comparison study. *Lancet*, 2007, 369: 1947-1954.

12. Eldjerou LK, Chaudhury S, Baisre-de Leon A, et al. An in vivo model of double-unit cord blood transplantation that correlates with clinical engraftment. *Blood*, 2010, 116: 3999-4006.

13. Fernandes J, Rocha V, Robin M, et al. Second transplant with two unrelated cord blood units for early graft failure after haematopoietic stem cell transplantation. *Br J Haematol*, 2007, 137: 248-251.

14. Frassoni F, Gualandi F, Podestà M, et al. Direct intrabone transplant of unrelated cord-blood cells in acute leukaemia: a phase Ⅰ/Ⅱ study. *Lancet Oncol*, 2008, 9: 831-839.

15. Gluckman E, Broxmeyer HA, Auerbach AD, et al. Hematopoietic reconstitution in a patient with Fanconi's anemia by means of umbilical-cord blood from an HLA-identical sibling. *N Engl J Med*, 1989, 321: 1174-1178.

16. Gutman JA, Turtle CJ, Manley TJ, et al. Single-unit dominance after double-unit umbilical cord blood transplantation coincides with a specific CD8$^+$ T-cell response against the nonengrafted unit. *Blood*, 2010, 115: 757-765.

17. Haspel RL, Kao G, Yeap BY, et al. preiufusion variables predict the predominant unit in the setting of reduced-intensity double cord blood transplantation. *Bone Marrow Transplant*, 2008, 41: 523-529.

18. Knudtzon S. In vitro growth of granulocytic colonies from circulating cells in human cord blood. *Blood*, 1974, 43: 1324-1328.

19. Komanduri KV, St John LS, De Lima M, et al. Delayed immune reconstitution after cord blood transplantation is characterized by impaired thymopoiesis and late memory T-cell skewing. *Blood*, 2007, 110: 4543-4551.

20. Laughlin MJ, Barker J, Bambach B, et al. Hematopoietic engraftment and survival in adult recipients of umbilical-cord blood from unrelated donors. *N Engl J Med*, 2001, 344: 1815-1822.

21. Laughlin MJ, Eapen M, Rubinstein P, et al. Outcomes after transplantation of cord blood or bone marrow from unrelated donors in adults with leukemia. *N Engl J Med*, 2004, 351: 2265-2275.

22. Locatelli F, Rocha V, Chastang C, et al. Factors associated with outcome after cord blood transplantation in children with acute leukemia. Eurocord-Cord Blood Transplant Group. *Blood*, 1999, 93: 3662-3671.

23. MacMillan ML, Weisdorf DJ, Brunstein CG, et al. Acute graft-versus-host disease after unrelated donor umbilical cord blood transplantation: analysis of risk factors. *Blood*, 2009, 113: 2410-2415.

24. Nakahata T, Ogawa M. Hemopoietic colony-forming cells in umbilical cord blood with extensive capability to generate mono- and multipotential hemopoietic progenitors. *J Clin Invest*, 1982, 70: 953-966.

25. Niehues T, Rocha V, Filipovich AH, et al. Factors affecting lymphocyte subset reconstitution after either related or unrelated cord blood transplantation in children-a Eurocord analysis. *Br J Haematol*, 2001, 114: 42-48.

26. Ponce DM, Zheng J, Gonzales AM, et al. Reduced late mortality risk contributes to similar survival after double-unit cord blood transplant compared with related and unrelated donor hematopoietic stem cell transplant. *Biol Blood Marrow Transplant*,

2011,17:1316-1326.

27. Ramirez P，Wagner JE，DeFor TE，et al. Factors predicting single-unit predominance after double umbilical cord blood transplantation. *Bone Marrow Transplant*，2012,47:799-803.

28. Rocha V，Cornish J，Sievers EL，et al. Comparison of outcomes of unrelated bone marrow and umbilical cord blood transplants in children with acute leukaemia. *Blood*,2001,97:2962-2971.

29. Rocha V，Cornish J，Sievers EL，et al. Comparison of outcomes of unrelated bone marrow and umbilical cord blood transplants in children with acute leukemia. *Blood*,2001,97:2962-2971.

30. Rocha V，Gluckman E，Eurocord-Netcord registry and European Blood and Marrow Transplant group. Improving outcomes of cord blood transplantation：HLA matching，celldose and other graft- and transplantation-related factors. *Br J Haematol*，2009,147:262-274.

31. Rocha V，Labopin M，Sanz G，et al. Transplants of umbilical-cord blood or bone marrow from unrelated donors in adults with acute leukemia. *N Engl J Med*,2004,351:2276-2285.

32. Rocha V，Wagner JE Jr.，Sobocinski KA，et al. Graft-versus-host disease in children who have received a cord blood or bone marrow transplant from an HLA-identical sibling. Eurocord and International Bone Marrow Transplant Registry Working Committee on Alternative Donor and Stem Cell Sources. *N Engl J Med*，2000,342:1846-1854.

33. Saccardi R，Ruggeri A，Labopin M，et al. Determining timing of late engraftment and graft failure following single cord，unrelated transplantation：an analysis of the Eurocord Registry. EBMT Annual meeting,2012:Abstract.

34. Scaradavou A，Brunstein CG，Eapen M，et al. Double unit grafts successfully extend the application of umbilical cord blood transplantation in adults with acute leukemia. *Blood*,2013,121:752-758.

35. Scaradavou A，Smith KM，Hawke R，et al. Cord blood units with low CD34[+] cell viability have a low probability of engraftment after double unit transplantation. *Biol Blood Marrow Transplant*,2010,16:500-508.

36. Sebrango A，Vicuna I，De Laiglesia A,et al. Haematopoietic transplants combining a single unrelated cord blood unit and mobilized haematopoietic stem cells from an adult HLA-mismatched third party donor. Comparable results to transplants from HLA-identical related donors in adults with acute leukaemia and myelodysplastic syndromes. *Best Pract Res Clin Haematol*,2010,23:259-274.

37. Shen B，Hou H，Zhang H，Sui X. Unrelated，HLA-mismatched multiple human umbilical cord blood transfusion in 4 cases of advanced solid tumors：initial studies.

Blood Cells , 1994, 20:285-292.

38. van Hennik PB, De Koning AE, Ploemacher RE. Seeding efficiency of primitive human hematopoietic cells in nonobese diabetic/severe combined immune deficiency mice:implications for stem cell frequency assessment. *Blood*,1999,94:3055-3061.

39. Verneris MR, Brunstein CG, Barker JN, et al. Relapse risk after umbilical cord blood transplantation： enhanced graft-versus-leukemia effect in recipients of two units. *Blood*,2009,114:4293-4299.

40. Wagner JE, Barker JN, DeFor TE, et al. Transplantation of unrelated donor umbilical cord blood in 102 patients with malignant and non malignant diseases:influence of CD34 cell dose and HLA disparity on treatment-related mortality and survival. *Blood*,2002,100:1611-1618.

41. Wagner JE, Eapen M,Carter S D Sc,et al. One-Unit versus two-unit cord-blood transplantation for hematologic cancers. *N Engl J Med*,2014,371:1685-94.

附录一　脐血混合移植的基础和临床研究[①]

沈柏均　　侯怀水　　张洪泉　　严　志

隋星卫　　刘晓艳　　丁欣荣　　马秀峰

（山东医科大学附属医院，250012）

目前,造血细胞移植已被公认为治疗某些疾病,如再生障碍性贫血、白血病等的最佳选择。但由于HLA相配骨髓供者的缺乏,使这一工作举步维艰。在寻找新的供源过程中,人们发现脐血中的造血细胞数量和质量可与骨髓媲美[1,2]。然而,单个脐血容量太少,使这一发现迟迟不能应用于临床。有鉴于此,我们试图探索多个脐血混合移植的可能性。从1989年开始,进行了一系列实验,并在此基础上,开始了临床的研究,现将结果报道如下。

1. 材料和方法

1.1 脐血采集、分离和保存　选择健康产妇、足月新生儿,断脐后,立即作脐带胎盘端脐静脉穿刺,闭合式采集脐血,肝素防凝(20U/mL),立即送实验室分离单个核细胞(MNC)和深低温保存,具体方法见文献[3]。

1.2 粒-单造血祖细胞(CFU-GM)培养　用单层琼脂法,按常规计数集落[4]。

1.3 淋巴细胞悬液制备　因脐血淋巴细胞表面抗原表达较弱,改用扁桃体淋巴细胞进行试验。取手术摘出之扁桃体,生理盐水洗净,置直径6cm平皿中,剪碎,研磨,过滤,用10%胎牛血清,RPMI1640配成1×10^7/mL单细胞悬液,分5等份,其中一份作新鲜对照,4份置液氮中冷冻保存备用。

1.4 淋巴细胞表面标记测定　本试验所用4种单克隆抗体OKT1、OKT4、OKT8、HLA-DR及APAAP试剂盒均购自中国军事医学科学院。检测时从液氮中取出标本,40℃水浴中快速复温,RPMI

———————————

①　载《现代妇产科进展》1994年第3卷第2期,141～144页。

1640 稀释,洗涤后重新配成 $0.5 \times 10^7 \sim 1 \times 10^7$/mL 悬液。取细胞液 1 滴,于带圈镀膜片上推片,BFA 固定,分别于不同圈内先后加一抗、二抗、三抗,底物,2％苏木素染色,1％碳酸锂漂蓝,甘油明胶封片,镜检,各孔计数 200 个细胞,计算阳性率。

1.5 患者选择　选择晚期患者,家属签字同意接受混合脐血移植治疗。

2. 结果

2.1 脐血混合培养对 CFU-GM 的影响　脐血单一和混合培养时 CFU-GM 的产率见表1。

表 1　　　　　　　　　　　　　**脐血混合培养对 CFU-GM 的影响**

脐血号	冻存时间（天）	CFU-GM 产率 单一培养	5×10^5 MNC 混和培养
CB₃	300	12.5	45.0
CB₁₃	294	38.0	
CB₁	194	12.0	13.5
CB₂	194	9.0	
CB₈	91	15.5	16.5
CB₉	88	18.5	
CB₁₁	111	18.0	22.3
CB₂₀	86	9.5	
CB₂₄	102	72.0	102.0
CB₂₅	102	13.0	
CB₂₄	102	13.0	41.4
C₃₁	89	29.0	
CB₃₄	43	24.5	35.5
CB₃₅	40	23.5	
CB₂₅	101	72.0	98.5
CB₃₁	89	29.0	
CB₄₅	40	20.0	56.0
CB₄₇	30	18.0	
CB₄₅	40	20.0	52.0
CB₄₈	29	31.0	
$\overline{X} \pm S$		25.9±18	48.3±31

由表1可见,脐血混合培养非但不影响各自标本 CFU-GM 的产率,而且集落数量明显高于 2 个单独培养之和的均数($P < 0.05$),这可能是其中的单个核细胞互为双方造血祖细胞提供刺激活性之故,说明不同脐血混合输注不会发生造血细胞间的相互排斥,影响造血细胞的增殖和分化。

2.2 深低温冷冻对淋巴细胞表面标记的影响 淋巴细胞冷冻前及－196℃冻存8～90天后,4种单抗的阳性率见表2。由表2可见,OKT1、OKT8、HLA-DR3种单抗阳性率冷冻前后无明显变化($P>0.05$)。而OKT4冷冻90天后与冷冻前及冷冻8～60天之间差异有显著性($P<0.01$),而冷冻8～60天之间差异无显著性。经计算OKT4阳性率与冷冻时间的相关系数为－0.718,相关系数显著性检验$P>0.05$,说明在我们的研究条件下,阳性率与冷冻时间(90天内)相关不显著。

表2 淋巴细胞液氮保存后表面表面抗原的变化($\overline{X}\pm S$)

单抗	冷冻前 (n=8)	冷冻后(n=8)				
		8 天	30 天	60 天	90 天	P
OKT1	58.9±16.4	49.1±7.8	50.8±7.8	51.8±8.8	47.5±10.5	>0.05
OKT4	28.4±5.0	26.5±7.4	29.0±7.4	28.1±7.5	18.3±1.2	<0.01*
OKT8	15.5±6.2	15.6±5.4	13.8±5.4	15.6±6.4	9.6±3.0	>0.05
HLA-DR	44.6±11.4	37.5±9.9	32.1±2.9	35.5±7.2	31.4±4.6	>0.05
活率	93.5±2.6	67.8±2.3	68.3±2.3	64.0±2.9	65.0±3.4	<0.01

* 冷冻90天与冷冻前及少于90天相比。

2.3 脐血混合移植病例报道(摘要)

例1 4岁女孩,因盆腔10cm×9cm×6.8cm实质性包块于1990年10月26日入院,剖腹探查发现肿瘤与卵巢、子宫、股动(静)脉等周围组织粘连紧密,无法分离,做部分切除,病理报道为黏液性脂肪肉瘤。家长签字同意接受强力化疗和脐血混合移植术。1991年1月9日,给予VCR 1.5mg静脉注射1次,ADR 40mg静脉注射2次,CTX 600mg静脉注射3次,最后一次化疗后46小时静脉快速滴入"O"型深低温冻存脐血5个(3女2男),新鲜脐血1个,计有核细胞10.73×10^8个,CFU-GM 0.6×10^5。BFU-E 8.80×10^6。化疗后第10天周围血白细胞降至零,第7天血小板降至2.0×10^9/L以下。脐血输注后第11天,WBC$>10\times10^9$/L,第14天复查HbF为0.125(术前为0.019)。术后1个月症状全部消失,盆腔B超正常。移植后101天出现XX和XY性染色体嵌合体,持续年余,1992年2月6日死于肿瘤复发,共存活382天。

例2 7岁女孩,因卵巢肿瘤术后复发,于1991年6月12日入院,病理诊断为右侧卵巢胚胎癌。家属同意接受强力化疗和脐血移植治疗方案。于7月3日给予VCR 1.5mg静脉注射1次,ADR 50mg静脉注射2次,CTX 1000mg静脉注射3次。最后一次化疗后48小时输注新鲜和－196℃冻存同型脐血4个,计MNC 12.3×10^8个,CFU-GM 1.78×10^5,BFU-E 2.5×10^6。化疗后10天,WBC降至零,第12天网织红细胞为零。脐血移植后10天,WBC$>1\times10^9$/L,1月后B超复查正常,随访至1992年6月,患者局部肿瘤复发。

3.讨论

1974年,Knudtzon首先证明人类脐血中含有丰富的造血干/祖细胞,并预测脐血有可能成为重建造血的重要来源。但有两个问题使这一设想迟迟不能成为现实,第一,单个脐血容量太少,一般只能收集50～100mL,有核细胞总数仅有8×10^8～15×10^8个,远远不够异体骨髓移植所需的细胞数(3×10^8/kg);第二,脐血中的淋巴细胞可能引起严重的移植物抗宿主病(GVHD)。

我们研究表明,脐血造血细胞可长期深低温保存,以累积数量。多个脐血混合作CFU-GM培养,未发生相互排斥作用。集落产率不但未下降,反而有升高趋向(大于单独培养之和),这一结果为脐血混合移植奠定了基础。随后在临床上,我们先后为2例晚期盆腔肿瘤患儿进行了脐血混合移植术,取得了满意结果。例1,用5个冻存的脐血(女3男2),重建了大剂量化疗后严重抑制的骨髓造血,同时使患儿在1个月内达到完全缓解,并于移植后101天出现XX和XY性染色体嵌合体;胎儿造血特异的HbF也由移植前的0.02上升为0.152,证明某一个男孩的脐血已在患者体内植活。例2,我们用2个新鲜脐血和2个冷冻脐血解救强力化疗后的骨髓抑制,也获得了同样满意的结果。说明多个脐血混合移植可以克服单个脐血造血细胞不足的缺点,在某些情况下可应用于临床。

大剂量化疗后处于免疫抑制状态的患者接受脐血输注,可能引起严重的GVHD。这是脐血移植临床应用前又一必须解决的问题。尽管研究证明脐血淋巴细胞功能不成熟,CFU-TL形成能力低,致敏T细胞杀伤作用差;CD4[+]细胞中显示抑制功能的CD45RA[+]细胞占优势;对HLA不合抗原的耐受性较强等[5~8],但动物实验证明胎儿血淋巴细胞也可以引起GVHD。为了减少这种危险,我们试图用深低温冷冻影响它的功能。结果发现成人淋巴细胞经-196℃冻存3个月以上,与GVHD关系密切的辅助淋巴细胞抗原表达减弱,与Dzik等[9]报道的冷冻艾滋病效应(Refrigeration-AIDS)相符。由此推测,输注冻存后的淋巴细胞,特别是功能不成熟的脐血淋巴细胞,可能不会引起严重GVHD。本文2例无血缘关系混合脐血移植以及Broxmeyer等[10]报道的5例HLA相合脐血移植均未出现严重排斥反应,似可有力地支持这种观点。但要得出确切的结论,尚待进一步的基础研究和更多的临床观察。

总之,长期以来脐血本是产科的废弃之物,近两年来脐血代替骨髓移植的成功,不仅在造血组织的移植方面是一项重大的突破,而且为脐血的临床应用开拓了广阔的前景。

主要参考文献

[1]Broxmeyer HE, et al. Human umbilical cord blood as a potential source of transplantable hematopoietic stem. *Progenitor cells*, *Proc Natl Acad Sci*, USA, 1989, 86; 3828.

[2]Linch DC, Brent L. Can cord blood be used? *Nature*, 1989, 340, 876.

[3]张洪泉,等.脐带血中造血细胞的分离与保存.中华血液学杂志,1992,13(4):180.

[4]Knudtzon S. In vitro growth of granulocytic colonies from circulating cells in human cord blood. *Blood*, 1974, 43(3): 357.

[5]Foa R, et al. T-lymphocyte colonies in human cord blood. *Exp Hematol*, 1980, 8; 1139.

[6]Gerli R, et al. Activation or cord T lymphocytes: evidence for a defective T cell mitogenesis indued through the CD2 molecule. *J Immunol*, 1989, 142; 2583.

[7]Clement LT, et al. Novel immunoregulatory functions of phenotypically distinct subpopulations of CD4[+] cells in the human neonate. *J Immunol*, 1990, 145; 102.

[8]Grouch BG. Transplantation of fetal hematopoietic tissues into irradiated mice and rats. *Proc 7th Congr Europ Soc Haematol*, 1960, 1959; 973.

[9]Dzik WH, Neckor L. Lymphocyte subpopulations altered during blood storage. *New Engl J Med*, 1983, 309(7):435.

[10]Broxmeyer HE, et al. Umbilical cord blood hematopoietic stem and repopulatiug cells in human clinical transplantation. *Blood Cells*, 17; 313.

附录二 脐带血造血干细胞移植一例报道[①]

山东医科大学附属医院

沈柏均 张洪泉 侯怀水 刘晓艳 马秀峰

丁欣荣 张丽萍 赵玲玲 时庆 高宣

骨髓移植在治疗某些血液病、遗传性疾病、免疫缺陷和恶性肿瘤中的重要地位,已被公认,但由于缺乏合适的供者,大大地限制了它的临床应用。本文利用脐带血中的造血干细胞(cord blood stem cells,CBSC)代替骨髓,成功地使强力化疗后的骨髓抑制恢复正常,并使肿瘤患者获得完全缓解。现报道如下。

一、病例报道

患者,女,4岁。以横纹肌肉瘤于1990年10月26日入院。在患者左下腹扪及10×8cm包块,质硬,B超盆腔内探及10cm×9cm×6.8cm的实质性包块。Hb 63g/L,WBC $9×10^9$/L,血小板196×10^9/L。作为术前准备,给予长春新碱(VCR)1mg静注1次,阿霉素(ADR)20mg静注1次,环磷酰胺(CTX)200mg静注,共2次,隔天用。一疗程后,肿瘤明显缩小,于1990年11月26日行剖腹探查,发现肿瘤位于膀胱及子宫后,约6cm×5cm×5cm大小,肿块快速冰冻切片送检,病理报道为黏液性脂肪肉瘤。因与周围组织粘连紧密,无法分离,行部分切除术,术中输同型血300mL。术后转小儿内科进一步治疗。

1991年1月9日经患儿家长同意,在全麻下取自体骨髓210mL,提取单个核细胞(MNC)$9.8×10^8$个,−196℃冻存备用。术后患者进入层流室开始强力化疗。VCR 1.5mg第1天静注1次,ADR 40mg第1、4天静注各1次,CTX 600mg第1~3天静注,共3次。最后一次化疗后46小时静脉快速滴入冻存的"O"型脐血(5个胎儿的脐血,女3例,男2例),该脐血在−80℃的冻存天数为21~108天,细胞存活率为71%~91%,输入有核细胞$6×10^8$个。我们考虑细胞数不足,于次日又输入同性别"O"型新鲜脐血1个,计有核细胞$5×10^8$个,细胞存活率96%。本例共计输入有核细胞$0.8×10^8$/kg。脐血CFU-GM产率,冷冻前平均为55集落/$5×10^5$MNC,冷冻后为3集落/$5×10^5$MNC。微量淋巴细胞毒性试验阴性。为预防移植物抗宿主病(GVHD),术后第1、20日给甲氨蝶呤10mg,地塞米松5mg/d,共15天,以后改为2.5mg/d,共10天,然后换成强的松5mg,每天2次,共10天。

化疗结束后第7天,周围血白细胞和网织红细胞均为0,血小板<10×10^9/L。患儿高热,38~40.4℃,口腔糜烂,给予先锋霉素和氨苄青霉素,先后输注经15Gy(1500rad)照射的白细胞悬液4个单位,新鲜全血200mL,同时维持静脉高营养。患儿病情逐渐好转,体温逐渐下降,于首次输注CBSC后第8日血象开始回升,第11日WBC>1.0×10^9/L,血小板>10×

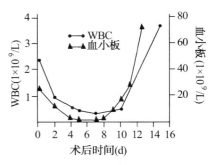

图1 CBSC移植后血象动态改变

10^9/L,第14日复查HbF为0.125,第17天血象恢复正常(见图1)。术后1个月时症状全部消失,骨髓象、肝功能及腹部B超均属正常。患者于1991年2月9日完全缓解出院。每月门诊随访,于移植后101天出现XX和XY性染色体嵌合体。观察5个月,未出现任何症状,维持完全缓解。

① 载《中华器官移植杂志》1991年第12卷第3期,138~139页。

二、讨论

1974 年，Knudtzon[1]首先用集落培养技术对人类脐血的 CFU-GM 与成人周围血中的 CFU-GM 作了比较。近 20 年来对脐血中各种类型的造血祖细胞及其性质已作了许多研究，得出以下结论：①脐血中含有多能造血干细胞和各种类型的定向造血祖细胞；②脐血中的红细胞集落（BFU-E）及 CFU-GM 比成人血多 10～20 倍；③脐血的 CFU-GM 对集落刺激因子（CSF）更为敏感；④脐血的 CFU-GM 有更强的增殖能力，每个集落平均所含子细胞数更多；⑤脐血有内源性集落刺激因子，如 EPO、GM-CSF 等。我们自 1989 年开始，对脐血的深低温保存、脐血中造血细胞和淋巴细胞功能等作了一系列研究[2]，发现：①CBSC 与骨髓细胞一样，可长期深低温保存；②不同个体脐血混合培养可增加 CFU-GM 数（$P<0.05$）；③深低温保存可降低 T_H 细胞的膜抗原标记，从而推测可能影响此细胞功能，减弱或避免 GVHD。

本例用预处理强力化疗方案为 VAC，总剂量计每公斤重 VCR 0.1mg，ADR 5mg，CTX 129mg。化疗后自身骨髓处于全面抑制状态。CBSC 移植后血象恢复，病情逐渐好转于术后 27 天腹部 B 超复查时，局部肿瘤已完全消失。

本例第 1 次输脐血后第 8 天，白细胞及血小板开始回升，血小板于第 17 天升至 100×10^9/L 以上，血红蛋白于第 8 天大于 100g/L。一般情况下，异体骨髓移植后血象恢复需要 20 天以上，而大剂量化疗后只依靠残存的骨髓细胞自身恢复需 30 天以上。

关于 CBSC 植入的证据，因供受者全为 O 型血，无法根据 ABO 血型来证实。供者包括 4 女 2 男，移植后 1 个月和 2 个月时染色体分析均为 46XX，于 101 天时发现 XX 和 XY 嵌合体，说明二男婴供血中的一个已经植入。Alter 等[3]发现，人类骨髓移植后，HbF 亦可升高，但绝不会超过 0.1。我们在设计本例时，增加了这项观察指标，结果发现移植后随着血象的恢复，于第 14 天 HbF 由移植前的 0.019 上升为 0.152，是脐血造血细胞植入的又一证据。另外，在同时期进行自体骨髓移植的 1 例对照患者，移植前后的 HbF 均在正常范围内，说明成人型红系造血细胞在个体发育中并无返祖而使 HbF 升高现象。

作者经国际联机检索 1991 年 2 月以前文献，未发现无关供体之 CBSC 用于人类的正式报道。我们在实验研究中发现，脐血造血细胞混合培养，有利无害。脐血中淋巴细胞功能不成熟，即使混有少许母体淋巴细胞，在一般情况下也不足以引起严重的 GVHD。本例在自身造血和淋巴系统全面抑制状态下，接受 CBSC 移植，观察 5 个月，未出现任何急性 GVHD 的症状，初步证实了上述观点。

主要参考文献

[1]Knudtzon S. In vitro growth of granulocytic colonies from circulating cells in human cord blood. *Blood*，1974，43(3)：357.

[2]Shen Baijun（沈柏均），et al. Effect of cryopreservation on lymphocyte surface markers. *Low Temperat Med*，1990，16(3)：28.

[3]Alter BP，et al. Fetal erythropoiesis following bone marrow transplantation. *Blood*，1976，48(6)：843.

第七节　扩增脐血造血细胞移植术

Expanded Cord Blood Tranplantion

造血干细胞移植已经用于治疗多种血液及遗传性疾病。脐血移植约占整个造血干细胞移植的 10% 左右。到目前为止，全世界脐血移植的总量已经超过三万例。与骨髓移植

和外周血造血干细胞移植相比,脐血库的建立使脐血移植容易找到供者造血细胞。且脐血移植引起较少的移植物抗宿主反应。但脐血移植的造血恢复较慢,脐血移植的中性粒细胞的平均恢复时间是 25 天,而外周血造血干细胞移植是 14 天,骨髓移植是 19 天左右。由于脐血移植的造血重建较慢,增加了感染的机会,从而增加了移植相关的死亡率。研究发现,输入的脐血有核细胞数量在移植后造血重建中起重要作用。如果输入大于 $2.4 \times 10^7/kg$ 的有核细胞,脐血移植相关的死亡率会降低,移植的效果会与骨髓移植和外周血造血干细胞移植相似。增加移植细胞数量的方法包括多份脐血移植和体外扩增脐血造血细胞,以达到所需的细胞数量,改善脐血移植的效果。目前造血干细胞体外扩增的方法主要有液体培养扩增、基质共培养扩增、Nocth 介导的扩增等多种途径。本节主要讨论脐血造血细胞体外扩增及移植。

一、体外扩增的方法

造血细胞在骨髓的增生、分化依赖于众多造血因子的调控及骨髓的造血微环境。造血细胞的体外扩增研究多用不同的造血因子组合及体外模拟骨髓的造血微环境而促进造血细胞在体外增生。

（一）应用不同的造血因子组合扩增造血细胞

在 1990 年初,作者在日本东京大学中烟教授（注：中烟是最早用细胞培养技术证实脐血富含造血细胞）指导下进行了脐血造血细胞的体外扩增研究。利用造血细胞培养技术证明了 IL-6 的 β 受体 gp130 在人类造血中的作用。与动物（老鼠）造血细胞不同,人类脐带造血细胞缺少 IL-6 的 α 受体。IL-6 可溶性受体及 IL-6 一起可激活脐血造血细胞的 gp130。激活的 gp130 与由造血干细胞因子（stem cell factor）一起可极大地扩增造血细胞。在当时,该研究为造血干细胞体外扩增研究开辟了前景。但之后作者的研究发现,gp130 的激活不仅可以扩增造血细胞,也极大地促进造血细胞的分化,尤其是向红系及巨核系的分化。造血细胞的分化降低了造血细胞尤其干/祖细胞的扩增。一个理想的造血干细胞扩增系统应该是极大地促进造血干/祖细胞的原位扩增,尽量减少其分化以使更多细胞保持其造血干细胞特性。

近二十多年来,脐血造血干细胞的扩增取得了一定进展。许多研究应用不同的造血因子组合扩增造血细胞。最常用的造血因子组合包括三种主要因子：造血干细胞因子（SCF），血小板生成素（TPO）及 FMS 样酪氨酸激酶 3（Flt-3）配体。该组合可保持造血细胞的活力,调节细胞表面的黏附分子的表达,及促进造血细胞的增生。其他造血因子的组合包括促红细胞生成素（EPO）、粒细胞生长因子（G-CSF）、IL-3、IL-6 及 IL-11 等。应用不同的造血因子组合,$CD34^+$ 细胞的数量可扩增几倍到数十倍甚至几百倍,而有核细胞的扩增倍数则更高。不同的研究扩增的结果报道差异甚大,这可能与体外实验的方法不同有关。但由于上述诸多造血因子在扩增造血细胞的同时,也增加分化,从而减少了造血细胞的多能性。人们在继续寻找一些新的因子,从而可增加造血细胞的扩增而减少成熟、分化。如胰岛素样生长因子结合蛋白-2,血管生成素样蛋白等在一些研究中显示有希望。向含有原始纤维生成因子的脐血扩增体系中加入血管生成素样蛋白可增加造血细胞的扩增近 20 倍。

虽然不同的造血因子组合可扩增造血细胞,但同时也促进分化及成熟,难以达到干细胞的有效扩增以满足临床需要。因此,人们也在探讨其他扩增造血细胞的途径。

(二)Notch 介导的扩增

最近研究证明 Notch 基因家族在造血细胞扩增及分化中起重要作用。至少有 5 种配体对决定造血细胞的自我复制、存活及分化起不可缺少的作用。应用造血因子扩增造血细胞的主要问题是造血因子在促进造血细胞扩增的同时,也促进造血细胞的分化。而造血细胞的分化及成熟减低了造血细胞扩增及干细胞特性。Notch 可抑制造血细胞的分化。动物实验证明表达 Notch 配体的鼠造血细胞与造血细胞因子一起培养可以极大地抑制造血细胞的分化,使造血细胞数倍扩增。应用 Notch 配体扩增人类脐血造血细胞也取得一些成功。作者在西雅图 Fred Hutch 癌症研究中心的同事 Delaney 医生证明,利用 Notch 配体介导的扩增系统,脐血 CD34$^+$ 细胞及有核细胞可分别扩增 164 倍及 562 倍。利用该系统扩增的脐血已经用于 I 期临床试验。

(三)与间充质干细胞(MSC)共同培养

在骨髓,造血细胞居住在一个非常复杂的微环境中。间充质干细胞是骨髓微环境的重要组成部分,在造血细胞的增生中起不可替代的作用。因此,间充质干细胞用于体外模拟骨髓微环境,广泛用于造血细胞的扩增系统。间充质干细胞可由供者的骨髓穿刺获得。应用间充质干细胞共同培养系统,在 SCF、TPO、Flt-3L 及 G-CSF 的存在下,脐血的有核细胞、CD34$^+$ 细胞及克隆形成细胞可分别增加 12、31 及 17.5 倍。

(四)应用调节细胞内信息传导的化学分子及蛋白扩增

造血因子通过与细胞表面受体的结合而激活细胞内复杂的信息传递通道,从而调节造血细胞的增生和分化。如果能调节细胞内的信息传递,增加细胞增殖的信号同时减少分化、成熟的信号,则可在体外增加造血细胞的扩增。作者曾探讨过 SCF 增加 EPO 作用的机制。发现 SCF 和 EPO 一起协同增加 MAP 激酶的活性,导致造血细胞尤其是红细胞系的增生及分化。近年来,人们在不同的造血因子组合中加入一系列化学分子以增加造血细胞的增殖,减少分化而增加造血细胞的扩增。

1.铜螯合剂　研究显示脐血造血细胞内铜的水平对调节细胞的增殖及分化非常重要。细胞内缺铜可阻止造血干细胞的分化和成熟,而对造血祖细胞几乎没有影响。应用铜螯合剂乙二胺(raethylenepentamin)与造血因子 TPO、Flt-3L、IL-6 及 SCF 可导致 89 倍 CD34$^+$ 细胞的脐血扩增。利用该技术扩增的脐血造血细胞的临床试验正在进行。

2.烟酰胺(Nocotinamide)　烟酰胺也被发现在造血因子的存在下能增加脐血造血细胞的扩增、游走及植入。有核细胞可扩增 400 倍,CD34$^+$ 细胞可扩增 80 倍。一项小型的临床试验显示用该法扩增的脐血造血细胞有助于增快造血的恢复。

3.芳香烃受体拮抗剂(aryl hydrocarbon receptor antagonist)　芳香烃受体拮抗剂 SR1 最近被证明在体外造血扩增中有重要作用。低浓度的 SR1 与造血因子(TPO、SCF、Flt-3L 及 IL-6)一起比单用造血因子(TPO、SCF、Flt-3L 及 IL-6)提高脐血造血细胞扩增 10 倍。SR1 的作用机制尚不清楚。但高浓度的 SR1 作用则相反,抑制造血细胞的扩增。用该系统扩增的脐血用于 18 例患者,中性粒细胞恢复的时间平均 14.5 天,明显快于对照组的 23 天。

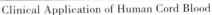

（五）生物反应器系统

在造血细胞的扩增细胞群中，快速分化的细胞群体可分泌有害的细胞因子如肿瘤坏死因子、巨噬细胞炎症蛋白等，这些因子可抑制造血细胞的扩增。为了解决这一问题，有研究者建立了一个生物反应器，即利用计算机检测造血细胞扩增体系中这些因子的浓度，一旦这些有害因子的浓度超标，计算机系统就自动将培养液稀释，将这些有害因子的浓度控制在适当范围。利用这一方法，CD34$^+$细胞在培养 12 天时可扩增 80 倍。因此，为了使造血细胞有效扩增，单靠加入造血因子是不够的，控制各种因子在培养液中的种类及浓度对扩增细胞至关重要。生物反应器系统的另一优点是通过改善营养及代谢可支持高细胞密度的细胞大量扩增。

二、扩增脐血造血干细胞的临床应用

扩增脐带血的临床应用还处在早期的临床试验阶段。多数是小型的Ⅰ期临床试验，主要证明其安全性。

脐血体外扩增后应用于临床需遵循 GMP（good manufacturing practice）标准，采用脐血 MNC 或经 CliniMACS 分选的 CD34$^+$ 细胞在无血清培养条件下且在培养袋内扩增。扩增脐血的临床应用只有零星报道，Kogler 等首次，用体外培养扩增后的脐血进行移植治疗 2 岁高危急性淋巴细胞白血病 1 例，供者为 HLA 5/6 位点相合的同胞脐血，将脐血（含 $1.4×10^8$ NC）于移植前 10 天复温，经 CliniMACS 分选 CD34$^+$ 细胞，在 Teflon 袋内液体培养系统（含 100ng/mL G-CSF、TPO、Flt3-L 及 10% 供者脐血血浆和 X-VIVO-10 无血清培养基）培养 11 天，于 +1 天输注，未扩增脐血 0 天输注，总输注的 NC 为 $4.4×10^7$/kg，CD34$^+$ 细胞 $1.54×10^6$/kg。受者于 +8 天及 +14 天检查血象，WBC 分别为 $0.35×10^9$/L 和 $0.7×10^9$/L，ANC 分别为 $0.31×10^9$/L 和 $0.41×10^9$/L，明显地缩短了骨髓抑制期，但血小板的植入没有加速。Pecora 等用 HLA 相合及部分相合（1 个 B 位点不合）的部分脐血（11% 及 17%），于 0 天复温并接种于 Aastrom Replicell System 自动灌注培养系统扩增培养 12 天，+12 天输注，未扩增脐血 0 天输注分别移植 2 例老年高危慢性粒细胞白血病，共植入的 NC 剂量分别为 $1.40×10^7$/kg 和 $1.32×10^7$/kg，Lin-CD34$^+$ 细胞分别为 $0.034×10^6$/kg 及 $0.0402×10^6$/kg。移植后 2 例患者 ANC＞$0.5×10^9$/L 的时间分别为 31 天和 25 天，PLT＞$20×10^9$/L 时间分别为 52 天和 60 天，2 例患者均取得细胞遗传学缓解。虽然扩增细胞的加入并没有满足理想的移植所需的 NC，但中性粒细胞和血小板的植入较迅速，提示扩增的 CB 产物和未扩增的 CB 相比有植入优势。Goldberg 等用 Aastrom Biosciences 体外扩增方法，在 Aastrom Replicell System 将一份无亲缘关系 HLA 2 个位点不合的脐血的一部分体外培养扩增后治疗 1 例 47 岁成人高危急性髓细胞白血病患者，0 天输注未扩增的脐血 NC $1×10^7$/kg，CD34$^+$ 细胞 $1.26×10^5$/kg，+12 天输注扩增的脐血 NC $2×10^7$/kg，CD34$^+$ 细胞 $3.8×10^4$/kg。受者 ANC 大于 $0.5×10^9$/L 时间为 +17 天，PLT 大于 $50×10^9$/L 时间为 +55 天。Fernandez 尝试用两份不同的脐血移植于同一个患者，其中一份脐血行 CD34$^+$ 细胞分选体外扩增后进行移植，一份直接用于移植，结果发现：只有一份未扩增脐血植入，另一份扩增的脐血对早期植入无明显的贡献，也无不好的免疫影响。

MD 安德森肿瘤中心报道了用扩增脐带血做移植的工作。他们将一个脐血标本分成两份保存。一份解冻后用造血干细胞因子（SCF）、白细胞生成因子（G-CSF）及血小板生成素（TPO）进行体外扩增。经过 10 天的扩增，$CD34^+$ 细胞平均扩增 4 倍，有核细胞平均扩增 56 倍。扩增的脐血细胞及第二份未扩增的部分先后输入患者体内。利用该方法共治疗了 37 例患有血液肿瘤的患者。中性粒细胞及血小板的平均恢复期分别为 28 天及 106 天。约有 63% 的患者出现较广泛的 GVHD。用扩增的脐血移植后 30 个月约有 35% 的患者存活。

2006 年，Delany 在西雅图用 Notch 介导的体外扩增的脐血细胞进行了临床安全性实验，证实了安全性及扩增的造血细胞在相同供者脐血细胞共同输入的情况下，可加速中性粒细胞及血小板的植入速度。10 个有血液肿瘤的患者接受了该疗法。移植前进行全身化/放疗。Notch 介导的造血细胞扩增导致 $CD34^+$ 细胞增加 164 倍，有核细胞增加 562 倍。平均中性粒细胞植入时间为 16 天。其中一个病例移植失败。没有严重的输液反应。一年后有 7 个（70%）患者存活。

Delany 等将扩增的未经组织配型（HLA）的脐血造血细胞用于促进脐血移植的造血植入，缩短中性粒细胞植入的时间。在进行脐血移植的患者，输入额外的不需配型的体外扩增的脐血细胞可加快中性粒细胞的植入，时间由 19 天缩短至 11 天。在 14 例临床实验中，所有患者均在输入后检测到扩增细胞存在。但在 14 天后，只有 2 例检测到植入的扩增细胞。输入扩增的没有经过组织配型的造血细胞没有增加 GVHD 的发生率或严重性。

三、脐血造血细胞扩增的问题及展望

虽然造血细胞的扩增及临床应用取得不少进展，但挑战及机遇同在。造血细胞在以有核细胞及 $CD34^+$ 细胞为指标的扩增中有所成功，但真正的干细胞是否能扩增尚不清楚。在有限的临床研究中，大多是安全性的 I 期临床研究。现在还缺少随机化的临床试验证实扩增脐血的有效性。扩增的脐血大多用于增快造血细胞的植入。所有扩增脐血移植需要将一份脐血分成两份（1 份原始，1 份来扩增），或用两份不同脐血其中一份用于扩增。现在还没有单用扩增脐血移植成功的报道。脐血的扩增也增加费用及感染机会。此外，脐血造血细胞扩增的技术也有待提高。如进一步优化 HSCs 扩增培养体系，提高 HSCs 的扩增效率，为临床移植治疗提供充足的 HSCs，需要更加深入地研究 HSCs 增殖、分化机制及自我更新能力，寻找扩增的最佳的细胞因子组合及细胞内信号传导途径，并利用生物工程技术，建立更加优化的大规模培养装置等，均是未来研究的热点及难点。另外，可通过寻找新的 HSCs 来源，以满足日益增长的 HSCs 需求，例如利用胚胎样干细胞或诱导多潜能干细胞在体外向造血细胞定向诱导分化。此外，扩增的 HSCs 用于临床前还需要进行大量的随机临床试验，以验证其安全性和有效性。

随着干细胞领域研究的不断发展，移植技术的不断完善，扩增的脐血 HSCs 将更加广泛地应用于临床治疗中。真正的造血干细胞扩增或许在不久的将来成为现实，其会给基础研究及临床应用提供无限的干细胞来源，从而造福人类。

（隋星卫，王杰，李栋）

主要参考文献

1. Ballen KK，Gluckman E，Broxmeyer HE. Umbilical cord blood transplantation：the first 25years and beyond. *Blood*，2013，122：491-498.

2. Bari S，Seah KKH，Poon Z，et al. Expansion and homing of umbilical cord blood hematopoietic stem and progenitor cells for clinical transplantation. *Biology of Blood and Marow Transplantation*，2015，21：1008-1019.

3. Boitano AE，Wang J，Romeo R，et al. Aryl hydrocarbon receptor antagonists promote the expansion of human hematopoietic stem cells. *Science*，2010，329：1345-1348.

4. Cao H，Oteiza A，Nilsson SK. Understanding the role of the microenvironment during definitive hemopoietic development. *Exp Hematol*，2013，41：761-768.

5. Chitteti BR，Cheng YH，Poteat B，et al. Impact of interactions of cellular components of the bone marrow microenvironment on hematopoietic stem and progenitor cell function. *Blood*，2010，115：3239-3248.

6. Dahlberg A，Delaney C，Bernstein ID. Ex vivo expansion of human hematopoietic stem andprogenitor cells. *Blood*. 2011，117：6083-6090.

7. De Lima M，McMannis J，Gee A，et al. Transplantation of ex vivo expanded cord blood cells using the copper chelatortetraethylenepentamine：a phase Ⅰ/Ⅱ clinical trial. *Bone MarrowTransplant*，2008，41：771-778.

8. De Lima M，McNiece I，Robinson SN，et al. Cord-blood engraftment with ex vivo mesenchymal cell coculture. *N Engl J Med*，2012，367：2305-2315.

9. Delaney C，Bollard CM，Shpall EJ. Cord blood graft engineering. *Biol Blood Marrow Transplant*，2013，19：S74-78.

10. Delaney C，Heimfeld S，Brashem-Stein C，et al. Notch-mediated expansion of human cord blood progenitor cells capable of rapid myeloid reconstitution. *Nat Med*，2010，16：232-236.

11. Eapen M，Rubinstein P，Zhang MJ，et al. Outcomes of transplantation of unrelated donor umbilical cord blood and bone marrow in children with acute leukaemia：a comparison study. *Lancet*，2007，369：1947-1954.

12. Gehling UM，Ryder JW，Hogan CJ，et al. Ex vivo expansion of megakaryocyte progenitors：effect of various growth factor combinations on CD34[+] progenitor cells from bone marrowand G-CSF-mobilized peripheral blood. *Exp Hematol*，1997，25：1125-1139.

13. Gluckman E，Rocha V. Cord blood transplantation for children with acute leukaemia：a Eurocord registry analysis. *Blood Cells Mol Dis*，2004，33：271-273.

14. Laughlin MJ，Barker J，Bambach B，et al. Hematopoietic engraftment and survival in adult recipients of umbilical-cord blood from unrelated donors. *N Engl J Med*，2001，344：1815-1822.

15. McNiece I，Jones R，Bearman SI，et al. Ex vivo expanded peripheral blood progenitor cellsprovide rapid neutrophil recovery after high-dose chemotherapy in patients with breast cancer. *Blood*，2000，96：3001-3007.

16. Milner LA，Kopan R，Martin DI，Bernstein ID. A human homologue of the Drosophila developmental gene，Notch，is expressed in CD34[+] hematopoietic precursors. *Blood*，1994，83：2057-2062.

17. Narala SR，Allsopp RC，Wells TB，et al. SIRT1 acts as a nutrient-sensitive growth suppressor and its loss is associated with increased AMPK and telomerase activity. *Mol Biol Cell*，2008，19：1210-1219.

18. Peled T，Landau E，Mandel J，et al. Linear polyamine copper chelator tetraethylenepentamineaugments long-term ex vivo expansion of cord blood-derived CD34[+] cells and increases their engraftment potential in NOD/SCID mice. *Exp Hematol*，2004，32：547-555.

19. Peled T，Shoham H，Aschengrau D，et al. Nicotinamide，a SIRT1 inhibitor，inhibits differentiation and facilitates expansion of hematopoietic progenitor cells with enhanced bone marrow homing and engraftment. *Exp Hematol*，2012，40：342-355.

20. Pineault N and Abu-Khader A. Advances in umbilical cord blood stem cell expansion and clinical translation. Exp Hematol，2015，43：498-513.

21. Robinson SN，Ng J，Niu T，et al. Superior ex vivo cord blood expansion following coculture with bone marrow-derived mesenchymal stem cells. *Bone Marrow Transplant*，2006，37：359-366.

22. Rocha V，Cornish J，Sievers EL，et al. Comparison of outcomes of unrelated bone marrow and umbilical cord blood transplants in children with acute leukemia. *Blood*，2001，97：2962-2971.

23. Shen Y，Nilsson SK. Bone，microenvironment and hematopoiesis. Curr Opin Hematol，2012，19：250-255.

24. Shpall EJ，Quinones R，Giller R，et al. Transplantation of ex vivo expanded cord blood. *Biol Blood Marrow Transplant*，2002，8：368-376.

25. Sui X，Krantz SB，Zhao Z. Identificatin of increased protein tyrosine phosphatase activity in polycythemia vera erythroid progenitors. *Blood*，1997，90：651-657.

26. Sui X，Krantz SB，Zhao Z. Synergistic activation of MAP kinase（Erk1/2）by erythropoietin and stem cell factor is essential for expanded erythropoiesis. Blood 1998，92：1142-1149.

27. Sui X，Krantz SB，Zhao ZJ. Stem cell factor and erythropoietin inhibit apoptosis of human erythroid progenitor cells through different signalling pathways. *Br J Haematol*，2000，110：63-70.

28. Sui X，Tsuji K，Ebihara Y，et al. Soluble interleukin-6（IL-6）receptor with IL-6 stimulates megakaryopoiesis from human CD34[+] cells through glycoprotein（gp）130

signaling. *Blood*,1999,93:2525-2532.

29. Sui X，Tsuji K，Tajima S，et al. Erythropoietin-independent erythrocyte production:Signals through gp130 and c-Kit dramatically promote erythropoiesis from human CD34$^+$ cells. *J Exp Med*,1996,183:837-845.

30. Sui X，Tsuji K，Tanaka R,et al. Gp130 and c-Kit signalings synergize for ex vivo expansion of human primitive hemopoietic progenitor cells. *Proc Natl Acad Sci USA*,1995,92:2859-2863.

31. Varnum-Finney B，Brashem-Stein C，Bernstein ID. Combined effects of Notch signaling and cytokines induce a multiple log increase in precursors with lymphoid and myeloid reconstituting ability. *Blood*，2003,101:1784-1789.

32. Varnum-Finney B，Xu L，Brashem-Stein C，et al. Pluripotent，cytokine-dependent，hematopoietic stem cells are immortalized by constitutive Notch1 signaling. *Nat Med*,2000,6:1278-1281.

33. Wagner JE，Barker JN，DeFor TE，et al. Transplantation of unrelated donor umbilical cordblood in 102 patients with malignant and nonmalignant diseases:influence of CD34 cell doseand HLA disparity on treatment-related mortality and survival. *Blood*，2002,100:1611-1618.

34. Wagner JE，Kernan NA，Steinbuch M，et al. Allogeneic sibling umbilical-cordblood transplantation in children with malignant and non-malignant disease. *Lancet*，1995,346:214-219.

第四章　脐血在再生医学中的应用
Cord Blood Cells and Regenerative Medicine

进入 21 世纪,再生医学蓬勃发展。再生医学是指用生物学和工程学的理论和技术,对机体衰老病损的细胞组织和器官进行结构和功能修复甚至替代的一门新兴学科,在临床医学的范畴中,它是一种有别于传统的全新的保健及治疗模式。理论上讲所有疾病导致细胞组织器官的损伤,都可能通过再生医学技术得到修复,特别是既往的许多难治及'不治之症',如糖尿病、心脑血管疾病、脑瘫、神经损伤、肝衰、肾衰及老年退行性变等疾病,近十年来,均有用再生医学技术治愈的报道。

在再生医学技术中,当前干细胞疗法是其核心和基础。胚胎干细胞由于其能够发育成为身体的全部组织器官本应成为再生医学技术的最佳来源,但因其受伦理、法律、宗教及生物学调控等诸多因素限制,目前临床难以应用。与成体干细胞中的骨髓干细胞、外周血干细胞及脂肪干细胞等相比较,脐血干细胞具有来源丰富,取存容易,抗原性弱,增殖性强等优点,所以对此的研究较多,应用也较广。

脐血干细胞疗法自诞生之日起即因其富含造血干细胞而广泛应用于临床移植治疗各种恶性血液病、再生障碍性贫血及遗传代谢性等疾病。近 20 年来人们发现,脐血中还含有一定量的非造血干细胞,如:胚胎样干细胞、间充质干细胞、上皮干细胞等,研究证实脐血干细胞具有在体内外诱导分化产生诸如造血、上皮、神经、心肌等多种细胞组织的多向性分化潜能,从而可治疗包括心血管、神经、内分泌等多系统疾病,国内外已有脐血干细胞应用于再生医学治疗多种疾病的诸多报道。目前研究发现,脐血干细胞在再生医学中其除了修补、替代细胞组织作用外,更有其中的多种相关细胞因子参与改善微环境及免疫调节作用。

现将近年来国内外有关脐血干细胞在再生医学各系统疾病中的研究应用并结合我们自己的经验作一简要的介绍。

第一节　脐血干细胞治疗神经系统疾病
Applications of Cord Blood Cells in Neurological Disease

一、脐血细胞治疗神经损伤疾病概述

人类脐血具有来源广泛、采集过程方便等诸多优势,脐血中含有具有神经分化潜能的干细胞,同胎脑及胚胎干细胞相比不存在伦理、成瘤性等问题限制;同自体骨髓间充质干细胞相比,也不存在高龄患者干细胞数量和分化能力下降的问题。所以,与骨髓或是胚胎来源干细胞相比,脐血干细胞更适用于治疗神经损伤的疾病,应用前景更广阔。

(一)脐血干细胞的分离与纯化

脐血间充质干细胞(umbilical cord blood mesenchymal stem cells,UCB-MSCs)是从脐带血中分离和培养的一种多潜能成体干细胞,具有自我更新和多向分化潜能,可以分化为多种组织和器官的细胞体系。

目前的研究发现,与骨髓来源的 MSCs 相比,人脐血 MSCs 体外培养成功率较低,其原因除了与脐血中 MSCs 含量稀少有关外,培养基、血清、pH 值等培养条件也是重要的影响因素,不同接种密度、首次换液时间也都会影响脐血 MSCs 的生长。Bieback 等研究了脐血 MSCs 分离较为合适的条件是样本保存时间在 15 个小时之内,样本中血液量大于 33mL,并且血液中没有血凝块和胰酶,单份血液中的单个核细胞的数量大于 1×10^8 等。Romanov 等用含 10% 胎牛血清的 LG-DMEM 培养体系培养出生长良好、优质的 MSCs。Lee 等用 IMDM 培养基(含 20% 胎牛血清、L-谷氨酰胺、碱性成纤维生长因子),也培养出生长良好的干细胞。基于胎牛血清在一些情况下促分化作用强于促增殖作用,且异种血清影响人类应用,因此近年来在以干细胞增殖为目的的培养体系中越来越多地采用低血清或无血清培养,以提高 MSCs 的增殖能力和分化潜能。

脐血 MSCs 均一稳定地表达相关的抗原标记 CD29、CD13、CD105、CD166,但不表达 CD34、CD45 和 HLA-DR,这与骨髓来源的 MSCs 表面抗原标记基本一致。

(二)脐血干细胞在治疗神经系统疾病时的移植途径

1.直接注射到病变部位　多见于脊髓损伤、坐骨神经损伤模型中细胞和组织材料的移植;开颅手术的患者也可将脐血 MNCs 或 MSCs 直接注射到病变部位。

2.脑内移植　脑内移植途径是指经立体定位仪定位后将脐血 MNCs 或 MSCs 移植于侧脑室,使其随脑脊液到达病变部位,或直接注射入纹状体、海马等。Xia 等通过颅内局部定位移植途径对缺氧缺血脑损伤(HIBD)大鼠进行移植治疗,移植细胞及数量为 1×10^6 个 MSCs,发现 MSCs 不仅能迁移至鼠大脑的海马,且能改善和恢复脑损伤大鼠的神经行为功能,说明经过颅内移植途径能有效改善 HIBD 大鼠脑损伤。局部定位移植法的优点是可把干细胞全部集中到病灶及其周边发挥治疗作用,免除血-脑屏障及外周淋巴细胞免疫排斥,从而减少移植过程中 MSCs 的损失,提高了移植效率。但其缺点是将干细胞直接注射于脑损伤区要穿透颅骨、脑组织,造成二次损伤,风险较大,要求高,不便多次、多靶点注射，且剂量不好控制，易致颅内压升高等，尤其在应用于临床时患者及家属不易接受。另外植入后的干细胞也有可能被激活的小胶质细胞和巨噬细胞所清除，导致移植的干细胞无法生存和分化。

3. 椎管内移植（鞘内移植）　多用脐血 MNCs 或 MSCs，与脑内注射一样，不宜用含颗粒细胞的 TNCs。目前实验对象大多为大鼠，进行腰椎穿刺很难做到，因此一般选取侧脑室替代腰椎穿刺进行疗效观察。鞘内移植的原理是将移植神经细胞注射到脑脊液中，后随脑脊液循环迁移到脑损伤部位。余勤等采用三种移植途径（局部定位移植、尾静脉移植、鞘内移植）对脑损伤大鼠进行大鼠 MSCs 移植（移植数量为 $0.5 \times 10^6 \sim 0.6 \times 10^6$ 个 MSCs），实验结果显示，三种移植途径在改善脑损伤大鼠的学习与记忆能力方面无差别，而在促进 MSCs 进入脑实质方面，脑局部移植和鞘内移植可使较多的 MSCs 早期进入脑实质；在促进 MSCs 向神经细胞分化方面，三种移植途径对 MSCs 的影响差别不大，提示脑局部定位移植途径与鞘内移植途径对大鼠脑损伤修复作用优于尾静脉移植途径。说明鞘内注射也是一种有效且简便的移植途径。鞘内注射法的最大优点是移植细胞进入脑组织无需通过血脑屏障，且损伤较局部定位注射小，不伤及脑组织，避免二次损伤，易于被患者接受。但此方法在移植过程中注射剂量较小，控制不好容易导致颅内压升高，目前该途径相关研究仍然较少，在动物实验方面也较少使用。

4. 经外周血管移植

（1）经静脉移植：脐血 TNCs 或 MNCs 或 MSCs 可经静脉输入，使其通过血-脑屏障到达病变部位。此法移植的细胞剂量大，操作相对简单，创伤小，危险性低。因此，目前该法越来越受到重视。

（2）颈内动脉注射法：是直接将干细胞缓慢注射到颈内动脉，后由动脉循环进入脑损伤部位。Janowski 等通过颈内动脉移植途径治疗脑损伤小鼠，证明了颈内动脉移植途径的有效性。

经外周血管移植法的优点是操作简单，移植细胞有广泛分布的潜能，具有传送大量细胞的能力，对神经组织的干扰较小，并可重复应用。但其也有很多不足，如肝脏的首过代谢作用、移植效率低、受血-脑屏障影响等。迁移的 MSCs 或其他干细胞在经过血脑-屏障时不仅通过率低，还有栓塞、导致移植后脑卒中的可能，这也是经外周移植受到限制的主要原因之一。Okuma 等将 25％的甘露醇和 1×10^6 个 UCB-MSCs 同时经颈动脉移植到脑损伤小鼠，移植后 24 小时发现，同时使用甘露醇和 UCB-MSCs 较单纯使用 UCB-MSCs 移植的小鼠脑损伤部位 UCB-MSCs 更多，且血栓发生率也明显降低。甘露醇能暂时打开血-脑屏障紧密耦合的内皮细胞，从而增加血脑-屏障通透性，使移植的 MSCs 通过率增加，这一发现增加了外周血管移植途径的可行性。

5. 经鼻给药　近期研究表明经鼻给药可作为一种非常有潜力的方法移植干细胞进入脑内。它可以提供一种不同的入径，克服血-脑屏障，治疗神经系统疾病。药物可经嗅神经通路直接进入中枢神经系统。研究显示，经鼻给干细胞可绕过血脑屏障进入脑内治疗缺血缺氧脑病、帕金森病、脑卒中等。经鼻路径给药具有快速、方便、无创、无首过效应、可降低全身严重不良反应等优点。其缺点是细胞数量受限，不能充分补足神经元，患者仍存在潜在神经系统疾病症状的可能。

6. Ommaya 囊（Ommaya reservoir）　目前,干细胞治疗远期效果尚不理想,原因之一是未能多次应用。2012 年,Baek W 等在治疗肌萎缩性侧索硬化症时,倡导用 Ommaya 囊连接侧脑室,可反复注射干细胞,安全有效。

二、脐血干细胞移植在缺氧缺血性脑病中的应用

新生儿缺氧缺血性脑病（hypoxic-ischemic encephalopathy,HIE）是新生儿时期常见疾病,且危害严重,重度（HIE）可以导致新生儿死亡及儿童脑瘫、智力落后、癫痫等神经系统后遗症。其病因复杂,治疗已成为临床一大难题,近年来脐血细胞治疗在神经系统疾病方面取得的进展,使其可以成为治疗 HIE 的新模式。

（一）脐血移植细胞的种类

脐血移植治疗 HIE 的移植细胞种类主要有两种:一是将未经诱导或未经修饰过的脐血 MNCs 或 MSCs 直接移植入体内,利用体内环境的信号诱导分化为合适的细胞;另外一种是移植经过诱导或基因修饰过的脐血 MSCs,使其体外分化为我们所需要的神经细胞后再移植入体内。

（二）脐血细胞移植治疗 HIE 的动物实验研究

体外实验显示脐血细胞可在特定条件下诱导分化为神经干细胞。给缺氧缺血脑损伤模型鼠腹腔内注射人脐血单个核细胞后,在其大脑损伤部位可以检测到大量移植细胞,且减轻了损伤鼠的痉挛性瘫痪,感觉运动功能改善。Lu 等将人脐血 MSCs 经鼠尾静脉途径注入外伤性脑损伤小鼠模型,移植后 24 小时脐血来源的细胞即广泛分布于鼠大脑、心、肺、肝、肾、脾、骨髓和肌肉中,移植细胞分布较多的区域为脑损伤局部,并可检测到这些细胞可表达神经元特异核蛋白、MAP2 和 GFAP。Xia 等将分离培养出的人脐血 MSCs 经立体定位注射到缺氧缺血性脑损伤（HIBD）新生大鼠模型左侧脑皮层,移植 7 天后,观察到移植细胞能够在鼠脑内存活,分布区域主要在左侧皮层的移植部位周围,并可检测到少量细胞向纹状体和海马部位迁移。鼠神经功能缺损评分（mNSS）显示 1 周后移植组新生大鼠的神经功能损害较对照组轻,2 周后更明显,说明移植入脑内的人脐血 MSCs 对新生大鼠 HIBD 具有较好的修复作用。Pimentel-Coelho 等在新生大鼠缺氧缺血脑损伤后 3 小时,通过腹腔注射的方式将脐血 MSCs 移植入大鼠的体内,发现接受脐血干细胞移植的动物 1 周后的运动感觉反射明显改善,同时在移植后第 3 天,移植组的脑纹状体和皮质的坏死及凋亡的神经元数量较对照组明显减少。Janowski 等通过颈内移植途径治疗脑损伤小鼠,发现当移植细胞剂量为 1×10^6 个 MSCs,直径为 $15 \mu m$ 及移植速度为 $0.2 mL/min$ 时,移植治疗较安全,且移植后中风并发症也较低。Park 等发现,在脑梗死小鼠模型中,给予对照组小鼠 PBS（磷酸盐缓冲液）,三组实验小鼠在给予等量 PBS 基础上,通过脑实质均注入 5×10^5 个 hUCB-MSCs（来自 3 个不同供体）。结果显示:实验三组的转棒试验（平均时间减少 40%）、肢体放置试验（平均提高 4.5 分）、梗死面积减小、促进血管和神经角质细胞形成方面均优于对照组。在梗死部位边缘,三个实验组小鼠产生的神经性原始细胞、血管生成修复因子以及组织修复因子数量相似,均优于对照组。实验结果表明,无论哪种供体来源的 hUCB-MSCs,对缺血缺氧性脑损伤都有非常有效的治疗效果。经侧脑室直接注入脐血细胞,在移植后 14 和 28 天,在大脑皮层、海马区和纹状体均可检测到

BrdU$^+$NSE$^+$、BrdU$^+$GFAP$^+$细胞,且阳性细胞数量 28 天较 14 天多,说明脑内注射脐血细胞可以有较高的分化、增殖可能。同时海马区及皮质神经元存活数量明显增多,治疗组大鼠空间记忆能力与感觉运动功能显著改善,表明脐血单个核细胞经侧脑室移植可以存活,并能够改善新生鼠缺氧缺血性脑损伤的远期预后。

脐血干细胞经侧脑室注射途径移植后,可在脑损伤部位检测到移植细胞的存活、增殖和分化,而静脉移植途径则发现脐血细胞存活、定植和分化量较少,有的研究甚至报道检测不到大量脐血细胞在损伤区的存在。但 Pimentel-Coelho 等给缺氧缺血损伤模型鼠静脉输注人脐血单个核细胞,则观察到小胶质细胞活化减少、caspase-3 途径细胞凋亡减少,从而使更多的功能细胞存活,且改善了缺氧缺血后运动功能。Meier 等经侧脑室注射脐血干细胞,也得到类似结果,但仅在损伤区检测到少量脐血干细胞。Yasuhara 等经鼠静脉输注人脐血单个核细胞,没有在病损区检测到大量脐血干细胞,但脑内 BDGF、GDNF、NGF 等含量显著增加,且治疗组行为学指标显著改善,提示脐血细胞可通过增加脑内神经营养因子含量等机制而改善缺氧缺血损伤的远期预后。

综合研究表明,脐血单个核细胞无论是经全身或脑局部给药方式输注,其移植后疗效无显著差异,仅在组织形态学方面,脑局部注射的脐血单个核细胞可能更容易进入脑损伤部位。尤其是经侧脑室注入,此移植途径由于不经过体循环对外源性细胞的拦截,故而在脑损伤部位可以检测到大量移植细胞。但相对于全身给药方式(静脉注射、腹腔注射),这种局部给药方式若应用于临床,危险性较高,而且与全身给药方式相比,对于 HIE 的远期行为及认知能力改善似乎并没有明显优势。

动物实验表明脐血移植疗效似乎与细胞剂量有关。De Paula 等对比高、中、低不同剂量脐血细胞静脉移植的效果,结果显示三种不同剂量移植后都可以在大脑皮层及海马区检测到移植细胞的存在,但高剂量移植可引起空间记忆能力改善,中高剂量可对抗脑萎缩。

(三)脐血细胞移植治疗 HIE 的临床研究

近年来,脐血移植治疗 HIE 已逐渐向临床发展,目前已有大规模的临床试验正在进行,其目的在于观察脐血移植治疗新生儿 HIE 的安全性及有效性。美国 Duke 大学(http://clinicaltrials.gov,编号:NCT00593242)自 2008 年 1 月开始的临床试验,以出生时有缺氧缺血性脑损伤的大于 34 孕周的患儿为研究对象,纳入标准为:脐血 pH 值小于 7 或有围产期缺氧病史,生后 Apgar 评分小于 5 分或生后需要持续辅助通气,在生后给予自体脐带血细胞治疗。目前,该研究正处于 I 期临床,验证了从临床脐血采集、准备到将新鲜自体脐血细胞应用于 HIE 患儿的可行性及安全性。该研究对 23 例患儿出生时同时获取了脐带血细胞,在父母知情同意下进行了细胞移植治疗。自体脐血细胞经去红细胞处理后,在生后尽早开始第 1 次静脉输注,然后分别于 24、48、72 小时各输注 1 次,每次输注剂量为$(1\sim5)\times10^7$/kg。分析细胞移植组患儿院内应用体外膜肺、惊厥发生及死亡情况,并与单纯应用亚低温治疗组进行比较,发现并无统计学差异。随访 1 年后,接受 Bayley 评分(认知、语言、运动)的患儿,细胞移植组有 18 例,亚低温组为 46 例,评分大于 85 分者分别为 74% 和 41%。整个脐血细胞输注过程及输注前后未见明显不良反应。新加坡也有类似研究(编号:NCT01649648),对胎龄 36 周以上的有亚低温治疗指征的患儿应用新鲜自体脐血,在生后 3 天内给予治疗,目前试验尚在进行中。国内也有利用脐血间充质干细胞治疗新生儿 HIE 的临床研究(http://clinicaltrials,gov,编号:NCT01962233)。

我们曾开展了自体脐血移植治疗新生儿 HIE 的研究(济南市科技局课题,2006,064039):在产前对评估为高危的产妇和胎儿做好留取自体脐血的准备,生后及时留取脐血,并分离、培养、无菌保存备用。对 8 例临床诊断为中重度 HIE 患儿在生后 1 周内给予一次或两次的自体脐血细胞移植输注,平均输注脐血有核细胞的数量为$(1.18\pm0.51)\times$ 10^8/kg。移植后患儿神经症状(包括意识状态、原始反射、肌张力等)恢复正常的时间,脐血移植组与常规治疗组相比并无统计学差异。两组病例于生后 7 天和 14 天检测血清神经元特异性烯醇化酶(neuron-specific enolase,NSE)发现,14 天脐血移植组和常规治疗组 NSE 含量均有降低,但脐血移植组较常规治疗组 NSE 水平降低更明显。说明脐血干细胞移植可促进急性期脑损伤脑功能的恢复。我们的研究还发现,来源于早产儿的脐血虽然单份血量及有核细胞数量有限,但同足月儿脐血相比却含有更高比例的造血干/祖细胞和较强的集落形成能力。早产儿由于体重有限,上述细胞数量足够满足移植的需要,尤其是随着干细胞技术在围产医学中的应用,脐血是用于围生期疾病治疗的优质干细胞来源,从早产儿脐带中获得脐血,用于新生儿期或婴幼儿期自体移植,其临床意义将不可估量。

总之,脐带血中含有丰富的干/祖细胞,具有易采集、低危险、低免疫原性、细胞增殖力强等特点;与胚胎干细胞及其他来源的神经干细胞相比,不存在伦理问题;且在大量动物实验中显示出其对 HIE 的治疗作用,使得脐血细胞移植成为治疗新生儿 HIE 的新选择。但由于其作用机制尚未完全清楚,其移植的最佳剂量、移植时间、移植途径、致瘤、致畸等尚需深入研究。

三、脐血细胞在脑性瘫痪中的应用

小儿脑性瘫痪简称脑瘫,是指未发育成熟的大脑受到损害或损伤所造成的非进行性中枢性运动调节紊乱的综合征,缺血缺氧引起的脑损伤是引起脑瘫的主要原因之一。临床主要表现为运动功能障碍和姿势异常,伴有精神发育迟滞。据统计,中国脑瘫的发病率在 5‰左右,其中痉挛型脑瘫占 60%～70%。病变波及椎体束系统,临床表现为肌张力增高、运动功能障碍、姿势异常和关节挛缩畸形。脑瘫其致残率高,目前尚无特效治疗方法。已有研究表明脐血干细胞移植对于脑瘫治疗有一定疗效。

(一)脐血细胞移植治疗脑性瘫痪的动物实验研究

在动物实验中,将脐血细胞注入动物体内,主要通过检测神经元标志物及行为表现来评价疗效。既往研究已经证实,脐血 MNCs/MSCs 对脑损伤有短期和长期的显著疗效,能提高大鼠神经功能和运动功能,使脑损伤瘢痕缩小,可显著改善小鼠缺血缺氧引起的痉挛型脑瘫。Bae 等发现:脐血细胞移植后 1 周,能在损伤部位检测到移植细胞,3 周后在同一区域内移植细胞数量减少。尽管随着移植时间的延长,损伤的部位脐血细胞数量减少,但是行为功能的改善能一直持续到移植后 10 周。因此,可以得出结论,移植的脐血细胞的持续存在对于修复功能并不是至关重要的。Drobyshevsky 等给予实验动物移植人脐血细胞,数量为 5×10^6 个。移植后发现实验动物的姿势、翻正反射、移动能力及肌张力障碍均得到明显改善。而给予一半剂量后，行为改善也很明显，但不如前者。综上所述，众多的动物实验研究表明，脐血移植可作为治疗脑性瘫痪的新方法。

（二）脐血细胞移植治疗脑性瘫痪的临床研究

在临床上脐血干细胞主要通过静脉输注或是腰椎穿刺蛛网膜下腔注入来达到移植目的。目前临床移植主要用于经其他方法长期治疗效果不佳的脑性瘫痪患者。吴芳等对44 例脑瘫患儿，给予经鞘内和静脉注射途径移植脐血来源的神经干细胞，通过对治疗前后脑瘫患儿生化、酶学、免疫、脏器功能等指标进行对比研究，认为脐血来源的神经干细胞应用于临床是安全、可行的。张敏等通过腰椎穿刺蛛网膜下腔及静脉移植途径给 50 例患者移植脐血来源的神经干细胞，其中 23 例设为观察组，于移植后第 2 天起，给予肌内注射神经生长因子 9000AU（含 mNGF 18μg），每天注射 1 次，连续注射 3～5 天。在治疗前及最后一次治疗后第 4 天进行粗大运动功能评定，认为 A、B、D 功能区分值及总分均较治疗前提高（$P<0.05$）。与对照组相比，观察组治疗后 A、B 功能区分值及总分均明显增高（$P<0.05$）。陶其强等用脐血来源的干细胞治疗 10 例脑瘫患儿，移植途径为经腰椎穿刺蛛网膜下腔注射，10 例患儿中包括 4 例肌张力增高型，5 例肌力减低型，1 例智力低下型，治疗后进行了 1.0～2.0 个月的随访观察。其中肌张力增高型 1 周内 4 例全部出现不同程度的肌张力减低；肌力减低型 2 例出现肌力增加。智力低下型的 1 例说话吐字较前清晰，本组患儿的总有效率达到 70%。吴芳等应用脐血间充质干细胞治疗 20 例脑瘫患儿，移植途径为鞘内注入，每周注射 1 次，4 周后观察到患儿的粗大运动功能中卧位与翻身、坐位、行走与跑跳功能及小腿三头肌肌张力均得到明显改善。

冯梅等应用脐血干细胞移植治疗 30 名重症脑瘫患儿。移植途径为静脉注射和腰椎穿刺鞘内注射（其中第 1 次为静脉注射途径，其余各次为经腰椎穿刺鞘内注射），移植脐血细胞数量为 2×10^7～3×10^7）个/份。分别于治疗前后进行安全性指标检测及脑瘫综合功能评定表、粗大运动功能测试量表（gross motor function measure，GMFM）评分。统计结果表明，患儿治疗前后安全性指标无明显差异，治疗前后脑瘫综合功能评定表评分及 GMFM 评分对比均有显著差异。进一步分析发现，脑瘫综合功能评定表的疗效评定总有效率为 73.3%，对各功能区得分进行对比研究，发现脐血干细胞移植能明显改善患儿的运动功能及言语功能，而对 GMFM 评分的各功能区前后比较中，发现脐血干细胞移植能改善脑瘫患儿的仰卧、俯卧及坐位功能。据此得出结论：脐血干细胞治疗重症脑瘫是安全有效的，特别是对于运动功能及言语功能的改善有较好的作用，其中粗大运动功能中以仰卧、俯卧及坐位功能的改善最为明显。徐蓉等通过腰椎穿刺将 1×10^6 个脐血单个核细胞注入蛛网膜下腔治疗 30 例痉挛型小儿脑瘫患者。采用改良的 Ashworth 分级标准进行肌张力和 Brunn storm 关节功能活动来评定效果，结果表明移植后患者的肌张力及关节功能均有明显改善。吴景文等分析总结了脐带间充质干细胞对小儿脑瘫患者的运动功能疗效。随机筛选适合干细胞移植的脑瘫患儿共 40 例，每隔 1 周移植脐带来源的间充质干细胞 1 次，共 4 次为 1 个疗程，移植方法包括 1 次静脉输注和 3 次腰椎穿刺蛛网膜下腔移植；同时辅助给予常规神经营养药物和物理康复治疗，随访 6 个月至 1 年，平均随访时间为 8.5 个月。应用小儿脑瘫粗大运动评价量表（GMFM-88）和改良 Ashhworth 法（肌张力评定）对术前、术后患儿的粗大运动功能进行统计。结果发现经过 1 个干细胞移植治疗疗程,患儿粗大运动功能均有不同程度的改善。本组参与评估的患儿在出院后 6 个月至 1 年间,其粗大运动总体分数较疗程结束时又有明显提高。肌张力评定结果显示,治疗 4 周后本组患儿小腿三头肌肌张力评定低于治疗前,治疗后 6 个月至 1 年较出院前也有不同程度的肌张力降低。故作者认为干细胞移植可不同程度地改善脑瘫患儿的运动功能。

Feng 等的回顾性研究评估了脑瘫患儿接受异体脐血干细胞移植后的安全性。其接受每次注射剂量为 $(2\sim3)\times10^7$ 个细胞,每个患儿根据病情需要给予 4~8 次,第一次采用鞘内注射,其余的均采用静脉注射,注射时间间隔 3~5 天。有 42.6% 患者出现发热,21.2% 患者出现呕吐。另一项研究表明,与治疗前相比,脐血干细胞移植治疗小儿脑性瘫痪患儿后血及尿常规、出凝血时间、血糖、血脂、肝功能及肾功能均无明显改变。治疗后不良反应包括一过性发热、呕吐等,经对症处理后,均可缓解。这说明此治疗方法临床应用是安全的。

我们曾于 2007 年对 1 例 9 月龄的重度脑损伤患儿进行异体脐血 MNC 输注,该患儿于脑损伤 1 个月时检查呈去大脑皮层强直状态,四肢肌张力较高,下肢明显,有时伴随小的抽动,脑电图呈现极低的慢波。损伤 1 个月时经静脉途径输入异体脐血 1 份,输入有核细胞数量 15.40×10^8,输注后患儿继续行康复治疗。输注后 2 周,患儿四肢肌张力较前减低,脑电图波形明显恢复。输注后 3 个月评价患儿四肢强直状态较输注前减轻,但手仍不能持物;6 个月时患儿仍呈四肢强直状态,但上肢肌张力降低,手能持物;随访 1 年后前述变化仍在缓慢恢复。治疗脑瘫最令人振奋的消息来自于 Jensen 等(2013)的个案报道:他们用脐血输注成功治疗了一名 2 岁半男孩,该患儿因脓毒血症心脏骤停后,引起广泛缺氧缺血性脑损伤,呈植物人状态。抢救 9 周后经静脉途径输注冻存自体脐血 91.7mL(含 5.75×10^8 MNC),同时进行康复治疗。2 个月后强直性痉挛好转,运动功能改善。随访中,视力逐渐恢复,能坐,能对人微笑,说简单的会话;40 个月时,能自己吃饭,会爬、扶着行走。

国外临床试验(NCT01193660)采用静脉输注脐血细胞联合红细胞生成素及康复治疗脑性瘫痪,在行为评估(粗大运动性能测试量表 GMPM)、粗大运动功能测试(GM-FM)、认知神经发育(婴幼儿发育量表Ⅱ)、运动神经发育(婴幼儿发育量表Ⅱ)、大脑糖代谢、日常行为改善(残疾儿童能力评定量表)、日常活动独立性(功能独立性评价表)、肌力(徒手肌力评定 MMT)等方面来进行评价,结果显示脐血细胞联合红细胞生成素及康复治疗对脑性瘫痪患者上述各方面均有不同程度改善。Romanov 等将 HLA 不合脐血干细胞(不含红细胞)通过静脉输注治疗 80 名脑瘫患儿,随访时间为 3~36 个月,患儿接受多达 6 次以上的脐血干细胞输注,每次平均细胞数量为 2.5×10^8。结果发现,多次输注干细胞未引起严重的副作用,相反,注射干细胞次数 4 次及 4 次以上的患儿在神经功能状况及认知能力方面均得到明显提升。因此,对于脑瘫患儿来说,多次静脉输注脐血干细胞可能是一种安全有效的治疗方法。

四、脐血细胞在自闭症(Autism)中的应用

自闭症(孤独症)是一种以严重的、广泛的社会相互影响和沟通技能损害以及刻板的行为、兴趣和活动为特征的疾病,其病因复杂,有认为与基因及免疫因素有关。自闭症的

症状通常在患儿12～18个月时就有表现,但确诊却多在患儿24～36个月时才能作出,有个别的患者甚至到成人时才被诊断患有自闭症。自闭症给患儿及其家庭带来沉重的负担,其影响患儿的日常行为,阻滞其正常发育。该病目前尚无特效的治疗方法。目前有研究发现脐血干细胞对于治疗自闭症可能有一定效果,特别是对于与免疫紊乱有关者有效。

杨华强等给2例自愿接受干细胞移植的自闭症患者,将脐血干细胞和脐带间充质干细胞分别通过静脉输注和腰穿鞘内注射途径移植到患者体内。术后定期观察患者临床症状及各项指标的变化,并采用儿童自闭症评定量表(CARS)和临床总体评定量表(CGIS)进行综合分析。结果显示治疗后患者临床症状较治疗前明显好转,随访半年症状持续缓解无复发。与治疗前相比,2例患者CARS明显降低、CGIS明显好转,移植过程中及治疗后未出现严重的并发症,也无明显的不良反应。此研究结果表明脐血干细胞和脐带间充质干细胞联合移植治疗自闭症患者可能是一种有效的方法。

Lv等探索脐血单个核细胞(CB-MNCs)与脐带间充质干细胞(UC-MSCs)治疗儿童自闭症的初步疗效。研究分组为CB-MNCs＋康复训练治疗组(脐血组);CB-MNCs联合UC-MSCs＋康复训练治疗组(混合组)和对照组。治疗组患者共接受4次干细胞治疗,每周1次,每次剂量为2×10^6/kg。分别收集患者基线、首次治疗后2、4、8、16、24周的儿童孤独症评定量表(CARS)及异常行为量表(ABC)评分结果,用于评价干细胞治疗儿童孤独症的临床疗效。结果显示在随访时间内三组ABC评分均有一定程度的下降,随访至24周时下降百分比分别为59.9％、38.0％、17.4％,三组间ABC评分比较差异具有统计学意义。分析显示混合组与脐血组和对照组比较,6个月时嗜睡、刻板行为因子差异均具有统计学意义;混合组评分(16.00±7.92,9.33±5.81)要显著低于脐血组(24.14±9.65,17.07±9.93)和对照组(30.54±5.03,17.31±4.05)。上述研究结果表明与单纯康复训练治疗相比,应用脐血干细胞联合康复训练治疗疗效显著。

Li等证实脐血单个核细胞移植治疗后,检测自闭症患儿脑脊液中神经生长因子、血管内皮细胞生长因子和碱性成纤维细胞生长因子水平均显著升高,临床症状好转,考虑与脐血单个核细胞移植治疗后分泌神经生长因子,促进损伤功能修复及激活内源性修复机制有关。美国Duke大学的研究团队近年来正在进行用脐血干细胞治疗自闭症的Ⅱ期临床试验,我们期待他们更为系统、严谨的研究结果。

五、脐血在神经退化性病变中的应用

随着我国步入老龄化时代,与社会老龄化相关联的神经退行性疾病已成为不容忽视的医学和社会问题。虽然近年来对其发病机制的研究不断深入,但因神经元损伤后的不可再生性,人体无法自行产生新的功能性神经元来替代退化或者缺失的神经元,且临床上目前尚缺乏疗效确切的治疗药物,以致神经退行性疾病至今仍无法达到令人满意的治疗效果。细胞治疗技术被公认为是临床上继药物治疗和手术治疗后最有价值的新兴治疗技术。细胞移植替代疗法单独或结合药物治疗,为神经退行性疾病的治疗提供了新途径。由于脐血具有取材方便、来源丰富、免疫原性弱等诸多优势,被众多学者推荐为细胞移植的替代来源。

1.帕金森病　帕金森病(Parkinson's disease,PD)是一种常见的神经系统变性疾病,该病主要病理特点为中脑黑质多巴胺能神经元(dopaminergic neuron,DN)严重缺失和纹状体多巴胺神经递质减少。主要表现为震颤、强直、运动迟缓和体位不稳。如不进行有效的治疗,患者病情呈慢性进行性加重,晚期往往表现为全身僵硬、活动受限,其中约30%的中晚期患者发展为生活不能自理,最后死于各种并发症。

目前对于干细胞治疗帕金森病的主要研究焦点在于可以通过移植干细胞替代变性、缺失的多巴胺神经元,改善帕金森患者的病情和预后。其中间充质干细胞由于来源广泛(骨髓、脐血、脐带、脂肪组织、外周血等),且涉及伦理问题少,免疫原性弱等优点而备受瞩目。

在体外,已经证实脐血干细胞分化成的神经元能够表达多巴胺相关基因,合成释放多巴胺。其可能的机制有:

(1)UCB-MSCs 移植入脑后,能在体内分化形成神经元样细胞或星形胶质细胞,并表达神经标志性蛋白,这些体内分化产生的细胞可在受损部位周围存活,甚至移行至全脑。

(2)UCB-MSCs 在中枢神经系统微环境下能分泌脑源性神经营养因子(BDNF)、bFGF 等营养因子,或者刺激损伤部位产生内源性因子,促进损伤组织的修复并减少细胞凋亡。

(3)UCB-MSCs 可分化成血管内皮细胞和细胞外基质,帮助神经保护、促进血管发生,是受损部位新生血管的主要组成细胞。

(4)使 UCB-MSCs 通过体外扩增或不同因子诱导分化的方法分化为神经细胞后进行移植,可在脑内创造适宜的局部微环境,能够替代受损细胞重建神经功能区和传导通路。

有学者给帕金森病模型鼠的纹状体植入 Hoechst 33258 标记的脐血 MSCs,发现脐血 MSCs 可在脑内长期存活(超过 8 周),并且有向病变区域迁移的趋势,同时表达神经元标记物-神经元特异性烯醇化酶、胶质纤维酸性蛋白和 TH,实验组多巴胺含量明显高于对照组,这表明 MSCs 在大鼠脑内微环境的作用下可模仿神经干细胞的行为,沿着一定的路径迁移,而且有向功能神经元分化的潜能。也有学者将 BrdU 标记的脐血 MSCs 注入 6-羟多巴胺帕金森大鼠模型的右侧纹状体,发现与对照组相比,移植组 4 周后阿扑吗啡诱发的旋转行为明显减少(每 30 分钟大鼠旋转圈数分别为 340±30 vs 212±60)。刘磊等给帕金森大鼠模型植入脐血 MSCs,观察发现脐血 MSCs 移植组大鼠转圈次数随着时间延长逐渐下降,而对照组大鼠转圈次数没有明显改变,且移植后 3~8 周两组旋转圈数仍有显著差异($P<0.05$)。移植后 2 周时,脐血 MSCs 移植组大鼠纹状体针道内及附近检测到酪氨酸羟化酶阳性细胞;对照组大鼠的纹状体针道处未检测到外源性细胞。移植后 8 周时,脐血 MSCs 移植组鼠纹状体针道内仍能检测到酪氨酸羟化酶阳性细胞,而对照组大鼠纹状体处未检测到酪氨酸羟化酶阳性细胞表达。上述结果表明脐血 MSCs 移植后,移植细胞可在脑内存活并且表达酪氨酸羟化酶蛋白,改善帕金森病模型大鼠的行为学异常。黄仕雄等利用 Nurrl 基因修饰脐血 MSCs 来源的多巴胺能神经元(DN)移植入帕金森病(PD)模型鼠纹状体内,能有效地改善 PD 模型鼠的症状,提高移植后 DN 的整合及存活能力,保护了毁损纹状体内残存的 DN。这些研究均说明脐血 MSCs 脑内移植能改善帕金森大鼠的行为缺陷,可作为治疗神经变性疾病的一种潜在的细胞资源。

临床应用方面,吴立克等对 30 例帕金森患者进行脐血间充质干细胞治疗,移植途径为鞘内注射,移植细胞数量为 5×10^6,每周 1 次,4 次为一个疗程。移植后采用帕金森病统一评分量表对患者移植前后神经功能进行评定,结果表明,与移植前相比,30 例患者移植后 3 个月帕金森病统一评分量表分值均有明显降低,患者震颤、强直、运动迟缓、姿势不稳等临床症状都得到明显改善,且未出现移植物抗宿主病。邱云等应用脐带来源的间充质干细胞经颈动脉穿刺移植帕金森患者,移植细胞数量为 $4×10^7$,结果也发现移植后 1 个月帕金森病统一评分量表分值均明显降低,主要改善指标集中在震颤、强直等,而运动迟缓、姿势不稳等临床症状则改善不明显。王艳等采用同样的方法也得到了类似的结论。季兴等经鞘内注射移植脐带间充质干细胞治疗 38 例帕金森患者。治疗后 1 个月所有患者的静止性震颤、运动迟缓、肌强直、姿势步态障碍均不同程度缓解,治疗过程中及治疗后患者各项生命体征均较平稳。治疗过程中少数患者有低热、头痛、腰痛、兴奋症状出现,给予对症处理后均完全缓解。上述临床研究均未发生严重不良反应,未见抗移植物宿主病,提示脐血/脐带间充质干细胞移植可以一定程度地改善帕金森病患者的临床症状,提高患者生活质量。

2. 阿尔茨海默病 阿尔茨海默病(Alzheimer's disease,AD)是以进行性记忆和认知功能障碍为特征的、慢性进行性神经系统变性病,是最常见的老年期痴呆,其发病率和病残率高,严重威胁着老年人的生活质量。基于干细胞具有的神经分化潜能,移植后的干细胞能通过多种途径发挥神经保护作用,故外源性细胞移植治疗为阿尔茨海默病的治疗带来希望。

研究已表明脐血间充质干细胞能够在一定诱导条件下分化成神经细胞,同时也是相对较易获取的细胞,成为阿尔茨海默病干细胞治疗中较有潜力的候选细胞。王丽娟等研究了定向诱导的人脐血间充质干细胞(hUCB-MSCs)移植对阿尔茨海默病大鼠行为学的影响,结果发现 hUCB-MSCs 移植可以改善 AD 模型大鼠的学习记忆能力,提示 hUCB-MSCs 移植对 AD 大鼠的认知功能障碍有治疗作用。Lee 等通过将 UCB-MSCs 与 β 淀粉样多肽(Aβ)处理的海马神经元共培养以及移植治疗 AD 大鼠模型,发现其能够促进海马神经元的存活,促进 AD 模型鼠认知功能恢复。Kim 等研究了人 UCB-MSCs 对 Aβ 斑块的影响,体内外实验均发现其能通过分泌可溶性胞内黏附分子-1(sICAM-1)促进胶质细胞脑啡肽酶表达,进一步促进 β 淀粉样多肽(Aβ)斑块的降解,从而促进认知功能改善。Darlington 等将低剂量($1×10^6$ cells/μL)人脐血单个核细胞输注给 AD 小鼠模型,结果显示在脐血治疗后的 6 个月和 12 个月,减轻了模型鼠的认知损伤和 Aβ 水平。这些研究为利用脐血治疗 AD 奠定了基础。

六、脐血细胞在其他神经损伤性疾病中的应用

1. 进行性脊髓性肌肉萎缩症 临床上有采用脐血间充质干细胞移植治疗儿童进行性脊髓性肌肉萎缩症的个案报道。研究者对 1 例经药物及康复治疗无效,确诊为儿童进行性脊髓性肌肉萎缩症的 2 岁 2 个月患儿行脐血间充质干细胞移植治疗。移植途径采取首次静脉输注,后 3 次行腰穿蛛网膜下腔注入,每周 1 次,4 次为 1 个疗程,移植细胞数量为 $(4\sim6)×10^7$ 个/每次。与移植前比较,移植后 6 个月患儿肌酶下降,双下肢肌力增加,生活自理能力改善。长期随访过程中患儿未出现明显的不良反应。提示脐血间充质干细胞治疗儿童进行性脊髓性肌肉萎缩症患儿有一定疗效,其神经功能恢复明显。尚待更多的

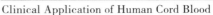

研究报道。

2. 脑出血及创伤性脑损伤(traumatic brain injury,TBI) 姚星宇等观察了不同移植途径移植人脐血单个核细胞(CB-MNCs)对脑出血大鼠神经功能的影响。结果发现脑出血大鼠经尾静脉、左心室及脑出血局部途径移植人脐血单个核细胞治疗后,大鼠神经功能均有不同程度的改善,其中脑局部移植是脐血单个核细胞移植的最佳途径。而经尾静脉注射的脐血单个核细胞也可以迁移至免疫功能健全的大鼠脑创伤灶周边区,促进 VEGF mRNA 分泌,血管新生相关因子如 VEGF、bFGF 的分泌及血管新生,从而改善神经功能。Acosta 等采用人脐血细胞联合 G-CSF 移植治疗外伤性脑损伤(TBI)动物模型,通过观察海马区细胞丢失、神经炎症反应、神经再生等以评价其疗效。结果发现联合治疗组在减轻组织病理学损伤和运动功能损伤等方面均优于单一治疗组。另有学者给创伤性脑损伤(TBI)大鼠模型经尾静脉移植人脐血间充质干细胞,通过检测和比较假伤组、损伤组和移植组大鼠血浆生化指标(NSE、S100β 蛋白、LDH、CK)等来评价疗效。结果发现损伤组大鼠在损伤后早期即可见 NSE、S100β 蛋白、LDH、CK 指标有所升高。脐血间充质干细胞移植组大鼠在损伤后上述生化指标在早期有所增高,与损伤组相比,随着时间进展,移植组血清 NSE、S100β 蛋白、LDH、CK 浓度均明显下降。组织学检测则发现移植组脑组织病理改变较损伤组轻微。故作者认为在未应用免疫抑制剂的情况下,经尾静脉注射脐血间充质干细胞能通过减少血清 NSE、S100β 蛋白、LDH 和 CK 的分泌,有效促进组织损伤的修复,有助于创伤性脑损伤神经功能的恢复。上述研究均表明脐血 MNCs/MSCs 移植将为创伤性脑损伤提供一种可能的治疗新方法。

Min 等报道了 3 例重度外伤性脑损伤患者,给予异基因脐带血移植,并联合注射重组人红细胞生成素(rhEPO)及康复治疗。治疗过程中未出现严重的不良反应,随访期间患者症状均有不同程度的改善。其中病例 1 运动功能和认知功能改善;病例 2 日常活动能力较前改善;病例 3 的神经性发热消失,脑 PET 检查显示基底节、丘脑和小脑的葡萄糖代谢增加。目前的研究表明异基因脐血联合 EPO 治疗创伤性脑损伤是安全的,并具有一定疗效,但其有效性及安全性尚需大样本临床对照研究予以证实。

3. 脊髓损伤(spinal cord unjury,SCI) Sporta 等利用脊髓压伤的大鼠模型,将脐血单个核细胞经静脉移植于大鼠体内。5 天后,移植组即有明显的功能改善。免疫细胞学检测发现,移植细胞可表达神经标志,且多聚集于损伤区周围。Dasari 等则在大鼠损伤 1 周后,将人脐血间充质干细胞直接注射到脊髓损伤大鼠模型的脊髓损伤部位,经免疫组织化学分析显示移植的人脐血间充质干细胞可分化为神经细胞、少突胶质细胞和星形胶质细胞。Cui 等研究了人脐血来源的间充质干细胞移植对脊髓损伤大鼠功能恢复的作用。在移植后的 1 周、2 周、4 周对模型大鼠进行行为评价,移植后 4 周行免疫组化检测。结果发现接受移植的大鼠脊髓神经功能明显恢复,移植后 4 周免疫组化检测提示神经细胞开始再生,因此脐血间充质干细胞移植可以促进脊髓损伤大鼠脊髓神经功能的恢复。

另有探讨人脐血间充质干细胞移植修复大鼠脊髓损伤的作用及机制的研究发现,人脐血 MSCs 移植后,移植的细胞可替代损伤的神经细胞,减轻脊髓损伤后的炎症反应,从而促进大鼠脊髓功能恢复。唐亮等则研究人脐血 CD34+ 细胞在不同时期移植修复大鼠脊髓损伤的效果和机制,发现在脊髓损伤急性期移植人脐血 CD34+ 细胞可通过提高脊髓损伤中心血管密度促进微循环恢复,增加组织活力,通过另一种途径促进大鼠脊髓损伤后肢体功能恢复。

临床应用方面,崔中平等利用人脐血来源的神经干细胞移植治疗了33例因创伤性脊髓损伤和硬膜外血肿等原因造成的急性压迫性损害患者,移植途径包括10例静脉移植,10例蛛网膜下腔移植,13例开放手术移植。在移植后7～10天,33例患者损伤的脊髓功能均有不同程度改善,移植后随访2周～16个月,33例患者的脊髓功能呈现继续改善的趋势。郭钢花等利用人脐血间充质干细胞移植治疗12例脊髓损伤患者,移植方法为每周1次,连续4次,其中1次为静脉输注,3次为蛛网膜下腔注射,每次移植的细胞数量为$(2～3)×10^7$个,治疗组治疗后患者感觉、运动及 ADL 与治疗前相比有改善,且感觉的改善与对照组差异具有统计学意义。本实验中的12例患者均无明显过敏及其他的不良反应,证明人脐血间充质干细胞移植治疗脊髓损伤是安全的,且有一定疗效。Yao 等对25例创伤性脊髓损伤患者(损伤时间超过6个月),通过静脉注射和鞘内注射的方式输入人脐血干细胞,随访时间12个月。结果发现移植后患者自主神经功能有所恢复,躯体感觉诱发电位的潜伏期缩短,而未发现严重不良反应,这说明脐血干细胞治疗创伤性脊髓损伤是安全有效的。吴月奎等观察了脐血来源的神经干细胞治疗陈旧性脊髓损伤的临床疗效。采集的脐血在体外条件下分化为神经干细胞,制成$10^9/L$的细胞悬液,经腰椎穿刺注入患者蛛网膜下腔。移植前和移植后3个月对脊髓损伤患者行脊髓损伤神经学分类国际标准(ASIA)评分和膀胱残余尿量测定,结果显示移植后患者生命体征平稳,与移植前相比,移植后3个月 ASIA 各项评分均提高,膀胱残余尿量减少,可见脐血来源的神经干细胞作为一种新的治疗方法,能够改善陈旧性脊髓损伤患者肢体功能,提高患者的生活质量。

4.脊髓小脑性共济失调　　周艳辉等应用异体脐血干细胞移植治疗3例共济失调患者,移植治疗后患者共济失调评估量表(ICARS)评分下降,Berg 平衡量表评分升高。侯会荣等给予7例患者移植6次异体脐带血干细胞,患者治疗后 ICARS 评分下降9.5分,最多下降22分。辛家厚等观察了神经节苷脂联合脐血干细胞移植治疗脊髓小脑性共济失调的近期疗效,结果也发现,患者经联合治疗后,ICARS 各项评分均有下降,治疗后动态功能、姿势和步态、言语障碍评分均明显低于治疗前。日常生活能力量表(ADL)的评分也均有下降,与治疗前相比,治疗组患者躯体生活自理量表总分、工具性日常生活能力量表总分明显降低。该研究结果表明,神经节苷脂联合脐血干细胞移植治疗脊髓小脑性共济失调,近期疗效明显,能有效改善患者的临床症状,提高生活质量和日常生活自理能力。

七、问题与展望

综上所述,已有较多的基础研究与临床证据表明脐血在神经系统再生医学中具有可行性、安全性和有效性,其通过多种机制为神经再生医学研究与治疗开拓了新的思路与途径。但很多临床研究还处于探索和实验阶段,有关干细胞治疗的细胞选择、剂量、途径、时机及分化调控有待更深入的研究。相信随着组织工程学、基因工程学、分子生物学等的发展,脐血将会在神经再生医学方面大有作为。随着第三类治疗技术的准入,脐血在再生医学中的临床应用将更加规范及广泛。

（李府,张乐玲）

主要参考文献

1. 陈乃耀,赵俊暕,石峻,等.人脐血间充质干细胞移植对创伤性脑损伤大鼠血管新生及相关因子分泌的影响.临床血液学杂志,2012(6):722-726.

2. 崔中平,王小艳,杨波,等.脐带血来源神经干细胞移植治疗脊髓损伤 33 例.中国组织工程研究与临床康复,2008,12(29):5751-5754.

3. 杜玲,杨华强,王娜,等.脐血间充质干细胞移植治疗儿童型脊肌萎缩症 1 例.中国组织工程研究与临床康复,2011,15(36):6837-6840.

4. 樊志刚,刘翔,白瑞樱,等.脐血干细胞移植对帕金森病大鼠神经功能恢复的影响.郑州大学学报(医学版),2006,41(4):646-648.

5. 樊志刚,刘芳.脐血干细胞移植对帕金森病大鼠旋转行为的影响.中国组织工程研究,2012,16(14):2567-2570.

6. 冯梅,高红霞,代喜平,等.脐血干细胞移植治疗重症脑瘫 30 例临床疗效观察.中国输血杂志,2011,24(7):602-604.

7. 郭钢花,申利坊,李哲.脐血间充质干细胞治疗脊髓损伤临床研究.中国实用医刊,2012,39(10):58-60.

8. 侯会荣,李香社,范亚林.干细胞移植治疗共济失调七例.脑与神经疾病杂志,2011,19(4):287-290.

9. 黄仕雄,刘军,文国强,等.Nurrl 基因修饰人脐血间充质干细胞源性多巴胺能神经元移植治疗帕金森病.中山大学学报(医学科学版),2009,30(5):522-526.

10. 季兴,李波,李婍,等.脐带间充质干细胞移植治疗帕金森病效果分析.中国实用神经病学杂志,2014,1(17):8-10.

11. 李府,马丽霞,张乐玲,等,早产儿脐血造血干/祖细胞特点.实用儿科临床杂志,2010,25(3):175-176.

12. 梁星光,黄玉洁,伍亚红.干细胞移植在治疗神经退行性疾病方面的临床应用.中华移植杂志,2015,9(4):188-193.

13. 刘磊,冯德朋,陈燕,等.脐血间充质干细胞移植治疗帕金森病的可行性.中国组织工程研究,2015,19(28):4567-4571.

14. 刘敏,吕涌涛,郇英,等.脐血单个核细胞和脐带间充质干细胞治疗儿童孤独症的安全性与有效性.中国组织工程研究与临床康复,2011,15(23):4359-4362.

15. 卢国辉,张世忠.脐血间充质干细胞与帕金森病.中华神经医学杂志,2012,11(3):314-316.

16. 马刘红,程欣,徐建兵,等.人脐带间充质干细胞对阿尔茨海默病模型小鼠学习记忆能力的影响.广东医学,2012,33(10):1366-1369.

17. 邱云,汪铮,路红社.脐带间充质干细胞移植治疗帕金森病 8 例.中国组织工程研究与临床康复,2011,15(36):6833-6836.

18. 孙丽,于丽,张华芳,等.人脐血 MSCs 细胞修复大鼠脊髓损伤的效果及机制的初步探讨.中国临床解剖学杂志,2011,29(2):202-207.

19.唐亮,冯世庆,高瑞霄.不同时期移植人脐血 CD34$^+$ 细胞对大鼠脊髓损伤修复的对比研究.天津医药,2015,43(7):749-752.

20.陶其强,唐明淇,许冬联,等.脐带血干细胞治疗小儿脑性瘫痪10例近期疗效.中外健康文摘,2009,6(35):18-19.

21.王丽娟.脐血间充质干细胞移植对阿尔茨海默病大鼠行为学的影响.中国老年学杂志,2012,32(21):4687-4689.

22.王晓莉,赵岩松,李耀武,等.人脐血单个核细胞移植在缺氧缺血性脑损伤新生大鼠脑内的迁移及分化.中国组织工程研究与临床康复,2009,13(32):1223-1233.

23.王艳,赵新利,张军艳,等.脐带间充质干细胞治疗帕金森病的应用.中国组织工程研究,2014,18(6):932-937.

24.吴芳,杨万章,张敏,等.脑瘫患儿应用脐血间质干细胞的临床安全性研究.中西医结合心脑血管病杂志,2008,6(12):1405-1406.

25.吴芳,杨仕勇,张敏,等.脐血间充质干细胞移植对脑性瘫痪儿童神经系统功能的影响:20例分析.中国组织工程研究与临床康复,2008,12(16):3198-3200.

26.吴景文,贾丹兵,曲超法,等.干细胞移植治疗小儿脑瘫的临床疗效:40例报道.中华神经外科疾病研究杂志,2011,10(5):424-427.

27.吴立克,王晓娟,褚赛纯,等.脐血间充质干细胞移植治疗帕金森病30例.中国组织工程研究与临床康复,2009,13(40):7591-7954.

28.吴月奎,王尚武,马建华,等.脐血源神经干细胞移植治疗陈旧性脊髓损伤.中国组织工程研究,2014,18(41):6678-6683.

29.辛家厚,陈伟.神经节苷脂联合脐血干细胞移植治疗脊髓小脑性共济失调的近期疗效.皖南医学院学报,2014,33(4):305-307.

30.徐蓉,刘波,段答,等.脐血单个核细胞移植治疗痉挛型小儿脑性瘫痪的安全性.中国组织工程研究,2012,16(41):7787-7790.

31.许予明,邢莹,杨红旗,等.人脐血间充质干细胞脑内移植改善帕金森病大鼠行为缺陷的研究.中国临床康复,2004,8(25):5460-5462.

32.杨华强,张荣环,杜玲,等.脐带间充质干细胞移植对脑瘫患儿运动功能的影响.现代生物医学进展,2012,12(2):250-252.

33.杨华强,张荣环,李贞艳,等.脐血干细胞和脐带间充质干细胞联合移植治疗自闭症.现代中西医结合杂志,2012,21(30):3307-3308.

34.姚星宇,杨丽敏,张国华.不同途径移植人脐血单个核细胞对脑出血大鼠神经功能的影响.中国卒中杂志,2012,7(10):786-791.

35.余勤,李佩佩,宣晓波,等.间充质干细胞不同移植途径对修复大鼠缺氧缺血性脑损伤作用的研究.浙江中医药大学学报,2012,36(6):696-700.

36.张海廷,王薇,王淑辉,等.干细胞移植治疗阿尔茨海默病研究进展.中华神经医学杂志,2014,13(3):319-321.

37. 张丽欣, 邢利和, 张丽丽, 等. 脐血干细胞治疗小儿脑瘫的临床安全性研究. 中国全科医学, 2010, 13(6): 1868-1870.

38. 张敏, 杨万章, 吴芳, 等. 神经生长因子配合脐血源神经干细胞移植对脑瘫患儿运动功能的影响. 中国误诊学杂志, 2008, 8(23): 5596-5597.

39. 赵翠, 张鹏, 程国强. 脐血细胞移植治疗缺氧缺血性脑病研究进展. 中华儿科杂志, 2015, 53(5): 390-393.

40. 赵俊暕, 石峻, 邵坤, 等. 间充质干细胞移植对脑损伤大鼠神经生化标志物分泌的调节. 生物医学工程学杂志, 2015, 32(1): 152-156.

41. 周艳辉, 王琦, 余丹, 等. 异体脐血干细胞移植治疗共济失调患者疗效观察. 中国热带医学, 2012, 12(7): 866-867.

42. Acosta SA, Tajiri N, Shinozuka K, et al. Combination therapy of human umbilical cord blood cells and granulocyte colony stimulating factor reduces histopathological and motor impairments in an experimental model of chronic traumatic brain injury. *PLoS One*, 2014, 9(3): e90953.

43. Bae SH, Kong TH, Lee HS, et al. Long-lasting paracrine effects of human cord blood cells on damaged neocortex in an animal model of cerebral palsy. *See comment in Pub Med Commons below Cell Transplant*, 2012, 21(11): 2497-2515.

44. Baek W, Kim YS, Koh SH, et al. Stem cell transplantation into the intraventricular space via an Ommaya reservoir in a patient with amyotrophic lateral sclerosis. *J Neurosurg SCi*, 2012, 56(3): 261-263.

45. Bouchez G, Sensebé L, Vourch P, et al. Partial recovery of dopaminergic pathway after graft of adult mesenchymal stem cells in a rat model of Parkinson's disease. Neurochem Int, 2008, 52(7): 1332-1342.

46. Carroll J. Human cord blood for the hypoxic-ischemic neonate. *See comment in PubMed Commons below Pediatr Res*, 2012, 71(4 Pt 2): 459-463.

47. Cotten CM, Murtha AP, Goldberg RN, et al. Feasibility of autologous cord blood cells for infants with hypoxic-ischemic encephalopathy. *See comment in PubMed Commons below J Pediatr*, 2014, 164(5): 973-979.

48. Cui B, Li E, Yang B, et al. Human umbilical cord blood-derived mesenchymal stem cell transplantation for the treatment of spinal cord injury. *Exp Ther Med*, 2014, 7(5): 1233-1236.

49. Darlington D, Deng J, Giunta B, et al. Multiple low-dose infusions of human umbilical cord blood cells improve cognitive impairments and reduce amyloid-β-associated neuropathology in Alzheimer mice. *Stem Cells Dev*, 2013, 22(3): 412-421.

50. Dasari VR, Spomar DG, Gondi CS, et al. Axonal remyelination by cord blood stem cells after spinal cord injury. *J Neurotrauma*, 2007, 24(2): 391-410.

51. De Paula S, Greggio S, Marinowic DR, et al. The dose-response effect of acute

intravenous transplantation of human umbilical cord blood cells on brain damage and spatial memory deficits in neonatal hypoxia-ischemia. *See comment in PubMed Commons below Neuroscience* , 2012,210:431-441.

52. De Paula S, Vitola AS, Greggio S,et al. Hemispheric brain injury and behavioral deficits induced by severe neonatal hypoxia-ischemia in rats are not attenuated by intravenous administration of human umbilical cord blood cells. *Pediatr Res* ,2009,65 (6):631-635.

53. Drobyshevsky A, Cotten CM, Shi Z,et al. Human umbilical cord blood cells ameliorate motor deficits in rabbits in a cerebral palsy model. *Dev Neurosci* , 2015, 37 (45):349-362.

54. Feng M, Lu A, Gao H,et al. Safety of allogeneic umbilical cord blood stem cells therapy in patients with severe cerebral palsy: a retrospective study. *Stem Cells Int* , 2015,2015:325652.

55. Geissler M, Dinse HR, Neuhoff S,et al. Human umbilical cord blood cells restore brain damage induced changes in rat somatosensory cortex. *See comment in Pub Med Commons below PLoS One* ,2011,6(6):e20194.

56. Goodarzi P, Aghayan HR, Larijani B,et al. Stem cell-based approach for the treatment of Parkinson's disease. *Med J Islam Repub Iran* ,2015,29:168.

57. Janowski M, Lyczek A, Engels C, et al. Cell size and velocity of injection are major determinants of the safety of intracarotid stem cell transplantation. *J Cereb Blood Flow Metab* ,2013,33(6):921-927.

58. Jiang Y, Zhu J, Xu G,et al. Intranasal delivery of stem cells to the brain. *Expert Opin Drug Deliv* , 2011,8(5):623-632.

59. Kim JY, Kim DH, Kim JH,et al. Soluble intracellular adhesion molecule-1 secreted by human umbilical cord blood-derived mesenchymal stem cell reduces amyloid-β plaques. *Cell Death Differ* ,2012,19(4):680-691.

60. Kim YJ, Park HJ, Lee G,et al. Neuroprotective effects of human mesenchymal stem cells on dopaminergic neurons through anti-inflammatory action. *Glia* , 2009, 57 (1):13-23.

61. Koh H, Hwang K, Lim HY, et al. Mononuclear cells from the cord blood and granulocyte colony stimulating factor-mobilized peripheral blood: is there a potential for treatment of cerebral palsy? *Neural Regen Res* , 2015,10(12):2018-2024.

62. Lampron A, Pimentel-Coelho PM, Rivest S. Migration of bone marrow-derived cells into the central nervous system in models of neurodegeneration. *J Comp Neurol* , 2013,521(17):3863-3876

63. Lee HJ, Kim KS, Ahn J, et al. Human motor neurons generated from neural stem cells delay clinical onset and prolong life in ALS mouse model. *PLoS One* , 2014, 9

（5）：e97518.

64. Lee HJ，Lee JK，Lee H，et al. Human umbilical cord blood-derived mesenchymal stem cells improve neuropathology and cognitive impairment in an Alzheimer's disease mouse model through modulation of neuro-inflammation. *Neurobiol Aging*，2012，33（3）：588-602.

65. Lee HJ，Lee JK，Lee H，et al. The therapeutic potential of human umbilical cord blood-derived mesenchymal stem cells in Alzheimer's disease. *Neurosci Lett*，2010，481（1）：30-5.

66. Lee YH，Choi KV，Moon JH，et al. Safety and feasibility of countering neurological imparment by intravenous administration of autologous cord blood in cerebral palsy. *J Transl Med*，2012，10：58.

67. Li Q，Chen CF，Wang DY，et al. Transplantation of umbilical cord blood mononuclear cells increases levels of nerve growth factor in the cerebrospinal fluid of patients with autism. *Genet Mol Res*，2015，14（3）：8725-8732.

68. Lv YT，Zhang Y，Liu M，et al. Transplantation of human cord blood mononuclear cells and umbilical cord-derived mesenchymal stem cells in autism. *J Transl Med*，2013，11：196.

69. Mefford HC，Batshaw ML，Hoffman EP. Genomics，intellectual disability，and autism. *N Engl J Med*，2012，366（8）：733-743.

70. Meier C，Middelanis J，Wasielewski B，et al. Spastic paresis after perinatal brain damage in rats is reduced by human cord blood mononuclear cells. *Pediatr Res*，2006，59（2）：244-249.

71. Min K，Song J，Kang JY，et al. Umbilical cord blood therapy potentiated with erythropoietin for children with cerebral palsy：a double-blind，randomized，placebo-controlled trial. *See comment in Pub Med Commons below Stem Cells*，2013，31（3）：581-591.

72. Min K，Song J，Lee JH，et al. Allogenic umbilical cord blood therapy combined with erythropoietin for patients with severe traumatic brain injury：three case reports. *Restor Neurol Neurosci*，2013，31（4）：397-410.

73. Mistry A，Stolnik S，Illum L. Nanoparticles for direct nose-to-brain delivery of drugs. *Int J Pharm*，2009，379（1）：146-157.

74. Mitchell S，Brian J，Zwaigenbaum L，et al. Early language and communication development of infants later diagnosed with autism spectrum disorder. *J Dev Behav Pediatr*，2006，27（2 Suppl）：S69-78.

75. Neuhoff S，Moers J，Rieks M，et al. Proliferation，differentiation，and cytokine secretion of human umbilical cord blood-derived mononuclear cells in vitro. Exp *Hematol*，2007，35（7）：1119-1131.

76. Okuma Y，Wang F，Toyoshima A，et al. Mannitol enhances therapeutic effect

of intra-arterial transplantation of mesenchymal stem cell into the brain after traumatic brain injury. *Neurosci Lett*, 2013, 554:156-161.

77. Park HW, Chang JW, Yang YS, et al. The effect of donor-dependent administration of human umbilical cord blood-derived mesenchymal stem cells following focal cerebral ischemia in rats. *Exp Neurobiol*, 2015, 24(4):358-365.

78. Perez A, Ritter S, Brotschi B, et al. Long-term neurodevelopmental outcome with hypoxic-ischemic encephalopathy. *J Pediatr*, 2013, 163(2):454-459.

79. Pimentel-Coelho PM, Magalhães ES, Lopes LM, et al. Human cord blood transplantation in a neonatal rat model of hypoxie-ischemic brain damage: functional outcome related to neuroprotection in the striatum. *Stem Cells Dev*, 2010, 19(3):351-358.

80. Romanov YA, Tarakanov OP, Radaev SM, et al. Human allogeneic ABO/Rh-identical umbilical cord blood cells in the treatment of juvenile patients with cerebral palsy. *Cytotherapy*, 2015, 17(7):969-978.

81. Rosenblum WI. Why Alzheimer trials fail : removing soluble oligomeric beta amyloid is essential, inconsistent, and difficult. *See comment in Pub Med Commons below Neurobiol Aging*, 2014, 35(5):969-974.

82. Rosenkranz K, Kumbruch S, Tenbusch M, et al. Transplantation of human umbilical cord blood cell mediated beneficial effect on apoptosis, angiogenesis and neuronal survival after hypoxic-ischemic brain injury in rats. *Cell Tissue Res*, 2012, 348(3): 429-438.

83. Saporta S, Kim JJ, Willing AE, et al. Human umbilical cord blood stem cells infusion in spinal cord injury: engraftment and beneficial influence on behavior. *J Hematother Stem Cell Res*, 2003, 12(3):271-278.

84. Xia G, Hong X, Chen X, et al. Intracerebral transplantation of mesenchymal stem cells derived from human umbilical cord blood alleviates hypoxic ischemic brain injury in rat neonates. *J Perinat Med*, 2010, 38(2):215-221.

85. Yao L, He C, Zhao Y, et al. Human umbilical cord blood stem cell transplantation for the treatment of chronic spinal cord injury: Electrophysiological changes and long-term efficacy. *Neural Regen Res*, 2013, 8(5):397-403.

86. Yasuhara T, Hara K, Maki M, et al. Mannitol facilitates neurotrophic factor up-regulation and behavioural recovery in neonatal hypoxic-ischaemic rats with human umbilical cord blood grafts. *See comment in PubMed Commons below J Cell Mol Med*, 2010, 14(4):914-921.

第二节　脐血干细胞治疗糖尿病

Human Cord blood Stem Cells for the Treatment of Diabetes

一、概述

随着生活水平的提高,青少年和儿童糖尿病的发病率迅速上升。糖尿病是一组以慢性血糖增高为特征的代谢性疾病,是由于胰岛素分泌缺陷和(或)胰岛素作用缺陷而引起,除糖类外,尚有蛋白质及脂肪代谢异常,病程长者可引起心、脑、肾、视网膜、神经等组织的慢性进行性病变,导致其功能缺陷及衰竭。根据美国糖尿病协会及世界卫生组织分型,糖尿病可分为 1 型糖尿病、2 型糖尿病、其他特殊类型及妊娠期糖尿病,其中 1 型和 2 型糖尿病是最主要的类型。儿童青少年 2 型糖尿病发病率逐年增高,较过去 30 年增加 2~3倍。不同国家和地区糖尿病发病率不同,我国儿童糖尿病仍以 1 型为主,发病率为 0.56/10 万,但是,儿童 2 型糖尿病有增加趋势。糖尿病是儿童常见的慢性终身疾病。因此糖尿病对青少年的健康影响巨大,寻找新的有效治疗方法是临床和基础医学研究刻不容缓的重大课题之一。传统的治疗以药物治疗为主,甚至终身服药,近年来干细胞在糖尿病中的应用得到了越来越多的研究和关注。

二、1 型糖尿病病因和发病机制

1 型糖尿病(T1DM)是在遗传易感性的基础上由于免疫功能紊乱引发的自身免疫性疾病。遗传、免疫、环境等因素在 1 型糖尿病发病过程中都起着重要的作用。

（一）遗传因素

1 型糖尿病是受多基因调控由 T 细胞介导的自身免疫性疾病。1 型糖尿病的发生与人类某些白细胞抗原(HLA)有强烈的相关性。目前的研究证明:具有 HLA-BS、B15、B18、DR3、DR4、DRW3、DRW4 型的人易患 1 型糖尿病。我国易患 1 型糖尿病的 HLA 类型是 DR3、DR4,但是并非携带这些抗原的个体都会发生糖尿病。HLA-DQ β 链等位基因对胰岛 β 细胞受自身免疫损伤的易感性和抵抗性起决定作用。另外,胰岛素基因(insulin gene,INS)也与 1 型糖尿病易感性相关且有种属差异性。细胞毒性 T 细胞抗原-4(CTLA-4)基因多态性与 1 型糖尿病等自身免疫性疾病有关。

（二）免疫因素

1.细胞免疫反应　在 1 型糖尿病的发病机制中,T 辅助淋巴细胞及其细胞因子起着重要的作用。大量研究资料表明 1 型糖尿病是 Th1 优势性疾病,其发生、发展由 Th1/Th2 型自身反应性 T 细胞之间的平衡状况决定。Th1 细胞及其细胞因子(IFN-γ、IL-2、TNF-β、IL-12)促进细胞免疫反应,导致胰岛细胞自身免疫损伤,促进 1 型糖尿病的发生和发展。Th2 细胞及其细胞因子(IL-4、IL-5、IL-6、IL-9、IL-10、IL-13)则可促进体液免疫反应,抑制细胞免疫反应,避免个体发生糖尿病。另外,CD8+ T 淋巴细胞浸润靶组织需CD4+ T 淋巴细胞分泌的炎性细胞因子参与,β 细胞的大量破坏需要这两种细胞的同时存在。调节性 T 细胞(Tregs)是 T 细胞的一种特殊亚群,在维持内环境稳定和自我耐受发挥着重要作用。糖尿病患者和小鼠动物模型研究表明,不管是 Treg 数量还是功能异常都与 1 型糖尿病的发生、发展密切相关。

2.体液免疫反应　在 1 型糖尿病患者体内可检测出多种针对胰岛 β 细胞的自身抗体,如胰岛细胞抗体(ICA)、胰岛素抗体(IAA)及谷氨酸脱羧酶抗体(GADA)等。胰岛细胞抗体在新发病的儿童糖尿病患者血液的阳性率为 70%～80%,在 1 型糖尿病的一级亲属中阳性率为 5%～8%。胰岛素自身抗体在 1 型糖尿病中的阳性率为 34%。在新诊断的 1 型糖尿病患者中谷氨酸脱羧酶抗体阳性率为 75%～90%。

（三）环境因素

1.饮食因素　一些流行病学调查发现,1 型糖尿病易感者的发病与婴儿期进食牛奶有关。巴西的一项对 346 名 1 型糖尿病患者的回顾性调查研究显示,过早断母乳和生后 8 天内加食牛奶是 1 型糖尿病患病的危险因素。

2.病毒感染　1 型糖尿病发生常与某些感染有关,常见的病毒有柯萨奇 B4 病毒、腮腺炎病毒、风疹病毒、巨细胞病毒、脑炎心肌炎病毒等。具有糖尿病易感性的个体发生病毒感染通过直接损伤 β 细胞或通过细胞因子引发 β 细胞遭受自身免疫破坏。病毒感染是少年儿童发生 1 型糖尿病的重要环境因素。另外,目前研究认为,具有免疫调节作用的肠道菌群紊乱也可能会增加个体的 1 型糖尿病易感性。

三、1 型糖尿病的诊断

（一）临床表现

儿童 1 型糖尿病起病急,病程大多 1 周至 3 个月。胰岛细胞破坏大于 80% 时临床出现症状,典型表现为三多一少,即多尿、多饮、多食和体重减轻。并发糖尿病酮症酸中毒者可出现呕吐、腹泻、腹痛、精神萎靡、嗜睡、反应迟钝,重者昏迷。

（二）实验室检查

1.空腹血糖(FPG)　其定义是至少在 8 小时内未摄入含热量食物后血浆中的葡萄糖含量。如符合以下一条即可诊断糖尿病:①FPG≥7mmol/L(126mg/dL);②任意时间静脉血浆葡萄糖(PG)≥11.1mmol/L。

2. 口服葡萄糖耐量试验(OGTT)　用于糖尿病的诊断和胰岛 β 细胞残余功能的测定。1 型糖尿病基本不需要 OGTT 进行诊断,对可疑对象可检测空腹及餐后 2 小时血糖。服糖 2 小时血糖大于等于 11.1mmol/L 可诊断。

3.糖化血红蛋白(HbA1c)　可以反映过去 2～3 月中血糖的平均水平,正常值是 4.5%～6.3%。是目前被认定的唯一与糖尿病控制和微血管并发症相关的标准指标。

4.C 肽释放试验　C 肽水平的测定是分析胰岛 β 细胞功能的有效手段,对正在使用胰岛素治疗的患者具有重要参考价值,常测定空腹及餐后 2 小时 C 肽。

5.尿糖　尿糖可用于间接反映不同时间的糖尿病患者的血糖控制状况,现在不以尿糖作为血糖控制的检测指标,只能作为参考。

6.抗体检测　胰岛细胞抗体、胰岛素自身抗体、谷氨酸脱羧酶自身抗体,主要用于糖尿病的诊断分型。

四、1 型糖尿病的治疗现状

（一）药物治疗

主要依靠每日注射一定量的胰岛素维持血糖平衡，但不能完全与体内需要一致，也有可能过量而引起低血糖症。另外长期使用胰岛素可能产生胰岛素抗体和过敏反应。血糖控制不良的患儿可出现急性并发症如酮症酸中毒或低血糖及慢性并发症如肾脏病变、微血管病变和神经病变等。

（二）胰岛细胞移植和人工胰腺移植

人胰岛移植及猪胰岛移植使 1 型糖尿病的治愈成为可能，但由于免疫排斥反应、供体不足及移植后患者体内功能性胰岛细胞无法长期存活等缺陷，使其临床应用受到限制。

（三）干细胞治疗

目前，干细胞治疗糖尿病的机制可通过多种途经发挥作用：如可通过干细胞移植治疗，替代修补受损的胰岛细胞，促进胰岛素的分泌；通过干细胞分泌的相关细胞因子改善微环境而提高胰岛细胞的活性；通过免疫调节作用改善胰岛细胞功能；脐血干细胞还通过免疫教育疗法纠正自身免疫状况，促进胰岛细胞的活性与再生（详见第五章第三节第四节专述）。本节主要叙述脐血-脐带干细胞治疗糖尿病的研究进展及临床应用。

五、脐带血干细胞移植治疗糖尿病的研究现状

人脐血中含有丰富的造血干细胞和少量间充质干细胞，而脐带华通胶中含有大量间充质干细胞。CD34$^+$抗原是造血干细胞分离纯化的主要标志。脐血中 CD34$^+$细胞所占比例与骨髓相似，高于外周血，约占有核细胞的 1%，这类细胞具有很强的增殖和分化能力。脐血中的高增殖潜能集落形成细胞（HPP-CFU-C）更为原始。脐血或脐带间充质干细胞（umbilical cord mesenchymal stem cells，UC-MSCs）与骨髓间充质干细胞不仅在形态和细胞表面标志方面十分相似，而且都具有非常相似的分化潜能，可以向内、中、外三个胚层的组织细胞分化。人脐血脐带干细胞更具有以下免疫学特性：①具有免疫特赦功能。②激活少量的免疫反应，可产生抗炎和免疫调节作用。③低免疫原性，表达 MHC Ⅰ 类抗原，表达低水平的 MHC Ⅱ 类抗原，MHC Ⅱ 类抗原表达较骨髓间充质干细胞少。④不需要组织匹配，可作为同种异基因细胞治疗的来源，无须使用免疫抑制药物。⑤脐带血有胎盘的过滤保护，发生感染的机会更少。因此脐血干细胞移植治疗糖尿病较骨髓干细胞更具优势。

脐血干细胞治疗 1 型糖尿病的机制可能有以下几点：①抑制反应性 T 细胞的增殖；②提高调节性 T 细胞的数量；③促进体内的胰岛 β 细胞再生；④诱导胰腺组织内的干细胞分化为胰岛 β 细胞；⑤间充质干细胞自身分化为胰岛素样分泌细胞；⑥通过调节胰岛微环境增强血供，促进体内的胰岛 β 细胞的增殖。

（一）脐血-脐带间充质干细胞（MSC）移植治疗糖尿病

1. 脐血 MSCs 治疗糖尿病的机制

（1）多项研究表明，MSCs 可自然合成不同的细胞因子和生长因子，主要受周围局部微环境的影响，包括 M-CSF、IL-6、IL-11、IL-15、SCF、IGF-1、VEGF、TGF-β 和 HGF，这

些因子不仅促进了周围细胞的生存，并在体内外对 MSCs 的再生和调节特性有重要作用。有研究表明，把 MSCs 与人胰岛细胞共同培养，体外试验证明可明显改善胰岛分泌功能，研究者认为改善的主要原因是 MSCs 分泌了细胞因子。微泡是不同的细胞类型释放的细胞与细胞间相联系的微粒子，它们也包括具有生物活性的分子，如蛋白质、脂类、mRNA等。在 Favaro 等研究中发现，把 MSCs 分泌的微泡与 1 型糖尿病患者的外周血单个核细胞共同培养，发现刺激后的单个核细胞 IFN-γ 水平下降，TGF-β、IL-10、IL-6 和 PGE2 水平上升，同时增加了外周血单个核细胞中 Foxp3$^+$ 调节性 T 细胞的亚群数。

(2)有证据表明 MSCs 对 T 细胞、B 细胞、树突状细胞和自然杀伤细胞有免疫调节效应，尽管作用机制未完全阐明，但这些特性使 MSCs 作为治疗自身免疫性疾病如 1 型糖尿病的良好选择。可以修复 T 细胞的活性和功能，MSCs 表达细胞表面黏附分子例如VCAM、ICAM-1、ALCAM 和 LFA3 及许多整合素，抑制 T 细胞，使 T 细胞周期停滞在G0/G1 期，增加 CD4$^+$ 和 CD25$^+$ 调节性 T 细胞，有利于 Foxp3 和 CTLA4 表达，抑制其他T 细胞亚群的功能。多项研究表明，MSCs 的免疫调节效应是由可溶性因子介导的。这些因子包括 TGF-β、HGF、PGE2 和 IL-10。Nicola 等证实，抑制 TGF-β 和 HGF 可以恢复 T 细胞增生。Krampera 等研究发现，细胞接触是 MSCs 的抑制效应所必需的，当MSCs 被 MSCs 培养上清液替代，抑制效应消失。除了抑制 T 细胞，也抑制 B 细胞的增生，降低 B 细胞的活化和免疫球蛋白的分泌，使 B 细胞停滞在 G0/G1 期，主要作用机制之一是可溶性因子。MSCs 明显下调 B 细胞 CXCR4、CXCR5 和 CCR7 细胞因子受体。Madec 等在糖尿病小鼠体内外研究发现，MSCs 可以诱导产生 IL-10 的调节性 T 细胞以及抑制 β 细胞特异性 T 细胞反应。也有研究证实可以抑制自然杀伤细胞增生，并呈剂量依赖性。树突状细胞是很重要的抗原提呈细胞，多项研究表明 MSCs 可以抑制树突状细胞的分化发育和成熟功能，在分化过程中抑制 HIA-DR、CD1a、CD40、CD80 和 CD86 的表达，也抑制 MHC I 类抗原和成熟标记 CD83 的表达。另外，可以减少细胞摄粒能力和分泌 IL-2、IL-12 和 TNF-α 的能力，增加 IL-10 的分泌，还能逆转树突状细胞由成熟变成未成熟型。MSCs 与树突状细胞一起培养，可以抑制抗原提呈和趋化作用。

(3)实验研究证明，通过体外诱导 UC-MSCs 可以成功分化为胰岛 β 细胞，并可以分泌一定量的胰岛素。Yoshida 等研究发现，给 1 型糖尿病小鼠移植人脐血 MSCs，在受者胰岛内发现了人类来源的胰岛素分泌细胞。来源于脐血 MSCs 的胰岛素分泌细胞，无论体内体外，在高血糖环境下都释放胰岛素和 C 肽。Moshrefi 等分离人脐带 MSCs，先在体外培养诱导为胰岛素分泌细胞，在培养的细胞中检测到 PDX1 和胰岛素基因表达，把胰岛素分泌细胞移植在 1 型糖尿病小鼠肾被膜下，移植后，小鼠血糖水平迅速下降，移植 2 月后，在肾被膜下检测到人胰岛素分泌细胞。

2. UC-MSCs 治疗 1 型糖尿病的动物实验　国内禹亚彬等采用直接贴壁法从脐带中分离 UC-MSCs，取第 3 代细胞作流式细胞术鉴定其表型，结果细胞高表达 UC-MSCs 相关抗原 CD90、CD105 和 CD13，而低表达造血细胞相关抗原 CD34、CD45 和 HLA-DR。UC-MSCs 经诱导 3 周后细胞形态由梭形变为圆形或椭圆形，二硫腙染色为阳性。诱导组胰岛素水平明显高于对照组。RT-PCR 显示诱导后细胞表达胰岛细胞相关基因 PDX-1、Insulin、Ngn3 与 Pax-4。李俊林等研究发现，给 1 型糖尿病模型大鼠肾被膜下分别移植经体外诱导的人脐带间充质干细胞分化的胰岛样细胞和未经诱导的人脐带间充质干细胞各 $2×10^6$ 个,与模型对照组相比,移植后 2 周,胰岛样细胞组血糖浓度明显降低,一直维持至第 6 周;间充质干细胞组血糖浓度在移植后很快下降,但 4 周后浓度上升;免疫组化染色结果显示,移植后 4 周胰岛样细胞组胰腺管腔内可见大量胰岛素表达,间充质干细胞组胰岛素量也有明显增加。还有学者将诱导的人脐带间充质干细胞分化的胰岛样细胞用 Port-A 导管经由门静脉移植到糖尿病大鼠模型的肝脏,胰岛样细胞 $5×10^6$ 个/只,移植后 4 周,移植组大鼠的 C 肽水平明显增加,血糖水平明显下降。移植后 6 周,免疫荧光染色显示在移植肝脏小叶内出现含人 C 肽和胰岛样结构的细胞,RT-PCR 显示表达胰岛 β 细胞相关基因。研究还发现,给 1 型糖尿病模型鼠(NOD 小鼠)尾静脉注射脐带间充质干细胞,$1.0×10^6$ 个/只。观察 3 个月,与未使用干细胞干预组比较,脐带间充质移植组免疫组化证实淋巴细胞浸润明显减少,胰岛 α、β 细胞结构更完整,α 和 β 细胞数量明显上升;移植组 $CD4^+$ T 细胞数量、$CD4^+CD8^+$ T 细胞比值均低于未移植组($P<0.05$);与未移植组比较,肿瘤坏死因子 α 水平明显降低,IL-10 水平明显上升;移植组血糖水平明显降低,C 肽水平明显升高。给 27 只糖尿病足模型鼠左侧股动脉注射人脐带间充质干细胞,每只 $2.0×10^6$ 个。在移植后 7 天和 14 天观察发现,与对照组相比,足部溃疡面积明显缩小。在修复的足部溃疡组织,组织学 HE 染色证实移植后第 3 天炎性细胞明显增加,可见到新生的血管,第 7 天肉芽组织明显增加,第 14 天可见到单层或复层鳞状上皮组织,并且 CK19、胶原组织 1 型和 3 型明显增加。

3.UC-MSCs 治疗 1 型糖尿病临床研究　　Kong 等报道,给 18 例 1 型糖尿患者静脉输注脐带间充质干细胞,移植组空腹和餐后血糖水平明显降低,C-肽水平和调节性 T 细胞数量明显增加。在输注过程中,只有 4 例患者有一过性低热,其他患者无任何不良反应。随访 6 个月,所有患者血糖控制理想,生活质量较高。王广宇等报道,选取 2010 至 2012 年住院行脐带间充质干细胞移植治疗的糖尿病足患者 32 例,将脐带间充质干细胞稀释后行双下肢肌内注射,每个注射点间隔约 3cm,每个肢体移植($5.02±1.37$)$×10^8$ 个。移植后 6 个月,疼痛评分及冷感评分明显改善,间歇性跛行及皮肤温度、经皮氧分压检测移植前比较差异均有显著性意义;移植后 6 个月,腓浅神经及胫神经感觉神经传导速度,腓总神经及胫神经运动神经传导速度较移植前均明显改善。Jianxia Hu 等报道 29 例新发 1 型糖尿病患者,采用随机双盲对照试验,其中 15 例患者除常规治疗外,加用静脉输注脐血 MSCs,细胞数平均($2.6±1.2$)$×10^7$ 个,14 例患者采用常规胰岛素治疗,共随访观察 2 年。治疗后 6 个月,治疗组糖化血红蛋白较对照组明显下降,C 肽水平在第一年最末次随访时仍有较高水平,而对照组 C 肽水平逐步下降。治疗组每天胰岛素需要量明显减少,其中 3 例患者可停用胰岛素,8 例患者胰岛素需要量减少 50% 以上,酮症酸中毒并发症在治疗组无 1 例发生,对照组 3 例发生。脐血间充质干细胞治疗糖尿病及糖尿病足是安全有效的,没有急慢性副作用的发生。

(二)脐血造血干细胞(HSC)移植治疗糖尿病

1.脐血 HSCs 移植治疗 1 型糖尿病的动物实验　　Mohamed 等报道了人脐血 $CD34^+$ 干细胞移植治疗小鼠糖尿病足的疗效,30 只雄性小鼠被随机分成 3 组:对照组、糖尿病控制组、干细胞移植组,每组 10 只。糖尿病鼠经过一次性腹腔注射链脲佐菌素造模成功,移植组在伤口局部共肌内注射 0.50×10^6 个脐血干细胞。与糖尿病控制组相比,移植后第 1 周,移植组伤口面积明显缩小,HE 染色显示平均表皮厚度明显增加;毛细血管密度和直径明显增加。移植后 2 周,溃疡面积更加缩小,HE 染色显示大多数动物有正常的表皮和真皮组织结构,真皮出现了正常厚度,有些细胞显示有丝分裂,真皮也是带有毛囊的正常皮肤,溃疡愈合区域有正常的真皮胶原纤维,大多数真皮血管有功能并含有红细胞。张弛等研究,设生理盐水组、骨髓干细胞移植组和脐血干细胞移植组。给糖尿病左下肢缺血模型小鼠沿股动脉走向选取 5 个点,肌内注射移植,每只小鼠移植干细胞数为 5.0×10^5 个。实验期间 3 组糖尿病小鼠均未发现急性排斥反应症状,28 天后处死,心脏、肾脏、肝脏、脾脏及肺脏未发现肿瘤样细胞生长。与生理盐水组相比,骨髓干细胞和脐血干细胞移植组左下肢血管内皮生长因子含量及毛细血管密度明显增高,而骨髓干细胞和脐血干细胞移植组无明显差别。彭艳等的研究也证实了这点。张维娜等用四氧嘧啶建立 1 型糖尿病小鼠模型,造模成功后第 5 天,给予脐血干细胞尾静脉一次性注射,浓度为 $1 \times 10^7/L$。移植组与模型组相比,小鼠血糖水平下降,血清胰岛素、C 肽水平明显升高,胰岛素敏感性增加;HE 染色提示移植组小鼠肾脏及胰腺形态学变化得到改善,胰腺组织 PDX-1 及 MafA 蛋白表达升高。脐带血分离的 CD133+ 和 CD34+ 细胞可分化为产胰岛素细胞。给大鼠移植脐血干细胞,通过大鼠血浆中人 C 肽水平检测和高血糖状态的改善,表明脐血干细胞在链脲佐菌素诱导的糖尿病 NOD 大鼠模型中可提高功能性胰岛素分泌细胞的数量。移植后 9 周,大约 25% 的细胞可分泌人胰岛素。Boroujeni 等给人脐血干细胞转导携带有 PDX-1 基因的 lentivirus,并在不同血糖浓度下培养 21 天,研究发现,人脐血干细胞表达 PDX1 明显增加,并且可以分泌胰岛素,用于治疗糖尿病大鼠可明显降低血糖。给大鼠移植脐血干细胞后,没有出现异基因移植排斥反应,这些细胞可在大鼠肝脏和胰腺存活,改善了高血糖,被损伤的胰腺细胞也得到部分恢复。

国内外多项动物实验证明,人脐血造血干细胞移植对 1 型糖尿病小鼠及并发症治疗有效,且未出现严重副作用。

2.脐血 HSC 治疗糖尿病的临床研究

(1)自体造血干细胞治疗 1 型糖尿病:Voltarelli 等报道了 15 例接受自体造血干细胞治疗的 1 型糖尿病患者中,14 例患者治疗后停用胰岛素,最长已达 35 个月。Haller 等将 15 例 T1DM 患儿注入富含调节性 T 细胞(Tregs)的自体脐血,结果 14 例患儿能在 1 个月内完全脱离外源性胰岛素,也说明 Tregs 的免疫调控作用,而且没出现明显的副作用。

(2)2 型糖尿病的治疗:Zhao 等将 36 个 2 型糖尿病患者的血液通过一个密闭循环系统分离出单个核细胞,与来自人脐血的多能干细胞共同培育后,再将患者自身经诱导的单个核细胞回输,经随访发现,治疗后 12 周和 1 年后糖化血红蛋白水平明显下降,对胰岛素的敏感性明显增强,C 肽水平测定显示受损的胰岛 β 细胞功能显著恢复。治疗后 4 周,发现患者血中抗炎和免疫抑制因子 TGF-β 明显增加。进一步探讨脐血干细胞对单个核细胞的免疫调节作用,把脐血干细胞与脂多糖(lipopoly saccharide,LPS)刺激后分离纯化的 CD14+ 单核细胞共同培养,PCR 方法研究发现,可以显著下调 LPS 刺激的炎症相关基因,包括趋化因子、多种细胞因子和基质金属蛋白酶等。患者淋巴细胞经过与脐血干细胞共同培养,通过对单核细胞的免疫调控和对 Th1/Th2/Th3 细胞因子产生的平衡纠正了患

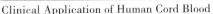

者的免疫功能缺陷。另有在 1 型糖尿病的患者中也得到了验证。

（3）糖尿病足的治疗：张亚萍等观察了脐血干细胞移植治疗糖尿病足的疗效。共有 10 例患者接受了移植，在下肢缺血肌肉内局部注射，平均注射干细胞数为 1.75×10^9 个。随访观察 6 个月，移植后大部分患者下肢疼痛、麻木、冷感、间歇性跛行均有不同程度缓解，足部皮温、踝部指数、经皮氧分压较前明显升高，足部溃疡愈合 6 例，缩小 1 例。7 例动脉造影随访患者均显示有新生侧支血管形成，1 肢因疼痛、湿性坏疽、合并严重感染而行膝下截肢。所有患者随访过程中，无严重不良反应。

（4）干细胞移植的时间和剂量：Ho 等研究发现，单次输注或移植只能短暂降低血糖，多次移植可有效恢复血糖并稳定。给 STZ-诱导的糖尿病小鼠多次输注人 MSCs[4.2×10^7 个/（kg·次）]，每 2 月一次，连续 6 个月。认为多次输注对恢复和维持血糖稳定是必要的，主要通过在早期阶段降低系统性抗氧化应激反应以及晚期阶段的胰岛素分泌来起作用。然而也有未发表的临床研究显示，对第一次移植没有反应的患者，重复 MSCs 输注，没有显示任何优势。因此，在第二疗程移植前，应评估糖尿病患者的全身情况和他们的免疫状态，以决定最佳的细胞类型、移植时间、剂量。

六、脐血/脐带干细胞治疗糖尿病存在的问题与展望

综上所述，脐血或脐带干细胞移植治疗糖尿病已取得了一些令人振奋的进展，脐带血干细胞不仅能分化为分泌胰岛素的细胞，而且可以作为控制 T1DM 患者免疫应答的免疫调节因子。但仍有以下问题尚待深入研究。

1. 缺乏标准化的干细胞扩增方案，在体内条件下分化受限，使各中心的临床疗效难以进行比较。

2. 干细胞输注部位不同，目前主要有 3 种：外周静脉输注、胰腺动脉内输注或 2 种方法联合应用。也有报道移植到肝脏、心内输注和肾被膜下。但没有证据证实哪种途径更有效或者有更少的并发症。

3. 最佳的移植时间、剂量和频次尚待研究。

4. 通过病毒转染脐带血干细胞存在潜在的肿瘤风险，移植过程中存在遗传性疾病传导的潜在风险等。

总之，目前干细胞移植治疗糖尿病还需要足够病例数量的临床研究和长期的随访。相信随着研究的深入，一定可以克服障碍，找到治愈糖尿病的最佳方法。

（许瑞英，张乐玲）

主要参考文献

1. 李俊林，李德华，赵宝东，等. 人脐带间充质干细胞体外向胰岛样细胞诱导分化及其治疗糖尿病效果. 中国组织工程研究与临床康复，2009,13（14）：2636-2640.

2. 廖箐箐，刘建萍，张维强. 干细胞移植治疗糖尿病的研究进展. 广东医学，2014,35（17）：2978-2800.

3. 满勇，李建斌，马冀，等. 多份人脐血单个核细胞静脉输注移植治疗老年期血管性痴呆. 中国组织工程研究与临床康复，2008:12（9）9359-9362.

4. 彭艳,徐玲,徐勇. 脐血内皮祖细胞治疗糖尿病大鼠下肢缺血的实验研究. 中国糖尿病杂志,2013,21(1):76-79.

5. 孙超. 干细胞移植治疗糖尿病. 上海第二医科大学学报,2005,25(4):431-433.

6. 杨晨,张志华,卢士红,等. 脐血内皮祖细胞移植改善肢体缺血的研究. 中华医学杂志,2003,83(16):1437-1441.

7. 于文龙,徐薇,于江苏,等. 人脐带间充质干细胞移植治疗初发1型糖尿病鼠. 中国组织工程研究,2013,17(19):3474-3480.

8. 禹亚彬,陈维,褚健,等。人脐带间充质干细胞体外分化为胰岛素分泌细胞. 江苏医药,2013,39(9):1021-1024

9. 张弛,肖日军,张娜,等. 脐血干细胞移植治疗糖尿病大鼠下肢缺血的实验研究. 中华损伤与修复杂志(电子版),2012,7(1):18-23.

10. 张维娜,刘尚全,袁媛,等. 脐血干细胞对1型糖尿病小鼠的治疗效应及作用机制. 安徽医科大学学报,2014,49(1):27-32.

11. 张亚萍,陶松桔,宋卫红. 脐血干细胞移植治疗糖尿病足的临床观察. 中国临床研究,2012,25(3):218-220.

12. 朱从元,李建平. 间充质干细胞联合胰岛细胞治疗1型糖尿病研究进展. 世界华人消化杂志,2011,19(24):2546-2550.

13. Aggarwal S,Pittenger MF. Human mesenchymal stem cell modulate allogeneic immune cell responses. *Blood*,2005,105(4):1815-1822.

14. Alonso N,Soldevila B, Sanmarti A,et al. Regulatory T cells in diabetes and gastritis. *Autoimmun Rev*,2009,8:659-662.

15. Boroujeni ZN,Aleyasin A. Human umbilical cord -derived mesenchymal stem cells can secrete insulin in vitro and in vivo. *Biotechnol Appl Biochem*,2014,61(2):82-92.

16. Coppieters KT,Dotta F,Amirian N,et al. Demonstration of islet-autoreactive CD8[+] T cells in insulitic lesions from recent on-set and long-term type 1 diabetes patients. *J Exp Med*,2012,209:51-60.

17. Driscoll KA,Johnson SB, Schatz DA, et al. Use of a precious resource:Parental decision making autologous umbilical cord blood in studies involving young children with type 1diabetes. *Contem*,2011,32:524-529.

18. Favaro E, Carpanetto A, Lamorte S, et al. Human mesenchymal stem cell-derived microvesicles modulate T cell response to islet antigen glutamic acid decarboxylase in patients with type 1 diabetes. *Diabetologia*, 2014,57(8):1664-1673.

19. Finney MR, Fanning LR, Joseph ME, et al. Umbilical cord blood-selected CD133[+] cells exhibit vasculogenic functionality in vitro and in vivo. *Cytotherapy*,2010,12(1):67-78.

20. Fiorina P,Voitarelli J,Zavazava N. Immunological applications of stem cells in type 1 diabetes. *Endocrine Reviews*,2011,32(6):725-754.

21. Gluckman E，History of cord blood transplantation. Bone Marrow Transplant 2009,44:621-626.

22. Gluckman E. Current status of umbilical cord blood hematopoietic stem cell transplantation. *Exp Hematol*,2000,28(11):1197-1205.

23. Goannopoulou EZ，Puff R,Beyerlein A，et al. Effect of a single autologous cord blood nonrandomized ,controlled trial. *Pediatr Diabetes*,2014,15(2):100-109.

24. Guangyu W，Yong L，Yu W,et al. Roles of the co-culture of human umbilical cord Wharton's jelly-derived mesenchymal stem cells with rat pancreatic cells in the treatment of rats with diabetes mellitus. *Exp Ther Med*,2014,8(5):1389-1396.

25. Haller MJ,Viener HL,Wasserfall C,et al. Autologous umbilical cord blood infusion for type 1 diabetes. *Exp Hematol*,2008,36:710-715.

26. Ho J,Tseng TC,Ma WH，et al. Multiple intravenous transplantation of mesenchymal stem cells effectively restore long-time blood glucose homeostasis by hepatic engraftment and β-cell differentiation in streptozocin-induced diabetic mice. *Cell Transplantation*,2012,21(5):997-1009.

27. Iafolla MA，Tay J，Allan DS. Transplantation of umbilical cord blood-derived cells for novel indications in regenerative therapy or immune modulation:a scoping review of clinical studies. *Biol Blood Marrow Transplant*,2014,20(1):20-25.

28. Jianxia Hu,Xiaolong Yu,Zhongchao Wang，et al. Long time effects of the implantation of Wharton's jelly-derived mesenchymal stem cells from the umbilical cord for newly-onset type 1 diabetes mellitus. *Endocr J*,2013,60(3):347-357.

29. Josefowicz SZ，Rudensky A. Control of regulatory T cell lineage commitment and maintenance. *Immunity*,2009,30:616-625.

30. Kanji S,Das M，Aggarwal R,et al. Nanofiber-expanded human umbilical cord blood-derived CD34[+] cell therapy accelerates murine cutaneous wound closure by attenuating pro-inflammatory factors and secreting IL-10. *Stem Cell Res*,2014,12(1):275-288.

31. Kim SW,Han H,Chae GT，et al. Successful stem cell therapy for Buerger's diseases and ischemic limb diseases animal model. *Stem Cells*,2006,24(6):1620-1626.

32. Kong D,Zhuang X，Wang D,et al. Umbilical cord mesenchymal stem cell transfusion ameliorated hyperglycemia in patients with type 2 diabetes mellitus. *Clin Lab*. 2014,60(12):1969-1976.

33. Krampera M，Glennie S,Dyson J,et al. Bone marrow mesenchymal stem cells inhibit the response of naive and memory antigen-specific T cells to their cognate peptide. *Blood*. 2003,101(9):3722-3729.

34. Maccario R,Podesta M,Moretta,et al. Interaction of human mesenchymal stem cells with cells involved in alloantigen-specific immune response favors the differentiation of CD4[+] T cell subsets expressing a regulatory /suppressive phenotype. *Haemato-*

logica,2005,90(4):516-525.

35. Madec AM, Mallone R, Afonso G,et al. Mesenchymal stem cells protect NOD mice from diabetes by inducing regulatory T cells. *Diabetologia*,2009,52(7):1391-1399.

36. Ming Li, Susumu Ikehara. Stem cell treatment for type 1 diabetes. *Front Cell Dev Biol*,2014,2:9.

37. Moshrefi M, Yari N, Nabipour F,et al. Transplantation of differentiated umbilical cord mesenchymal cells under kidney capsule for control of type 1 diabetes in rat. *Tissue Cell*,2015,47(4):395-405.

38. Nicola MD, Carlo-Stella C,Magni M,et al. Human bone marrow stromal cells suppress T-lymphocyte proliferation induced by cellular or nonspecific mitogenic stimuli. *Blood*,2002,99(10):3838-3843.

39. Norman E, Ruifeng C, Allure SR. Effect of human umbilical cord blood cells on glycemia and insulitis in type 1 diabetic mice. *Biochem Biophys Res Commun*,2004, 321:168-171.

40. Park JH, Hwang I, Hwang SH,et al. Human umbilical cord blood-mesenchymal stem cells prevent diabetic renal injury through paracrine action. *Diabetes Res Clin Pract*,2012,98(3):465-473.

41. Prabakar KR, Dominguez-Bendala J, Damaris Molano R, et al. Generation of glucose -responsive, insulin-producing cells from human umbilical cord blood-derived mesenchymal stem cells. *Cell Transplantation*, 2012,21(6):1321-1339.

42. Preeti C, Kenneth LB. Stem cell therapy to cure type 1 diabetes:from hype to hope. *Stem Cells Transl Med*,2013,2(5):328-336.

43. Urban VS, Kiss J, Kovacs J, et al. Mesenchymal stem cells cooperate with bone marrow cells in therapy of diabetes. *Stem Cells*, 2008,26(1):244-253.

44. Van Pham P,Thi-My Nguyen P, Thai-Quynh Nguyen A, et al. Improved differentiation of umbilical cord blood -derived mesenchymal stem cells into insulin-producing cells by PDX-1 mRNA transfection. *Differentiation*,2014,87(5):200-208.

45. Voltarelli JC, Couri CE,Stracieri AB, et al. Autologous nonmyeloablative hematopoietic stem cell transplantation in newly diagnosed type 1 diabetes mellitus. *JAMA*, 2007,297(14):1568-1576.

46. Wagner JE,Barker JN,Defor TE, et al. Transplantation of unrelated donor umbilical cord blood in 102 patients with malignant and nonmalignant diseases innonce of CD34 cell dose and HLA disparity on treatment-related mortality and survival. *Blood*, 2002,100(5):1611-1618.

47. Wang H,Qiu X,NI P,et al. Immunological characteristics of human umbilical cord mesenchymal stem cell and the therapeutic effects of their transplantation on hyperglycemia in diabetic rats. *Int J Mol Med*,2014,33(2):263-270.

48. Yong Zhao,Zhaoshun Jiang,Tingbao Zhao, et al. Targeting insulin resistance in

type 2 diabetes via immune modulation of cord blood-derived multipotent stem cells(CB-SCs) in stem cell educator therapy: phase Ⅰ/Ⅱ clinical trial. *BMC Medicine*, 2013, 11:160.

49. Yoshida S,Ishikawa F,Kawano N,et al. Human cord blood-derived cells generate insulin-producing cells in vivo. *Stem Cells*, 2005,23(9):1409-1416.

50. Zhao QS,Xia N,Zhao N,et al. Localization of human mesenchymal stem cells from umbilical cord blood and their role in repair of diabetic foot ulcers in rats. *Int J Biol Sci*, 2013,10(1):80-89.

51. Zhao Y,Lin B,Darflinger R,et al. Human cord blood stem cell-modulated regulatory T lymphocytes reverse the autoimmune-caused type 1 diabetes in nonobese diabetic (NOD) mice. *PLoS One*,2009,4:e4226.

52. Zhao Y. Stem cell educator therapy and induction of immune balance. *Curr Diab Rep*,2012,12(5):517-523.

第三节　脐血干细胞治疗心脏疾病

Applications of Cord Blood Cells in Cardiac Disease

一、概述

随着社会经济的发展和人们生活水平的提高,心脏疾病已经成为威胁人类健康的重要杀手之一。全球每年1700万人死于心血管疾病,是所有疾病死亡原因之首,其中绝大部分患者死于心肌梗死及慢性心力衰竭。在所有心脏疾病中,心肌梗死又是导致死亡的主要原因之一。它是在冠状动脉病变的基础上发生的,以冠状动脉血供急剧减少或中断为病理表现,导致心肌细胞坏死、凋亡。近年来,人们寄以极大希望的现代医学,如内科介入、药物、外科搭桥,虽可开通闭塞的冠状动脉,可以部分改善患者临床症状,却无法逆转坏死的心肌。坏死心肌必将被纤维结缔组织替代,形成心肌疤痕,经历心室壁变薄,心室腔扩大的心室重构过程,部分患者将发展为心力衰竭,严重影响着患者的生活质量及生存率。目前,我国心肌梗死后缺血性心力衰竭的发病率、死亡率也在明显上升。迄今为止,除了心脏移植外还无法解决坏死的心肌细胞。

近年来,随着干细胞生物学研究的迅速发展,人们设想应用具有多向分化潜能及自我更新能力的干细胞修复坏死的心肌细胞,再生血管,重建心肌。因此,细胞移植修复心肌的治疗应运而生。目前,数以千万计的心脏疾病患者正期盼着干细胞治疗给他们带来新生,这将是心脏疾病治疗史上一个里程碑式的突破。

二、心脏干细胞(cardiac stem cells,CSCs)

1. 心脏干细胞(CSCs)的生物学特性　CSCs出现在生长发育的早期,定居于成熟心脏心肌层,负责在胚胎和胎儿时的心肌再生。在后续的发育过程中,这些细胞可能定位于远处的器官,如骨髓、脂肪等。然后不断向逐渐发育成熟的心脏迁移,在那里会发挥特定的功能,从而使心脏在发育过程中形成成熟的表型,并维持成熟心脏内环境的稳态。研究表明,心脏的发育主要受到 c-kit 阳性心脏干细胞的控制,而且主要负责子代心肌细胞的生成(Ferreira-Martins,2012;侯红,2013)。

2. 心脏干细胞来源　与骨骼肌细胞不同,心肌细胞一般难以再生。坏死心肌细胞由成纤维细胞形成的瘢痕组织取代,心肌细胞的死亡会影响心脏收缩功能,因此心脏组织工程主要集中研究以有活力的心肌细胞取代损伤或坏死的心肌细胞。Leor 等发现移植的鼠胚胎心肌细胞在心脏瘢痕组织中可以成活,同时限制瘢痕的扩展,防止心肌梗死后的心衰发生。然而,在临床上移植胚胎心肌细胞或成年心肌细胞到缺损处并不现实,因为难以获得自体心肌细胞,而不同来源的多能干细胞,则可以解决这个问题。目前,实验应用和临床试用的 CSCs 多来源于骨髓或脐血单个核细胞(内含丰富 HSC)、内皮祖细胞(EPC)、脐带或脂肪间质干细胞(MSC)以及胚胎样干细胞等。

三、脐血造血干细胞(HSCs)在心肌再生中的应用

1. HSCs 参与心肌损伤后的适应性反应　HSCs 不仅能增殖分化为血液细胞,而且在胚胎、胎儿和新生儿心脏成熟过程中也发挥重要的作用。同时,Fazel 等(2006)发现 HSC 还参与成人心脏遭受缺血性和非缺血性心肌损伤后的适应性反应过程。已有实验发现,心肌梗死后,若用 c-kit 阳性的造血干细胞治疗,心肌再生率明显升高,而注射 MNC(单个核细胞),则心肌再生率无明显升高(Rota,2007),因 MNC 中干细胞的数量有限。

2. HSCs 参与心肌损伤的修复过程　骨髓来源的干细胞能够再生心肌细胞和冠状血管,表明造血干细胞参与了受损心肌的修复过程,并且有助于心脏功能恢复。研究发现,造血干细胞可以转分化并生成心肌细胞和冠状血管,可以用于人类的细胞疗法(Loffredo,2011)。Leor 等(2006)用人类脐血 CD133[+] 细胞(1.2~2)×10[6] 治疗心肌梗死裸鼠模型,证实心肌功能恢复,左室腔和血管壁附近发现人来源细胞。Kang 等(2008)使用不同类型的骨髓干细胞治疗急性和慢性缺血性心肌病,造血干细胞可以转分化为有心肌潜能的细胞(Rota,2007)。除了干细胞替代作用之外,HSCs 分泌的多种细胞因子可激活内源性物质,这些物质主要作用于修复过程和心室功能的改善(Loffredo,2011)。法国研究人员将人类脐带血的 CD133[+] 细胞直接注入心肌梗死的大鼠心脏获得成功。

研究证实,有心血管高危险因子的患者通常有较少的血管先驱细胞,这些细胞在试管内培养也易衰老。因此使用来自人类脐带血的这类细胞可以补充患者或老人受损的干细胞。研究人员发现这些扩增后的细胞会有成熟血管细胞的标志,在试管内也会形成管状的构造,也有血管内皮生长因子 RNA 的表达,细胞经 60 天培养可以增加 70 倍,仍维持其功能。给予纯化及扩增的细胞可以显著地增加左心室血量射出比率,改善心肌收缩功能。

3. HSCs 近年来的临床研究　自 2001 年,美国纽约医学院 Orlic 等报导将大鼠骨髓干细胞移植到大鼠梗死心肌后可存活并部分替代坏死心肌,世界各国干细胞移植修复心肌的基础研究迅速展开。2002 年,德国心脏病专家 Strauer 首次将自体骨髓单个核细胞经冠状动脉移植应用于临床,治疗 10 例心肌梗死患者。同年 12 月,中国海军总医院心内

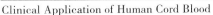
科在国内首例应用自体骨髓单个核细胞经冠状动脉移植治疗急性心肌梗死患者。近年来已对数百例急性心肌梗死、陈旧性心肌梗死、缺血性心力衰竭患者进行了经冠脉自体骨髓单个核细胞移植治疗，取得了一定的疗效（左室射血分数提高 6%～8%）。

至今，世界多个国家包括德国、英国、瑞典、比利时、日本、美国、韩国、加拿大、法国及我国等报道了数十项临床研究结果，多数认为骨髓干细胞移植治疗缺血性心脏病是安全有效的，可以不同程度改善心功能。但在实际应用中，常因年龄或疾病因素，不能选用自体骨髓干细胞，而同种异体间移植存在排异反应，应用免疫抑制剂副作用较大。所以，有人推荐用脐血或脐带源干细胞，因为此类细胞抗原性弱，必要时还可根据 HLA 配型从脐血库中寻找合适干细胞。

四、脐血/脐带间充质干细胞（MSC）在心肌再生中的应用

目前可用于干细胞移植治疗的细胞种类较多，除了造血干细胞外，间充质干细胞（mesenchymal stem cells，MSCs）也引起了越来越多的关注。在 40 年前，Friedenstein 和他的同伴证明骨髓中存在造血干细胞和少量的贴壁细胞，这些贴壁细胞可以调控造血干细胞的成熟并促进其进入外周循环系统，并且将这些贴壁细胞在体外进行培养成克隆性生长，此贴壁细胞即为骨髓间充质干细胞。在随后的研究中发现间充质干细胞存在于许多组织中，脐血、脐带和胎盘中也有大量的间充质干细胞。

1. 人脐带间充质干细胞的来源、分离、培养及特点（详见第一篇第五章第二节）。

2. 人脐带间充质干细胞可以诱导分化为心肌样干细胞 研究发现鼠骨髓间充质干细胞在 5-氮杂包苷作用下，可形成肌管状结构并有明显的细胞之间的交互作用，可自发搏动，说明间充质干细胞可以诱导为心肌细胞。有人利用 5-氮杂胞苷（5-Aza）或二甲基亚砜诱导分化后，免疫组化检测到心肌样细胞所特有的 cTNI、cTNT 和心肌结蛋白，RT-PCR 发现心肌特异性转录因子（GATA-4）等，说明人脐带源间充质干细胞能向心肌样细胞分化（林晓波，2007）。

3. 人脐带间充质干细胞在心肌梗死中的临床研究 1994 年，Soonpaa 等将小鼠胚胎心肌细胞（CDC）移植到正常小鼠心脏获得成功[*Science*，1994，26（4）：98]。以后，大量实验证实在适宜的条件下，干细胞不仅可分化为心肌细胞，表达心肌特异的基因及蛋白质成分，而且还可分化为血管内皮细胞，参与新生血管的形成。同时干细胞还可分泌一些促进细胞分化及血管形成的细胞因子，可以减少细胞凋亡。2001 年，Strauer 等研究表明，将自体骨髓 MSC 通过导管移植于一位发生心肌梗死 6 天的患者体内，10 周后，梗死范围从左心室的 25% 降至 16%，心脏指数和心排量上升 25%。他们认为治疗效果可能是由其中的干细胞分化为心肌细胞或促进心肌细胞再生和局部新血管的形成所引起。Hare 等（2009）和 Sürder 等人（2010）的研究也显示自体骨髓间充质干细胞经冠脉注射治疗急性心肌梗死安全可行，可以明显改善患者的左室射血分数，与对照组相比较，患者临床症状有所缓解，发生室性心动过速的事件较少。

4. 脐带华通胶来源的间充质干细胞（umbilical cord Wharton's jelly-derived mesenchymal stem cells，UC-MSCs） 该类细胞是从分娩后胎儿脐带华通胶中成功分离、培养出来的脐带华通胶间充质干细胞（UC-MSCs），其形态学、分化功能和表面标志物等已经

严格鉴定,符合"国际细胞疗法协会"(ISCT)规定的 MSCs 标准。它表达多种胚胎干细胞基因标志,具有向三胚层分化能力。它的克隆性集落形成能力明显高于骨髓源 MSCs。在体外实验时采用 $3\mu M$ 的 5-氮杂-2'脱氧胞苷处理可成功分化为心肌样细胞;若经过 $50ng/mL$ 血管内皮生长因子(VEGF)处理,可分化为血管内皮细胞。UC-MSCs 输注入实验动物或人体后,可整合进入缺血的心肌组织,修复受损的心肌和血管,从而明显改善心脏功能。因此,UC-MSCs 是目前最具修复心肌潜力的备选种子细胞。

在一项多中心临床试验中(Gao,2015),116 位 ST 段抬高的急性心肌梗死患者在成功再灌注治疗后的 5~7 天内,被随机分配至试验组与对照组,分别接受经冠状动脉的 UC-MSCs 或安慰剂输注治疗。安全性评价的主要终点是 18 个月内的不良事件发生率,对其进行监控并记录。有效性评价的终点是基线期至治疗后 4 个月时的心肌存活率和心梗区缺血再灌注改善的绝对变化情况,以及采用 F-18 脱氧葡萄糖正电子发射断层摄影术 (F-18-FDG-PET)、^{99m} Tc-甲氧基异丁基异腈单光子发射计算机断层扫描术(^{99m} Tc-SPECT)和二维超声心动图描记术,分别测量基线期至治疗后 18 个月时的左心室射血分数(LVEF)变化。结果在 18 个月随访中,两组间不良事件发生率和实验室检测指标(包括肿瘤、免疫学、血清学等),未见明显差异。随访 4 个月时,试验组心肌存活率(PET 检查)及心梗区缺血再灌注情况(SPECT 检查)有较大改善,分别为 $6.9\%\pm0.6\%$,$7.1\%\pm0.8\%$;而对照组分别为 $3.3\%\pm0.7\%$,$3.9\%\pm0.6\%$,两组间差异显著。而且在 18 个月时,试验组 LVEF 较对照组有较大提高,分别为 $7.8\%\pm0.9\%$,$2.8\%\pm1.2\%$,两组间差异显著。与此结果一致的是,18 个月时,试验组左心室收缩末期容积和舒张末期容积的绝对跌幅较对照组更明显。作者认为在合适的时间窗内,联合临床相关治疗,经冠状动脉输注 UC-MSCs,治疗急性心肌梗死患者是安全和有效的。

五、脐血干细胞在非缺血性心脏疾病中的应用

目前,国内外干细胞移植治疗心血管疾病的研究主要集中在冠心病领域,用于治疗急性、陈旧性心肌梗死及心功能不全,近年也逐步开展在扩张型心肌病中的应用。应用干细胞治疗扩张型心肌病和非缺血性心肌病具有重要的临床价值。关于 MSC 的前期临床研究,已显示其能有效阻止移植物抗宿主病(GVHD)及 Crohn's 病中的炎性反应。动物实验也已证明 MSC 能抑制心肌炎性因子,减缓心肌细胞凋亡,促进心肌血管的生成。2008 年,Ichim 等利用静脉注射胎盘来源的 MSCs 来治疗扩张型心肌病。还有人报道经静脉注射异体 MSCs 和已扩增的脐带血 CD34$^+$ 细胞治疗后,扩张型心肌病患者临床表现有显著改善。

六、脐血/脐带干细胞治疗心脏疾病的途径

各类干细胞(包括脐血干细胞)治疗心脏疾病有不同移植方式。通常有多条途径可供选择,但哪一种是治疗心脏疾病的最优途径尚留待研究。

1.静脉输注　经静脉输注是最简便的方法,但此法使干细胞在途经肺循环时被大量潴留,无疑会使进入心脏的干细胞数量下降,从而影响干细胞的治疗效果。有人将间充质干细胞静脉输注治疗大鼠心肌梗死,在梗死区及其周边可见到标记物标记的间充质干细胞,并分化为心肌细胞表型,从而证明了静脉输注间充质干细胞的可行性和安全性,但数量很少

（Halkos，2008；胡雅光，3013）。由此可见，选择静脉途径输注干细胞时，应适当加大剂量。

2.心内膜输注　该途径是在 X 光透视引导下将导管送入心室，通过导管前段用针将干细胞注入心内膜下心肌。虽然这种方式可以将干细胞直接送入梗死部位和梗死周围，但可能会导致心脏穿孔或引起严重的心律失常。Quevedo 等（2009）将雄性老鼠的间充质干细胞通过心内膜注入雌性老鼠的梗死区及周围区，采用 Y 染色体来定位间充质干细胞。实验证明间充质干细胞可以向心肌细胞、血管平滑肌细胞和内皮细胞分化，并且可以缩小瘢痕范围，改善心功能。

3.冠脉输注　应用 OTW 球囊导管插入梗死相关冠脉，将干细胞输入心肌缺血部位。有研究者用羊作为实验动物，通过冠脉输入异体的间充质干细胞，在心肌梗死 2 个月后明显改善了左室射血分数值，并检测到了新生血管形成。此法因其暂时阻断冠脉血流，可能使干细胞无法有效到达梗死区域并导致室颤等严重并发症。有学者采用经冠状动脉内注射脐带血干细胞治疗急性心肌梗死（AMI），其疗效明显及安全性高，为心肌细胞的修复提供更好的方法（公绪合，2013）。

4.心外膜注射　该途径是一种侵入性的方式，因为必须经过开胸术，但是可以直视下将间充质干细胞输入瘢痕部位，并且当发生穿孔时，可以进行修补。Schuleri 等（2009）以猪为实验动物，缺血性心肌病 12 周后，分别接受两种不同剂量（20×10^{6} 和 200×10^{6}）的间充质干细胞。治疗后，不同剂量组的心肌酶无明显区别，但大剂量组的心梗面积较小剂量组明显下降，而且梗死局部心肌的收缩力也较小剂量组明显提高。两组的左室射血分数都增加，而对照组无明显变化。不论哪种方式都可以缩小瘢痕范围以及改善心功能。2005 年，程芮等对经冠脉、心内膜、心外膜 3 种不同途径移植 MSC，治疗心肌梗死的效果进行了比较。结果表明经冠脉、心内膜及心外膜注射 3 种途径移植 MSC 均可改善梗死后的心功能，但移植细胞在损伤心肌内的定位增殖、新生血管数目、瘢痕缩小范围以及心功能改善的程度并不完全相同。冠脉移植组上述指标虽有改善，但与对照组比较无明显差异，而且梗死周围心肌内几乎找不到二脒苯基吲哚（DAPI）标记的供体细胞。与之相比，心内膜及心外膜移植组上述指标改善更明显。

5.干细胞胶囊治疗心脏疾病　美国埃默里大学研究者（Levit，2013）通过研究，将干细胞包裹于藻酸盐制成的胶囊中。认为干细胞一旦进入胶囊，就可以持续稳定地释放愈合因子，借此可发挥治疗作用。他们将装有间质干细胞的胶囊应用于心肌缺血心脏病的大鼠心脏中，与对照组相比，发现使用胶囊进行治疗的大鼠心脏功能增强，心脏疤痕减小，1 个月后生成了很多小血管。这种方法对于维持细胞功能以及生存非常有效，当干细胞输入发生心脏病的心脏中时，干细胞就会面对残酷的炎性环境以及机械压力，而胶囊的包裹作用使得间充质干细胞可以聚集在一起保持活性，而且也可以使得干细胞感知周围的环境，并且释放小型蛋白质，比如生长因子等，最终发挥疗效。研究者使用人工心脏进行试验，当使用胶囊 1 个月后的大鼠，其射血分数（每搏输出量占心室舒张末期容积量的百分比。一般 50％ 以上属于正常范围）为 56％，而未经过胶囊治疗的大鼠的射血分数为39％。研究者表示，在临床环境下，最终的目标是使用患者自身的间充质干细胞来治疗心脏疾病。自身干细胞胶囊疗法一旦投入规模化应用，世界范围内，成千上万名心脏疾病患者都将会因此而受益。

6. 干细胞联合药物治疗心脏疾病　余国龙等（2014）将人脐血单个核细胞（CB-MNCs）静脉输注联合阿托伐他汀对急性心肌梗死（AMI）模型兔心肌组织血管再生进行研究。他们将中国家兔 AMI 模型 60 只随机分为 4 组，每组 15 只。对照组：术后 24 小时生理盐水 0.5mL 静脉注射（静注），生理盐水灌胃 4 周；阿托伐他汀组：同时间静注生理盐水 0.5mL，阿托伐他汀每天 5mg/kg，溶入生理盐水灌胃 4 周；细胞移植组：同时间静脉注射含 3×10^7 GFP 标记的 CB-MNCs 生理盐水 0.5mL，生理盐水 2mL 灌胃 4 周；联合治疗组：同时间静注含 3×10^7 GFP 标记 CB-MNCs 生理盐水 0.5mL，阿托伐他汀每天 5mg/kg 溶入生理盐水 2mL，灌胃 4 周。疗效评价包括超声检测左室短轴缩短率（LVFS）、左室射血分数（LVEF）；荧光显微镜检测 GFP 阳性细胞；免疫组织化学检测抗第Ⅷ因子染色；检测毛细血管密度、VEGF 等。研究结果显示：与对照组、阿托伐他汀组比较，联合治疗组 LVFS、LVEF 改善更加显著；移植 4 周后，细胞移植组及联合治疗组梗死区周边可见 GFP 阳性细胞，后组 GFP 阳性细胞数量计数多于前组；与对照组、阿托伐他汀组治疗后比较，移植组及联合治疗组 VEGF 表达增加，毛细血管密度增加。他们分析认为提高移植细胞在心肌组织内存活率，进一步改善心功能，心肌梗死组织内血管再生增强等，可能是其联合治疗 AMI 疗效改善的主要机制之一。

七、问题与展望

自 2002 年德国专家第一次将干细胞应用于临床来治疗心脏疾病开始，大量临床研究均证实干细胞治疗缺血性心脏病安全有效，不同程度上改善了心脏功能。尤其是近些年，随着干细胞种类的选择、移植时机、移植方法、定向诱导和监测手段的不断进步和成熟，除了在缺血性心脏疾病的治疗之外，在非缺血性心脏病的治疗中，干细胞治疗的地位也日趋显现，为广大心脏病患者带来了福音。但随着干细胞治疗心脏疾病这一崭新治疗理念的出现，也产生了各种争议，尤其是影响心脏再生医学进展的种子细胞的选择，大家争议较多。概括起来，有以下几点应引起我们的注意和作进一步的研究：

1. 骨髓单个核细胞成分复杂，含有多向分化的干细胞数量很低，分化潜能有限。

2. 骨骼肌成肌细胞移植治疗心肌梗死的临床研究发现其易致心律失常。

3. CD133[+] 细胞移植可能导致冠脉支架再狭窄（已有较多报道）。

4. 内皮祖细胞改善心功能有限。

5. CSF-G 动员干细胞治疗心脏疾病显示其疗效不佳，不良反应明显。

6. 冠心病患者 MSCs 增殖分化能力明显低于同龄健康者，而且体外长期扩增容易污染，宜选择他人（健康人、脐血或脐带）干细胞。

7. iPS 细胞　目前，iPS 移植技术尚不能控制生长，有潜在致瘤风险。

8. 脐血/脐带 MSCs　与骨髓 MSCs 相比，脐血/脐带 MSCs 来源充足、病毒污染概率低、免疫源性弱、细胞更为原始，无社会、伦理方面的争议，值得进一步的研究。

总之，脐血干细胞移植作为一项新的技术，以其特有的生物学特性及大量的实验数据为治疗心脏相关疾病提供了广阔的应用前景。

（戴云鹏，张乐玲）

主要参考文献

1. 陈宇,张宁坤,杨明,等.脐带华通胶间充质干细胞的分离培养及鉴定.中国现代医学杂志,2010,16:2412-2415.

2. 程芮,王士雯,张友荣,等.3种不同途径移植自体骨髓间充质干细胞治疗急性心肌梗死效果比较.中华实验外科杂志,2005,22(12):1504-1506.

3. 公绪合,王国干,王鹏博,等.间充质干细胞治疗心血管疾病的研究进展.中国心血管杂志,2013,18(5):379-382.

4. 侯红,吕安林,邢玉洁,等.人心脏干细胞提取技术的研究.中华临床医师杂志(电子版),2013,04:1534-1537.

5. 胡雅光.干细胞移植治疗缺血性心脏病:临床应用的可行性与安全性.中国组织工程研究,2013,17(32):5889-5894.

6. 李玲,石蓓.心脏干细胞移植治疗缺血性心脏病的研究进展.中国循环杂志,2015,30(3):290-292.

7. 林晓波,何红燕,罗敏洁,等.人脐带间充质干细胞向心肌样细胞分化的研究.实用儿科临床杂志,2007,22(13):971-973.

8. 吕璐璐,宋永平,魏旭东.人脐带和骨髓源间充质干细胞生物学特征的对比研究.中国实验血液学杂志,2008,1:140-146.

9. 余国龙,艾旗,邓柳霞,等.人脐血单个核细胞静脉移植联合阿托伐他汀对急性心肌梗死心肌组织血管再生影响实验研究.中国现代医学杂志,2014,35:11-14.

10. Dominici M, Le Blanc K, Mueller I, et al. Minimal criteria for defining multipotent mesenchymal stromal cells: the international society for cellular therapy Position statement. *Cytotherapy*,2006,8:315-317.

11. Fazel S. Cardioprotective c-kit+ cells are from the bone marrow and regulate the myocardial balance of angiogenic cytokines. *J Clin Invest*, 2006,116(7):1865-1877.

12. Ferreira-Martins J. Cardiomyogenesis in the developing heart is regulated by c-kit-positive cardiac stem cells. *Circ Res*, 2012,110(5):701-715.

13. Gao LR, Chen Y, Zhang NK, Yang XL,et al. Intracoronary infusion of Wharton's jelly-derived mesenchymal stem cells in acute myocardial infarction:double-blind, randomized controlled trial. *BMC Med*,2015,13:162.

14. Guo XM, Wang CY, Tian XC, et al. Engineering cardiac tis sue from embryonic stem cells. *Methods Enzymol*, 2006,420:316-338.

15. Halkos ME, Zhao ZQ, Kerendi F, et al. Intravenous infusion of mesenchymal stem cells enhances regional perfusion and improves ventricular function in a porcine model of myocardial infarction. *Basic Res Cardiol*,2008,103:525-536.

16. Hare JM, Traverse JH, Henry TD, et al. A randomized, double-blind, place-bo-controlled, dose-escalation study of intravenous adult human mesenchymal stem cells (prochymal) after acute myocardial infarction. *J Am Coll Cardiol*,2009,54:2277-2286.

17. Ichim TE，Solano F，Brenes R，Placental mesenchymal and cord blood stem cell therapy for dilated cardiomyopathy. *Reprod Biomed Online*，2008，16（6）：898-905.

18. Kadner A，Zun DG，Maurus C，et al. Human umbilical cord cells for cardiovascular tissue engineering：a comparative study. *Ear J Cardiotherac Surg*，2004，25（4）：635-641.

19. Kang S，Yang YJ，Li CJ，et al. Effects of intracoronary autologous bone marrow cells on left ventricular function in acute myocardial infarction：a systematic review and meta-analysis for randomized controlled trials. *Coron Artery Dis*，2008，19（5）：327-335.

20. Leor J，Guetta E，Feinberg MS，et al. Human umbilical cord blood-derived CD133[+] cells enhance function and repair of the infarcted myocardium. *Stem Cells*，2006，24(3)：772-780.

21. Levit RD，Landázuri N，Phelps EA，et al. Cellular encapsulation enhances cardiac repair. *J Am Heart Assoc*，2013，2(5)：117-121.

22. Loffredo FS，Steinhauser ML，Gannon J，et al. Bone marrow-derived cell therapy stimulates endogenous cardiomyocyte progenitors and promotes cardiac repair. *Stem Cell*，2011，8(4)：389-398.

23. Lu LL，Liu YJ，Yang SG，et al. Isolation and characterization of human umbilical cord mesenchymalvstem cells with hematopoiese supportive function and other potentials. *Haematology*，2006，91（8）：1017-1026.

24. Ma L，Fena XY，Cui BL，et al. Human umbilical cord Wharton's jelly derived mesenchymal stem cell diferentiation into nerve-like cells. *Chin Med（Engl）*，2005，118（23）：1987-1993.

25. Quevedo HC，Hatzistergos KE，Oskouei BN，et al. Allogeneic mesenchymal stem cells restore cardiac function in chronic ischemic cardiomyopathy via trilineage differentiating capacity. *Proc Natl Acad Sci USA*，2009，106：14022-14027.

26. Rota M. Bone marrow cells adopt the cardiomyogenic fate in vivo. *Proc Natl Acad Sci USA*，2007，104(45)：17783-17788.

27. Roura S，Gálvez-Montón C，Bayes-Genis A. New therapeutic weapons for idiopathic dilated cardiomyopathy. *Int J Cardiol*，2014，177(3)：809-818.

28. Schuleri KH，Feigenbaum GS，Centola M，et al. Autologous mesenchymal stem cells produce reverse remodelling in chronic ischaemic cardiomyopathy. *Eur Heart J*，2009，30：2722-2732.

29. Sürder D，Schwitter J，Moccetti T，et al. Cell-based therapy for myocardial repair in patients with acute myocardial infarction：rationale and study design of the Swiss multicenter intracoronary stem cells study in acute myocardial infarction. *Am Heart J*，2010，160：58-64.

30. Trachtenberg B，Velazquez DL，Williams AR，et al. Rationale and design of

the transendocardial injection of autologous human cells（bone marrow or mesenchymal）in chronic ischemic left ventricular dysfunction and heart failure secondary to myocardial infarction（TAC-HFT）trial：a randomized，double-blind，placebo-controlled study of safety and efficacy. *Am Heart J*，2011，161：487-493.

第四节　脐血干细胞在肺脏疾病中的应用
Application of Cord Blood Cells in Lung Diseases

一、概述

再生医学领域致力于修复、更换或再生损坏的人体细胞、组织或器官以恢复或建立正常功能。实现这一目标的策略包括刺激内生过程，修复受损的组织，产生或移植全器官以替代不能修复的器官。虽然该领域目前处于起步阶段，但再生医学被预测是未来十年最具发展潜力的重要学科。可以作为再生医学和细胞疗法的来源材料包括：来自骨髓或脐带的造血干细胞和祖细胞、脐带血、胎盘和羊水组织、间充质干细胞、皮肤细胞及其他能完成修复功能的器官特异性细胞。急性肺损伤（acute lung injury，ALI）是临床上常见的危重症，是由各种直接和间接非心源性因素引起的肺部炎症导致肺泡上皮细胞及毛细血管内皮细胞损伤，造成弥漫性肺间质及肺泡水肿，引起急性低氧性呼吸功能不全，表现为急性进行性加重的呼吸困难、顽固性低氧血症和肺水肿，进一步发展可演变为急性呼吸窘迫综合征（acute respiratory distress syndrome，ARDS）。ALI/ARDS 是目前呼吸科最常见的潜在危害性最大的疾病之一，尽管目前已在其改善症状、控制病死率等药物研究如表面活性物质替代治疗等方面有许多新进展，但死亡率仍较高。因此寻找新的有效治疗策略，促进 ALI/ARDS 病理损伤的修复是基础和临床研究中亟待解决的课题。近年来由于间充质干细胞（mesenchymal stem cells，MSCs）具有自我更新和多向分化能力及其旁分泌和免疫调制作用，各地均有较多的相关实验和临床研究，证实 MSCs 可减轻急性肺损伤的炎性反应，促进肺组织的修复，并取得了较大的进展。本节将探讨脐血间充质干细胞在肺脏疾病如急性肺损伤/急性呼吸窘迫综合征以及支气管肺发育不良中的应用。

二、间充质干细胞（MSCs）治疗急性肺损伤　急性呼吸窘迫综合征

（一）MSCs 治疗肺脏疾病的作用机制

早期研究认为，干细胞治疗肺脏疾病的效果来源于干细胞归巢到肺组织并分化成特定类型的肺组织细胞。Krause 等（2001）发现单个骨髓细胞来源的造血干细胞可以分化为不同器官的细胞，包括肺，并显示 20% 的肺泡细胞来源于骨髓干细胞。Kotton 等（2001）研究发现骨髓细胞输注后，植入为具有肺上皮细胞特征的细胞。Suratt 等（2003）发现在异基因造血干细胞移植的女性受者肺组织中，有男性供者来源的上皮细胞（2.5%～8%）和内皮细胞（37.5%～42.3%）。然而，最近的研究表明，在实验性肺损伤模型中，骨髓间充质干

细胞植入率很低。Gupta 等(2007)对大肠杆菌内毒素肺损伤模型的小鼠肺内注射 MSC，用共聚焦显微镜可见表达绿色荧光蛋白(green fluorescent protein,GFP)的 MSCs 散在分布于治疗组小鼠的肺部；然而，在注射后 24 小时和 48 小时，整体植入率均小于 5%。Mei 等(2007)在 LPS 诱导的小鼠急性肺损伤模型中，发现经中心静脉注射后 3 天，仅不足 8% 的 MSCs 还能停留在肺部。以上证据均表明间充质干细胞直接植入肺部可能不是主要的治疗作用。

尽管间充质干细胞确切的作用机制仍不清楚，但目前认为间充质干细胞可能通过以下机制发挥作用。

1.调节机体对肺损伤的免疫反应　在急性肺损伤/急性呼吸窘迫综合征(ALI/ARDS)中，涉及多种细胞因子、生长因子、趋化因子、炎性因子、活性氧化物、蛋白酶等物质释放，其中由中性粒细胞及其产生的炎症介质释放增多、抗炎因子释放减少所致肺部炎症平衡失调是 ALI/ARDS 发生发展的重要因素。中性粒细胞产生有毒的活性氧中间体、细胞因子，还分泌蛋白水解酶，改变肺的细胞结构(Strausz,1990,Gadek,1979)。淋巴细胞产生继发免疫效应因子如 IL-6，并诱导上皮细胞毒性(Kuwano,1999)。TNF-α 和 IL-1β 是肺组织中最主要的促炎因子。最近研究表明，TNF-α 通过直接激活 TNF 受体和间接刺激 IL-1 表达诱导肺泡上皮细胞凋亡(Janes,2006)。图 3-2-7(见文后彩图)显示博来霉素激活肺巨噬细胞分泌 TNF-α 和 IL-1，这些细胞因子诱导促炎信号级联(红色箭头)，招募免疫细胞(中性粒细胞、淋巴细胞等)进入肺，诱导肺泡上皮细胞凋亡(红色十字)。因此，浸润的中性粒细胞和淋巴细胞等释放炎性细胞因子和蛋白酶，促进炎症反应和肺细胞结构改变。而移植的 MSCs 通过分泌白介素-1 受体拮抗剂(IL-1RN)和其他抗炎因子，从而抑制巨噬细胞分泌 TNF-α 以及拮抗 IL-1 活性。而后者反过来又刺激骨髓间充质干细胞上调 IL-1RN 表达，从而增强其抗炎作用。在内毒素(Gupta,2007)以及活大肠杆菌(Gupta,2012,Lee,2013)诱导的急性肺损伤动物模型中都证实了 MSC 能促进单核/巨噬细胞从 I 型(促炎型)转变为 II 型(抗炎型)，从而表达高水平的 IL-10，使得细胞吞噬功能增强，TNF-α 和 IF-γ 和组织相容性抗原 II 表达降低。因此，MSCs 可下调促炎细胞因子的表达和分泌，通过阻断 TNF-α 和 IL-1β 的作用，增强上皮细胞的存活(Ortiz,2007)。这一研究结果有重要意义，因为肺泡上皮细胞损伤有严重的临床后果——包括表面活性物质产生失衡和基底膜暴露，而这可进一步激活巨噬细胞。

博来霉素激活肺组织内的巨噬细胞，分泌细胞因子 TNF-α 和 IL-1。而 TNF-α 和 IL-1 诱导促炎信号级联(红色箭头)，从循环中招募其他免疫细胞(中性粒细胞、淋巴细胞等)进入肺并诱导肺泡上皮细胞凋亡(红色叉号)。浸润的中性粒细胞和淋巴细胞释放其他促炎细胞因子和蛋白酶增强炎症反应，改变肺的细胞架构。肺部植入的 MSC 分泌 IL-1RN 和其他未明确的抗炎因子(蓝箭头)，抑制巨噬细胞产生 TNF-α，并拮抗 IL-1 的活性。后者刺激 MSCs 上调 IL-1RN 的表达，从而增强抗炎效应。

图 3-2-8(见文后彩图)为一个受损的肺泡。图中间充质干细胞(紫红色梭形细胞)通过空间或血液循环进入受损肺泡，参与损伤的肺泡上皮细胞和肺血管内皮细胞的修复；分泌因子包括 Ang-1、PGE2、TGF-β、IL-1 受体拮抗剂和 kgF，免疫调控单核细胞、中性粒细胞、活化的巨噬细胞和淋巴细胞。

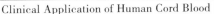

2. 直接或间接的抗微生物效应　小鼠大肠杆菌肺炎模型中，MSCs 分泌抗微生物肽如 LL-37(Krasnodembskaya,2010)、lipocalin-2(Gupta,2012)增加细菌清除率；通过促进单核细胞从 I 型转变为 II 型增强对细菌的吞噬作用(Gupta N 等,2012)。MSC 还通过分泌肿瘤坏死因子 α 诱导蛋白 6（TNF-a-induced-protein-6)增强宿主细胞的吞噬作用,提高脓毒症小鼠的细菌清除率(Danchuk,2011)。

3. 促再生/抗凋亡作用　MSC 可能通过三种机制抗细胞凋亡：①分泌生长因子,如胰岛素样生长因子、血管内皮生长因子、肝细胞生长因子、神经生长因子和神经营养因子-3；②促再生/抗凋亡基因表达上调；③通过 MSCs 或 MSCs 产生的微泡或外泌体传递相关 mRNA 到受损细胞。急性肝坏死大鼠模型中（Van Poll, 2008),MSC 诱导肝细胞再生相关基因如肝细胞生长因子、上皮细胞生长因子、转化生长因子及干细胞因子和组织金属蛋白酶 3 的基因表达上调。在甘油诱导的免疫缺陷小鼠急性肾损伤动物模型中,发现(Bruno,2009,Collino,2010)MSC 微泡有促进肾小管上皮细胞增殖的效应,而 RNA 酶预处理微泡后,治疗作用消失,提示 RNA 依赖效应,提示 MSC 微泡能传递细胞增殖所需的 mRNA 或 microRNA。可能的机制是微泡诱导肾小管上皮细胞内抗凋亡基因 Bcl-xL, Bcl2 表达上调,而凋亡基因 caspase-1、caspase-8、lymphotoxin-α 的表达下调(Collino,2010)。

4. 改善能量代谢　任何旨在逆转急性器官损伤代谢障碍的治疗,都需要克服 ATP 不足,弥补蛋白质组学变化和修复线粒体电子传递链。Lai 等研究显示,MSC 来源的外泌体能使受损的大鼠心肌细胞内 ATP 水平在 15 和 30 分钟分别增加 75% 和 55%。在离体心肌 I/R 损伤模型,MSC 来源的外泌体使再灌注心肌的 ATP 产量增加。在一个脂多糖诱导的急性肺损伤模型中,Islam 等研究表明骨髓 MSC 通过间隙连接蛋白-43 依赖的线粒体转移参与了 ATP 水平的恢复。

5. 其他作用　除了上述免疫调控、抗菌、抗氧化及抗凋亡之外,MSC 对于肺损伤还有以下的特殊作用。

(1)肺泡液清除：ARDS 的特征是肺泡液清除受损,不能减轻过度炎症诱发的肺泡水肿。研究表明 MSC 能分泌角质细胞生长因子(kgF),通过上调上皮细胞关键的钠通道基因表达和钠钾 ATP 酶活性,或增加上皮细胞钠通道蛋白向膜的移动,而增加肺泡液清除(Guery,1997)。在动物模型(Aguilar,2009)及体外灌注人肺组织(Lee,2013)都证实了角质细胞生长因子介导的肺泡液清除作用。最近,脂多糖诱导的急性肺损伤小鼠模型中证实了 MSC 微泡中的 kgFmRNA 在受损肺泡中的蛋白表达是清除肺泡水肿的效应机制,而 kgF 的 siRNA 能部分阻断这一效应(Zhu,2014)。

(2) 改善肺泡通透性：肺毛细血管通透性损伤是 ARDS 中蛋白质从血管床漏到肺泡腔的原因。MSC 能分泌血管生成素-1,一种降低毛细血管通透性的可溶性因子。通过保护细胞黏附分子、细胞连接以及肌动蛋白"应力纤维",血管生成素-1 能增强血管内皮的生存,改善血管的稳定性(Gamble,2000)。在体外培养体系中,人肺泡 II 型细胞和异基因 MSC 共培养,能使细胞因子组合(IL-1β、TNF-α、IFNγ)诱导的肺泡细胞蛋白通透性改变恢复到正常水平。这一效应正是通过分泌血管生成素-1(Fang X,2010)。小鼠肺损伤实验中也证实了血管生成素-1 对于恢复正常毛细血管通透性的作用(Xu,2008)（图 3-2-8)。

综上所述,间充质干细胞可以有力地调节免疫反应,减轻炎症损伤、维护免疫功能,还能促进损伤后修复,使得间充质干细胞成为有吸引力的 ARDS 治疗的候选细胞。

（二）MSC 治疗急性肺损伤

急性肺损伤（acute lung injury，ALI）/急性呼吸窘迫综合征（acute respiratory distress syndrome，ARDS）是一种临床常见的危重病症,也是现代危重医学一大难题。欧美危重病及呼吸疾病专家联席会议于 1994 年把急性肺损伤/急性呼吸窘迫综合征定义为:心源性以外的各种肺内外致病因素所导致的急性、进行性缺氧性呼吸衰竭。其主要病理特点是过度炎症反应导致严重低氧血症,肺上皮细胞和内皮细胞屏障广泛性受损,肺泡毛细血管弥漫性损伤、通透性增强,进行性呼吸衰竭。目前临床上传统的治疗方法一般以尽早去除诱因、控制感染、机械通气及器官功能支持治疗为主,以最大限度地减少细胞损伤的数量和程度,但治疗未能取得实质性突破,未能有效阻止病程的发展。据统计美国每年新发病例大约 200 000 例（Rubenfeld，2005）,死亡率仍高达 35%～45%（Phua，2009）。

随着干细胞研究的深入,凭借间充质干细胞的再生修复,免疫调节和抗炎、抗氧化、抗细胞凋亡、基因载体功能使得 MSCs 在治疗急性肺损伤方面具有一定理论依据,因此间充质干细胞在治疗 ALI/ARDS 方面的研究已经成为当今热点之一。

1.动物实验

（1）大肠杆菌诱导急性肺损伤模型:Kim 等应用大肠杆菌诱导小鼠急性肺损伤模型研究人脐血间充质干细胞（CB-MSCs）气管内移植的作用。给 8 周龄雄性 ICR 小鼠注射大肠杆菌,3 小时后气管内注射 1×10^5 CB-MSCs 细胞。结果表明,移植组在伤后 3 天的肺组织病理损伤评分降低,表现为肺泡充血、白细胞浸润、肺泡壁增厚程度较对照组显著降低;伤后 3 天和 7 天的肺部炎症减轻,表现为 MPO 活性、炎性细胞因子（IL-1a、IL-1b、IL-6、TNF-α、MIP-2）蛋白水平下降。伤后 3 天肺含水量在 MSCs 移植组显著降低;血液和肺泡灌洗液中的细菌数量在细菌注射后 6 小时即开始显著降低,第 7 天时仍显著降低。提示人脐血间充质干细胞气管内移植能提高 ALI 小鼠的生存率、改善肺损伤。

Asmussen 等（2014）在一项临床前大动物实验中给绵羊肺内注射绿脓杆菌制作急性肺损伤模型。然后静脉注射人脐血间充质干细胞,并分为低剂量组 5×10^6 hMSCs/kg 和高剂量组 10×10^6 hMSCs/kg。结果发现造模后 24 小时,两个试验组的绵羊 PaO_2/FiO_2 比值都显著高于对照组,而高剂量 MSC 组的肺水含量较其他两组显著降低。实验未发现人脐血间充质干细胞治疗的副作用。表明在重症 ARDS 绵羊能耐受人间充质干细胞治疗,且干细胞治疗能改善氧合、减轻肺水肿。

（2）内毒素诱导急性肺损伤模型:脂多糖（LPS）作为诱导急性肺损伤（ALI）的手段,已被使用了几十年。人类 ALI 特点是急性炎症和肺泡上皮损伤,导致水肿、纤维化和死亡。而小鼠模型很好地模拟了这一疾病特点。

Sun 等（2011）用气管内注射内毒素致小鼠急性肺损伤模型,4 小时后肺内移植 1×10^6 人脐带血间充质干细胞。3 天后,60%～75% 的肺组织出现严重浸润。但移植后 3 天,移植组小鼠较对照组小鼠有活力,体重增加更好,存活率更高。20 只对照组小鼠,9 只死亡,而移植组 20 只小鼠仅 2 只死亡。显微镜下病理学研究显示移植组小鼠肺组织病理损伤评分显著好于对照组;移植组小鼠抗炎细胞因子 IL-10 水平较对照组显著升高,促炎细胞因子 TNF-α、巨噬细胞炎症蛋白-2（MIP-2）、IFN-γ 水平降低。进一步研究发现,UC-

MCS 通过提高肺泡 CD4$^+$ CD25$^+$ Foxp3$^+$ Treg 细胞水平,平衡抗炎及促炎细胞因子水平减轻内毒素诱导的急性肺损伤。

张峰等(2009)通过向家兔气管内滴注内毒素建立急性肺损伤/急性呼吸窘迫综合征模型,造模成功 30 分钟后,细胞移植组经右侧颈静脉注入骨髓间充质干细胞悬浮液 2mL(细胞数 1×10^5)。移植 48 小时后,与盐水对照组比较,移植组家兔支气管肺泡灌洗液中性粒细胞数目、蛋白含量均显著降低,湿/干比值显著降低;肺泡结构基本完整,壁较薄,只有少量的炎性细胞浸润,组织水肿不明显。表明骨髓间充质干细胞移植可显著减轻内毒素诱导的急性肺损伤。

Mei 等(2007)经气管内给予小鼠脂多糖制作急性肺损伤模型,30 分钟后经静脉注射由雄性 C57Bl/6J 小鼠制备并冻存的间充质干细胞,发现 3 天后支气管肺泡灌洗液中细胞总量和中性粒细胞数量明显减少,病理学分析显示肺内炎性细胞浸润减少、增厚的肺泡间隔变薄、肺间质水肿减轻。与对照组相比,MSC 治疗组支气管肺泡灌洗液中促炎细胞因子 IFN-γ、TNF-α、IL6 和 IL1β 水平不同程度降低,肺匀浆中的上述促炎细胞因子也显著下降。支气管肺泡灌洗液中总蛋白、白蛋白和 IgM 的水平是评价肺泡-毛细血管膜屏障的完整性及肺血管渗漏的标志物。LPS 滴注后 3 天,血管渗漏的这些参数均显著增加(总蛋白增加 3 倍、白蛋白增加 4 倍和 IgM 增加 25 倍);而 MSC 治疗后总蛋白质、白蛋白和 IgM 水平均有不同程度下降。

Gupta 等(2007)在脂多糖诱导 GFP$^+$-C57BL/6 小鼠急性肺损伤后 4 小时经气管内滴注 7.5×10^5 自身骨髓间充质干细胞,结果发现移植组的生存率显著高于与 PBS 对照组(48 小时两组分别为 80% vs 42%;72 小时分别为 64% vs 18%);移植组支气管肺泡灌洗液中总蛋白浓度(内皮细胞和上皮通透性的标志物)及肺湿/干质量比(肺损伤严重程度的整体标记物)明显降低,病理学分析显示肺组织出血及水肿减轻。而灭活的间充质干细胞及成纤维细胞移植均无上述效果。在 MSC 治疗组,8 小时的支气管肺泡灌洗液中及 24 小时血浆中 IL-10 水平显著高于对照组,而其他研究也证实 IL-10 在肺部炎症中起保护作用(Shanley,2000;Spight,2005)。除了 IL-10 水平增加,MSC 治疗也导致了更高水平的 IL-13 和 IL-1RA。这些结果表明,MSC 通过产生可溶性因子如 IL-1 受体拮抗剂诱导 Th2 型反应,平衡促炎因子和抗炎因子。

本研究团队李建军、李栋等研究证实,UC-MSC 具有多向分化、免疫调节和旁分泌特性,不仅能够归巢至损伤组织、在受损组织中抑制免疫反应及炎性反应,还具有向多种组织细胞分化的潜能,静脉注射 UC-MSCs 明显提高了内毒素肺损伤模型大鼠的生存率,全身和肺部炎症程度明显减轻,而促进抗炎与抑炎反应平衡、减轻氧化应激可能是脐带间充质干细胞治疗作用的基础。

在此研究基础上,本团队张乐玲、刘毅、黄志伟等开展了血管生成素 1(Ang1)修饰的人脐带间充质干细胞修复急性肺损伤的实验研究(山东省自然科学基金 ZR2013HM001)。以大鼠脓毒症肺损伤模型为研究对象。Ang1 除了能促进血管新生以外,还可以减轻炎症反应,抑制内皮细胞凋亡及降低血管通透性,能通过维持肺泡毛细血管膜的稳定而在 ALI 治疗中发挥一定的作用。我们以 Ang1 转染的人 UC-MSCs 作为实验组,单纯 UC-MSCs 组、LPS 组为对照组,通过静脉注射给 LPS 诱导的 ALI 大鼠模型,在造模后 6 小时、24 小时、48 小时、8 天、15 天等不同的时间点，分别检测肺组织湿干重比、支气管肺泡灌洗液中性粒细胞计数及肺组织髓过氧化物酶（myeloperoxidase，MPO）活性；HE 染色观察肺组织的病理改变及肺损伤严重度病理评分；ELISA 法检测血清中 TNF-α、TGF-β1、IL-6、IL-10 的蛋白含量；荧光显微镜检测 GFP+ 细胞评估外源性 MSCs-Ang1 细胞在肺组织的分布及植入率；qRT-PCR 检测 GFPmRNA 的表达评价外源性 MSCs-Ang1 细胞在肺组织的植入情况；统计生存率。结果发现，①经 MSCs-Ang1、MSC 治疗后的 ALI 肺组织 HE 染色显示：肺组织出血、充血、炎症细胞浸润致肺泡间隔增厚的程度均比 LPS 组减轻，肺损伤评分均降低，MSCs-Ang1 组的肺损伤评分显著低于 MSCs 组。②支气管肺泡灌洗液中性粒细胞数量及肺组织 MPO 活性：MSCs-Ang1 组与 MSCs 组相比，支气管肺泡灌洗液中性粒细胞的数量和 MPO 活性均显著减少。有统计学意义。③肺组织湿干重比：MSCs-Ang1 组与 MSCs 相比肺组织湿干比明显降低。④ ELLISA 实验显示，与 MSCs 相比，MSCs-Ang1 的输注在早期降低了 TNF-α、IL-6、TGF-β1 三种促炎因子的升高水平。与 MSCs 组相比，MSCs-Ang1 组抗炎因子 IL-10 浓度显著升高，有统计学意义。⑤荧光显微镜下观察移植后的肺组织切片，在 MSCs-Ang1 移植组 GFP+ 细胞阳性率大于 MSCs 组。此外，肺损伤严重的区域 GFP+ 细胞的数量高于损伤轻的区域。⑥qRT-PCR 检测结果显示 ALI 后第 8 天 MSCs-Ang1 组移植后的肺组织表达 GFP mRNA 高于 MSCs 组。⑦在生存率方面，MSCs-Ang1 治疗组 15 天生存率明显高于单纯 MSCs 组。由此我们得出结论：转染 Ang1 基因的脐带间充质干细胞可通过减轻肺水肿、减少中性粒细胞肺部浸润等明显改善 LPS 肺损伤；明显降低了血中促炎因子 TNF-α、TGF-β1、IL-6 水平，升高抗炎因子 IL-10 水平，减轻了 LPS 引起的全身炎症反应；促进抗炎与抑炎反应平衡可能是 Ang1 基因治疗作用的基础；Ang1 基因转染脐带间充质干细胞后，提高了干细胞向炎性损伤肺组织的迁徙和植入；明显提高了 LPS 肺损伤模型大鼠的生存率。

（3）博莱霉素肺损伤模型：博莱霉素损伤导致肺上皮细胞凋亡和坏死，最早表现为毛细血管通透性的增加，然后是炎症反应（1～2 周达高峰）和随后的纤维化（2～4 周达高峰），与急性肺损伤/急性呼吸窘迫综合征的发病机理非常相似（Izbicki，2002）。

Mood（2009）将 8 周龄 SCID 小鼠分为 5 组，1 组鼻饲生理盐水、经尾静脉注射盐水，2 组鼻饲生理盐水、经尾静脉注射 UB-MSCs，3 组鼻饲博莱霉素、经尾静脉注射盐水，4 组鼻饲博莱霉素、经尾静脉注射 UB-MSCs，5 组给予博莱霉素鼻饲、经尾静脉注射成纤维细胞。鼻饲博莱霉素或盐水后 24 小时尾静脉注射 1×10^6 人 CB-MSCs，或注射 1×10^6 肺成纤维细胞。鼻饲博莱霉素后第 7 天、14 天和 28 天取肺组织试验。结果发现：2 周后 MSCs 仅在炎症和肺纤维化的部位存在，而正常肺组织中不存在；MSCs 减轻了肺部炎症，促炎细胞因子 TGF-β、IFNγ、巨噬细胞移动抑制因子和 TNFα 水平下降；MSC 治疗组第 14 天、28 天肺部胶原含量显著下降，UB-MSCs 增加了基质金属蛋白酶-2 水平、减少了该酶的内源性抑制剂——基质金属蛋白酶组织抑制剂，有利于沉积胶原的降解。值得注意的是，注射人肺成纤维细胞没有影响肺胶原含量、基质金属蛋白酶水平。这项研究的结果显示 UB-MSCs 具有抗肺纤维化的特性，用于治疗急性呼吸窘迫综合征，可能有利于肺的损伤修复过程。

王红阳等（2013）用气管内滴入博莱霉素制作小鼠肺纤维化模型，然后治疗组立即经尾静脉输入 $1×10^6$ 人 CB-MSCs，发现博莱霉素组小鼠在 7 天时肺泡炎症最明显，28 天时肺纤维化程度最重，而 MSC 治疗组肺泡炎及纤维化程度都明显减轻；用免疫组化检测肺组织中 TGF-β1 表达，发现 MSC 组显著低于博莱霉素组。表明人脐血间充质干细胞有效地减轻了博来霉素诱导的大鼠肺间质纤维化的形成。

Curley 等（2012）采用损伤性机械通气制作大鼠急性肺损伤模型，研究间充质干细胞的治疗作用。结果发现干细胞及干细胞条件培养基都能降低肺泡-动脉氧梯度，提高肺静态顺应性，降低肺湿/干质量比以及支气管肺泡灌洗液蛋白含量；病理学检查发现两者均能改善损伤性机械通气引起的肺结构损伤。干细胞治疗减轻了机械通气肺损伤引起的炎症反应，表现为炎性细胞数量减少，并调节细胞因子反应，降低肺泡液中 TNF-α 和 IL-6 水平，增加了 IL-10 水平。研究者还采用体外肺泡上皮修复模型，观察了人骨髓间充质干细胞对 A549 细胞株单层培养体系的修复作用。发现将人骨髓间充质干细胞条件培养基与克隆抗 KGF 抗体作用后，减弱了 hMSC 对创面修复的有利影响。提示角质细胞生长因子对间充质干细胞在机械性肺损伤的修复效果有重要作用。

由于暴露于恶劣的微环境，移植后 24 小时，移植的骨髓间充质干细胞种群已被证明大大减少。而缺氧是众所周知的诱导细胞保护基因表达和分泌抗凋亡和抗炎、抗纤维化因子的方法，缺氧预处理能提高移植 MSCs 的存活时间与疗效。Lan（2015）在一个最佳的缺氧环境下进行骨髓间充质干细胞的缺氧预处理，研究缺氧预处理的间充质干细胞（hypoxia-preconditioned mesenchymal stem cells，HP-MSCs）细胞保护因子的表达水平，其对受损肺泡上皮细胞的生物学效应，并将其在体外与转化生长因子处理的成纤维细胞共培养实验。此外，用博莱霉素诱导肺纤维化小鼠模型，博莱霉素用后第 3 天气管内滴入 HP-MSCs，评估第 7 天和第 21 天小鼠的肺功能，以及细胞、分子生物学和病理学的变化。结果显示，HP-MSCs 中表达的抗凋亡基因 Bcl-2、抗氧化剂基因 HO-1 和生长因子如肝细胞生长因子、VEGF 的基因表达上调；HP-MSCs 通过旁分泌抑制肝细胞生长因子，抑制了转化生长因子 β1 处理的成纤维细胞的细胞株 MRC-5 外基质的产生。HP-MSCs 显著改善试验小鼠的肺呼吸功能长达 18 天。经 HP-MSCs 治疗的小鼠，其肺组织炎症因子 IL-6 和 IL-1β 的 mRNA 水平显著低于正常氧处理的 MSCs，且仅在 HP-MSCs 治疗组观察到介导纤维化的因子-胶原Ⅲ和结缔组织生长因子（CTGF）表达的下调；组织病理学检查观察到肺纤维化显著改善。表明缺氧预处理能提高植入间充质干细胞的存活率，对于博莱霉素诱导的小鼠肺纤维化有更好的治疗效果。

2.间充质干细胞治疗 ALI/ARDS 的临床研究　Chang 等（2014）报道韩国 1 例 59 岁男性 ARDS 患者，使用脐血 MSCs 治疗。患者长时间机械通气治疗，撤机困难。病程第 114 天，气管内注射 $1×10^6$/kg 脐血 MSCs。注射后，患者神志状况立即改善，肺顺应性从 22.7mL/cmH$_2$O 上升至 27.9mL/cmH^{2}O，PaO^2/FiO^2 比例从 191mmHg 上升至 334mmHg，3 天后胸片显示病变有改善。

全世界目前有一项骨髓间充质干细胞治疗 ALI/ARDS 的多中心、开放标签、剂量递增的Ⅰ期临床试验已经完成（Wilson，2015）。该研究在 Clinical Trials.gov 网站的注册号是 NCT01775774。入组患者是 2013 年 7 月 8 日和 2014 年 1 月 13 日之间在加利福尼亚大学、斯坦福大学和马萨诸塞州总医院 ICU 病房的中-重度急性呼吸窘迫综合征患者，单次静脉输注异体骨髓 MSCs，前三例患者接受低剂量骨髓 MSCs（$1×10^6$/kg），接下来的三例接受中等剂量骨髓 MSCs（$5×10^6$/kg），最后三例患者接受高剂量骨髓 MSCs（$1×10^7$/kg）。试验结果显示没有干细胞输注相关或治疗相关的不良事件。两例患者分别在第 9 天、第 31 天死亡，1 例患者被发现有脾、肾脏和大脑多发血栓，但基于 MRI 检查的结果认为血栓发生在 MSC 输注前，这些严重不良事件被认为与 MSC 无关。结果：9 例中-重度急性呼吸窘迫综合征患者单次静脉输注异体骨髓来源的 MSCs，耐受性良好。在此基础上，Ⅱ 期临床试验已经开始。

中国军事医学科学院附院的一项 Ⅰ～Ⅱ 期临床试验（在 Clinical Trials. gov 网站的注册号是 NCT02444455，http://clinicaltrials. gov/show/NCT02444455），目的在于评价脐血 MSCs 治疗成人 ALI 和 ARDS 的安全性及有效性。拟静脉注射人脐带血 MSCs $5×10^5$/（kg·d），共 3 次。安全性评价观察至注射后 14 天，记录严重不良反应（包括死亡）及输注相关非严重副作用。有效性评价包括胸部 CT 量化肺功能、动脉血气分析、生物学指标（IL-6、IL-8）。该试验于 2015 年 5 月纳入患者，计划于 2017 年结束。

三、MSCs 治疗支气管肺发育不良

支气管肺发育不良（BPD）是一种慢性肺部疾病，通常发生在长期吸氧和呼吸机支持的早产儿。发生 BPD 的风险与不成熟的程度相关。随着新生儿重症监护医学的进步，极早早产儿生存率得以提高，因此，避免极其不成熟的肺发生 BPD 越来越具有挑战性。BPD 仍然是婴儿期慢性肺疾患（例如气道高反应性、肺功能不良和肺间质纤维化）的主要病因，是新生儿发病率和死亡率的主要影响因素，也是影响早产儿生存质量的严重病症。神经系统并发症如发育迟缓和脑瘫也常见。目前，对于 BPD，除了支持治疗外尚无有效的治疗方法。因此，开发新的治疗方法以改善 BPD 早产儿的预后是当务之急。

新生鼠长期接触氧气会导致肺泡化降低，肺间质纤维化增加，类似人类 BPD 的组织病理学改变。有关 BPD 的动物实验一般采用新生鼠高氧肺损伤模型。最近研究表明，外源性干细胞移植能显著减轻新生鼠高氧肺损伤。干细胞移植可能是治疗 BPD 的新的有前途的方法。本节总结了脐带血干细胞治疗 BPD 研究的最新进展。

（一）间充质干细胞治疗 BPD 的临床前研究

1.确定最适合的干细胞类型　选择适当的干细胞治疗 BPD 是一个艰难的挑战。胚胎干细胞能够产生来自三个胚层的多能细胞类型。然而高致瘤性以及破坏胚胎的伦理问题限制了它们的基础研究和临床应用（Vosdoganes，2012）。间充质干细胞（MSCs）是 BPD 实验模型中最广泛使用的细胞类型，分布广泛，可以从成人组织分离，如骨髓、脂肪组织、脐带 Wharton's jelly 和脐带血（UCB）。脐带及胎盘是在出生时通常被丢弃的医疗废物，因此似乎特别有吸引力。除了它们的易得性，与成人组织来源的 MSC 相比，脐带血和妊娠组织来源的 MSC 表现出较少的抗原性（Le Blanc，2003），更高的增殖能力和旁分泌效力（Amable，2014）。即使在成人组织来源的 MSC，供体年龄与 MSC 的扩增和分化潜能成负相关（Choudhery，2014；Kretlow，2008）。总之，干细胞特别是 UCB-MSC 可能是未来防止早产儿 BPD 的最佳细胞来源。

2.间充质干细胞治疗 BPD 的潜力和作用机制　在高氧诱导的新生大鼠或小鼠 BPD 模型，MSC 移植能提高生存率，并抑制氧化应激反应和炎症反应。此外，MSC 治疗能减轻受损的肺泡生长、肺血管损伤、纤维化和相关的肺动脉高压。这些发现支持干细胞移植可能是一个充满希望的新的 BPD 治疗方法。

最初研究将 MSC 的上述治疗效果归因于 MSC 在体内分化成肺实质细胞如 II 型肺泡细胞（Berger,2006）。后来发现移植的间充质干细胞在体内植入率和分化率低，表明干细胞移植的治疗效果可能主要不是由再生介导的。与 MSC 相比，MSC 的条件培养基上清液在预防或逆转 BPD 方面有相等或更好的治疗效果（Abman,2009;Hansmann, 2012）。最新的研究结果表明，干细胞移植的保护作用主要是由旁分泌介导的，细胞分化再生似乎是次要机制。Lee 等（2012）报道 MSC 外分泌体释放的微泡主要是通过旁分泌抗炎因子治疗缺氧诱导的肺动脉高压。该研究使用 MSC 分泌体，而不是干细胞，尤其是它避开了活细胞治疗的相关理论问题，如植入细胞的长期分化和肿瘤形成。

由移植的 MSC 分泌的具有旁分泌活性的特异性因子目前尚未阐明。有研究表明血管内皮生长因子（VEGF）和肝细胞生长因子（HGF）在高氧模型小鼠中显著降低，而 MSCs 移植后两种细胞因子水平显著提高（Chang,2013）。此外，人 VEGF 特异性的小干扰性 RNA 转染 MSCs 以敲除血管内皮生长因子基因，移植基因敲除后的 MSC 对高氧肺损伤没有保护作用（Chang,2014）。MSC 的保护作用包括受损的肺泡化及血管生成过程得以改善，凋亡细胞减少和肺泡巨噬细胞减少，促炎细胞因子水平下调（Lee,2013）。总的来说，这些研究结果表明，由移植的 MSC 分泌的生长因子如血管内皮生长因子，是介导 MSCs 对小鼠高氧肺损伤保护作用的至关重要的旁分泌因子。

3. MSC 移植的最佳途径、剂量和时机的选择

（1）骨髓间充质干细胞治疗 BPD 动物模型　2007 年，田兆方等采用新生鼠高氧肺损伤模型，发现静脉注射大鼠骨髓间充质干细胞能明显改善新生大鼠肺损伤。不久后，两个在同期杂志发表的论文证实了骨髓间充质干细胞对新生动物肺损伤的治疗潜力。静脉注射骨髓间充质干细胞能减少肺泡损失，减轻肺部炎症，并能预防小鼠发生肺动脉高压（Aslam,2009）。对高氧暴露的大鼠气管内注射骨髓间充质干细胞，能减轻肺泡和肺血管的损伤，减缓肺动脉高压，增加存活率，提高运动能力（Van Haaften,2009）。随后的研究表明，移植组大鼠肺纤维化明显减轻（Zhang,2012）。

（2）脐带血骨髓间充质干细胞治疗 BPD 动物模型　Chang 等（2009）将野生型 SD 大鼠从出生即随机暴露于 95％氧气或空气。移植组大鼠出生第 5 天经气管内给予单剂 PKH26 标记的人脐血间充质干细胞 $2×10^6$ 细胞或腹腔注射 $5×10^5$ 细胞。第 14 天，收获肺组织，进行肺泡的形态学分析，TUNEL 染色，以及髓过氧化物酶活性，TNF-α、IL-6、TGF-β 的 mRNA 水平，α-平滑肌肌动蛋白和胶原蛋白的水平检测。高氧诱导的大鼠肺损伤表现为 TUNEL 阳性细胞数增加，髓过氧化物酶活性升高，以及 IL-6 mRNA 水平升高。在气管内移植和腹腔移植组，上述三项指标均有显著下降。但是，仅在气管内移植组大鼠观察到高氧诱导的肺泡发育受损，TNF-α、TGF-β mRNA 表达增加，α-SMA 蛋白、胶原蛋白水平升高这些指标的显著下降。结果表明脐血间充质干细胞能减轻高氧诱发的大鼠肺损伤，且气管内移植较腹腔内移植作用更大。

①不同剂量 MSCs 的研究：该研究小组（Chang，2011）进一步研究了不同剂量脐血 MSCs 对改善大鼠肺损伤的作用。将新生 SD 大鼠出生后随机分成高氧组和正常氧组。生后第 5 天，气管内移植人脐血 MSC，三种剂量分别为 5×10^3（HT1 组）、5×10^4（HT2 组）、5×10^5（HT3 组）。14 天时，取出肺组织，分析肺泡发育的病理形态学，末端脱氧核苷酸转移酶介导的脱氧尿苷三磷酸缺口末端标记（TUNEL）染色及髓过氧化物酶活性、TNF-α、IL-1β、IL-6、TGF-β、人 3-磷酸甘油醛脱氢酶（GAPDH）和 p47（phox）的 mRNA 水平和胶原蛋白的水平。结果表明，经气管移植合适剂量的人脐血间充质干细胞可以调节宿主的炎症反应和氧化应激水平，从而减轻新生大鼠高氧肺损伤。

双重打击的研究：Monz 等（2013）采用新的双重打击（double-hit）方法（孕期和生后两次打击）制造小鼠 BPD 模型，C57BL/6N 孕鼠从孕 14～18 天暴露于低氧环境（FiO_2 0.1），生产后的孕鼠及其新生小鼠则从生后第 1 天至第 14 天暴露于高氧环境（FiO_2 0.75）。治疗组小鼠生后第 7 天经腹腔注射 2×10^5 人脐带血单个核细胞。结果显示脐血单个核细胞对于双重打击所致的小鼠 BPD 模型有良好的治疗作用，肺组织结构改善、肺泡间隔恢复正常水平，并在分子水平上使 Mtor 的 mRNA 表达提高到对照组水平。

②不同来源 MSC 的研究：Ahn SY（2015）比较了人脐血 MSC、脂肪组织衍生的 MSC 和脐血单个核细胞对于高氧大鼠 BPD 模型的治疗作用。新生 SD 大鼠暴露于高氧环境 14 天，在生后第 5 天分别接受 5×10^5 上述三种细胞治疗。高氧诱导的肺泡化受损在人脐血 MSC、脂肪组织衍生的 MSC 治疗组得到显著改善，但脐血单个核细胞组无改善。高氧环境导致肺血管生成受损，细胞死亡增加，肺巨噬细胞和炎症因子水平升高，这些作用在脐血 MSC 治疗组均显著降低，而另两组无改善。供者细胞来源的血管内皮生长因子、肝细胞生长因子水平在脐血 MSC 治疗组最高。显示人脐血 MSC 对新生大鼠高氧性肺损伤有最好的疗效和旁分泌作用。

③不同注射途径 MSC 的研究：Sung 等（2015）比较了全身静脉注射和经气管内注射人脐带血间充质干细胞对高氧诱导的新生 SD 大鼠 BPD 模型的治疗作用。生后第 5 天，气管内注射 5×10^5 或静脉注射 2×10^6 人 CB-MSC。结果显示，尽管气管内移植的干细胞数目只有静脉注射的四分之一，但第 14 天病理发现气管内注射组的每个肺视野内有 10%PKH26 阳性标记的供者来源细胞，而后者仅 2%，表明局部气管内注射较全身静脉注射途径更有效率；而且气管内注射组新生儿高氧肺损伤治疗效果也更好，表现在受损的肺泡化过程显著改善，缺氧诱导的 TUNEL 阳性和 ED-1 阳性细胞显著降低，而且只有在气管内移植组 ED-1 阳性细胞有降低。基因芯片研究发现高氧诱导炎症、细胞凋亡和纤维化相关的基因表达上调，下调参与血管生成的基因表达，包括血管内皮生长因子和肝细胞生长因子基因。这些效应在气管内移植组均得到显著改善，均优于静脉注射移植组。作者提出气管内移植途径优于全身静脉注射 MSCs，其是治疗早产儿 BPD 的最佳途径。

（3）MSCs 移植治疗 BPD 的长期安全性研究　Ahn（2013）将新生 SD 大鼠出生 10 小时内即开始吸入 90%氧至 14 天，造成高氧 BPD 模型，然后置于正常氧环境下恢复，移植组于第 5 天气管内移植 5×10^5 人脐血 MSCs，正常对照、高氧组及移植组动物均在第 70 天处死并进行免疫组化检查及肺泡化的形态学分析。高氧组表现的肺泡发育受阻、血管生成障碍及高氧诱发的炎症反应在移植组都有显著改善，而心、肝、脾的大体解剖及显微镜下均未发现异常表现,比如肿瘤。以上结果表明,高氧引起的新生大鼠肺泡和血管发育迟缓及炎症反应在较长的恢复期之后仍然存在,而气管内移植人类脐带血来源的间充质干细胞能改善肺泡化和血管生成,且有抗炎作用,长期观察未发现不利影响。

(二)异基因人脐血间充质干细胞移植治疗 BPD 的临床研究

目前有一项异基因人脐血间充质干细胞移植治疗 BPD 的Ⅰ期临床试验已经完成(Chang,2014)(Clinical Trial. gov 识别码 NCT01297205)。9 例早产儿进行气管内异基因人脐血 MSC 移植,平均胎龄(25.3±0.9 周),平均出生体重在(793±127)g,平均出生后 10.4±2.6 天。3 例 $1×10^7$ 细胞/kg,6 例用 $2×10^7$ 细胞/kg。结果显示治疗耐受性良好,未发现可归因于移植的严重副作用和剂量限制性毒性。移植后 7 天时气管吸出物中的 IL-6、IL-8、基质金属蛋白酶-9、肿瘤坏死因子和转化生长因子 β-1 水平较基线或移植后 3 天的水平显著下降。与配对的对照组相比,移植组 BPD 的严重程度减轻,显示间充质干细胞治疗 BPD 高风险的早产儿是安全、可行的。此试验的长期随访安全性研究(NCT01828957. NCT01632475)及评估疗效的Ⅱ期双盲随机对照试验(NCT01828957. NCT01828957)目前正在进行中。

芝加哥拉什大学医学中心的一项Ⅰ/Ⅱ期、开放标签剂量递增临床试验,评价 pneumostem® 治疗 BPD 高风险早产儿的安全性和有效性(NCT02381366. NCT02381366)。两个治疗剂量同上述的研究。研究的主要指标是治疗后 84 天内的不良反应以及 84 天至校正年龄 20 个月的不良反应。次要指标是在 36 孕周时中度、重度 BPD 或死亡的发生率;治疗后 84 天到校正年龄 20 个月之间的再住院率;治疗后 84 天到校正年龄 20 个月之间的贝利婴幼儿发展量表。该项研究已经在 2015 年 2 月开始纳入病例,计划于 2016 年结束。期待良好的实验结果早日应用于临床。

四、问题与展望

近年来,我们已经扩大了对于干细胞治疗急性肺损伤/急性呼吸窘迫综合征以及新生儿肺损伤的认识。研究干细胞治疗肺脏疾病的转化研究包括治疗潜力、安全性、最佳移植途径、最佳时机、最佳剂量。脐带血干细胞由于自身独有的优点以及近年来在基础和临床研究方面的迅猛进展,使其在肺脏疾病的治疗方面具有较广阔的临床应用前景,以干细胞移植作为核心的再生医学,将会成为一种新的疾病治疗方法。但目前脐血干细胞移植的临床应用尚有许多问题需要解决,关于脐血干细胞提取的最佳方式、干细胞输注的方式、移植细胞的最佳数目、最佳时间、反复移植的疗效、移植的条件以及远期安全性的评价等尚无统一的定论。脐血移植在肺脏疾病的应用仍需要进一步的、不断的开展基础和临床的研究。

(魏伟,李哲,张乐玲)

主要参考文献

1. 王红阳,刘晨,等. 人脐带血干细胞抑制大鼠肺纤维化及肺巨噬细胞 TGF-β1 的表达. 细胞与分子免疫学杂志,2013,29(1):31-33.

2. 张峰,程瑾,等 . 骨髓间充质干细胞移植对家兔急性肺损伤的保护作用. 中国组织工程研究与临床康复,2009,13(27):5225-5228.

3. Abman SH, Matthay MA. Mesenchymal stem cells for the prevention of bronchopulmonary dysplasia: delivering the secretome. *Am J Respir Crit Care Med*, 2009, 180(11):1039-1041.

4. Aguilar S, Scotton CJ, et al. Bone marrow stem cells expressing keratinocyte growth factor via an inducible lentivirus protects against bleomycin-induced pulmonary fibrosis. *PLoS One*, 2009, 4:e8013.

5. Ahn SY, Chang YS, et al. Cell type-dependent variation in paracrine potency determines therapeutic efficacy against neonatal hyperoxic lung injury. *Cytotherapy*, 2015, 17(8):1025-1035.

6. Ahn SY, Chang YS, et al. Long-term (postnatal day 70) outcome and safety of intratracheal transplantation of human umbilical cord blood-derived mesenchymal stem cells in neonatal hyperoxic lung injury. *Yonsei Med J*, 2013, 54(2):416-424.

7. Amable PR, Teixeira MV, et al. Protein synthesis and secretion in human mesenchymal cells derived from bone marrow, adipose tissue and Wharton's jelly. *Stem Cell Res Ther*, 2014, 5(2):53-65.

8. Aslam M, Baveja R, et al. Bone marrow stromal cells attenuate lung injury in a murine model of neonatal chronic lung disease. *Am J Respir Crit Care Med*, 2009, 180(11):1122-1130.

9. Asmussen S, Ito H, et al. Human mesenchymal stem cells reduce the severity of acute lung injury in a sheep model of bacterial pneumonia. *Thorax*, 2014, 69(9):819-825.

10. Berger MJ, Adams SD, et al. Differentiation of umbilical cord blood-derived multilineage progenitor cells into respiratory epithelial cells. *Cytotherapy*, 2006, 8(5):480-487.

11. Bruno S, Grange C, et al. Mesenchymal stem cell-derived microvesicles protect against acute tubular injury. *J Am Soc Nephrol*, 2009, 20(5):1053-1067.

12. Chang Y, Park SH, et al. Intratracheal administration of umbilical cord blood-derived mesenchymal stem cells in a patient with acute respiratory distress syndrome. *J Korean Med Sci*, 2014, 29(3):438-440.

13. Chang YS, Ahn SY, et al. Mesenchymal stem cells for bronchopulmonary dysplasia: phase 1 dose-escalation clinical trial. *J Pediatr*, 2014, 164(5):966-972.

14. Chang YS, Ahn SY, et al. Critical role of vascular endothelial growth factor secreted by mesenchymal stem cells in hyperoxic lung injury. *Am J Respir Cell Mol Biol*, 2014, 51(3):391-399.

15. Chang YS, Choi SJ, et al. Timing of umbilical cord blood derived mesenchymal stem cells trans-plantation determines therapeutic efficacy in the neonatal hyperoxic lung injury. *PLoS One*, 2013, 8:e52419.

16. Chang YS, Choi SJ, et al. Intratracheal transplantation of human umbilical cord

blood-derived mesenchymal stem cells dose-dependently attenuates hyperoxia-induced lung injury in neonatal rats. *Cell Transplant*, 2011, 20(11-12):1843-1854.

17. Chang YS, Oh W, et al. Human umbilical cord blood-derived mesenchymalstem cells attenuate hyperoxia-induced lung injury in neonatal rats. *Cell Transplant*, 2009,18 (8):869-886.

18. Choudhery MS, Badowski M, et al. Donor age negatively impacts adipose tissue-derived mesenchymal stem cell expansion and differentiation. *J Transl Med*, 2014, 12:8-22.

19. Collino F, Deregibus MC, et al. Microvesicles derived from adult human bone marrow and tissue specific mesenchymal stem cells shuttle selected pattern of miRNAs. *PLoS One*, 2010, 5: e11803.

20. Curley GF, Hayes M, et al. Mesenchymal stem cells enhance recovery and repair following ventilation induced lung injury in the Rat. *Thorax*, 2012, 67 (6): 496-501.

21. Fang X, Neyrinck AP, et al. Allogeneic human mesenchymal stem cells restore epithelial protein permeability in cultured human alveolar type Ⅱ cells by secretion of angiopoietin-1. *J Biol Chem*, 2010, 285(34):26211-26222.

22. Gupta N, Krasnodembskaya A, et al. Mesenchymal stem cells enhance survival and bacterial clearance in murine Escherichia coli pneumonia. *Thorax*, 2012, 67(6):533-539.

23. Gupta N, Su X, et al. Intrapulmonary delivery of bone marrow-derived mesench-ymal stem cells improves survival and attenuates endotoxin-induced acute lung injury in mice. *J Immunol*, 2007,179(3):1855-1863.

24. Hansmann G, FernandezGonzalez A, et al. Mesenchymal stem cell-mediated reversal of bronchopulmonary dysplasia and associated pulmonary hypertension. *Pulm Circ*, 2012, 2(2):170-181.

25. Islam MN, Das SR, et al. Mitochondrial transfer from bone-marrow-derived stromal cells to pulmonary alveoli protects against acute lung injury. *Nat Med*, 2012, 18 (5):759-765.

26. Janes KA, Gaudet S, et al. The response of human epithelial cells to TNF involves an inducible autocrine cascade. *Cell*, 2006, 124(6):1225-1239.

27. Jianjun Li, Dong Li, Xiaomei Liu, et al. Human umbilical cord mesenchymal stem cells reduce systemic inflammation and attenuate LPS-induced acute lung injury in rats. *Journal of Inflammation*,2012, 9(1):33-38.

28. Kim ES,Chang YS, et al. Intratracheal transplantation of human umbilical cord blood-derived mesenchymal stem cells attenuates Escherichia coli-induced acute lung injury in mice. *Respir Res*, 2011, 12(1):108-118.

29. Krasnodembskaya A，Samarani G，et al. Human mesenchymal stem cells reduce mortality and bacteremia in gram-negative sepsis in mice in part by enhancing the phagocytic activity of blood monocytes. *Am J Physiol Lung Cell Mol Physiol*，2012，302(10)：L1003-1013.

30. Krasnodembskaya A，Song Y，et al. Antibacterial effect of human mesenchymal stem cells is mediated in part from secretion of the antimicrobial peptide LL-37. *Stem Cells*，2010，28(12)：2229-2238.

31. Kretlow JD，Jin YQ，et al . Donor age and cell passage affects differentiationpotential of murine bone marrow-derived stem cells. *BMC Cell Biol*，2008，9：60-72.

32. Lai RC，Yeo RWY，et al. Mesenchymal stem cell exosome ameliorates reperfusion injury through proteomic complementation. *Regen Med*，2013，8(2)：197-209.

33. Lan YW，Choo KB，et al. Hypoxia-preconditioned mesenchymal stem cells attenuate bleomycin-induced pulmonary fibrosis. *Stem Cell Res Ther*，2015，20 (6)：97-113.

34. Lee C，Mitsialis SA，et al . Exosomes mediate the cytoprotective action of mesenchymal stromal cells on hypoxia-induced pulmonary hypertension. *Circulation*，2012，126(22)：2601-2611.

35. Lee JW，Krasnodembskaya A，et al. Therapeutic effects of human mesenchymal stem cells in ex vivo human lungs injured with live bacteria. *Am J Respir Crit Care Med*，2013，187(7)：751-760.

36. Matthay MA，Thompson BT，et al. Therapeutic potential of mesenchymal stem cells for severe acute lung injury. *Chest*，2010，138(4)：965-972.

37. Mei SH，McCarter SD，et al. Prevention of LPS-induced acute lung injury in mice by mesenchymal stem cells overexpressing angiopoietin 1. *PLoS Med*，2007，4(9)：e269.

38. Monz D，Tutdibi E，et al. Human umbilical cord blood mononuclear cells in a double-hit model of bronchopulmonary dysplasia in neonatal mice. *PLoS One*，2013，8(9)：e74740.

39. MoodLey Y，Atienza D，et al. Human umbilical cord mesenchymal stem cells reduce fibrosis of bleomycin-induced lung injury. *Am J Pathol*，2009，175(1)：303-313.

40. NCT 01828957. Efficacy and safety evaluation of pneumostem® Versus a control group for treatment of BPD in premature infants. http：//clinicaltrials. gov/show/ NCT 01828957.

41. NCT01632475. Follow-up study of Safety and efficacy of pneumostem® in premature infants with bronchopulmonary dysplasia. http：//clinicaltrials. gov/show/ NCT01632475.

42. NCT02381366. Safety and efficacy of two dose levels of pneumostem® in premature infants at high risk for bronchopulmonary dysplasia (BPD)-a US Study. http：// clinicaltrials. gov/show/ NCT02381366.

43. NCT02444455. Human umbilical-cord-derived mesenchymal stem cell therapy in acute lung injury. http：//clinicaltrials. gov/show/ NCT02444455.

44. Ortiz LA，Dutreil M，et al. Interleukin 1 receptor antagonist mediates the antiI-inflammatory and antifibrotic effect of mesenchymal stem cells during lung injury. *Proc Natl Acad Sci USA*，2007，104(26)：11002-11007.

45. Phua J，Badia JR，et al. Has mortality from acute respiratory distress syndrome decreased over time? A systematic review. *Am J Respir Crit Care Med*，2009，179(3)：220-227.

46. Pierro M，Ionescu L，et al. Short-term，long-term and paracrine effect of human umbilical cord-derived stem cells in lung injury prevention and repair in experimental bronchopulmonary dysplasia. *Thorax*，2013，68(5)：475-478.

47. Sun J，Han ZB，et al . Intrapulmonary delivery of human umbilical cord mesenchymal stem cells attenuates acute lung injury by expanding CD4$^+$ CD25$^+$ Forkhead Boxp3 (FOXP3)$^+$ regulatory T cells and balancing anti- and pro-inflammatory factors. *Cell Physiol Biochem*，2011，27(5)：587-596.

48. Sung DK，Chang YS，et al. Optimal route for human umbilical cord blood-derived mesenchymal stem cell transplantation to protect against neonatal hyperoxic lung injury：gene expression profiles and histopathology. *PLoS One*，2015，25，10 (8)：e0135574.

49. Van Haaften T，Byrne R，et al . Airway delivery of mesenchymal stem cells prevents arrested alveolar growth in neonatal lung injury in rats. *Am J Respir Crit Care Med*，2009，180(11)：1131-1142.

50. Van Poll D，Parekkadan B，et al. Mesenchymal stem cell-derived molecules directly modulate hepatocellular death and regeneration in vitro and in vivo. *Hepatology*，2008，47(5)：1634-1643.

51. Vosdoganes P，Lim R，et al . Cell therapy：a novel treatment approach for bronchopulmonary dysplasia. *Pediatrics*，2012，130(4)：727-737.

52. Wilson JG，Liu KD，et al. Mesenchymal stem (stromal) cells for treatment of ARDS：a phase 1 clinical trial. *Lancet Respir Med*，2015，3(1)：24-32.

53. Xu J，Qu J，et al . Mesenchymal stem cell-based angiopoietin-1 gene therapy for acute lung injury induced by lipopolysaccharide in mice. *J Pathol*，2008，214(4)：472-481.

54. Zhang X，Wang H，et al . Role of bone marrow-derived mesenchymal stem cells in the prevention of hyperoxia-induced lung injury in newborn mice. *Cell Biol Int*，2012，36(6)：589-594.

55. Zhi-Wei Huang，Le-Ling Zhang，Ning Liu，et al. Angiopoietin-1 Modified Human Umbilical Cord Mesenchymal Stem Cell Therapy for Endotoxin Induced Acute Lung Injury in Rats pISSN：0513-5796. eISSN：1976-2437. *Yonsei Med J*，2017 ，58(1)：206-216.

56. Zhu YG，Feng XM，et al. Human mesenchymal stem cell microvesicles for treatment of E. coli Endotoxin-induced acute lung injury in mice，*Stem Cells*，2014，32(1):116-125.

第五节　脐血干细胞在肝脏疾病中的应用
Application of Cord Blood Cells for Liver Disease

一、概述

肝脏疾病严重危害着人类的健康，其中病毒感染、有毒物质的损害、家族性遗传疾病以及自身免疫的缺陷等因素，均可以导致肝功能的异常，出现慢性肝病或急性肝衰竭，而慢性肝病可逐渐进展硬变，导致肝癌的发生。终末期肝病的治疗首选方法是肝脏移植，然而，供体肝脏的缺乏、免疫排斥反应、免疫抑制剂长期应用导致的副作用以及高昂的花费等因素都限制了肝移植的临床应用(Philipp，2015；Dutkowski，2014)。此外，肝细胞移植由于操作较简单、侵害性较小等优势也成为肝衰竭的替代疗法(Roberto，2014；Forbes，2014)。

但由于移植的肝细胞存活率太低及其功能存在不稳定性，阻碍了肝细胞移植在临床上的应用。研究表明，移植的肝细胞在宿主体内的存活率不足 30%，同时，宿主体内存活的移植肝细胞缺乏正常肝细胞的基本功能(Forbes，2014；Komori，2013)。尽管如此，干细胞移植仍然是近年来治疗肝脏疾病的一个研究热点。

脐血作为干细胞的主要来源，国内外对其进行了大量的基础以及临床方面的研究。脐血中含有大量的造血干细胞(hematopoietic stem cells，HSCs)和少量的间充质干细胞(mesenchymal stem cells，MSCs)。1988 年，Broxmeyer 首先通过实验研究证明脐带血中含有丰富的造血干细胞。不久，Erices 等人研究报道了脐带血来源的单个核细胞，表面含有间充质干细胞的特征性抗原。近年来的一些研究表明，将从脐带血中分离出来的干细胞移植到受损伤的肝脏内，能够分化为有正常功能的细胞，从而代替受损的肝细胞，可以重建受损肝脏的结构与功能，为治疗终末期肝病提供了新的思路(Hong，2005，杨晓凤，2010)。而脐带血分离的造血干细胞在移植入肝脏后可以向多系的血细胞分化，能够改善肿瘤患者的造血功能，并且能够为患者创建一套相对健康的免疫体系，为脐血移植在肝癌患者中的应用提供了一种可能。

二、脐血 MSCs 在肝脏疾病中的应用

(一)MSC 的生物学特性

已知的各种研究表明，MSCs 能够向来源于各个胚层的多种细胞进行分化，具有很强的可塑性。在特定的条件下，MSCs 能够被诱导分化成肝细胞、骨骼肌细胞、脂肪细胞、成骨细胞、软骨细胞以及神经细胞等各类体细胞(Pittenger，1999，Ni，2010；Gang；2004；Goodwin，2001)，在组织、基因工程方面以及在临床应用方面都有着很高的价值。MSCs

广泛地存在于全身各个组织中,近年来已经陆续从骨髓、脂肪、皮肤等许多组织中分离出了 MSCs。人们发现,与其他来源的 MSCs 相比,脐血来源的 MSCs 拥有来源广泛、采集方便、取材过程无痛苦、免疫原性更低、不涉及伦理问题以及增殖分化能力更强等方面的优势。

在形态方面,MSCs 与成纤维细胞相似,呈梭行平行排列或者漩涡样的生长,其核浆比值较大,核仁较明显。目前的各种研究认为,脐血分离的 MSCs 具有多类细胞的表面抗原,但并不存在特异性的表面抗原特征。迟作华等人总结了脐血 MSCs 表达的主要分子,包括:① 黏附分子:如 CD13、CD44、CD51、CD54 等;② 整合素家族:如 CD29、CD49b、CD49e 等;③ 其他:如 CD90、CD105、HLAABG、ASMA、CD73 等。但不表达 CD34、CD45、CD2、CD3、CD4、CD8、CD14、CD15、CD16、CD19、CD24、CD33、CD38、CD117、CD133、CD135 等造血谱系的细胞标记,也不表达 B7-1、B7-2 及 HLA-DR 抗原等。当前对于 MSCs 的鉴定主要是通过观察细胞的形态、观察其多向分化的能力以及检测其免疫表型等方面来进行(Chang,2006;Wexler,2003)。

MSCs 的免疫原性比较低,对于 MHC Ⅰ、Ⅱ类分子、Fasl 以及 T 细胞协同刺激分子 B7 等低表达,从而能够为异基因移植提供生存的条件,并且使其能够在宿主体内发挥其生物学功能。

(二)MSCs 在肝脏疾病的研究现况

体内外实验研究表明,MSCs 能够促进受损肝脏的修复,改善疾病的症状,从而可以提高生存率。目前急性肝衰竭(Park,2013)、慢加急性肝衰竭(Wan,2013)、肝纤维化(Zheng,2013)、肝硬化(Xu,2014)、自身免疫性肝病(Wang,2014)、遗传代谢性肝病和终末期肝病(Salama,2014)等肝脏疾病已经利用 MSCs 进行了临床试验研究。这些实验研究大多数都是Ⅰ、Ⅱ期的临床试验,只有少数研究已经进入了Ⅲ期临床试验。

(三)MSCs 治疗肝脏疾病的机制

据研究报道,MSCs 主要在以下几个方面发挥对肝病的治疗作用。首先,MSCs 在被移植到肝脏组织中时能够分化成肝细胞,或者与肝细胞融合,从而为肝脏组织的修复与再生提供有效的材料。其次,MSCs 能够对多种细胞发挥免疫抑制作用,例如 T 和 B 淋巴细胞、自然杀伤细胞(NKs)等,这为 MSCs 在免疫性疾病治疗中的应用提供了理论基础。再次,MSCs 能合成多种多样的生长因子以及细胞因子,并能通过旁分泌作用而促使坏死组织内源性干细胞的激活。同时,MSC 条件培养液也具有抑制肝细胞凋亡以及刺激肝脏再生的作用。

1. MSCs 通过分化和融合促进受损肝脏的恢复　MSCs 拥有很高的可塑性,能分别通过细胞融合和直接分化两种途径分化成为有功能的肝细胞。MSCs 的直接分化可能是感觉态细胞直接暴露于再生肝脏中所致。移植的 MSCs 细胞经过后天的修饰,基因表达模式已经发生改变,从而致使细胞分化。过去大量的报道表明,直接分化是 MSCs 为肝脏再生提供材料的最主要机制。Sato 等人(2005)验证了骨髓 MSCs 在直接移植到酒精所致的慢性损伤的肝脏中后,能够直接分化为肝细胞。此外,还有研究表明,MSCs 能够不经过融合直接分化成为肝细胞(Aurich,2007)。Danet 等人(2002)通过体外的实验研究证实,脐血干细胞也是能够向肝细胞分化的,Kakinuma 等人(2003)研究报道指出,脐带血 MSCs 在体内、外都可以被诱导成为肝样细胞。髓系造血细胞是肝细胞融合的主要供体细胞来源,融合的异核体经过倍减成为正常的肝细胞(Camargo,2004)。然而,在人体的正常生理性过程中,细胞融合发生的频率非常低,并且在那些由于化学或病毒因素导致的肝炎等疾病中,缺乏足量的活细胞进行融合。

2. MSCs 通过免疫调节作用抑制免疫反应　MSCs 能够通过直接抑制细胞的扩增以及间接增加 CD4$^+$ T 淋巴细胞的相对比例等方式而抑制 CD8$^+$ 细胞毒性 T 淋巴细胞的活性(Aggarwal,2005)。由于 B 淋巴细胞的活化主要依赖于 T 淋巴细胞,所以 MSCs 对 T 细胞的抑制作用也会间接抑制 B 细胞的功能(Zhao,2009)。同时,通过细胞间的接触以及分泌 IFN-C、IL-10、吲哚胺 2,3-双加氧酶(IDO)、前列腺素 E2(PGE2)、一氧化氮(NO)、肝细胞生长因子(hepatocyte growth factor,HGF)、TGF-b1 等分子,MSCs 能够抑制 B 细胞的扩增与抗体生成(Menard,2013;Moll,2014;Zhao,2009)。另外,MSCs 能够有效地抑制树突状细胞(dendritic cells,DCs)的成熟、产生细胞因子以及激活 T 细胞反应的能力,作用的机制可能与成熟 DC 的诱导分化、DC 肌动蛋白分布的改变以及 DC 逃逸凋亡有关(Zhang,2009;Aldinucci,2010)。此外,MSCs 对 NK 细胞的功能也有很强的抑制作用,抑制 IL-2 介导的细胞扩增,NK 细胞溶解活性,以及 IDO 和 PGE2 细胞因子的产生(Spaggiari,2008)。因此,MSCs 在免疫调节治疗方面的研究越来越多,被认为可以在退行性、炎症性以及自身免疫性疾病中作为细胞治疗方法。

3. MSCs 的旁分泌作用　作为一种骨髓基质细胞的前体细胞,MSCs 能够分泌出多种细胞因子,通过组织之间的间隙作用于周围细胞,从而可以发挥重要的旁分泌作用,除了可以调控造血功能外,MSCs 还能够广泛地参与到细胞增殖、凋亡、免疫调节、内源性前体细胞再生、血管再生等方面的病理生理作用中。有研究报道,MSCs 能够通过合成多种生长因子与细胞因子从而发挥出旁分泌的作用(Manuguerra-Gagn,2013)。在不依赖于移植细胞直接分化成特定组织的前提下,MSCs 通过旁分泌能够刺激血管再生和增强内源性干细胞的扩增,从而对于中风、心肌梗死和肾衰竭的动物模型发挥较高的治疗作用(Tögel,2005)。

利用化学损伤肝衰竭的模型,Yuan 等人(2014)分别研究了 MSCs 和 MDHs(MSC derived hepatocytes,MDHs)的移植在肝脏疾病中的治疗效果,结果表明,MSCs 和 MDHs 在受体肝脏中均能够分化成有功能的肝细胞,从而治疗肝衰竭。然而与 MDHs 移植相比,MSCs 移植对肝衰竭的治疗能够发挥更好的作用。此外,无论是在体内和体外,MSCs 对于氧化应激都有一定的抵抗力,这表明,MSCs 能够保护细胞使其避免氧化损伤。与其他损肝毒物相似,CCL4 的肝毒性是由代谢激活的氧化损伤介导的,从而导致自由基的产生、脂质过氧化、DNA 损伤和细胞死亡(Natarajan,2006)。MSCs 是通过刺激内源性细胞的生长而非通过避免细胞坏死来促使坏死组织的再生。在体外进行共培养时,MSCs 能够显著的促进受到氧化损伤的小鼠其肝细胞的扩增和再生。这个结果表明,在肝衰竭的治疗机制中,MSCs 向肝细胞的分化并不是主要的作用机制,反而旁分泌作用可能是有效的作用机制。Parekkaddan 和他的团队(2007)同样证实了旁分泌作用的重要性,这些研究人员利用 MSCs 分泌的各种分子成功地治愈了急性肝损伤。尽管他们发现了 MSCs 移植旁分泌作用证据,并且 MSCs 能够合成多种多样的生长因子和细胞因子,但关于旁分泌作用的具体机制和相关的分子路径仍需要通过进一步的研究。

4. MSC-CM 能抑制肝细胞的凋亡并能刺激肝脏的再生　　Van Poll 等人(2008)证实，在 D-半乳糖胺诱导的暴发性肝功能衰竭的体内和体外实验中，MSC 的条件培养基(MSC-conditioned medium ，MSC-CM)能够显著地减少肝细胞死亡和促使肝脏再生修复。在体内的实验中，他们发现 MSC 条件培养基能够使凋亡的肝细胞减少 90%，并且能使肝细胞的扩增能力提升三倍；还发现在肝细胞的复制过程中，MSC 条件培养基能够使正向调节的 10 个基因的表达提升 4～27 倍。另外，他们还证实 MSCs 的分泌对肝细胞凋亡有直接的抑制作用，而对肝细胞的扩增有促进作用。此外，Du 和他的同事们研究发现(2013)，与单纯接受培养基治疗的小鼠相比，接受 MSC 条件培养基移植的小鼠分泌肿瘤坏死因子 α(TNF-α)和 IL-1b 的水平显著降低。而且在组织学方面，使用 MSC-CM 治疗的实验组内，增生的肝细胞和肝窦内皮细胞分别增加了 12 和 16 倍。MSCs 的分泌物包括 ECM 糖蛋白、细胞因子和生长因子等(Roh，2013)。目前 MSC-CM 减少细胞凋亡和刺激肝脏再生作用的机制仍然不明，早先的研究表明，有多种分子参与到这一进程中，如 VEGF、TGF-b、TNF-α、HGF 和 IL-6 等(Parekkadan，2007)。

三、脐血 HSCs 在肝脏疾病中的应用

造血干细胞(HSCs)是各种血细胞的始祖细胞，在造血组织中分布广泛。HSCs 移植在白血病、再生障碍性贫血、淋巴瘤等一些血液系统疾病的临床治疗中已经得到了广泛应用。HSCs 不但可以朝各种血细胞方向分化，并且在特定的条件下，HSCs 也可以向非造血细胞转化，可以分化成包括肝细胞、骨骼肌细胞以及神经细胞等在内的多种细胞(Zubair，2002)，这即是 HSCs 的可塑性。

由于 HSCs 的可塑性，HSC 移植不仅在血液系统恶性疾病的治疗中有广泛的应用，在一些恶性实体肿瘤的治疗中也证实了有很好的抑制和治疗作用。不过 HSC 移植在肝脏肿瘤，尤其是原发性肝细胞癌中可能发挥的治疗作用的研究仍然有限。肝癌患者体内的免疫系统对于肿瘤细胞已经处于低反应或者免疫耐受的状态，并不能很好地发挥其对抗肿瘤的作用。若在肝癌患者体内植入脐血 HSCs 后，就可以朝多谱系、多方向的各类细胞进行分化，从而可以分化出新的 T 和 B 细胞，并且输入的脐血中含有较丰富的低免疫原性的 NK 细胞或者造血祖细胞，这不仅能够改善患者的造血能力，并且可以为患者体内创建一套新的功能相对更完善的免疫体系，进而可以发挥出抗肿瘤的作用。邓志刚等人通过研究发现，脐血中分离出的 HSCs 可以抑制肝癌切除术后的转移以及复发。在该项实验研究中，将脐血 HSCs 移植到建立了原发性肝细胞癌伴先天性免疫缺陷模型的小鼠体内后，发现移植的 HSCs 不但能够使先天性免疫缺陷的小鼠获得免疫体系的重建，而且体内输入了脐血 HSCs 的实验组小鼠，在肝癌切除术后，复发和转移率与未经过 HSCs 移植的对照组小鼠相比，均降低；同时实验组小鼠的血清中预示肿瘤预后的标记物 AFP mRNA 和 VEGF-C mRNA 的水平均不同程度地低于对照组。

HSCs 不但可以分化为血细胞和淋巴细胞，在某些特定的条件下，HSCs 还有向肝细胞定向分化的能力(Petersen，1999；Theise，2000；Lagasse，2000)。所以 HSCs 移植可以改善那些有急性肝脏损伤的患者以及伴有肝功能衰竭的肿瘤患者的肝脏功能，能够缩减

患者受损肝脏进行修复的时间。此外，另有研究表明，CD34$^+$的HSCs拥有较高的分化潜力（Wang，2003；Tanabe，2004；Kakinuma，2003），在生物人工肝或肝细胞移植方面具有较广的应用前景。当前的研究表明，HSCs主要是通过以下两种不同的方式分化成肝细胞：其一是直接分化，其二是经过与受体的肝细胞融合而形成融合细胞，进而共同发挥作用。有研究者认为，HSCs主要是通过第二种方式分化成为肝细胞并发挥其正常功能（Assilopoulos，2003；Wang，2003）。

四、脐血干细胞在治疗肝脏疾病时的移植途径

HSCs和MSCs可以通过外周静脉、门静脉、肝动脉、肝内、腹腔以及脾内等多种途径移植到受损的肝脏内发挥治疗作用。目前已经开展的基础和临床方面的研究表明，干细胞移植的部位距离门静脉越近，其在肝脏内增殖和分化的能力就越强（卢昆云，2011）。

1.外周静脉移植途径　脐带血中分离出来的干细胞经过外周静脉的输注而达到受损或炎性组织发挥作用（Francois，2006）。Burra等人（2012）经研究发现，通过外周静脉将脐带血干细胞输注到肝脏损伤的大鼠体内后，对受损的肝脏起到保护作用。翁敬飚等人（2010）研究发现，作为一种辅助治疗方法，在将脐带血干细胞输注到肝硬化患者的体内后，可明显改善患者的预后。干细胞在输入体内后需要经过全身的血液循环后才能到达受损肝脏，目前只能依赖于干细胞在肝脏损伤区的"归巢"能力，最终定向分化的干细胞可能会很少，故具体的治疗效果需要进一步的研究探讨。这种方法操作相对简单、引起的创伤最小，主要适用于那些一般情况欠佳并且不能耐受其他途径移植的患者。

2.门静脉移植途径　门静脉是肝脏的主要供血血管，其内富含各种促进细胞生长、增殖的营养成分，有利于移植干细胞的分化和生存。并且干细胞经门静脉移植具有创伤较小、没有辐射、移植后不需要加压包扎、患者的耐受性相对较好以及费用较低等优势（卢昆云，2011）。利用门静脉移植的方法使移植的干细胞能够更容易保持相对较高的浓度，可以增加定植细胞的数目。在肝脏受到损伤的情况下，移植的干细胞具有归巢定植的特点，所以是临床上经常利用的移植方法之一（廖金卯，2013）。但是干细胞经门静脉移植具有出血的倾向，在门静脉高压时，移植的干细胞随着侧支循环可能会较多地分散到其他的部位例如食管和胃底等，这会严重影响到细胞的有效植入量，并且经此途径一次大量的移植可能会有血管栓塞的风险（卢昆云，2011）。

3.肝动脉移植途径　在X线的监视下，经股动脉穿刺插管到达肝动脉，而后将制备好的脐血干细胞沿着导管从肝动脉缓慢注入。由于介入技术在临床上的广泛开展，这种移植方法操作相对更熟练。脐血干细胞可以直接达到肝脏的内部，促使肝内干细胞的浓度能迅速达到峰值，从而可以发挥出最佳的治疗效果（张强，2005）。这种移植方法还可以发现早期的肝癌，并能直接通过肝癌栓塞进行治疗，但劣势是会有一定的辐射性。

4.肝内移植　肝内移植即通过皮肤穿刺将脐血干细胞直接注射到肝脏内。Bassiouny等人（2011）研究发现，利用肝内注射法将干细胞直接移植到肝硬化的大鼠内，可以显著减轻其肝纤维化的程度。这种方法使干细胞可以直接进入肝脏内，更利于其在肝脏受损部位的归巢。但由于这种方法会有出血倾向，并且移植的干细胞很可能会直接进入中央静脉而促使肺栓塞的发生风险增加，目前尚未见到临床应用（卢昆云，2011）。

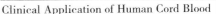

5.脾脏移植　有研究者利用向脾实质内注射干细胞的方法来治疗肝损伤,发现移植的干细胞能够向宿主的肝脏迁徙,并且可以保持较好的胞核形态,从而为干细胞发挥生理作用奠定了基础;血清学肝功能指标检测结果以及肝脏病理学也证明了脾脏干细胞移植可以作为一种可行的治疗方法(覃慧敏,2011)。

6.腹腔移植　腹腔移植操作相对简单,并且移植于腹腔内的干细胞与肝脏距离更近。但移植的细胞很难直接进入到受损的肝脏中,在腹腔内存活的时间亦短,并且腹腔很容易受到细菌感染而造成黏连,其疗效还有待进一步研究。

五、干细胞移植的剂量及疗效评价

目前,干细胞移植的剂量尚无统一定论,一般移植干细胞数目在$(1\sim10)\times10^7$不等,或按照每千克体重移植0.5×10^7干细胞的标准。

近年来,越来越多的研究开始聚焦在干细胞移植的治疗效果方面,ALT、Alb、ChE、TBIL、PT以及肝脏硬度检测值等可以用来作为干细胞治疗肝脏疾病疗效的评价指标。Peng等人(2011)选择了53例乙肝引起的肝衰患者进行自体骨髓MSC的移植治疗。结果表明,自体骨髓MSC移植治疗后没有明显的副作用和并发症,细胞治疗$2\sim3$周ALB、TBIL和PT水平明显改善。但是随访192周后,患者肝细胞肝癌的发病率和死亡率却没有明显的差异。Zhang等(2012)评估了脐血MSC移植治疗失代偿期肝硬化患者的安全性和有效性,他们选取45例失代偿肝硬化的慢性乙肝患者作为研究对象,其中30例患者接受脐血MSC移植治疗,15例患者作为对照组。随访一年后结果表明,脐血MSC移植治疗没有明显的副作用和并发症,能够明显减少腹水的体积,显著改善肝功能,具体表现为血清白蛋白的增加、血清总胆红素的降低等,提示了干细胞治疗肝脏疾病的有效性。

六、问题与展望

目前大量的实验研究表明,脐带血分离的干细胞可以在肝脏内存活,分化成为肝实质细胞并能够发挥作用。虽然这些研究为干细胞移植在肝脏疾病中的应用提供了非常有意义的原始资料,但是这些研究中观察的病例数很少,并且没有设立严格的对照组,也没有对研究对象进行随机分组处理。因此,未来尚需要精心设计、随机分组、设立严格对照的多中心大病例临床研究进行进一步的探索。脐带血干细胞由于自身独有的优点以及其在基础和临床方面的研究进展,使其在肝脏疾病的治疗方面具有较广阔的临床应用前景。以干细胞移植作为核心的再生医学,将会成为继药物治疗、手术治疗后的又一种新的疾病治疗方法。目前,关于脐血干细胞分离的最佳方式、移植的最佳数目、最佳时间、反复移植的频数、移植的条件以及远期安全性的评价等尚无定论。脐血移植在肝脏疾病的应用仍需要进一步开展基础和临床的研究。

(魏伟,李哲)

主要参考文献

1.迟作华,张洹.脐带血间充质干细胞的研究进展.国际生物医学工程杂志,2006,29(1):29-34.

2. 邓志刚，李波，祖存. 造血干细胞移植抑制肝癌术后复发转移的实验研究. 中华肝胆外科杂志，2009 (2)：126-128.

3. 廖金卯，胡小宣，李灼日. 人脐血间充质干细胞移植改善肝硬化大鼠的肝功能. 中国组织工程研究，2013，17(27)：5005-5011.

4. 卢昆云，杨晋辉. 干细胞移植治疗肝硬化的移植途径及优缺点比较. 临床肝胆病杂志，2011，27(11)：1226-1232.

5. 翁敬飚，阮海兰，韦玲，等. 人脐带干细胞外周静脉移植治疗失代偿期肝硬化的临床疗效. 武汉大学学报（医学版），2010，31(4)：541-543.

6. 杨晓凤，张素芬，郭子宽，等. 干细胞应用新技术. 北京：军事医学科学出版社，2010：277-280.

7. 张强，李京雨，徐力扬，等. 经肝动脉骨髓干细胞移植治疗肝硬化的初步临床应用. 中国介入影像与治疗学，2005，2(4)：261-263.

8. Aggarwal S，Pittenger M F. Human mesenchymal stem cells modulate allogeneic immune cell responses. *Blood*，2005，105(4)：1815-1822.

9. Aldinucci A，Rizzetto L，Pieri L，et al. Inhibition of immune synapse by altered dendritic cell actin distribution：a new pathway of mesenchymal stem cell immune regulation. *The Journal of Immunology*，2010，185(9)：5102-5110.

10. Aurich I，Mueller LP，Aurich H，et al. Functional integration of hepatocytes derived from human mesenchymal stem cells into mouse livers. *Gut*，2007，56(3)：405-415.

11. Bassiouny AR，Zaky AZ，Abdulmalek SA，et al. Modulation of AP-endonuclease1 levels associated with hepatic cirrhosis in rat model treated with human umbilical cord blood mononuclear stem cells. *Int J Clin Exp Pathol*，2011，4(7)：692-707.

12. Bernard BA. Human skin stem cells. *Journal de la Societe de Biologie*，2007，202(1)：3-6.

13. Broxmeyer HE，Douglas GW，Hangoc G，et al. Human umbilical cord blood as a potential source of transplantable hematopoietic stem/progenitor cells. *Proceedings of the National Academy of Sciences*，1989，86(10)：3828-3832.

14. Burra P，Arcidiacono D，Bizzaro D，et al. Systemic administration of a novel human umbilical cord mesenchymal stem cells population accelerates the resolution of acute liver injury. *BMC Gastroenterology*，2012，12(1)：1.

15. Camargo FD，Finegold M，Goodell MA. Hematopoietic myelomonocytic cells are the major source of hepatocyte fusion partners. *The Journal of Clinical Investigation*，2004，113(9)：1266-1270.

16. Chang YJ，Tseng CP，Hsu LF，et al. Characterization of two populations of mesenchymal progenitor cells in umbilical cord blood. *Cell Biology International*，2006，30(6)：495-499.

17. Danet GH，Luongo JL，Butler G，et al. C1qRp defines a new human stem cell

population with hematopoietic and hepatic potential. *Proceedings of the National Academy of Sciences*, 2002, 99(16):10441-10445.

18. Du Z, Wei C, Cheng K, et al. Mesenchymal stem cell-conditioned medium reduces liver injury and enhances regeneration in reduced-size rat liver transplantation. *Journal of Surgical Research*, 2013, 183(2):907-915.

19. Dutkowski P, Clavien PA. Solutions to shortage of liver grafts for transplantation. *British Journal of Surgery*, 2014, 101(7):739-741.

20. Dutkowski P, Linecker M, DeOliveira ML, et al. Challenges to liver transplantation and strategies to improve outcomes. *Gastroenterology*, 2015, 148(2):307-323.

21. Forbes SJ, Alison MR. Regenerative medicine: Knocking on the door to successful hepatocyte transplantation. *Nature Reviews Gastroenterology & Hepatology*, 2014, 11(5):277-278.

22. Francois S, Bensidhoum M, Mouiseddine M, et al. Local irradiation not only induces homing of human mesenchymal stem cells at exposed sites but promotes their widespread engraftment to multiple organs: a study of their quantitative distribution after irradiation damage. *Stem Cells*, 2006, 24(4):1020-1029.

23. Gang EJ, Hong SH, Jeong JA, et al. In vitro mesengenic potential of human umbilical cord blood-derived mesenchymal stem cells. *Biochemical and Biophysical Research Communications*, 2004, 321(1):102-108.

24. Goodwin HS, Bicknese AR, Chien SN, et al. Multilineage differentiation activity by cells isolated from umbilical cord blood: expression of bone, fat, and neural markers. *Biology of Blood and Marrow Transplantation*, 2001, 7(11):581-588.

25. Gramignoli R, Tahan V, Dorko K, et al. Rapid and sensitive assessment of human hepatocyte functions. *Cell transplantation*, 2014, 23(12):1545-1556.

26. Hong SH, Gang EJ, Jeong JA, et al. In vitro differentiation of human umbilical cord blood-derived mesenchymal stem cells into hepatocyte-like cells. *Biochemical and biophysical research communications*, 2005, 330(4):1153-1161.

27. Hoogduijn MJ, Crop MJ, Peeters AMA, et al. Human heart, spleen, and perirenal fat-derived mesenchymal stem cells have immunomodulatory capacities. *Stem cells and development*, 2007, 16(4):597-604.

28. Jordan PM, Ojeda LD, Thonhoff JR, et al. Generation of spinal motor neurons from human fetal brain-derived neural stem cells: Role of basic fibroblast growth factor. *Journal of Neuroscience Research*, 2009, 87(2):318-332.

29. Kakinuma S, Tanaka Y, Chinzei R, et al. Human umbilical cord blood as a source of transplantable hepatic progenitor cells. *Stem cells*, 2003, 21(2):217-227.

30. Kakinuma S, Tanaka Y, Chinzei R, et al. Human umbilical cord blood as a source of transplantable hepatic progenitor cells. *Stem Cells*, 2003, 21(2):217-227.

31. Krampera M, Marconi S, Pasini A, et al. Induction of neural-like differentia-

tion in human mesenchymal stem cells derived from bone marrow, fat, spleen and thymus. *Bone*, 2007, 40(2):382-390.

32. Lagasse E, Connors H, Al-Dhalimy M, et al. Purified hematopoietic stem cells can differentiate into hepatocytes in vivo. *Nature medicine*, 2000, 6(11):1229-1234.

33. Manuguerra-GagnÉ R, Boulos PR, Ammar A, et al. Transplantation of mesenchymal stem cells promotes tissue regeneration in a glaucoma model through laser-induced paracrine factor secretion and progenitor cell recruitment. *Stem Cells*, 2013, 31 (6):1136-1148.

34. Menard C, Pacelli L, Bassi G, et al. Clinical-grade mesenchymal stromal cells produced under various good manufacturing practice processes differ in their immunomodulatory properties: standardization of immune quality controls. *Stem Cells and Development*, 2013, 22(12):1789-1801.

35. Moll G, Alm JJ, Davies LC, et al. Do cryopreserved mesenchymal stromal cells display impaired immunomodulatory and therapeutic properties? *Stem Cells*, 2014, 32 (9):2430-2442.

36. Natarajan SK, Thomas S, Ramamoorthy P, et al. Oxidative stress in the development of liver cirrhosis:a comparison of two different experimental models. *Journal of Gastroenterology* and Hepatology, 2006, 21(6):947-957.

37. Ni WF, Yin LH, Lu J, et al. In vitro neural differentiation of bone marrow stromal cells induced by cocultured olfactory ensheathing cells. *Neuroscience etters*, 2010, 475(2):99-103.

38. Parekkadan B, Van Poll D, Suganuma K, et al. Mesenchymal stem cell-derived molecules reverse fulminant hepatic failure. *PloS one*, 2007, 2(9):e941.

39. Park CH, Bae SH, Kim HY, et al. A pilot study of autologous CD34-depleted bone marrow mononuclear cell transplantation via the hepatic artery in five patients with liver failure. *Cytotherapy*, 2013, 15(12):1571-1579.

40. Peng L, Xie D, Lin BL, et al. Autologous bone marrow mesenchymal stem cell transplantation in liver failure patients caused by hepatitis B:Short-term and long-term outcomes. *Hepatology*, 2011, 54(3):820-828.

41. Petersen BE, Bowen WC, Patrene KD, et al. Bone marrow as a potential source of hepatic oval cells. *Science*, 1999, 284(5417):1168-1170.

42. Pittenger MF, Mackay AM, Beck SC, et al. Multilineage potential of adult human mesenchymal stem cells. *Science*, 1999, 284(5411):143-147.

43. Roh H, Yang DH, Chun HJ, et al. Cellular behaviour of hepatocyte-like cells from nude mouse bone marrow-derived mesenchymal stem cells on galactosylated poly (D, L-lactic-co-glycolic acid). *Journal of tissue engineering and regenerative medicine*, 2015, 9(7):819-825.

44. Salama H, Zekri ARN, Medhat E, et al. Peripheral vein IFNusion of autolo-

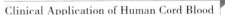

gous mesenchymal stem cells in Egyptian HCV-positive patients with end-stage liver disease. *Stem Cell Research & Therapy*, 2014, 5(3):1.

45. Sato Y, Araki H, Kato J, et al. Human mesenchymal stem cells xenografted directly to rat liver are differentiated into human hepatocytes without fusion. *Blood*, 2005, 106(2):756-763.

46. Spaggiari GM, Capobianco A, Abdelrazik H, et al. Mesenchymal stem cells inhibit natural killer-cell proliferation, cytotoxicity, and cytokine production: role of indoleamine 2,3-dioxygenase and prostaglandin E2. *Blood*, 2008,111(3):1327-1333.

47. Tanabe Y, Tajima F, Nakamura Y, et al. Analyses to clarify rich fractions in hepatic progenitor cells from human umbilical cord blood and cell fusion. *Biochemical and biophysical research communications*, 2004, 324(2):711-718.

48. Theise ND, Badve S, Saxena R, et al. Derivation of hepatocytes from bone marrow cells in mice after radiation-induced myeloablation. *Hepatology*, 2000, 31(1):235-240.

49. Tögel F, Hu Z, Weiss K, et al. Administered mesenchymal stem cells protect against ischemic acute renal failure through differentiation-independent mechanisms. *American Journal of Physiology-Renal Physiology*, 2005, 289(1):F31-F42.

50. Van Poll D, Parekkadan B, Cho CH, et al. Mesenchymal stem cell-derived molecules directly modulate hepatocellular death and regeneration in vitro and in vivo. *Hepatology*, 2008, 47(5):1634-1643.

51. Vassilopoulos G, Wang PR, Russell DW. Transplanted bone marrow regenerates liver by cell fusion. *Nature*, 2003, 422(6934):901-904.

52. Wan Z, You S, Rong Y, et al. CD34[+] hematopoietic stem cells mobilization, paralleled with multiple cytokines elevated in patients with HBV-related acute-on-chronic liver failure. *Digestive Diseases and Sciences*, 2013, 58(2):448-457.

53. Wang L, Han Q, Chen H, et al. Allogeneic bone marrow mesenchymal stem cell transplantation in patients with UDCA-resistant primary biliary cirrhosis. *Stem cells and Development*,2014, 23(20):2482-2489.

54. Wang X, Ge S, McNamara G, et al. Albumin-expressing hepatocyte-like cells develop in the livers of immune-deficient mice that received transplants of highly purified human hematopoietic stem cells. *Blood*, 2003, 101(10):4201-4208.

55. Wang X, Willenbring H, Akkari Y, et al. Cell fusion is the principal source of bone-marrow-derived hepatocytes. *Nature*, 2003, 422(6934):897-901.

56. Wexler SA, Donaldson C, Denning-Kendall P, et al. Adult bone marrow is a rich source of human mesenchymal 'stem' cells but umbilical cord and mobilized adult blood are not. *British Journal of Haematology*, 2003, 121(2):368-374.

57. Xu L, Gong Y, Wang B, et al. Randomized trial of autologous bone marrow mesenchymal stem cells transplantation for hepatitis B virus cirrhosis: regulation of

Treg/Th17 cells. *Journal of Gastroenterology and Hepatology*，2014，29（8）：1620-1628.

58. Yuan SF，Jiang T，Sun L H，et al. Use of bone mesenchymal stem cells to treat rats with acute liver failure. *Genet Mol Res*，2014，13(3)：6962-6980.

59. Zhang B，Liu R，Shi D，et al. Mesenchymal stem cells induce mature dendritic cells into a novel Jagged-2-dependent regulatory dendritic cell population. *Blood*，2009，113(1)：46-57.

60. Zhang Z，Lin H，Shi M，et al. Human umbilical cord mesenchymal stem cells improve liver function and ascites in decompensated liver cirrhosis patients. *Journal of Gastroenterology and Hepatology*，2012，27(s2)：112-120.

61. Zhao S，Wehner R，Bornhäuser M，et al. Immunomodulatory properties of mesenchymal stromal cells and their therapeutic consequences for immune-mediated disorders. *Stem Cells and Development*，2009，19(5)：607-614.

62. Zheng L，Chu J，Shi Y，et al. Bone marrow-derived stem cells ameliorate hepatic fibrosis by down-regulating interleukin-17. *Cell & Bioscience*，2013，3(1)：1.

63. Zubair AC，Silberstein L，Ritz J. Adult hematopoietic stem cell plasticity. *Transfusion*，2002，42(8)：1096-1101.

第六节　脐血造血干细胞治疗狼疮性肾炎
Applications of Cord Blood Cells in Lupus Nephritis

一、概述

系统性红斑狼疮（systemic lupus erythematosus，SLE），是一种累及多脏器、多系统的自身免疫性疾病，我国发病率约为 70/100000。可发生于任何年龄，儿童期以 10～14 岁多见，婴幼儿少见，有报道 3 岁发病者。女性患者占绝大多数，女：男为 5～9：1。SLE 并发肾损害时，简称为狼疮性肾炎（lupus nephritis，LN）。狼疮性肾炎是常见的继发性肾小球疾病，儿童常比成人病情严重，临床观察肾受累占 50%～70%，通过肾活检诊断的肾受累达 90% 以上。狼疮性肾炎是影响 SLE 预后的重要因素，也是死亡的重要原因。传统的治疗方法主要以大剂量的糖皮质激素与广谱免疫抑制剂治疗及晚期的肾透析治疗及肾脏移植等，疗效难以令人满意。近年来，人们根据其自身免疫性疾病的发病机制，采用干细胞疗法，取得一定的疗效，并对其作用机制、方法、效果及问题进行了系列研究报道，有望为临床治疗带来新的希望。

二、狼疮性肾炎（LN）简介

系统性红斑狼疮易发生于 15～40 岁，在青春期和育龄妇女有发病高峰，儿童以 10～14 岁多见。本病以女性多见，女：男为 5～9：1，男性病情多半较重，预后差。SLE 患者肾脏受累呈缓解和复发交替发作的慢性过程,典型的肾受累表现往往并发全身其他系统的症状。肾受累程度与肾外受损程度不平行。

1.狼疮性肾炎的肾脏表现和分型　SLE 初发可无肾脏损害表现,随病情进展多数在发病 1 年内陆续出现肾脏损害,少数为 1~3 年。部分病例可以肾脏症状起病,由于全身症状不明显易致误诊。主要表现为水肿、蛋白尿、血尿、高血压及氮质血症,部分患者确诊时已有肾功能不全。临床分型如下:

(1)轻型:临床可无肾脏损害表现,或仅表现为镜下血尿及轻度蛋白尿,肾功能正常。病理改变多为轻微病变或系膜增生,预后良好。

(2)急性肾炎综合征:可有不同程度水肿、高血压、肾功能多正常。尿常规检查可见蛋白尿、红细胞及管型。多属良性经过,较易缓解。部分病例可复发或迁延至慢性。病理多为系膜增生或局灶增生性肾炎。

(3)肾病综合征型:此型最常见,约占 40%。可出现于病程的不同时期,表现为大量蛋白尿、低蛋白血症和高脂血症,但多数患者胆固醇可不高,可伴血尿、高血压及肾功能不全。有报道儿童此型肾功能损害较成人发生率高。病理以弥漫增生性或膜性肾病多见,预后较差。

(4)急进性肾炎综合征:较少见,临床表现与急进性肾小球肾炎相似,起病急,进展快,常伴高热、少尿、蛋白尿、管型尿、水肿或轻度高血压,肾功能急剧下降,常于数月内发展为终末肾,预后极差。病理为弥漫增生或新月体形成。

(5)慢性肾炎型:临床进展与慢性肾炎相似,表现为持续血尿、蛋白尿,呈慢性进行性肾功能减退。有时缓解,有时进行性加剧。多于数年内因肾功能不全需进行透析或死亡。病理改变多为弥漫增生型。

2.狼疮性肾炎的全身表现

(1)发热:90%的患者在起病初有发热,单用抗生素治疗无效,合并感染时可加重。

(2)皮肤黏膜:80%的患者有各种皮肤黏膜损害,面部蝶形红斑为本病最常见的症状,是 SLE 的特异表现。可为斑疹、斑丘疹,伴有水肿、渗出、水疱、痂皮鳞屑或毛细血管扩张。日光照射后加重。半数患者在 SLE 活动时有脱发,另外还可有无痛性口腔溃疡、紫癜、荨麻疹、盘状红斑等。

(3)关节损害:90%的患者有多发关节疼痛,可累及四肢关节,呈急性炎症过程。部分有肌痛,一般不遗留关节疼痛,偶尔可有股骨头无菌性坏死。

(4)心血管:最常累及心脏、心包及心内膜,脉管炎及雷诺氏现象儿童少见。

(5)血液系统:可有不同程度贫血,活动期白细胞降低或血小板下降。

(6)神经系统:可有头痛,精神异常,颈项强直,重者可有抽风、昏迷、舞蹈病等多种表现。

(7)其他:可见肝脾淋巴结肿大、肝功能异常、肺炎、肺出血及眼底病变。多发性浆膜炎也是本病特点,可累及胸膜、心包及腹膜。

3.狼疮性肾炎的诊断　诊断标准如下:

(1)蝶形红斑或盘状红斑。

(2)无畸形的关节炎或关节痛。

（3）脱发。

（4）雷诺现象和（或）血管炎。

（5）口腔黏膜溃疡。

（6）浆膜炎。

（7）光过敏。

（8）神经精神症状。

（9）实验室检查：①血沉增快；②白细胞少于 $4×10^9/L$ 和（或）血小板少于 $8×10^9/L$ 和（或）溶血性贫血；③蛋白尿持续（＋）或以上和（或）管型尿；④高球蛋白血症；⑤狼疮细胞阳性；⑥抗核抗体阳性。符合以上临床和实验室检查 6 项者可确诊。如不足 6 项可做以下检查：①抗 DNA 抗体阳性；②低补体血症和（或）循环免疫复合物阳性；③狼疮带试验阳性；④肾组织活检阳性；⑤抗 Sm 抗体阳性。满 6 项者可确诊。

对青少年女性患者有肾脏损害表现，伴有多系统病变，特别是发热、关节痛、皮疹、血沉快、贫血、白细胞及血小板减少，血免疫球蛋白明显增高，补体 C3 下降者应怀疑本病，及早进行有关实验室检查，以明确诊断。

4.狼疮性肾炎的传统治疗

（1）糖皮质激素：是治疗狼疮性肾炎的首选药物，狼疮活动期要采用较大剂量泼尼松每日 1.5～2mg/kg ，6～8 周，每日总量不超过 60mg。根据治疗反应缓慢减量，维持至少 2 年。用药时间应长，也有提议终身服用。

（2）免疫抑制剂：常用环磷酰胺（CTX），有较大的毒副作用，尤其是膀胱毒性、致癌作用和性腺抑制作用，近年采用间歇、静脉冲击给药。剂量每次 8～10mg/kg，每 2 周连用 2 次，总剂量达到 150mg/kg 时逐渐减为每 3 月连用 2 次，至完全缓解，再巩固 1 年。此期间内每半年连用 2 次。用药期间必须监测血象。另外，还有环孢素 A、霉酚酸酯、硫唑嘌呤等。

（3）血浆置换：对急性和快速进行性肾炎表现的 LN 可采用血浆置换。

（4）透析和肾移植：对晚期尿毒症患者，可采用透析疗法维持生命，同时再用以上药物控制病情。移植后易复发。

三、脐血干细胞治疗狼疮性肾炎的研究现状

SLE 是一种典型的自身免疫性疾病，目前临床上主要使用糖皮质激素及其他广谱免疫抑制剂进行治疗，但其不良反应明显，并且效果有限。最近有人提出自身免疫性疾病是造血干细胞异常导致的一组异常多克隆 T、B 淋巴细胞病，因此通过造血干细胞移植，破坏原来的异常免疫系统，恢复健康的免疫机制，并且临床上也取得了一定的效果。人脐血干细胞与骨髓干细胞有相似的特性，还有来源丰富，易于采集、保存和运输，免疫原性弱，不诱导免疫排斥反应，避免伦理争议等特点。因此，脐血干细胞移植是治疗难治性狼疮和狼疮性肾炎的良好选择。脐血干细胞移植治疗 SLE 的机制可能主要通过与免疫细胞如T 淋巴细胞、树突状细胞、B 淋巴细胞等直接接触发挥效应，还可能通过改变细胞因子分泌网络间接影响免疫细胞，确切机制仍不是很清楚。

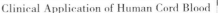

（一）脐血干细胞移植治疗狼疮性肾炎的可能机制如下

1. 抗炎和免疫调节功能　　研究证实间充质干细胞可以分泌多种生长因子，如肝细胞生长因子（HGF）、内皮细胞生长因子（VEGF）和胰岛素样生长因子（IGF-1）等。这些因子可导致肾脏细胞下调致炎因子 IL-1、TNF-α、IFN-γ 和可诱导的 NO 合成酶的表达，上调抗炎因子 IL-10、纤维母细胞生长因子、TGF-β 和抗凋亡的 Bcl-2 表达，这些效应有助于肾小球的修复。另外，间充质干细胞有很强的免疫抑制功能，主要通过抑制 T 细胞增生，影响树突状细胞（DCs）的成熟和功能，抑制 B 细胞增生和最终的分化，调节单核细胞/巨噬细胞的浸润和功能，抑制致炎细胞因子的产生。狼疮性肾炎患者常表现为浆细胞和记忆性 B 细胞过度活化，产生大量自身抗体，大量致炎因子和 B 细胞活化因子，人脐带间充质干细胞（UC-MSCs）可以抑制 B 细胞的增殖，使 B 细胞周期停滞在 G0/G1 期，抑制 B 细胞各种因子和抗体的分泌。LN 患者常表现为 T 细胞异常，而 UC-MSCs 对 LN 的作用表现为抑制 T 细胞的增殖和活化，使 T 细胞活化标志物活性降低，改变 Th1/Th2 的免疫，改变 T 细胞亚群比例，上调调节性 T 细胞（Treg），使得 CD4$^+$ CD25$^+$ Foxp3 上升。在实验性狼疮性肾炎和局灶节段性肾小球硬化模型中，应用 UC-MSCs 增加 IL-4 和 IL-10 水平，降低了 IL-2 和 IFN-α 水平，提示抑制了通过 T 细胞分化调节的自身免疫以及 Th1/Th2 之间的平衡。在狼疮小鼠，移植骨髓来源的间充质干细胞可以下调 IFN-α 的表达和分泌，上调 TGF-β 的表达，减低了外周 B 细胞活化因子的表达。DCs 在自身免疫反应中呈递不同抗原给 T 细胞，在 LN 患者血清中，升高的 IFN-α、IFN-γ、IL-4、IL-10 等可激活肾组织中大量的 DCs，使 DCs 作为 LN 的始动因素，早期触发免疫反应的发生。而 UC-MSCs 可抑制 DC 的发育及成熟，干扰 DC 的迁移能力，早期阻断炎症反应的发生。巨噬细胞在介导肾脏炎性反应时是一个关键炎性细胞，单核细胞趋化蛋白（MCP-1）是聚集和活化单核和巨噬细胞的主要因素，肾小球肾炎时 MCP-1 表达水平明显增加，并与浸润的巨噬细胞数相关。另外，巨噬细胞刺激蛋白（MSP）、TGF-β 和血小板源性生长因子（PDGF-β）也是单核细胞的趋化因子。单核细胞通过释放 Ros 和炎性因子造成肾小球损害。高迁移率族蛋白-1（HMGB-1）也是一种炎症因子，可促进一系列细胞因子的大量释放，加重炎症的发生。UC-MSCs 治疗可以抑制 MCP-1 和 HMGB-1 的表达，抑制肾小球 MSP 和 Ron 表达，降低局部 TGF-β 和 PDGF-β 的水平，减少了单核细胞的浸润，促进了肾小球损伤的恢复，这些作用的发挥需通过炎性递质 PGE-2。还可以抑制肾小球系膜细胞的过度增生。

2. 抗纤维化　　在心、肺和慢性疾病中，间充质干细胞治疗可有效减轻纤维化。在进展性肾脏疾病中，TGF-β1 对肾小球硬化和肾间质纤维化的发生起重要作用，没有明显的间质疾病时，结缔组织生长因子（CTGF）表达水平是低的，疾病恶化时表达增加，TGF-β1 可以增强 CTGF 诱导的成纤维细胞活性。在阿霉素诱导的小鼠肾炎模型中，UC-MSCs 移植可以抑制 TGF-β1 和 CTGF 的表达。

3. 促进肾小球损伤的修复和再生　　在阿霉素诱导的肾病动物模型中，对阿霉素的毒性作用，发现间充质干细胞可以显著增强足细胞活性和减少足细胞的凋亡，用 VEGF 抗体中和，上述作用就消失，这提示 VEGF 对足细胞有保护作用。间充质干细胞体内外均可产生 VEGF，在调节和维持足细胞和肾小球上皮细胞的完整性和功能方面起重要作用。

还有研究显示间充质干细胞可通过分泌表皮生长因子(EGF)保护高糖诱导的足细胞凋亡。HGF-Met 系统在新生血管再生起重要作用。外源性给予 HGF 表明,通过促进内皮细胞增生和肾小球血管的再生来修复肾小球损伤。Rampino 等研究发现,间充质干细胞治疗可明显增加肾小球毛细血管 Met 受体的表达,提示 HGF-Met 系统介导了肾小球毛细血管的重建。关于是否移植细胞能转分化为肾脏细胞,促进组织修复仍有争议。有研究报道,移植后 13 周,在有广泛系膜硬化的小鼠模型中发现了骨髓来源的足细胞。但Kunter 认为间充质干细胞(MSCs)促进肾小球的恢复可能与分化为肾小球细胞类型无关,因为即使通过肾动脉注射,在实验性肾小球肾炎模型中,移植的间充质干细胞85%～95%没有表达内皮细胞、系膜细胞或单核细胞/巨噬细胞标记。最近认为这些分歧可能是由于不同的肾小球肾炎类型和不同的干细胞所致。

(二)脐血干细胞移植在狼疮性肾炎(LN)中的应用

1. 治疗 LN 的动物实验　在 MRL/lpr 狼疮鼠实验模型中,比较骨髓来源的间充质干细胞移植治疗与常规免疫抑制剂治疗的疗效,移植治疗可以明显降低小鼠血清 ANA、ds-DNA 和免疫球蛋白 IgG1、IgG2a、IgG2b 和 IgM,增加了血清白蛋白水平。常规治疗可以降低小鼠血清 ANA、ds-DNA 水平,但不能减少循环免疫球蛋白 IgG1、IgG2a、IgG2b 和 IgM 水平。移植治疗可以恢复肾小球的结构,并减少补体 C3 和 IgG 在肾小球的沉积,完全恢复肾功能,使血清肌酐水平正常,治疗效果明显优于常规治疗。主要作用机制为间充质干细胞通过抑制 B 细胞活化因子的产生而抑制 B 细胞的过度活化。还有研究报道,来源于正常骨髓和脐血的间充质干细胞疗效优于来源于狼疮患者的骨髓干细胞。不管是单次或多次输注人脐带间充质干细胞都能够明显降低狼疮鼠的 24 小时尿蛋白定量、血清肌酐和 ds-DNA 水平,减少新月体形成,减轻肾损害。进一步研究发现主要是通过抑制肾脏细胞表达 MCP-1 和 HMGB-1 以及上调 Foxp3+ 调节性 T 细胞起作用,并在移植后小鼠的肺和肾脏发现了人 UC-MSCs。Chang 等应用 NZB/WF1 小鼠狼疮模型,发现移植人UC-MSCs 可以明显延缓蛋白尿的发生,降低 ds-DNA 水平,改善肾损害,延长寿命。主要作用机制不是通过移植细胞分化为肾组织,而是通过抑制淋巴细胞,诱导 Th2 细胞因子产生,抑制致炎因子产生。顾志峰等进行了 UC-MSCs 治疗 MRL/lpr 狼疮鼠实验,以 1×10⁶ p3 代 UC-MSCs 尾静脉注射,证明治疗组尿蛋白、血清肌酐、ds-DNA 抗体水平、肾小球新月体形成率显著低于对照组,并且间质性肺炎较对照组轻。肖玉翠等研究报道,给MRL/lpr 狼疮鼠通过尾静脉注射 1×10⁶/kg UC-MSCs,移植组尿蛋白定量及 ds-DNA 抗体水平明显低于对照组,血清 IFN-γ、IL-17、IL-10 水平明显降低;移植组肾小球硬化及炎性细胞浸润程度均较对照组为轻,狼疮活动指标明显下降,但肾脏、肺脏、脾脏中间充质干细胞表面标志 CD44、CD105 表达为阴性,提示移植后是通过降低促炎因子的水平发挥免疫抑制作用。Fang 等研究发现,给 NOD-SCID 小鼠急性肾损伤模型通过颈外静脉注射移植 1×10⁶ UC-MSCs,可明显降低血清尿素氮(BUN)和肌酐水平,改善肾功能,脐血间充质干细胞可分泌 IGF-1 促进肾小管细胞增生,降低肾小管细胞凋亡,可迁移至受损的肾脏并分化为肾小管上皮细胞,促进肾损伤的结构和功能修复。动物实验证明,移植治疗有显著疗效,安全且无排斥反应。

2. 治疗 LN 的临床应用　截至 2012 年,世界范围内约有 200 例难治性系统性红斑狼疮患者接受了自体造血干细胞移植治疗,没有应用其他治疗措施,患者取得了稳定和长期的缓解。应用自身造血干细胞移植后,狼疮患者循环中的浆母细胞消失,CD4$^+$ 和 CD8$^+$Foxp3$^+$ 调节性 T 细胞水平正常或增加,抑制了对来源于组蛋白的自身抗原决定簇的病理性 T 细胞反应,这是常规免疫抑制剂治疗难以达到的。阻断自身免疫的恶性循环,使正常的免疫调节机制出现并根除最后的自体反应性 T 细胞,这可能是造血干细胞移植治疗狼疮等自身免疫性疾病的可能机制之一。脐血干细胞移植可以抑制 SLE 患者的自身免疫反应,控制和消除多器官损伤的诱发因素,是一种有效的治本措施,可在一定程度上减轻自身免疫反应强度和抑制全身系统性损伤。Sun 等在 2007～2009 年通过静脉输注 UC-MSCs 治疗 16 例难治性顽固性 SLE,输注干细胞数为 $1×10^6$/kg(体质量),平均随访时间为 8.25 个月。发现患者外周血 Foxp3$^+$T 细胞数量增多,Th1/Th2 细胞因子重新平衡;Th17 细胞水平下调;B 淋巴细胞向浆细胞的成熟、DC、NK 细胞的活化受到抑制。患者疾病活动指数(SLEDAI)评分明显降低,3 个月随访时 15 例患者 24 小时尿蛋白显著降低,多项临床指标显著改善。Liang 等用 UC-MSCs 治疗 1 例 SLE 伴弥漫性肺泡出血患者,在输注 $8×10^7$ 个 UC-MSCs 后,患者临床症状、X 线表现显著改善,血清学指标明显提高,尿常规恢复正常,24 小时尿蛋白降低,治疗 5 周后患者出院。王丹丹等移植 12 例重症难治性 SLE 患者,9 例患者移植前给予环磷酰胺(CTX)静脉输入,隔日予 UC-MSCs 移植,移植细胞数为 $(5.0～7.3)×10^7$(每例患者输注细胞数大于等于 10^6/kg);3 例白细胞重度减少或骨髓穿刺提示有骨髓抑制的重症 SLE 患者未给予 CTX 处理。移植后 1 个月和 3 个月,患者的尿蛋白、血清肌酐、疾病活动指数(SLEDAI)明显降低,4 例患者移植后血小板显著上升,3 例患者移植后血清补体 C3 升高。2 例患者随访 26 个月,1 例各项指标均接近正常。另 1 例移植 1 年后自行停药,病情复发,既往癫痫、鼻出血未再发作,病情较移植前减轻。随访期间,患者无移植相关不良反应发生。杨桂鲜等给 20 例狼疮性肾炎患者移植 UC-MSCs,移植方案:首先给每个患者静脉注射 CTX 3 天,隔日静脉滴注移植UC-MSCs,细胞数含 $3×10^7$ 个,1 周后再次移植相同数量,随访 12 个月,1 例患者失访,移植后 1 个月内患者 SLE 疾病活动指数(SLEDAI)、尿蛋白、血沉、CRP、血肌酐明显下降,白蛋白、补体 C3、C4 升至正常,移植后 1～6 个月上述指标稳定,移植后 9～12 个月 SLE-DAI、尿蛋白数值有所回升,但仅 2 例复发。随访期间,未发现移植相关并发症。祁秋干等报道 2 例脐血间充质干细胞移植治疗严重性红斑狼疮的临床疗效,这 2 例患者均经传统方法治疗无效。收集生长良好的第 3 代 UC-MSCs $(5.0～6.0)×10^7$ 个细胞加入100mL 含 1％人血白蛋白的生理盐水中,静脉滴注,每天 1 次,6～10 天一个疗程,3～6 个月后再用第 2 个疗程。第 1 例女性,48 岁,SLE 伴严重狼疮肾,狼疮脑 10 年,双下肢水肿,皮肤坏疽,溃疡深达骨面,经治医生动员她截肢保命,脐血间充质干细胞治疗后 10 天,病情明显好转,双下肢水肿几乎全部消退。治疗 6 个月后,11 处坏疽、溃疡的疮面有 10个基本愈合,10 个月后患者全部愈合,能自由活动,正常生活。第 2 例,男性,18 岁,SLE伴狼疮肾,狼疮脑 4 年,一年来贫血严重,需每周输血。上述治疗 3 个月后,水肿及双侧胸腔积液消失,不再需要输血治疗,各项检查指标基本正常。2 例均随访 8 年,病情稳定,没发现复发症状。Dandan 等报道了 40 例多中心脐血间充质干细胞治疗活动性、难治性系统性红斑狼疮的临床疗效。静脉输注 UC-MSCs $1×10^6$/kg,间隔 1 周,共 2 次。主要临床反应率32.5%(14/40)，次要临床反应率27.5%(13/40)，7例患者在随访6个月时复发，移植初时曾有病情好转。疾病活动指数随访后3个月、6个月、9个月和12个月明显下降，大不列颠群岛狼疮评估组指数（BILAG）从3月起明显降低，并在随访过程中持续降低。BILAG指数在肾脏、血液和黏膜方面有明显改善。24小时尿蛋白明显下降，在随访9个月和12个月时与治疗前相比有统计学差异。血清肌酐和尿素氮在6个月时降到最低水平，但在7例复发患者9和12个月时有轻微上升。移植后血清白蛋白和补体C3增加，6个月时达到顶峰，但9和12个月时有轻微下降。血清ANA和ds-DNA水平移植后下降，在3个月时与治疗前相比有统计学差异。未见明显不良反应发生。鉴于移植后6个月时有患者复发，提示6个月后可重复干细胞移植。

四、问题与展望

脐血干细胞移植治疗SLE及LN，患者病情明显改善，复发率低，到目前为止未发现移植相关并发症，各地多例成功的案例报道给患者带来了信心和希望。尤其对现有治疗方法无效的患者，有望成为较好的辅助治疗措施之一。但其用于SLE治疗的时间不长，从基础研究到临床治疗研究积累的资料不多，明确的作用机制还需要深入探讨，故其长期疗效及副作用均有待大样本研究的综合分析。

（许瑞英，张乐玲）

主要参考文献

1. 顾志峰，金鸥阳，徐婷，等.脐带间充质干细胞移植对MRL/lpr狼疮鼠的疗效.中华风湿病学杂志，2009，13(1):4-7.

2. 祁秋干，纪娜，史强，等.脐血间充质干细胞治疗严重性系统性红斑狼疮的临床疗效初探.中华细胞与干细胞杂志(电子版)，2014，4(3):153-157.

3. 王丹丹，张华勇，冯学兵，等.脐带间充质干细胞治疗系统性红斑狼疮的临床分析.中华风湿病学杂志，2010，14(2):76-89.

4. 王佃亮，乐卫东主编.细胞移植学.北京：人民军医出版社，2012，8.

5. 肖玉翠，王吉波，董静，等.脐带间充质干细胞移植对系统性红斑狼疮免疫系统的影响.中国组织工程研究与临床康复，2011，15(19):3489-3493.

6. 杨桂鲜，潘丽萍，陈志琴，等.脐带间充质干细胞移植治疗狼疮性肾炎的临床疗效.实用医学杂志，2014，30(17):2779-2781.

7. 野向阳，李相军，徐岩，等.人脐带间充质干细胞体外成骨及其免疫学特征.中国组织工程研究与临床康复，2009，13(36):7029-7033.

8. 周晨曦，邓丹琪.人脐带间充质干细胞治疗狼疮性肾炎的研究进展.山东医药，2013，53(37):94-96.

9. Alexander T，Thiel A，Rosen O，et al. Depletion of autoreactive immunologic memory followed by autologous hematopoietic stem cell transplantation in patients with refractory SLE induces long-term remission through de novo generation of a juvenile and tolerant immune system. *Blood*，2009，113:214-223.

10. Asari S, Itakura S, Ferrei K, et al. Mesenchymal stem cell suppress B-cell terminal differentiation. *Exp Hematol*, 2009, 37(5):604-615.

11. Audrey C, Dominique F, Thierry C, et al. Update on mesenchymal stem cell-based therapy in lupus and scleroderma. *Arthritis Res Ther*, 2015, 17:301.

12. Chan RW, Lai FM, Li EK, et al. Imbalance of Th1/Th2 transcription factors in patients with lupus nephritis. *Rheumatology*, 2006, 45(8):951-957.

13. Chang JW, Hung SP, Wu HH, et al. Therapeutic effects of umbilical cord blood-derived mesenchymal stem cell transplantation in experimental lupus nephritis. *Cell Transplantation*, 2011, 20(2):245-257.

14. Collins E, Gu F, Qi M, et al. Differential efficacy of human mesenchymal stem cells based on source of origin. *J Immunol*, 2014, 193:4381-4390.

15. De Miguel MP, Fuentes-Julian S, Blazquez-Martinez A, et al. Immunosuppressive properties of mesenchymal stem cell: Advances and applications. *Curr Mole Med*, 2012, 12(5):574-591.

16. Fang TC, Pang CY, CHin SC, et al. Renoprotective effect of human umbilical cord-derived mesenchymal stem cells in immunodeficient mice suffering from acute kidney injury. *PLOS One*, 2012, 7(9):e46504.

17. Foster RR, Saleem MA, Mathieson PW, et al. Vascular endothelial growth factor and nephrin interact and reduce apoptosis in human podocytes. *American Journal of Physiology: Renal Physiology*, 2005, 288(1):F48-F57.

18. Gu Z, Akiyama K, Ma X, et al. Transplantation of umbilical cord mesenchymal stem cells alleviates lupus nephritis in MRL/lpr mice. *Lupus*, 2010, 19(13):1502-1514.

19. Huang D, Yi Z, He X, et al. Distribution of IFNused umbilical cord mesenchymal stem cells in a rat model of renal interstitial fibrosis. *Ren Fail*, 2013, 35(8):1146-1150.

20. Jang HR, Park JH, Kwon GY, et al. Effect of preemptive treatment with human umbilical cord blood-derived mesenchymal stem cells on the development of renal ischemia -reperfusion injury in mice. *Am J Physiol Renal Physiol*, 2014, 307(10):F1149-1161.

21. Kunter U, Rong S, Djuric Z, et al. Transplanted mesenchymal stem cells accelerate glomerular healing in experimental glomerulonephritis. *Journal of the American Society of Nephrology*, 2006, 17(8):2202-2212.

22. Lehnhardt FG, Scheid C, Holtik U, et al. Autologous blood stem cell transplantation in refractory systemic lupus erythematodes with recurrent longitudinal myelitis and cerebral IFNarction. *Lupus*, 2006, 15(4):240-243.

23. Liang J, Gu F, Wang H, et al. Mesenchymal stem cell transplantation for diffuse alveolar hemorrhage in SLE. *Nat Rev Rheumatol*, 2010, 6(8):486-489.

24. Ma H, Wu Y, Xu Y, et al. Human umbilical mesenchymal stem cells attenuate

the progression of focal segmental glomerulosclerosis. *The American Journal of the Medical Sciences*, 2013, 346(6):486-493.

25. Ma X, Che N, Gu Z, et al. Allogenic mesenchymal stem cell transplantation ameliorates nephritis in lupus mice via inhibition of B-cell activation. *Cell Transplant*, 2013, 22:2279-2290.

26. Malgieri A, Kantzari E, Patrizi MP, et al. Bone marrow and umbilical cord blood human mesenchymal stem cells: state of the art. *Int J Clin Exp Med*, 2010, 3(4): 248-269.

27. Masereeuw R, Contribution of bone marrow-derived cells in renal repair after acute kidney injury. *Minerva Urologicae Nefrologica*, 2009, 61(4):373-384.

28. Mori T, Shimizu A, Masuda Y, et al. Hepatocyte growth factor-stimulating endothelial cell growth and accelerating glomerular capillary repair in experimental progressive glomerulonephritis. *Nephron Experimental Nephrology*, 2003, 94(2):e44-e54.

29. Peng X, Xu H, Zhou Y, et al. Human umbilical cord mesenchymal stem cells atteuuate cisplatin-induced Exp Biol Med, 2013, 238(8):960-970.

30. Rampino T, Gregorini M, Bedino G, et al. Mesenchymal stromal cells improve renal injury in anti-Thy 1 nephritis by modulating inflammatory cytokines and scatter factors. *Clinical Science*, 2011, 120(1):25-36.

31. Sakr S, Rashed L, Zarouk W, et al. Effect of mesenchymal stem cells on anti-Thy1 induced kidney injury in albino rats. Asian Pacific Journal of Tropical Biomedicine, 2013, 3(3):174-181.

32. Saulnier N, Lattanzi W, Puglisi MA, et al. Mesenchymal stromal cells multipotency and plasticity: induction toward the hepatic lineage. *Eur Rev Med Pharmacol Sci*, 2009, 13(Suppl 1):71-78.

33. Shevach EM, Mechanisms of Fox3[+] T regulatory cell-mediated suppression. *Immunity*, 2009, 30(5):636-645.

34. Snowden JA, Saccardi R, Allez M, et al. Haematopoietic SCT in severe autoimmune diseases: updated guidelines of the European group for blood and marrow transplantation. *Bone Marrow Transplant*, 2012, 47:770-790.

35. Sun L, Wang D, Liang J, et al. Umbilical cord mesenchymal stem cell transplantation in severe and refractory systemic lupus. *Arthritis Rheum*, 2010, 62(8): 2467-2475.

36. Sun LY, Zhang HY, Shi ST, et al. Mesenchymal stem cell transplantation reverses multi-organ dysfunction in systemic lupus erythematosus mice and humans. *Stem Cells*, 2009, 27(6):1421-1432.

37. Wang D, Li J, Zhang Y, et al. Umbilical cord mesenchymal stem cell transplantation in active and refractory systemic lupus erythematosus: a multicenter clinical study. *Arthritis Res Ther*, 2014, 16:R79.

38. Zhang B，Liu R，Shi D，et al. Mesenchymal stem cell induce mature dendritic cells into a novel Jagged -2-dependent regulatory dendritic cell population. *Blood*，2009，113(1)：46-57.

39. Zhang L，Bertucci AM，Ramsey-Goldman F，et al. Regulatory T cell subsets return in patients with refractory lupus following stem cell transplantation，and TGF-beta-producing CD8[+] Treg cells are associated with immunological remission of lupus. *J Immuno*，2009，183：6346-6358.

40. Zhou K，Zhang H，Jin Q，et al. Transplantation of human bone marrow mesenchymal stem cell ameliorates the autoimmune pathogenesis in MRL/lpr mice. *Cell Mol Immunol*，2008，5：417-424.

41. Zickri MB，Fattah MM，Metwally HG. Tissue regeneration and stem cell distribution in adriamycin induced glomerulopathy. *Int J Stem Cells*，2012，5(2)：115-124.

第七节　脐血干细胞治疗肌营养不良

Applications of Cord Blood Cells for Muscular Dystrophy

一、肌营养不良概述

进行性肌营养不良症（muscular dystrophy，MD）是一组原发于肌肉的遗传性疾病，主要临床特征为受累骨骼肌肉的进行性无力和萎缩。分类情况如下：假肥大型肌营养不良（包括 Duchenne 型肌营养不良和 Beck 型肌营养不良）、Emery-Dreifuss 型肌营养不良、面肩肱型肌营养不良、肢带型肌营养不良、远端型肌营养不良、眼咽肌型肌营养不良、先天性肌营养不良、强直型肌营养不良。其中，假肥大型肌营养不良症中的 Duchenne 型肌营养不良症（Duchenne muscular dystrophy，DMD）是最常见的 X 连锁隐性遗传性肌病，是由位于 Xp21 上的抗肌萎缩蛋白（dystrophy）基因突变从而导致 dystrophy 完全地或部分地缺失所致。

目前普遍认为，该病是由于肌肉中缺乏抗肌萎缩蛋白（dystrophin 蛋白）所导致的。抗肌萎缩蛋白是构成细胞骨架的主要蛋白，在骨骼肌、心肌、平滑肌和大脑中都有存在，主要位于肌纤维膜的胞质面，应该是由位于 Xp21 上的 dystrophin 基因所编码。dystrophin 基因的突变（其中 60％为缺失型，40％为非缺失型）导致其编码的抗肌萎缩蛋白结构和功能发生改变，最终发生 DMD。在 DMD 中，卫星细胞融合形成新的肌管代替损伤退化的肌纤维，最终生成新的有缺陷的肌纤维。随着持续存在的退化和再生交替循环，卫星细胞不断地被耗竭，骨骼肌组织也就逐渐被结缔组织和脂肪组织所代替。

DMD 多见于男孩，发病率约为 1/3500 活男婴。女性是致病基因携带者，在所生的子女中有 50％的男孩会发病。发病年龄多见于 3～5 岁，临床表现主要为全身骨骼肌进行性无力、萎缩和小腿腓肠肌假性肥大。随着年龄的增长病情也逐渐加重，多于 12 岁左右丧失行走能力，20 岁左右因呼吸肌萎缩、无力，呼吸循环衰竭而死亡。

目前国内外常用的治疗方法有：①药物治疗：常用药物有肌酸、联苯双酯、激素、促蛋白合成同化激素、L-精氨酸、内源性抑制筒箭毒抗体、生长激素等；②物理治疗方法：包括热疗、按摩等；③中医针灸等。这些方法均不能阻止病情的发展，所以该病迄今尚无有效的治疗方法，目前仍为国内外医学界疑难、重大疾病之一。

对 DMD 患者而言，干细胞移植可望成为有效的治疗方法。近年来许多研究者制作 DMD 模型鼠，采用干细胞移植治疗，通过观察研究发现其病理生理、生化、抗肌萎缩蛋白表达和运动功能等各方面都有所改善，为 DMD 的治疗带来了新的希望。

二、干细胞治疗肌营养不良症基础研究

（一）干细胞移植治疗 DMD 动物模型

1. mdx 鼠

（1）干细胞移植治疗 mdx 鼠始于 1995 年，Wakitani 等人在体外培养干细胞时发现 5-氮胞苷和两性霉素 B 可以促使骨髓间充质干细胞向成肌细胞和肌管方向转化。而在 1998 年，Ferrari 等又进一步发现来自骨髓的生肌祖细胞能够和变性的肌纤维融合，并且可以促进其再生。1999 年，Gussoni 等用造血干细胞和一种新的肌肉来源的干细胞群对 mdx 鼠进行移植，发现供体衍生核掺入了受体肌肉，在受累肌肉部分恢复了 dystrophin 的表达，从而推测骨髓移植可能成为治疗 DMD 或其他肌萎缩的一种新途径，为骨髓干细胞治疗遗传性肌病奠定了基础。

（2）干细胞移植治疗 mdx 鼠的研究方法：1998 年，Ferrari 等将 C57/MLacZ 鼠的骨髓分离成黏附和非黏附成分，黏附成分注入放疗后的 scid/bg 鼠的胫前肌，将已作遗传标记的 C57/MLacZ 鼠的骨髓细胞通过尾静脉注射到 scid/bg 鼠体内，免疫组化显示骨髓来源的生肌祖细胞迁移进入变性的肌纤维，参与了其再生过程，并分化形成新的肌纤维。1999 年，Gussoni 等对 9 只 6～8 周龄的雌 mdx 鼠大剂量放疗后，从鼠尾静脉注入正常 C57BL/10 雄鼠的骨髓细胞，分别用免疫组化和 FISH 法检测 dystrophin 的表达和供体来源的核，5 周后少于 1% 的肌纤维表达了 dystrophin，8 周后约 1% 的肌纤维表达了 dystrophin，25%～63% dystrophin 阳性纤维中含有融合的供体核，12 周后约 10% 肌纤维表达了 dystrophin，在 10%～30% dystrophin 阳性肌纤维中包含可检测的 Y 染色体阳性核；另外，采用磁珠式细胞分选器和流式细胞仪分选、Hoechst 纯化的骨髓干细胞和肌肉 SP 细胞作移植实验，也得出了相似的结果。

（3）骨髓移植后 dystrophin 的表达：于骨髓移植后 4 个月和 6 个月，用引颈法处死 mdx 鼠，取其腓肠肌行冷冻切片，常规 ABC 法进行 dystrophin 的免疫荧光染色。荧光显微镜下观察显示：正常的 C57 鼠的骨骼肌细胞膜上的 dystrophin 荧光相互连接成网状，在细胞膜上分布均匀，荧光强度较强；而未治疗的 mdx 鼠的骨骼肌细胞膜上没有出现 dystrophin 荧光；在骨髓移植后，mdx 鼠的部分骨骼肌细胞膜上出现 dystrophin 荧光，但荧光强度弱，分布不均匀。

（4）骨髓移植后肌肉生理指标变化：通过对骨髓移植治疗后 4 个月和 6 个月 mdx 鼠及同龄未治疗组的 mdx 鼠的腓肠肌的电生理各项指标的测定及统计学分析，表明各项指标均有改善。

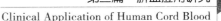

　　(5)骨髓移植后肌电图的变化：C57 阳性对照鼠静息电位是稳定的，未发现正锐波和纤颤电位，而空白对照鼠静息状态时均出现正锐波和(或)纤颤电位，肌电检测时伴有明显的病理性摩托车发动声音；而治疗组的肌电图有明显改善，仅有 1 例出现正锐波，伴有病理性声音，且音量明显减小。

　　(6)骨髓移植后骨骼肌的病理变化：研究发现 mdx 鼠骨骼肌之所以出现进行性变性坏死和核中心移位是由于 dystrophin 的缺乏。Abe 等发现细胞核的中心移位在出生后进行性发展，3 个月时达高峰，有 70%～80% 的肌细胞出现中心有核纤维(centrally nucleated fiber，CNF)。于移植后 2、4、6、8 个月，取各组动物的腓肠肌冷冻切片常规 HE 染色，在镜下 200 倍取 5 个视野，计数 CNF 数目。结果显示，C57 鼠的 CNF 比例为 0，而骨髓移植后的 mdx 鼠 CNF 比例明显少于同龄鼠的未治疗组的 mdx 鼠。

　　(7)骨髓移植后血肌酸激酶(CK)的变化：取 8～9 周龄的 C57 鼠、mdx 鼠，对其 CK 进行研究，见 C57 鼠的 CK 为 (233.83 ± 77.45) U/L，而 mdx 鼠的 CK 为 (868.17 ± 127.92) U/L，检测结果有显著差异，提示肌细胞的坏死减轻。

　　2. dko 鼠　　mdx 鼠是将小鼠 dystrophy 基因敲除而构建的 DMD 模型鼠，此鼠抗肌萎缩蛋白缺失、CK 值升高，但肌无力等症状轻微。究其原因是由于 utrophin 蛋白过度表达所致，而其与 dystrophin 蛋白功能近似。所以后来的研究者构建了 dystrophin 与 utrophin 基因双敲除(dko)鼠。

　　(1)dystrophin 蛋白表达的检测：研究者对 3 组实验鼠股骨周围骨骼肌冷冻切片进行 dystrophin 单克隆抗体免疫荧光检测。结果显示治疗组 dko 鼠股骨周围骨骼肌平均有 7% 肌细胞膜 dystrophin 着色阳性，对照 dko 鼠肌细胞膜 dystrophin 荧光着色阴性，C57BL/6 阳性对照组肌细胞膜周围 dystrophin 荧光着色呈阳性反应。说明经干细胞移植治疗后 dko 鼠的肌肉中有抗肌萎缩蛋白的表达。

　　(2)治疗后骨骼肌组织的病理学观察：对 C57BL/6、dko 对照组及 dko 治疗组鼠股骨肌组织的 HE 染色显示，正常 C57BL/6 组织肌细胞轮廓清晰、完整，肌细胞核细胞周边未发现有胞核中移现象，并且肌纤维间隙是正常的，肌内束结构也是完整的。dko 鼠对照组骨骼肌细胞粗细不等，肥大萎缩和变性、坏死肌纤维随处可见，排列结构杂乱无章，胞核排列严重无序，可见大量残存聚集的细胞核，切片核中移细胞近 100%，正常的肌间隙、肌内束结构不存在，大量脂肪细胞浸润。dko 鼠治疗组骨骼肌亦能见到局灶性的类似对照鼠的改变，但程度较轻，多数细胞轮廓、排列尚可；细胞仍有明显核内移现象，核中移细胞达 85%。

　　(3)治疗后 dko 鼠骨骼肌组织的超微结构观察：对 C57BL/6、dko 对照组鼠及治疗组鼠股骨骨骼肌组织做电镜观察，可见正常 C57BL/6 鼠骨骼肌细胞膜完整，胞核居细胞膜下，Z 线、M 线清晰，肌节完整，线粒体散在肌节中。dko 鼠对照组可见明显的细胞膜受损、肌节断裂胞质水肿、线粒体异常增生和胞核中央移位。治疗组 dko 鼠骨骼肌胞质水肿消失，胞核中央移位以及细胞膜受损、肌节断裂程度均明显减轻。

　　(4)治疗后 dko 鼠的运动功能：采用体外培养传代扩增纯化的第 5 代(P5)的骨髓干细胞经鼠尾静脉移植治疗 dko 鼠，在移植治疗后 15 周分别对实验组与对照组 dko 鼠进行牵引、转轮、倒挂、翻身、走步的一系列运动功能测试观察，发现实验组 dko 鼠的系列运动功能测试均显著优于对照鼠($P<0.05$)。

（二）干细胞移植治疗 DMD 的理论基础

目前认为 DMD 患者的发病机理主要是肌细胞中抗肌萎缩蛋白基因缺陷，不能编码具有正常功能的蛋白，导致肌内损害。假使将正常的抗肌萎缩蛋白基因植入患者的肌细胞中，同时能表达正常功能的抗肌萎缩蛋白，就有可能缓解或纠正肌肉萎缩的症状。目前干细胞分化衍生为肌肉细胞的过程和机制尚未完全清楚。有学者报道了一些研究成果，认为在特定的体外培养条件下，干细胞可分化形成各种细胞系的前体细胞，并可进一步分化产生功能性的终末分化细胞。但是如果要控制干细胞的定向分化，使它产生一个单一类型的分化细胞集群，还需要加入一些特殊因子。目前的研究显示二甲基亚砜（DMSO）能够诱导干细胞形成心肌细胞、平滑肌细胞和骨骼肌细胞，采用 MyoD 基因（一种决定骨骼肌发育的基因）转染干细胞，再经过 DMSO 诱导处理干细胞，最终分化形成骨骼肌细胞，不形成心肌和平滑肌细胞。在干细胞分化中发现有骨骼肌发育基因 Myf-5、Mtogenin、MyoD 等的表达，且表达时序与胚胎发育中的相同。在干细胞贴壁培养 1～2 周后开始出现肌肉细胞，继续培养则融合成肌管，成为骨骼肌发育的典型特征。用特异性的转录探针可在分化的干细胞中检测到肌肉肌动蛋白的 mRNA，用选择性的火星 Mabs 检测到肌肉的肌动蛋白，而在未分化的干细胞中却检测不到。肌纤维细胞是一个合体多核大细胞，不再具有分化能力。正常的干细胞带有正常的 dystrophin 蛋白基因，在培养基上可进一步分化为成骨细胞、软骨细胞、脂肪细胞甚至成肌细胞。正常的骨骼肌的生长和修复需要肌纤维周围的卫星细胞参与。在肌肉受到损害后，卫星细胞可发生反应并分化、修复或替代受损区域的肌纤维。在再生的肌肉组织中，肌源性前体细胞的数量超过卫星细胞的数量，暗示有其他组织来源的未分化前体细胞也可进入肌肉并修复受损的肌纤维。有报道在成肌细胞注射后，供者细胞的核与单根纤维并行排列，但并没有融入宿主肌纤维中，非常像真正静止的卫星细胞。类似的情况也出现在肌肉 SP 细胞移植后。在带有标记的骨髓细胞移植给有免疫缺陷的小鼠后，骨髓来源的细胞能迁移到变性的肌肉区域，引起成肌性分化，参与修复受损的肌纤维。

三、干细胞治疗肌营养不良症临床研究

（一）干细胞治疗面肩肱型肌营养不良症（FSHD）的研究

面肩肱型肌营养不良症（FSHD）是一种常染色体显性遗传疾病。临床特征为面肌、肩带肌及上臂肌群无力，并可累及盆带肌等。不同患者在起病年龄及临床表型方面差异很大，20 岁时外显率约为 95％，致残率很高。15％～20％的患者最终需坐轮椅，严重影响患者的生活质量，目前尚无特效的治疗方法。

单鸿、杨晓凤等对 31 例 FSHD 患者进行了自体外周血干细胞（PBSCs）和脐带血 MSC联合移植治疗。通过肌肉和静脉两种途径进行治疗，可使患者损伤的肌肉得到大量干细胞的修复。干细胞移植后 25 例（81％）患者四肢末梢循环改善、肢端温暖、进食量增多、动作灵活，体重及肌力均较前有不同程度的增加，肢体运动功能有所改善；独立完成登梯动作所需时间均较前缩短，步行距离增加以及速度增快；55％的患者（17 例）酶学指标较移植前有所降低，45％的患者（14 例）复查肌电图波幅较移植前有不同程度增高，多相波减少。

（二）干细胞治疗 DMD 的研究

DMD 迄今尚未找到有效的治疗方法。2002 年,Gussoni 等报道了 1 例 12 岁的 DMD 患者,在同种异基因骨髓移植 11 年后,肌肉中仍有少量肌纤维(0.5%～0.9%)来源于供者的细胞核。这一病例告诉我们,骨髓移植后骨髓干细胞可以融入宿主的骨骼肌细胞,并可以持续存在许多年。国内对于该病的临床研究一直在不断的深入中;中山大学附属第一医院神经科在 DMD 小鼠模型骨髓干细胞移植研究基础上,从 2003 年开始,开拓性地对 DMD 患者进行了前瞻性的临床异基因脐血干细胞移植治疗,动态观察了移植后患者的造血功能重建时间、移植物抗宿主反应的强弱、缺陷基因是否被纠正、是否形成了新的肌肉、是否有抗肌萎缩蛋白的表达、生化指标有何改变以及运动功能的改善情况等。结论是异基因脐血干细胞移植治疗 DMD,可以在短期内重建造血功能、血清 CK 水平可以显著下降、肌肉抗肌萎缩蛋白表达增强,患儿运动功能有所改善,以上各种结果说明造血干细胞移植是治疗 DMD 的一种有效方法。

吕乃武、杨晓凤等通过肌肉和静脉两种途径,利用骨髓和脐血 MSC 联合移植治疗 DMD 269 例。其中,81% 的患者(218 例)在移植后肌力有不同程度的增加,行走距离明显延长,动作较前灵活,肢端是温暖的,食欲也有改善。临床肌力为 Ⅰ、Ⅱ 级的患者移植后步行 10 米时间缩短;Ⅱ 级患者有 14 例转为 Ⅰ 级;Ⅲ 级患者推动轮椅 10 米所需时间缩短;Ⅳ 级病情变化不明显;移植后患者肌酸激酶下降,运动单位增多。

卢爱丽等研究者研究了脐血单个核细胞联合黄芪注射液治疗 DMD 的疗效,发现 19 例接受治疗的患者,经过治疗后 CK 水平有明显的下降;90% 以上的患者治疗后日常生活能力有不同程度的改善;而在治疗后 3 个月,症状有所倒退,表明采用该方法治疗 DMD 近期疗效佳,能提高患者生活质量,延缓病情的发展,但作用不持久。也提示了 3 个月内可重复治疗。

脐血干细胞治疗 DMD 的可能机制:MSC 分泌大量细胞因子修复损伤的肌细胞,改善血液循环;能够修复损伤的肌膜,能够纠正一部分功能蛋白的表达缺陷,能够修复部分损伤的神经,加强信号转导功能。在特定环境中,向肌细胞分化,增强患者肌力,补充或替代卫星细胞库的缺乏。

（三）干细胞联合治疗肌营养不良

中国人民解放军第 463 医院采用干细胞联合移植治疗肌营养不良症患者,对干细胞种类、移植方式、移植途径等进行了进一步的研究,已累计治疗肌营养不良患者 1638 例,其中 Duchenne 型肌营养不良患者达 1200 例,其他包括 Beck 型肌营养不良、Emery-Dreifuss 肌营养不良、面肩肱型肌营养不良、肢带型肌营养不良等;移植的干细胞种类包括自体骨髓干细胞、自体外周血干细胞、异体脐血干细胞、异体脐带干细胞等;移植途径包括经静脉移植、肌肉内局部移植;移植方式包括间充质干细胞移植与造血干细胞移植,开展了骨髓干细胞移植、脐血干细胞移植、脐带干细胞移植、骨髓干细胞联合脐血干细胞移植、骨髓干细胞联合脐带干细胞移植、外周血干细胞联合脐血干细胞移植、外周血干细胞联合脐带干细胞移植。肌营养不良是一种全身性肌肉萎缩性疾病,需要大量干细胞进行细胞修复方能达到治疗的目的,所以仅用自体干细胞的数量是远远达不到治疗效果的;仅用异体脐血或脐带干细胞会在一段时间后被排斥掉,也不能获得持续性改善的疗效。因此，多采用骨髓干细胞、外周血干细胞以及多份脐血或脐带干细胞联合移植的方法，有可能解决干细胞数量不足的问题，也可使自体干细胞能够不断修复损伤的肌肉细胞。经血管内注射移植的干细胞可以通过定向归巢的机理到达损伤的肌肉组织中参与肌细胞的修复；而经肌内注射移植的干细胞可在病变的肌肉局部内直接修复损伤的肌细胞、神经和血管，同时能够抑制或减少局部肌细胞的病变，使肌容量、肌肉强度、肌肉功能都增强，持续性修复损伤的肌肉组织。患者经治疗后症状有缓解，运动功能改善，化验血肌酸激酶降低，肌电图好转，活检染色有 dystrophin 表达，部分病变基因有正常替代。联合移植治疗的机制可能为：①修复损伤的肌膜，部分纠正功能蛋白肌萎缩蛋白的表达缺陷；②修复损伤的肌细胞，抑制或减少肌细胞的病变，使肌容量、肌肉强度和肌肉功能均增强；③修复损伤的神经细胞，使传导信号增强；④促进血管新生，改善血液循环；⑤在特定环境中间充质干细胞可分化为肌细胞，形成少量肌细胞；⑥补充或代替肌肉干细胞库的缺乏，持续性修复进行性损伤的肌肉组织。此方法简单、安全，无排斥反应，对患者无损伤，依从性好，延缓病情的进一步发展，是治疗肌营养不良症的一种新的有效方法，但远期疗效尚在进一步观察中。

四、脐血干细胞移植治疗肌营养不良症的临床应用

（一）患者的选择

确诊 Duchenne 型肌营养不良症，无手术禁忌。

（二）脐血间充质干细胞移植

1.细胞的采集与培养　选择健康足月产妇，分娩后穿刺脐静脉留取脐血 80～150mL。采用 Ficoll 密度梯度离心法分离单个核细胞层，并调节细胞密度至 1×10^8/mL，接种于 75mm³ 培养瓶中，置于 37℃，5%CO$_2$ 细胞培养箱中培养。24 小时后换液，去除未贴壁细胞。待贴壁细胞呈梭形或多角形条索状融合大约 90%。10～14 天后收获细胞数为（1～5）$\times 10^7$。

2.脐血间充质干细胞移植

（1）经静脉移植：将干细胞配成约 30mL 悬液，通过外周静脉输注于患者体内，30 分钟内输完，每次总量 10^6/kg，间隔一周左右再次输注，共 2～4 次。

（2）肌肉局部移植：经静脉移植完成后 1 周进行肌肉内移植。术前 6 小时禁饮食，术前半小时常规皮下注射阿托品，手术室内严格按照无菌操作要求进行移植。局部消毒铺单后，患者行全身静脉麻醉，将细胞配置成 1×10^6/mL 的细胞悬液，多点注射法移植于四肢肌肉内，下肢肌肉可间距 3cm×3cm 注射，每点细胞数为 1×10^6 个左右，上肢肌肉可间距 1cm×1cm～3cm×3cm 注射，每点细胞数为 10^5～10^6 个。

3.脐血造血干细胞移植　患者在间充质干细胞移植 6 个月后，可进行造血干细胞的移植。脐血中含有丰富的造血干细胞，来源非常丰富，采集很方便，无论是对母亲还是胎儿均无危害，从寻找供者到进行移植，脐血移植耗费时间较短，冻存的脐血干细胞保存时间长，运输也方便，可以随时解冻，随时应用。脐血中的造血干细胞和免疫细胞均相对不成熟，所以脐血造血干细胞移植后 GVHD 发生率相对低，但因脐血中的造血干细胞数量相对少，所以脐血造血干细胞移植适合体重小于 40kg 的患者。

（三）脐血干细胞移植术后评价

1.安全性　本技术项目相对风险小，未见严重不良反应及并发症发生，排斥反应轻。

2.疗效评估　移植后3、6、12、24个月观察肌力、活动程度及持续时间、生活能力、关节功能，6个月后复查血肌酸激酶、肌电图、四肢肌肉MRI，徒手肌力评定、日常生活能力评定。每间隔6个月复查上述检查，2年后复查肌肉病理及基因分析，如获得改善可视为干细胞移植治疗有效。

五、干细胞治疗肌营养不良症的问题与展望

（一）干细胞治疗肌营养不良存在的问题及解决措施

影响干细胞移植成功率的因素有：

1.年龄因素　Gussoni等发现具有抗肌萎缩蛋白表达的患者是年纪最轻的，而且变性肌纤维最少。Partridge也报道在年幼鼠（5～7天）的肌肉中，肌细胞融合发生的频率高于年长鼠（19～27天）。临床上亦发现相对轻症患者的疗效较明显，部分重症患者无效。提示病情严重程度和干细胞移植疗效有关系。晚期DMD患者的肌纤维多萎缩，肌肉中的卫星细胞大量耗竭，肌间质结缔组织增生使移植微环境发生改变，干细胞难以生长、分化，且限制了干细胞的游走。

2.移植的排斥反应　目前异体造血干细胞的所有实验均使用免疫抑制剂，移植尚属安全，仅出现轻微的排斥反应和并发症；但因个体差异引起的排斥反应对疗效会有影响。若能选择HLA相合干细胞移植，可减少排斥，提高疗效。临床上使用异体脐血间充质干细胞移植尚未发现严重排斥反应及并发症的报道。

3.移植需要的细胞数量及时机　移植需要大量的干细胞，而大规模的组织培养和细胞分离是困难的，并且无法知道需要多少干细胞的量才能满足移植的需求，况且移植后究竟有多少干细胞能存活，并到达变性的肌肉组织而分化成为肌纤维都无法检测，这些都可能会影响疗效。以上提示该病应早期诊断与治疗，应进行进一步的研究，还需大量的实验及临床病例循证得出结论。

（二）展望

虽然发现DMD的致病基因已有20余年，且应用干细胞移植治疗DMD的动物实验和临床研究取得了一定成绩，但将此法广泛应用于临床患者的治疗还有很长一段路要走。传统的伦理、道德观的约束、移植后免疫抑制和免疫重建方面的问题、移植风险的降低、国内丰富的干细胞资源如何统一管理及开发应用等，都是干细胞移植治疗前进道路上亟待解决的问题。然而，我们也应看到虽然干细胞移植治疗DMD技术不成熟，但它是一种突破性的治疗措施，如能完善各项相关技术，将是用于临床治疗DMD的最有效方法。而随着相关方法技术的进展，对于其他难治性肌病的治疗研究亦有借鉴意义。

（孙念政，李学荣）

主要参考文献

1.单鸿，杨晓凤，王红梅，等.自体外周血干细胞和脐血干细胞联合移植治疗面肩肱型肌营养不良31例.实用儿科杂志，2010，12:2143-2145.

2. 古涌泉，韩忠朝，付小兵. 干细胞临床研究与应用. 北京：人民卫生出版社，2012：172-180.

3. 卢爱丽，王国征，代喜平，等. 脐血单个核细胞联合黄芪注射液治疗 Duchenne 型肌营养不良症的临床研究. 实用医学杂志，2013，10：1708-1709.

4. 吕乃武，杨晓凤，许忆峰，等. 骨髓和脐血间充质干细胞联合移植治疗杜氏型进行性肌营养不良症 269 例疗效研究. 中华全科医学，2010，13(4)：1525-1528.

5. 许忆峰，杨晓凤，吴雁翔，等. 自体骨髓干细胞移植治疗肢带型肌营养不良 33 例. 中国组织工程研究与临床康复，2009，13(22)：6345-6348.

6. 闫杨，杨晓凤，尹富华，等. 135 例 Duchenne 型肌营养不良症 DMD 基因缺失分析. 基础医学与临床，2009，8(29)：872-887.

7. 杨晓凤，张素芬，郭子宽. 干细胞应用新技术. 北京：军事医学科学出版社，2010：404-424.

8. 杨晓凤，许忆峰，张轶斌，等. 骨髓和脐血间充质干细胞移植治疗 Duchenne 型肌营养不良. 中国组织工程与临床康复，2009，13(36)：7056-7060.

9. 杨晓凤，许忆峰，张轶斌，等. 外周血和脐血干细胞联合移植治疗肌营养不良临床研究. 中华细胞与干细胞移植，2009，6(1)：47-51.

10. 杨晓凤. 专家评述：干细胞治疗进行性肌营养不良. 中国组织工程与临床康复，2009，13(14)：2601.

11. 张成，冯慧宇，黄绍良，等. 脐血干细胞移植治疗假肥大型肌营养不良症. 中华医学遗传学杂志，2005，22(4)：399-405.

12. Abe S, Kasahara N, Amano M, et al. Histological study of masseter muscle in a mouse muscular dystrophy model (mdx mouse). *Bull Tokyo Dent Coll*, 2000, 41(3): 119-122.

13. Benabdallah BF, Bouchentouf M, Tremblay JP. Improved success of myoblast transplantation in mdx mice by blocking the myostatin signal. *Transplantation*, 2005, 79 (12): 1696-1702.

14. Dell Agnola C, Wang Z, Storb R, et al. Hematopoietic stem cell transplantation does not restore dystrophin expression in Duchenne muscular dystrophy dogs. *Blood*, 2004, 104(13): 4311-4318.

15. Emery AEH. *Duchenne Muscular Dystrophy*. 2 nded). London: Oxford University Press, 1993: 343.

16. Gussoni E, Soneoka Y, Strickland CD, et al. Dystrophin expression in the mdx mouse restored by stem cell transplantation. *Nature*, 1999, 401(6751): 390-394.

17. Liew WK, Kang PB. Recent developments in the treatment of Duchenne muscular dystrophy and spinal muscular atrophy. *Ther Adv Neurol Disord*, 2013, 6(3): 147-60.

18. Wakitani S, Saito T, Caplan AI. Myogenic cells derived from rat bone marrow mesenchymal stem cells exposed to 5-azacytidine. *Muscle Nerve*, 1995, 18 (12): 1417-1426.

第八节 脐血干细胞治疗肌萎缩侧索硬化症

Applications of Cord Blood Cells for Amytrophic Lateral Sclerosis

一、肌萎缩侧索硬化症概述

神经变性疾病是一类以神经元变性或凋亡为特征的慢性进行性神经系统疑难病,常见疾病有肌萎缩侧索硬化症、帕金森病、阿尔茨海默病等。肌萎缩侧索硬化症(Amytrophic lateral sclerosis,ALS)是运动神经元病的典型代表。运动神经元病是指病变选择性侵犯脊髓前角细胞、脑干颅神经运动核、大脑运动皮质锥体细胞,以及锥体束受损的一组进行性神经系统变性疾病。ALS 病理累及上、下运动神经元,临床表现为进行性肌无力、肌萎缩、肌跳,最终导致瘫痪。在 ALS 患者发展过程中,常伴有延髓麻痹症状,表明病变已侵犯延髓脑神经核及其传出神经。患者经常出现构音不清、吞咽困难、饮食呛咳等,生活质量严重下降,并常因吸入性肺炎或窒息等引起死亡。ALS 发病年龄平均为 55 岁,发病后平均能存活 3 年半,2 年半后有 50% 的患者存活,5 年后有约 20% 的患者存活。

ALS 是一类异质性疾病,病因多种多样,其可能的发病机制包括多种因素,如:氧化应激、蛋白聚集体、线粒体功能障碍、轴突转运损伤、谷氨酸介导的兴奋性异常等。还可能与遗传因素有关。其他因素也可导致疾病发生,诸如神经营养因子的缺乏、自身免疫功能异常、病毒感染及环境因素等等。目前已确定约 20% 的家族性 ALS 和 4% 的散发性 ALS 患者中存在 SOD-1 基因突变。最近的研究提示,TAR DNA 结合蛋白 43 突变体在家族性 ALS 和散发性 ALS 中均有表达,说明其在 ALS 发病中可能起一定作用。这两种蛋白突变体结合形成蛋白聚集体,参与 ALS 的发病。到目前为止,ALS 的病因及发病机制尚不明确,其仍然是一种难以治愈的神经退行性疾病。

因为在 ALS 中运动神经元变形的机制尚未明了,故这种疾病目前无明确已知病因及有效治疗方法,干细胞及基因治疗是神经系统疑难疾病的一个治疗新方向,且在动物实验中取得令人瞩目的成绩。

二、肌萎缩侧索硬化症的基础研究现状

(一)ALS 动物模型的建立

转基因鼠目前是研究家族性 ALS 的较理想模型,单纯敲除 SOD-1 基因的鼠不能表现出 ALS 的相关症状,但是表达人 SOD-1(hSOD-1)突变体的转基因鼠可以表现有 ALS 的临床症状。最常用的 ALS 转基因模型是将表达 hSOD-1 第 93 个丙氨酸残基被氨基酸替代(G93A)的突变体基因转入小鼠后培育而成的转基因小鼠系。这类小鼠模型大都在出生后 3 个月开始出现 ALS 样的症状,随后很快在 1～2 个月内死亡,而 hSOD-1 G93A 基因低表达的转基因鼠发病时间也会延后,生存周期多为 8 个月左右。近年来转入 hSOD-1 基因的大鼠模型也已经建立,是用于 ALS 研究的理想模型。

（二）ALS 细胞模型的建立

除了动物模型以外，现在出现了 ALS 的细胞模型，就是将突变的 SOD-1 基因转染进入运动神经元细胞 NSC34 中，使其成为具有突变 SOD-1 基因的运动神经元病的细胞模型。此外还有脊髓器官型培养模型，Rothstein 等将 8 日龄 SD 乳鼠的脊髓切成 $350\mu m$ 薄片后，移至 37℃、5% CO_2、95% 空气环境中培养 1 周，后加入谷氨酸转运体抑制剂苏-羟天冬氨酸，抑制星形胶质细胞对谷氨酸的转运，导致突触间隙谷氨酸堆积，激活谷氨酸受体，从而导致运动神经元的损伤，由此建立了运动神经元病的脊髓器官型培养模型。

（三）干细胞移植的尝试

面对 ALS 不良的预后，在治疗仍缺乏有效措施的情况下，有学者研究发现，移植人脐带血细胞也可以延缓 SOD-1 小鼠 ALS 症状的发生和死亡。继之，亦有学者将干细胞移植应用于 ALS 动物模型。其机制可能是外来细胞移植能够产生有益的细胞因子并提供一定的结构支持，帮助神经系统提高修复能力。也有学者用化学方法从人畸胎瘤细胞系诱导出有丝分裂后期的神经元样细胞，然后移植到 SOD-1 小鼠腰髓，也得到同样结果。

三、肌萎缩侧索硬化症的治疗现状

（一）药物及康复综合治疗

目前，临床上并没有针对 ALS 的特异治疗方法，也没有特效药物，仅为康复、对症、辅助呼吸等治疗方案。力鲁唑（riluzole）是抗兴奋性氨基酸毒性药物，是谷氨酸拮抗剂的一种，是目前唯一被美国药品和食品管理局（Food and Drug Administration，FDA）批准用于治疗 ALS 的临床药物，该药可通过减少谷氨酸引起的细胞激活毒性来延缓 ALS 患者的病情进展，至少能延长患者 2 ～ 3 个月的生存期，但该药价格昂贵且不能有效改善 ALS 患者的症状。

其他用于治疗 ALS 的药物有脑源性神经营养因子、胶质细胞来源的神经营养因子、抗谷氨酸复合物如托吡酯和肌酸、抗氧化剂等，疗效均不确切。胰岛素样生长因子-1（IGF-1）在 ALS 的临床试验研究中结果尚未统一，还有待进一步进行临床Ⅲ期试验。辅助呼吸治疗是维持患者生命的措施。对于那些拒绝气管切开的患者，通过口或鼻给予正压通气只能短暂缓解患者的高碳酸血症和低氧血症。当球部受累产生咀嚼和吞咽功能障碍时，有效的治疗方法是胃造口术，这样能使患者恢复正常饮食。

（二）干细胞及基因治疗

基于以上原因，干细胞及基因治疗是治疗神经系统疑难疾病的一个方向，且在动物实验中已取得了令人瞩目的成绩。细胞疗法近年来已成为治疗多种疾病的新方法，可替代、修复和改善受损的组织细胞或器官的功能。有研究显示，损伤的机体能发出特异的信号，将干细胞招募到受损部位并发挥修复功能。目前的研究已经证明：干细胞到达靶组织后，在体内微环境的作用下，能定向分化成所需的组织细胞类型，还可以通过模拟体内环境，在体外诱导干细胞的定向分化。这为干细胞治疗疾病提供了一个理论基础。

四、干细胞治疗肌萎缩侧索硬化症的机制

目前对 MSCs 治疗 ALS 的可能机制主要有三 种观点:细胞替代,神经保护,抗炎机制。

(一)细胞替代机制

间充质干细胞(MSCs)在体内外均具有定向分化增殖的能力,研究表明 MSCs 能分化为神经元和神经胶质细胞。Li 等研究者发现将骨髓间充质干细胞注入大鼠的脑脊液中,6 天后在脑内可见到骨髓来源的细胞,且部分细胞已分化为神经元,同时骨髓干细胞移植能使脑室区和室下区的室管膜细胞增殖。Mazzini 等在 2003 年进行的一项临床试验证明 MSCs 移植治疗 ALS 是有效的,研究者选取 7 例具有严重的下运动神经元受损体征的 ALS 患者,通过取患者自身骨髓进行 MSCs 体外分离培养,3~4 周后将细胞悬浮于患者自体的脑脊液中,从外科暴露的 T7~T9 脊髓水平直接移植,移植后未发现有患者出现严重不良反应。在移植后半年内行 MRI 检查,没有发现脊髓结构改变及异常细胞增生。研究者发现 4 例患者下肢近段肌力的减弱呈现轻度减缓的趋势,推测可能与移植细胞的数目多有关。MSCs 很容易从 ALS 患者的骨髓中分离得到,长期观察还发现经过 MSCs 移植治疗能显著减缓 ALS 患者肺功能损伤的速度。

(二)神经保护机制

MSCs 跨胚层分化为中枢神经系统神经元是少见的现象,并且神经元轴突不能在短时间内生长,ALS 病情的改善可能与非神经元细胞神经营养因子的分泌有关。Kerr 等认为干细胞治疗之所以有效是因为干细胞能够分化为胶质细胞样细胞,从而可以分泌神经营养因子来修复受损的运动神经元,而不是替代受损的神经元。现在已经明确:运动神经元周围的胶质细胞能调节运动神经元的存活。已知具有神经保护作用的营养因子包括胶质细胞源性神经营养因子、胰岛素样生长因子、脑源神经营养因子、肝细胞生长因子、心肌营养素、血管内皮生长因子、白血病抑制因子、睫状神经营养因子等等。

(三)抗炎机制

Mc Geer 等通过研究认为,在 ALS 受累的组织中存在活化的小胶质细胞,它们能通过某种过度的免疫防卫机制营造出一个不利于宿主组织生存的炎性环境。现有研究已经证明,在 SOD-1 转基因 ALS 鼠模型内存在肿瘤坏死因子-α、白介素-1β 和环氧合酶-2 等炎性介质,移植后的正常运动神经元细胞能与活化的小胶质细胞共同存活。帕金森病的移植研究也表明,移植的多巴胺能神经元可以长期存活并发挥其生理功能,而不受疾病的影响。Ryan 等详细介绍了移植的 MSCs 在某些炎性环境中,可控制免疫调节过程、限制炎性反应以利于自身的生存,作用机制可能是 MSCs 能分泌一些可溶性因子从而形成一定的免疫调节微环境。

五、干细胞治疗肌萎缩侧索硬化症的临床研究

现有的研究认为干细胞治疗有可能成为一种根治肌萎缩侧索硬化症的方法。体外培养的胚胎干细胞和神经干细胞能定向分化为具有电生理活动并能支配肌管的运动神经

元。如果将干细胞移植到运动神经元缺失的成年大鼠脊髓内，观察发现干细胞能分化为运动神经元，可以支配骨骼肌，能够部分恢复大鼠的运动功能。还有研究证明，干细胞能释放神经营养因子，改变运动神经元生存的微环境，保护濒死的运动神经元，可以减缓疾病的发展，这种干细胞保护作用非常重要。然而，目前胚胎神经干细胞存在取材来源受限、受法律及伦理观念制约，而且免疫排斥反应导致移植后成活率低等问题，因此，寻找神经干细胞替代细胞成为研究的热点。

（一）自体骨髓干细胞移植治疗 ALS

自体骨髓干细胞移植，不存在排异反应及伦理限制，是近年来干细胞移植治疗神经系统疾病的研究重点。国内外已有关于鼠或人骨髓间充质干细胞分化成神经元的报道。

意大利的 Mazzini 等在严密监测下研究了 ALS 患者脊髓内移植自体间充质干细胞的安全性和可行性。抽取后髂骨骨髓，进行体外扩增，细胞悬浮于 2mL 自体脑脊液中，通过微型注射泵移植入脊髓中。结果显示，患者未见明显的不良反应如呼吸衰竭或死亡，只有 4 例患者出现放射性肋间神经痛，但是可逆的，平均手术后 3 天缓解。5 例患者下肢感觉迟钝，平均手术后 6 周恢复。未观察到脊髓或其他细胞增殖异常改变。研究认为，体外扩增自体骨髓间充质干细胞并移植入脊髓是安全可耐受的。其后 Mazzini 进行 3 年随访研究显示，在 7 例患者中有 4 例患者病情出现延缓的迹象。4 例患者的下肢近段肌群观察到肌力减弱呈轻度减缓的趋势，推测与移植细胞的数目有关。研究发现骨髓间充质干细胞可以长期在肌萎缩侧索硬化患者的骨髓中生存，尤其是自体同源骨髓间充质干细胞移植入人脊髓是安全有效的，肌萎缩侧索硬化症患者可以耐受。同时研究还发现有一半的患者在干细胞移植后用力肺活量 FVC 和 ALS-FRS 的下降明显减慢。Deda 等将自体骨髓间充质干细胞移植到 13 例 ALS 患者的 C1～C2 区域，9 例患者症状好转，1 例患者病情稳定，3 例患者死于肺部感染和心肌梗死，该实验说明干细胞移植治疗肌萎缩侧索硬化是安全有效的。

赖福生等采集了 322 例运动神经元病（MND）患者的自体骨髓，通过沉淀、离心获得干细胞，注入蛛网膜下腔，主要观察患者的运动功能是否有变化。研究结果表明，在移植后第 5 天，322 例患者的 644 只手，握力较移植前均有增加（1.21±1.93）kg（$P<0.001$）；移植后 1～20 天内患者的运动功能开始改善；第 1 个月 89% 患者病情好转，第 2 个月 6.2% 持续好转，75.9% 保持稳定，第 3 个月 41.2% 保持稳定，第 4 个月 19% 保持稳定，第 5 个月 7.2% 保持稳定。结论：①自体骨髓有核细胞蛛网膜下腔移植在一定时间内可有效缓解 MND 的临床症状，其可能的作用机制是通过有核细胞释放的某些神经营养因子实现的；②患者自体有核细胞存在于骨髓，不能阻止 MND 的发生和发展，而移植入脑脊液中却能够治疗 MND，提示骨髓产生的某些神经营养因子未能通过血脑屏障可能是 MND 发生的原因。

龚启明等的实验对象是 72 例确诊运动神经元病的患者，从每例患者骨髓中抽取干细胞混合液 3～8mL，根据患者上、下肢损伤或假性延髓麻痹的程度行腰椎穿刺或颈池穿刺，通过蛛网膜下腔实施自体骨髓干细胞移植。疗效评估包括肌张力是否下降，言语不清、吞咽困难是否改善，抬头困难是否改善，肌束震颤次数是否减少，肌力是否增高。如果以上任何一项症状改善即确定为有效。实验结果:5种症状均减轻者2例,任意4种症状缓解者6例,任意3种症状得到缓解者20例,任意2种症状得到缓解者28例,任意1种症状得到缓解者10例。所有上述5种症状均无改善者6例。最终结果显示总有效率达到92%(66/72)。无任何并发症出现。结论:自体骨髓干细胞移植能够改善运动神经元病功能障碍,近期疗效是确切的。

目前MSC的主要来源是成人的骨髓,但成人骨髓源MSC细胞数量和增殖分化能力会随着年龄的不断增长而逐渐下降,同时成人骨髓易合并病毒感染,骨髓穿刺移植时,需抽取供者大量的骨髓(约500mL),以上原因使其来源受到限制。所以,国内外许多学者在寻找新的MSC来源。

(二)脐血干细胞移植治疗ALS

脐血含有干细胞且来源丰富,目前成为研究的热门。杨波等试图通过脐血间充质干细胞移植来研究干细胞对肌萎缩侧索硬化患者神经系统功能的影响。实验选取8例ALS患者,移植脐血间充质干细胞,采用"神经康复功能评定系统-V2003"软件对治疗前3天、治疗后2～3个月ALS患者的肢体运动(Carr-Shephard评分)、构音障碍(Frenchay评分)、平衡能力(Berg评分)、功能独立性评定(FIM)各方面的功能性评估。结果表明,移植治疗后ALS患者Carr-Shephard、Frenchay、Berg、FIM评分与移植治疗前比较,差异均有统计学意义($P<0.05$),说明脐血间充质干细胞移植治疗可以显著改善ALS患者的神经系统功能。他们进一步的研究观察了脐血间充质干细胞(UCB-MSC)移植对肌萎缩侧索硬化(ALS)患者血浆及脑脊液谷氨酸(Glu)浓度的影响。治疗组8例ALS患者采用静脉滴注结合腰椎脊髓蛛网膜下腔注射UCB-MSC悬液,行UCB-MSC移植治疗。应用柱前衍生反相高效液相色谱法分别测定对照组(非神经系统疾病组)和治疗组不同治疗时间血浆和脑脊液中Glu的浓度。结果与治疗前相比,治疗组治疗后3周、3个月血浆、脑脊液Glu浓度降低($P<0.05$),但均高于对照组($P<0.05$);治疗后3周与3个月相比,治疗组血浆、脑脊液Glu浓度差异无统计学意义($P>0.05$)。研究结果表明,脐血间充质干细胞移植治疗能够降低ALS患者血浆、脑脊液中Glu的浓度。

梁豪文等也探讨了用脐血间充质干细胞来源的神经干细胞对肌萎缩侧索硬化(ALS)患者短期内功能独立性评分(FIM)的影响。对11例ALS患者治疗前、后FIM评分及总T细胞进行流式细胞检测,结果发现ALS患者治疗前、后FIM评分分别为(72.91 ± 12.52)、(100.64 ± 9.94)分,T淋巴细胞总数分别为(82.31 ± 2.20)个、(77.55 ± 4.45)个,均有统计学意义($P<0.05$或$P<0.005$)。研究结果表明,脐血间充质干细胞来源的神经干细胞移植治疗短期内通过一定的免疫调节作用可以改善ALS患者的临床症状、提高患者的日常生活能力。

六、干细胞治疗肌萎缩侧索硬化症存在的问题与展望

研究表明间充质干细胞移植是一种安全有效的治疗方法,尤其在治疗神经系统变性疾病中具有突出的治疗优势和临床价值。但目前也存在许多尚未解决的问题,如所用细

胞最佳选择（自体骨髓或外周血间充质干细胞、脐带或胎盘间充质干细胞）、移植合适部位或方法（静脉输注、局部注射、蛛网膜下腔注射）、细胞诱导或促进分化以及不良反应及长期的安全性评价方面，还需要进一步系统研究。人脐带血间充质细胞具有干细胞的特性，具有多向分化的潜能，在一定条件下可被诱导分化成神经干细胞，还可进一步分化为神经元和神经胶质细胞，来源丰富，排斥反应弱，在治疗 ALS 等神经系统变性疾病方面具有良好的应用前景。

（孙念政，李学荣）

主要参考文献

1. 曹勇，杨波，宋来君，等. 脐血间质干细胞移植对肌萎缩侧索硬化患者血浆和脑脊液中谷氨酸浓度的影响. 郑州大学学报（医学版），2006，41(2)：236-238.

2. 龚启明，颜永红，李岩松，等. 骨髓干细胞移植治疗运动神经元病的近期效果：72 例疗效分析. 中国临床康复，2005，9：40-41.

3. 古涌泉，韩忠朝，付小兵. 干细胞临床研究与应用. 北京：人民卫生出版社，2012，172-180.

4. 赖福生，王一芳，李翠萍，等. 自体骨髓有核细胞蛛网膜下腔移植治疗运动神经元病的临床研究. 临床神经病学杂志，2005，18(1)：10-12.

5. 梁豪文，杨佳勇，杨万章，等. 脐血源神经干细胞移植治疗肌萎缩侧索硬化症. 中西医结合心脑血管病杂志，2007，6：493-495.

6. 杨波，万鼎铭，曹勇，等. 脐血间质干细胞移植对肌萎缩侧索硬化患者神经系统功能的影响. 郑州大学学报：医学版，2006，41(2)：239-241.

7. 杨超，卢祖能，王云甫. 肌萎缩侧索硬化的间充质干细胞治疗与研究进展. 湖北医药学院学报，2012，31(1)：89-93.

8. Deda H, Inci MC, Kürekçi AE, et al. Treatment of amyotrophic lateral sclerosis patients by autologous bone marrow-derived hematopoietic stem cell transplantation: a 1-year follow-up. *Cytotherapy*, 2009,11(1):18-25.

9. Mazzini L, Fagioli F, Boccaletti R, et al. Stem cell therapy in amyotrophic lateral sclerosis: a methodological approach in humans. *Amyotroph Lateral Scler Other Motor Neuron Disord*, 2003,4(3):158-161.

10. Mazzini L, Mareschi K, Ferrero I, et al. Autologous mesenchymal stem cells: clinical applications in amyotrophic lateral sclerosis. *Neurol Res*, 2006,28(5):523-526.

11. Miller RG, Mitchell JD, Moore DH. Riluzole for amyotrophic lateral sclerosis (ALS)/motor neuron disease (MND). *Cochrane Database Syst Rev*, 2012,3:CD001447.

12. Silani V, Calzarossa C, Cova L, et al. Stem cells in amyotrophic lateral sclerosis: motor neuron protection or replacement? *CNS Neurol Disord Drug Targets*, 2010, 9(3):314-324.

第九节　脐血干细胞治疗股骨头坏死

Applications of Cord Blood Cells for Avascular Necrosis of the Femoral Head

一、缺血性股骨头坏死概述

缺血性股骨头坏死（avascular necrosis of the femoral head，ANFH）是一种危害大、致残率高的骨科常见病，主要由于创伤、大量应用激素、酗酒、结缔组织病等多种原因造成股骨头局部滋养血管损伤、供血障碍，进而使骨质缺血、变性、坏死、骨小梁断裂及股骨头塌陷，最终发生髋关节功能障碍，从而导致终身残疾。股骨头坏死的主要原因为血液供应遭到破坏，因此改善股骨头血液供应是治疗本病的关键，而促进新骨形成是治疗本病的最终目标。目前治疗股骨头坏死的方法有很多，如体外震波疗法、高压氧疗法、介入疗法、各种骨移植术、血管移植术、死骨清除骨材料填充术、髓芯减压术及髋关节置换术等。但每种治疗方法都有其局限性，目前尚无最佳的治疗方案。因此改善患者全身病理状况、促进骨修复、提高成骨与血管再生能力成为本病的重点。进入 20 世纪 90 年代以来，有关干细胞的实验研究和临床应用成为生物医学领域研究的热点，干细胞不仅使根治多种良、恶性血液病与遗传性疾病成为可能，而且使可能得到治愈的病种在不断扩大。目前，干细胞血管再生技术已经应用于多种缺血性疾病的治疗，如今也为缺血性股骨头坏死的治疗提供了新的治疗途径，它可以通过改善股骨头局部血运而促进髋关节功能的恢复，大大降低了股骨头塌陷的风险，同时也为股骨头坏死患者避免残疾、保全肢体、提高生活质量提供了帮助。

二、干细胞治疗缺血性股骨头坏死的研究现状

近 20 年来的基础研究表明，骨髓干细胞移植治疗缺血性股骨头坏死是通过修复骨质和促进血管再生两方面进行的。Prockop 研究了骨髓间充质干细胞在体内参与组织修复重建的过程，实验中将干细胞注入骨髓被破坏的动物体内，观察发现约 1/3 的干细胞参与了受体骨髓的重建，并且在骨和软骨组织中都有分布。而 Gehling 等研究则发现，外周来源的 CD133$^+$ 细胞在体外能诱导骨髓干细胞分化为内皮细胞，促进缺血肢体血液循环。动物实验已有证据表明，自体骨髓干细胞、外周血干细胞及内皮祖细胞（endothelial progenitor cells，EPC）植入缺血心肌或肢体后均可在局部形成新的毛细血管。采用骨髓干细胞动脉灌注兔股骨头坏死的实验证明，骨髓干细胞能够疏通坏死的股骨头内血管，可以改善股骨头坏死区域周围组织的血液循环，促进血管再生。骨组织工程学的兴起为干细胞治疗股骨头坏死进一步发展提供了有力的支持，但就目前而言，所有支架材料还处于研究开发阶段，存在价格昂贵、技术不成熟等缺点，在临床上的应用还有待进一步的验证。

1990 年，第一例自体骨髓移植用于治疗股骨头缺血性坏死，疗效非常好。我们知道股骨头缺血性坏死是一种骨细胞和（或）干细胞的疾病，1997 年，Hernigou 最先将自体骨

髓干细胞植入镰状细胞病患者的股骨头坏死区域，开创了干细胞治疗的新篇章。2002年，Hernigou再次采用髓芯减压术加自体骨髓细胞植入术治疗了189例早期股骨头坏死患者，并进行了长达5～10年的随访，证实髓芯减压术加自体骨髓细胞植入术比单纯髓芯减压术更有利于骨坏死的修复。杨晓凤等人则采用动脉输注骨髓干细胞的方法治疗各种病因导致的缺血性股骨头坏死，临床疗效确切。汪学松等发现股骨头坏死区穿刺并注入骨髓干细胞，能够减轻患者的疼痛，从而明显改善髋关节的活动功能。在髓芯减压术基础上进行骨移植可以降低坏死区域的压力，清除坏死骨，提供支架结构，促进骨的修复已经得到了人们的认可。由此可见，骨髓干细胞移植治疗股骨头坏死是病因治疗，是针对骨坏死发病机制进行的有效治疗，是骨髓干细胞移植的应用新领域。

骨髓间充质干细胞（BMSC）是一类增殖能力强，同时又具有多向分化潜能的干细胞，目前已证实在一定的条件和细胞因子的诱导下，BMSC可分化为成骨细胞、血管内皮细胞等，BMSC不仅具有分化潜能，还具有促进造血细胞增殖和分化的作用，参与支持和调控造血微环境，促进造血细胞的黏附和归巢。近年来人们对生长因子的认识愈发深入并且发明了转基因技术，促使研究者认识到BMSCs是目前骨组织工程研究的最佳种子细胞。BMSCs具有易被分离培养，能分泌多种成骨活性因子的特性，能够在骨损伤坏死局部爬行替代和促进新骨形成，所以间充质干细胞已被美国FDA批准应用于多项骨损伤修复的临床试验中。脐带血干细胞来源丰富，易于采集，免疫源性低，含有丰富的干细胞种类，在缺血性股骨头坏死的治疗中具有广阔的应用前景。

三、脐血干细胞治疗肌萎缩侧索硬化症的临床研究现状

满勇登选取双侧酒精性缺血性股骨头坏死患者13例（共26髋），通过手背浅静脉将分离获得的人脐血MSC输注到股骨头坏死患者体内，细胞数大于等于1×10^8/份，2份/次，间隔4天后再次输注，3次为1个疗程，共3个疗程，每个疗程间隔2～3个月。疗程结束后嘱患者进行功能锻炼，以游泳为主。细胞移植后6个月随访发现，患者临床症状改善，13例患者髋关节疼痛均有不同程度的缓解或消失，有效率100%；髋关节外展与内旋功能改善12例（92%）；行走距离及步态变化改善12例（92%），生活质量明显提高。X线变化：13例患者中，8例可见不同程度的股骨头坏死区骨质密度的改变，坏死区有吸收、缩小，股骨头形态变圆滑规整，4例股骨头形态恢复正常，另外1例无变化。未出现股骨头坏死较术前加重的患者。股骨头形态学变化：13例患者中，7髋（7/26，26.92%）股骨头恢复正常，15髋（15/26，57.69%）股骨头坏死区缩小，4髋（4/26，15.38%）无变化。在整个细胞移植的过程中及移植后均未发生并发症和不良反应。研究认为：经手背静脉多份、多次输注脐血间质干细胞，方法不但简便而且安全、有效，是一种有效治疗酒精性股骨头坏死的新手段。

对于中晚期股骨头坏死患者，王天胜等首先采用滑膜切除、股骨钻孔、死骨刮除、植骨及血管植入等技术手段，再结合自体骨髓或脐血干细胞移植术，治疗患者38例，其中采用脐血干细胞移植治疗儿童股骨头骨骺缺血性坏死（Legg-Perthes病）4例，移植细胞数为1×10^7。术后9个月，放射线显示：股骨头、骨质、骨小梁清晰，股骨头内新骨大量生长，塌陷区域明显改善，骨质密度接近正常；VAS疼痛标准从术前6.2分降至2.2分；Hsrris髋

关节功能评分由术前(54.3±5.32)分升高到(89.6±10.5)分。治疗后,未发生血管、神经损伤等并发症。范娅涵等人,采用关节镜下钽棒植入结合脐带血干细胞移植治疗2例Ⅱ期股骨头缺血坏死患者。移植后患者自述髋关节疼痛减轻,行走距离延长。

以上研究证实,干细胞移植结合其他多种手术治疗手段,能够明显缓解股骨头坏死患者的疼痛程度,改善股骨头坏死区域的血运及骨质坏死情况,从而改善髋关节的功能。

四、存在的问题与展望

目前,许多基础与前期临床实验清楚地表明:干细胞治疗股骨头坏死具有很大的临床应用潜力,在不同条件下的临床试验已经开展,并受到研究者们的大力关注。如何获得具有促进、支持干细胞生长分化成熟的各种生物因子,如何获得能模拟体内微环境的细胞外基质,如何能将干细胞有效地分布在股骨头坏死局部已经成为研究的热点,并取得了一定的成果,但仍存在一些问题和不足,在基础和临床应用上都需进一步研究和实践。如今,随着科学技术的不断发展,与脐血干细胞相关的临床技术策略和临床经验日益丰富,我们相信干细胞必将以其独特的优势为股骨头坏死患者的治疗提供安全、可靠的保障。

(孙念政)

主要参考文献

1. 范娅涵,蒋天伦,黎儒青,等. 治疗用脐血干细胞的制备及初步临床应用. 中国输血杂志,2010,23(3):179-182.

2. 古涌泉,韩忠朝,付小兵. 干细胞临床研究与应用. 北京:人民卫生出版社,2012:172-180.

3. 满勇,李建斌,马冀,等. 人脐血间质干细胞静脉输注治疗酒精性股骨头坏死. 中国组织工程研究与临床康复,2007,11(24):4734-4737.

4. 王天胜,刘永灿,郭利,等. 干细胞移植在中晚期股骨头坏死治疗过程中的应用. 中国组织工程研究与临床康复,2008,12(3):505-508.

5. Aarvold A,Smith JO,Tayton ER,et al. A tissue engineering strategy for the treatment of avascular necrosis of the femoral head. *Surgeon*,2013,11(6):319-325.

6. Cui Q,Wang Y,Saleh KJ,et al. Alcohol-induced adipogenesis in a cloned bone-marrow stem cell. *J Bone Joint Surg Am*,2006,88(Suppl 3):148-154.

7. Fukushima W,Fujioka M,Kubo T,et al. Nationwide epidemiologic survey of idiopathic osteonecrosis of the femoral head. *Clin Orthop Relat Res*,2010,468(10):2715-2724.

8. Hernigou P,Beaujean F. Treatment of osteonecrosis with autologous bone marrow grafting. *Clin Orthop Relat Res*,2002,405:14-23.

9. Kerachian MA,Cournoyer D,Harvey EJ,et al. New insights into the pathogenesis of glucocorticoid-induced avascular necrosis:microarray analysis of gene expression in a rat model. *Arthritis Res Ther*,2010,12(3):R124.

10. Prockop DJ. Marrow stromal cells as stem cells for nonhema-topoietic tissues.

Science，1997，276（5309）：71-74.

11. Sun W，Li Z，Shi Z，et al. Effect of nano-hydroxyapatite collagen bone and marrow mesenchymal stem cell on treatment of rabbit osteonecrosis of the femoral head defect. *Chinese Journal of Reparative and Reconstructive Surgery*，2005，19（9）：703-706.

第十节 脐血干细胞治疗卵巢早衰

Treatment of Premature Ovarian Failure using Cord Blood Stem Cells

卵巢早衰（premature ovarian failure，POF）是指未满 40 岁女性出现卵巢功能衰竭，继而出现闭经、不孕、围绝经期综合征，并伴有高促性腺激素、低雌激素状态的一组疾病。在一般人群中，POF 的整体发病率为 1%～3%，在继发性闭经妇女中占 4%～18%。国外有研究显示，本病在 40、30、20 岁以前的妇女中发病率分别为 1%～2%、0.1%、0.01%，且近年来该发病率不断升高，其病因复杂，治疗困难，严重损害女性身心健康。

一、病因分析

（一）遗传因素

1. X 染色体异常　10% 的 POF 患者具有家族史。两条正常结构的 X 染色体是维持卵泡储备功能正常的至关重要的因素，X 染色体发生畸变或缺失和相关基因异常或缺失，均可导致卵泡发生障碍，从而引起 POF 的发生。目前已证实，X 染色体短臂（Xp）、X 染色体长臂（Xq）是维持卵巢正常功能的重要区段。脆性 X 染色体前突变是 POF 发生的一个危险因素已被证实。其中，FMR1 基因定位于 Xq27.3，FMR2 基因定位 FMR1 远端的 150～600kb 处，细胞遗传学定位为 Xq28。研究显示，FMR1 在脑、睾丸和胎儿卵巢中高表达，具有调节 RNA 稳定性、细胞内定位和翻译活性的功能。POF 患者有较高的 FMR1 基因前突变发生率，而携带 FMR1 基因前突变的女性中 POF 发生率亦会上升。

2. 常染色体基因突变　引发 POF 的常染色体基因主要包括促卵泡生成素（FSH）受体、促黄体生成素（LH）受体等，可引起患者的外周血清 FSH、LH 水平升高，使卵泡闭锁于特定阶段。此外，主要由卵巢中、小窦状卵泡的颗粒细胞产生的抑制素 B，即转化生长因子 β 超家族成员之一，其特异性作用于垂体反馈性抑制 FSH 的分泌，而抑制素 B 的分泌也受 FSH 的调节，故认为抑制素 B 也可能参与 POF 的发病环节。而与 POF 发病发展有关的常染色体相关基因还有 ESR1、FSHB、FSHR、GDF9、INHA、LHB、TGFBR3、MSH5、PGRMC1 等，在基因突变方面，进一步做大样本多人群的研究十分必要。

（二）免疫因素

50%～60% 的 POF 患者找不到明确的病因（特发性 POF），大多数学者认为其与自身免疫状态有关，如桥本甲状腺炎、类风湿性关节炎、系统性红斑狼疮及自身免疫性溶血性贫血、免疫性血小板减少性紫癜等，亦有部分患者因体内透明带自身抗原作用于 B 细胞和 T 细胞，使其被激活，导致患者自身免疫系统产生抗透明带抗体，即 POF 可能是某

种自身免疫性疾病损害的结果。

（三）先天性酶缺乏

酶的代谢障碍亦可导致 POF 的发生，例如胆固醇碳链酶缺乏导致类固醇激素合成障碍，1-磷酸半乳糖尿苷酰转移酶的缺乏可导致高半乳糖血症，而 POF 患者常伴有高半乳糖血症，半乳糖可造成 FSH 的异常导致 POF。

（四）医源性因素

1. 手术　子宫切除术、输卵管结扎或切除术、子宫内膜异位症异位病灶切除术、卵巢肿瘤剔除术或单侧卵巢切除术、输尿管盆腔段手术等均可能损伤卵巢组织的血液供应，且卵巢损伤后，分泌的激素水平下降，导致垂体分泌的 FSH 水平升高，则易发生 POF。

2. 药物　化疗可导致卵巢间质功能损害，化疗药物可引起卵巢颗粒细胞凋亡而致卵泡丢失，导致 POF。

3. 放射　放射线照射可损害卵巢，导致暂时或永久性闭经。

（五）感染、心理及其他因素

1. 感染　幼女流行性腮腺炎、疟疾、水痘、志贺菌、巨细胞病毒感染等均可能导致 POF，但其分子机制仍不清楚。

2. 心理　现代女性生活、工作压力大，长期焦虑、忧伤、恐惧等负面情绪直接影响到下丘脑-垂体-卵巢轴，导致 FSH、LH 异常分泌进而影响到卵巢功能，从而引发 POF。

二、POF 的检测评价体系与常规治疗手段

（一）POF 的检测评价体系

POF 的特点是原发性或继发性闭经伴随血促性腺激素水平升高和雌激素水平降低，并伴有一系列低雌激素症状和长期存在特异性闭经相关症状，如潮热多汗、面部潮红、怕冷、性欲低下、抑郁等。POF 是一种多因素、高度异质性的疾病，涉及的因素多，而现有 POF 的诊断标准单一，即使确诊后替代治疗也仅是针对症状缓解，并无法从异质性的病因上治疗。因此，越来越多的研究者希望能够采用更新、更加精准的检测方式，一方面，可以进行病因分型为下一步根据不同机制有针对性的治疗提供可能；另一方面，通过新型检测的高敏感度，在卵巢功能异常的早期阶段发现患 POF 的风险。POF 的评价体系包括以下十几个检测指标：

1. 危险因素指标　处事激进、情绪不易掌控、睡眠质量差、减肥或突然出现严重精神刺激的妇女机体内免疫活性物质分泌不稳定，易导致下丘脑-垂体-卵巢轴紊乱；生活环境中的杀虫剂、抗氧化剂代谢物 4-乙烯和烟草等通过损害原始卵母细胞加速雌激素的代谢；幼年时患有病毒性腮腺炎的女性可合并卵巢炎，直接损伤卵巢组织；紧身衣物会使青春期女生的卵巢发育不良，导致日后卵巢功能受损；直系亲属中有卵巢早衰史，既往曾有放化疗或卵巢手术史尤其是采用电切或电凝均会破坏卵巢组织和血供；月经初潮延后、母乳喂养者均可减少排卵，使卵巢得到保护从而防止卵巢早衰；TESTA 提出，受教育程度越高，卵巢早衰发病率越高，主要由于工作强度大，精神高度紧张，自我认知和审视意识强，就诊率高。上述相关信息在患者就诊中极易收集，而且与 POF 的发生具有密切关系，越来越多的学者已将其纳入卵巢早衰预测指标之中。

2.月经周期指标 当卵巢功能减退时，窦状卵泡受渐增的 FSH 影响，在早卵泡期即发育迅速，最终导致月经周期缩短。轻度月经周期改变极易被忽视，但其已暗示卵巢功能日趋减退；待月经出现明显改变之时，卵巢功能衰退已近晚期，难以逆转。月经改变是卵巢早衰的临床表现之一，属于验证性参数，但其影响因素较多，临床应用少。

3.血糖指标 糖尿病患者存在线粒体功能障碍以及卵母细胞减数分裂缺陷，这与高血糖造成的细胞内过氧化物增多损害线粒体的氧化能力以及改变其内的 Ca^{2+} 稳态有关。因此，女性糖尿病患者卵母细胞内线粒体功能受损可扰乱卵母细胞有丝分裂过程中的供能等环节，从而导致卵巢功能受损。持续的高血糖状态还会导致体内营养物质糖基化，最终增加糖尿病患者体内的 AGEs 的含量。AGEs 通过与其受体（RAGE）结合，可诱导整体及卵巢局部氧化应激及炎症反应。糖尿病还可通过降低卵巢内类固醇激素合成酶的活性降低血中 E2、孕激素、睾酮的浓度，并通过一系列的影响导致卵母细胞成熟障碍以及排卵障碍。

4.激素检查 目前，临床常用的检测指标主要包括卵泡刺激素（FSH）、黄体生成激素（LH）、雌二醇（E2）。具体 POF 的诊断标准为血清 FSH＞40IU/L、LH＞30IU/L、E2＜25pg/mL，并且需要排除其他疾病和发现并发的疾病，如确认人绒毛膜促性腺激素（β-HCG）为阴性；血清催乳素（PRL）水平正常；甲状腺相关指标 T3、T4、TSH、ACTH 正常等。当前尚缺乏能够早期预测和诊断 POF 的确切指标。有学者指出 FSH 水平与卵巢功能减退程度相平行。当 FSH 水平升至 15mIU/mL 时，预示着卵泡储备和生育力明显下降；当升至 20mIU/mL 时，预示着机体几乎丧失生育能力；当 FSH/LH 比值大于 2，也预示着卵巢功能储备不良。卵巢功能减退，则 FSH 水平上升。在生育力下降之初，机体仍可维持相对正常的排卵并表现出正常的月经，所以 FSH 水平的变化明显早于绝经之前的月经改变。FSH 仅在临近绝育或终末绝经前 10 年时才出现上升，无法在更早的时间对绝经绝育进行预测，故常作为验证性参数。

5.抑制素 B 卵巢颗粒细胞分泌一种直接作用于垂体并负反馈抑制 FSH 分泌的抑制素 B，反馈性抑制垂体 FSH 的分泌，其随年龄变化的趋势与女性卵巢功能有着密切联系。抑制素 B 是一种蛋白激素，其水平受月经周期变化而变化，早卵泡期水平最高，黄体期水平最低。抑制素 B 不仅可反映卵泡池的规模，而且在卵巢功能减退的过程中，其水平逐年下降的变化明显早于 FSH 逐年上升的变化，故可更早地对卵巢功能进行评估，被作为 POF 的敏感度指标，用于早期预测 POF。

6.抗苗勒氏管激素（AMH） 目前，AMH 是外周血中能检测到最早的卵泡产生的物质，反映卵巢的储备功能。AMH 检测的一个优势在于其独立于下丘脑-垂体-性腺轴，在月经周期中波动小，可以随时测量。早期血清 AMH 的降低和血清 E2 的升高早于 FSH 的变化，提示 AMH 结合 E2 的测定可以作为 POF 的早期诊断指标。美国生殖医学协会（ASRM）研究了 AMH 从 0.3ng/mL 到 2.7ng/mL 不同的界值范围，指出 AMH 值小于 1.0ng/mL 时强烈提示卵巢功能下降。由于可量化评估卵巢功能，其水平不受月经周期的变化而变化，但 AMH 评估胚胎质量、种植和受孕率的能力有限。

7.克罗米芬激惹试验 克罗米芬作为雌激素受体拮抗剂可直接竞争结合下丘脑垂体上的雌激素受体，进而阻止雌激素水平上升后对 FSH 的抑制作用。在月经周期第 5～9 天，每日口服克罗米芬 100mg，并监测 FSH 水平变化。停药后，当生长卵泡分泌的 E2 和抑制素 B 无法抑制升高的 FSH，即 FSH＞20 IU/L 或较基础值上升两个标准值，

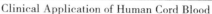

则提示卵巢储备功能下降,为 POF 的隐匿期。众学者认为这是预测卵巢储备状态的最佳指标。

8. 自身抗体

(1)与卵巢相关的自身抗体:抗卵巢抗体(ovarian auto antibodies,AOAs)一直是卵巢自身免疫研究的焦点之一,包括抗卵泡内膜细胞抗体、抗颗粒细胞膜抗体、抗卵浆抗体、抗透明带抗体和抗黄体细胞抗体。但值得注意的是,AOAs 是可以作用于多种抗原成分的异质性抗体,并且 AOAs 和卵巢损伤间的直接关系尚不充分,因此 AOAs 的检测方式仍需要进一步完善。

视黄醛脱氢酶 1A1(ALDH1A1)和硒结合蛋白-1(SBP-1)在 POF 相关的自身免疫方面也有其特异性。通过血清检测发现,60% POF 和不孕不育患者的重组 ALDH1A1、SBP-1 或烯醇化酶为阳性,提示 ALDH1A1 和 SBP1 可以用于识别自身免疫型 POF 的特异性检测。

(2)卵巢组织外的自身抗体:POF 患者的自身免疫特性一方面表现为卵巢相关的自身抗体显著性升高,另一方面表现为卵巢组织外的自身抗体也会受到影响。约 80% 的 POI 患者个人或家族中患有其他自身免疫病,提示卵巢组织外的自身抗体检测对 POI 诊断的重要性。现在主要检测抗甲状腺微粒体抗体、抗双链 DNA 抗体(ds-DNA)、抗核抗体(ANA)、抗肾上腺皮质抗体(AAA)等,这对诊断自身免疫性 POF 有一定指导意义。

9. 窦状卵泡数(antral follicle count,AFC) 窦状卵泡数是指经超声测得双侧卵巢内所有窦状卵泡(直径为 2~10mm)数目总和。窦状卵泡对 FSH 具有高度敏感性和反应性,且与抑制素 B 和 AMH 具有高度相关性,故临床上常用此指标来反映卵巢的剩余卵泡池。预测卵巢功能减退的 AFC 临界值为:AFC≤7 个(任何年龄)或 AFC≤10 个(38 岁以上)。值得注意的是,虽然 AFC 随着年龄的增长逐渐减少,与绝育年龄和绝经状态均有着密切关系,但只有少量的 AFC 方能进行有效的临床预测,而且此项监测较为主观,因此 AFC 作为预测指标有一定的局限性。

10. 卵巢体积 卵巢的大小取决于卵巢的功能状态,也随着月经周期发生变化。在卵巢衰退的过程中,体积的变化早于 FSH 的改变,但其作为卵巢早衰预测指标时,远不及 AFC 精准。曾有研究表明,卵巢体积在绝经前后每十年间隔中有明显变化,此阶段的预测效力与 AFC 相似。总的来说,卵巢体积能否作为卵巢早衰的预测指标值得商榷。

11. 卵巢间质血流 卵巢间质血流与卵泡群的周期性募集、成长和排卵息息相关,与卵泡池的规模和维持呈正相关,与女性年龄呈负相关。在接受 IVF 治疗的女性中,若卵巢间质血流明显减少,则其对治疗的反应性明显减弱。学者提出,POF 患者的卵巢间质血流临界值为:收缩期最大血流速度(PSF)≤8cm/s 和阻力指数(RI)≥0.75。鉴于卵巢间质血流与卵巢储备和 IVF 反应性关系密切,故将其作为卵巢早衰预测指标仍具可行性。

12. 骨形态发生蛋白-15(BMP-15) BMP-15 是一种生长因子,来源于卵母细胞。研究表明 BMP-15 在卵泡发育和早期胚胎中持续表达,在胚胎基因组激活前消失,这说明 BMP-15 可能在生殖过程中发挥着重要作用。许多学者通过对卵巢早衰患者 BMP-15 基因错义突变的研究,提出可以将筛选 BMP-15 基因突变作为预测卵巢早衰风险的指标。除此之外,经研究证实也可通过遗传改变的 X 染色体、FMR1、FIGLA 和 NR5A1 基因等对卵巢功能进行评估。

13. 卵巢活检　卵巢组织中的始基卵泡池水平是通过始基卵泡数来进行评估的,那么通过卵巢活检便可最直接了解卵巢功能状态。卵巢组织中每立方毫米所含卵泡数称为卵泡密度。研究表明,卵泡密度与年龄呈负相关,35 岁以下女性体内卵泡密度约为 35 岁以上女性的 2 倍。然而,我们也不可简单地以卵泡密度来衡量卵泡的多寡,因为卵泡在卵巢组织中的分布不均衡,常呈簇状分布,年龄越大,簇状分布越明显;而且,即使在卵巢的同一个皮质表面上的卵泡密度也有不一。而且该项检查有创,故在临床上难以广泛开展。

14. 外周血淋巴细胞亚群变化　POF 患者的自身免疫性卵巢损伤与 T 细胞亚群失衡和 T 细胞介导的损伤有关。T 细胞分为 $CD4^+T$ 和 $CD8^+T$,通过分泌细胞因子作用于 B 细胞,B 细胞产生自身抗体,自身抗体作用于具有特异性抗原的卵巢靶细胞,过度的抗原抗体反应导致卵巢的损伤。Vujovic 等指出,POF 患者外周血中产生自身抗体的 B 细胞增加,辅助 T 细胞/抑制性 T 细胞比值上升,抑制性 T 细胞比例下降,自然杀伤细胞的数量和活性下降。采用流式细胞仪检测 POF 患者的外周血 T 淋巴细胞,发现这部分患者与健康对照组相比,外周血 $CD4^+T$ 细胞减少和 $CD8^+T$ 细胞增多,$CD4^+T/CD8^+T$ 明显降低。外周血 T 淋巴细胞亚群的变化可作为早期预测 POF 的参考指标。

15. 超声检测指标　超声是 POF 患者的常规检测之一,是判定 POF 患者卵巢储备功能的一种方式。三维超声的参数包括前面所述 AFC、卵巢体积、血流变化等。卵巢储备能力下降可能发展为卵巢衰竭。因此,超声在 POF 早期诊断和治疗效果跟踪监测方面有着更广阔的应用前景,这项检测包括:①卵巢的形态学及基础窦状卵泡计数(AFC)变化;②卵巢彩色多普勒血流指标变化。

16. 遗传检测　Vujovic 等通过对家族史的分析得出,家族性 POF 的发生率在不同的人群中为 4%～31%。虽然遗传因素在 POF 病因上占有很大比重,但大多数患者并没有接受分子学诊断。随着 POF 遗传学研究的进展,遗传检测将是未来诊断的重要手段。现处于研究阶段的遗传检测涉及 X 染色体、常染色体、线粒体 DNA 等诸多方面。

17. 线粒体 DNA(mtDNA)　Bonomi 等提出血细胞 mtDNA 含量的测定可作为预测高风险 POF 的检测方法之一。他们首先证明了血细胞中的 mtDNA 和卵巢 mtDNA 之间存在显著的相关性,TaqMan 拷贝数的分析结果显示,无论是与同年龄段卵巢储备较完整的妇女还是早已正常生理停经的妇女相比,POF 患者的血细胞中的 mtDNA 含量均显著下降。虽然具体作用于 mtDNA 的酶尚未确定,但已经提示血细胞中的 mtDNA 数量的检测有意义。

18. 血浆 miRNA 检测　miRNA 在调节卵泡生长发育与闭锁中有很重要的作用。在卵泡闭锁过程中,多种 miRNA 表达异常。例如 miR-26b 可以通过影响细胞 DNA 的断裂引起颗粒细胞凋亡,miR-34 则通过作用于靶基因抑制素 B 促进颗粒细胞凋亡,这些 miRNAs 共同作用进而引起卵泡闭锁。miRNA 在血浆中非常稳定,目前已在血浆中发现多种 miRNA 分子,其中一些已经可以作为疾病的诊断标志分子。

19. 多参数模型　目前,尚无研究表明仅通过单一的标志物预测卵巢储备功能可以获得满意的灵敏度和特异度。虽然通过提高预测标志物的检测阈值可增加特异度,但其灵敏度将会随之下降,反之亦然。所以,目前已有学者提出将多种参数联合运用以提高对卵巢储备功能的预测,但这些方法都局限于采用经验公式或分析方法。

(二)POF 的常规治疗手段

POF 的治疗极为棘手,迄今为止,尚无明确有效的治疗措施能恢复或保护卵巢功能。

值得注意的是,POF 并不等同于卵巢功能的完全、永久性丧失。据有关报道,约 1/2 的 POF 患者卵巢内有残存的原始卵泡,且仍具有产生雌激素的功能,并有一过性的卵巢功能恢复(短暂或间断排卵),甚至 5%～10% 的患者在确诊多年后会意外地自然妊娠,其中 80% 的妊娠可获得良好妊娠结局。故临床上应根据患者实际情况,如年龄、病因、有无生育要求、卵巢内有无发育中卵泡及经济状况等因素综合考虑,以确定治疗方案。

1. 激素替代疗法(HRT)　HRT 是普遍应用的临床疗法。研究表明,应用 HRT 消除更年期症状有其合理性,且有可能会获得一定程度的排卵和妊娠率,降低发生骨质疏松、阿尔茨海默病及心血管疾病的风险。据报道,约有 13% 的卵巢不敏感综合征患者应用 HRT 后可自然妊娠,HRT 治疗前应进行风险评估,遵循个体化安全小剂量补充原则且至少应持续至平均绝经年龄。年轻患者建议使用周期序贯疗法。陈捷等研究提出,早期发现 POF 且在闭经 1 年内进行激素补充治疗可以取得更好的疗效。HRT 同时加用钙剂及维生素 D 能更好地预防骨质疏松的发生。覃正文等采用 HRT 联合小剂量甲状腺素片治疗 POF,得出辅助小剂量甲状腺素片治疗 POF 可促使卵巢中尚残存的始基卵泡得以发育,改善临床治疗效果,降低血清 FSH、提高 E2 水平的结论。该疗法值得借鉴。

2. 免疫治疗　免疫调节剂在理论上对自身免疫性 POF 的治疗有效,临床应用免疫抑制剂如糖皮质激素治疗有恢复排卵和妊娠的报道,但疗效并不确切。伴有自身免疫系统疾病或伴有卵巢自身抗体阳性者的常规用法为强的松 5mg/d,或地塞米松 0.75mg/d;抗心磷脂抗体阳性者予阿司匹林 100～400mg/d。施晓波等利用自身免疫性 POF 小鼠模型分别给以糖皮质激素、雄激素治疗,以性周期的改变、血清抗透明带抗体浓度、病理学检查及免疫组化法检测作为疗效观察指标,得出糖皮质激素和雄激素均能显著改善自身免疫性 POF 小鼠的病情,且二者的治疗效果相似的结论。

3. 诱导排卵　随着生殖内分泌领域的发展和现代辅助生殖技术的普及,超促排卵治疗逐步被 POF 患者所接受,主要为促性腺激素(HMG)或 FSH/人绒膜促性腺激素(HCG)促排卵法。大剂量促性腺激素对 POF 患者疗效并不确定,但雌激素治疗后促排卵有一定的成功率。临床上比较认同的方法是人工周期治疗一定时间后,再单用小剂量雌激素,在 E2 水平略有升高,FSH 和 LH 已被抑制后,可每日应用 HMG,超声监测卵泡成熟后给予肌注 HCG 诱导排卵。

4. 中医药及针灸治疗　中药具有多系统、多环节、多靶点的整体调节作用,能提高卵巢对促性腺激素的反应性及性激素水平,可以肯定的是中医药在治疗 POF 上有其独特的优势所在,因为中药本身不是激素,但是具有类激素样作用,故可在一定程度上改善卵巢功能,延缓机体衰老,调节免疫力。同样也可以尝试针灸治疗、中药外敷治疗等方法。

三、脐血干细胞和脐带间充质干细胞输注治疗 POF

干细胞治疗是 POF 的新兴治疗手段,有关 POF 的干细胞治疗尚处于动物实验阶段,干细胞可通过免疫调节、营养、分化迁移等层次恢复卵巢功能,随着研究的进一步深入,其应用于人类的可行性已日益凸显。此外,尚有希望通过将正常基因导入卵巢的靶细胞中,从而改变 POF 患者基因的不协调状态,根本上解决 POF。这两种手段不仅将成为生殖内分泌治疗的发展方向,而且为患者提高生育能力和生活质量提供了有力的依据,是值得探索的方向。

脐带血单个核细胞(CB-MNC)含有造血干细胞、内皮祖细胞、MSCs 及其他干细胞,还含有极小胚胎样干细胞。故脐带血单个核细胞可作为 POF 治疗的首选干细胞。有科学家将人 CB-MNC 经卵巢注射至由放射线构建的小鼠 POF 模型体内，移植组双侧卵巢内注入以 5-溴-2′-脱氧尿苷（Brdu）标记的 CB-MNC 悬液，并记录动情周期的变化。在移植 4 周后处死并测定血清中 E2、FSH 和 LH 水平变化，同时观察裸鼠卵巢形态及未闭锁卵泡数目来评价卵巢的功能。结果表明卵巢切片未闭锁卵泡数有所增加，可见各个发育阶段卵泡，激素水平也有明显好转，血清 E2 水平明显升高，FSH 和 LH 水平明显降低，表明脐带血可在早衰的卵巢内存活并参与卵巢功能的修复。已经证实 POF 的发生及发展与卵母细胞及颗粒细胞凋亡密切相关，体内实验和体外共培养实验都证明脐血干细胞可有效逆转颗粒细胞凋亡。

研究表明骨髓间充质干细胞也可有效治疗 POF，骨髓间充质干细胞可被诱导分化为类固醇激素生成细胞，在静脉移植后能够到达小鼠卵巢，并分化和表达 FSHR 基因，使 FSHR 对 FSH 有反应，恢复卵泡成熟和类固醇激素产生，其分泌的多种细胞因子如 VEGF、HGF、IGF-1 和 b-FGF 等可减少颗粒细胞凋亡，抑制炎症反应。但患者取骨髓是一个痛苦的过程，部分自身免疫性患者的骨髓 MSCs 也存在异常。所以，近年来利用脐带 MSCs 治疗 POF 成为研究热点。

脐带 MSCs 具有与骨髓 MSCs 类似的生物学特征，然而其在增殖能力、分化能力等方面优于骨髓来源 MSCs。脐带的来源较为广泛，同时异体移植无免疫排斥或排斥较弱，因此在临床应用上具有广阔的前景。有研究人员利用猪卵巢蛋白主动免疫建立免疫损伤的小鼠卵巢模型，腹腔移植脐带 MSCs，证明移植 4 周后，治疗组小鼠的卵巢各部分细胞形态与结构已恢复到与正常小鼠卵巢组织相似的水平，而对照组则与治疗前改变不明显，提示 MSCs 移植能显著促进免疫损伤小鼠卵巢结构的修复。脐带 MSCs 对化学损伤、放化疗损伤造成的 POF 均有大量研究，国内外类似报道较多，均证明脐带 MSCs 可向卵巢迁移并分泌多种因子，对提高卵泡数量、恢复动物动情周期、提高雌激素分泌水平等 POF 症状有改善。分析其治疗机制，均与 MSCs 的"归巢"属性密切相关，MSC 到达卵巢之后可以抗颗粒细胞凋亡，改善卵巢内分泌功能，推测其主要通过以下几种途径：①分泌 VEGF、HGF、IGF-1 等可抑制细胞凋亡，修复受损组织细胞；②通过免疫调节作用，抑制机体免疫反应，促进受损组织的自身修复；③修复卵巢间质，降低卵巢纤维化；④诱导血供增加，提供营养支持。

四、问题与展望

虽然脐血造血干细胞和脐带间充质干细胞在治疗动物 POF 模型中取得了一定的疗效，但其诱导卵巢血管生成，保护卵巢储备的分子机制、治疗方案及患者入选与排除标准、有效率评价体系及可能的副作用等都需要进一步研究。由于涉及生殖健康，要求无畸形、肿瘤及死亡发生。我们应用干细胞治疗 POF 展示了一定的疗效，经验还在积累，还需要更多的实验证据。

（李栋，何守森）

主要参考文献

1. 党建红，金志军，葛军辉，等. 人脐血单个核细胞移植治疗放射性裸鼠卵巢早衰. 国际妇产科学杂志，2012，39(2)：187-191.

2. 付霞霏. 骨髓间充质干细胞移植修复化疗所致卵巢损伤的实验研究. 现代妇产科进展, 2010, 19(6): 410-414.

3. 吴妍, 姚蕾, 盛文丽, 等. 卵巢早衰预测指标的研究进展. 长江大学学报（自然科学版）, 2015, 12(36): 34-39.

4. 周莉, 高婧, 陈晨. 卵巢早衰的基因学研究进展. 中国优生与遗传杂志, 2016, 24(3): 1-3.

5. Fu X, He Y, Xie C, et al. Bone marrow mesenchymal stem celltransplantation improves ovarian function and structure in rats with chemotherapy-induced ovarian damage. *Cytotherapy*, 2008, 10(4): 353-363.

6. Ghadami M, El-Demerdash E, Zhang D, et al. Bone marrow transplantation restores follicular maturation and steroid hormones production in a mouse model for primary ovarian failure. *Plos One*, 2012, 7(3): e32462.

7. Lai D, Wang F, Chen Y. Human amniotic fluid stem cellshave a potential to recover ovarian function in mice with chemotherapy-induced sterility. *BMC Dev Biol*, 2013, 13(1): 3.

8. Lee HJ, Selesniemi K, Niikura Y, et al. Bone marrow transplantation generates immature oocytes and rescues long-term fertility in a preclinical mouse model of chemotherapy-induced premature ovarian failure. *J Clin Oncol*, 2007, 25(22): 198-3204.

9. Liu T, Huang Y, Guo L, et al. CD44[+]/CD105[+] human amniotic fluid mesenchymal stem cells survive and proliferate in the ovary long-term in a mouse model of chemotherapy-induced premature ovarian failure. *Int J Med Sci*, 2012, 9(7): 592-602.

10. Rahhal SN, Eugster EA. Unexpected recovery of ovarian function many years after bone marrow transplantation. *J Pediatr*, 2008, 152(2): 289-290.

11. Somia H, Abd-Allah, Sally M. Mechanistic action of mesenchymal stem cell injection in the treatment of chemically induced ovarian failure in rabbits. *Cytotherapy*, 2013, 15(1): 64-75.

12. Sun M, Wang SF, Li Y. Adipose-derived stem cells improved mouse ovary function after chemotherapy-induced ovary failure. *Stem Cell Res Ther*, 2013, 4(4): 80.

13. Yuji Takehara, Akiko Yabuuchi, Kenji Ezoe. The restorative effects of adipose-derived mesenchymal stem cells on damaged ovarian function. *Lab Invest*, 2013, 93(2): 181-193.

第五章 脐血干细胞教育疗法
Cord Blood Stem Cell Educator Therapy

目前,几乎在人体的每个组织中,都发现有干细胞的存在。这些原位组织的干细胞在维持组织细胞的再生和修复过程中,发挥了重要作用。然而,由于数量少,分离纯化困难,限制了它们在临床的推广应用。在人的脐血中主要有 CD34$^+$ 造血干细胞(hematopoietic stem cell, HSC)、间充质干细胞 (mesenchymal stem cell, MSC)和脐血多能干细胞(cord blood-derived multipotent stem cell, CB-SC)。其中 CB-SC 是人脐血中一群独特的干细胞类型,具有大而圆的形态,贴壁生长,且抵抗常规的细胞消化处理方法(胰蛋白酶/EDTA 法)具有独特的生物学特性,而根据 CB-SC 这些独特的特性,脐血干细胞除了移植治疗之外,还可以通过免疫教育疗法发挥治疗作用,此为本章介绍的重点。

第一节 脐血多能干细胞的生物学特性
Biological Characteristics of Cord Blood-derived Multipotent Stem Cells

一、CB-SC 的分子表型特征

CB-SC 表达胚胎干细胞标志(如转录因子 OCT3/4,Nanog,和 Sox2 及细胞表面标志 SSEA-3 和 SSEA-4)和白细胞共同抗原 CD45,但不表达如下血细胞标志,如 CD1a、CD3、CD4、CD8、CD11b、CD11c、CD13、CD14、CD19、CD20、CD34、CD41a、CD41b、CD83、CD90、CD105 和 CD133(均为阴性)。脐血多能干细胞(CB-SC)是脐血中独特的一种新型干细胞,不同于单核/巨噬细胞和间充质干细胞(见表 3-5-1)。

表 3-5-1　　　　　CB-SC 与单核/巨噬细胞和间充质干细胞分子表型的差异

细胞分子标志	脐血多能干细胞 CB-SCs	单核/巨噬细胞 Mo/Mφ	间充质干细胞 MSCs
白细胞共同抗原 CD45	强阳性 100%	强阳性 100%	阴性
Mo/Mφ 标志 CD11b and CD14	阴性	阴性	阴性
MSC 标志 CD90 and CD105	阴性	阴性	阳性
MHC class Ⅱ抗原 HLA-DR,DQ	阴性	阳性	阴性
MHCⅠ类抗原 HLA-ABC	非常低	高	高
胚胎干细胞(ES)标志:Qct3/4,Nanog,Sox2	阳性	阴性	阴性

二、CB-SC 的分子免疫学特征及免疫调节特性

CB-SC 表达非常低水平的Ⅰ类主要组织相容性复合体抗原(HLA-Ⅰ);Ⅱ类主要组织相容性复合体抗原(HLA-Ⅱ)阴性。同种异体淋巴细胞刺激增殖实验表明:CB-SC 具有非常低的免疫原性。正因如此,临床采用 Stem Cell Educator 治疗时,无需进行 HLA 配型,没有排斥反应。另外,CB-SC 细胞表面表达程序化死亡配体-1(programmed death ligand-1, PD-L1,CD274),通过淋巴细胞表面的程序化死亡-1(programmed death-1, PD-1)结合,对淋巴细胞产生抑制作用。CB-SC 表达 CD270(herpes virus entry mediator, HVEM),可通过其配体 BTLA(B and T lymphocyte attenuator)对多种免疫细胞发挥调节作用。

胸腺作为人体的中枢免疫器官,是 T 细胞分化成熟的关键部位,其中胸腺髓质上皮细胞通过自身免疫调节因子(autoimmune regulator,AIRE),调控自身抗原的表达而删除自身反应性 T 细胞,在诱导免疫耐受方面发挥了关键作用。但从青少年期开始,胸腺逐渐萎缩并脂肪化,功能减退。重要的是,CB-SC 表达转录因子自身免疫调控因子 AIRE。临床和基础研究揭示,CB-SC 通过 AIRE 的表达,在其免疫教育治疗过程中,发挥了关键作用,是临床控制自身免疫、诱导免疫平衡的关键因素。

三、CB-SC 的多向分化特性

CB-SC 除了表达胚胎干细胞特异的转录因子外,还具有胚胎干细胞多向分化潜能(见图 3-5-1,文后彩图)。在不同诱导条件下,能够分化为三个胚层来源的细胞,例如经过全反式维甲酸(all trans-retinoic acid,ATRA)处理后,CB-SC 可向多巴胺神经细胞分化;采用神经生长因子(nerve growth factor,NGF)处理,CB-SC 可分化为神经细胞。另外,CB-SC 表达胰岛 β 细胞特异的转录因子 MafA 和 Nkx 6.1,体外经过 10 nM Exendin-4 和 25mmol 高糖刺激,可诱导 CB-SC 向胰岛素产生细胞分化,进而表达胰岛 β 细胞的分子特征。

第二节　脐血多能干细胞的免疫调节特性

Immune Modulation of Cord Blood Multipotent Stem Cells

近年来,研究发现干细胞除了具有分化特性外,还具有免疫调节特性。干细胞的免疫调节已成为目前免疫学重要的研究领域之一,特别是针对人类自身免疫性疾病,有望通过干细胞的免疫调节治疗开辟一条新的途径。效应性 T 细胞的增殖是自身免疫性疾病共同病理生理特征,因此能够安全有效地抑制 T 细胞的增殖是临床治疗自身免疫病的关键,也是临床评价各种免疫治疗安全性和有效性的金标准。传统的化疗、放疗和单克隆抗体介导的免疫治疗常常具有明显的副作用,患者难以长期耐受。动物实验和临床体内外研究证明:脐血多能干细胞对多种 T 细胞亚群具有明显的抑制作用,不仅可以显著抑制丝裂原 PHA 和 IL-2 刺激的淋巴细胞增殖,而且对特异性病理性 T 细胞也有抑制作用。

一、脐血多能干细胞抑制抗原特异性 T 细胞克隆的增殖

抗原特异性自身反应性 T 细胞的扩增是导致自身免疫性疾病组织破坏的关键一步。最近,小鼠和人的数据表明,$CD8^+NKG2D^+$ 效应 T 细胞在自身免疫引起的斑秃(alopecia areata,AA)发病过程中发挥了关键作用。为探讨 CB-SC 在 AA 的治疗潜力,采用人外周血单个核细胞(PBMC)来源的 $CD8^+NKG2D^+$ 效应性 T 细胞,通过磁珠结合的抗 CD3、抗 CD28、和抗 CD137 单克隆抗体的联合刺激,同时加入细胞因子 IL-2 和 IL-7 扩增 $CD8^+$ $NKG2D^+$ 效应性 T 细胞;刺激后 T 细胞显著的增殖,5 天后有大量的细胞增殖,聚集成群,具有不同大小尺寸,浮在上清液中(见图 3-5-2A,文后彩图)。然而,这种增殖现象在与 CB-SC(图 3-5-2A)共培养条件下并不明显。CFSE 标记后流式细胞术分析显示:采用 mAb 分子和生长因子联合刺激后淋巴细胞有 52%(见图 3-5-2B,文后彩图)显著增殖;相比之下, CB-SC 共培养后只有 13%的淋巴细胞(见图 3-5-2B,文后彩图)增殖。三重标记流式细胞仪分析表明:在没有 CB-SC 作用条件下,25%的 $CD8^+NKG2D^+$ T 细胞进行增殖;然而,在 CB-SC 共培养条件下,增殖的 $CD8^+$ $NKG2D^+$ T 细胞的百分比降低至 5%。另外,我们检测了 BTLA(B and T lymphocyte attenuator)和 PD-1(Programed death-1,程序性死亡受体-1)共抑制分子的表达在 $CD8^+$ $NKG2D^+$ T 细胞表达。结果证实：CB-SC 共培养可显著增加 $CD8^+$ $NKG2D^+$ $BTLA^+$ $PD1^+$ T 细胞的百分比从 69%至 91%。他们的平均荧光强度(MFI)共培养后(见图 3-5-2C,文后彩图)也明显增加。这些数据表明,CB-SC 能显著抑制 $CD8^+$ $NKG2D^+$ T 细胞的增殖和上调细胞共抑制分子的表达。

二、脐血多能干细胞抑制人胰岛 β 细胞特异的 T 细胞克隆的增殖

自身免疫性疾病如 1 型糖尿病(T1D)其病理特点具有相对特异性,主要损伤产生胰岛素的胰岛 β 细胞。这些特异性的病理性 $CD4^+$ T 细胞和 $CD8^+$ T 细胞,可以通过 MHC tetramer 标记克隆筛选从患者的外周血液中分离纯化出来。为了进一步确定 CB-SC 在 T1D 的治疗潜力,我们探索了 CB-SC 对从 T1D 患者血液分离产生的胰岛 β 细胞谷氨酸

脱羧酶（GAD）特异性 CD4$^+$ T 细胞克隆的直接调制。结果表明：经过抗原呈递细胞（APC）和不同剂量的 GAD 肽的联合刺激后，T 细胞克隆显著增殖，但与 CB-SC 共培养后，T 细胞的增殖显著受到抑制，与对照组相比具有显著差异。因此，该数据表明，CB-SC可以直接抑制病理性特异性 T 细胞。

三、脐血多能干细胞的免疫教育治疗技术

利用 CB-SC 的上述免疫调节特性，表达自身免疫调控因子（AIRE），改变调节性 T 细胞（Treg）和对人胰岛 β 细胞特异性 T 细胞克隆的直接抑制作用，我们创建了这种全新的自体血免疫细胞教育治疗技术（stem cell educator therapy）（见图 3-5-3，文后彩图）（Clinical Trial. gov：NCT01415726）。

治疗过程如图 3-5-3 所示。简要地说，一个 16 或 18 号针放置在左或右侧肘正中静脉，患者血液通过血细胞分离机，根据细胞比重和大小差异，分离患者淋巴细胞。整个采血分离过程，需 4~7 小时。收集的淋巴细胞被转移至干细胞教育器后，可与 CB-SC 接触，通过细胞膜分子和释放的可溶性分子发挥相互作用；而其他的血液成分自动返回到患者体内。整个治疗过程是一个封闭而连续的操作系统，患者淋巴细胞在干细胞教育器闭环系统中循环；淋巴细胞与 CB-SC 在体外进行共培养，然后回输患者体内，整个治疗过程8~9 小时/次。

四、脐血多能干细胞的免疫教育治疗分子机制

CB-SC 可能通过多种分子和细胞学机制，修复患者的免疫紊乱。当分选后患者的免疫细胞经过教育器时，CB-SC 可通过细胞膜分子（PD-L1）和释放的可溶性分子（NO 和TGF-β1），形成三维调节的微环境，直接作用于 T 细胞、Treg 细胞、病理性 T 细胞克隆、单核细胞等（见图 3-5-4，文后彩图），产生整体的多方位的综合调节，诱导内环境的稳定，恢复免疫平衡。

当分选后患者 T 淋巴细胞经过教育器时，CB-SC 可通过细胞膜分子（PD-L1）和释放的可溶性分子（NO 和 TGF-β1），形成三维调节的微环境，直接作用于 T 细胞（包括调节性 T 细胞和病理性 T 细胞克隆）和单核巨噬细胞，产生多方位的综合调节，恢复免疫平衡。单核巨噬细胞通过共刺激分子 CD86/CD80 作用于 T 细胞。通过 CPM 降解释放的因子 Arg，通过膜受体 B1R/B2R，转运到细胞内，作为 iNOS 的底物合成 NO。释放的NO，作为可溶性因子，参与调控。图 3-5-4 中的英文缩略语的中文名称如下：自身免疫调节因子（AIRE）；羧肽酶 M（CPM）；糖皮质激素释放激素（CRH）；精氨酸（Arg）；激肽 B1受体（B1R）；激肽 B2 受体（B2R）；诱导型一氧化氮合成酶（iNOS）；程序性死亡配体 1（PD-L1）；PD-1：程序性死亡；转化生长因子 β1（TGF-β1）。

1. CB-SC 通过表达自身免疫调节因子 AIRE 通常在胸腺髓质上皮细胞中表达，调节 T 细胞的分化和发育。AIRE 通过调控自身抗原的表达而删除自身反应性 T 细胞，诱导免疫耐受。如果 AIRE 基因突变或缺失，可导致多器官和系统的自身免疫性疾病。我们发现 CB-SC 表达 AIRE 基因和蛋白。为明确 AIRE 在 CB-SC 的免疫调节过程中的作用，我们采用三对人 AIRE 特异的小分子干扰 siRNAs，以阻断 CB-SC 中 AIRE 的蛋白表

达。阻断实验证明：AIRE 蛋白表达显著下降 70%，进而导致了有助于 CB-SC 免疫调节的程序性死亡配体-1(PD-L1)的表达水平也显著降低；另外，细胞共培养中 Treg 亚群比例也显著降低。

2.CB-SC 通过纠正调节性 T 细胞(Treg)的功能缺陷　Treg 通过抑制和调节效应 T 细胞，维持动态免疫平衡和诱导自身耐受。糖尿病患者和动物模型研究证据显示：Treg 细胞存在数量和功能异常，均与 1 型糖尿病的发生和发展密切相关。纠正 Treg 细胞的异常，已成为预防和治疗 1 型糖尿病新的靶点。通过研究糖尿病模型 NOD 鼠，我们观察到 CB-SC 可以纠正 $CD4^+CD62L^+$ Treg 细胞的功能缺陷，进而预防糖尿病发生，并且可逆转已发生的糖尿病。分子机制研究表明：采用 CB-SC 处理的 $CD4^+CD62L^+$ Treg 细胞(mCD4CD62L Treg)治疗后的糖尿病小鼠，能够恢复血液中 Th1/Th2/Th3 细胞因子的平衡，拮抗胰岛局部的炎症；特别是在胰岛周围，通过转化生长因子-β1(TGF-β1)的独特分布格局，形成保护性 TGF-β1 分子环(a TGF-β1 ring)，导致浸润的淋巴细胞和其他免疫细胞的凋亡，对抗免疫细胞的再攻击，保护新生的胰岛 β 细胞。采用 CB-SC 免疫教育技术治疗糖尿病的临床试验中，也观察到类似的结果。治疗后，患者外周血中 Treg 细胞的数量显著增加，且能恢复血液中 Th1/Th2/Th3 细胞因子的平衡，特别是 TGF-β1 水平显著升高。因此，CB-SC 通过 Treg-TGFβ1 的调节，发挥了重要的治疗作用。

第三节　脐血多能干细胞免疫教育疗法治疗 1 型糖尿病
Application of Cord Blood Stem Cell Educator Therapy in Type 1 Diabetes

根据糖尿病的发病特点，糖尿病通常分为 1 型糖尿病和 2 型糖尿病；另外，还有妊娠型糖尿病。1 型糖尿病主要与胰岛 β 细胞的免疫损伤有关，2 型糖尿病主要与外周器官对胰岛素的敏感性下降有关。近年来，大量的基础和临床研究表明，1 型和 2 型糖尿病在发病原因和发生机制方面，存在许多相似和交叉之处。目前，1 型和 2 型糖尿病的发病率和增长速度令人震惊，正严重地威胁人类的健康。特别是 1 型糖尿病，因患者机体免疫功能紊乱，T 淋巴细胞特异性杀伤胰岛 β 细胞，而导致胰岛素缺乏和糖尿病的发生。全球数以百万计 1 型糖尿病患者必须每天注射胰岛素治疗，以维持生命。但胰岛素的治疗只能对症，"治标"而不"治本"；长期大剂量应用，具有潜在的副作用。因此，在临床实践中，如何有效地控制 T 细胞介导的自身免疫反应，再生胰岛 β 细胞，是治疗 1 型糖尿病亟待解决的两个关键问题。大量研究证明：1 型糖尿病的自身免疫反应具有多克隆特性，且有多重的免疫细胞调节紊乱。在过去的 30 年内，为攻克 1 型糖尿病，世界各国已对众多方案进行了探索和临床尝试，多数以失败告终。故此，针对某个单一环节，采取传统的免疫治疗行不通。有学者建议采用联合疗法进行免疫干预，但如何联合，何时联合，非常复杂，且会加重治疗费用。2014 年，国际青少年糖尿病治愈联盟(juvenile diabetes cure alliance, JDCA)总结了 300 多项临床研究，只有几项技术(包括人胰岛移植、猪胰岛移植、干细胞教育)有可能治愈 1 型糖尿病。其中，我们创建的脐血多能干细胞的免疫教育治疗技术

（stem cell educator therapy）以全新的理念，为1型糖尿病的治疗开辟了先河。

1.临床治疗的安全性和优势　　在治疗过程中，CB-SC附着在教育器皿的表面，保留在干细胞教育器内，没有进入患者体内，因此没有排异反应。CB-SC通过细胞表面信号分子和释放的可溶性分子，作用于淋巴细胞，进而达到纠正和修复患者免疫紊乱的治疗目的；CB-SC只在体外对患者的免疫细胞进行修复和处理，没有输入患者体内，这与传统的干细胞治疗方案，有显著的区别。该治疗技术只需要两个静脉穿刺，感染的风险比典型输血更低。此外，CB-SC的免疫原性非常低，无须进行组织配型；根据我们目前国际多中心的临床研究，尚未发现排斥反应。

干细胞免疫教育治疗技术适用于大多数糖尿病患者，创伤小，疼痛小，无不良反应。但是此技术不适合于乙型肝炎、丙型肝炎、艾滋病、结核病等病毒和细菌感染患者。另外，出凝血机制异常、心肾功能不全患者亦属禁忌。

2.临床治疗的有效性——纠正自身免疫　　临床治疗疾病，最好针对病因。然而，1型糖尿病的病因学研究表明：多种因素如遗传、环境因素、肥胖等，均可诱发免疫紊乱，导致糖尿病的发生。近年来，大量研究表明：1型糖尿病患者存在多种细胞免疫紊乱，包括T细胞、B细胞、调节性T细胞（Treg）、单核/巨噬细胞、树突状细胞、自然杀伤细胞（NK）、自然杀伤性T细胞（NKT）等。有鉴于此，针对单一环节，采用单一的免疫干预，以纠正1型糖尿病的自身免疫行不通，如CD3单抗治疗和GAD65疫苗治疗，以失败告终。理想的治疗方案，应通过诱导外周免疫耐受，调节整体免疫系统平衡，进而达到治疗或逆转1型糖尿病的目的。

CB-SC表达诱导免疫耐受的关键因子AIRE。当分离的T细胞经过教育器时，CB-SC可通过细胞膜分子和可溶性分子诱导其产生耐受，具有类似人工胸腺（artificial thymus）的功能。临床研究显示，1型糖尿病患者，接受干细胞教育器治疗后，显著提高了共刺激分子的表达（尤其是CD28和ICOS），增加了$CD4^+CD25^+Foxp3^+$ Tregs的数量，并且恢复了Th1/Th2/Th3细胞因子的平衡。

3.临床治疗的有效性——纠正自身免疫记忆　　生理条件下，人的免疫系统保护机体对抗多种可能遇到的病原体。T细胞通过免疫应答识别和消除病原体；免疫应答完成后，大部分T细胞（90%～95%）发生细胞凋亡，剩余的细胞形成中心记忆T细胞（T_{CM}）、效应记忆T细胞（T_{EM}）和外周组织记忆T细胞（T_{RM}）。和传统的T细胞比较，这些记忆T细胞寿命长，具有明确的表面分子表型，可快速产生不同的细胞因子，直接效应细胞功能，不同的增殖能力，以及独特的组织分布和归属特性。作为一个群体，记忆性T细胞在对付同源抗原再次攻击时，可做出快速反应，以消除病原体的再感染，恢复免疫系统的平衡与和谐。然而，越来越多的证据表明：在自身免疫性疾病的发生和发展过程中，自身免疫记忆T细胞却成为"绊脚石"，阻碍了自身免疫性疾病的治疗或治愈，包括1型糖尿病、多发性硬化症（MS）、类风湿关节炎（RA）和系统性红斑狼疮（SLE）。因此，克服自身免疫记忆消除自身免疫，对于治疗1型糖尿病和其他自身免疫性疾病是至关重要的。

采用自体血免疫细胞教育疗法治疗白人1型糖尿病（$n=15$），研究表明患者接受两次治疗是安全的和可行的，没有显著改变所有受试者的免疫系统的细胞数量和不同的细胞之间的比率（见图3-5-5A，文后彩图）。治疗后T1D受试者外周血$CD4^+$ T_{EM}和$CD8^+$

T_{EM}细胞的比例显著下降(见图 3-5-5B,文后彩图),而 CD4$^+$ T_{CM} 的比例升高(见图 3-5-5C,文后彩图)。更有意义的是,趋化因子受体 CCR7 在处女型 T 细胞(naïve T)和中心记忆性 T 细胞 T_{CM} 的表达水平经过治疗后显著增加(见图 3-5-5D,文后彩图)。

所有受试者接受两次治疗。3 个月后,所有受试者接受第二次治疗。治疗后随访分别在 2、8、12、26、40 和 56 周。采用聚蔗糖-泛影葡胺($\gamma=1.077$)从患者的外周血中分离淋巴细胞,然后进行流式细胞仪分析。同型匹配的 IgG 作为对照。在图 3-5-5 中,图 A 为外周血免疫细胞定量分析。图 B 为治疗后随访 1 年观察 CD4$^+$ T_{EM} 和 CD8$^+$ T_{EM} 的变化。图 C 为治疗后随访 1 年观察 CD4$^+$ T_{CM} 和 CD8$^+$ T_{CM} 的变化。图 D 为采用 CD45RA 和 CCR7 作为分子标志,把 CD4$^+$ T 细胞划分为 naive T、T_{CM} 和 T_{EM},Gated CD4$^+$ T 细胞治疗 26 周后 CD45RA 和 CCR7 的变化。

4. 临床治疗的有效性——控制糖代谢 通过Ⅰ期和Ⅱ期临床试验观察,15 例典型 1 型糖尿病患者接受了一次干细胞免疫教育治疗。平均年龄 29 岁(15～41 岁),平均糖尿病病史 8 年(1～21 年)。显著提高空腹血浆 C-肽水平(见图 3-5-6,文后彩图),降低糖化血红蛋白(HbA1C)水平,降低胰岛素用量(有部分胰岛 β 细胞功能残留的患者治疗组降低了 38% 和无胰岛 β 细胞功能残留的患者治疗组降低了 25%)。该治疗在 40 周后,患者基础 C-肽和葡萄糖刺激的 C-肽水平稳步提高。然而,对照组患者(有部分 β 细胞功能残留的 1 型糖尿病)起初在接受对照治疗后(教育器内没有干细胞,只是采用空的教育器进行治疗)无显著变化;后来,接受干细胞免疫教育治疗后,血浆 C-肽水平显著提高,HbA1C 下降。

5. 临床治疗的有效性——刺激胰岛再生 胰岛 β 细胞缺乏是 1 型糖尿病治疗的第二个关键问题。经过一次 CB-SC 的免疫教育治疗后,在上述 1 型糖尿病和晚期的 2 型糖尿病患者的临床试验都提示了胰岛 β 细胞的再生。因人体研究取材受限,采用 1 型糖尿病 NOD 小鼠模型,进一步探讨了胰岛 β 细胞再生的分子机制。经过免疫调节治疗后,糖尿病 NOD 小鼠胰岛局部浸润的免疫细胞发生凋亡,自身免疫反应得到纠正或控制,残存的胰岛 β 细胞可再生;在转化生长因子 β1(TGF-β1)的作用下,可使损坏的胰岛发生重构,恢复 β 细胞和 α 细胞正常的分布结构(β 细胞在内,α 细胞分布在胰岛外周)。

对于晚期严重的 1 型糖尿病患者,胰岛 β 细胞几乎全部破坏,患者血浆 C 肽和胰岛素原(proinsulin)检测不到。有意义的是,此类患者经过自体血免疫细胞教育治疗后,临床观察也提示胰岛 β 细胞的再生(见图 3-5-7,文后彩图)。其机制可能是启动了患者自体内源性干细胞的分化和再生,如胰岛 α 细胞或胰管细胞向胰岛 β 细胞的分化(trans-differentiation)。另外,在成年人的外周血中,我们发现了外周血来源的胰岛素产生细胞(peripheral blood-derived insulin-producing cells,PB-IPC)。采用 Streptozotocin(STZ)诱导的药物性糖尿病 NOD-scid 小鼠,移植到腹腔的 PB-IPC 细胞,可通过趋化因子 SDF-1(病变的胰岛表达)和受体 CXCR4(干细胞表达)的作用机制,潜行到胰岛;采用人的染色体探针进行原位杂交,证明了 PB-IPC 参与了病变胰岛的重构。上述发现令人鼓舞,但有待更精细的胰岛结构和功能研究。

第四节 脐血多能干细胞免疫教育疗法治疗 2 型糖尿病

Application of Cord Blood Stem Cell Educator Therapy in Type 2 Diabetes

糖尿病已成为 21 世纪世界范围内的流行病。中国糖尿病患者人数已超过 1 亿，50.4% 的成人处在糖尿病前期。糖尿病及并发症严重影响人类的健康和生活质量，带来沉重的社会和经济负担。面对目前严峻的形势，尚无根治措施。常用的人工合成胰岛素只能"治标"，而不"治本"。大量研究证明：免疫紊乱是导致 1 型和 2 型糖尿病发生的共同关键机制。因此，攻克 2 型糖尿病已成为亟待解决的重要健康问题。

1. 现代医学对 2 型糖尿病发病机制的新认识 糖尿病患者存在多种免疫紊乱。

胰岛素是由胰岛 β 细胞产生的一种激素，通过组织细胞表面的胰岛素受体，在调节细胞的新陈代谢、增殖、分化、生存及实现动态平衡方面，发挥了关键作用。2 型糖尿病的发生与外周组织中胰岛素受体的敏感性显著下降有密切关系，导致组织细胞对血糖利用的下降，最终表现为临床常见的血糖水平的显著升高。肥胖和缺乏运动是常见的增加胰岛素抵抗的危险因素。最近研究表明：脂肪细胞和巨噬细胞分泌的炎症细胞因子，包括 TNF-α、IL-1、IL-6、IL-17、单核细胞趋化蛋白-1（MCP-1）、抵抗素（resistin）、纤溶酶原激活物抑制物-1（PAI-1）等，共同参与了慢性代谢性炎症的形成，进而通过 JNK 和（或）IKKβ/NF-κβ 信号途径，导致 2 型糖尿病胰岛素抵抗的发生和发展。虽然 2 型糖尿病的发病因素复杂多样，但是代谢性炎症已成为最终导致胰岛素抵抗的关键共同环节。目前抗炎治疗已成为治疗 2 型糖尿病患者胰岛素抵抗的一种新方法。

正常生理条件下，胰岛的外周有一层基底膜，可作为屏障抵抗免疫细胞的浸润，并协助维持动态平衡。利用人源化的免疫细胞介导的糖尿病小鼠模型，我们发现只有通过抗原呈递细胞的启动，免疫细胞才可以穿过基底膜进入胰岛。Donath 等发现了 2 型糖尿病患者的胰岛内存在浸润的巨噬细胞。这些巨噬细胞可以提呈 β 细胞抗原，启动免疫细胞对胰岛 β 细胞的攻击和破坏。临床观察到部分 2 型糖尿病具有 1 型糖尿病的血清学检查特征（自身胰岛 β 细胞抗体），也支持这个观点。2 型糖尿病患者中，约有 10% 的患者具有 1 型糖尿病相关的自身抗体，例如胰岛细胞抗体（ICA）、抗蛋白酪氨酸磷酸酶样蛋白（IA2）、抗胰岛素和抗谷氨酸脱羧酶（GAD65）中的至少一项检查结果呈阳性，此类患者通常被确诊为"成人隐匿性自身免疫性糖尿病"。除了这些异常的体液自身免疫指标外，Ismail 和他的同事们发现一些胰岛自身抗体检测呈阴性的 2 型糖尿病患者，在其外周血中有针对胰岛蛋白作出回应的异常的 T 淋巴细胞。

大量的动物实验和临床证据表明多种免疫细胞参与了 T2D 的炎症诱导的胰岛素抵抗，例如淋巴细胞（包括 T 细胞、B 细胞和调节性 T 细胞）、嗜中性粒细胞、嗜酸性粒细胞、肥大细胞和树突细胞（DC）。特别是 B 和 T 淋巴细胞已成为启动和控制胰岛素抵抗的新靶点。这些浸润的免疫细胞进入脂肪组织，释放细胞因子（IL-6 和 TNF-α），并通过 MCP-

1/ CCR2 招募更多单核细胞/巨噬细胞,浸润到脂肪组织,进而加重了肥胖相关的炎症导致胰岛素抵抗。

为了揭示 2 型糖尿病中自身免疫发生的分子机制,我们集中研究了自身免疫调节因子(autoimmune regulator,AIRE)。自身免疫调节因子通常在胸腺上皮细胞中表达,在 T 细胞的分化和发育、诱导外周耐受方面发挥着重要作用。有趣的是,我们发现人外周血多能干细胞中表达自身免疫调节因子。在体外,采用高脂肪和高糖刺激都能显著改变外周血多能干细胞的生物活性,并且高糖刺激能够明显降低自身免疫调节因子在这些干细胞中的表达。该发现为探讨 2 型糖尿病和自身免疫性疾病之间的关系提供了新的分子线索。因此,代谢性炎症和自身免疫引起的免疫紊乱是 2 型糖尿病发生的重要病理生理机制,成为 2 型糖尿病治疗的新靶点。

2. 自体血免疫细胞教育疗法治疗 2 型糖尿病的临床疗效 增加胰岛素敏感性,纠正胰岛素抵抗。

为探讨治疗后患者胰岛素敏感性的变化,我们检测了空腹血糖和 C 肽水平(而不是胰岛素水平,因患者注射外源胰岛素),通过 HOMA-IR 稳态模型评估分析数据表明:治疗 4 周后胰岛素的敏感性显著增加,胰岛素抵抗下降(见图 3-5-8,文后彩图)。这表明,胰岛素敏感性得到了改善后,胰岛 β 细胞功能也得以提高,患者每日二甲双胍剂量的中位数减少 33%～67%,平均胰岛素用量在 12 周治疗后降低了 35%。

3. 自体血免疫细胞教育疗法治疗 2 型糖尿病的临床疗效 改善糖代谢。

2 型糖尿病患者接受一次自体血免疫细胞教育治疗后,随访结果表明:患者平均糖化血红蛋白(HbA1c)A 组($n=18$ 例)和 B 组($n=11$)从治疗前的基础平均水平 8.61%±1.12,4 周后显著下降为 7.9% ±1.22%(P 值= 0.026),12 周后继续下降为 7.25%±0.58%($P=2.62×10^{-6}$)(见图 3-5-9,文后彩图);一年后患者的平均糖化血红蛋白(HbA1c)维持在 7.33%±1.02($P=0.0002$)。按照美国糖尿病协会(ADA)推荐的糖化血红蛋白达标标准(<7%),在治疗后 12 周,28%(5/18)的 A 组受试糖尿病患者,36%(4/11)的 B 组受试者,以及 29%(2/7)C 组受试者实现了这一目标。总而言之,31%的 2 型糖尿病患者,接受一次自体血免疫细胞教育治疗,糖化血红蛋白可达标,疗效稳定而持久可达一年以上。

此外,根据临床疗效的评价标准:糖化血红蛋白治疗后下降超过 0.5%。在治疗 4 周后,11/18(61.1%)的 A 组患者,8/11(72.7%)的 B 组受试者,4/7(57.1%)的 C 组患者糖化血红蛋白值显著下降(>0.5%)。在治疗 12 周后,13/18(72.2%)的 A 组患者,9/11(81.8%)的 B 组受试者,和 6/7(85.7%)的 C 组患者糖化血红蛋白值显著降低。总之,28/36(78%)的糖尿病患者,在治疗 12 周时,其糖化血红蛋白平均显著下降 1.28±0.66。该数据表明,T2D 患者经过脐血多能干细胞免疫教育治疗后,血糖控制明显改善。

4. 自体血免疫细胞教育疗法治疗 2 型糖尿病的临床疗效 改善胰岛 β 细胞功能。

胰岛素抵抗是 2 型糖尿病的特点。如果胰岛 β 细胞不能有效地补偿胰岛素抵抗,最终导致临床糖尿病的发生。持久性代谢应激包括糖毒性、脂毒性、慢性代谢性炎症、氧化应激和内质网应激,导致胰岛 β 细胞渐进功能障碍,并最终导致胰岛细胞死亡和胰岛 β 细胞的绝对短缺。C 组糖尿病患者病程长,平均糖尿病病程 14 ± 6 年($n = 7$),其胰岛功能显著下降,空腹 C 肽水平只有(0.36 ± 0.19)ng/mL。我们发现,该组患者经过一次自体血免疫细胞教育治疗,12 周后空腹 C 肽水平达到正常生理水平,持续而稳定升高,一年时空腹 C 肽水平保持在(1.12 ± 0.33)ng/mL,和治疗前基础水平比较,差异显著($P = 0.00045$)(见图 3-5-10,文后彩图)。

5. 自体血免疫细胞教育疗法治疗 2 型糖尿病的分子细胞免疫学机制 为进一步明确自体血免疫细胞教育治疗 2 型糖尿病的分子和细胞机制,我们研究患者治疗前后细胞因子及其他免疫学指标的变化。我们用 ELISA 法检查了促炎细胞因子 IL-1、IL-6 和 TNF-α 血浆中,其主要涉及胰岛素抵抗和 2 型糖尿病。我们发现治疗前患者的 IL-1、IL-6 和 TNF-α 都在背景水平,经过治疗后未见显著差异(分别为 $P = 0.557$、$P = 0.316$、$P = 0.603$)。其原因可能是因为入组的糖尿病患者处于亚临床慢性代谢炎症,再者是直接从 T2D 患者的血液收集,其单核细胞没有在体外经过细菌脂多糖(LPS)活化。重要的是,我们发现,治疗后 4 周 T2D 受试者的血浆中抗炎和免疫抑制细胞因子 TGF-β1 显著增加。然而,IL-10 则在所有的参加者治疗前后没有显著变化($P = 0.497$)。这些研究结果表明上调的 TGF-β1 是脐血多能干细胞免疫教育治疗后,促进胰岛素抵抗逆转的可能机制之一。

IL-17A 是参与自身免疫性疾病公认的促炎细胞因子。最近的临床研究表明,在 T2D 患者和肥胖患者循环 Th17 细胞和 IL-17 的生产增加。此外,Th1 细胞相关细胞因子 IL-12 的水平在受试者 T2D 增加。我们采用细胞内细胞因子标记后流式细胞仪分析了糖尿病患者治疗前后外周血 IL-17(也被称为 IL-17A)和 Th1/Th2 免疫应答相关的细胞因子的变化。我们发现,T2D 糖尿病患者治疗后,外周血产生 IL-17、IL-12、和 Th2 相关的细胞因子 IL-4 和 IL-5 的水平显著下降。

内脏脂肪组织的慢性炎症是导致胰岛素抵抗的主要因素之一,其原因是脂肪组织释放的脂肪因子(例如 IL-6、TNF-α、MCP-1、resistin)。越来越多的证据强烈地表明,巨噬细胞在代谢应激受累组织(如血管、脂肪组织、肌肉和肝脏)的累积,已经成为在慢性代谢性炎症导致胰岛素抵抗的关键步骤,它可通过释放 MCP-1 及其受体 CCR2 致使聚集和激活更多的单核/巨噬细胞浸润,产生更多的炎性细胞因子(例如 IL-6 和 TNF-α),加重胰岛素抵抗。单核细胞/巨噬细胞作为专业的抗原呈递细胞之一,通过共刺激分子 CD80/CD86 和释放的细胞因子对 Th1/Th2 细胞免疫应答发挥重要调节作用和保持动态平衡。为了证明巨噬细胞在慢性炎症和在 T2D 胰岛素抵抗中的作用,条件性敲除 CD11c[+] 巨噬细胞或敲除 MCP-1 信号途径可抑制巨噬细胞的浸润聚集,可显著降低肥胖小鼠的全身性炎症反应,胰岛素敏感性显著增加。

为了明确自体血免疫细胞教育治疗后对 T2D 糖尿病患者血液单核细胞的调节,我们发现 CD86 的表达水平和 CD86[+] CD14[+]/CD80[+] CD14[+] 单核细胞比率,经过治疗后显著降低。CD80 和 CD86 是两个主要的共刺激分子表达在单核细胞膜上,通过它们的配体 CD28/CTLA4 来调节 Th1 或 Th2 分化的免疫应答。由于表达水平的差异,并且 CD80 和 CD86 与它们的配体 CD28/CTLA4 之间的亲和力大小的差异,一般认为 CD86 与

CD28 的相互作用支持共刺激信号；相反地，CD80 和 CTLA4 的结合支持抑制性信号。因此，糖尿病患者经过治疗后 CD86$^+$ CD14$^+$/CD80$^+$ CD14$^+$ 单核细胞比率恢复正常，有利于糖尿病患者恢复 Th1/Th2 反应的免疫平衡，并且具有显著的抗炎作用，进而纠正胰岛素抵抗。

（赵勇）

主要参考文献

1. Antuna-Puente B, Feve B, Fellahi S, et al. Adipokines: the missing link between insulin resistance and obesity. *Diabetes Metab*, 2008, 34:2-11.

2. Bhargava P, Lee CH. Role and function of macrophages in the metabolic syndrome. *Biochem J*, 2012, 442:253-262.

3. Bugeon L, Dallman MJ. Costimulation of T cells. *Am J Respir Crit Care Med*, 2000, 162:S164-S168.

4. Chen L. Co-inhibitory molecules of the B7-CD28 family in the control of T-cell immunity. *Nat Rev Immunol*, 2004, 4:336-347.

5. Clark RA. Resident memory T cells in human health and disease. *Sci Transl Med*, 2015, 7:269.

6. Couzin-Frankel J. Trying to reset the clock on type 1 diabetes. *Science*, 2011, 333:819-821.

7. Defuria J, Belkina AC, Jagannathan-Bogdan M, et al. B cells promote inflammation in obesity and type 2 diabetes through regulation of T-cell function and an inflammatory cytokine profile. *Proc Natl Acad Sci U S A*, 2013, 110:5133-5138.

8. Delgado E, Perez-Basterrechea M, Suarez-Alvarez B, et al. Modulation of autoimmune T-cell memory by Stem Cell Educator Therapy: phase 1/2 clinical trial. *E Bio Medicine*, 2015, 2:2024-2036.

9. Devaraj S, Jialal I. Low-density lipoprotein postsecretory modification, monocyte function, and circulating adhesion molecules in type 2 diabetic patients with and without macrovascular complications: the effect of alpha-tocopherol supplementation. *Circulation*, 2000, 102:191-196.

10. Devarajan P, Chen Z. Autoimmune effector memory T cells: the bad and the good. *Immunol Res*, 2013, 57:12-22.

11. Ehlers MR, Rigby MR. Targeting memory T cells in type 1 diabetes. *Curr Diab Rep*, 2015, 15:84.

12. Fife BT, Pauken KE, Eagar TN, et al. Interactions between PD-1 and PD-L1 promote tolerance by blocking the TCR-induced stop signal. *Nat Immunol*, 2009, 10:1185-1192.

13. Greenwald RJ，Freeman GJ，Sharpe AH. The B7 family revisited. *Annu Rev Immunol*，2005，23：515-548.

14. Haskell BD，Flurkey K，Duffy TM，et al. The diabetes-prone NZO/HlLt strain. Immunophenotypic comparison to the related NZB/BlNJ and NZW/LacJ strains. *Lab Invest*，2002，82：833-842.

15. Jagannathan-Bogdan M，McDonnell ME，Shin H，et al. Elevated pro-inflammatory cytokine production by a skewed T cell compartment requires monocytes and promotes inflammation in type 2 diabetes. *J Immunol*，2011，186：1162-1172.

16. Kamei N，Tobe K，Suzuki R，et al. Overexpression of monocyte chemoattractant protein-1 in adipose tissues causes macrophage recruitment and insulin resistance. *J Biol Chem*，2006，281：26602-26614.

17. Kanda H，Tateya S，Tamori Y，et al. MCP-1 contributes to macrophage infiltration into adipose tissue, insulin resistance, and hepatic steatosis in obesity. *J Clin Invest*，2006，116：1494-1505.

18. Lehuen A，Diana J，Zaccone P，Immune cell crosstalk in type 1 diabetes. *Nat Rev Immunol*，2010，10：501-513.

19. Li X，Li H，Bi J，et al. Human cord blood-derived multipotent stem cells（CB-SCs）treated with all-trans-retinoic acid（ATRA）give rise to dopamine neurons. *Biochem Biophys Res Commun*，2012，419：110-116.

20. Li Y，Yan B，Wang H，et al. Hair regrowth in alopecia areata patients following Stem Cell Educator Therapy. *BMC Med*，2015，13：87.

21. Liu J，Divoux A，Sun J，et al. Genetic deficiency and pharmacological stabilization of mast cells reduce diet-induced obesity and diabetes in mice. *Nat Med*，2009，15：940-945.

22. Mathis D，Benoist C. Aire. *Annu Rev Immunol*，2009，27：287-312.

23. Metzger TC，Anderson MS. Control of central and peripheral tolerance by Aire. *Immunol*，2011，241：89-103.

24. Mishra M，Kumar H，Bajpai S，et al. Level of serum IL-12 and its correlation with endothelial dysfunction, insulin resistance, pro-inflammatory cytokines and lipid profile in newly diagnosed type 2 diabetes. *Diabetes Res Clin Pract*，2011，94：255-261.

25. Musilli C，Paccosi S，Pala L，et al. Characterization of circulating and monocyte-derived dendritic cells in obese and diabetic patients. *Mol Immunol*，2011，49：234-238.

26. Patsouris D，Li PP，Thapar D，et al. Ablation of CD11c-positive cells normalizes insulin sensitivity in obese insulin resistant animals. *Cell Metab*，2008，8：301-309.

27. Sethna MP，van PL，Sharpe AH，et al. A negative regulatory function of B7 revealed in B7-1 transgenic mice. *Immunity*，1994，1：415-421.

28. Shoelson SE，Lee J，Goldfine AB. Inflammation and insulin resistance. *J Clin Invest*，2006，116：1793-1801.

29. Sumarac-Dumanovic M，Stevanovic D，Ljubic A，et al. Increased activity of interleukin-23/interleukin-17 pro-inflammatory axis in obese women. *Int J Obes（Lond）*，2009，33：151-156.

30. Talukdar S，Oh Y，Bandyopadhyay G，et al. Neutrophils mediate insulin resistance in mice fed a high-fat diet through secreted elastase. *Nat Med*，2012，18：1407-1412.

31. Winer DA，et al. B cells promote insulin resistance through modulation of T cells and production of pathogenic IgG antibodies. *Nat Med*，2011，17：610-617.

32. Winer S，Chan Y，Paltser G，et al. Normalization of obesity-associated insulin resistance through immunotherapy. *Nat Med*，2009，15：921-929.

33. Winer S，Winer DA. The adaptive immune system as a fundamental regulator of adipose tissue inflammation and insulin resistance. *Immunol Cell Biol*，2012，90：755-762.

34. Wu D，Molofsky AB，Liang HE，et al. Eosinophils sustain adipose alternatively activated macrophages associated with glucose homeostasis. *Science*，2011，332：243-247.

35. Wu HP，Kuo SF，Wu SY，et al. High interleukin-12 production from stimulated peripheral blood mononuclear cells of type 2 diabetes patients. *Cytokine*，2010，51：298-304.

36. Xing L，Dai Z，Jabbari A，et al. Alopecia areata is driven by cytotoxic T lymphocytes and is reversed by JAK inhibition. *Nat Med*，2014，20：1043-1049.

37. Xu Y，Wang L，He J，et al. Prevalence and control of diabetes in Chinese adults. *JAMA*，2013，310：948-959.

38. Zhao Y，Huang Z，Lazzarini P，et al. A unique human blood-derived cell population displays high potential for producing insulin. *Biochem Biophys Res Commun*，2007，360：205-211.

39. Zhao Y，Huang Z，Qi M，et al. Immune regulation of T lymphocyte by a newly characterized human umbilical cord blood stem cell. *Immunol Lett*，2007，108：78-87.

40. Zhao Y，Jiang Z，Guo C. New hope for type 2 diabetics：targeting insulin resistance through the immune modulation of stem cells. *Autoimmun Rev*，2011，11：137-142.

41. Zhao Y，Jiang Z，Zhao T，et al. Reversal of type 1 diabetes via islet beta cell regeneration following immune modulation by cord blood-derived multipotent stem cells. *BMC Med*，2012，10：3.

42. Zhao Y，Jiang Z，Zhao T，et al. Targeting insulin resistance in type 2 diabetes via immune modulation of cord blood-derived multipotent stem cells （CB-SCs） in stem cell educator therapy：phase Ⅰ/Ⅱ clinical trial. *BMC Med*，2013，11：160.

43. Zhao Y，Lin B，Darflinger R，et al. Human cord blood stem cell-modulated regulatory T lymphocytes reverse the autoimmune-caused type 1 diabetes in nonobese diabetic (NOD) mice. *PLoS ONE*，2009，4：e4226.

44. Zhao Y，Lin B，Dingeldein M，et al. New type of human blood stem cell：a double-edged sword for the treatment of type 1 diabetes. *Transl Res*，2010，155：211-216.

45. Zhao Y，Mazzone T. Human cord blood stem cells and the journey to a cure for type 1 diabetes. *Autoimmun Rev*，2010，10：103-107.

46. Zhao Y，Wang H，Mazzone T. Identification of stem cells from human umbilical cord blood with embryonic and hematopoietic characteristics. *Exp Cell Res*，2006，312：2454-2464.

47. Zhao Y. Stem Cell Educator therapy and induction of immune balance. *Curr Diab Rep*，2012，12：517-523.

48. Zhong J，Rao X，Deiuliis J，et al. A potential role for dendritic cell/macrophage-expressing DPP4 in obesity-induced visceral inflammation. *Diabetes*，2013，62：149-157.

第六章 脐血与基因治疗
Cord Blood and Gene Therapy

基因治疗(gene therapy)是一项极有发展前景的治疗策略,即将目的基因导入患者的特定组织或细胞进行适当的表达,以修正因基因缺陷而引起的基因产物的功能不足或缺失,从而达到治疗相应疾病的目的。相对于传统治疗方法,基因治疗具有无可争议的优越性,因为它改正了疾病相关基因的 DNA 序列或表达模式,可以针对性地治疗多种威胁人类健康的严重疾病,包括遗传病(苯丙酮尿症、遗传性高胆固醇血症、血友病)、恶性肿瘤(白血病、结直肠癌)和心血管疾病等,并且取得了一定的治疗效果。根据基因修正选择的靶细胞的不同,基因治疗可分为生殖细胞基因治疗和体细胞基因治疗两种类型。生殖细胞基因治疗是指将外源基因导入生殖细胞或受精卵中,不仅使得自身发育成正常个体,而且基因改变可遗传给后代;体细胞基因治疗是指直接将外源基因导入特定的体细胞中,以弥补基因的缺陷或产生有治疗作用的生物活性物质,且基因改变不传递到下一代。1990年,美国 NIH 首次运用基因治疗的方法,将腺苷脱氨酶(ADA)的正常基因片段导入患者体细胞内,使得 ADA 缺陷得到纠正,并成功治愈了由于 ADA 基因缺陷而引起的重症联合免疫缺陷的患者,这一历史性的创举引起了人们的极大关注,使得基因治疗迅速地发展,同时人类脐带造血干细胞移植的成功为基因治疗提供了新的靶细胞。本章就基因治疗技术、脐血基因治疗的靶细胞及脐血基因治疗的临床应用作一介绍。

第一节 基因治疗技术
On Technology of Gene Therapy

理论上,基因治疗是一项切实可行的治疗技术,只需要将细胞中的错误基因进行替换或将缺失基因进行补充即可。但是在实际应用中,基因治疗却是一项复杂的工作,因为要保证目的基因进入靶细胞并正确表达绝非易事。本节内容从基因治疗策略及基因转导系统两个方面进行介绍。

一、基因治疗策略

基因治疗是指在基因水平(DNA 和 mRNA)上进行分子生物技术的干预,方法上包括上调低表达基因和下调高表达基因两个思路。

(一)上调低表达基因策略(针对 DNA)

1. 基因置换(gene replacement)　即用正常的基因序列,利用载体或电穿孔等方式导入细胞内,对致病基因进行原位替换。

2. 基因矫正(gene correction)　即利用带有正常位点的小段 DNA 将变异基因的突变碱基从核苷酸序列上予以纠正,原来基因的正常序列予以保留。

3. 基因增补(gene augmentation)　是将正常的基因导入细胞内,使其表达产物能在一定程度上弥补缺陷的基因功能,达到基因治疗的目的,在此策略中细胞内仍保留了原缺陷基因。

4. 免疫调节基因治疗(immune adjustment gene therapy)　是将抗体、抗原或细胞因子的相关基因导入细胞内,改变细胞的免疫功能状态,达到预防与治疗疾病的目的。

5. 自杀基因治疗(new gene interference)　是指在肿瘤细胞中导入新的基因,使得无毒性药物前体变成毒性药物杀死肿瘤细胞,或增加肿瘤细胞对放射治疗、化疗的敏感性。

(二)下调高表达基因策略(多针对 RNA)

主要思路是使高表达的基因失活,其方式主要有:

1. 基因敲除(gene knockout)　也称基因打靶,是指在细胞中导入一段无功能的目的基因序列,使得细胞分裂时通过基因重组和交换来摧毁靶基因。

2. 三链形成寡核苷酸(triplex forming oligonucleotides)　即人工合成一段 DNA 单链,该单链可以通过 Hoogsteen 型氢键与目标基因的 DNA 相互作用形成三链结构,达到阻止 DNA 解旋、启动子结合和基因转录的目的。

3. 诱骗核苷酸(decoy nucleotides)　即转入的 DNA 序列能与细胞内原有 DNA 序列竞争结合转录因子,达到减弱或消除依赖于该转录因子的某些基因的转录。

4. 反义核酸(antisense nucleic acid)　即导入反向互补寡核苷酸和 mRNA 形成 Watson-Crick 碱基配对,形成双链结构,该双链能阻止 mRNA 不被转录或使 mRNA 被核酸酶 H 切割销毁,从而降低相应基因的表达。

5. 反义核酶(antisense ribozyme)　即导入含有特定序列的核酶,使其结合臂能与相应 mRNA 形成 Watson-Crick 碱基配对,然后水解目的 mRNA,以降低或消除该基因的表达。

6. 反义 DNA 酶(antisense DNAzyme)　即导入 DNA 酶,该酶的结合臂序列能和相应目的 mRNA 形成 Watson-Crick 碱基配对,然后水解切割 mRNA,而致其销毁。

7. 小干扰 RNA(siRNA)　即外源 dsRNA 导入引起内源性序列同源 mRNA 特异的降解,降低或消除基因表达。

二、基因转导系统

基因转导(gene transduction),按实验步骤的不同,可以分为一步法和两步法。一步法基因转导是将外源基因通过特定载体介导直接注入体内,使基因进入细胞内,在体内表达。外源基因注入体内的途径可根据治疗目的及外源基因的特点而选择,现报道的途径有骨骼肌、心肌、肝、脾、颅内、腹膜、皮下组织、静脉、动脉壁等。两步法较为成熟,它是指将受体细胞在体外培养过程中导入外源基因,然后把这种经过遗传修饰后的有特定功能的受体细胞移植或回输入患者体内,让外源基因表达,以达到治疗疾病、改善症状之目的。针对一步法和两步法,人们建立了一系列基因转导的方式。

最直接的体外转入方法是显微注射法和电打孔法。但是在实际应用中显微注射法虽然效率较高,不过在实践中受到在一定时间内所能注射数量的限制。与显微注射法相反,电打孔法能比较容易地用于大量细胞的基因导入,但导入效率低,只有 $1/104\sim1/105$ 的细胞能稳定地将外源 DNA 整合到自己的基因组中,显然这样低的导入效率难以用于临床。目前,利用病毒载体进行基因转导的方法应用较为广泛,其既适用于一步法也适用于两步法。由于病毒载体具有免疫原性等缺陷,因此一些非病毒载体转染系统也已成为当今基因治疗领域里一个新的研究热点。

（一）利用病毒载体进行基因转导

病毒载体,即以病毒为载体,将目的基因片段通过基因工程技术,组装于改造后的病毒基因组上,然后将这种重组病毒感染宿主细胞,使目的基因导入宿主细胞内并进行表达,以达到治疗疾病的目的。目前,较常使用的病毒载体包括慢病毒载体(lentivirus)、逆转录病毒载体(retrovirus)、腺病毒载体(adenovirus)和腺病毒相关病毒载体(adeno-associated virus)等。其中,逆转录病毒载体和腺病毒载体应用较为广泛。

1. 逆转录病毒载体(retrovirus vectors,RV)　基因转移系统包括两部分:一部分是逆转录病毒载体,该载体经过了基因改造,即外源基因替换了病毒的结构基因;另一部分是用于病毒包装的特定细胞,该细胞基因组 DNA 中整合了逆转录病毒包装等蛋白的结构基因。1990 年,世界上用于临床的首例基因治疗采用的就是逆转录病毒载体。到目前为止,RV 载体是临床基因治疗试验使用最多的一种载体,RV 载体具有转染效率较高、基因表达持久、稳定等优点,但该病毒载体只能感染分裂期的细胞,载体容量小于 8kb,具有产生可复制的野生型病毒及导致宿主细胞基因组突变的危险,使得 RV 载体的应用具有一定的局限性。

2. 腺病毒(adenovirus,AV)载体　AV 载体是仅次于 RV 载体的应用较广泛的一种载体,自 1993 年首次被应用于临床试验以来,到目前为止大约有 40% 临床基因治疗试验采用的是 AV 载体。AV 载体为"高容量"载体,容量达 37kb,具有较低的免疫原性,同时 AV 载体具有基因转移效率高,宿主范围广,对非分裂细胞也有感染性,容易制备和操作,理化性质稳定,遗传毒性较低及安全性较高等优点。目前研究最多的是 Ad2 和 Ad5。世界首个获准上市的基因治疗药物是由人正常肿瘤抑制基因 p53 和改构的 5 型腺病毒基因重组而制成,经转染后,基因治疗药物 p53 进入靶细胞发挥治疗作用。目前,该基因治疗药物已治疗数千名国内外癌症患者。另一方面,正是由于 AV 载体宿主范围广,而导致其缺乏靶向性。另外,AV 载体不能整合到靶细胞的基因组 DNA 中,故其介导的转基因表达时间短,经常使用可诱发机体的免疫反应,因此又限制其反复应用,这些是该载体的局限性。

3. 腺相关病毒(adeno-associated virus,AAV)载体　AAV 载体转入宿主细胞后,以

定向整合的方式存在,故 AAV 重组体在细胞内能长期稳定地表达,还可避免随机整合可能引起的抑癌基因失活和原癌基因激活的危险,且在体内不引起明显的病理变化,对人体无致病性,这表明 AAV 是一种安全有效很有前途的基因治疗载体。AAV 载体在多种组织器官中已进行了成功的转染,比如脑、肝、心肌、骨骼肌、视网膜和呼吸道上皮等,且未发现对机体有致病性。AAV 载体能够转染非分裂期宿主细胞,且转染后能持续表达基因产物,这些特点尤其适用于人造血干细胞的基因转染与治疗。另外,不同血清型的 AAV 对不同的组织有特异的靶向性,如 AAV-2 载体对神经元、肝细胞及光感受器细胞有较高的感染率,但对肺上皮的感染率较低。因此,人们可根据需要从中选择合适的 AAV 血清型进行基因治疗。AAV 载体也有其局限性,比如包装容量小于 4kb,同一种血清型载体对不同的细胞转染效率不同等。

4. 慢病毒(lentivirus)载体　此载体属逆转录病毒科,但它与反转录病毒不同的是,慢病毒能感染非分裂的细胞。目前,研究较多的是源于 HIV-1 改造的慢病毒载体。HIV 载体具有容纳基因片段大,免疫反应小,转染后能持续表达等特点。已有研究表明,一些用其他载体较难进行转染的组织细胞,HIV 载体可以较容易地感染,并且免疫反应较低或不明显。慢病毒作为基因治疗的载体,有毒力恢复、垂直感染的危险,因此在临床应用上具有一定的局限性。

病毒载体转染系统普遍具有很高的转染效率,一般可以达到 90% 以上,在基因治疗载体选择中占有一定优势。然而,在实际应用中,病毒载体也存在很多局限性,比如:负载量低,安全性差,特异性和靶向性不强,很难实现大规模的生产等。以上缺点给病毒载体的实际应用带来一定障碍。

(二)利用非病毒载体进行基因转导

非病毒载体转染系统具有低毒、低免疫原性、靶向性好及易于组装等优点,非常适用于一步法转导,使其已经成为目前基因治疗领域里一个新的研究热点。常见的非病毒载体包括脂质体(liposomes)、聚合物(polymers)、树突状体(dendrimers)以及无机纳米载体等。

1. 阳离子脂质　阳离子脂质体在基因治疗领域里应用较为广泛。其利用静电相互作用,与基因片段形成负载基因治疗药物的阳离子脂质体转染复合物(lipoplexes)。阳离子脂质体转染复合物通过静电相互作用吸附到细胞表面,利用细胞内吞作用,形成内涵体进入细胞。在内涵体中,基因治疗药物脱离阳离子脂质体后进入细胞核,然后进行转录、翻译并表达相应蛋白质。利用中性辅助脂可保证脂质体完整地到达靶组织或细胞并促进基因治疗药物的内涵体逃逸,有利于提高基因治疗的效率。但是阳离子脂质体基因转染复合物由于带有正电荷,如果直接注入血液,易与血液中带有负电荷的血清蛋白产生非特异性吸附,形成大尺寸的聚集体,聚集体易被网状内皮系统(RES)清除,造成阳离子脂质体血液循环时间短、基因治疗药物转染效率低。基于此,研发了另一种基于可离子化阳离子脂质的脂质体,即稳定的核酸-脂质粒子(stabilized nucleicacid lipid particles,SNALPs),在血液循环过程中表现电中性或低的正电荷,易与血液中的载脂蛋白 E(apolipoprotein E)结合,容易被肝细胞吸收,很好地实现了肝靶向。目前已经有多种核酸-脂质粒子进入临床测试,如由 Tekmira 制药公司开发的 TKM-ApoB、TKM-Ebola、TKM-08031 及 Alnylam 制药公司开发的 ALN-VSP、ALN-TTR01、ALN-TTR02 和 ALN-PCS02 等,在基因治疗中具有很好的应用前景。

2. 高分子聚合物　合成性高分子聚合物多是带有大量氨基基团的高分子，在生理pH值条件下质子化的氨基带有正电荷，可与带有负电荷的基因治疗药物相互作用形成聚合物-基因复合物载体（polyplexes），保护基因治疗药物免受核酶降解。聚合物载体进入细胞后，在内涵体中通过"质子海绵效应"发生内涵体逃逸。Clements 等采用聚-L-赖氨酸-棕榈酸（PLL-PA）负载表达绿色荧光蛋白的质粒 DNA，PLL-PA 聚合物载体可以在5 小时内将质粒成功输递到骨髓基质细胞核内，且质粒表达效率高于商品化的 Lipofectamine 2000。然而，一些聚合物材料为非生物可降解材料，尤其在反复给药后这些材料容易积聚于体内，可能会引发一系列的副反应，以上缺点给其临床应用带来限制。相对于合成性高分子聚合物，天然高分子聚合物具有生物相容性好，可生物降解等优点。目前较常使用的天然高分子聚合物主要包括环糊精、壳聚糖、透明质酸、葡聚糖和明胶等。

3. 树状大分子　树状大分子由于表面正电荷密度高，利用静电相互作用可以有效地压缩基因治疗药物。常用的树状大分子主要包括聚酰胺树枝状聚合物（polyamidoamine dendrimers）、聚丙烯亚胺树枝状聚合物（polypropylenimine dendrimers）及聚赖氨酸树枝状聚合物（poly-L-lysine dendrimers）等。树状大分子载体通过胞吞作用进入细胞，由于树状高分子含有大量的氨基基团，在内涵体中具有极强的质子缓冲能力，促进了基因治疗药物的内涵体逃逸，所以，树状高分子具有很高的基因转染效率。Peng 等采用三羟乙基胺为中心的聚酰胺五代树状大分子负载小干扰 RNA 转染前列腺癌细胞，结果表明，该树状大分子体系在体外和体内均可有效抑制热休克蛋白 27 的表达，具有明显的抗肿瘤效果。但是，大部分树状大分子为非生物可降解材料，反复给药后会引发副反应，同时，树状大分子具有大量正电荷，细胞毒性较大。

4. 无机纳米载体　无机纳米载体一般是指粒径为纳米量级（1～100nm）的无机粒子，无机纳米载体具有可重复合成性、易表面修饰、装载量大、稳定性好、容易通过组织间隙并被细胞吸收等优点，已经成为基因载体方向中的研究热点之一。无机纳米载体主要通过物理、化学等相互作用的方式吸附或接枝基因。Guo 等采用电荷逆转材料修饰金纳米球以负载小干扰 RNA，结果发现，该金纳米球负载的小干扰 RNA 可以有效降低核纤层蛋白的表达，且其抑制效果优于商品化的 Lipofectamine 2000。然而，采用无机材料制备的载体也存在一定的局限性，主要表现为：其程序化较为复杂，必须对无机纳米颗粒表面进行阳离子聚合物或者氨基硅烷化等功能化修饰才可用于基因治疗药物的输递。

第二节　脐血基因治疗的靶细胞

Target Cells for Gene Therapy of Umbilical Cord Blood

一、基因治疗的靶细胞

基因治疗的靶细胞可分为两类，即生殖细胞及体细胞。但是由于生殖细胞的基因治疗会产生伦理学问题和技术上的困难，所以并未应用于临床。体细胞基因治疗只涉及体细胞本身的遗传改变,不影响后代的基因完整性,因此已有广泛的临床应用。体细胞基因治疗时需选用合适的靶细胞,在体外进行特殊的遗传处理和加工,这类细胞包括造血细胞、非造血细胞、肿瘤细胞等。

1. 造血干细胞的基因治疗在治疗血液系统疾病和遗传性疾病上已有临床应用,并取得一定进展,但是真正的造血干细胞在骨髓中含量很少,据估计最原始的全能造血干细胞可能只占骨髓细胞的十万分之一或更少,并且在正常情况下绝大多数处于 G0 期。为保持正常的骨髓造血,进入周期的干细胞只需缓慢分裂。病毒感染时,骨髓造血干细胞不仅数量少且多处于细胞非分裂期,而使基因难以成功地导入。因此,造血干细胞的转染失败是骨髓细胞基因治疗所遇到的主要困难。

2. 基因治疗所用的非造血细胞有成纤维细胞、角化细胞、肝脏细胞、内皮细胞、肌肉细胞、神经细胞等,以上细胞作为靶细胞的研究也都取得了一定的进展;肿瘤细胞也可作为基因治疗的靶细胞,旨在增强对癌细胞的杀伤作用。

二、脐血基因治疗的靶细胞

20 世纪 70 年代初,Nakahata、Knudtzon 等首先证明了脐带血(umbilical cord blood,UCB)中富含造血干细胞(hematopoietic stem cells,HSCs)。1989 年,法国 Gluckman 等为一位患有先天性再生障碍性贫血症的儿童实施了世界上首例脐带血移植术,成功治愈该疾病。自此以后,人们对一直被当成废弃物丢掉的脐带血有了全新的认识和评价,到目前为止,多国学者对脐带血的基础理论和临床应用进行了大量的研究,并取得很大的成果。

脐血干细胞治疗与基因治疗相结合,在基因治疗中具有很好的应用前景。脐血获得方便,且其中含有的干细胞,具有易于分离扩增,高度自我更新能力,多向分化潜能和很好的组织相容性,是基因治疗的理想靶细胞。干细胞作为靶细胞进行基因治疗,可以保证基因治疗药物在体内进行长期有效的表达,在未来的基因治疗中具有很高的应用前景。脐血中含有丰富的造血干/祖细胞,除这些细胞外,其中还存在其他多种干/祖细胞,包括内皮祖细胞(endothelial progenitor cells,EPCs)、间充质干细胞(mesenchymal stem cells,MSCs)和非限制性成体干细胞(unrestricted somatic stem cells,USSCs)等。现在研究多以脐带血造血干细胞和脐带血间充质干细胞作为基因治疗的靶细胞。以下就这两种细胞进行介绍。

(一)脐血造血干细胞(UCB-HSCs)

UCB-HSCs 具有两个基本特性:①高度的自我更新能力,以保持干细胞本身的存在;②进一步分化的能力,分化后为各系祖细胞及成熟血细胞。UCB-HSCs 是脐带血中含量最丰富的一种干细胞,在数量上,UCB-HSCs 中 $CD34^+$ 细胞所占比例高于外周血,与骨髓相似,占有核细胞的 $1\%\sim3\%$。但质量上,经体外长期培养,脐血 $CD34^+$ 细胞的 $CD34^+$ $CD45^+$ 细胞明显高于骨髓,$CD34^+$ $CD33^-$ 和 $CD34^+$ $CD38^-$ 细胞在脐带血 $CD34^+$ 细胞中的比例也均显著高于骨髓,并且 UCB-HSCs 中 $CD34^+$ $CD38^-$ 细胞的增殖分化能力高于骨髓。此外,脐带血中 HSC/HPC 的含量及增殖能力也均高于骨髓,所以脐血作为基因治疗的靶细胞,具有以下优点:①取材容易,来源于原本的"废弃物",对产妇及新生儿无任何创伤;②易于体外培养;③自我更新能力强,以利于基因的长期稳定存在与表达;④易于植回患者体内并成活；⑤比骨髓 CD34$^+$细胞转化率高。实验证明，经逆转录病毒载体对脐血 CD34$^+$干细胞和骨髓 CD34$^+$干细胞实施基因转移后，用流式细胞仪测定基因转移效率，脐血 CD34$^+$细胞基因转染的效率均比骨髓 CD34$^+$细胞转换效率高。

（二）脐血间充质干细胞（UCB-MSCs）

间充质干细胞（MSCs）是来源于中胚层的具有自我更新能力和多向分化潜能的干细胞，广泛分布于机体多种组织中，具有低免疫原性和可移植性。MSCs 能分泌多种类型的细胞因子，如白介素-10（IL-10）、细胞集落刺激因子（G-CSF）、巨噬细胞集落刺激因子（GMCSF）等，有支持造血的作用。UCB-MSCs 来源丰富，取材方便，对产妇及新生儿无创伤，且 UCB-MSCs 更为原始，增殖能力强，具有多向分化潜能。因此，UCB-MSCs 在基因治疗方面具有广阔的临床应用前景。UCB-MSCs 有以下优点：①容易分离，可以扩增培养；②通过分子生物学技术可以对其进行转基因操作导入目的基因，转基因后的干细胞不仅仍可维持干细胞特性而且外源基因能够稳定表达；③具有诱导免疫耐受和免疫抑制的作用，是低免疫原性的细胞，它们不表达 HLA-Ⅱ类分子，也不表达共刺激分子，可以有效逃逸异体 T 淋巴细胞和 NK 细胞的识别而在异体体内长期存活；④不同于其他终末细胞靶向载体，它可以分化成肿瘤间质并可以自我更新，因此 UCB-MSCs 是一种理想的治疗肿瘤的靶细胞。

第三节　脐血基因治疗的临床应用

Clinical Application of Umbilical Cord Blood Gene Therapy

一、在降低免疫排斥反应中的应用

组织不相容是器官移植失败的主要原因。脐血造血干/祖细胞数量和质量接近或超过骨髓，目前已成为骨髓造血干细胞来源的良好替代品。研究表明脐血中淋巴细胞占 0.20～0.30，如 HLA 不合，其淋巴细胞 MHC-Ⅱ类抗原的成熟表达，会导致输注后发生严重的移植物抗宿主反应（GVHR）。国内外研究资料已证实 MHC-Ⅱ类抗原中的 HLA-DR 配型对移植物的存活影响最明显。国外研究者已证实应用抗 MHC-Ⅱ类抗原的抗体封闭移植物细胞表面 MHC-Ⅱ类抗原，使受体不能识别和杀伤移植物。脐血造血细胞 MHC-2 类抗原基因（HLA-DR）的成熟表达是引起移植免疫反应的关键所在。实验证实，通过 HLA-ADR 的反义 RNA 导入脐血干细胞，很大程度上降低 HLA-DR 抗原表达，从而大大降低临床上脐血干细胞移植的免疫排斥反应。

二、在神经系统损伤修复中的应用

2015 年，Mukhamedshina 等利用经腺病毒载体转染的含胶质细胞源性神经营养因子基因的 UCB-MSCs 治疗脊髓损伤大鼠，与仅含有该基因的腺病毒载体的直接基因治疗组相比，前者能更有效地修复损伤组织，增加髓鞘纤维、胶质细胞、少突胶质细胞等神经细胞的数量。

三、在遗传性疾病治疗中的应用

对遗传性疾病的治疗主要是用携带目的基因的载体转染造血干细胞再植入患者体内,通过导入的目的基因在体内适宜表达以纠正遗传性疾病。如腺苷脱氨酶(ADA)缺乏所致的重症联合免疫缺陷病(SCID)。1993 年,美国 GHLA 的 Honh 和 NIH 的 Blasé 合作,用含 ADA 基因的 LASN 载体转导 CD34$^+$ 脐血细胞治疗 3 例已确诊 ADA-SCID 的患者,治疗 6 个月后随访显示 1/103～1/104 个外周血细胞中会有 ADA,表明转导成功,并且导入的外源基因在受体内存活。以后便陆续有许多人对 CD34$^+$ 细胞为靶细胞治疗 ADA-SCID 取得成功。

其他一些遗传性疾病如 X-SCID(由于细胞表面受体蛋白缺乏)、Gaucher(葡萄糖脑苷脂缺乏)、B-地中海贫血(B-球蛋白缺乏)、Fanconi 贫血等都已通过 CD34$^+$ 细胞为靶细胞在临床上和动物实验上都取得了许多成功经验,使这些疾病的治疗取得了很大突破。

四、在肿瘤治疗中的应用

为了保护造血干细胞免受化疗药物的损伤,可以将耐药基因转染到造血干细胞以提高其耐受化疗药的能力,这种策略在肿瘤治疗中是一个十分重要的方法。例如,突变的二氢叶酸还原酶(mDHFR)是化疗药物甲氨蝶呤(MTX)的抗性基因,近来研究显示,MTX 不能抑制 mDHFR 的活性,实验证明在转导有人的 mDHFR 基因的老鼠能耐受大剂量 MTX 化疗药物的冲击。因此通过耐药基因转染可使人耐受大剂量化疗药物。其他耐药基因还有 mdrl 基因、6-氧-甲基鸟嘌呤-DNA-甲基转移酶基因、核糖核酸还原酶基因等,它们都可通过 CD34$^+$ 干细胞在人体内表达而使机体正常细胞可耐受大剂量化疗药物的治疗。

在肿瘤基因治疗研究方面,抑制肿瘤血管生成来治疗肿瘤的方法,为解决肿瘤治疗开辟了新的途径。人核糖核酸酶抑制因子(human ribonuclease inhibitor,hRI)是广泛分布在哺乳动物细胞内的一种糖蛋白,是 RNA 酶 A 的体内抑制剂,参与基因的表达与调控,它的作用是保护 RNA 免受 RNA 酶 A 的降解。血管生成因子(angiogenin,Ang)是肿瘤细胞和正常细胞分泌的具有强烈诱发血管生成活性的蛋白质。RI 能与 Ang 紧密结合,阻断 Ang 的作用。体外实验已经证实 hRI 基因能够抑制实体瘤的生长。以脐血 CD34$^+$ 细胞为靶细胞,利用逆转录病毒载体系统,将人核糖核酸酶抑制因子基因转移到人脐血干细胞中,使该基因在脐血干细胞中得到高表达。研究结果显示,hRI 基因转染的人脐血 CD34$^+$ 细胞,能抑制荷瘤 C57BL 小鼠黑色素瘤的生长,这为抗血管生成治疗肿瘤奠定了基础。2008 年,Kim 等人将肿瘤坏死因子相关的凋亡诱导配体(stTRAIL)基因经腺病毒转染 UCB-MSCs,然后将携带该基因的 UCB-MSCs 及含有该基因的腺病毒载体分别注入神经胶质瘤荷瘤小鼠的肿瘤组织内,发现前者能有效抑制肿瘤的生长,同时延长了小鼠的生存时间。2013 年,Zhu 等人发现转入分泌型肿瘤坏死因子超家族成员 LIGHT 的 UCB-MSCs,比不含有 LIGHT 的 UCB-MSCs 能更有效地抑制胃癌荷瘤小鼠的肿瘤生长。

目前利用转基因脐血细胞用于肿瘤治疗的研究主要集中在动物实验阶段,相信随着脐血细胞应用的逐渐推广,基于脐血细胞的临床肿瘤基因治疗会有更多的研究成果出现。

(李晔,李保伟)

主要参考文献

1. 曹明媚,戚中田. 基因治疗载体的研究进展. 国外医学·肿瘤学分册,2004,31(1):22-26.

2. 邓燕杰,张淑兰,尚曦莹,等. 人核糖核酸抑制因子基因在人脐血干细胞中的转染表达及对小鼠黑色素瘤基因治疗的研究. 生物工程学报,2005(01):36-41.

3. 邓宇斌,李树浓. HLA-DR 基因反义 RNA 导入脐血干/祖细胞对 HLA-DR 抗原表达的影响. 中华血液学杂志,1997,18(12):642-645.

4. 高海德. 人双突变的二氢叶酸还原酶与胞苷脱氨基酶基因转染小鼠骨髓细胞的实验研究,中国医科大学博士论文,2007.

5. 韩忠朝. 造血干细胞的血管分化及其在肢体缺血性疾病中的治疗作用. 中国医学科学院学报,2005,27(6):782-785.

6. 胡建立,李静,陈斌,等. 成人 AB 型血清取代胎牛血清在体外有效扩增骨髓间充质干细胞. 基础医学与临床,2010,6:576-581.

7. 毛建平. 基因治疗 20 年. 中国生物工程杂志,2010,(09):124-129.

8. 汤春芳,邹俊. 脐血造血干细胞在基因治疗中的潜力. 2011 年中国药学大会暨第 11 届中国药师周论文集,2011.

9. Alabi C, Vegas A, Anderson D. Attacking the genome:emerging siRNA nano-carriers from concept to clinic. *Current Opinion in Pharmacology*,2012,12(4):427-433.

10. Broxmeyer HE, Hangoc G, Cooper S, et al. Growth characteristics and expansion of human umbilical cord blood and estimation of its potential for transplantation in adults. *Proceedings of the National Academy of Sciences*,1992,89(9):4109-4113.

11. Carter BJ. Adeno-associated virus vectors in clinical trials. *Human Gene Therapy*,2005,16(5):541-550.

12. Clements BA, Incani V, Kucharski C, et al. A comparative evaluation of poly-l-lysine-palmitic acid and Lipofectamine 2000 for plasmid delivery to bone marrow stromal cells. *Biomaterials*,2007,28(31):4693-4704.

13. Crystal RG. The body as a manufacturer of endostatin. *Nature Biotechnology*,1999:17(4):336-337.

14. Drixler TA, Rinkes IHB, Ritchie ED,et al. Continuous administration of angiostatin inhibits accelerated growth of colorectal liver metastases after partial hepatectomy. *Cancer Research*,2000,60(6):1761-1765.

15. Gluckman E, Broxmeyer HE, Auerbach AD, et al. Hematopoietic reconstitution in a patient with Fanconi's anemia by means of umbilical-cord blood from an HLA-identical sibling. *New England Journal of Medicine*,1989,321(17):1174-1178.

16. Guo S, Huang Y, Jiang Q, et al. Enhanced gene delivery and siRNA silencing by gold nanoparticles coated with charge-reversal polyelectrolyte. *ACS nano*,2010,4(9): 5505-5511.

17. Hao Q-L, Shah AJ, Thiemann FT, et al. A functional comparison of CD34[+] CD38-cells in cord blood and bone marrow. *Blood*,1995,86(10):3745-3753.

18. Ibraheem D, Elaissari A, Fessi H. Gene therapy and DNA delivery systems. *International Journal of Pharmaceutics*,2014,459(1-2):70-83.

19. Karmali PP, Chaudhuri A. Cationic liposomes as non-viral carriers of gene medicines: Resolved issues, open questions, and future promises. *Medicinal Research Reviews*,2007,27(5):696-722.

20. Kim SM, Lim JY, Park SI, et al. Gene therapy using TRAIL-secreting human umbilical cord blood-derived mesenchymal stem cells against intracranial glioma. *Cancer Research*,2008,68(23):9614-9623.

21. Liang Y, Liu Z, Shuai X, et al. Delivery of cationic polymer-siRNA nanoparticles for gene therapies in neural regeneration. *Biochemical and Biophysical Research Communications*,2012,421(4):690-695.

22. Liu X, Liu C, Laurini E, et al. Efficient delivery of sticky siRNA and potent gene silencing in a prostate cancer model using a generation 5 triethanolamine-core PAMAM dendrimer. *Molecular Pharmaceutics*,2012,9(3):470-481.

23. Lundstrom K. Latest development in viral vectors for gene therapy. *Trends in Biotechnology*,2003,21(3):117-122.

Mintzer MA, Simanek EE. Nonviral vectors for gene delivery. *Chemical Reviews*, 2008,109(2):259-302.

24. Nienhuis AW, McDonagh KT, Bodine DM. Gene transfer into hematopoietic stem cells. *Cancer*,1991,67(S10):2700-2704.

25. Papageorgiou AC, Shapiro R, Acharya KR. Molecular recognition of human angiogenin by placental ribonuclease inhibitor—an X-ray crystallographic study at 2.0 Å resolution. *The EMBO Journal*,1997,16(17):5162-5177.

26. Polakowski I, Lewis M, Muthukkaruppan V,et al. A ribonuclease inhibitor expresses anti-angiogenic properties and leads to reduced tumor growth in mice. *The American Journal of Pathology*,1993,143(2):507.

27. Strober S, Lowsky RJ, Shizuru JA, et al. Approaches to transplantation tolerance in humans. *Transplantation*,2004,77(6):932-936.

28. Tomlinson E. Impact of the new biologies on the medical and pharmaceutical sciences. *Journal of Pharmacy and Pharmacology*,1992,44(FEV):147-159.

29. Wei H, Volpatti LR, Sellers DL, et al. Dual responsive, stabilized nanoparticles for efficient in vivo plasmid delivery. *Angewandte Chemie International Edition*, 2013,52(20):5377-5381.

30. Weston JA. The migration and differentiation of neural crest cells. *Adv. Morphog*,1970,8:41-114.

31. Yang XZ, Du JZ, Dou S, et al. Sheddable ternary nanoparticles for tumor acidity-targeted siRNA delivery. *ACS nano*,2011,6(1):771-781.

32. Zhu X, Su D, Xuan S, et al. Gene therapy of gastric cancer using LIGHT-secreting human umbilical cord blood-derived mesenchymal stem cells. *Gastric Cancer: official Journal of the International Gastric Cancer Association and the Japanese Gastric Cancer Association*,2013,16(2):155-166.

缩略词中英文对照表

A

AA	再生障碍性贫血	Aplastic anemia
ADA	腺苷脱氨酶	Adenosine deaminase
AFC	窦状卵泡数	Antral follicle count
AGM	主动脉-性腺-中肾区	Aorta-gonad-mesonephros
AID	自身免疫性疾病	Auto-inmmune disease
AIRE	自身免疫调节因子	Autoimmune regulator
AIT	过继性免疫细胞治疗	Adaptive immunotherapy
ALI	急性肺损伤	Acute lung injury
Allo-HSCT	异基因 HSCT	Allogeneic HSCT
ALS	肌萎缩侧索硬化症	Amytrophic lateral sclerosis
AM	羊膜	Amniotic membrane
ANFH	缺血性股骨头坏死	Avascular necrosis of the femoral head
AOAs	卵巢自体抗体	Ovarian auto antibodies
APC	抗原递呈细胞	Antigen presenting cell
Auto-HSCT	自体 HSCT	Autologous HSCT

C

CB-mSCs	脐带血多能基质细胞	Cord blood multipotent stromal cells
CB-SC	脐带血干细胞	Cord blood-stem cells
CBT	脐血移植	Cord blood transplantation
CC	完全嵌合状态	Completed chimerism
CFU	集落形成单位	Colony forming unit
CFU-Ecs	内皮细胞克隆形成单位	Endothelial cell colony-forming units
CIK	细胞因子诱导的杀伤细胞	Cytokine induced killer cell
CLS	毛细血管渗漏综合征	Capillary leakage syndrome
CMV	巨细胞病毒	Cytomegalovirus

CN	胶原蛋白	Collagen
CSCs	心脏干细胞	Cardiac stem cells
CSF	集落刺激因子	Colony stimulating factor
CTL	细胞毒性 T 细胞	Cytotoxic T Lymphocytes
D		
DBA	先天性纯红细胞再生障碍性贫血	Diamond-blackfan anemia
DC	树突状细胞	Dendritic cells
DKC	先天性角化不良	Dyskeratosis congenital
DMD	Duchenne 型肌营养不良症	Duchenne muscular dystrophy
E		
ECFCs	内皮克隆形成细胞	Endothelial colony forming cells
EPCs	内皮祖细胞	Endothelial progenitor cells
EPO	红细胞生成素	Erythropoietin
ES	植入综合征	Engraftment syndrome
F		
FA	范可尼贫血	Fanconi anemia
FACS	流式细胞术	Fluorescence-activated cell sorting
FISH	荧光素原位杂交	Fluorescence in situ hybridization
FL	Flt-3/Flk-2 基因配体	Flt-3/Flk-2 ligand
FN	纤维连接蛋白	Fibronectin
G		
GLD	球形细胞脑白质营养不良	Globoid cell leukodystrophy
GFP	绿色荧光蛋白	Green fluorescent protein
GM-CSF	粒-巨噬细胞集落刺激因子	Granulocyte-Macrophage colony stimulating factor
GVHD	移植物抗宿主反应	Graft versus host disease
GVL	移植物抗白血病反应	Graft versus leukemia
H		
HC	出血性膀胱炎	Hemorrhagic cystitis
HES	羟乙基淀粉	Hydroxyethyl starch
HFF	人胚胎成纤维细胞	Human fetal fibroblasts
HIE	缺氧缺血性脑病	Hypoxic-ischemic encephalopathy
HL	霍奇金淋巴瘤	Hodgkin's lymphoma
HLA	人类白细胞抗原	Human leukocyte antigen
HOX	同源框	Homeobox
HPP-ECFC	高增殖潜能内皮克隆形成细胞	High proliferative potential-endothelial colony-forming cells

hRI	人核糖核酸酶抑制因子	Human Ribonuclease inhibitor
HSA	热稳定抗原	Heat stable antigen
HSCs	造血干细胞	Hematopoietic stem cells
HSCT	造血干细胞移植术	Hematopoietic stem cell transplantation
HVOD	肝静脉闭塞病	Hepatic veno-occlusive disease
I		
IIS	胰岛素/胰岛素样生长因子信号	Insulin/insulin-like growth factor signaling
IGF	胰岛素样生长因子	Insulin-like growth factor
IGFBP1	胰岛素样生长因子结合蛋白1	Insulin-like growth factor binding protein
IL-11	白介素-11	Interleukin-11
IMA	遗传性母源性抗原	Inherited maternal antigens
IMDs	遗传代谢性疾病	Inherited metabolic disorders
INKT	恒定型NKT	Invariant NKT
IP	间质性肺炎	Interstitial pneumonitis
IPA	遗传性父源性抗原	Inherited paternal antigens
J		
JIA	幼年原发性关炎	Juvenile idiopathic arthritis
KIR	杀伤细胞免疫球蛋白样受体	Killer cell immunoglobulin like receptor
L		
LFS	无白血病生存	Leukemia-free survival
LIF	白血病抑制因子	Leukemia inhibitory factor
LIHUA	辐照干冻人脐动脉	Lyophilized-irradiated human imbilical artery
LPP-ECFC	低增殖潜能内皮克隆形成细胞	Low proliferative potential-endothelial colony-forming cells
LT-HSCs	长期再植性造血干细胞	Long-term repopulating hematopoietic stem cells
M		
MACS	免疫磁珠细胞分离法	Magnetic activated cell sorting
MAIT	黏膜相关恒定T细胞	Mucosal associated invariant T cell
MD	进行性肌营养不良症	Muscular dystrophy
MK	巨核细胞	Megakaryocyte
MLPCs	多系分化祖细胞	Multilineage progenitor cells
MLD	异染性脑白质营养不良	Metachromatic leukodystrophy
MNC	单个核细胞	Mononuclear cells
MPS	黏多糖病	Mucopolysacchridosis

MSC	间充质干细胞	Mesenchymal stem cell
MS	多发性硬化病	Multiple sclerosis
MSD	HLA 相合同胞供者	HLA Matched sibling donar
N		
NB	神经母细胞瘤	Neuroblastoma
NHL	非霍奇金淋巴瘤	Non-Hodgkin's lymphoma
NIMA	非遗传性母源性抗原	Noninherited maternal antigens
nHSC	非造血干细胞	non-hematopoietic stem cells
NK	自然杀伤细胞	Natural killer cell
P		
PB-IPC	外周血来源的胰岛素产生细胞	Peripheral blood-derived insulin-producing cells
PCNA	增殖细胞核抗原	Proliferating cell nuclear antigen
PES	植入前综合征	Pre-engraftment syndrome
PID	原发性免疫缺陷	Primary immune deficiencies
PMPs	血小板衍生微粒	Platelet derived microparticles
POF	卵巢早衰	premature ovarian failure
PRL	泌乳素	Prolactin
PSCs	多能干细胞	Pluripotent stem cells
PTLD	移植后淋巴增殖性疾病	Post-transplant lymphoproliferative disease
PTN	多效蛋白	Pleiotrophin
R		
RA	类风湿性关节炎	Rheumatoid arthritis
RI	减量免疫抑制剂	Reduction of immunosuppression
RISC	RNA 诱导沉默复合物	RNA induced silencing complex
S		
SCI	脊髓损伤	Spinal cord injury
SCA	干细胞抗原	Stem cell antigen
SCN	Kostman's 粒细胞减少症	Severe congenital neutropenia
SCF	干细胞因子	Stem cell factor
SCID	严重联合免疫缺陷病	Severe combined immunodeficiency
SDF-1	基质细胞衍生因子-1	Stromal cell derived Factor 1
SDS	先天性中性粒细胞减少伴胰腺机能不全综合征	Shwachman-Diamond syndrome
SLE	系统性红斑狼疮	Systemic lupus erythematosus
SSc	系统性硬化症	Systemic sclerosis
STR	短串重复序列	Short tandem repeats

Syn-HSCT	同基因 HSCT	Syngeneic HSCT
T		
TBI	全身性照射	Total body irradiation
TBI	创伤性脑损伤	Traumatic brain injury
T1D	1 型糖尿病	Type 1 diabates
TCR	T-细胞受体	T cell receptor
TGF-β	转化生长因子-β	Transforming growth factor-β
TIL	肿瘤浸润淋巴细胞	Tumor-infiltrating lymphocytes
TLR	Toll 样受体	Toll-like receptors
TNF	肿瘤坏死因子	Tumor necrosis factor
TPO	血小板生成素	Thrombopoietin
Treg	调节性 T 细胞	Regulatory T cells
U		
UCB-EPCs	脐带血来源的 EPCs	UCB- Endothelial progenitor cells
UCBT	脐带血移植术	Umbilical cord blood transplantation
USSCs	非限制性成体干细胞	Unrestricted Somatic Stem Cells
UW-MSCs	脐带华通胶来源的间充质干细胞	Umbilical wharton's Jelly-MSC
V		
VEGFR-2	血管内皮生长因子受体-2	Vascular endothelial growth factor receptor 2
VNTR	可变的串联重复序列	Variable number of tandem repeats
VSELs	极小胚胎样干细胞	Very Small Embryonic-Like stem cells
Y		
YS	卵黄囊	Yolk sac

后 记

20 多年前,鉴于"全国脐血临床应用学习班"学员的建议和期待,我们在 1992～1994 年讲义的基础上,采集了国内外当时仅有的零星资料,结合我们自己的一些研究心得,编写出版了《人类脐血:基础·临床》一书,成为第一部有关人类脐血的专著。其时,适逢血液界对脐血干细胞研究的热潮期,甫一出版,即告售罄,后又多次加印。该书于 1995 年获得天津图书展览会"优秀图书"一等奖。

20 多年前,脐血的研究处于起步阶段,脐血文献寥若晨星,查无相关专著。脐血研究仅限于造血干细胞。当我们获得国家卫生部的科研课题赞助(脐血库筹建和临床应用,948056,1994),开始筹建脐血库的时候,我们对 HLA、CD34$^+$ 细胞等核心检测技术还不十分成熟,保存脐血的数量尚不足千份。

20 多年来,脐血的研究快速发展,如今文献则浩如繁星,仅有关专著,我们手头已有 *Cord Blood Stem Cells Medicine*(Stavropoulos C,Charron D,Navarrete C. Elsevier 2015 USA)和 *Umbilical Cord Blood Banking and Transplantation*(Karen Ballen. Spiringer International Publishing,Switzerland. 2014)。脐血研究早已超越造血干细胞,扩展到间质干细胞、内皮干细胞、胚胎样干细胞和各种功能干细胞。临床应用也已突破脐血造血干细胞移植范围,而在有更广泛应用价值的再生医学领域中大放异彩。如今山东省脐血库作为国内卫生部批准的七大脐血库之一,脐血采集、分离、保存和运行技术已与国际接轨,保存脐血 20 余万份,为全国干细胞使用单位进行 HLA 检索万余次,提供临床应用脐血千余份,发现 HLA 新基因 5 个。充分展现了 20 年来脐血相关研究的蓬勃景象。

21 世纪,生物革命将引领潮流,干细胞技术为其中坚力量。作为干细胞五大来源(骨髓、脐血、脂肪、胚胎、iPS)之一的脐血,因其属废物利用,易得易取,易扩增分化,免疫原性低,无病原体污染,无伦理问题等诸多优点,已引起人们更大的关注。作为较早涉足这一领域的研究团队,我们抱着继续充当铺路石和播火者的心情,寻觅、采集、选编近 10 余年来国内外脐血相关研究进展,并结合我们多年来的研究成果和经验,在原著的基础上重新编写此书,供大家参考。

本书首版时尚属有关脐血的第一本专著,目前有些内容技术层面已显落后,如脐血输注中的部分内容,但因其具有史料价值,我们仍收录其中。另外,除造血干细胞外,近年来,其他脐血干细胞的基础研究和临床试用极为活跃,资料很丰富,但尚在研究阶段,其中观点和方法多数尚不成熟,仅供读者参考。由于我们水平所限,谬误之处,谨请指正。若能对同行有所裨益,则是对我们的最大鼓舞和欣慰。

　　本书的出版获得国家科学技术学术著作出版基金的资助和吴祖泽院士及侯明教授、孙自敏教授及杨树纲律师的鼓励和支持,其中所收录的不少内容更是我们山东脐血库领导和同仁数十年辛勤劳动的结晶,谨此致谢! 感谢澳大利亚 Griffith University 张博旸同学在电脑文字工作上的大力支持。

沈柏均　张乐玲

2016.9.15

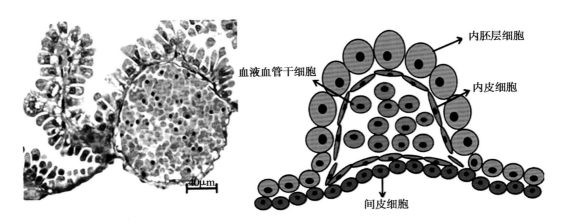

图 1-1-1　卵黄囊血岛的建立

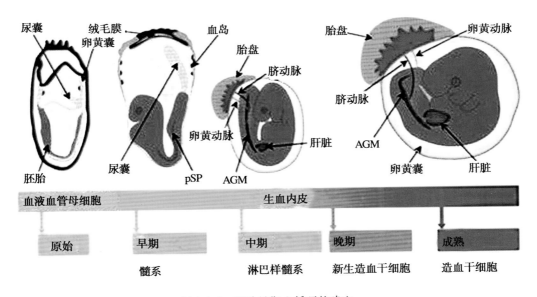

图 1-1-2　胚胎早期血循环的建立

心脏的发育

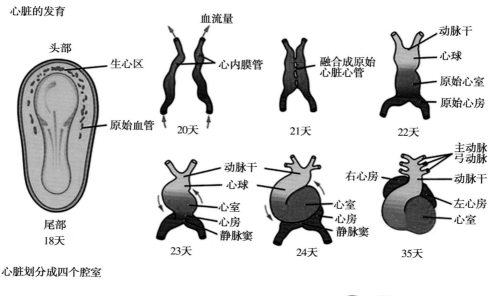

心脏划分成四个腔室

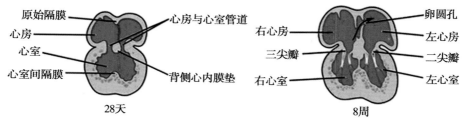

图 1-1-3　心脏的形成示意图

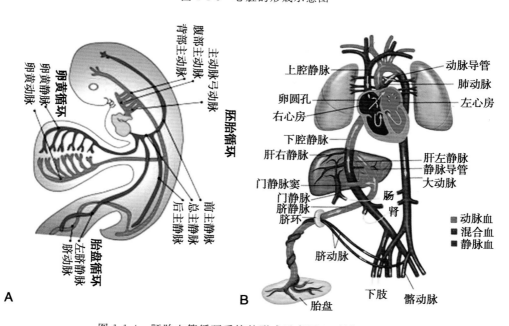

图 1-1-4　胚胎血管循环系统的形成示意图 A:早期;B:晚期

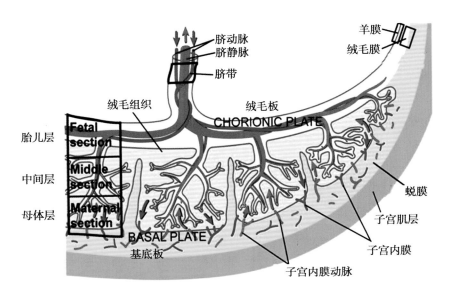

图 1-1-5　胎盘血循环示意图

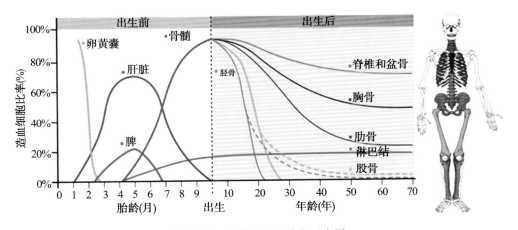

图 1-1-6　胚胎造血的分期示意图

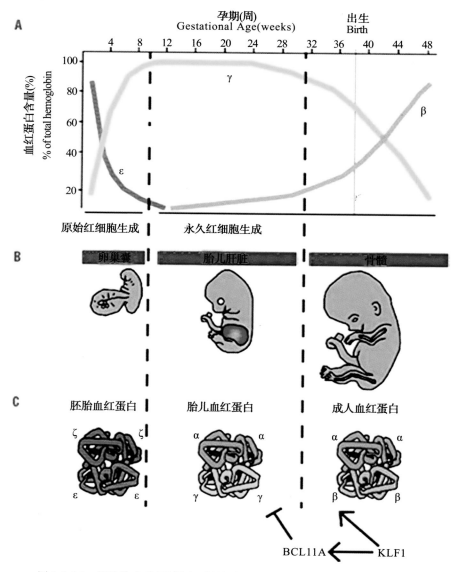

图 1-1-14　胚胎造血 RBC 渐变:胚胎型血红蛋白向 HbF,最后向 HbA 转换

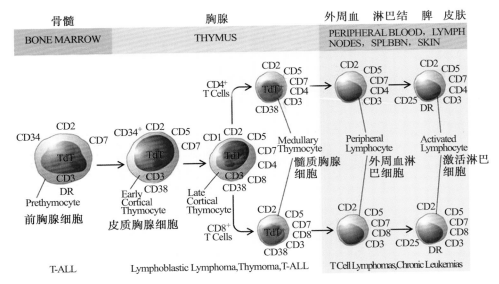

图 1-1-15　T 淋巴细胞的发育过程

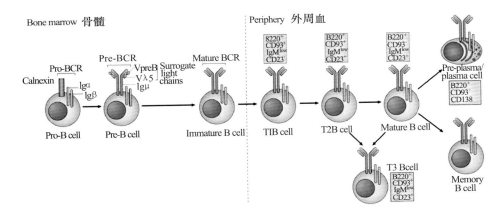

图 1-1-16　B 淋巴细胞的发育过程

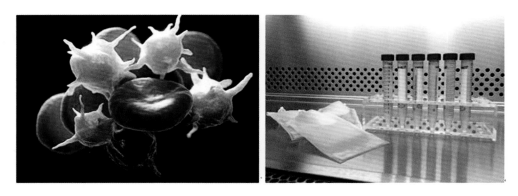

图 1-2-2　脐血中的血小板及其产品形态

天	CB	PB

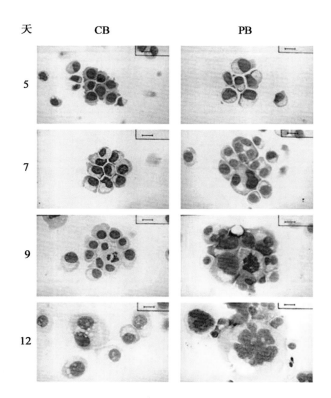

图 1-2-4　脐血 CD34+ 细胞诱导的 MK 和外周血

CD34+ 细胞诱导的巨核细胞的形态比较

［Mattia G. *Blood*, 2002, 99(3):888］

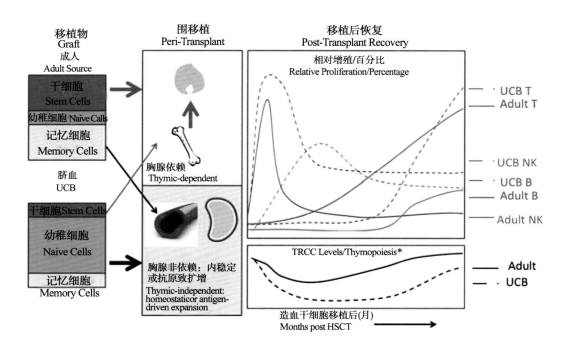

图 1-3-1　不同移植物成分和移植后免疫重建

左方图:成人移植物:干细胞数量多;T 细胞中以记忆细胞为主,幼稚细胞少

脐血移植物:干细胞数量少;T 细胞中以幼稚细胞为主,记忆细胞少

中方图:移植物均依赖初始外周内环境稳定或抗原驱动的定向祖细胞、记忆细胞和非胸腺依赖幼稚淋巴细胞的扩增(褐色)。随后进入干细胞驱动胸腺依赖增殖期,产生 T 细胞,定植胸腺(蓝色)

右方图:脐血＝虚线,成人＝实线,免疫细胞重建的顺序:NK(蓝色)—B 细胞(绿色)—T 细胞(红色)

〔Nikiforow S,Ballen K.*Umbilical Cord Blood Banking and Transplantation*,2014,133-152〕

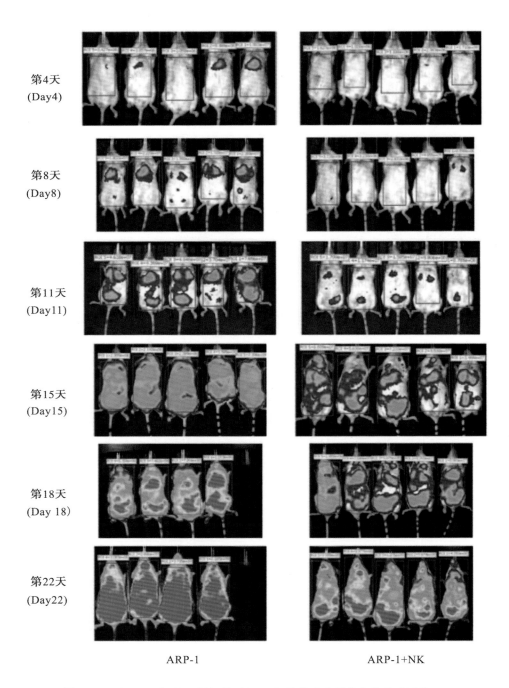

第4天
(Day4)

第8天
(Day8)

第11天
(Day11)

第15天
(Day15)

第18天
(Day 18)

第22天
(Day22)

ARP-1   ARP-1+NK

图 1-3-5　CB-NK 在 GFP 标记的 ARP-1 细胞荷瘤小鼠体内的杀瘤试验

(Shah，et al. *PLoS ONE*，2013)

图 1-4-4A　成人外周血来源的 EPCs 移植给颅窗小鼠后形成血管的情况
小鼠颅窗内开始可见荧光标记的血管样结构,后绿色又逐渐消失(图中标尺为 50μm)

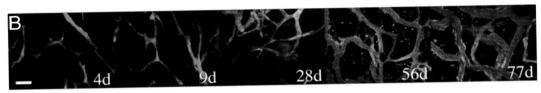

图 1-4-4B　脐带血来源的 EPCs 移植给颅窗小鼠后形成血管的情况
28 天后小鼠颅窗内可见血流灌注的血管并持续供血(图中标尺为 50μm)

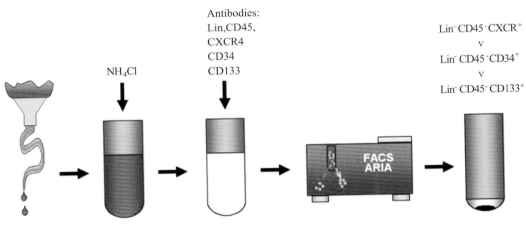

图 1-4-8　两步法从人脐带血中分离 VSELs 步骤示意图

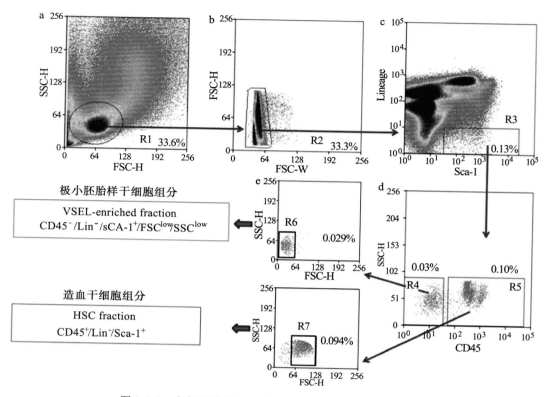

极小胚胎样干细胞组分

VSEL-enriched fraction
CD45$^-$/Lin$^-$/sCA-1$^+$/FSC^{low}/SSC^{low}

造血干细胞组分

HSC fraction
CD45$^+$/Lin$^-$/Sca-1$^+$

图 1-4-9 小鼠骨髓 VSELs 的流式细胞术经典分选策略图

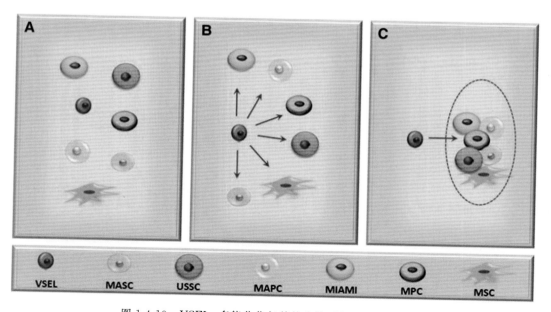

图 1-4-10 VSELs 多能分化与其他多能干细胞的关系推测

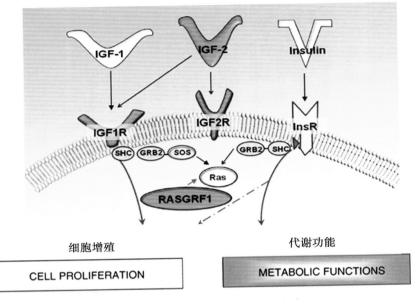

细胞增殖

CELL PROLIFERATION

代谢功能

METABOLIC FUNCTIONS

多能干细胞增殖胚胎发生的启动

INITIATION OF EMBRYOGENESIS
PROLIFERATION OF PLURIPOTENT STEM CELLS

图 1-4-11　IIS 信号和印记基因显示的 VSEL 过早耗尽的机制图

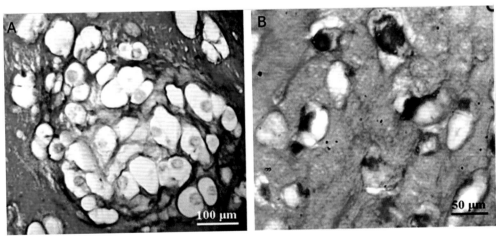

图 1-4-12　3D 支架和无支架条件下培养 USSCs 的阿尔新蓝染色结果

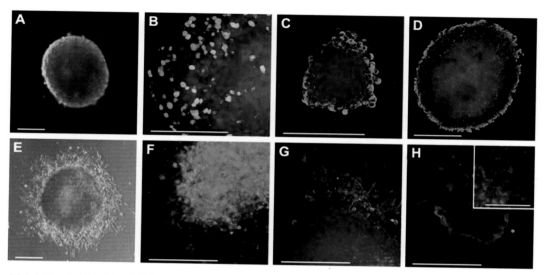

图 1-4-13　UBC-NSCs 可形成的神经球免疫组化结果。其中 A-D 是静息的神经球,E-H 是激活的神经球

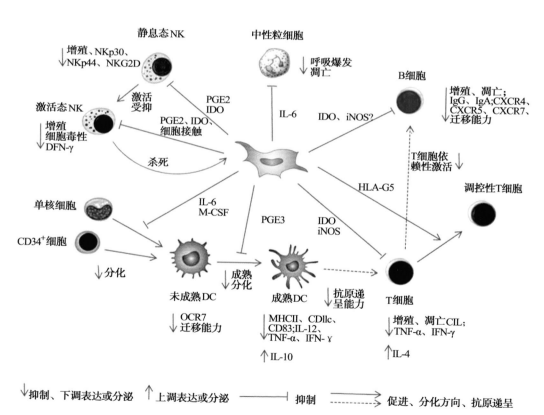

图 1-5-1　间充质干细胞对不同免疫细胞的调节模式图

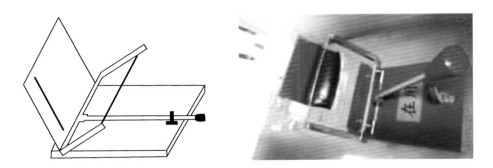

图 2-2-1　山东省脐血库卡式分浆夹

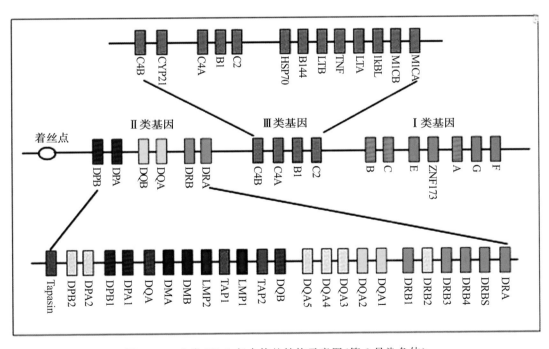

图 3-2-3　人类 HLA 复合体的结构示意图(第 6 号染色体)

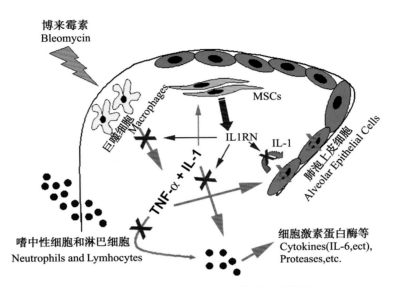

图 3-2-7 MSC 抑制受损肺脏炎性反应的机制

（Ortiz LA，2007）

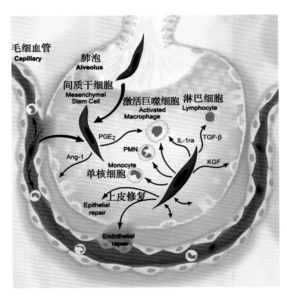

图 3-2-8 间充质干细胞和旁分泌因子在急性肺损伤的治疗作用

（Matthay MA，2010）

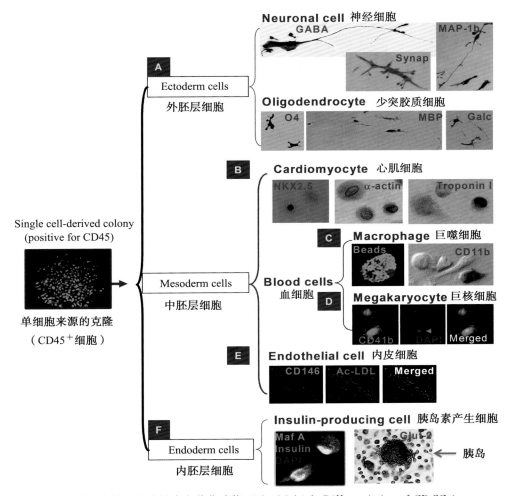

图 3-5-1　脐血多能干细胞的多向分化功能（The Multiple Differentiation of CB-SCs）

（A）CB-SCs 向神经细胞和少突胶质细胞分化。CB-SC 分别用 100ng/mL 的神经生长因子处理 10～14 天，采用神经细胞特异的分子标志检测，表达γ氨基丁酸（γ-aminobutyric acid，GABA），微管相关蛋白（microtubule-associated protein，MAP）1B，突触素（synaptophysin，Synap），硫脂（sulfatide）O4，髓磷脂碱性蛋白（myelin basic protein，MBP），半乳糖（galactocerebroside，GALC）。（B）分化为心肌细胞。采用 3μmol 的 5-氮杂-2′脱氧胞苷处理 CB-SC，24 小时用心肌标记物包括核转录因子的 Nkx2.5，心肌特异性α肌动蛋白和肌钙蛋白 I 检测。（C）向巨噬细胞分化。CB-SC 经过50ng/mL巨噬细胞集落刺激因子 M-CSF 处理 7～10 天，然后用巨噬细胞特异的荧光珠吞噬作用和表面标记的 CD11b/Mac-1 检测。（D）向巨核细胞分化。CB-SC 分别用 10ng/mL 的血小板生成素 TPO 处理 10～14 天，表达巨核细胞特异性标记物 CD41b 和多倍体核（红色箭头）。（E）分化为血管内皮细胞。CB-SC 经过 50ng/mL 血管内皮生长因子 VEGF 处理，10～14 天后采用其特异的分子标记物 CD146 和乙酰化低密度脂蛋白（Ac_LDL）的掺入确定细胞分化。（F）分化为胰岛素分泌细胞。CB-SC 均采用 10nmol exendin- 4 ＋ 25mmol 葡萄糖 5～8 天，可形成"胰岛样"结构，表达胰岛 β 细胞特异的标记物胰岛素和 GLUT2。

A 经CD3/CD28/CD137抗体IL2/IL7   CD3/CD28/CD137Abs/IL2/IL7脐血干细胞
    处理淋巴细胞

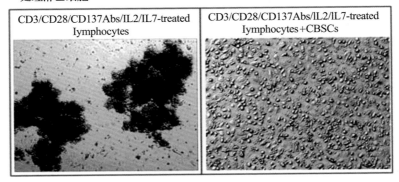

B

未处理淋巴细胞   经CD3/CD28/CD137抗体   CD3/CD28/CD137Abs/IL2
Untreated   IL2/IL7处理淋巴细胞   /IL7脐血干细胞
Lymphocytes   CD3/CD28/CD137Abs/IL2/   CD3/CD28/CD137Abs/IL2
                       IL7-treated lympho cytes   /IL7-treated lymphocytes +
                                                    CBSC s

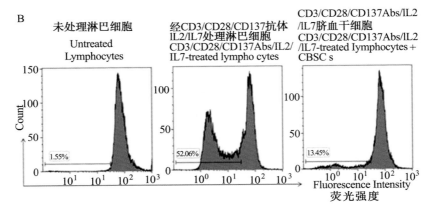

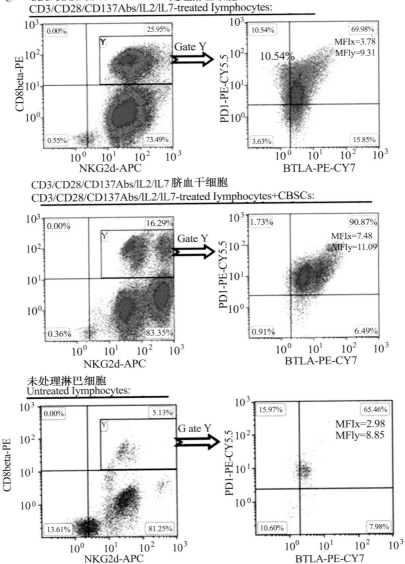

图 3-5-2　体外 CB-SC 对 T 细胞的免疫调节研究

　　（A）相差显微镜显示细胞团形成。人外周血来源的淋巴细胞经过与磁珠结合的抗 CD3、抗 CD28、抗 CD137 抗体、50U/mL 的重组 IL-2 和 5ng/mL 重组 IL-7 刺激 5 天，形成大量细胞团（左图）；但和 CB-SC 共培养后，淋巴细胞单个存在没有细胞团的形成（右图）。原始的放大倍率，×100。（B）采用 CellTrace CFSE 细胞增殖试剂盒分析细胞增殖。未经处理的淋巴细胞（左图）作为对照。（C）多色流式细胞仪分析 CD8[+] NKG2D[+] T 细胞。选择的 CD8[+] NKG2D[+] T 细胞用于共抑制分子 BTLA 和 PD-1 的表达水平的进一步分析。同型匹配的 IgG 抗体作为阴性对照。

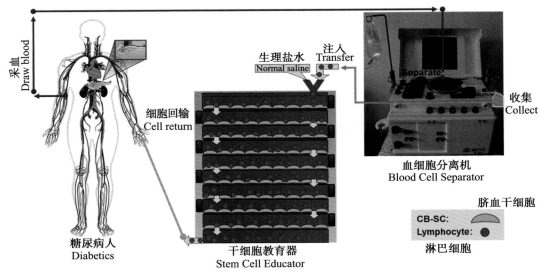

图 3-5-3 脐血多能干细胞免疫教育治疗技术(Stem Cell Educator therapy)示意图

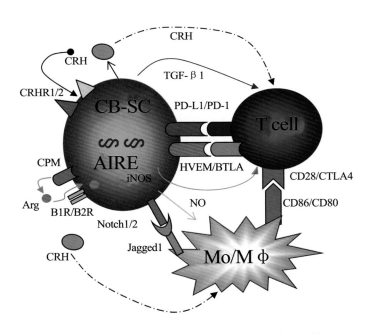

图 3-5-4 脐血多能干细胞免疫调节的分子机制

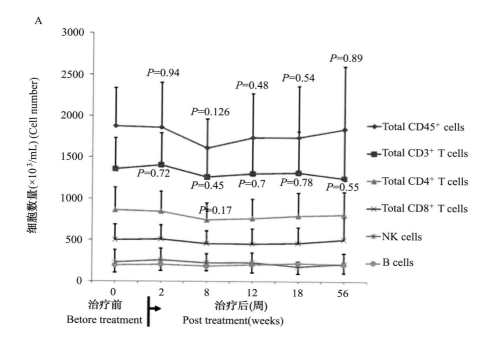

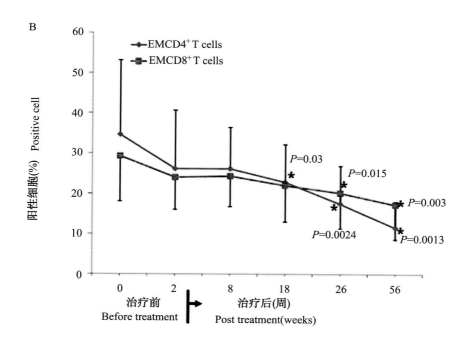

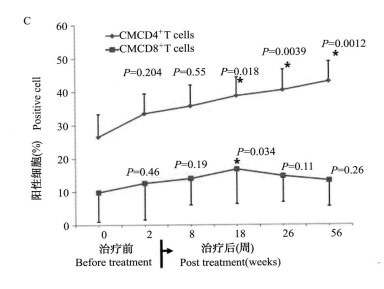

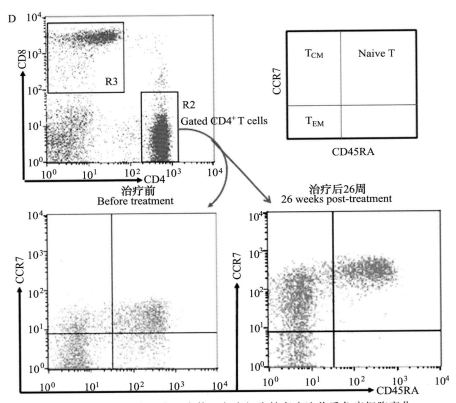

图 3-5-5　1 型糖尿病患者经自体血免疫细胞教育疗法前后免疫细胞变化

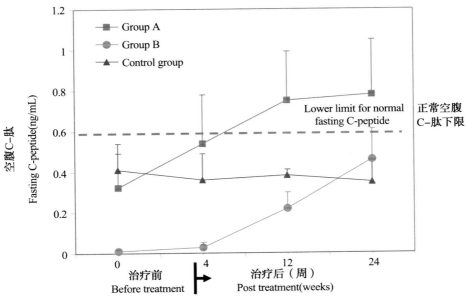

图 3-5-6　1 型糖尿病患者经过自体血免疫细胞教育治疗空腹 C 肽水平的变化比较

注：红色线条表示 A 组治疗前后，橘黄色线条表示 B 组治疗前后，蓝色线条表示对照组治疗前后。

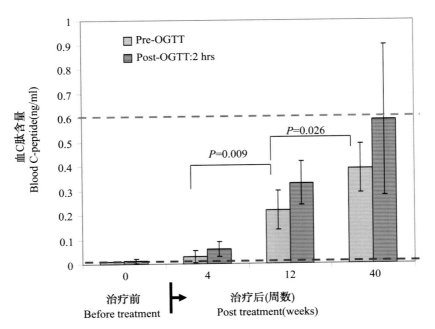

图 3-5-7　B 组 1 型糖尿病患者经过治疗 40 周后高糖刺激 C 肽水平的比较

注：患者治疗前后，通过 75 克葡萄糖口服耐量试验，检测胰岛功能的变化。

蓝色线条表示治疗前，橘黄色线条表示治疗后，糖耐量试验 2 小时的结果比较。

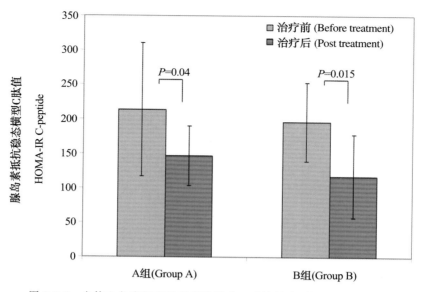

图 3-5-8　自体血免疫细胞教育疗法治疗 2 型糖尿病增加胰岛素敏感性

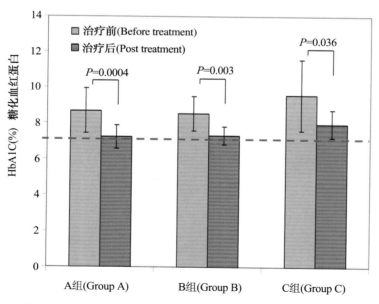

图 3-5-9　自体血免疫细胞教育疗法治疗 2 型糖尿病改善糖代谢

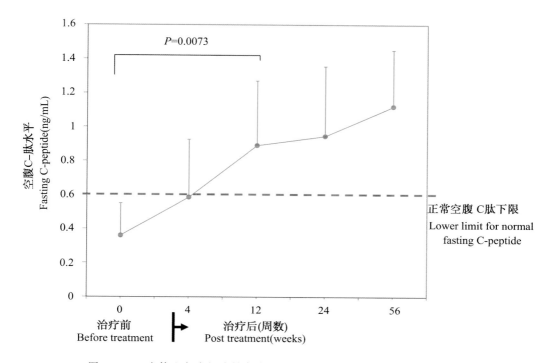

图 3-5-10 自体血免疫细胞教育疗法治疗 2 型糖尿病改善胰岛 β 细胞功能

图书在版编目(CIP)数据

人类脐血:基础与临床/沈柏均,李栋主编. —济
南:山东大学出版社,2016.11(2017.3 重印)
ISBN 978-7-5607-5646-2

Ⅰ. ①人… Ⅱ. ①沈… ②李… Ⅲ. ①脐带血—临床
应用 Ⅳ. ①Q592.1

中国版本图书馆 CIP 数据核字(2016)第 264824 号

责任编辑:徐　翔
封面设计:牛　钧

出版发行:山东大学出版社
　　　　社　　址　山东省济南市山大南路 20 号
　　　　邮　　编　250100
　　　　电　　话　市场部(0531)88364466
经　　销:山东省新华书店
印　　刷:山东省东营市新华印刷厂
规　　格:787 毫米×1092 毫米　1/16
　　　　　31.25 印张　765 千字
版　　次:2016 年 11 月第 1 版
印　　次:2017 年 3 月第 2 次印刷
定　　价:98.00 元